创建鲁班奖(优质奖)工程
施工监理指南

欧震修　欧　谦　编著

中国建筑工业出版社

图书在版编目(CIP)数据

创建鲁班奖（优质奖）工程施工监理指南/欧震修，欧谦编著. —北京：中国建筑工业出版社，2013.6
ISBN 978-7-112-15439-5

Ⅰ.①创… Ⅱ.①欧… ②欧… Ⅲ.①建筑工程-施工监理-指南 Ⅳ.①TU712-62

中国版本图书馆 CIP 数据核字(2013)第 101353 号

责任编辑：郦锁林 毕凤鸣
责任设计：张 虹
责任校对：王雪竹 关 健

创建鲁班奖（优质奖）工程施工监理指南
欧震修 欧 谦 编著
*
中国建筑工业出版社出版、发行（北京西郊百万庄）
各地新华书店、建筑书店经销
北京科地亚盟排版公司制版
北京中科印刷有限公司印刷
*
开本：787×1092 毫米 1/16 印张：25¾ 插页：4 字数：650 千字
2013 年 9 月第一版 2013 年 9 月第一次印刷
定价：**65.00** 元
ISBN 978-7-112-15439-5
(24005)

图 1　江苏移动电信业务生产楼获 2003 年国优“鲁班奖”

證　書

南通市第四建筑安装工程有限公司

你单位承建的 江苏移动电信业务生产楼 工程荣获 2003 年度中国建筑工程鲁班奖(国家优质工程)特发此证

图 2　江苏移动电信业务生产楼荣获 2003 年“鲁班奖”证书

荣誉证书

南京建工学院监理公司

江苏省电信生产楼监理部

在一九九九年度监理工作中成绩突出，被评为我市先进工程项目监理组。

南京市建设监理协会

二〇〇〇年四月

图 3　1999 年度该项目监理部被评为南京市先进项目监理部

图 4　江苏邮政通信指挥中心大楼获 2007 年国优“鲁班奖”

证　书

南京工大建设监理咨询有限公司：

你单位监理的江苏省邮政通信指挥中心工程荣获中国建筑工程鲁班奖(国家优质工程)。

特发此证

中华人民共和国建设部　中国建设监理协会

二OO七年十二月

图 5　江苏邮政通信指挥中心大楼荣获 2007 年“鲁班奖”证书

证　书

欧　谦同志担任总监理工程师的江苏省邮政通信指挥中心工程，荣获中国建筑工程鲁班奖(国家优质工程)。

特发此证

中国建设监理协会

二OO七年十二月

(*a*)

共创鲁班奖获奖工程总监理工程师表彰大会合影

2008.1.23 北京

(*b*)

图6　本书作者之一荣获的证书和与领导的合影

图 7　中国银行南京分行综合楼获 1999 年省优（扬子杯奖）

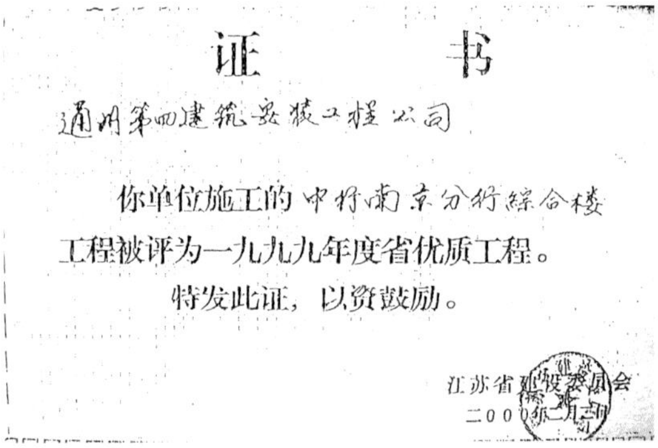

证　　书

通州第四建筑安装工程公司

你单位施工的中行南京分行综合楼工程被评为一九九九年度省优质工程。

特发此证，以资鼓励。

江苏省建设委员会

二〇〇〇年

图 8　获 1999 年省优（扬子杯奖）证书

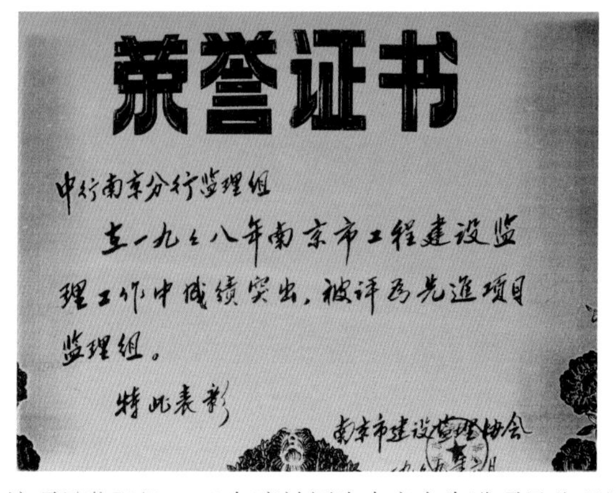

荣誉证书

中行南京分行监理组

在一九九八年南京市工程建设监理工作中成绩突出，被评为先进项目监理组。

特此表彰

南京市建设监理协会

图 9　该项目监理组 1998 年度被评为南京市先进项目监理组证书

图 10　南京水科院水资源实验室获 2009 年市优（金陵杯奖）

荣誉证书

HONOR CERTIFICATE

江苏通州四建集团有限公司：

你公司承建的水资源科学研究实验室工程，荣获二○○九年南京市建筑工程“金陵杯”奖（市优质工程）称号。

项目经理：陈益均　技术负责人：陈润华

二○○九年五月[illegible]十日

图 11　获 2009 年市优（金陵杯奖）证书

前　　言

创建鲁班奖（优质奖）工程施工监理是指项目监理机构在建设单位的支持下与施工单位共创优质建筑工程中所做的质量监理工作。在我们所监理过的工程中，基本上确保了每个工程都能达到优质工程标准，其中江苏移动电信业务生产楼荣获2003年国优工程“鲁班奖”（总监：欧震修）；江苏邮政通信指挥中心大楼荣获2007年国优工程“鲁班奖”（总监：欧谦）；中国银行南京市分行综合楼获1999年省优工程“扬子杯奖”（总监：欧震修）；南京水利科学研究院水资源实验室获2009年市优工程“金陵杯奖”（总监：欧谦）。工程质量是百年大计，项目监理机构在与施工单位共同创建优质工程中始终以“质量第一”为奋斗目标，这个目标是不能动摇的，否则共创优质工程将成为口号，不能得到落实。而项目监理机构的任务就是要督促施工单位和协调各参建单位在落实创优工程上下功夫，如果项目监理机构在“共创”中没有这一坚韧不拔的精神，“共创”就只是一种形式。近年来，国家对共创优质工程十分重视，曾组织了多次全国性会议进行交流；2006年7月20日发布了国家标准《建筑工程施工质量评价标准》GB/T 50375—2006；随后又有很多省、市制定了优质工程评审标准；为鼓励施工企业创优、规范创优活动提供了标准。本书将我们在共创优质工程中的一些监理成果与同行们进行交流。抛砖引玉，让我们在同一目标下共同发展。

本书第1、2、3、4、7、11、12章由欧震修编写，第5、6、8、9、10章及附件由欧谦编写。

目　　录

第1章　优质工程的监理目标、依据和内容

1.1　优质工程的监理目标、依据和程序

1.1.1　优质工程的监理目标

优质工程的质量目标是由建设单位和施工单位在签订“建设工程施工合同”的协议条款中给予明确规定的。例如：“电信业务生产楼”的“施工合同”规定的质量标准为“国优”；“邮政通信指挥中心大楼”的“施工合同”规定的质量标准为“省优”。而优质工程的监理目标应与“建设工程施工合同”的协议条款中规定的质量标准相一致，并且应在建设单位与监理单位签订的“工程建设监理合同”条款中给予明确规定。例如：“电信业务生产楼”的“监理合同”规定为“国优”，并提出条款对现场监理机构规定奖罚办法：工程获国优奖励5万元，工程质量评为不合格时罚款5万元；“邮政通信指挥中心大楼”的“监理合同”规定的质量标准为“省优”，并提出条款规定工程获省优奖励监理机构4万元。

监理目标确定后，工程项目监理机构应协调各参建单位围绕优质工程质量目标进行行之有效的工作。例如：工程质量标准为“国优”，则工程建筑设计必须获得优秀设计奖项，因为评“国优”工程各地区数量有限，竞争性很强，应由项目设计单位去努力；工程施工单位中总包与分包的“施工合同”（由总包分包的项目）和建设单位与分包的“施工合同”（由业主分包的项目）中对所分包项目的质量标准要与总包的“施工合同”中的质量标准相一致。这一点非常重要，因为在实践中证明这一点往往被忽视。若有关方在与各分包单位签订“建设工程施工合同”的条款中其质量标准与总包“施工合同”条款中的质量标准不一致，则在创建优质工程过程中，由于其质量目标不一致，造成在工程施工中总包与分包间各唱各的调。这不仅给监理协调工作带来困难，也会给工程验收标准带来不统一。我们强调同一工程项目，各类“施工合同”中有关质量标准条款应一致，其目的在于在创建优质工程过程中，项目监理机构需要利用各种监理手段，如工程例会、监理工程师通知单、联系单、召见项目经理问责等手段围绕统一的质量标准进行协调。项目监理机构在落实优质工程质量目标时，应贯彻在施工全过程中，包括：施工准备、工程实施、工程竣工验收的各个阶段。应该指出：优质工程质量目标真正得到落实的主角，应是施工单位的参建各方，是他们的高超技艺和严格管理取得的。而监理机构的督促检查和协调是加强了对创优工作的管理力度，对优质工程质量目标的落实是有推动作用的。同时也应该指出：创建优质工程离不开工程建设单位的支持。首先他们对工程质量目标有创优质的要求；其次是他们为创优质工程提供必要的资金支持；最后是他们在创建优质工程过程中始终对各参建单位（含设计、施工、监理单位）有严格要

求。这样，从内部实施到外部环境对落实优质工程质量目标是十分有利的。当然，这对创优工程监理目标的实现也是有保障的。

1.1.2 优质工程的监理依据

在创建优质工程中，监理工作的依据是什么？这不仅要求项目监理机构十分明白，而且要让建设、设计和施工等单位明白，并取得他们的支持和帮助。做到让各方明白的目的在于统一各方的认识，以免监理机构孤军奋战。我们在实践中采用的依据是：

1）“建设工程施工合同”和“工程建设监理合同”

依据“建设工程施工合同”和“工程建设监理合同”中有关工程质量标准的条款执行。各专业监理工程师在施工过程中，要认真协调施工单位各方必须遵守“施工合同”规定的各项质量条款要求；在各阶段（含原材料、半成品、隐蔽工程、检验批、分项、分部工程验收和工程竣工预验收及工程竣工正式验收）验收中均要以优质工程质量标准进行验收。同时要求在验收过程中所有报验的验收资料必须齐全，并且要求真实可靠，不能弄虚作假。在“建设工程施工合同”中有关工程质量标准的条款包括：符合国家标准《建筑工程施工质量验收统一标准》GB 50300—2001；符合国家标准《建筑工程施工质量评价标准》GB/T 50375—2006；符合工程所在地省、市制定的优质工程评审标准；符合本工程设计文件要求；符合本工程“施工合同”专用条款中约定的内容等。例如在专用条款中约定的内容包括：

① 质量等级（15.1条）：确保市优，争创省优工程。无论是中间验收，还是竣工验收，发包人对工程质量验收合格，并不解除承包人对基础及主体、隐蔽工程等工程质量的责任。

② 质量奖罚（15.2条）：工程质量达到优良，不奖；工程质量等级达到市优质工程，按中标价分部分项工程费用的2%奖励；工程质量等级达不到市优质工程，按中标价分部分项工程费用的2%处罚；工程质量等级达到省优质工程，承发包双方另行协商，并按有关文件要求给予适当奖励。

③ 隐蔽工程和中间验收（17.1条）：在符合国家质量验收标准《建筑工程施工质量验收统一标准》GB 50300—2001，符合国家标准《建筑工程施工质量评价标准》GB/T 50375—2006，符合工程所在地省、市制定的优质工程评审标准的基础上，必须符合本工程设计文件要求。施工过程的各工序结束后，经监理确认合格，才可进行下道工序施工，并及时做好有关资料。

④ 工程试车费用的承担（19.5条）：工程竣工后，承包人应无条件积极配合发包人做好有关设备的试车工作，直至设备运转正常，达到设计要求，其余按通用条款执行。

⑤ 承包人采购材料设备的约定（28.1条）：承包人自行采购的材料，质量必须符合设计及相关标准、规范的要求。在相关职能部门规定要求的基础上，约定的由承包人采购的主要材料必须向发包人和监理送样，报品牌、价格、供应商联系方式给发包人核实，经发包人和监理认可后才能用于本工程，否则造成的损失由承包人负责；发包人和监理对承包人采购材料的认可并不免除承包人对所购材料的责任；由承包人根据发包人要求采购的，按发包人批准的价格计入结算。承包人有权拒收、拒用发包人提供的不合格材料，对有疑问的材料须提出复检，合格后方可使用，检测费用按相关规定执行。甲控乙供材料的采购

必须经监理、发包人认质、认价，具体实施办法由发包人、承包人另行协商签订补充协议。

⑥ 工程变更（第八款）：施工中发包人要求工程变更，应提前 24 小时以书面形式通知承包人；设计变更必须有设计方的变更通知单、技术核定单和发包人派驻现场工程师的签字认可；承包人不得随意更改设计。

⑦ 竣工验收（32.1 条）：竣工验收前承包人向发包人提供符合档案馆要求的竣工图三套、竣工资料三套（其中一套为原件）；竣工验收所需的完整工程技术档案和施工管理资料；承包人签署的工程保修书。以上资料承包人应在竣工验收前交付，若经发包人书面催告后，则发包人有权暂扣所剩工程款，直至交付为止。此情况下，承包人无权要求逾期付款利息。

⑧ 工程进度款（26 条）：按“合同”约定分批支付工程施工进度款时，施工单位首先应报监理机构审核其工程进度是否达到“合同”约定和工程质量是否符合“合同”约定的质量标准。经监理机构审核、签认并出示监理工程师支付凭证后，建设单位方能支付工程进度款。（注：这一条的实施，是将工程进度款的支付与工程数量与质量是否符合“合同”约定挂钩，并把审核权落实到监理机构实施，使监理机构做到有责有权，确保了监理对工程数量与质量的监督管理。）

2）工程施工图纸和图纸会审记录及设计变更或工程签证

① 工程施工图纸是反映建设单位的建设意愿，经设计单位设计而成的书面依据。同时又经政府主管部门对图纸内容进行审查批准的。所以图纸内容是参建各方必须遵守的具有法律效力的书面文件。图纸在工程施工招标中作为法律性文件被列入的，各施工单位在工程投标时也认可了图纸作为法律性文件的存在。在各施工单位的“建设工程施工合同”条款中约定，必须按图纸上规定的承包范围完成，否则因违约而承担“合同”条款上约定的责任。

② 图纸会审记录是在工程开工前由建设单位主持（也可由建设单位委托监理机构主持），建设、设计、施工、监理等单位有关人员参加。首先由设计单位对图纸进行技术交底，接着由建设、施工、监理单位有关专业人员对图纸内容进行提问，并由建设、设计单位有关人员作出回答，最后由图纸会审会议记录人员对所提出来的问题和对问题的答复进行整理，并经建设、设计、施工、监理等单位签字、盖公章后生效。与施工图一样具有法律性效力。

③ 设计变更是指在施工过程中由建设、设计、施工、监理等单位发现图纸上还有不足之处或存在缺陷或者提出合理建议，经设计单位认可，可以另出图纸补充或更正，这些另出的补充图纸称设计变更。设计变更在绘制工程竣工图时作为对施工图进行更正的依据。工程竣工图是作为工程竣工结算的依据和存档文件保存的。

④ 工程签证是指在施工过程中建设或施工单位提出需要增加或减少某些零星的工作，这些工作一般又不能用图纸表示时，可以由申请方办理“技术核定单”，经监理机构调查核实，且证明必须改变时，可签字确认并报建设单位同意。在此基础上再由申请方办理“工程签证单”，经建设、监理签字批准后方能施工。

3）工程施工招标与投标文件

① 施工招标文件第一章投标须知中有两处对工程质量提出要求。一处是在前附表中

对工程质量提出总要求，如符合国家统一质量验收合格标准（《建筑工程施工质量验收统一标准》GB 50300—2001）。另一处是在评标办法中提出的得分要求，如评标办法中规定施工质量总分为6分，投标文件载文表明施工质量符合国家统一质量验收合格标准的，得3分；有争创省优工程质量措施的，根据其可行性程度（参照《建筑工程施工质量评价标准》GB/T 50375—2006，该标准专门为鼓励施工企业创优，规范创优活动制定的），得0～3分。

② 施工投标文件的“投标函”中必须明确承诺：“我单位经考察现场和研究工程施工招标文件的投标须知、合同条件、技术规范、图纸、工程量清单和其他有关文件后，我方愿以人民币××××万元的总价，按上述合同条件、技术规范、图纸、工程量清单的条件承包招标工程的施工、竣工和保修。”

4）验收标准和验收规范

（1）验收标准

①《建筑工程施工质量验收统一标准》GB 50300—2001。该标准是为了加强建筑工程质量管理，统一建筑工程施工质量的验收，保证工程质量，依据现行国家有关工程质量的法律、法规、管理标准和有关技术标准编制制定的。该标准是建筑工程各专业工程施工质量验收规范编制的统一准则，各专业工程施工质量验收规范必须与该标准配合使用。该标准仅限于施工质量的验收，并判定施工质量合格或不合格。

②《建筑工程施工质量评价标准》GB/T 50375—2006。该标准是为了促进工程质量管理工作的发展，统一建筑工程施工质量评价的基本指标和方法，鼓励施工企业创优，规范创优活动制定的。该标准适用于建筑工程在工程质量合格后的施工质量优良评价。工程创优活动应在优良评价的基础上进行。施工质量优良评价的基础是《建筑工程施工质量验收统一标准》GB 50300—2001及其配套的各专业工程质量验收规范。

（2）验收规范

是指建筑工程各专业工程施工质量验收规范。其内容包括：地基与基础，主体结构，建筑装饰装修，建筑屋面，建筑给水、排水及采暖，建筑电气，智能建筑，通风与空调，电梯等九个分部工程的施工质量验收规范。

5）其他有关的国家法律、法规、规程及相关标准

如：《建筑法》、《建设工程质量管理工作条例》、《工程建设标准强制性条文》、《房屋建筑工程和市政基础设施工程竣工验收暂行规定》、《建设工程监理规范》GB/T 50319—2013、《建筑施工手册》（第五版）及地方主管部门制定的《施工技术操作规程》、《优质结构评价标准》等。

1.1.3　优质工程的监理程序

如图1-1所示。

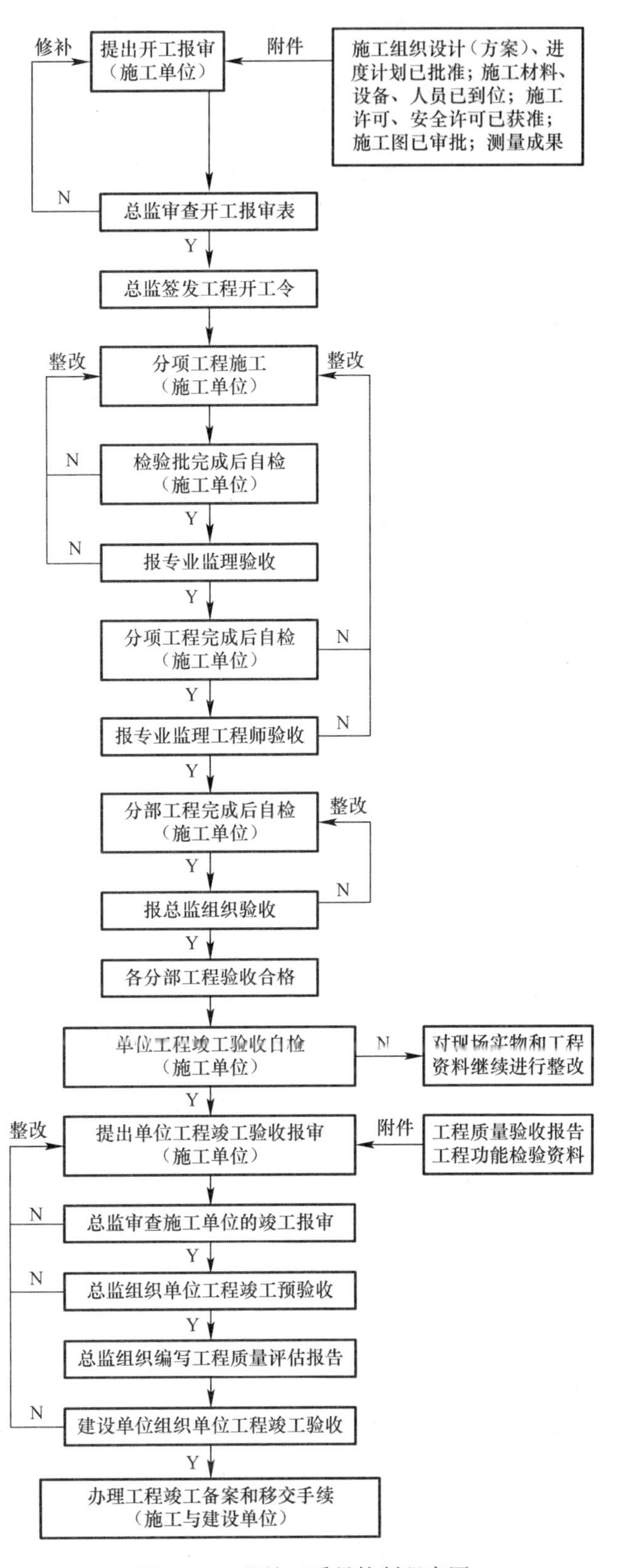

图 1-1 工程施工质量控制程序图

1.2　优质工程的控制内容和方法

建设监理的质量控制，通常可按施工全过程的不同阶段，分为事前控制、事中控制和事后控制。在每个阶段控制中，均有其相应的控制内容和控制方法。

1.2.1　工程质量的事前控制

1）事前控制的内容（图1-2）

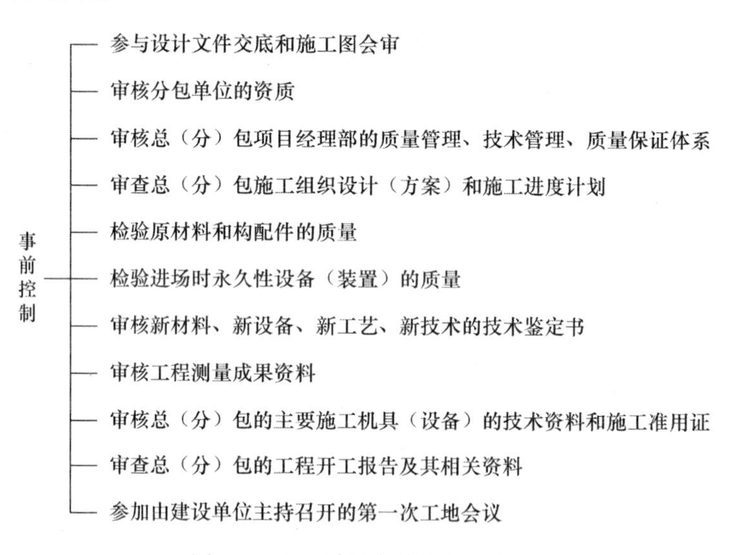

图1-2　工程质量事前控制的内容

2）事前控制的方法

（1）参与设计交底和图纸会审

设计交底与图纸会审会议应由业主方主持，建设、设计、施工、监理等单位参加。当业主方因某种原因，当场委托项目监理机构中的有关成员（如总监）主持时，通常也是可行的。会后写出图纸会审纪要，纪要内容主要是弥补图纸上的不足，具有与设计图相同的法律效力。图纸会审前，由总监理工程师组织各专业监理工程师认真阅读图纸，发现图纸上的问题应在图纸会审前以书面意见集中后交业主转设计单位；同时总监理工程师督促施工单位组织有关人员认真阅读图纸，并结合实际提出可行性意见。可以这么说：设计交底与图纸会审的认真程度和会审的深度，将直接影响到施工过程中的工程变更量。如果说通过设计交底和图纸会审，能把图纸上不明确的问题都明确了，并完整地表达在图纸会审纪要内，则在施工过程中非特殊的情况下，不会出现很多工程变更。实践证明，反之，则不断出现图纸上的问题，搞得设计、施工、监理人员临阵手忙脚乱，轻者影响施工进度，重者出差错，影响工程质量和工程使用功能或因工程返工造成经济损失。

（2）审查分包单位的资质

总包单位的资质已由建设单位或招标代理机构在招投标阶段负责审查完毕，但进场后还必须将有关资质等资料递交项目监理机构备案。分包单位的资质应由项目监理机构负责审查，并提出审查意见。根据《建设工程监理合同》GF—2012—0202标准条件中监理人权利第十七条规定“监理人在委托人委托的工程范围内享有选择工程总承包人的建议权；

选择工程分包人的认可权。”要做好这项工作，建设单位或项目总承包单位在考察和选定分包单位前要与项目监理机构互相配合，做到选定前控制好，进场后只办理手续。否则，监理审核只是一种形式。

(3) 审核总（分）包项目经理部的质量管理、技术管理、质量保证等体系

总（分）包项目经理部的质量管理、技术管理、质量保证体系应是他们的自控体系。他们在完成施工任务的过程中，依靠这些体系做好自我控制和自我调节。所以在工程投标书（施工组织设计）中作为一种承诺，对这些体系进行了规划，并在实施体系的人员上进行了落实。作为项目监理机构，主要审核其人员是否已进场，是否与投标书中作出的承诺一致，是否与承担本工程要求的人员素质相一致。审核质量管理中质检员的素质。质检员应有上岗证，应有丰富的现场施工经验和深入现场、勤奋工作的劳动态度。审核技术管理中的技术负责人的素质。技术负责人应具有中级以上的技术职称和一定的理论知识和实践经验。质量保证体系中的“三检制”（自检、互检、交接检）是否落实；质检制度中奖罚是否分明；工程承包制中数量和质量间的关系，处理是否得当等。

(4) 审查总（分）包的施工组织设计（方案）和施工进度计划

审查总（分）包的施工组织设计（方案）和施工进度计划时，应着重审查：

① 是否有针对性。施工组织设计（方案）和施工进度计划在投标时作为技术标报送，为了提高其中标率，它的内容可以说是经过了精心策划的。优点是内容完整齐全，缺点是结合现场实际缺乏其针对性。所以，当监理工程师在审查施工组织设计（方案）和施工进度计划时，就会发现其不符合现场实际的缺陷，要求总（分）包结合实际进行修改。一定要确保修改后的施工组织设计（方案）和施工进度计划使主管的监理工程师满意。否则，主管监理工程师就不能在其审查表上签认。由此而造成的不良后果，应由总（分）包负责。例如：总包的施工组织设计和施工进度计划若得不到总监理工程师的批准签认，就不可能领到工程施工许可证。这是主办单位的制度所规定的。因此，作为项目监理机构一定要把好这一关。

② 保证质量措施是否落实。一个工程项目均有其一定的特点，在施工之前，通过对其施工图纸的深入熟悉之后，一定会体会到其工程特有的特点和确保其工程质量的关键所在。有的工程其科技含量较高，上述体会一定会更深刻。一个工程的质量保证措施，应该在这个深刻体会的基础上结合总（分）包的施工实力和国务院 2000 年第 279 号令《建设工程质量管理条例》中规定的“施工单位的质量责任和义务”条文制定出来，并得到落实。凡在施工组织设计（方案）中未能得到制定和落实的，一定要求总（分）包进行修改。否则，监理工程师同样对其不能签认。

③ 保证安全措施是否落实。一个工程的安全生产和文明施工，能给工程带来良好的工程质量和减少影响工期滞后的因素，并产生一定的经济效益。所以一个工程在施工组织设计（方案）中制定和落实安全措施，应得到项目经理部领导的重视和认真的规划。作为工程项目监理机构，应按照国务院颁发的、并于 2004 年 2 月 1 日起施行的《建设工程安全生产管理条例》中的规定：“工程监理单位和监理工程师应当按照法律、法规和工程建设强制性标准实施监理，并对建设工程安全生产承担监理责任”的要求，严格审查其安全措施的制定和落实，并达到监理工程师满意为止。否则，监理工程师应承担安全生产中的监理责任。

④ 新技术、新工艺、新材料、新设备的应用是否领先。一个工程上是否在设计、施工中应用“四新”和推广住房和城乡建设部提出的“四新”内容，是衡量这个工程在设计、施工中科技含量水平的高低，也能衡量该工程在施工质量评优工作中是否有竞争力。更引人注意到的是今后在设计和施工中的工程一定要考虑节能和环保。为此，“四新”的应用值得引起重视。

⑤ 施工进度计划的安排是否符合施工合同规定的工期，其开工日期是否符合施工合同要求，各施工过程之间的安排是否紧凑合理，在人、财、物的使用上是否优化。

⑥ 现场平面布置是否合理，是否已经充分发挥了施工机械的作用，是否已充分利用了场地面积，是否能满足安全生产和文明施工。

⑦ 施工组织设计（方案）和施工进度计划，是否经总（分）包单位技术负责人和技术职能部门审核批准。

（5）检验原材料、构配件的质量

检验原材料、构配件的质量，应着重做好见证取样工作。见证取样工作应由有上岗证的见证员负责。其操作程序是：

① 原材料或构配件进场时，由供应商或工程承包商向见证员提供产品的合格证、质量保证书、产品检测报告等；

② 见证员根据不同品种的材料或构配件按取样规定的标准取样，并封存编号；

③ 见证员参与送样测试，并向测试单位出示见证员证书和证书号；

④ 见证员参与取回测试报告，并对测试报告做好监理台账和对测试结果进行复查和统计分析。

⑤ 最后，专业监理工程师对检验合格材料、构配件，应在总（分）包上报的材料、构配件的报审表上签字确认。未经监理工程师签字，材料、构配件不得在工程上使用。为此，测试结果应超前于使用，不得滞后。不能因某种原因或出于某种压力，监理给供应商或承包商开绿灯。

（6）永久性设备

永久性设备进场时，应由设备采购方主持（一般为甲供），由建设、设备安装、设备供应商、监理等单位参加，检验时须查资料、看实物、抽样测试，并做好验收记录，参与验收各方签字确认等验收程序。验收合格后移交设备安装单位入库保管，以备安装时使用。经验收不合格的设备不得在工程上安装。所有设备在验收时须出示出厂产品合格证和检测试验资料。为防假冒和应档案管理部门的要求，所出示的资料应盖红章。进口产品应由商检部门出示盖有红章的证明。

（7）“四新”的技术鉴定书

“四新”的技术鉴定书必须是原件，以示其技术的可靠性。由于政府主管部门要求在建设工程上推广“四新”，在有条件的工程上应积极响应。但对于“四新”，人们一般并不熟悉，缺乏经验和把握，故必须谨慎行事。一定要按技术鉴定书的要求，边实践边总结经验。

（8）审核工程测量资料

审核工程测量资料应包括：审核由施工单位递交的建筑物定位放线、轴线和标高传递、建筑物层高和垂直度测量、建筑物沉降量观测等成果。必要时，监理工程师还应作出相应的平行检测。这项工作是影响工程外在质量的关键性工作，有经验的监理工程师一定十分重视这项工作。这项工作的成果，以一定表式记录，监理工程师要以监理平行检验结果，并对照有关规范，认真审核施工单位的报检成果。发现差错要认真检查原因，决不能有半点马虎。

（9）审核施工单位施工机具（设备）的技术性能

施工机具的技术性能主要指大型机具，如：塔吊、井架、扒杆、双笼外用电梯、吊篮、脚手架、搅拌机、电焊机、对焊机等。应审核其主要性能是否满足施工实际需求；是否符合安全操作要求；是否已经安全生产主管部门鉴定，并发给其使用许可证；审核施工机具操作人员是否持有特殊工种上岗证。近几年，安全事故在使用施工机具上频繁发生，监理机构应督促施工单位完善现场安全体系，督促体系中的安全员忠于职守，健全安全制度、赏罚制度等。

（10）开工报告的审核

开工报告的审核应包括：开工日期是否符合施工合同规定的日期，否则，应取得建设单位的认可；开工前的准备工作是否已经做到位，其相关的资料包括：施工组织设计和施工进度计划是否已经审批；工程用的材料、设备是否满足开工需要；施工用的大型设备是否进场；首道工序的施工方案是否经批准；施工测量资料是否经检查认可；项目经理部成员及其有关证件；特殊工种人员上岗证等是否经审核和批准；工程施工许可证和安全生产许可证是否已办妥等。否则，总监理工程师不得签发工程开工报告，下达开工指令。

（11）第一次工地会议

参加由建设单位主持召开的第一次工地会议。

第一次工地会议主要内容：

① 建设、施工、监理单位分别介绍各自驻现场的组织机构、人员及其分工；

② 建设单位根据委托监理合同宣布对总监理工程师的授权；

③ 建设单位介绍工程开工准备情况；

④ 施工单位介绍施工准备情况；

⑤ 建设单位和总监理工程师对施工准备情况提出意见和要求；

⑥ 总监理工程师介绍监理规划的主要内容；

⑦ 研究确定各方在施工过程中参加工地例会的主要人员，召开工地例会周期、地点及主要议题。

第一次工地会议纪要由项目监理机构负责起草，并经与会各方代表会签。

1.2.2　工程质量的事中控制

1）事中控制的内容（图 1-3）

2）事中控制的方法

（1）工序质量验收

工序质量的事中控制，是在工程施工过程中对工程质量最基础工作的控制。因而在施工过程中做好对工序质量的严格控制，就把好了对工程质量最基础的控制关。在《建筑工程施工质量验收统一标准》GB 50300—2001 制定时，强调对施工过程的质量控制，并作为“指导思想”提出了“验评分离、强化验收、完善手段、过程控制”。把质量控制的重点放在对施工过程的控制，这是确保工程质量的关键。打破了传统上把质量控制重点放到

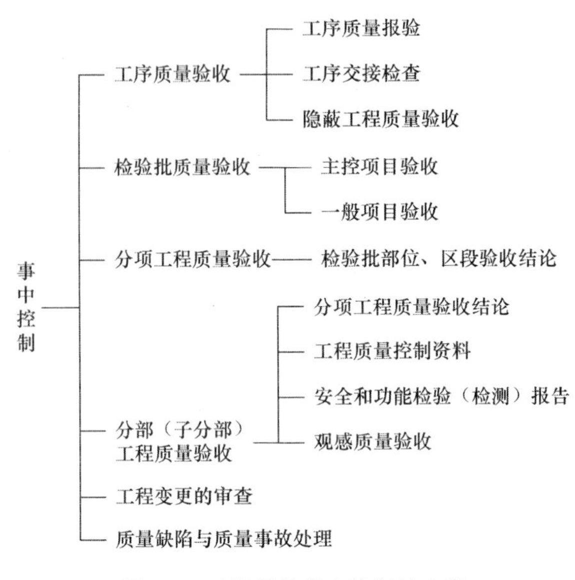

图 1-3　工程质量事中控制的内容

事后的竣工验收，因为事后验收容易多出废品。工程质量应在施工过程中控制好。为此，要着重做好三点：一为做好工序的施工和验收；二为做好工序与工序间在施工中的相互配合和验收交接，上道工序未通过验收，不得进入下道工序施工；三为做好隐蔽工程的检查和验收。

① 做好工序施工和验收。《建设工程质量管理条例》第三十七条中规定："未经监理工程师签字，建筑材料、建筑构配件和设备不得在工程上使用或者安装，施工单位不得进行下一道工序施工。"由此可见，做好工序施工的重要。工序施工除把好原材料、构配件、设备的质量关外，还需要把好施工工艺和工序验收关。工序验收要严格按照主控项目和一般项目逐项进行检查验收，要求施工单位实事求是地做好自检；同时，专业监理工程师也要实事求是地做好平行检验工作。所有自检和平行检验资料都应记录在案，便于检查和存档。对关键工序的施工质量还应按照《房屋建筑工程施工旁站监理管理办法（试行）》的规定，实施全过程现场跟班的监督活动。

② 做好工序间的配合和验收交接。前一道工序未经验收合格不得进入下一道工序。这既是工序间的配合问题，又是工序间验收交接问题。没有这种配合和交接，就不可能确保工序的施工质量。

③ 做好隐蔽工程的检查和验收。隐蔽工程是指前道工序施工完成后被后道工序所覆盖，则前道工序属于隐蔽工程。如钢筋混凝土工程中的钢筋工程，风、水、电的管道预埋；装饰装修工程中吊顶内的风、水、电管线安装；隔断中的电管安装、隔声材料施工、隔断龙骨施工；屋面工程中的防水、保温层等的施工；门、窗、幕墙（含玻璃、石料、铝塑板等）中的预埋件、龙骨安装等。对隐蔽工程的严格检查验收，并办理的相应签字认可手续，其目的在于日后分项、分部工程验收和工程竣工验收时虽见不到原形，但有证可查。

（2）检验批质量验收

分项工程划分成检验批进行验收，有助于及时纠正施工中出现的质量问题，确保工程质量，也符合施工实际需要。多层及高层建筑工程中主体分部的分项工程可按楼层或施工段来划分检验批；单层建筑工程中的分项工程可按变形缝等划分检验批；地基基础分部工程中的分项工程一般划分为一个检验批，有地下层的基础工程可按不同地下层划分检验批；屋面分部工程中的分项工程，不同楼层屋面可划分为不同的检验批；其他分部工程中的分项工程，一般按楼层划分检验批；对于工程量少的分项工程可统一划分为一个检验批。安装工程一般按一个设计系统或设备组别划分为一个检验批。室外工程统一划分为一个检验批。散水、台阶、明沟等含在地面检验批中。

要求检验批质量验收合格，应符合《建筑工程施工质量验收统一标准》GB 50300—2001 中的第 5.0.1 条规定：

① 主控项目和一般项目的质量经抽样检验合格；

② 具有完整的施工操作依据、质量检查记录。

主控项目，是指建筑工程中的对安全、卫生、环境保护和公共利益起决定性作用的检验项目；

一般项目，是指除主控项目以外的检验项目。

检验批质量应按主控项目和一般项目进行验收。在抽样检验中，必然存在两类风险：一类是生产方的风险，是指合格批被判为不合格批的概率 α，即合格批被拒收的概率；另一类是使用方风险，是指不合格批被判为合格批的概率 β，即不合格批被误收的概率。一般控制范围是：α=1%～5%；β=5%～10%。《建筑工程施工质量验收统一标准》GB 50300—2001 中的第 3.0.5 条规定：对于主控项目，其 α、β 均不宜超过 5%；对于一般项目，α 不宜超过 5%，β 不宜超过 10%。

（3）分项工程质量验收

要分项工程质量验收合格，应符合《建筑工程施工质量验收统一标准》GB 50300—2001 中的第 5.0.2 条规定：

① 分项工程所含的检验批均应符合合格质量的规定；

② 分项工程所含的检验批的质量验收记录应完整。

（4）分部（子分部）工程质量验收

分部（子分部）工程质量验收，是在其所含各分项工程验收的基础上进行的。

要求分部（子分部）工程的质量验收合格，应符合《建筑工程施工质量验收统一标准》GB 50300—2001 中的第 5.0.3 条规定：

① 分部（子分部）工程所含分项工程的质量均应验收合格；

② 质量控制资料应完整；

③ 地基与基础、主体结构和设备安装等分部工程有关安全及功能的检验和抽样检测结果应符合有关规定；

④ 观感质量验收应符合要求。

根据《建筑工程施工质量验收统一标准》GB 50300—2001 的规定：建筑工程共有九个分部，其中土建分部四个：地基与基础、主体结构、建筑装饰装修、建筑屋面。安装分部五个：建筑给水、排水及采暖，建筑电气（强电），智能建筑（弱电），通风与空调，电梯等。

（5）工程变更的审查

根据《建设工程监理规范》GB/T 50319—2013 和地方政府有关文件的规定：施工单位提出的工程变更，应提交项目监理机构，由总监理工程师组织专业监理工程师审查，提出审查意见。对涉及工程设计文件修改的工程变更，应由建设单位转交原设计单位修改工程设计文件。必要时，项目监理机构应建议建设单位组织设计、施工等单位召开专题会议，论证工程设计文件的修改方案。对建设单位要求的工程变更，项目监理机构应提出评估意见，并督促施工单位按照会签后的工程变更单组织施工。总监理工程师在分析了工程变更引起的增减工程量、工程变更引起的费用变化、工程变更引起的工期变化后，对工程变更费用及工期影响作出评估。并与建设单位、施工单位等共同协商妥当后再会签工程变更单。对工程变更的严格控制，其目的在于严格控制工程造价，使工程决算价不超过工程预算价，以防出现超量超标的钓鱼工程。不少地方推行限额设计，有些地方政府规定因工程变更所增加的费用不能超过总投资额的 10%，否则，要重新向原设计审批的主管部门申请批准。

（6）工程质量问题和质量事故的处理

凡工程质量未能满足设计图纸、验收规范、施工合同、环境保护、法律、法规等规定的要求，就称为工程质量不合格。出现质量事故的工程不可能参加评优活动。所以在工程施工过程中要严防质量事故的发生。

1.2.3　工程质量的事后控制

1）事后控制的内容（图 1-4）

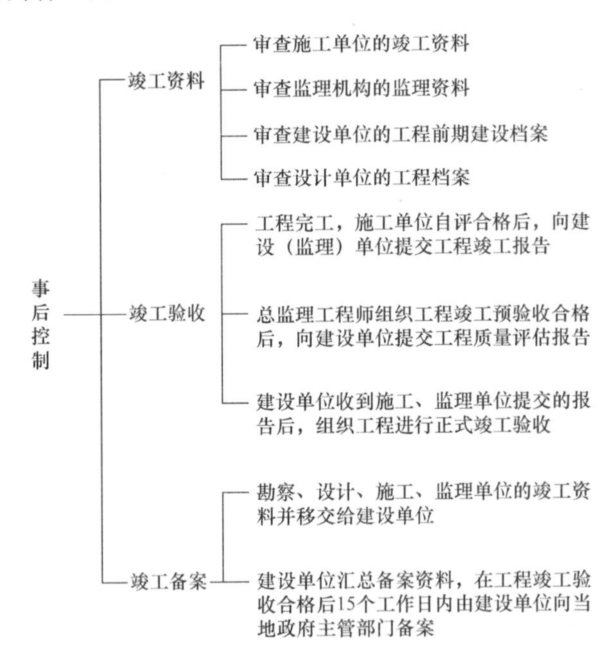

图 1-4　工程质量事后控制的内容

2）事后控制的方法

（1）工程竣工资料的审查

审查工程竣工资料中应包括：审查施工单位的竣工资料；监理机构的监理档案；建设单位的建设前期档案；勘察、设计单位的工程档案。审查的目的：为工程正式竣工验收时有一份完整的工程建设档案；为工程竣工验收备案时有一份完整的档案；为满足城建档案馆要求存档的档案资料。为此，项目监理机构在“三控、三管、一协调”的过程中要督促施工单位、建设单位和监理机构本身要按国家标准《建设工程文件归档整理规范》GB/T 50328—2001和当地政府规定的要求准备。否则，会因档案管理不规范而造成档案资料不完整，直接影响工程竣工验收、工程竣工备案、工程档案进馆存档的时间。

（2）单位（子单位）工程质量竣工验收

单位（子单位）工程质量竣工验收，应按建设部建建［2000］142号《房屋建筑工程和市政基础设施工程竣工验收暂行规定》中明确规定的要求和内容进行。

① 验收的范围：凡新建、扩建、改建的项目和技术改造项目，按项目主管部门批准的设计文件所规定的内容建成，符合验收标准，由建设单位负责组织验收。

② 验收的依据：批准的设计文件（项目批文、设计图纸、技术资料等）；主管部门有关审批、修改、调整的文件；国外引进项目，还应有与外国签订的合同和外国提供的设计文件；现行的施工质量验收规范和施工质量验收统一标准。

《建筑工程施工质量验收统一标准》GB 50300—2001中第5.0.4条作为强制性条文提出：单位（子单位）工程质量验收合格，应符合下列规定：

a. 单位（子单位）工程所含分部（子分部）工程的质量均应验收合格；

b. 质量控制资料应完整；

c. 单位（子单位）工程所含分部工程有关安全和功能的检测资料应完整；

d. 主要功能项目的抽查结果应符合相关专业质量验收规范的规定；

e. 观感质量验收应符合要求。

③ 验收条件：施工单位已完成工程设计和合同约定的各项内容，并对完工工程的质量进行了自检，合格后，提出了竣工验收报告；有完整的技术档案和施工管理资料；有工程使用的主要建筑材料、建筑配件和设备的进场试验报告；有勘察、设计、施工、监理等单位分别签署的质量合格文件；有规划、消防、环保等单位分别出具的认可文件或准许使用文件；建设行政主管部门及其委托的工程质量监督机构等有关部门责令整改的问题已全部整改完毕；建设单位已按合同约定支付工程款；有施工单位签署的工程保修书。

④ 验收程序：

A. 工程完工后，施工单位向建设单位提交工程竣工报告，申请竣工验收。实行监理的工程，工程竣工报告须经总监理工程师签署意见。总监理工程师签署意见前，必须做到：检查工程现场。查实工程是否已完工，并达到国家规定的质量目标，现场已清理完毕，具备交工条件；审查工程资料，包括：材料、设备、构配件的质量合格证明，试验资料，隐蔽工程验收记录，验收批、分项、分部工程验收记录，施工日志，工程竣工图等；由总监理工程师组织建设、施工、监理等单位对工程进行竣工预验收，预验收合格后，由总监理工程师提出工程质量评估报告，作为总监理工程师对工程竣工验收的意见。

B. 建设单位收到施工单位的工程竣工报告和监理单位提交的工程质量评估报告后，对符合竣工验收条件的工程，组织勘察、设计、施工、监理等单位和其他有关方面的专家组成验收组，制订验收方案。

C. 建设单位应当在工程竣工验收7个工作日前将验收的时间、地点及验收组名单书面通知负责监督该工程的质量监督机构。

D. 建设单位组织工程竣工正式验收。其验收步骤为：

a. 建设、勘察、设计、施工、监理等单位分别向验收会议汇报工程合同履行情况和各环节执行法律、法规及工程建设强制性标准的情况。具体要求：建设单位汇报工程项目执行基本建设程序的情况；设计单位汇报工程设计情况；施工单位汇报工程施工情况、自检情况、竣工情况；监理单位汇报监理情况、预验收情况和对工程质量的评估。

b. 审阅建设、勘察、设计、施工、监理等单位的工程档案资料（在验收组中专门设一个小组，负责审阅资料后向验收会议汇报）。

c. 实地查验工程质量（一般专设土建小组、安装小组，分别查验后向验收会议汇报）。

d. 对工程勘察、设计、施工、设备安装质量和各管理环节等方面作出全面评价，形成经验收组人员签署的工程竣工验收意见。当参加工程验收的各方不能形成一致意见时，应协商提出解决的办法，待意见一致后，重新组织工程竣工验收。

⑤ 工程未经验收或验收不合格，擅自交付使用的，处以罚款。

国务院 2000 年 1 月 30 日发布并施行的《建设工程质量管理条例》第 58 条规定：建设单位有下列行为之一的，责令改正，处工程合同价款 2%以上，4%以下的罚款；造成损失的，依法承担赔偿责任：

a. 未组织竣工验收，擅自交付使用的；

b. 验收不合格，擅自交付使用的；

c. 对不合格的建设工程按合格工程验收的。

⑥ 提出工程竣工验收报告。工程竣工验收合格后，建设单位应及时提出工程竣工验收报告。其内容包括：

a. 工程概况；

b. 建设单位执行基本建设程序情况；

c. 对工程勘察、设计、施工、监理等单位参与工程建设工作方面的评价；

d. 工程竣工验收时间、程序、内容和组织形式；工程竣工验收意见等；

⑦ 办理和核定移交工程清册，即办理验收和移交固定资产手续。总监理工程师签发工程竣工"移交证书"。

（3）工程竣工备案

建设单位应当自工程竣工验收合格之日起 15 日内，依照建设部［2000］第 78 号令于 2009 年 10 月 19 日修正的《房屋建筑和市政基础设施工程竣工验收备案管理办法》规定，向工程所在地的县级以上地方人民政府建设主管部门备案。备案时应提交下列文件：

① 工程竣工验收备案表；

② 工程竣工验收报告；

③ 工程施工许可证；

④ 施工图设计文件审查意见；

⑤ 单位工程质量综合验收文件（施工竣工报告、勘察检查报告、设计评估报告、监理评估报告、竣工验收证明书等）；

⑥ 市政基础设施的有关质量检测和功能性试验资料；

⑦ 规划、公安消防、环保等部门出具的认可文件或者准许使用文件；

⑧ 施工单位签署的工程质量保修书；

⑨ 商品住宅的“住宅质量保证书”和“住宅使用说明书”；

⑩ 法规、规章、规定必须提供的其他文件。

建设单位在工程竣工验收合格之日起15日内未办理竣工验收备案的，备案机关责令限期改正，处20万元以上50万元以下罚款。

备案机关收到建设单位报送的竣工验收备案文件，验证文件齐全后，应当在工程竣工验收备案表上签署文件收讫。

工程竣工验收备案表一式二份，一份由建设单位保存，一份留备案机关报存档。

1.3 优质工程评价标准的基本规定

应按照《建筑工程施工质量评价标准》GB/T 50375—2006第3章施行。

1.3.1 评价基础

1）建筑工程质量应实施目标管理，施工单位在工程开工前应制定质量目标，进行质量策划。实施创优良的工程，还应在承包合同中明确质量目标以及各方责任。

2）建筑工程质量应推行科学管理，强化工程项目的工序质量管理，重视管理机制的质量保证能力及持续改进能力。

3）建筑工程质量控制重点应突出原材料、过程工序质量控制及功能效果测试。应重视提高管理效率及操作技能。

4）建筑工程施工质量优良评价应综合检查评价结构的安全性、使用功能和观感质量效果等。

5）建筑工程施工质量优良评价应注重科技进步、环保和节能等先进技术的应用。

6）建筑工程施工质量优良评价，应在工程质量按《建筑工程施工质量验收统一标准》GB 50300—2001及其配套的各专业工程质量验收规范验收合格基础上评价优良等级。

1.3.2 评价框架体系

1）建筑工程施工质量评价应根据建筑工程特点按照工程部位、系统分为地基及桩基工程、结构工程、屋面工程、装饰装修工程及安装工程等五部分，其框架体系应符合图1-5的规定。

2）每个工程部位、系统应根据其在整个工程中所占工作量大小及重要程度给出相应的权重值，工程部位、系统权重值分配应符合表1-1的规定。

3）每个工程部位、系统按照工程质量的特点，其质量评价应包括施工现场质量保证条件、性能检测、质量记录、尺寸偏差及限值实测、观感质量等五项评价内容。

每项评价内容应根据其在该工程部位、系统内所占的工作量大小及重要程度给出相应的权重值，各项评价内容的权重分配应符合表1-2的规定。

4）每个检查项目包括若干项具体检查内容，对每一具体检查内容应按其重要性给出标准分值，其判定结果分为一、二、三共三个档次。一档为100%的标准分值；二档为85%的标准分值；三档为70%的标准分值。

5）建筑工程施工质量优良评价应分为工程结构和单位工程两个阶段分别进行评价。

6）工程结构、单位工程施工质量优良工程的评价总得分均应大于等于85分。总得分达到92分及其以上时为高质量等级的优良工程。

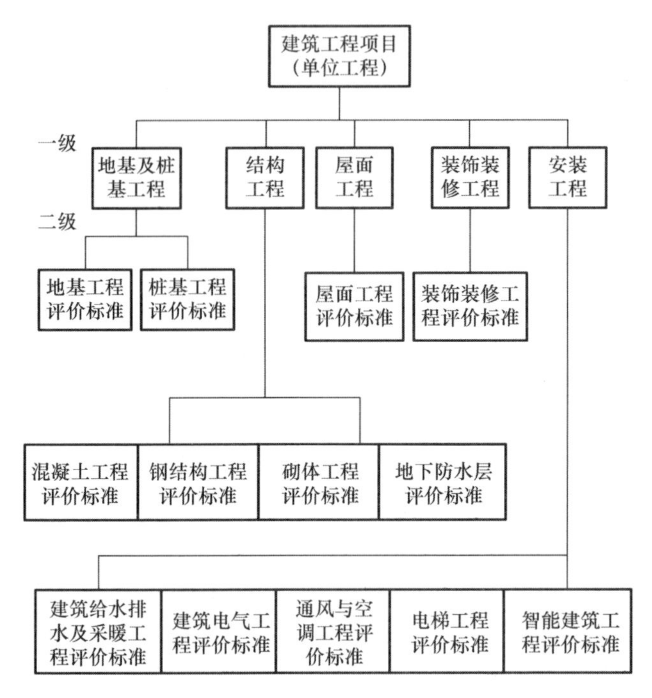

图 1-5　工程质量评价框架体系

工程部位、系统权重值分配表　　　　**表 1-1**

权重分值 工程部位	权重分值
地基及桩基工程	10
结构工程	40
屋面工程	5
装饰装修工程	25
安装工程	20

注：安装工程有五项内容：建筑给水排水及采暖工程、建筑电气、通风与空调、电梯、智能建筑工程各 4 分。缺项时按实际工作量分配但应为整数。

评价项目权重值分配表　　　　**表 1-2**

序号	评价项目	地基及桩基工程	结构工程	屋面工程	装饰装修工程	安装工程
1	施工现场质量保证条件	10	10	10	10	10
2	性能检测	35	30	30	20	30
3	质量记录	35	25	20	20	30
4	尺寸偏差及限值实测	15	20	20	10	10
5	观感质量	5	15	20	40	20

注：1. 用各检查评分表检查评分后，将所得分值换算为本表分值，再按规定变为表 1-1 的权重值。
2. 地下防水层评价权重值没有单独列出，包含在结构工程中，当有地下防水层时，其权重值占结构工程的 5%。

1.3.3　评价规定

1）建筑工程实行施工质量优良评价的工程，应在施工组织设计中制定具体的创优措施。

2）建筑工程施工质量优良评价，应先由施工单位按规定自行检查评定，然后由监理或相关单位验收评价。评价结果应以验收评价结果为准。

3）工程结构和单位工程施工质量优良评价均应出具评价报告。

4）工程结构施工质量优良评价应在地基及桩基工程、结构工程以及附属的地下防水层完工，且主体工程质量验收合格的基础上进行。

5）工程结构施工质量优良评价，应在施工过程中对施工现场进行必要的抽查，以验证其验收资料的准确性。多层建筑至少抽查一次，高层、超高层、规模较大工程及结构较复杂的工程应增加抽查次数。

现场抽查应做好记录，对抽查项目的质量状况进行详细记载。

现场抽查采取随机抽样的方法。

6）单位工程施工质量优良评价应在工程结构施工质量优良评价的基础上，经过竣工验收合格之后进行，工程结构质量评价达不到优良的，单位工程施工质量不能评为优良。

7）单位工程施工质量优良的评价，应对工程实体质量和工程档案进行全面的检查。

1.3.4　评价内容

1）工程结构、单位工程施工质量优良评价的内容应包括工程质量评价得分，科技、环保、节能项目加分和否决项目。

2）工程结构施工质量优良评价应按标准《建筑工程施工质量评价标准》GB/T 50375—2006 第 4～6 章的评价表格，按施工现场质量保证条件、地基及桩基工程、结构工程的评价内容逐项检查。结合施工现场的抽查记录和各检验批、分项、分部（子分部）工程质量验收记录，进行统计分析，按规定对相应表格的各项检查项目给出评分。

3）单位工程施工质量优良评价应按标准《建筑工程施工质量评价标准》GB/T 50375—2006 第 4～9 章的评价表格，按各表格的具体项目逐项检查，对工程的抽查记录和验收记录，进行统计分析，按规定对相应表格的各项检查项目给出评分。

4）工程结构、单位工程施工质量凡出现下列情况之一的，不得进行优良评价：

（1）使用国家明令淘汰的建筑材料、建筑设备、耗能高的产品及民用建筑挥发性有害物质含量释放量超过国家规定的产品。

（2）地下工程渗漏超过有关规定、屋面防水出现渗漏、超过标准的不均匀沉降、超过规范规定的结构裂缝、存在加固补强工程以及施工过程出现重大质量事故的。

（3）评价项目中设置否决项目，确定否决的条件是：其评价得分达不到二档，实得分达不到 85％的标准分值；没有二档的为一档，实得分达不到 100％的标准分值。设置的否决项目为：

地基及桩基工程：地基承载力、复合地基承载力及单桩竖向抗压承载力；

结构工程：混凝土结构工程实体钢筋保护层厚度、钢结构工程焊缝内部质量及高强度螺栓连接副紧固质量；

安装工程：给水排水及采暖工程承压管道、设备水压试验，电气安装工程接地装置、防雷装置的接地电阻测试，通风与空调工程通风管道严密性试验，电梯安装工程电梯安全保护装置测试，智能建筑工程系统检测等。

5）有以下特色的工程可适当加分，加分为权重值计算后的直接加分，加分只限一次。

（1）获得部、省级及其以上科技进步奖，以及使用节能、节地、环保等先进技术获得部、省级奖的工程可加 0.5～3 分；

（2）获得部、省级科技示范工程或使用先进施工技术并通过验收的工程可加 0.5～1 分。

1.3.5　基本评价方法

1）性能检测检查评价方法应符合下列规定：

检查标准：检查项目的检测指标（参数）一次检测达到设计要求及规范规定的为一档，取 100%的标准分值；按有关规范规定，经过处理后达到设计要求及规范规定的为三档，取 70%的标准分值。

检查方法：现场检测或检查检测报告。

2）质量记录检查评价方法应符合下列规定：

检查标准：材料、设备合格证（出厂质量证明书）、进场验收记录、施工记录、施工试验记录等资料完整、数据齐全并能满足设计及规范要求，真实、有效、内容填写正确，分类整理规范，审签手续完备的为一档，取 100%的标准分值；资料完整、数据齐全并能满足设计及规范要求，真实、有效，整理基本规范，审签手续基本完备的为二档，取 85%的标准分值；资料基本完整并能满足设计及规范要求，真实、有效，内容审签手续基本完备的为三档，取 70%的基本分值。

检查方法：检查资料的数量及内容。

3）尺寸偏差及限值实测检查评价方法应符合下列规定：

检查标准：检查项目为允许偏差项目时，项目各测点实测值均达到规范规定值，且有 80%及其以上的测点平均实测值小于等于规范规定值 0.8 倍的为一档，取 100%的标准分值；检查项目各测点实测值均达到规范规定值，且有 50%及其以上，但不足 80%的测点平均实测值小于等于规范规定 0.8 倍的为二档，取 85%的标准分值；检查项目各测点实测值均达到规范规定的为三档，取 70%的标准分值。

检查项目为双向限值项目时，项目各测点实测值均能满足规范规定值，且其中有 50%及其以上测点实测值接近限值的中间值的为一档，取 100%的标准分值；各测点实测值均能满足规范规定限值范围的为二档，取 85%的标准分值；凡有测点经过处理后达到规范规定的为三档，取 70%的标准分值。

检查项目为单向限值项目时，项目各测点实测值均能满足规范规定值的为一档，取 100%的标准分值；凡有测点经过处理后达到规范规定的为三档，取 70%的标准分值。

当允许偏差、限值两者都有时，取较低档项目的判定值。

检查方法：在各相关同类检验批或分项工程中，随机抽取 10 个检验批或分项工程，不足 10 个的取全部进行分析计算。必要时，可进行现场抽测。

4）观感质量检查评价方法应符合下列规定：

检查标准：每个检查项目的检查点按“好”、“一般”、“差”给出评价，项目检查点 90%及其以上达到“好”，其余检查点达到“一般”的为一档，取 100%的标准分值；项目的检查点“好”的达到 70%及其以上但不足 90%，其余检查点达到“一般”的为二档，取 85%的标准分值；项目的检查点“好”的达到 30%及其以上但不足 70%，其余检查点达到“一般”的为三档，取 70%的标准分值。

检查方法：观察辅以必要的量测和检查分部（子分部）工程质量验收记录，并进行分析计算。

第2章　优质工程主要监理文件的编制

2.1　监理规划的编制

监理单位和项目监理机构在工程不同阶段，为了不同的目的而编的三大基本文件，即监理大纲、监理规划和监理实施细则。它们各自的作用和对其内容的要求各不相同，如表2-1所列。

监理大纲、监理规划和监理实施细则比较　　**表2-1**

监理文件名称	编写对象	主持编写人员	编写时间和作用	内容		
				为什么做	做什么	如何做
监理大纲	项目整体	监理单位总工程师	在监理招投标阶段编制的。目的是使评标专家信服，进而获得监理任务	☆	△	
监理规划	项目整体	项目监理机构总监理工程师	在委托监理合同签订以后，并在熟悉施工图的基础上制定的。目的是指导项目监理工作的开展。编制后，由总工程师批准	△	☆	
监理实施细则	某项专业监理工作	某专业监理工程师	在项目监理机构人员配置齐全，职责明确后编制。目的是便于各专业监理的操作。编制后，经总监理工程师批准		△	☆

注：☆为首要解决的问题；△为次要解决的问题。

2.1.1　监理规划编制的依据

（1）建设工程的相关法律、法规及项目审批文件：

如《中华人民共和国建筑法》、《建设工程质量管理条例》、《房屋建筑和市政基础设施工程竣工验收备案管理》、《建设工程监理规范》GB/T 50319—2013等。

（2）建设工程项目有关的标准、设计文件、技术资料：

如《建筑工程施工质量验收统一标准》GB 50300—2001、《建筑工程施工质量评价标准》GB/T 50375—2006、各专项工程施工质量验收规范、有关的设计规范、操作规程、综合预算定额、单位估价表、各专业施工图、技术文件、政府有关文件及相关的审批文件等。

（3）项目监理大纲、委托监理合同、工程施工合同、材料、设备供应合同等。

2.1.2　监理规划编制的程序

（1）监理规划应在签订项目委托监理合同及收到和熟悉全部施工图以后开始编制；

（2）由总监理工程师组织，各专业监理工程师参加编制；

（3）监理规划编写完成后，由总监理工程师签字，报监理单位技术负责人审批；

（4）监理规划应在召开第一次工地会议之前报送建设单位。

2.1.3 监理规划编制的内容

根据《建设工程监理规范》GB/T 50319—2013 规定，监理规划应包括以下主要内容：

（1）工程概况；

（2）监理工作范围内容、目标；

（3）监理工作依据；

（4）监理组织形式、人员配备及进退场计划、监理人员岗位职责；

（5）监理工作制度；

（6）工程质量控制；

（7）工程造价控制；

（8）工程进度控制；

（9）安全生产管理的监理工作；

（10）合同与信息管理；

（11）组织协调；

（12）监理工作设施。

在监理工作实施过程中，如实际情况或条件发生重大变化而需要调整监理规划时，应由总监理工程师组织专业监理工程师研究修改，按原报审程序经过批准后报建设单位。

2.1.4 某大厦监理规划案例

一、工程概况

本工程由×××投资，建设地点在××市××区××路×××号，总占地面积 3878.56m^2。地下 2 层，建筑面积 6987.50m^2；地上 17 层，建筑面积 21510.77m^2；总建筑面积 28498.27m^2 的钢筋混凝土框—筒结构，建筑等级一级，耐火等级一级，抗震设防烈度 7 度，人防工程等级六级。

工程特点：5 层楼面至 12 层中③轴至⑦轴间设计成一个宽 15.44m、高 22.50m 的洞；12 层楼面至 17 层楼面又连成一体，总高度 81.90m（檐口高 71.20m）。整个建筑属门式建筑，从第 12 层楼面开始，④轴、⑥轴上的柱和梁为劲性钢筋混凝土结构。钢柱吊挂于搁置在两侧中筒上的钢骨桁架上。

工程是集办公、营业、宾馆、餐饮、休闲娱乐为一体的多功能建筑。外装饰为中空半隐（1618.33m^2）和全隐（1211.94m^2）玻璃幕墙、中空幕墙条窗和明框窗（2309.94m^2）、石材幕墙（11808.20m^2）；内装饰：办公室为金属铝板吊顶，墙面干挂防火木质板、乳胶漆、玻璃和轻钢龙骨隔断，地面为架空网络地板上铺地毯，电梯厅为干挂莎拉娜米黄；宾馆为纸面石膏板吊顶，羊毛地毯，乳胶漆和干挂防火板木质墙面；餐饮部为轻钢龙骨隔断，纸面石膏板吊顶及其造型，地毯，柱、墙干挂意大利米黄，大理石铺贴地面。室内配备五部客梯、一部消防梯、中央空调。

二、监理工作范围、目标和依据

（一）监理工作范围

根据建设工程委托监理合同规定，监理工作范围为：土建、水电、空调、消防、电梯、室内外装饰、室外工程等全过程施工监理及保修阶段监理。

（二）监理工作目标

如表 2-2 所列。

监理工作目标 **表 2-2**

序号	各项目标	监理目标要求
1	工期目标	720d。采用动态控制，分基础、主体、装饰三个阶段。制定分阶段进度计划，并即时将实际进度与计划进度作比较，如有偏差，找出原因并及时调整
2	质量目标	按优质标准控制验收，并为工程参与市优、省优、国优等优质工程评比创造条件
3	造价目标	监理范围内的投资为 1 亿万元人民币。工程变更控制在工程投资的 10%范围内。施工过程中，各施工单位按施工合同规定的付款方式，由监理进行计量支付（核实合格工程量，签发支付凭证）。工程竣工结算时，负责送审计前的审前核定工作
4	合同管理目标	减少或杜绝施工单位的合同索赔和协助建设单位进行反索赔工作
5	信息管理目标	工程竣工资料符合工程竣工验收、竣工备案、工程评优和城建档案馆存档等要求
6	协调目标	协调各参建单位间有机配合，使项目建设过程顺利
7	安全监督目标	杜绝安全事故发生；创建省市文明施工工地

（三）监理工作依据

依据《中华人民共和国建筑法》、《建设工程质量管理条例》、《建设工程安全生产管理条例》、《房屋建筑和市政基础设施工程竣工验收备案管理》、《建筑工程施工质量验收统一标准》GB 50300—2001、《建筑工程施工质量评价标准》GB/T 50375—2006、《工程建设标准强制性条文》、《建设工程监理规范》GB/T 50319—2013 及各专业工程施工质量验收规范，各专业施工图、技术文件，有关的设计规范、操作规程，综合预算定额、单位估价表，政府有关文件及本项目相关审批文件，施工合同、施工单位投标文件，委托监理合同及工程监理大纲等。

三、监理组织机构、岗位职责和人员配备计划及进退场计划

（一）监理组织机构

本工程为单体高层建筑，其特点是：体量不大（28498.27m²）且集中，便于管理。为此，监理机构采用直线式单阶组织形式（图 2-1），即总监（总监代表）下直接设置各专业监理组（专业监理工程师、监理员）。

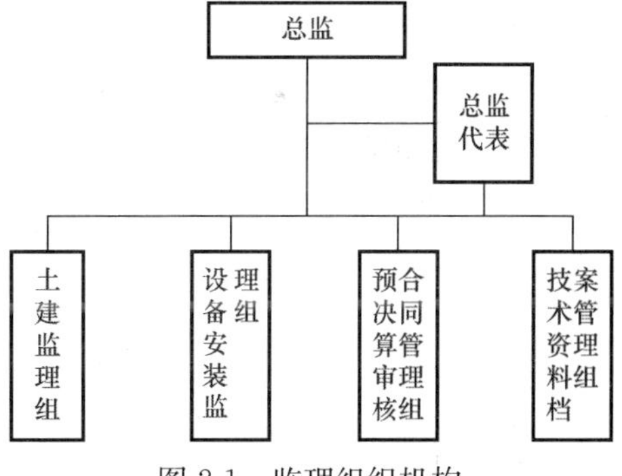

图 2-1 监理组织机构

（二）岗位职责

执行《建设工程监理规范》GB/T 50319—2013 及本公司 ISO 9002 质量体系文件中规定的各类监理人员职责。其中总监代表的职责按总监授权。即除《建设工程监理规范》GB/T 50319—2013 中规定的内容不准委托给总监代表外，其他各项均委托给总监代表执行。

1）总监理工程师的职责

（1）确定项目监理机构人员及其岗位职责；

（2）组织编制监理规划，审批监理实施细则；

（3）根据工程进展情况及监理工作情况，检查监理人员工作；

（4）组织召开监理例会；

（5）组织审核分包单位资格；

（6）组织审查施工组织设计、（专项）施工方案；

（7）审查开复工报审表，签发工程开工令、暂停令和复工令；

（8）组织检查施工单位现场质量、安全生产管理体系的建立及运行情况；

（9）组织审核施工单位的付款申请，签发工程款支付证书，组织审核竣工结算；

（10）组织审查和处理工程变更；

（11）调解建设单位与施工单位的合同争议，处理工程索赔；

（12）组织验收分部工程，组织审查单位工程质量检验资料；

（13）审查施工单位的竣工申请，组织工程竣工预验收，组织编写工程质量评估报告，参与工程竣工验收；

（14）参与或配合工程质量安全事故的调查和处理；

（15）组织编写监理月报、监理工作总结，组织整理文件资料。

2）总监理工程师代表的职责

（1）确定项目监理机构人员及其岗位职责；

（2）组织召开监理例会；

（3）组织审核分包单位的资格；

（4）审查开、复工报审表；

（5）组织检查施工单位现场质量、安全生产管理体系的建立及运行情况；

（6）组织审核施工单位的付款申请；

（7）组织审查和处理工程变更；

（8）组织验收分部工程，组织审查单位工程质量检验资料；

（9）组织编写监理月报、监理工作总结，组织整理监理文件资料；

（10）主持整理工程项目的竣工资料。

3）专业监理工程师的职责

（1）参与编制监理规划，负责编制监理实施细则；

（2）审查施工单位提交的涉及本专业的报审文件，并向总监理工程师报告；

（3）参与审核分包单位资格；

（4）指导、检查监理员的工作，定期向总监理工程师报告本专业监理工作实施情况；

（5）检查进场的工程材料、构配件、设备的质量；

（6）验收检验批、隐蔽工程、分项工程，参与验收分部工程；

（7）处置发现的质量问题和安全事故隐患；

（8）进行工程计量；

（9）参与工程变更的审查和处理；

（10）组织编写监理日志，参与编写监理月报；

（11）收集、汇总、参与整理监理文件资料；

（12）参与工程竣工预验收和竣工验收。

4）监理员的职责

（1）检查施工单位投入工程的人力、主要设备的使用及运行状况；

（2）进行见证取样；

（3）复核工程计量有关数据；

（4）检查工序施工结果；

（5）发现施工作业中的问题，及时指出并向专业监理工程师报告。

5）资料员的职责

（1）按照《建设工程文件归档整理规范》GB/T 50328—2001要求管理监理部资料；

（2）督促专业监理人员收集拟定有关监理资料，并负责整理、保管；

（3）监理部应具备以下资料：施工合同文件及委托监理合同；勘察设计文件；监理规划；监理实施细则；分包单位资料报审表；设计交底与图纸会审会议纪要；施工组织设计（方案）报审表；工程开工/复工报审表及工程暂停令；测量核验资料；工程材料、构配件、设备的质量证明文件；工程进度计划；检查试验资料；工程变更资料；隐蔽工程验收资料；工程计量单和工程款支付证书；监理工程师通知单；监理工程师联系单；报验申请表；会议纪要；来往函件；监理日记；监理月报；质量缺陷与事故的处理文件；分部工程、单位工程等验收资料；索赔文件资料；竣工结算审核意见书；工程项目施工阶段质量评估报告等专题报告；监理工作总结等；

（4）必须对监理资料及时进行整理，监理资料要真实完整、分类有序，便于检查；应在各阶段监理工作结束后及时整理归档。工程竣工后的7～15天内将经总监理工程师审批后的监理资料交公司档案室。

（三）人员配备计划及进退场计划

基础阶段：5～6人；主体阶段：6～7人；装修阶段：5～6人。例如主体阶段按7人配备时，其专业人数可按设备安装（水、电、空调）2人；土建、装修3人；预决算审核和合同管理1人；技术资料、档案管理1人配置。监理人员进场时间应早于施工单位进场时间；进场专业与其人员数量，根据各阶段实际需要配置，实行动态调整。

四、监理工作内容

根据建设工程委托监理合同规定，监理工作内容为：质量控制、进度控制、投资控制、合同管理、安全生产和文明施工管理、技术档案、监理档案管理和全场施工、保修阶段的组织协调工作。

（一）质量控制

1）审查施工单位质量保证体系，在监理过程中，充分发挥质量保证体系的自检、互检、交接检的作用，以确保工程质量符合施工合同规定的质量目标。

2）审查施工单位编制的施工组织设计，并依此检查、督促施工单位贯彻于施工全过程，如有改变，必须取得监理工程师协调和签认。

3）检验各种原材料、构配件、设备等的合格证、质保书及检测报告。对质量有疑问时，监理有权进行实物抽样复试。对不合格的原材料、构配件、设备等，不得用于工程。

4）督促施工单位严格按设计文件、图纸、规范、标准、规程、规定要求施工，并严格进行工序检查验收。凡经检验不合格者，应立即以口头或书面通知施工单位进行整改。未经整改或整改后仍有不合格者，不验收。情节严重者，令其停工整顿，直至符合要求为止。

5）对桩基与基础工程和主体工程中的混凝土浇筑过程，监理人员实行24h旁站监理。

在监理过程中监理人员做好检测记录和抽样试验，并将有关情况如实在监理日志中填写。

6）严格执行隐蔽工程验收制度，对钢筋混凝土工程中的钢筋，水、暖、卫、电、风、气等预埋管，幕墙、铝合金门、窗预埋件，吊顶工程以上隐蔽部分的各种管线等进行严格验收，并办理验收手续。

7）督促沉降检测（或施工）单位按设计要求及时做好沉降观测，监理及时分析数据，如遇意外，应及时报告有关单位采取措施。

8）复验施工单位提交的建筑物定位、放线、轴线和标高传递报验单，并办理验收手续。

9）审查施工单位对地下室和主体的混凝土浇筑方案，并督促其认真实施。

10）对水、暖、风、电、卫、气各种管道预埋、预留严格检查，安装后分别进行打压、盛水试验，落球试验，电阻测试，单机调试和系统调试。

11）督促施工单位做好分项工程质量检验评定，监理人员做到及时检验核定，并分层做好各检验批工程质量评估（平行检验）记录，进行动态控制（上墙公布）；项目监理机构根据施工单位报送的资料，及时组织对桩基与基础工程（含地下室）、主体工程等分部进行中间验收。

12）质量事故处理

（1）一般施工质量事故，由总监理工程师组织有关方面进行事故分析，并责成施工单位提出事故报告，处理方案，经设计、建设单位、监理单位同意后实施，监理人员监督检查其完成；

（2）对重大施工质量事故，总监理工程师应及时向建设单位、监理主管部门和有关方面报告，参与有关部门组织的事故处理全过程，并负责检查监督实施及验收。

13）复查施工单位提供的竣工图和竣工资料，为建设单位提供完整的工程技术档案资料，组织工程竣工预验收，并参与建设单位主持的工程项目竣工验收。

14）当遇有下列情况之一者，总监理工程师有权签发停工令：

（1）严重违反规范、标准、规程，进行野蛮施工；

（2）使用不合格的材料、构配件、设备等；

（3）危及安全的冒险作业行为；

（4）重要工程部位未经验收签认者验收签认。

15）在下列部位设置重点质量控制点：

（1）工程桩的桩长和桩底扩大头尺寸及其深入持力层的标高；

（2）地下室底板混凝土的浇捣和止水带的埋设；

（3）地下室顶板的配筋检查验收和混凝土浇捣；

（4）各楼层柱、梁、板、墙配筋的检查验收；

（5）屋面防水、保温、贴面层的施工；

（6）地下室耐磨地面的施工；

（7）玻璃、石材幕墙的施工；

（8）室内公共部位装饰的施工；

（9）水、电、暖、风、气管的预埋预留；

（10）防雷接地筋的埋设与焊接；

（11）电梯的安装；

（12）中央空调设备的安装；

（13）消防管线及其设备的安装；

（14）智能建筑的管、线验收与运行调试。

（二）进度控制

1）总监理工程师审核、认可由施工单位按施工合同条款约定的工期编制的施工总进度计划（以日历网络图表示）。

2）督促施工单位根据批准认可的施工总进度计划，分阶段或分年度、季度、月度制订具体执行计划，并报监理单位备案。

3）监理人员根据施工总进度计划和分阶段计划，定期检查施工单位执行情况，并记录在案，实行动态控制。如有延误工期，监理人员应进行调查研究，分清责任，并及时报告总监理工程师，由总监理工程师再报建设单位审定。

4）各专业监理工程师及时填写专业进度检查卡，每周报总监理工程师，总监理工程师每月向建设单位通过月报报告施工进度情况，并绘制实际施工进度与计划施工进度对照表，进行动态控制（上墙公布）。

5）协调建设单位与施工单位之间在工期上违约引起的索赔和反索赔。

6）严格执行进度控制程序，如有工期延误，总监理工程师负责及时召集或定期召集建设单位、施工单位开协调会进行调整，会后由施工单位各自调整进度计划，并报监理单位和建设单位审定。

7）在每周工程监理例会上，要求各施工单位以书面形式，报告上周实际进度与计划进度比较后的情况，并写出超前或滞后的原因和准备调整进度的办法，提出本周计划完成的工程进度。

（三）投资控制

1）熟悉施工单位在投标时的预算价和报价，了解施工单位的承建范围（工程量清单），工程量计算方法，套用定额、单价，各种收费标准等。

2）审核施工单位按工程款付款阶段提出的已完成工程量和工作量的报表，并分别经专业监理工程师对其工程质量验收合格后进行计量（不合格者不计量）和计价。后报总监理工程师分别签发工程计量单和付款签证单。建设单位根据施工合同约定和总监理工程师的付款签证支付工程款，同时按施工合同条款约定扣回预付款，并将实际付款数转告项目监理机构。监理机构用合同计划线、施工单位申报线、监理机构审核线、建设单位实际支付线这四线进行动态控制，并制表上墙公布。

3）施工单位由于自身原因造成的返工工程量不予计量，工程质量未达到标准待处理的，暂不计量。

4）因设计图纸变更需调整工程价款时，应有设计单位的变更通知，经建设单位认可，由总监理工程师签证后作为调整造价的依据。如因建设单位要求扩大工程规模或提高建设标准，需经原项目批准机关的批准和有相应追加的投资以及设计部门的图纸变更，方可实施。

5）施工单位在提交竣工报告后，在施工合同规定期限内提交工程结算，经总监理工程师组织审查、签认后提交建设单位。建设单位再按行政手续审批，或由建设单位外送审计单位审计。最后由建设单位按施工合同约定支付工程款。

6）协助建设单位从设计、施工、工艺、材料和设备等多方面挖掘节约投资的潜力。

7）协助建设单位处理工程索赔和反索赔事宜。

（四）信息与技术档案管理

1）项目监理机构设置专（或兼）职人员按本公司质量体系文件和监理规范要求负责信息与技术档案管理，信息做到及时收集、整理、分类，并及时提供给有关人员，利用信息资源做好监理工作。

2）技术档案按政府质检部门规定的要求，督促施工单位随时进行收集、整理、存档。对汇集于监理机构的有关技术档案随时进行编目、整理、归档。并在监理过程中注意对技术档案的利用。

3）在监理过程中，档案人员随时向建设单位、施工单位、设计单位索取下列资料归档：

（1）工程开工报告，工程竣工报告；

（2）工程设计变更通知单或设计变更图；

（3）测量放线记录，施工放样报验单；

（4）原材料、半成品、构配件、设备的质量合格证书、测试报告、复检报告；

（5）混凝土配合比，混凝土强度，抗渗试验报告；

（6）钢筋机械强度试验报告及钢筋接头（对焊、电渣焊、套筒连接）试验报告；

（7）各专业的工序报验和隐蔽工程验收记录；

（8）总、分包的施工合同，材料、设备供应商的供货合同及其价格清单；

（9）工程计量报审及付款申请签认；

（10）工程阶段验收及竣工验收记录；

（11）各项索赔申请和监理签认；

（12）桩基、基坑支护、土建、安装、装饰工程施工组织设计和专项施工方案；

（13）工程沉降观测记录，基础工程混凝土测温记录；

（14）设计图纸会审记录；

（15）工程竣工图，工程竣工结算；

（16）安装工程的测试和调试记录；

（17）装饰工程的环境污染检测报告；

（18）由建设单位负责承办的规划、消防、环保、交通、人防、施工图审查、施工许可证等有关文件的复印件；

（19）由建设单位向工程施工单位和监理机构发出的指令；

（20）其他文件。

4）做好月报和年报工作，每月末将本月中有关投资、进度、质量等控制和合同管理方面的信息通过月报上报建设单位、监理公司；每年末进行年终总结上报建设单位、监理公司。

5）技术档案一式两份。一份原件由工程总承包单位负责管理，工程竣工后交建设单位存档；另一份复印件由监理机构负责管理，工程竣工后交监理公司存档。

（五）合同管理

1）熟悉由建设单位与设计、勘察、施工、材料、设备等单位签订的合同条款。

2）必要时提醒建设单位与设计、勘察、施工、材料、设备等单位共同遵守合同条款的规定。

3）当发生合同纠纷时，监理单位进行调查研究，提供可靠证据。

4）在建设单位与设计、勘察、施工、材料、设备等单位之间进行协调，妥善处理合同纠纷。

（六）安全生产和文明施工管理

主要履行监理安全管理责任。

1）项目监理机构制定安全管理图表，并严格按照图中程序进行操作。

2）认真审查施工组织设计和专项施工方案中的安全技术措施，并监督施工单位负责实施。

3）项目监理机构中设专人（或兼职）负责日常现场安全管理；项目监理机构定期或不定期组织现场安全和文明施工检查；现场定期监理协调会上必查安全生产和文明施工。在上述过程中发现安全隐患，及时要求施工单位整改；情节严重者，征得业主方同意，暂停施工；当施工单位拒不整改或不暂停施工时，及时向有关主管部门报告。

4）项目监理机构在审查安全技术措施或进行现场安全管理过程中，严格按照有关法律、法规、规定、规范和工程建设强制性标准中的有关条款执行。

5）定期组织项目监理机构人员学习有关法律、法规、规定、规范和工程建设强制性标准中的有关条款，不断提高监理人员的安全意识。

6）督促施工单位创建文明工地，保持经常性的文明施工，以文明施工促进安全生产。

7）监督施工单位的安全生产体系发挥作用，安全员到岗，安全制度执行到位。

（七）组织协调

组织协调工作是做好监理工作的关键，因此工程监理机构必须具有强有力的组织协调手段，本工程采用以下手段进行协调：

1）监理协调会——由总监理工程师负责，每周（或二周）召集一次现场监理协调会，由建设单位、施工单位和监理单位有关人员参加，主要协调施工进度、施工质量、安全生产、文明施工和相互间配合等问题，会后写出监理会议纪要，并发至会议参加单位，共同遵守会议商定的意见。

2）指令性文件——监理工程师充分利用监理工程师通知单、联系单、备忘录等形式对有关事项发出书面指示，督促施工单位严格遵守与执行监理工程师的书面指示。

3）会见施工单位项目经理——当施工单位无视监理工程师的指示，违反施工合同条款进行工程活动时，由总监理工程师邀见项目经理，并提出挽救问题的办法。

4）停止支付——监理工程师充分利用监理合同赋予的计量支付方面的权力，当施工单位的任何工程行为达不到设计图纸、施工规范和施工合同要求时，监理工程师有权拒绝支付施工单位的工程款。以约束施工单位认真按规定完成各项任务。

5）会见建设单位项目负责人——对建设单位在材料供应、设备订货、设计方案决策迟缓、资金供应不足等方面造成违约时，由总监理工程师邀见项目负责人商讨解决问题的办法，及时为施工单位提供方便。

6）与设计院沟通——在施工过程中有关图纸上的问题时常发生，监理工程师可以通过建设单位或直接与设计院（当设计也属于委托监理时）沟通，及时解决有关问题。

7）监理部内部的协调——总监理工程师负责项目监理部内部监理人员之间的组织协

调工作，形成职责分明、密切配合的运行机制。

五、监理工作制度

（一）会议制度

1）监理协调会——每周一次。

2）监理部例会——每两周一次。

3）施工图会审——桩基础、主体、装饰工程施工前由土建、安装、装饰等设计院向参建单位进行技术交底和图纸会审。

4）专家论证会——对专业技术复杂的工程。

（二）审核制度

1）施工单位的资质审核——分包单位和供应商。

2）施工组织设计（方案）审核（含施工进度的审核）。

3）施工单位的计量支付申请及竣工结算的审核。

4）工程变更的审核。

5）审核分部工程及单位工程质量检验评定资料。

6）审核施工单位报送的测量放线成果（平面、高程控制网、轴线、标高传送、沉降和垂直度观测）。

（三）验收制度

1）隐蔽工程验收；

2）检验批验收；

3）分项工程（工序）验收；

4）分部工程验收；

5）单位工程预验收；

6）单位工程正式验收。

（四）签认制度

1）未经监理工程师签字，建筑材料、建筑配件和设备不得在工程上使用或安装。

2）上道工序未经监理工程师验收、签认，施工单位不得进入下一道工序的施工。

3）未经总监理工程师签字，建设单位不拨付工程款。

4）未经总监理工程师签字，不进行工程竣工验收。

（五）收、发文登记制度

图纸、技术资料、来往文件、监理表格等均实行收、发文登记制度。

（六）请示报告制度

1）向监理公司领导请示报告：涉及总监职责范围以外的重大问题及时向公司经理或总工程师请示汇报，必要时以书面形式进行。

2）向建设单位请示报告：在工程监理过程中，需要与建设单位沟通的，必须事前与建设单位交换意见后再做决定。

六、监理工作设施

（1）检测仪器——水准仪、经纬仪（全站仪）、混凝土回弹仪、激光测距仪、钢筋保护层厚度检测仪、游标卡尺、卷尺、直尺、混凝土和砂浆试模、坍落度筒、楼板测厚仪、超声波探伤仪、泥浆密度计、工程检测组合工具、数字万能用表、接地电阻测试仪、绝缘接地摇表、线缆测试仪等。

(2) 电脑、打印机——用于计算机辅助管理。

(3) 办公用设备——复印机、传真机、电话机、照相机及其他办公用具。

编制人：　　　　(签字)　　　　批准人：　　　　(签字)
年　月　日　　　　　　　　年　月　日

2.2 监理实施细则的编制

监理实施细则是在监理规划指导下，在落实了各专业监理工程师职责后，由专业监理工程师针对项目中各专业的具体情况制定的更具有实施和可操作性的业务文件。它起着具体指导监理实务作业的作用。

2.2.1 监理实施细则编制的依据

(1) 监理规划；

(2) 工程建设标准、工程设计文件；

(3) 施工组织设计、(专项) 施工方案。

2.2.2 监理实施细则编制的程序

(1) 监理实施细则应在相应工程施工开始前由专业监理工程师编制；

(2) 编写完成的监理实施细则须经总监理工程师审批。

2.2.3 监理实施细则编制的内容

根据《建设工程监理规范》GB/T 50319—2013 规定，监理实施细则应包括以下主要内容：

(1) 专业工程特点；

(2) 监理工作流程；

(3) 监理工作要点；

(4) 监理工作方法及措施。

在监理工作实施过程中，监理实施细则应根据实际情况进行补充、修改，经总监理工程师批准后实施。

2.2.4 某大楼工程测量监理实施细则案例

1. 专业工程特点

本工程为高层建筑，工程测量内容包括：建筑物定位与放线、轴线传递与复核、标高传递与复核、垂直度与总高度测量、沉降观测等。

2. 监理工作流程

如图 2-2 所示。

3. 监理工作要点

1) 施工前的准备

(1) 熟悉规划设计图纸，明确由规划上的控制点放样到实地的各控制点位置、方位作为建筑工程的首级控制；

(2) 对施工单位的测量仪器和工具进行检验，对测量人员核查资质；

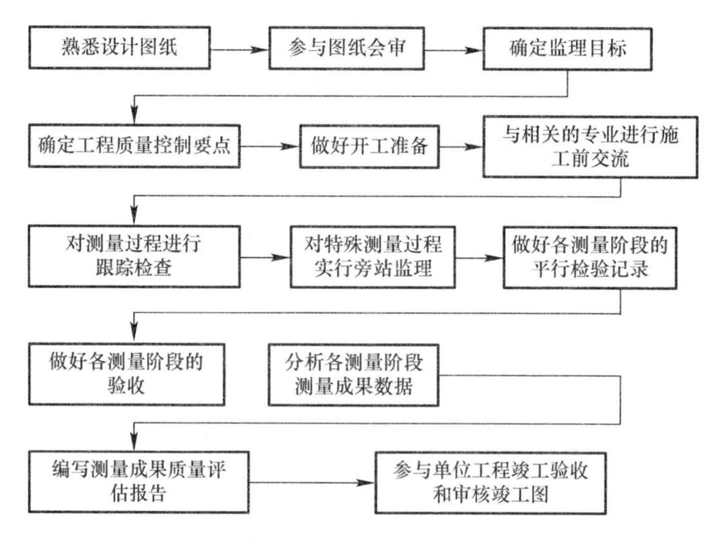

图 2-2　监理工作流程图

（3）配备各种测量用表；

（4）审定施工单位的测量方案。

2）轴线控制测量

（1）施工单位依据已知控制点进行了轴线放样，监理必须全过程进行监测，发现问题及时检测、复测或令其整改。

（2）施工单位必须因地制宜做好首级控制点的埋设和保护，监理必须按照测量规范进行指导。

（3）轴线控制测量完毕后，监理必须对控制网、轴线起始点的测量定位及各轴线的间距作认真检测，严格按照工程测量规范进行验收。同时测得纵横轴线几何图形的对角线数据值进行方正度的校核。

（4）施工单位必须绘制轴线控制测量成果图。图中必须注明：工程名称、地点、时间、层次、施测方法及所使用的仪器、测绘者、自检偏差数据等项，后向监理机构报验。经监理人员检测合格后，由测量监理工程师签字认可，资料存档。

（5）土石方及桩基工程完工后，应根据现有资料，由工程施工单位绘制竣工图，后经设计、土建施工、监理等单位有关人员的审定、会签，再存档。以便桩基施工单位与土建施工单位顺利交接。

3）高程控制测量

（1）根据规划院提供的水准点或导线点的位置及高程，作为原始点（离工程施工现场不宜太远）来控制其标高。

（2）对土石方工程开挖的标高控制，监理工程师必须对开挖深度、长度、宽度进行检测验收，合格后签字认可，资料存档。

（3）对工程±0.000 点的设置，施工单位应将其高程引测至稳固建筑物或构筑物上，其精度不低于原有水准点的等级要求，监理人员必须核验。

（4）对各楼层面标高的控制测量，应按照工程图纸的设计要求，从±0.000 点用钢尺垂直向上引测丈量至相关层次楼面设计标高以上＋50～＋100cm 处的柱（墙）上做标志，并以此标志采用水准仪做全面抄平。施工单位人员经自检合格后，报监理工程师验收。经监理工程师验收合格，并签字认可后资料存档。

4）沉降观测

（1）建筑物的沉降观测，首先对观测点应按照设计要求或按照工程测量规范进行布置，其首要条件是标志稳固、明显，结构合理且不影响建筑美观与使用，并便于观测及长期保存。监理工程师对施工单位设置观测点的实施进行检验及指导。

（2）观测的方法及精度要求，按照工程需要采用相应等级规定。观测次数一般非高层建筑不应少于5次，建筑物第一层完工后必须测得初次沉降观测数据，以后每建一层测一次。其方法可采用附合或闭合路线水准测量方法。每次观测应由同一人观测，专人立尺，采用同一路线同一方法，以便提高观测精度。

（3）观测记录用表应符合水准测量记录手簿格式要求。闭合差应达到其相应等级精度规范要求。通过平差算出各观测点的绝对高程，然后在沉降观测成果表上填写每次每点的绝对高程，算出沉降量累计量。测量监理工程师应对其数据核算无误后签字认可。

（4）工程主体验收时，应对工程每层层高和建筑物总高度进行一次测量，其偏差均应在规范允许范围内；工程竣工验收时，对建筑物的垂直度进行一次测量，其偏差应在规范允许范围内。

4. 监理工作方法及措施

（1）巡视。监理人员按工程测量时间段要求，下现场进行巡视检查，发现问题及时书面或口头通知施工单位整改，并记入监理日志。

（2）旁站。对建筑物重要部位的定位、放线、标高传递、沉降观测等，专业监理人员需实行在现场旁站监督。

（3）指令性文件。通过监理工程师通知单、联系单等文件，监督施工单位接受监理指令，改进工作。

（4）工地会议。通过工地会议或专业会议，协调工程测量中存在的有关问题。

（5）严格执行测量监理工作流程。

编制人：　　　　（签字）　　　　批准人：　　　　（签字）
年　月　日　　　　　　　　　　　　年　月　日

2.3 工程质量评估报告的编制

根据《建设工程监理规范》GB/T 50319—2013规定：“工程竣工预验收合格后，项目监理机构应编写工程质量评估报告，经总监理工程师和工程监理单位技术负责人审核签字后报建设单位。”但工程质量评估报告如何编制，监理规范未能提供固定内容。现列举两个在不同时期，使用不同验收标准，被评为优质工程（最后被评为“鲁班奖”工程）的工程质量评估报告书写案例，供参考。

案例一：某工程质量评估报告

本工程由20××年3月16日支护桩开工之日起至20××年6月30日基本具备竣工

条件止，总计 1565 天（4.3 年）。工程含 9 个分部工程，按施工合同、施工图纸和施工规范要求现已全部施工完毕。经本工程项目监理部，在工程施工过程中，严格组织对各分部中检验批的验收、分项工程验收、子分部工程验收和分部工程验收的基础上，又组织建设、设计、施工、监理等单位有关人员对工程实施了竣工前的预验收，并对各分部工程提出了整改意见，限期施工单位整改到位。现经监理复查，其整改工作基本到位，已符合工程竣工验收条件，工程质量全部合格。建议建设单位可以组织正式工程竣工验收。本项目监理部对九个分部工程的质量评估如下：

1）地基与基础工程

（1）桩基工程。85 根工程桩经监理检验其轴线、桩位、桩径、桩长、桩的垂直度、桩的扩大头尺寸、桩的入岩深度和持力层岩样强度、桩的混凝土强度等均符合设计图纸和施工规范要求；按设计要求对 85 根工程桩进行测试，其中 3 根做静载荷试验，39 根做声波透射检测，43 根做低应变测试，另外市质监部门还抽查 5 根，结果全部符合设计和施工规范要求，合格率 100%。

（2）基础工程（含承台、地下室）的几何尺寸和混凝土的质量符合设计图纸和施工规范要求。共有五个分项（模板、钢筋、混凝土、防水涂料、砌砖）39 个检验批。

（3）工程质保资料及复试报告齐全有效。

2）主体结构工程

（1）钢筋混凝土结构。模板、钢筋、混凝土等分项工程各分为 36 个检验批，经监理验收全部符合设计图纸和施工规范要求；子分部验收时，经检查，结构主体几何尺寸符合设计要求，混凝土强度和外观质量符合设计和施工规范要求；工程质保资料及复试报告齐全、有效。

（2）砌体结构。填充墙砌体共分为 18 个检验批，经监理验收符合设计图纸和施工规范要求。

（3）钢结构。共有 4 个分项：钢结构制作和预拼装分 1 个检验批，钢结构安装分 8 个检验批，钢结构焊接分 7 个检验批，高强螺栓连接分 7 个检验批，经监理验收符合设计图纸和施工规范要求；质保资料 60 份，安全和功能检测报告 2 份，各类资料齐全、有效。

3）屋面工程

采用卷材防水屋面分 6 个分项工程：

（1）找平层。采用 20mm 厚 C20 细石混凝土找平，分隔间距≤6m，表面平整度≤5mm，验收合格。

（2）保温层。采用挤塑板作保温层，表面平整、找坡正确，施工工艺符合设计要求，验收合格。

（3）卷材防水层。采用三元乙丙卷材做防水层，材料检测合格，施工工艺符合规范要求，验收合格。经 48 小时蓄水试验无渗漏。

（4）细部构造。檐沟的排水坡度和水落口、泛水、变形缝等处的防水构造均符合设计要求，验收合格。

（5）细石混凝土刚性面层。采用 40mm 厚 C20 细石混凝土，ϕ4@150 钢筋单层双向配筋，经监理验收，符合设计和施工规范要求，验收合格。

（6）广场砖贴面。采用 150mm×150mm 面砖粘贴，符合规范要求，验收合格。

4）装饰工程

分四个标段招标，即外装幕墙工程标段；内装Ⅰ标段（1～4层）工程；内装Ⅱ标段（客房）工程；内装Ⅲ标段（办公区）工程。

（1）外装幕墙工程。本工程涉及石材、玻璃、金属幕墙三个分项工程。其中石材幕墙约12000m^2，分25个检验批；玻璃幕墙约6000m^2，分20个检验批；金属幕墙约1000m^2，分1个检验批。材料质保资料32份，监理见证取样报告及功能性试验报告30份。

（2）内装Ⅰ标段（1～4层）工程。本工程为会议中心、餐厅、大堂。内装设计新颖，用材档次较高，施工工艺较为复杂，是本大楼内装的亮点。本标段包括9个子分部，涉及29个分项工程，涵盖136个检验批及50份质保资料，工程资料齐全、有效。

（3）内装Ⅱ标段（客房）工程。本工程为标准客房，墙面采用干挂防火板，干挂清水板，装配式家具等后场制作新工艺。本标段包括9个子分部，涉及17个分项工程，涵盖111个检验批及44份质保资料，工程资料齐全、有效。

（4）内装Ⅲ标段（办公区）工程。本工程为办公区。墙面采用玻璃隔断、干挂石料、干挂防火板；吊顶采用各式金属条板；地面采用网络地板等新材料新工艺。本标段包括9个子分部，涉及21个分项工程，涵盖136个检验批及40份质保资料，工程资料齐全、有效。

上述各标段，经监理对检验批、分项工程、子分部工程的层层验收，严格把关，使工程质量符合施工合同规定和设计图纸要求，施工工艺符合工程质量验收标准，质量合格，同意验收。

5）智能建筑

分两个标段：

Ⅰ标段包含计算机网络系统、综合布线系统、演艺吧及卡拉OK点播系统、卫星及有线电视系统、闭路电视监控系统、一卡通（消费）管理系统、背景音乐广播系统、多媒体信息发布系统、弱电系统桥架和线管工程。其中语言点800个，数据点815个，摄影机点148个，报警点48个，巡更点48个，扬声器326个，有线电视终端236个。本标段已按设计及规范要求施工完毕，各系统工程自检验收合格。

Ⅱ标段包含高级会议室、多媒体会议室和大会议室中的显示系统、会议系统、音响系统、中控系统等子系统。高级会议室主要设备包括一个电动屏幕、投影机、投影机电动升降架、电动窗帘、桌面显示器、显示器升降架、高档会议桌、调音台、数字话筒等，所有设备均由中控设备控制。多媒体会议室和大会议室的所有设备包括三块120寸拼接屏、两块84寸拼接屏、5个投影机、53个数字话筒、14个音箱、两个调音台等。本标段均已完成安装、调试工作，自检验收合格。

6）建筑给水、排水工程

包含7个子分部工程：室内给水系统、室内排水系统、室内热水供应系统、卫生器具安装系统、室外给水管网、室外排水管网、供热锅炉及辅助设备安装。质量控制资料共计244项，安全和功能检验资料共计16项，工程质量为合格。具体情况为：

（1）生活给水管道采用镀锌衬塑钢管，系统分两个独立系统：3层以下为市政管网直供水，4层以上由地下2层4台水泵和不锈钢水箱组成动力供水至屋顶水箱，形成由上而下自动供水系统。排水系统通过通球试验。

（2）热水管采用铜管焊接，由屋顶两只容积式电热交换器提供，标准为60℃热水

200L/人·日。

(3) 雨水系统采用镀锌钢管丝扣连接，经屋面雨水斗收集接入市政雨水管网。污水系统采用PVC管承插粘接法连接，出户汇集至污水处理站处理后接入市政管网。

(4) 消防水系统，自动喷淋及消火栓系统形成环状布置，火灾初期供水压力由屋顶的水箱和气压供水设备提供，然后通过地下2层900m^{2}消防水池及4台消防主泵供水。消防系统经市消防大队验收合格。

7) 建筑电气工程

包含4个子分部工程：电气照明安装、电气动力、供电干线、防雷及接地安装。质量控制资料共计476项，安全和功能检验资料共计32项，工程质量为合格。本工程用电负荷属一级负荷，二路10kV电缆引入供电，双电源均采用手动投入，电气和机械连锁。配电房出线采用封闭式母线和阻燃分支电缆沿镀锌封闭式桥架敷设。消防火灾报警和广播系统采用防火封闭式线槽，设备采用双电源末端自动切换供电。本工程的消防控制中心位于×楼，火灾集中报警主机1台，温、烟感探测器1007只，火灾显示器20套，手动报警57套。消防工程经市消防支队验收合格。本工程的防雷为第二类防雷，根据《建筑物防雷设计规范》GB 50057—2010要求和设计要求，屋面所有金属设备外壳、金属管道、金属构件均与防雷装置做了可靠接地连接，12层起向上每层金属门、窗和金属构件均利用建筑梁中钢筋做了防侧击雷和等电位保护措施。经气象局防雷检测中心检测合格。管线安装通过绝缘电阻检测。

8) 通风与空调工程

包含3个子分部工程：送、排风系统，空调风系统，空调水系统。质量控制资料共计362项，安全和功能检验资料共计12项，工程质量为合格。

本工程的空调采用4台风冷螺杆式冷热水机组，室内采用风机盘管加新风系统方式采用双管制同程式，利用8台水泵循环，冷热媒循环补水方式。分会议中心和办公区两个环路提供。本工程的地下室部分均采用机械送排风方式，地面各房间通过新风及机械排风实行通风换气。防排烟系统：地下室、主楼内走道、楼梯间及无窗房间均设置机械排风系统和送风系统，并同时与消防联动。通过人防的送回风防排烟检测。通过空调系统检测。

9) 电梯工程

由两台消防电梯、4台客梯、1台货梯组成。共有9个分项：设备进场验收、土建交接检验、电力驱动主机、导规、门系统、轿厢—对重、悬挂装置—随行电缆—补偿装置、电气装置、整机安装。

质量控制资料9份，电梯验收检验报告7份，安全检验合格证7份（每梯一份）。

编写人：总监理工程师　　　审核人：监理单位技术负责人
（签字）　　　（签字）
年　月　日　　　年　月　日

案例二：某某工程质量评估报告

一、概况

某综合楼是19××年12月14日开工至20××年7月30日竣工，历时43.5个月。

在这三年半的时间里，我们监理部始终如一地坚守岗位，监理人员稳定，人数始终保持8～9人（主体阶段为9人），专业配套，总监人选始终未变，监理班子认真贯彻ISO 9002质量标准，并辅之以计算机管理，在工程监理工作中取得了较好成绩。

二、对分部工程的质量评估

1. 地基与基础工程

地基与基础工程包括：基坑开挖，地下室施工，经施工单位自检、监理检查、市质检站检查，工程质量被评为优良。其中监理主要检查和控制了下列内容：

（1）控制基础开挖深度（含：坑底深、柱基嵌岩墩深、电梯间基础深）

监理通过测量工作严格控制各部分深度标高，防止开挖深度不够或超挖，当挖至设计标高后通知检测单位测试地基承载力，当发现局部承载力达不到设计要求时（如：客梯间）继续开挖，直至达到承载力要求时为止（有关检测报告）。

（2）控制基础轴线（含基坑开挖阶段和地下室施工阶段）

测量监理工程师配合两个阶段施工单位的测量人员严格控制轴线误差，在绘制基坑开挖竣工图时，上述三方测量人员同时在现场进行复测，并在竣工图上签字认可（有关记录和竣工图）。

（3）控制原材料质量

对钢筋和钢筋套筒接头、水泥、混凝土均经过检测机构测试合格（详见有关测试报告）。

（4）采取构造措施

在下列部位监理建议采取构造措施被设计单位采纳。在柱基与地下室底板接合部配置扇形钢筋，以抵抗该处混凝土可能出现的裂缝，防止地下室底板漏水；在－1层地下室地面面层内配置钢筋，以免作为汽车库时，由于汽车出入频繁而使地面开裂（有关设计变更）。

（5）控制隐蔽工程的检查、验收

有两个部位施工时钢筋位置放置错误，经监理检查纠正，未成事故。

其一，在配置地下室顶板柱周围钢筋时，施工人员由于受－1层地下室楼面柱周围配筋的影响，误将负筋放置在板的下部（应在板的上部）；

其二，在电梯井筒周围配筋时，在井筒四个角处钢筋未重叠配置。

（6）控制混凝土的坍落度和浇筑顺序

混凝土浇筑时，监理采取24h值班监管，当坍落度异常时及时调整；对浇灌顺序中可能出现冷缝时，及时告之施工人员进行纠正。

（7）分部工程验收（验收资料和竣工图）

2. 主体结构工程

主体结构工程经施工单位自检，监理检查、验收，市质检站检查，一致认定其工程质量为优良。其中监理主要检查和控制了下列内容：

（1）钢管柱的制作、安装和管内混凝土的浇筑。对制作，主要检查构件的几何尺寸、焊接质量；对安装，主要检查构件的轴线位置、标高、垂直度，对管内混凝土，主要检查混凝土浇筑与振捣顺序、混凝土与管壁间空隙的缺陷测量（有关项目的检测记录）。

（2）控制隐蔽工程验收。含对钢筋、水、电、风管预埋、防雷接地预埋（验收记录）。

（3）控制原材料检测。含对钢材、钢筋、水泥、混凝土、砂浆、石、砌块等材料性能的检测（检测报告）。

（4）控制轴线、标高。随着楼层的增高，轴线和标高逐层传递，其每层上的偏差必须在误差范围内（轴线、标高检测记录）。

（5）控制分项工程验收。含对模板、钢筋、混凝土、砌体等分项工程的验收（分项工程验评表）。

（6）控制分部工程（主体）验收（验收记录表）。

3. 门、窗工程

含外墙铝合金窗、幕墙，室内门的安装，工程质量合格。其中 80%以上符合优良标准。安装过程中，监理主要检查和控制以下内容：

（1）对铝材、耐候胶、结构胶、窗的气密性、水密性、锚固件的抗拔性等进行测试（测试报告）。

（2）检查窗框、幕墙立柱的位置、垂直度、锚固结点是否正确与牢固，框与洞口间现场发泡的填充质量（工序质量报验单）。

（3）检查中空窗的安装质量（验评表）。

（4）检查窗、幕墙的防雷接地。

（5）检查门扇与框间的安装间隙、铰链位置、锁孔、框扇制作质量等（初验整改通知单）。

（6）控制分项工程验收（验评表）。

（7）控制分部工程验收（验收记录表）。

4. 楼、地面工程

楼、地面工程包括水泥地面和水磨石地面（装饰工程的块石及木地面除外）。

这类工程在分项工程验收时，90%以上的楼层质量验评能达到优良标准。但到装修阶段，由于管道安装和装修对地面的冲击及地面自身的质量问题，约有 20%的楼层地面出现起壳，后经返修合格。

在楼、地面施工中监理主要检查和控制以下内容：

（1）对基层进行清理，清除砂浆、垃圾、浮粒，并用水冲刷。

（2）对地面进行抄平、埋设找平标志。

（3）检查找平混凝土和面层砂浆的配合比。

（4）对施工过程进行巡视，控制面层的平整度和施工后的养护。

（5）进行分项验收（楼、地面分项工程验评表）。

（6）控制分部工程验收（见验收记录表附六）。

5. 屋面工程

屋面工程的施工质量为优良。在施工过程中监理主要检查和控制以下内容：

（1）屋面基层找坡；

（2）保温层施工及排气槽的设置；

（3）防水层的施工，特别检查屋面泛水及水落管处防水层的施工；

（4）面层配筋混凝土施工，检查混凝土配合比、钢筋隐蔽验收、面层坡度；

（5）铺贴广场砖，控制平整度和防止空鼓；

（6）控制分部工程验收（验收记录表）。

6. 装饰工程

装饰工程包括室外装饰（如外墙贴面、外墙干挂）和室内装饰。室外装饰施工质量优良，室内装饰在原材料检验和隐蔽工程验收方面均达到优良，在外观上经初验检查全部达到合格标准，其中60%左右能达到优良标准。综合等级为优良。

在装饰工程施工过程中监理主要检查和控制下列内容：

（1）原材料和半成品的检验（验收记录表）；

（2）定位放线（验收记录表）；

（3）隐蔽工程验收（验收记录表）；

（4）施工过程中巡视监督；

（5）分项工程验收（验收记录表）；

（6）分部工程验收（验收记录表）。

7. 通风与空调工程

通风与空调工程的制作、安装经施工单位自检和监理检查，工程质量全部合格，其中90%以上的工程质量达到优良标准。在工程制作和安装过程中，监理主要检查和监督如下内容：

（1）检查原材料、半成品、成品（设备）的质量；

（2）检查风管的制作质量；

（3）检查风管的安装质量（安装标高、平面位置、吊架、保温）；

（4）检查风口位置、安装质量；

（5）检查风机的安装质量；

（6）风机调试及检查风口风速；

（7）控制隐蔽工程验收、分项工程验收和分部工程验收（验收记录表）。

8. 给水与排水工程

给水与排水工程的质量经施工单位自检和监理检查，工程质量全部合格，其中90%以上达到优良标准。在工程安装过程中监理主要检查和监督如下内容：

（1）检查原材料、半成品、成品的质量；

（2）检查管道的安装位置和安装质量；

（3）检查阀门的安装位置和安装质量；

（4）对给水管道逐层和各系统分别进行打压试验，对排水管道分别进行通球试验和灌水试验；

（5）检查水泵的安装位置和安装质量；

（6）检查喷淋的安装位置和安装质量；

（7）检查卫生洁具及管道系统的安装质量；

（8）控制隐蔽工程验收、分项工程验收和分部工程验收（验收记录表）。

9. 电气工程

电气工程包括强电与弱电工程。强电工程：含桥架、电缆、照明、配电箱等的安装比较正规，施工质量较好，工程质量评为优良。弱电工程：本楼有八个系统含消防报警、楼宇自控、背景音乐、门禁系统、闭路监控与防盗报警、综合布线、有线电视、停车场。工程质量达到优良。监理主要检查和控制以下内容：

（1）原材料、半成品、成品的检测与验收；

（2）强、弱电管、线、桥架的安装与隐蔽验收；

（3）电气照明器具及配电（盘）安装质量检验、运行与评定；

（4）防雷接地的安装与测试；

（5）线路绝缘测试；

（6）电缆母线敷设检查与隐蔽验收；

（7）水泵、热泵单机试车检查与质量评定；

（8）送风、排风、排烟单机试车检查与质量评定；

（9）火灾自动报警系统设备及器具安装质量评定。

三、对单位工程的质量评估

综上所述，由业主委托监理的9个分部工程中，按评优的质量等级标准，所含各分部的质量全部合格，其中土建5个分部（地基与基础、主体、门窗、屋面、装饰等工程）、安装3个分部（给水与排水、空调、电气工程）计8个分部为优良，优良率占89%；检查各分部的质保资料符合规定要求；经对单位工程的预验收，观感综合得分率为90.8%（其中：建筑工程，应得分80分，实得平均分70.8分，得分率88.5%；室内电气，应得分10分，实得平均分9.1分，得分率91%；室内给水排水，应得分8分，实得平均分7.4分，得分率91.6%；通风空调，应得分6分，实得分5.5分，得分率92%）。因此，按单位工程质量等级标准，本工程质量等级符合优良标准。按《建筑安装工程质量检验评定统一标准》GBJ 300—88中规定的质量等级分为优良、合格两档，不合格者不能验收。在单位工程质量等级标准中对优良等级标准要求："所含各分部的质量全部合格，其中有50%及其以上优良；质保资料应符合规定；观感得分率达到85%及其以上。"同意验收。

编写人：总监理工程师　　　　审核人：监理单位技术负责人

（签字）　　　　（签字）

年　月　日　　　　年　月　日

"案例二"是20××年7月竣工的工程，当时采用的质量验收标准为《建筑安装工程质量检验评定统一标准》GBJ 300—88，在对该工程进行竣工预验收时，对单位工程的质量评估所采用的打分办法，是根据当时工程所在地实行的监理用表。这套竣工预验收质量评估报告用表可以进行量化检测。

"案例一"是20××年6月30日竣工的，采用《建筑工程施工质量验收统一标准》GB 50300—2001（本标准自2002年1月1日起施行，同时废止GBJ 300—88）验收。但当时尚无评价施工质量优良的标准。《建筑工程施工质量评价标准》GB/T 50375—2006是在2006年7月20日公布，2006年11月1日开始实施。在这段评优工程的真空时间里，我们在工程竣工预验收时仍利用这套老式的监理用表（今后应按《建筑工程施工质量评价标准》GB/T 50375—2006的标准评价优良工程，希望能看到读者的经验交流）。其工程竣工预验收的方法与步骤如下：

（1）当收到施工单位提出的竣工验收报告后，由总监理工程师组织建设、设计、施工、监理等单位各派出由土建、安装、资料人员参加的工程竣工预验收小组，并按附六表式填表分组。一般分为三组，即土建组、安装组、资料组。每组均由建设、施工、监理人员参加，由监理人员任组长。因为工程竣工预验收是由项目监理机构负责的，所以要由监理人员出任组长。

（2）在工程竣工预验收时，土建、安装两组负责验收工程，并按附三表式进行填表，每组 3 或 4 人，各填各的，然后再平均，平均后再填表保存；资料组负责验收施工单位的工程资料和监理单位的监理资料，并按附一、附二、附四填表，也可每组 3 或 4 人，各填各的，然后再平均，平均后再填表保存。

（3）当各验收小组结束验收工作后，各组应对验收结果作出评价。各自发表对工程或资料能否同意验收的书面意见。并对存在的问题按附五表式要求提出需要整改的项目和处理意见。在处理意见中一般要求限期整改到位，并经复查合格，才能同意验收。

（4）监理工作的重点应放在督促检查施工单位需要整改的项目进行整改。而各验收小组的重点应放在当施工单位整改结束，通知要求复查时进行复查。在复查中不仅限于复查需要整改的项目，而且有可能发现新的问题需要整改。所以 1 次复查不可能全部解决问题。根据我们的经验，要想真正达到优质工程的目的，必须精耕细作，复查 3 次，3 次整改不算多。如果要求申报鲁班奖工程，这种复查整改还要更上一层楼。对这种整改过程，在我们经验中流传一句话，叫做“梳头”，要一遍又一遍地进行，一直整改到大家满意为止。

（5）当整改到大家基本满意后，工程竣工预验收小组可以表示同意竣工预验收的意见。之后由总监理工程师编制工程竣工预验收报告，并报建设单位。

________________________________工程

监理预验收报告

建设单位：________________

设计单位：________________

施工单位：________________

监理单位：________________

总监理工程师：________________

预验收日期：________________

××监制

目　　录

一、工程概况

二、工程监理预验收经过

三、工程监理预验收结论

附一：质量保证资料监理核查表

附二：分部和分项工程监理抽检情况汇总表

附三：单位工程观感质量监理检查表

附四：监理抽查/见证试验情况汇总及说明

附五：预验收遗留的整改问题及商定解决办法

附六：工程监理预验收小组成员名单及分工表

前三项根据工程实际情况写，此处只列附一～附六表式。

附一：

质量保证资料监理核查表

<table>
<tr><th>序号</th><th colspan="2">项目名称</th><th>应有份数</th><th>实有份数</th><th>核查情况</th></tr>
<tr><td>1</td><td rowspan="11">建筑工程</td><td>钢材出厂合格证、试验报告</td><td></td><td></td><td rowspan="11"></td></tr>
<tr><td>2</td><td>焊接试（检）验报告、焊条（剂）合格证</td><td></td><td></td></tr>
<tr><td>3</td><td>水泥出厂合格证或试验报告</td><td></td><td></td></tr>
<tr><td>4</td><td>砖出厂合格证或试验报告</td><td></td><td></td></tr>
<tr><td>5</td><td>防水材料合格证、试验报告</td><td></td><td></td></tr>
<tr><td>6</td><td>构件合格证</td><td></td><td></td></tr>
<tr><td>7</td><td>混凝土试块试验报告</td><td></td><td></td></tr>
<tr><td>8</td><td>砂浆试块试验报告</td><td></td><td></td></tr>
<tr><td>9</td><td>土壤试验、打（试）桩记录</td><td></td><td></td></tr>
<tr><td>10</td><td>地基验槽记录</td><td></td><td></td></tr>
<tr><td>11</td><td>结构吊装、结构验收记录</td><td></td><td></td></tr>
<tr><td>12</td><td rowspan="5">建筑采暖卫生与煤气工程</td><td>材料、设备出厂合格证</td><td></td><td></td><td rowspan="5"></td></tr>
<tr><td>13</td><td>管道、设备强度、焊口检查和严密性试验记录</td><td></td><td></td></tr>
<tr><td>14</td><td>系统清洗记录</td><td></td><td></td></tr>
<tr><td>15</td><td>排水管灌水、通水试验记录</td><td></td><td></td></tr>
<tr><td>16</td><td>锅炉烘、煮炉、设备试运转记录</td><td></td><td></td></tr>
<tr><td>17</td><td rowspan="3">建筑电气安装工程</td><td>主要电气设备、材料合格证</td><td></td><td></td><td rowspan="3"></td></tr>
<tr><td>18</td><td>电气设备试验、调整记录</td><td></td><td></td></tr>
<tr><td>19</td><td>绝缘、接地电阻测试记录</td><td></td><td></td></tr>
<tr><td>20</td><td rowspan="3">通风与空调工程</td><td>材料、设备出厂合格证</td><td></td><td></td><td rowspan="3"></td></tr>
<tr><td>21</td><td>空调调试报告</td><td></td><td></td></tr>
<tr><td>22</td><td>制冷管道试验记录</td><td></td><td></td></tr>
<tr><td>23</td><td rowspan="3">电梯安装工程</td><td>绝缘、接地电阻测试记录</td><td></td><td></td><td rowspan="3"></td></tr>
<tr><td>24</td><td>空、满、超载运行记录</td><td></td><td></td></tr>
<tr><td>25</td><td>调整、试验报告</td><td></td><td></td></tr>
<tr><td colspan="2">核查结果</td><td colspan="4"></td></tr>
</table>

核查人：＿＿＿＿＿＿＿＿　总监理工程师：＿＿＿＿＿＿＿＿日期：＿＿＿＿＿

××**监制**

附二：

分部和分项工程监理抽检情况汇总表

分部工程名称	检查分项工程项数	其中优良项数	优良率（%）	质量评定等级	合计抽查点数	其中合格点数	合格率
合　　计				优良率：			

填表人：＿＿＿＿＿＿＿＿　总监理工程师：＿＿＿＿＿＿＿＿日期：＿＿＿＿＿＿

××监制

附三：

单位工程观感质量监理检查表

序号	项目名称		标准分	等级	得分	情况说明
1	建筑工程	室外墙面	10			
2		室外大角	2			
3		外墙面横竖线角	3			
4		散水、台阶、明沟	2			
5		滴水槽（线）	1			
6		变形缝、水落管	2			
7		屋面坡向	2			
8		屋面防水层	3			
9		屋面细部	3			
10		屋面保护层	1			
11		室内顶棚	4/5			
12		室内墙面	10			
13		地面与楼面	10			
14		楼梯、踏步	2			
15		厕浴、阳台泛水	2			
16		抽气、垃圾道	2			
17		细木、护栏	2/4			
18		门安装	4			
19		窗安装	4			
20		玻璃	2			
21		油漆	4/6			
22	室内给水排水	管道坡度、接口、支架、管件	3			
23		卫生器具、支架、阀门、配件	3			
24		检查口、扫除口、地漏	2			
25	室内采暖	管道坡度、接口、支架、弯管	3			
26		散热器及支架	2			
27		伸缩器、膨胀水箱	2			
28	室内煤气	管道坡度、接口、支架	2			
29		煤气管与其他管距离	1			
30		煤气表、阀门	1			
31	室内电气安装	线路敷设	2			
32		配电箱（盘、板）	2			
33		照明器具	2			
34		开关、插座	2			
35		防雷、动力	2			
36	通风空调	风管、支架	2			
37		风口、风阀、罩	2			
38		风机	2			
39	电梯	运行、平层、开关门	2			
40		层门、信号系统	1			
41		机房	1			
合　计	应得100 /____分，实得____分，得分率____%					

参加检查人员：________　　总监理工程师：________　日期：______

××监制

附四：

监理抽查/见证试验情况汇总及说明

试验名称	序号	试验结果	试验名称	序号	试验结果
说明					

填表人：__________　总监理工程师：__________日期：__________

××监制

附五：

预验收遗留的整改问题及商定解决办法

序号	遗留整改问题	商定解决办法

	施工单位	设计单位	建设单位	监理单位
签名				
日期				

××监制

附六：

工程监理预验收小组成员名单及分工表

组别	序号	姓名	单位名称	工作内容

注：施工单位配合人员和参加验收的建设单位代表、设计单位代表和其他有关人员也填入表中

××监制

在这里列举一个小工程为例，作为对上述监理表格使用的实例。

××寺僧人寮房工程

竣工预验收质量评估报告

建设单位： ××寺

设计单位： ××设计院

施工单位： ××古建公司

监理单位： ××建设监理咨询有限公司

总监理工程师：

预验收日期： 20××/11/5

××**监制**

目　　录

一、工程概况

二、竣工预验收经过

三、竣工预验收监理结论

附一：质量保证资料监理核查表

附二：分部和分项工程监理抽检情况汇总表

附三：单位工程观感质量监理检查表

附四：监理抽查/见证试验情况汇总及说明（一）

监理抽查/见证试验情况汇总及说明（二）

附五：竣工预验收遗留的整改问题及商定解决办法

附六：工程竣工预验收小组成员名单及分工表

××监制

一、工程概况

本工程为钢筋混凝土框架结构，地上三层，带半地下室，三层顶带阁楼。地下室为厨房、大餐厅；一层为小餐厅、客房；二、三层为客房；阁楼设消防水箱。总建筑面积为 $1370m^2$；总投资约 200 万元；总工期 120 个工作日。

二、竣工预验收经过

工程竣工预验收是在施工单位按施工图纸和施工合同要求完成施工任务，并向建设单位提出工程竣工验收报告的基础上进行的。

预验收工作由总监理工程师主持，组织建设、设计、施工、监理等单位有关人员参加，分土建组、水电安装组、工程资料组等三个小组，由监理单位任小组组长，各参加单位派相关人员参加验收，分组名单见附六。验收过程中，各组检查工程实物（或检查工程竣工资料），找出问题，提出整改要求。土建和水电组还需要根据规定项目给工程实物外观质量进行打分评估。经检查后，各组集中在预验收会议上进行汇报，并提出对工程质量的评估意见和整改要求。

三、竣工预验收监理结论

工程竣工资料基本齐全（附一、附二、附四）。土建、水电外观质量较好，观感质量得分率为 85%，属良（附三）。对验收中提出的整改要求（附五），有关单位必须在 15 天内整改完毕，并报监理复查。经复查合格，才能由建设单位组织工程正式竣工验收。

附一：

质量保证资料监理核查表

序号	项目名称		应有份数	实有份数	备　注
1	建筑工程	钢材出厂合格证、试验报告	16	16	
2		焊接试（检）验报告、焊条（剂）合格证	9	9	
3		水泥出厂合格证或试验报告	2	2	
4		砖出厂合格证或试验报告	4	4	
5		防水材料合格证、试验报告	5	5	
6		构件合格证	/	/	
7		混凝土试块试验报告	19	19	
8		砂浆试块试验报告	6	6	
9		土壤试验、打（试）桩记录	/	/	
10		地基验槽记录	1	1	
11		结构吊装、结构验收记录	/	/	
12	建筑采暖卫生与煤气工程	材料、设备出厂合格证	/	/	
13		管道、设备强度、焊口检查和严密性试验记录	/	1	
14		系统清洗记录	/	/	
15		排水管灌水、通球试验记录	2	2	
16		锅炉烘、煮炉、设备试运转记录	/	/	
17	建筑电气安装工程	主要电气设备、材料合格证	/	/	
18		电气设备试验、调整记录	/	/	
19		绝缘、接地电阻测试记录	1	1	
20	通风与空调工程	材料、设备出厂合格证	/	/	
21		空调调试报告	/	/	
22		制冷管道试验记录	/	/	
23	电梯安装工程	绝缘、接地电阻测试记录	/	/	
24		空、满、超载运行记录	/	/	
25		调整、试验报告	/	/	
核查结论					

核查人：＿＿＿＿＿＿＿＿　　总监理工程师：＿＿＿＿＿＿＿＿　日期：＿＿＿＿＿＿

××监制

附二：

分部和分项工程监理抽检情况汇总表

分部工程名称	检查分项 工程项数	一次报验 通过项数	一次报验通 过率（%）				验收 结论
地基与基础	地基 1 项	1 项	100%				合格
主体	钢筋 10 项	10 项	100%				良
	模板 10 项	10 项	100%				合格
	混凝土 10 项	10 项	100%				良
	砖砌体 4 项	4 项	100%				合格
建筑装饰装修	水泥地面 4 项	4 项	100%				良
	金属窗安装 4 项	4 项	100%				合格
	饰面砖粘贴 5 项	5 项	100%				良
建筑屋面	保温层 1 项	1 项	100%				合格
	找平层 1 项	1 项	100%				合格
	卷材防水层 1 项	1 项	100%				合格
	瓦屋面 1 项	1 项	100%				良
建筑给水排水	室内给水管道安装 1 项	1 项	100%				合格
	室内消防栓系统安装 2 项	2 项	100%				合格
	室内排水管道安装 2 项	2 项	100%				合格
	雨水管道安装 1 项	1 项	100%				合格
	室外给水管道安装 1 项	1 项	100%				合格
	室外排水管道安装						
建筑电气	照明配电箱安装						
	电线管道安装与配线						
	插座、开关、灯具安装						
	防雷接地安装 1 项	1 项	100%				合格

填表人：＿＿＿＿＿＿＿＿　　总监理工程师：＿＿＿＿＿＿＿＿　日期：＿＿＿＿＿

××监制

附三：

单位工程观感质量监理检查表

序号	项目名称		标准分	等级	得分	情况说明
1	建筑工程	室外墙面	10	优	9	参加人员平均值
2		室外大角	2	优	1.8	
3		外墙面横竖线角	3		2.5	
4		散水、台阶、明沟	2		1.5	
5		滴水槽（线）	1		1	
6		变形缝、水落管	2		2	
7		屋面坡向	2		2	
8		屋面防水层	3		3	
9		屋面细部	3		3	
10		屋面保护层	1		1	
11		室内顶棚	4/5		4	
12		室内墙面	10		9	
13		地面与楼面	10		9	
14		楼梯、踏步	2		1.5	
15		厕浴、阳台泛水	2		1.5	
16		抽气、垃圾道	2		1	
17		细木、护栏	2/4		/	
18		门安装	4		/	
19		窗安装	4		3.2	
20		玻璃	2		2	
21		油漆	4/6		4	
22	室内给水排水	管道坡度、接口、支架、管件	3		2.5	
23		卫生器具、支架、阀门、配件	3		2.5	
24		检查口、扫除口、地漏	2		2	
25	室内采暖	管道坡度、接口、支架、弯管	3		/	
26		散热器及支架	2		/	
27		伸缩器、膨胀水箱	2		/	
28	室内煤气	管道坡度、接口、支架	2		/	
29		煤气管与其他管距离	1		/	
30		煤气表、阀门	1		/	
31	室内电气安装	线路敷设	2		2	
32		配电箱（盘、板）	2		2	
33		照明器具	2		/	
34		开关、插座	2		1.5	
35		防雷、动力	2		1.5	
36	通风空调	风管、支架	2		/	
37		风口、风阀、罩	2		/	
38		风机	1		/	
39		空气处理室、机组	1		/	
40	电梯	运行、平层、开关门	3		/	
41		层门、信号系统	1		/	
42		机房	1		/	
合 计		应得 84 分，实得 75 分，得分率 89 %				

参加检查人员：见附表六　　总监理工程师：__________　　日期：20××/11/5

××**监制**

附四：

监理抽查/见证试验情况汇总及说明（一）

试验名称	序号	试验结果	试验名称	序号	试验结果
主体结构混凝土抗压强度（标养）	1	15.3MPa	地坪找平层混凝土抗压强度（标养）	1	36.4MPa
	2	36.4MPa		2	37.3MPa
	3	33.8MPa		3	39.1MPa
	4	34.3MPa		4	33.6MPa
	5	34.2MPa		5	37.8MPa
	6	35.3MPa			
	7	35.0MPa	砂浆抗压强度	1	15.1MPa
	8	33.8MPa		2	11.0MPa
	9	32.6MPa		3	13.8MPa
				4	9.6MPa
主体结构混凝土抗压强度（同条件养护）	1	34.3MPa		5	6.9MPa
	2	40.6MPa		6	10.8MPa
	3	34.0MPa			
	4	33.2MPa			
	5	32.6MPa			
说明	标养混凝土抗压栏中：1#垫层混凝土设计等级为C10；2#、3#地下室底板，4#地下室墙板、柱，5#地下室顶板、梁，6#一层柱、二层梁、楼板，7#二层柱、三层梁、楼板，8#三层柱、四层梁、楼板，9#顶层柱、梁板混凝土设计等级为C30。同条件养护栏中：1#地下室底板，2#地下室墙板、柱、顶板、梁，3#一层柱、二层梁、楼板，4#二层柱、三层梁、楼板，5#三层柱、四层梁、楼板混凝土设计等级为C30。地坪找平层混凝土栏中：1#地下室，2#一层楼面，3#二层楼面，4#三层楼面，5#阁楼楼面混凝土设计等级为C30；砂浆栏中：1#砖胎，2#地下室墙，3#一层墙，4#二层墙，5#三层墙，6#阁楼墙中砂浆设计强度均为M5。				

填表人：＿＿＿＿＿＿　　总监理工程师：＿＿＿＿＿＿　日期：＿＿＿＿

××监制

监理抽查/见证试验情况汇总及说明（二）

试验名称	序号	试验结果	试验名称	序号	试验结果
钢材抗拉强度	1	Φ6.5 合格	钢筋搭接焊抗拉强度	1	Φ12 合格
	2	2Φ8 合格		2	Φ10 合格
	3	Φ10 合格		3	Φ16 合格
	4	Φ12 合格		4	Φ18 合格
	5	Φ16 合格		5	Φ20 合格
	6	Φ18 合格		6	Φ22 合格
	7	Φ20 合格		7	Φ25 合格
	8	Φ22 合格	钢筋电渣压力焊抗拉强度	地下室柱	Φ20、Φ22 合格
	9	Φ25 合格		一层柱	Φ22、Φ20 合格
	10	Φ20 合格		二层柱	Φ22、Φ20、Φ25 合格
	11	Φ22 合格		三层柱	Φ22、Φ20、Φ25 合格
	12	Φ25 合格			
	13	Φ16 合格			
	14	Φ20 合格			
	15	Φ15 合格			
水泥抗压强度	P.O	42.5 合格			
黏土砖抗压强度	多孔	合格			
	标准	合格			
黄砂		合格			
石子		合格			

填表人：__________ 总监理工程师：__________ 日期：__________

××监制

附五：

竣工预验收遗留的整改问题及商定解决办法

序号	遗留整改问题	商定解决办法
1	消防水箱不锈钢板接缝处多处渗水。水箱上预留孔位置不对，排水立管上口不能留孔	要求设备供应单位整改，并在焊缝处除焊渣后刷银粉漆
2	三层顶地面（消防水箱下）未能做防水处理	要求加刷防水涂膜层，并在水箱东侧地面上设一道防止地面水向东流淌的配筋混凝土反梁
3	客房卫生间排气未能考虑	要求从管道井将污气排出屋顶
4	屋顶夹层山墙落地窗未能加设护栏	要求做不锈钢护栏
5	在屋顶夹层有一根通气管伸出屋面处渗水	要求注胶堵漏
6	地下室吊顶内的污水管下未能设防污水滴漏设施	要求污水管下设一道带坡金属槽排污，以防污水滴漏
7	地下室与首层间未能设置防火门	要求设置一道防火门
8	地下室室外坡道上雨篷未做	要求按设计图纸施工
9	有些管道支撑间距不符合规范要求	要求另外加密支撑，特别是阀门处要另加支撑
10	工程资料基本齐全，水、电部分资料不全。施工组织设计和开工报告中有些手续不全	水、电工程资料继续完善。要求补办手续

	施工单位	设计单位	建设单位	监理单位	其他单位
单位名称	××古建公司	××设计院	××寺	××监理部	××市宗教局
签名					
日期	20××/11/5	20××/11/5	20××/11/5	20××/11/5	20××/11/5

××**监制**

附六：

工程竣工预验收小组成员名单及分工表

组别	序号	姓名	单位名称	工作内容
土建组	1	×××	××监理部	检查工程，找出问题，提出整改要求；给工程观感质量打分
	2	××	××寺建设单位	
	3	×××	××寺建设单位	
	4	×××	××古建公司	
	5	×××	××设计院	
	6	×××	××设计院	
安装组	1	×××	××监理部	检查工程，找出问题，提出整改要求；给工程观感质量打分
	2	××	××寺建设单位	
	3	×××	××寺建设单位	
	4	×××	××古建公司	
	5	×××	××设计院	
	6	×××	××设计院	
资料组	1	×××	××监理部	检查竣工资料，找出问题，提出整改要求
	2	×××	××监理部	
	3	×××	××寺建设单位	
	4	×××	××古建公司	

注：工程竣工预验收，按监理程序由工程监理部主持，故每组第一人为组长。施工单位配合人员和参加验收的建设单位代表作为组员。经预验、整改合格后，交建设单位组织正式工程竣工验收。此时各组组长由建设单位主持

××**监制**

2.4 监理工作总结

一、工程概况

××楼工程位于××路××号，地下×层，地上××层，框剪结构。建筑面积××m^2，总高××m，总投资约×亿元，工程质量优良，工期三年半，19××年12月16日至20××年6月30日结束。本工程由××设计院设计，××公司总承包，××监理公司监理。参加工程建设的还有××、××、××等装饰公司，××、××等弱电公司共计17家施工单位。

二、项目监理机构

项目监理机构人员共8人。

其中：总监1人（土建、高级工程师），副总监1人（造价、工程师），土建2人（均为助工），电气1人（高级技师），给水排水、空调1人（工程师），测量1人（工程师），资料员1人（助研）。

三、建设工程监理合同履行情况

本工程监理合同前后共签订二份：一为基坑开挖、土建、安装阶段施工监理合同；二为装饰阶段施工监理合同。监理费合计××万元。三年半来业主与监理严格按监理合同的要求履行各自的权利和义务。监理工作在“三控制、三管理、一协调”中作出了自己最大努力。对照2001年5月1日开始执行的建设部颁发的《建设工程监理规范》GB 50319—2000，我们的全部监理工作是符合《建设工程监理规范》规定的。而且我们有些工作做得比《建设工程监理规范》还细，这是我们十分欣慰的。业主方履行监理合同也很认真，表现在为监理提供办公条件、按时支付监理费、认真做好与监理工作上的配合等。特别感谢业主在我们三年半的监理工作中对我们的支持和帮助，表现在为监理提供办公室，空调设备，中餐和资助微机管理费用等。

四、监理工作成效

三年半以来，监理工作成效简介如下：

（1）高：业主对监理工作的委托范围要求高。业主的宗旨：现场管理委托监理。因此，业主要求监理部对这座大楼实施全方位，全过程监理，要求高，任务重，责任大。

（2）精：业主要求监理队伍精干；监理要求自己的监理工作出精品。

（3）三到位：监理工作分工明确、到位；计算机辅助管理到位；监理协调工作到位。

（4）四道关：监理工作重中之重把好四道关，原材料质量检验关；工程测量控制关；工程隐蔽验收关；分项、分部验收和竣工预验收关。

（5）五满意：质量、进度、投资控制图表化，上墙公布，民主化管理；监理规划、细则、监理程序等文件化，全面实施；监理档案收集及时、全面、系统，整理、管理有序；监理人员工作认真、敬业精神好；业主、施工、设计、政府质检、监理主管部门对监理工作的评价好。19××年11月省、市来现场召开监理工作现场会，受到与会者的好评；项目监理部历年被监理公司、市评为先进监理部。

五、监理工作中发现的问题及其处理情况

（1）监理合同中的监理服务期到期后，凡不是监理原因造成的，业主应按监理合同条款规定给予监理费补偿。本工程在这个问题上业主是不给补偿的。

（2）按监理规范规定，工程变更均需经原设计单位出示设计变更图。可在本工程上有时业主签发变更就可实施，随意性大。

（3）本工程施工进度滞后是有各种原因的，其中主要方面是业主方的原因。在业主原因中有的是不可避免的，但不少是可以避免的。

六、说明和建议

（1）业主采取现场管理请监理，红线以内由监理负责管理，红线以外（含：设计、设备、甲供材料、办理外部各种手续）由业主负责管理；甲供材由业主定品牌、定价格，后委托施工单位办理采购，货到现场由监理负责抽验材料质量。这两条经验在当时省局是作为一项改革措施的，实践证明，这两条是行之有效的措施。

（2）业主对监理工作的理解是做好监理工作的保证。本业主过去没有请过监理，这是第一次请监理。基建办领导及有关人员均参加了监理培训班，这对监理工作的理解和支持是分不开的。另一方面监理人员能否胜任业主委托的工作，业主对监理还有一个考核过程。业主是通过考核逐步放手给监理干的，本工程在主体提前完成工期后，监理受到业主的信任。

（3）“三控制”、“三管理”、“一协调”在实施过程中抓住重点不放松。

本工程在基础和主体施工阶段“三控制”抓得很正规，真正做到上述“三个到位”把好“四道关”做到“五满意”。工程到了装饰阶段，由于装饰设计，弱电设计与施工，水、电、风设计与施工，甲供材料、设备、五金配件等供应相互影响，使工期控制困难，本工程虽做过多次努力，其效果并不显著。使工期一拖再拖。

（4）现场“三位主体”把安全生产、文明施工放在首位，工程质量放在第一，促使本工程多年来一直是省、市标准化现场、文明工地，并无工程质量事故。

（5）监理队伍的稳定是监理工作取得成绩的保证。三年半以来本工程总监和基本监理队伍没有变动，有些人员的调动是适应工程进展中专业上的需要。

建议在今后监理工作中宣传这些好的做法和经验，促使监理效果能更上一个台阶。

第3章　地基与基础工程质量控制要点

3.1　地基（人工挖孔桩）工程质量控制要点

人工挖孔工程桩共85根，其中直径1000mm计49根，直径1400mm计30根，直径1600mm计4根，直径2200mm计1根，直径2400mm计1根，桩下各设扩大头，扩大头位于④$_{2a}$、④$_{3}$时均埋入其中，扩大头位于④$_{4}$时埋入500mm（不含扩大头底部弧形部分）。桩长因桩端持力层的不同而各异，持力层各分布于④$_{2a}$、④$_{3}$、④$_{4}$（本工程地质报告），监理在控制工程桩桩长时，可参考设计院提供的有关工程钻探孔位处的计算桩长和不小于8m两个指标确定。采用人工挖孔桩，护壁在地下室底板以上为240mm厚的砖护壁，底板以下采用混凝土护壁。桩基质量按设计要求。

3.1.1　施工前期质量控制

（1）认真学习工程桩的施工图纸，准备好书面意见，参与图纸会审。

（2）掌握地质报告资料，了解桩的数量、直径、位置、深度等，在勘察孔平面位置图上详细绘制工程桩位平面图，以便对照勘察孔的地质状况，了解其附近工程桩的地质状况。

将工程桩位标定在相应的勘察孔平面位置图上（图3-1，本工程为一柱一桩），并参考勘察孔下的地质报告（图3-2）情况，表3-1表示出每个桩位下的地质情况。特别表明在每个桩位持力层下有无软弱夹层。本工程桩设计持力层分别为④$_{2a}$、④$_{3}$和④$_{4}$。

每个桩位下持力层的深度和厚度（摘录）　　表3-1

工程桩号	持力层顶面深度（m）	勘察孔号	工程桩桩位下的持力层深度和厚度（m）及其地层变化
3#位于a汽车坡道地下室	3#桩位地面标高12.73+④$_{2a}$顶面标高−8.00=桩位地表下−20.73米	K14	−20.73进入④$_{2a}$连续变化为④$_{3}$和④$_{4}$层厚9.5
5#位于a汽车坡道地下室	−14.9（计算方法同上）	K8	−14.9进入④$_{2a}$其中在−18.9～−19.9有软夹层④$_{2b}$穿过夹层地质为④$_{3}$层层厚为6
42#位于主体地下室	−9.87（计算方法同上）	K11	−9.87进入④$_{2a}$连续变化为④$_{3}$和④$_{4}$层厚17.5
13#位于a电梯井	−24.43（计算方法同上）	BK5及BG1	−24.43进入④$_{4}$层层厚为5
71#位于b汽车坡道地下室	−13.2（计算方法同上）	K15	−13.2进入④$_{2a}$其中−5.2～−15.7为软夹层④$_{2b}$和−17.2～−18.7为软夹层④$_{2c}$穿过夹层地质为④$_{2a}$、④$_{3}$和④$_{4}$层层厚为11.5
45#位于b电梯井	−25.7（计算方法同上）	K7	−25.7进入④$_{4}$层层厚6.5其中在−28.2～−28.7间有0.5厚④$_{4a}$
37#位于主体地下室	−24.9（计算方法同上）	K20及BK9	−24.9进入④$_{4}$层层厚2.8
59#位于主体地下室	−22.59（计算方法同上）	K21及BK9	−24.9进入④$_{4}$层层厚4
82#位于地下室外圈	−14.9（计算方法同上）	K8	−14.9进入④$_{2a}$其中在−18.9～−19.9有软夹层④$_{2b}$穿过夹层地质为④$_{3}$层层厚为6

注：参考工程桩位平面图和勘察孔平面图（图3-1）及工程地质剖面图（图3-2）进行计算。

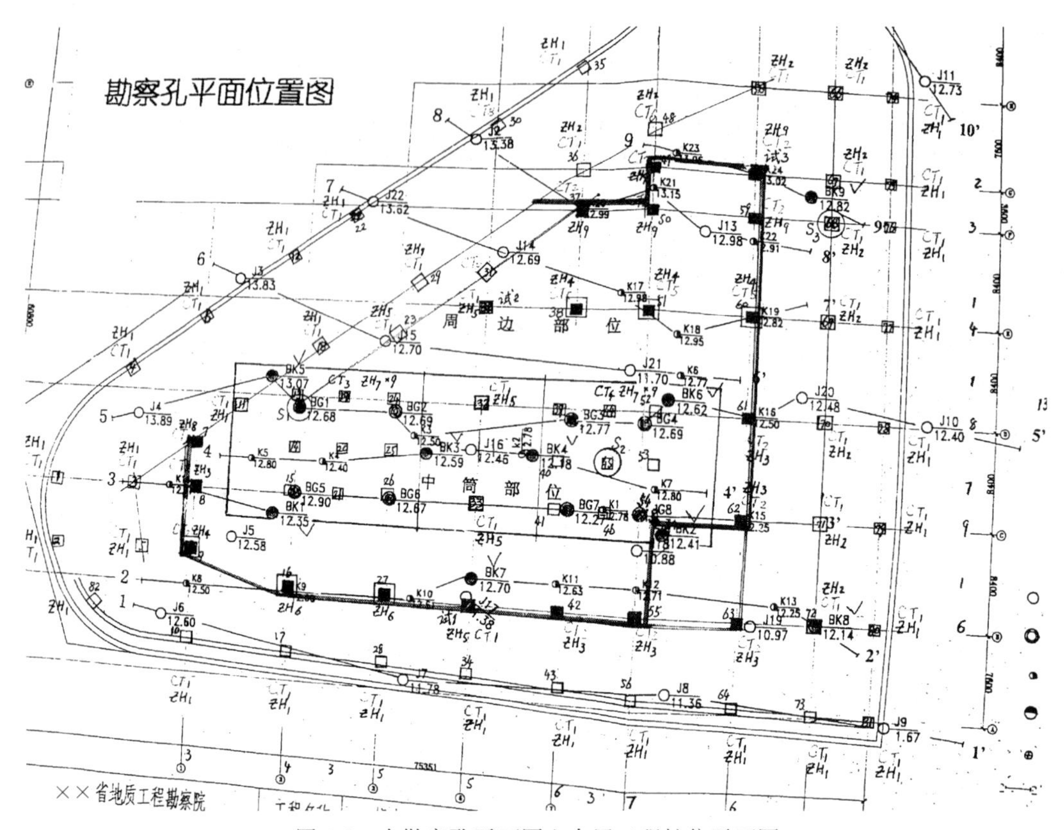

图 3-1　在勘察孔平面图上布置工程桩位平面图

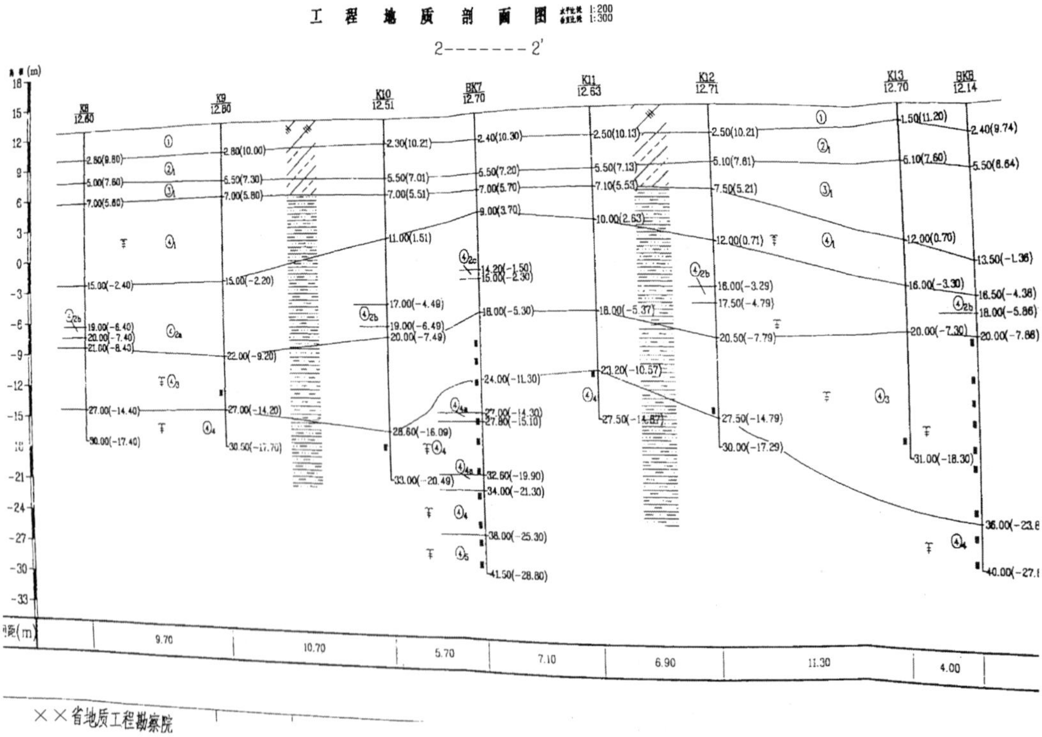

工　程　地　质　剖　面　图　水平比例 1:200　垂直比例 1:300

2———2'

K8 12.60: 2.80(9.80), 5.00(7.60), 7.00(5.60), 15.00(-2.40), 19.00(-6.40), 20.00(-7.40), 21.00(-8.40), 27.00(-14.40), 30.00(-17.40)

K9 12.80: 2.80(10.00), 6.50(7.30), 7.00(5.80), 15.00(-2.20), 22.00(-9.20), 27.00(-14.20), 30.50(-17.70)

K10 12.51: 2.30(10.21), 5.50(7.01), 7.00(5.51), 11.00(1.51), 17.00(-4.49), 19.00(-6.49), 20.00(-7.49), 28.60(-16.09), 33.00(-20.49)

BK7 12.70: 2.40(10.30), 5.50(7.20), 7.00(5.70), 9.00(3.70), 14.20(-1.50), 15.00(-2.30), 18.00(-5.30), 24.00(-11.30), 27.00(-14.30), 27.80(-15.10), 32.60(-19.90), 34.00(-21.30), 38.00(-25.30), 41.50(-28.80)

K11 12.63: 2.50(10.13), 5.50(7.13), 7.10(5.53), 10.00(2.63), 18.00(-5.37), 23.20(-10.57), 27.50(-14.87)

K12 12.71: 2.50(10.21), 5.10(7.61), 7.50(5.21), 12.00(0.71), 16.00(-3.29), 17.50(-4.79), 20.50(-7.79), 27.50(-14.79), 30.00(-17.29)

K13 12.70: 1.50(11.20), 5.10(7.60), 12.00(0.70), 16.00(-3.30), 20.00(-7.30), 31.00(-18.30)

BK8 12.14: 2.40(9.74), 5.50(6.64), 13.50(-1.36), 16.50(-4.36), 18.00(-5.86), 20.00(-7.86), 36.00(-23.8, 40.00(-27.

间距(m): 9.70　10.70　5.70　7.10　6.90　11.30　4.00

××省地质工程勘察院

图 3-2　工程地质剖面图

表 3-2 计算出了每根桩的桩长和桩顶、桩底标高。

每根桩的桩长和桩顶、桩底标高　　　　**表 3-2**

桩型	ZH_1	ZH_1	ZH_1	ZH_2	ZH_2	ZH_3	ZH_4	ZH_5	ZH_5	ZH_6	ZH_7	ZH_8	ZH_9	ZH_9	
d	1000			1000		1400	1600	1000		2200	1400	1400	1400		
D	1400			1700		3900	4400	2400		4200	3000	2000	2500		
B	200			350		1250	1400	700		1000	800	300	550		
H	600			1000		1250	1400	1000		1000	1000	1000	1000		
A_S	14Φ16	14Φ16	14Φ16	14Φ18	14Φ18	24Φ18	24Φ20	14Φ18	14Φ18	36Φ22	24Φ18	24Φ18	24Φ18	24Φ18	
高程(m)	1	2	3	4	5	6	7	8	9	10	11	12	13	14	高程(m)
12															12
9															9
6															6
3															3
0	2.45	2.25	2.05	2.45	2.25	2.45	2.45	2.45	2.05	2.45		2.45	2.45	2.25	0
−3	8.29	8.34	8.34	8.37	8.37	8.59	8.64	8.44	8.44	8.62	1.45	8.40			−3
−6	5.84	6.09	6.29	5.92	6.12	6.14	6.19	5.99	6.39	6.17		5.95	13.13～14.85	16.69	−6
−9															−9
−12											17.50		10.68～12.40	14.44	−12
−15															−15
−18											18.95				−18
−21															−21
桩数	31	1	1	9	1	6	4	5	1	2	18	1	4	1	总计 85
桩号	10 17 28 34 43 56 64 73 81 80 79 78 77 76 75 74 65 57 35 22 12 64 12 82 11 18 29 35	47	30	36 58 66 67 68 69 70 71 72	48	8 42 55 63 62 61	9 38 51 60	23 试 2 32 33 试 1	31	16 27	13 14 15 19 20 21 24 25 26 39 40 41 44 45 46 52 53 54	7	37 50 试 3 59	49	

注：1. 本表根据设计院××/3/11结构施工图3、结构施工图5和××/6/9结构施工图修改1数据绘制；85根工程桩的桩顶标高为承台底标高加100mm；桩长含封底100mm+0.1D（D为桩扩大头直径）；封底底标高为绝对标高；

2. 根据设计要求，桩为摩擦支承桩，桩长必须大于8m；桩底必须到达设计要求的岩层，并要求扩大头全部入岩，即达到设计要求的岩面强度后才能开始挖掘桩的扩大头；

3. 表中桩上三项数字的表达内容：上项为桩顶标高，中项为桩长，下项为桩底标高；

4. 表中符号：d——桩的直径（mm）；D——桩的扩大头直径（mm）；

B——扩大头直段高度（mm）；H——扩大头放坡高度（mm）；

5. 工程现场±0.000的绝对标高为12.50m。各桩位孔口的相对标高（m）如表3-3所列。

各桩位孔口的相对标高（m）（摘录） **表3-3**

桩号	孔口标高	桩号	孔口标高	桩号	孔口标高
2	1.32	37	0.84	57	1.26
6	1.16	41	−0.05	69	0.12
10	0.43	42	−0.13	74	0.46
14	0.41	46	0.03	75	0.22
17	−0.12	47	1.38	76	0.18
21	0.15	49	0.56	82	0.86

（3）认真审查桩的施工方案：对施工单位的施工方案、施工进度、技术措施、安全措施和质量保证体系等进行审查。其中安全措施：

① 检查施工单位的安全生产组织机构和安全生产实施细则；

② 检查特殊工种人员（电焊、下井工人、电工、机械操作工等）上岗证；

③ 安全用电，配电箱应有漏电保护装置，电缆应确保使用安全，电器设备和电动工具应及时检查维修、确保使用安全，电工不离现场做好来回检查；

④ 桩成孔过程中防坠落：做好班前检查工作（含卷扬设备、钢丝绳、运输工具、孔周围堆积物）；班中：孔口操作工与孔内操作工要配合好，防止岩石、砖在孔内运输过程中坠落伤；班后：孔口应加盖防护；

⑤ 桩成孔过程中防坍塌：本工程地表下5～6m范围内为覆盖土，以下为岩土，在成孔过程中要按规范及时砌好护壁，特别要防止土层和强风化层的坍塌；

⑥ 由于工程桩孔深均在20～30m之间，要安排好井下通风和照明；

⑦ 第③、④、⑤、⑥条由施工单位项目经理组织实施，专业监理工程师负责督促检查；

⑧ 组织安全生产会议，专题讨论安全生产问题；

⑨ 由建设、监理、施工等单位组成检查组，每周检查一次现场安全生产。

（4）审核施工单位的资质、管理人员和特殊工种人员上岗证，进场施工设备安全生产合格证。

（5）原材料、半成品的质量控制：钢材进场要有合格证，并进行力学性能试验和焊接试验。焊条有合格证，要与钢材匹配；水泥及骨料级配、混凝土配合比、工程桩孔壁混凝土和扩大头封底混凝土强度等的试验；孔壁用砖和砂浆标号的试验等。

（6）复核施工单位的工程桩测量放线成果。

（7）审批工程桩开工报告。

（8）编制工程桩的实际挖孔进度一览表。

3.1.2　施工过程的质量控制

1）成孔质量控制

（1）桩位定位质量控制：施工单位根据城市规划部门和建设单位提供的测量基准点和测量基线放样定位，经监理复核，用十字交叉定出桩孔中心，并办理复验手续。桩位偏差不大于50mm，井圈中心线与轴线偏差不大于20mm，井圈壁厚比下面井壁厚120mm，井圈高出地表200mm左右，在井圈内壁标十字线，以便检查孔径及孔垂直度，同时在内壁标注孔号以便识别。在井圈的固定一侧，测量井圈的标高，以减少地面标高对井圈标高的影响，控制误差不超过10mm，按井圈标高对孔深、持力层、笼顶标高进行控制；

（2）桩孔的孔径垂直度和深度的控制：在人工挖孔过程中随时检查孔径、垂直度和深度。桩径允许偏差是50mm；垂直度容许偏差不大于0.5%；各工程桩孔深挖到设计要求的持力层岩面时，经勘察单位鉴定确认孔深已到达持力层后，报监理审查桩长是否达到设计要求，经勘察、监理认可后，才能按设计要求的尺寸修筑扩大头。扩大头埋深≥扩大头的斜段高H+直段高500mm（注：经设计院同意：支承在④$_4$持力层上的桩，其扩大头的埋深为④$_4$层面下500mm），且按设计要求桩长不小于8m。最后经清孔、勘察单位验槽（规范要求复验持力层的岩性，嵌岩桩必须有桩端持力层的岩性报告），监理检查扩大头尺寸后才能终孔，并办理相应验收手续，随即用C35混凝土封底，厚度为锅底及锅底以上100mm并不大于200mm。支护桩深度，按设计要求分12.30m、13.30m、14.30m三种不同桩长进行控制，挖到设计深度后经监理验收合格即可终孔；

（3）桩孔护壁的质量控制：根据本工程地质情况，一般在地面以下6m左右为素土层覆盖，6m以下为风化岩层。按设计要求：工程桩孔壁在地下室底板以上采用240mm砖护壁，砂浆均用MU7.5。孔内每挖1～1.5m用砂浆砌筑砖护壁，当发现渗水严重时，暂停挖掘，提早砌筑护壁，待护壁中砂浆达到一定强度后才能继续开挖。底板以下采用混凝土护壁，混凝土等级为C20，每节高1000mm厚100mm。当监理下孔检查工程桩扩大头尺寸时，应目测混凝土护壁的施工质量，特别注意在护壁施工质量上有否偷工减料做法，以便提防安全隐患和在工程结算时扣除偷工减料部分。

（4）做好桩基成孔过程中，监理的平行检查（表3-4）和验收工作。

桩基成孔过程中监理的平行检查工作内容（摘录）　　表3-4

桩型编号	承台编号	桩顶标高（m）	理论挖深（m）	参考的勘察孔号	实际挖深（m）	扩大头高+0.1D+直段（mm）	岩层顶高（m）
ZH_1	CT-1	−10.05	−16.69	K14	−20.73	1100+140+100	−20.73
ZH_2	CT-6	−10.25	−16.75	K23	−16.75	1500+170+100	−11.95
ZH_3	CT-2	−10.05	−16.30	K11	−16.30	1750+390+100	−9.87
ZH_4	CT-5	−10.05	−16.15	K17	−16.15	1900+440+100	−10.02
ZH_5	CT-1	−10.05	−16.55	BK3	−18.41	1500+240+100	−9.41
ZH_6	CT-2	−10.05	−16.55	K10	−18.99	1500+420+100	−10.99
ZH_7	CT-3	−13.95	−29.45	BK5	−23.45	1500+300+100	−24.43
ZH_8	CT-1	−10.05	−16.55	K14	−20.73	1500+200+100	−20.73
ZH_9	CT-7	−10.25	−25.55	K21	−22.35	1500+250+100	−23.35
…							

各种桩型的直径和数量，如表3-5所列。

各种桩型的直径和数量　　表 3-5

桩　型	桩的直径（mm）	桩的数量（根）（总计 85 根）
ZH_1	1000	33
ZH_2	1000	10
ZH_3	1400	6
ZH_4	1600	4
ZH_5	1000	6
ZH_6	2200（2400）	1（1）
ZH_7	1400	18
ZH_8	1400	1
ZH_9	1400	5

验收工作包括：

① 复测桩位、孔顶标高、孔径、孔深、孔的垂直度、孔底扩大头尺寸；

② 复查孔号、每孔土层厚度和岩层厚度、护壁用材和护壁厚度；

③ 复查终孔位置（持力层）的岩性是否符合设计要求，终孔位置以下 3*D*（*D* 为桩的直径）或 5m 深度范围内有无空洞、破碎带、软弱夹层等不良地质条件；

④ 检查成孔时的施工进度、安全生产设施、排水方案及设施；

⑤ 检查工勘人员对工程桩入持力层的岩性鉴定，表 3-6 表示以下内容：桩号、孔口标高、持力层表面深度、应挖孔深、岩层名称、岩层代号、参照孔（桩孔参照的地质钻探孔）、桩长（指桩顶标高至扩大头底的长度，要确保桩长大于或等于设计要求的桩长，本工程设计要求的桩长为 8m）。本工程设计又要求扩大头要进入持力层，为判别开始扩大时岩层的岩性，要求工勘人员到现场下孔鉴定，确认已进入设计要求的持力层后，才能开始扩大，否则继续再挖深，直至到达设计要求的持力层；又当扩大头可以开挖，且开挖到设计要求的深度尺寸后，要求工勘人员再一次到现场下孔鉴定，确认已进入设计要求的持力层后，才能终止开挖，否则继续再挖深，直至挖到设计要求的持力层为止；

工程桩入持力层鉴定（摘录）　　表 3-6

桩号	孔口标高（相对标高）(m)	持力层深度 (m)	应挖孔深 (m)	岩层名称	持力层号	参考孔号	桩长 (m)
6	1.16	16.2	19.77	中风化砂岩石	④$_{2a}$	J1	8.32
2	1.32	18.3	20.06	中风化砂岩石	④$_{2a}$	J6	8.45
10	0.43	17.5	19.06	中风化砂岩石	④$_{2a}$	J6	8.34
17	−0.12	17.5	18.51	中风化砂岩石	④$_{2a}$	K9	8.34
37	0.84	22.1	26.69	中风化砂岩石	未达④$_4$	K20	15.45
46	0.03	28.6	30.98	中风化砂岩石	④$_4$	BK2	16.6
76	0.18	16.8	18.47	中风化砂岩石	④$_{2a}$	BK9	8.0

续表

桩号	孔口标高（相对标高）(m)	持力层深度(m)	应挖孔深(m)	岩层名称	持力层号	参考孔号	桩长(m)
49	0.56	25.0	26.85	中风化砂岩石	$④_4$	K23	15.69

工勘单位验收意见：

37＃桩未能达到持力层，继续开挖后再验。表中其余桩深均达到持力层，同意做扩大头

验收人：×××签字

年 月 日

⑥ 组织对工程桩的成孔验收（当扩大头按设计要求施工）结束，经自检合格，可报监理组织成（终）孔验收。表 3-7 表示出以下内容：桩号、桩径、扩大头直径、扩大头高度、锅底高度、孔深、持力层岩层名称、岩层代号，质检员、工勘人员、监理人员等分别填写验收结论和签字；

工程桩成孔验收表 **表 3-7**

桩号(m)	桩径(m)	扩大头直径(m)	扩大头高度(m)	锅底高度(m)	孔深(m)	持力层名称	层号	质检员		工勘人员		监理人员	
								结论	签字	结论	签字	结论	签字
57	1.0	1.4	1.1	0.24	19.86	中风泥质砂岩	$④_{2a}$	合格	刘××	合格	唐××	合格	郑××
12	1.0	1.4	1.1	0.24	19.66	中风泥质砂岩	$④_{2a}$	合格	刘××	合格	唐××	合格	郑××
4	1.0	1.4	1.1	0.24	19.96	中风泥质砂岩	$④_{2a}$	合格	刘××	合格	唐××	合格	郑××
7	1.4	2.0	1.5	0.3	19.70	中风泥质砂岩	$④_{2a}$	合格	刘××	合格	唐××	合格	郑××
S1	1.0	2.7	1.5	0.37	19.97	中风泥质砂岩	$④_{2a}$	合格	刘××	合格	唐××	合格	郑××
S2	1.0	2.4	1.5	0.34	21.70	中风泥质砂岩	$④_4$	合格	刘××	合格	唐××	合格	郑××
S3	1.3	2.5	1.5	0.35	26.85	中风泥质砂岩	$④_4$	合格	刘××	合格	唐××	合格	郑××
79	1.0	1.4	1.1	0.24	18.46	中风泥质砂岩	$④_{2a}$	合格	刘××	合格	唐××	合格	郑××

⑦ 绘制工程桩成孔剖面图（图 3-3 和表 3-8），对成孔后的孔内岩、土层情况进行分析；

⑧ 计算成孔工程量（表 3-9）；

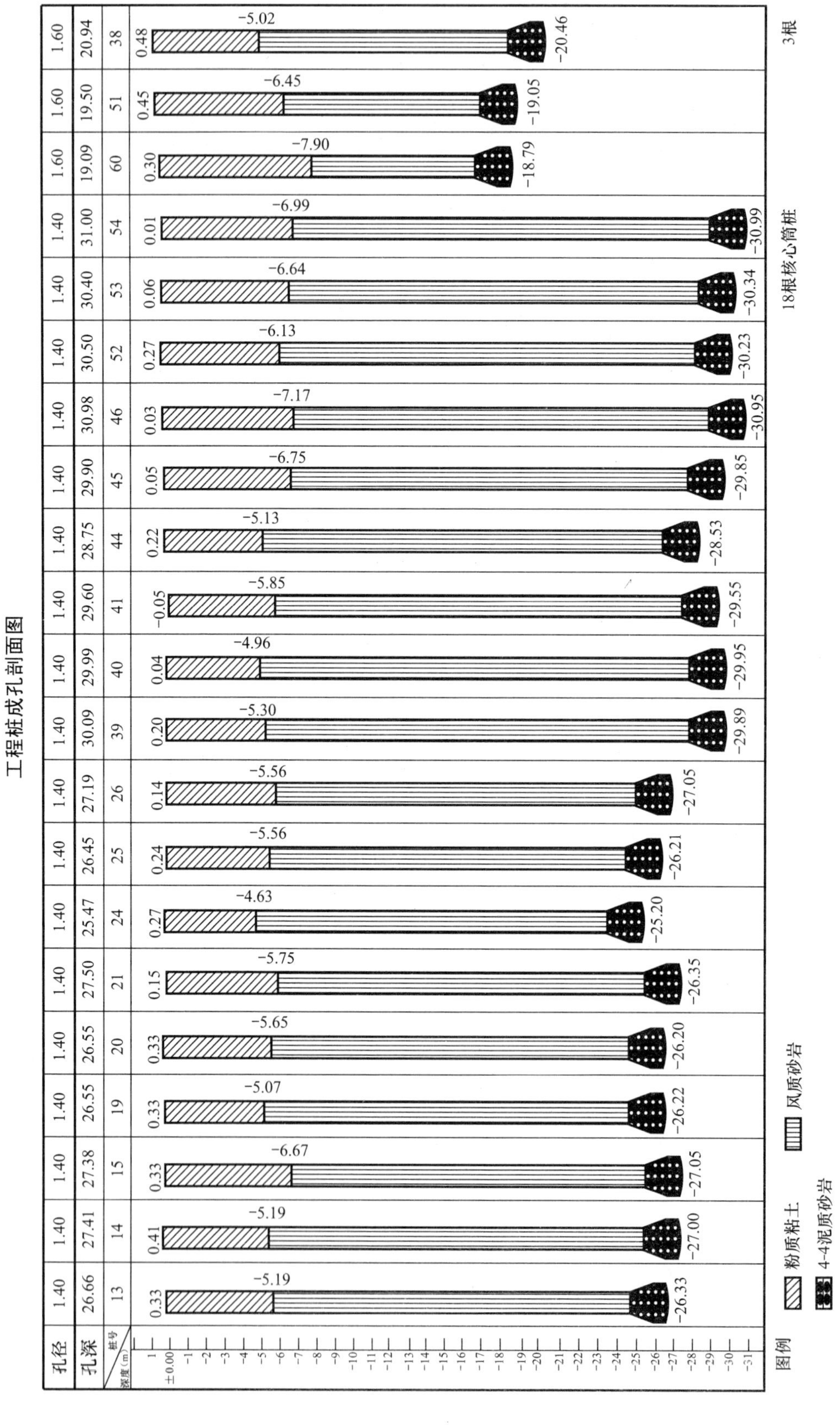

工程桩成孔剖面图

桩号	孔径	孔深	孔口标高	粉质粘土层底	孔底
13	1.40	26.66	0.33	−5.19	−26.33
14	1.40	27.41	0.41	−5.19	−27.00
15	1.40	27.38	0.33	−6.67	−27.05
19	1.40	26.55	0.33	−5.07	−26.22
20	1.40	26.55	0.33	−5.65	−26.20
21	1.40	27.50	0.15	−5.75	−26.35
24	1.40	25.47	0.27	−4.63	−25.20
25	1.40	26.45	0.24	−5.56	−26.21
26	1.40	27.19	0.14	−5.56	−27.05
39	1.40	30.09	0.20	−5.30	−29.89
40	1.40	29.99	0.04	−4.96	−29.95
41	1.40	29.60	−0.05	−5.85	−29.55
44	1.40	28.75	0.22	−5.13	−28.53
45	1.40	29.90	0.05	−6.75	−29.85
46	1.40	30.98	0.03	−7.17	−30.95
52	1.40	30.50	0.27	−6.13	−30.23
53	1.40	30.40	0.06	−6.64	−30.34
54	1.40	31.00	0.01	−6.99	−30.99
60	1.60	19.09	0.30	−7.90	−18.79
51	1.60	19.50	0.45	−6.45	−19.05
38	1.60	20.94	0.48	−5.02	−20.46

深度（m）：1　±0.00　−1　−2　−3　−4　−5　−6　−7　−8　−9　−10　−11　−12　−13　−14　−15　−16　−17　−18　−19　−20　−21　−22　−23　−24　−25　−26　−27　−28　−29　−30　−31

图例　粉质粘土　风质砂岩　4-4泥质砂岩

18根核心筒桩　3根

图 3-3　绘制工程桩成孔剖面图

表3-8

工程桩成孔剖面图表（摘录）

桩号	42	55	49	59	37	16	9	27	62	61
孔径（m）	1.40	1.40	1.40	1.40	1.40	2.20	1.60	2.40	1.40	1.40
孔深（m）	23.74	23.50	27.40	23.95	25.69	22.02	21.24	22.02	20.44	19.14

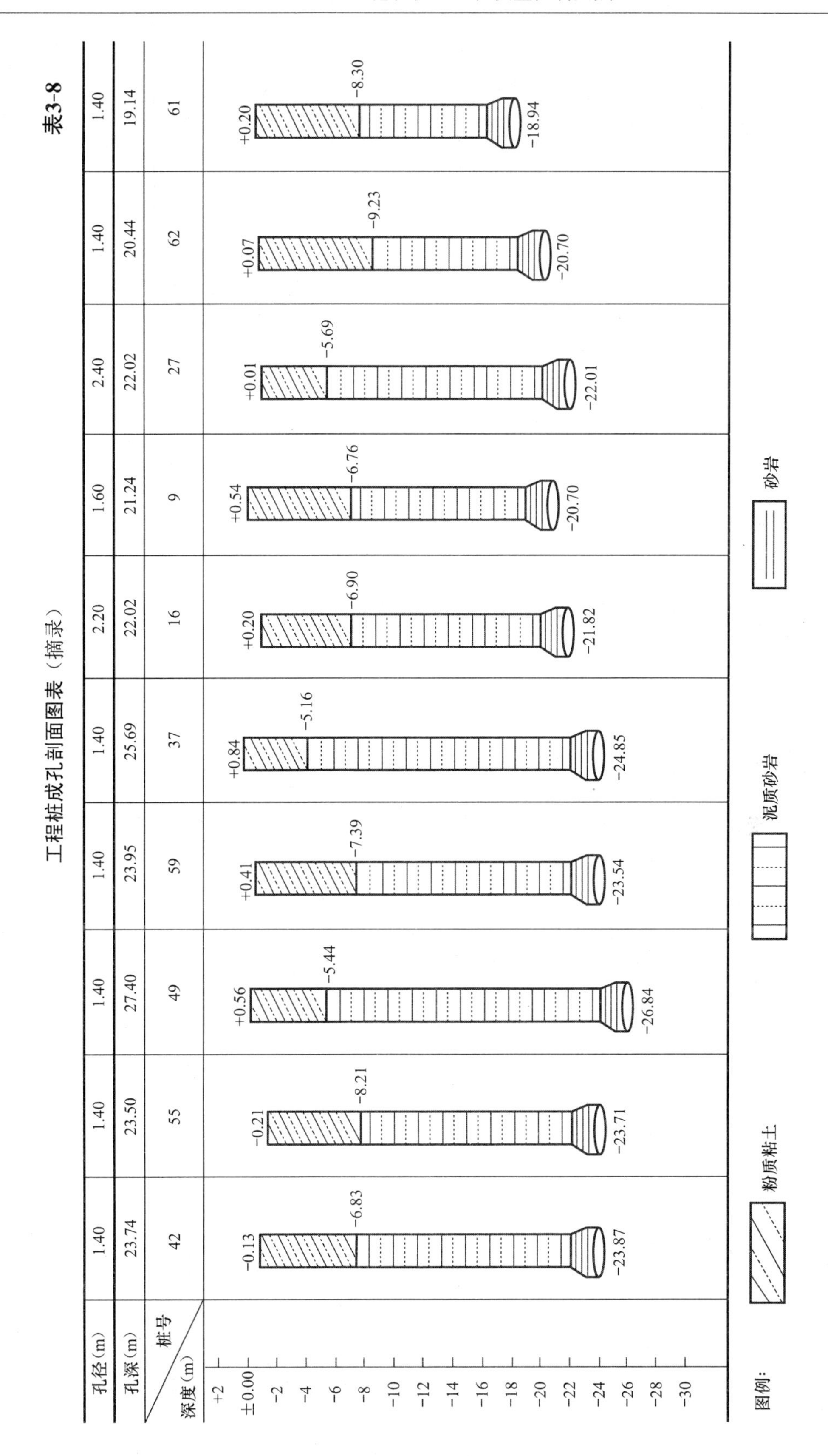

工程桩工程量计算表（摘录）　　　　**表 3-9**

桩号	桩型	孔深（m）	孔口标高（m）	孔径（m）	桩径（m）	土层厚度（m）	0.00～15.00m（按定额）			15.00m以上（按定额）			桩顶标高（m）	桩顶至孔口（m）	扩大头高（m）	土石方合计（m^3）	混凝土量（m^3）	钢筋量（kg）
							挖土量（m^3）	砖护壁（m^3）	挖岩量（m^3）	挖土量（m^3）	扩大头（m^3）	挖岩量（m^3）						
42	ZH_3	23.74	−0.13	1.88	1.40	6.70	18.60	12.27	16.76	10.01	16.93	26.94	10.05	9.92	2.24	62.30	35.53	897.82
55	ZH_3	23.50	−0.21	1.88	1.40	8.00	22.21	12.17	13.05	9.64	16.93	26.57	10.05	9.84	2.24	61.83	35.28	922.17
49	ZH_9	27.40	0.56	1.88	1.40	6.00	16.66	13.37	19.80	16.24	6.63	22.87	10.25	10.81	1.85	59.33	30.09	1071.6
59	ZH_9	23.95	0.41	1.88	1.40	7.80	21.65	12.93	14.37	10.93	6.63	17.56	10.05	10.46	1.85	53.58	25.32	887.1
37	ZH_9	25.69	0.84	1.88	1.40	6.00	16.66	13.47	19.90	13.61	6.63	20.24	10.05	10.89	1.85	56.80	27.33	977.3
16	ZH_6	22.02	0.20	2.68	2.20	7.10	40.05	18.86	35.83	19.01	15.2	34.21	10.05	10.25	2.02	110.1	54.16	1676.5
9	ZH_4	21.24	0.54	2.08	1.60	7.30	24.81	14.69	20.05	7.64	23.12	30.76	10.05	10.59	2.44	75.62	40.63	872.7
27	ZH_6	22.02	0.01	2.88	2.40	5.70	37.13	20.02	50.75	22.62	15.2	37.82	10.05	10.06	2.02	125.7	62.43	2039.7
62	ZH_3	20.44	0.07	1.88	1.40	9.30	25.82	12.51	9.79	4.93	16.93	21.86	10.05	10.12	2.24	57.47	30.14	677.71
61	ZH_3	19.14	0.20	1.88	1.40	8.50	23.60	12.67	12.17	2.92	16.93	19.85	10.05	10.25	2.24	55.62	27.94	582.67

2）钢筋笼制作与安装质量控制

（1）钢筋笼的制作应按设计图纸进行，主要控制主筋间距、直径、长度等几何尺寸和钢筋笼体垂直度、主筋扭曲、焊点牢固等。钢筋笼制作的允许偏差：主筋间距±10mm，箍筋（螺旋筋）间（螺）距±20mm，钢筋笼直径±10mm，钢筋笼长度±100mm。主筋接头按设计要求采用双面焊，焊缝长度大于5D（D为主筋直径）。焊缝饱满不咬边，无气泡，焊缝允许偏差：厚度－0.5D，宽度－0.1D，长度－0.5D；主筋与箍筋（螺旋筋）接触点采用满点焊，另外桩身每隔2m设1Φ16焊接加强箍；钢筋笼制作完成后，报监理验收，并办理隐蔽工程验收手续；

（2）钢筋笼在运输过程中应保证不变形；吊放入孔时不得碰撞孔壁；

（3）复核桩位轴线：按轴线控制桩中心点，控制钢筋笼的轴线位置，采取相应措施进行固定，并保证保护层厚度，桩身保护层厚度为50mm，每隔4m设一组保护块，每组3块。

（4）复核钢筋笼的安装标高：用水准仪测量或用钢尺或测绳从井口量测，发现偏差，要检查原因，并整改到位。钢筋笼的安装深度允许偏差±100mm。

（5）钢筋笼安装时障碍的排除：钢筋笼下笼时阻塞，原因是局部井圈小于钢筋笼直径或孔底标高不平整，此时应将钢筋笼吊妥，排除障碍后吊放；钢筋笼对接时，上、下笼接头钢筋的接缝不在一个平面时，会影响接缝的焊接质量，此时应将上节钢筋笼吊直调整。

3）混凝土浇筑质量的控制

（1）钢筋笼吊入孔内后，最迟不超过4h，开始浇筑混凝土；

（2）按设计要求工程桩的混凝土强度等级为C35，采用商品混凝土浇筑，混凝土配合比设计应符合混凝土强度等级要求，混凝土浇筑前应经监理审核认定。同时向总监理工程师提出浇筑混凝土的申请报告，交验相应资料，经总监理工程师批准后方能浇筑混凝土；

（3）桩身混凝土浇筑时必须使用串筒，连续浇筑时串筒应插入混凝土内大于50mm，浇筑混凝土时应防止地下水进入，不能有超过50mm厚的积水层，否则应设法将混凝土表面积水层用导管吸干，才能继续浇筑混凝土。如水量过大可按水下混凝土操作规程施工；

（4）桩身混凝土的浇筑必须连续进行，如有间隙，其间隙时间小于混凝土初凝时间，并控制在15min以内。当气温高于30°时，应采取延缓混凝土初凝措施，以防表面层与内层混凝土产生拉应力，导致混凝土发生裂缝；

（5）浇筑混凝土用振动器振捣时，振动器位置应控制在孔内中心位置，并不得碰撞钢筋笼，以防钢筋直接受振动时上下贯通传导，发生共振，使钢筋与周围混凝土在振动下产生缝隙，不能严密粘连，而降低桩的承载力。

（6）根据规范《建筑地基基础工程施工质量验收规范》GB 50202—2002第5.1.4条规定，桩顶标高至少要比设计标高高出0.5m，桩顶标高的允许偏差＋30mm，－50mm（应扣除桩顶浮浆）；

（7）检查每根桩的混凝土实际浇筑量，混凝土充盈系数＞1；

（8）根据标准《建筑地基基础工程施工质量验收规范》GB 50202—2002第5.1.4条规定，每浇筑50m^{3}混凝土必须有一组试件，小于50m^{3}混凝土的桩，每根桩必须有一组试件。本工程要求每根桩做一组试件，当一根桩的混凝土量超出50m^{3}时做二组。

4）做好桩基成桩过程中，监理的平行检查和验收工作

这些工作包括：

(1) 组织对桩内钢筋笼的制作与安装验收。钢筋笼制作完后，在自检合格的基础上向监理报验，其验收内容包括：钢筋（含纵向钢筋、箍筋、加强筋）的型号、规格、间距、数量，桩的钢筋笼直径、长度，箍筋加密区长度及加密区箍筋间距等。钢筋笼安装完后，在自检合格的基础上向监理报验，其验收内容包括：测量钢筋笼的安装标高，其误差应在规范规定的允许范围内；检查钢筋笼接长时，其焊接接头数量在同一截面内不应超过总数的50%，焊接长度应符合规范要求；最后办理验收手续；

(2) 对桩内混凝土的浇筑实施旁站监理。监理内容包括：混凝土浇筑前排除孔内地下水；检查浇筑和振动设备（含：串筒、振动器）；检查混凝土的原材料、配合比、坍落度；检查混凝土试块的制作、养护、测试（一柱一桩的，每桩一组，一桩混凝土量超过50m^3时，混凝土每超过50m^3增加一组）；检查混凝土浇筑过程中的振动和测量混凝土浇筑高度（直至到达桩顶高度以上500mm时为止，其中500mm为预定的可能浮浆层，在桩顶承台施工时凿除）。最后办理验收手续（表3-10）。

(3) 验收每根桩的成桩施工记录表（表3-11）。

(4) 对桩混凝土试块强度、桩用钢筋复验强度、钢筋连接复验结果等数据进行分析，含：合格品率，测试数据的离散程度等。

(5) 对成桩工程量进行计算（表3-9）。

5) 做好桩位竣工图。

基坑土（石）方开挖后，接着开挖桩承台的土（石）方。当桩承台开挖全部完成后，由桩基施工单位负责测量桩位偏差值，测量时需经监理单位和土建施工单位派员参加复验并认可，最后由桩基施工单位负责绘制竣工图，该图须经桩基承包单位、监理单位、土建施工单位参验人员签字和单位盖章后生效，并分别存档。

工程桩混凝土灌注记录　　　　**表3-10**

工程名称：××××　施工单位：××××　灌注类型：浇捣　混凝土等级：C35

桩号	施工时间	开盘时间	终盘时间	桩径(m)	桩长(m)	桩顶高(m)	理论混凝土量(m^3)	实际混凝土量(m^3)	振捣(次)	试块编号
60	8/9	5:50	8:30	1.6	8.2	−10.05	38.02	38.60	4	60
51	8/9	6:10	9:40	1.6	8.46	−10.05	38.60	39.20	5	51
70	8/9	9:00	9:40	1.0	8.27	−10.05	9.57	9.70	4	70
78	8/9	9:30	10:20	1.0	8.65	−10.05	8.97	9.10	5	78
71	8/9	10:30	11:00	1.0	8.30	−10.05	9.60	9.70	4	71
38	8/9	11:05	12:20	1.6	9.87	−10.05	41.71	42.33	5	38
27	8/9	12:50	15:05	2.4	11.44	−10.05	70.12	71.10	6	27上 27下
16	8/9	15:15	16:50	2.2	11.25	−10.05	61.11	62.02	6	16上 16下

施工单位自检意见：	监理单位验收意见：
符合设计与规范要求 质检员：胡××　（签字） ××××年××月××日	符合实际情况和设计图纸与施工规范要求 监理员：张××　（签字） ××××年××月××日

人工挖孔桩成桩施工记录表 **表 3-11**

工程名称	××工程桩	监理单位		××××监理公司
建设单位	××××	施工单位		×××××工程公司
桩号	60	施工日期 4/5～15/6	护壁类型	一砖 M10 砂浆/C20 混凝土

附　图

0.30
孔口标高
砖护壁
-7.90
岩面标高
-10.05
桩顶标高
混凝土护壁
H
500
100
-18.25
桩底标高
0.1D
D

岩土层概述			
层号	地层	起	止
(1)	杂填土	0	2.3
(2)	粉质黏土\黏土	2.3	6.9
(3)	含砾石粉质黏土	6.9	8.2
(4)	泥质粉砂岩	8.2	19.09

井圈高度（m）	0.25
孔口标高（m）	0.3
桩顶标高（m）	−10.05
设计桩径（m）	1.6
桩身混凝土强度	C35
扩大头直径（m）	4.4
扩大头高度（m）	2.0
混凝土封底高度（m）	0.54
桩底标高（m）	−18.25
钢筋笼长度（m）	8.9
实际孔深（m）	19.09
实际桩长（m）	8.2
灌注混凝土量（m^3）	38.60

备注：

施工单位自检意见：

符合设计与规范要求

质检员：胡××　（签字）　××××年××月××日

监理单位验收意见：

符合设计图纸和施工规范要求

监理员：张××　（签字）　××××年××月××日

3.1.3 施工后期质量控制

1）混凝土、砂浆、砖、钢筋试件检测强度达到设计标准；

2）桩基检测结果符合设计要求。

本工程使用的桩基检测方法有：静载荷试验，声波透射法检测，低应变检测，抽芯检测，静载抗拔检测等。检测结果均达到设计要求。

（1）静载荷试验

① 静载荷试验用于三根试桩，试桩概况如下（表 3-12）。

试桩概况 **表 3-12**

桩　号	桩径（mm）	扩大头（mm）	桩长（m）	设计极限承载力（kN）
13	1400	3000	26.36	32000
45	1400	3000	29.60	32000
68	1000	1700	18.32	10200

图 3-4 的照片为 20××年 9 月 1 日测试 13＃桩时的堆载情形，该工程将 800 根共重达 3840t（为设计极限承载力的 1.2 倍）水泥桩，成功地压放在直径仅 1.4m 的桩基上。20××年 9 月 2 日××市晚报 A1 版刊登本照片后写道："……堆载吨位达到 3840t，经过与国内所有在建高楼的桩基静载荷试验比较，堆载吨位堪称'国内第一桩'。" 20××年 9 月 3 日××日报第 1 版刊登本照片后写道："……根据某权威网站上的资料显示，该项目的成功标志着我市静载荷试验达到国内领先、国际先进水平。"

图 3-4　静载荷试验现场实况

② 测试仪器（表 3-13）

测试仪器　　表 3-13

序　号	仪器名称	仪器编号	量　程	标定时间
1	千斤顶 1～8	QW-500	2000kN	20××.4.27
2	油压表	2002-3-2495	0～100MPa	20××.4.27
3	百分表 1	8-0672	0～50mm	20××.4
4	百分表 2	8-0818	0～50mm	20××.4
5	百分表 3	9-0819	0～50mm	20××.4
6	百分表 4	9-0687	0～50mm	20××.4

图 3-5　利用测试仪器仪表进行测试时的情景

③ 检测原理及方法

试验参照现行国家行业标准《建筑桩基技术规范》JGJ 94—2008 附录 C“单桩竖向抗压静载试验”进行，见图 3-5。

试验采用慢速维持荷载法加载，即按一定要求将荷载分级加到试桩上，每级荷载维持不变至试桩顶部下沉量达到某一规定的相对稳定标准，然后继续加载，当达到规定的试验终止条件时，便停止加载，再分级卸载至零。

A. 试桩的最大堆载不小于预估最大试验荷载的 1.2 倍；

B. 试验分级：试验荷载分 10 级，首次加载两级合并，而后逐级加载；

C. 沉降观测：每级加载后间隔 5min、10min、15min 各测读一次，以后每隔 15min 测读一次，累计 1h 后每隔 30min 测读一次，每次测读值记入试验记录表（表 3-14）；

D. 沉降相对稳定标准：每一小时的沉降不超过 0.1mm，并连续出现两次（由 1.5h 内连续三次观测值计算），认为已达到相对稳定，可加下一级荷载；

E. 终止加载条件：

a. 某级荷载作用下，桩的沉降量为前一级荷载作用下沉降量的 5 倍；

b. 某级荷载作用下，桩的沉降量大于前一级荷载作用下沉降量的 2 倍，且经过 24h 尚未达到相对稳定；

c. 已达到压重平台的最大重量；

F. 卸载及其观测：

每级卸载值为每级加载值的两倍，每级卸载后隔 15min 测读一次残余沉降，读两次后，隔 30min 再读一次，即可卸下一级荷载，全部卸载后，隔 3～4h 再续读一次数。

单桩竖向静载试验记录表 **表 3-14**

工程名称：××××××× 试验桩号：13#

测试日期：20××-09-02 桩长：26.36m 桩径：ϕ1400

序　号	荷载（kN）	历时（min）		沉降（mm）	
		本级	累计	本级	累计
0	0	0	0	0.00	0.00
1	6400	150	150	1.30	1.30
2	9600	150	300	1.15	2.45
3	12800	150	450	0.91	3.36
4	16000	150	600	1.04	4.40
5	19200	150	750	1.03	5.43
6	22400	150	900	1.05	6.48
7	25600	150	1050	1.16	7.64
8	28800	150	1200	1.93	9.57
9	32000	150	1350	2.01	11.58
10	25600	60	1410	−0.45	11.13
11	19200	60	1470	−1.15	9.98
12	12800	60	1530	−0.93	9.05
13	6400	60	1590	−1.01	8.04
14	0	240	1830	−4.31	3.73

最大沉降量：11.58mm 最大回弹量：7.85mm 回弹率：67.79%

④ 实测曲线及相关说明：

例如：13＃试桩，根据试验实测原始记录，可绘制 Q-s 曲线（表 3-15）及 s-t 曲线（表 3-16）。

13＃试桩的 Q-s 曲线　　**表 3-15**

工程名称：××邮政通信指挥中心							试验桩号：13＃			
测试日期：20××/9/1				桩长：26.4m			桩径：ϕ1400			
荷载（kN）	0	6400	9600	12800	16000	19200	22400	25600	28800	32000
沉降（mm）	0.00	1.30	2.45	3.36	4.40	5.43	6.48	7.64	9.57	11.58

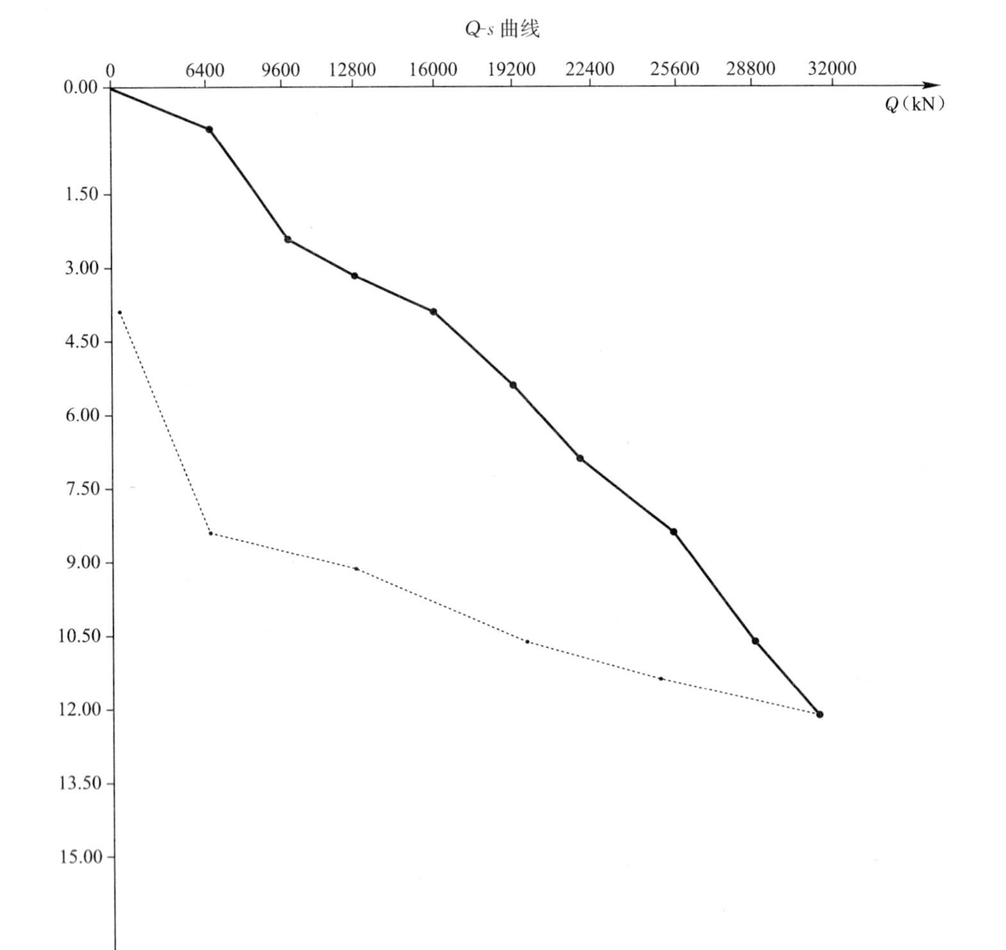

13＃试桩的 *s-t* 曲线 **表 3-16**

工程名称：××邮政通信指挥中心							试验桩号：13＃			
测试日期：20××/9/1				桩长：26.4m			桩径：ϕ1400			
荷载（kN）	0	6400	9600	12800	16000	19200	22400	25600	28800	32000
沉降（mm）	0.00	1.30	2.45	3.36	4.40	5.43	6.48	7.64	9.57	11.58

s-t 曲线

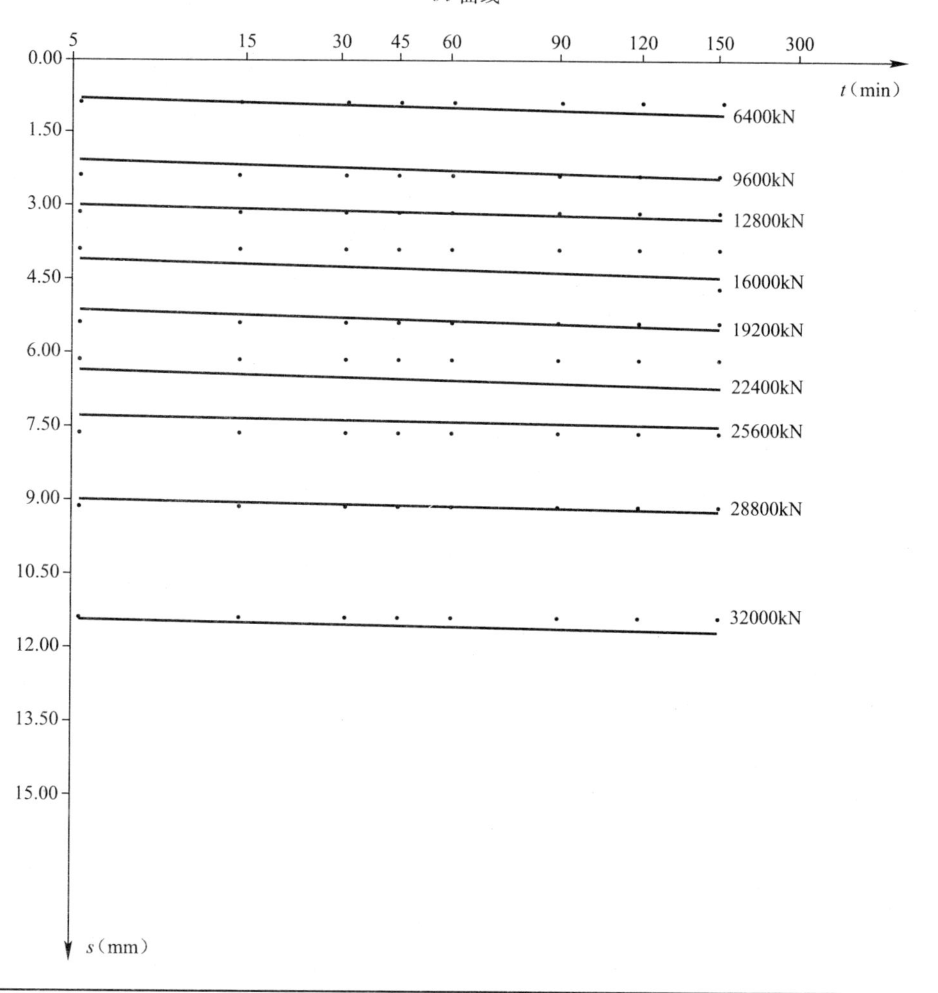

⑤ 分析意见

A. 根据试验原始记录资料及 *Q-s* 曲线和 *s-t* 曲线综合分析：

a. 13＃桩加载至 32000kN 时，经 150min 观测，桩顶本级沉降 2.01mm，累计沉降 11.58mm，所绘 *Q-s* 曲线无明显陡降，*s-t* 曲线尾部也未向下弯曲。

b. 45＃桩加载至 32000kN 时，经 150min 观测，桩顶本级沉降 1.23mm，累计沉降 7.76mm，所绘 *Q-s* 曲线无明显陡降，*s-t* 曲线尾部也未向下弯曲。

c. 68＃桩加载至 10200kN 时，经 150min 观测，桩顶本级沉降 1.41mm，累计沉降 7.70mm，所绘 *Q-s* 曲线无明显陡降，*s-t* 曲线尾部也未向下弯曲。

B. 试验结果统计如下（表 3-17）：

试验结果统计　　表3-17

桩　号	最大加载（kN）	最大沉降量（mm）	回弹率（%）	单桩实测极限承载力（kN）
13	32000	11.58	67.79	≥32000
45	32000	7.76	82.09	≥32000
68	10200	7.70	82.08	≥10200

C. 检测结论

13＃桩的单桩竖向抗压极限承载力不小于32000kN；满足设计要求。

45＃桩的单桩竖向抗压极限承载力不小于32000kN；满足设计要求。

68＃桩的单桩竖向抗压极限承载力不小于10200kN；满足设计要求。

（2）声波透射法检测

本工程主体出±0.000部位的桩基共计39根桩（一柱一桩），全部采用声波透射法检测，每根桩内预埋三根钢制深直管（编号为A、B、C）。

① 检测仪器

测试所用仪器为NM-3A型非金属超声波检测仪，探头主频为30kHz。

② 测试原理

参照中华人民共和国行业标准《建筑基桩检测技术规范》JGJ 106—2003的有关规定进行。

③ 混凝土质量评判标准

灌注桩混凝土质量评价等级，参照反射波评判标准：

A类桩：桩身完整，无缺陷，波速正常，桩身完好；

B类桩：桩身存在轻度缺陷，局部质量下降，波速正常，可以作为工程桩使用；

C类桩：桩身存在严重缺陷，混凝土质量较差，波速偏低，作为工程桩使用需采取处理措施；

D类桩：桩身存在严重缺陷，混凝土质量较差，为废桩。

④ 检测结果

本次测试时，桩基混凝土龄期均大于28d，混凝土等级为C35。39根桩检测结果的统计表（摘录）如表3-18所列；每根桩三个（A、B、C）测试面各测点混凝土平均波速检测结果均记录在案，例如：8＃桩的检测结果如表3-19所示。

⑤ 检测结论

根据测试结果，所检测39根桩均为A类桩，桩身评价结果（摘录）如表3-20所示。

基桩超声测试统计结果表（摘录）　　表3-18

桩编号	平均速度（km/s）	速度标准差（km/s）	平均强度（MPa）	强度标准差（MPa）
8	4.81	0.69	37.8	5.46
9	4.78	0.75	37.7	5.88
14	4.74	0.69	35.4	5.19
15	4.75	0.66	35.5	5.11
16	4.82	0.69	37.9	5.48
19	4.74	0.68	35.1	5.09
20	4.74	0.68	35.2	4.97
21	4.73	0.65	35.0	4.77
23	4.78	0.76	37.1	5.95
24	4.74	0.68	35.2	4.97

基桩声波透射法检测结果 **表 3-19**

桩　号	桩径（m）	桩底标高（m）	检测日期	混凝土龄期
8	1.4	−21.48	20××/12/24	＞28d

检测结果：该桩混凝土质量正常，为A类桩

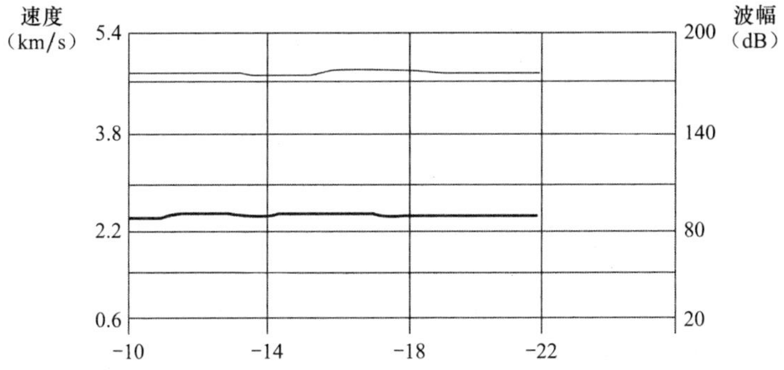

速度（km/s） 5.4 3.8 2.2 0.6 波幅（dB） 200 140 80 20 −10 −14 −18 −22

AB剖面速度—深度曲线（细线）及波幅深度曲线图（粗线）

速度（km/s） 5.4 3.8 2.2 0.6 波幅（dB） 200 140 80 20 −10 −14 −18 −22

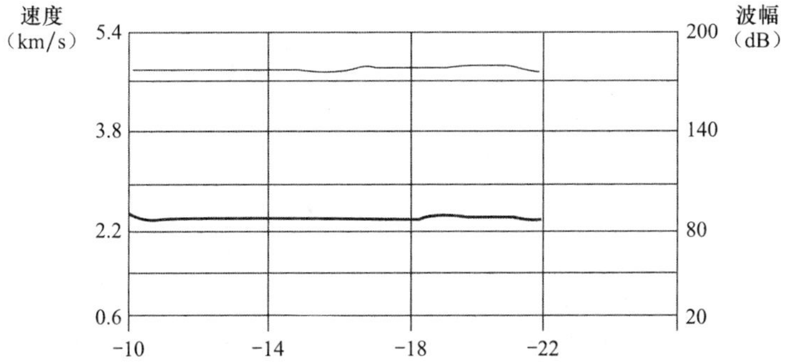

BC剖面速度—深度曲线（细线）及波幅深度曲线图（粗线）

速度（km/s） 5.4 3.8 2.2 0.6 波幅（dB） 200 140 80 20 −10 −14 −18 −22

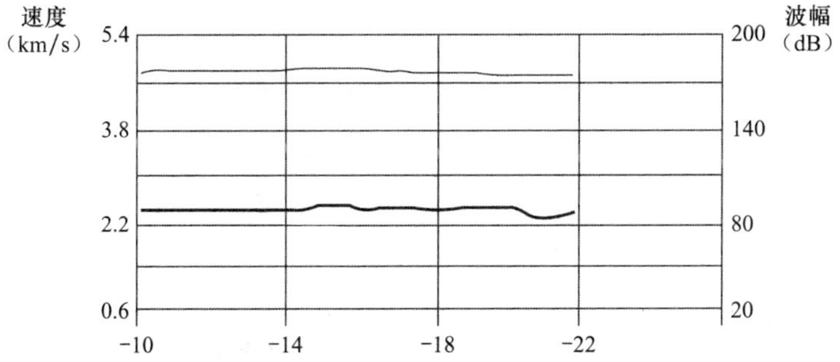

AC剖面速度—深度曲线（细线）及波幅深度曲线图（粗线）

抗压强度 65 45 25 5 速度（km/s） 5.4 3.8 2.2 0.6 −10 −14 −18 −22

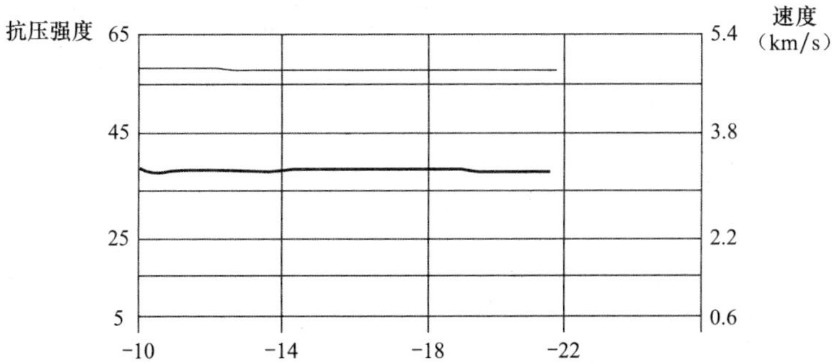

桩身混凝土平均速度—深度曲线（细线）及抗压强度—深度曲线图（粗线）

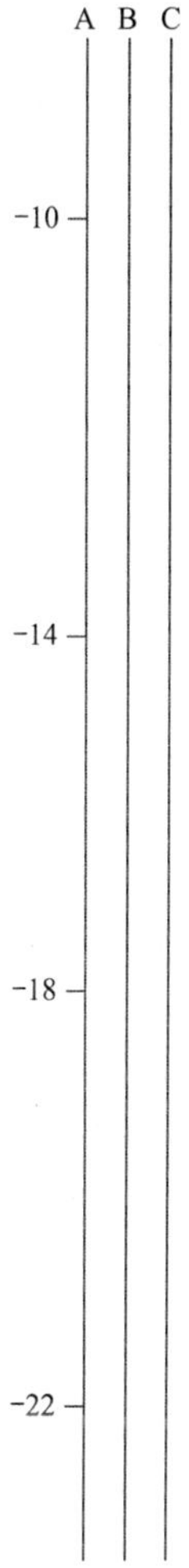

A B C −10 −14 −18 −22

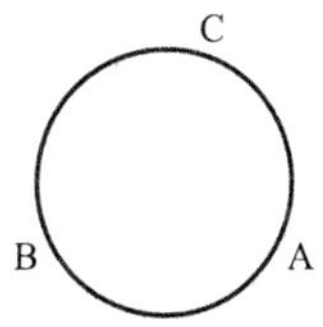

C B A

展开位置示意图

基桩超声检测结论（摘录）　　表 3-20

桩编号	测试范围（m）	质量评价	桩编号	测试范围（m）	质量评价
8	−10.25～−21.25	A 类桩	19	−14.00～−25.75	A 类桩
9	−10.25～−20.00	A 类桩	20	−14.25～−25.75	A 类桩
14	−14.00～−25.50	A 类桩	21	−14.00～−26.75	A 类桩
15	−14.00～−26.50	A 类桩	23	−10.25～−19.00	A 类桩
16	−10.25～−21.00	A 类桩	24	−14.25～−24.75	A 类桩

⑥ 质量控制措施

现场测试时，在每组检测管测试完成后，随机重复抽测 20%的测试点，与第一次的测试结果进行统计对比，保证其声时相对标准差不大于 5%，波幅相对标准差不大于 10%，否则，重新测试；并对声时、波幅异常部位进行复测。

室内数据处理时，对每根桩随机抽取 2 个测试面进行计算，保证二次的处理结果基本一致，重复率大于 30%。

报告完成后，由项目技术负责人审查，最后由总工办校核、签发。

（3）低应变检测

本工程不出±0.000 的地下室柱的桩（一柱一桩，含地下室周边抗拔桩）计 48 根，采用低应变检测。其中 5 根由市工程质量检测中心抽检，其他 43 根另委托有资质的检测单位检测。

① 测试仪器

本次测试使用美国制造的 PIT 测试系统。该系统由测量、采集、终端三部分组成。

② 测试原理与方法

它是在桩顶瞬态激振的情况下，通过高精度仪器的波形测试，以一维波动理论为基础，分析桩体中弹性波传播的波形变化特征来评判桩体质量。影响桩体质量的缺陷，主要是指桩体中出现结构面、局部截面积和局部物理性质的变化，如断裂、扩缩径、离析、夹泥、局部孔洞和局部不密实等。由于这些缺陷的存在，使桩体中出现了局部波阻抗的差异，影响了弹性波的传播，在缺陷的上下界面和桩底处都会使弹性波产生反射，这时反射系数 k 不为零。即 $k=(a_2p_2v_2-a_1p_1v_1)/(a_2p_2v_2+a_1p_1v_1)\neq 0$

根据所观测到的反射波信号的正负、大小随时间的变化特征，即可分析和确定桩体的完整性及缺陷的性质、位置和严重程度，以达到评判质量的目的。

③ 桩身质量评判标准

A 类桩：波形规则衰减，无缺陷反射波存在，桩底清晰，波速正常，桩身完好。

B 类桩：波形规则衰减，存在轻度缺陷反射波，桩身有小缺陷，桩底可分辨，波速正常。可以作为工程桩使用。

C 类桩：波形存在严重的缺陷反射波，桩底反射不易识别，波速偏低，混凝土质量较差。作为工程桩使用需采取处理措施。

D 类桩：波形存在严重的缺陷反射波，且多次重复反射，波无法向下传播，无桩底反射，为废桩。

④ 检测结果及其结论

在 48 根桩中检测结果除 47＃桩离桩顶 1.1m 和 57＃桩离桩顶 1.8m 处混凝土有离析

属于B类桩外，其他均属A类桩。检测成果汇总（摘录）如表3-21所列。测试波形：A类桩波形规则衰减，无缺陷反射波存在，例如48♯桩的波形如图3-6所示，属A类桩；当遇到B类桩时，波形规则衰减，存在轻度缺陷反射波，如图3-7所示。

低应变检测成果汇总表（摘录）　　表3-21

桩　号	波速（m/s）	桩长（m）	桩身完整性描述	类　别
1	3980	8.92	完整	A
2	3710	8.45	完整	A
3	3910	8.35	完整	A
4	3650	8.32	完整	A
5	3950	8.39	完整	A
6	3770	8.32	完整	A
10	4110	8.34	完整	A
11	3880	8.06	完整	A
12	4070	8.35	完整	A
17	4140	8.34	完整	A
43	3940	8.32	完整	A
48	3830	8.18	完整	A
56	3840	8.70	完整	A
58	3960	8.83	完整	A

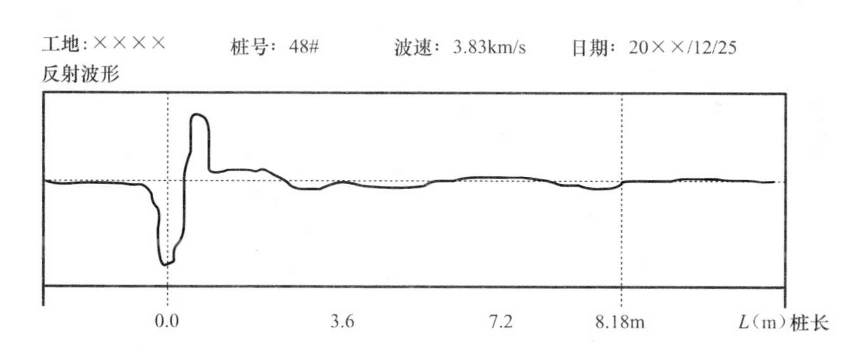

图3-6　A类桩，48♯桩波形检测图

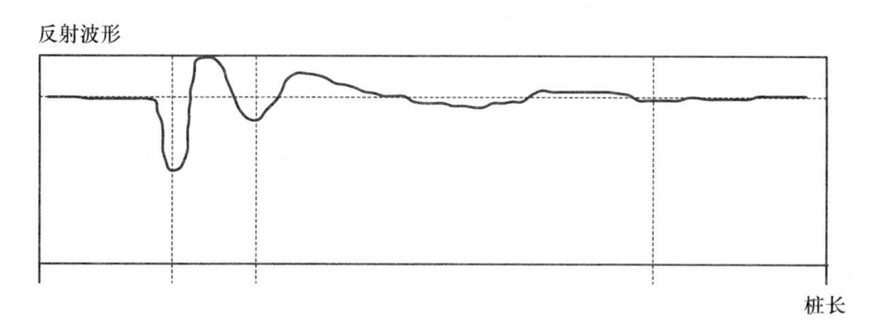

图3-7　当遇到B类桩时，存在轻度缺陷反射波检测图

（4）抽芯检测

①抽芯检测的目的

为了进一步查明人工挖孔灌注桩成桩后的桩身混凝土强度及其完整性。由工程设计单位确定抽样检测桩号和桩数。后委托具有检测资质的单位进行钻孔取芯检测。这与桩基持力层岩性检测方法一样，也用钻孔取样后检测桩端持力层岩性、岩石强度，确定岩层地基承载力及桩底以下岩层中是否存在孔洞、破碎带或软弱夹层等不良地质条件。

本工程设计单位未要求做抽芯检测，是我们在另一优质工程上设计单位要求做的，现作为一个例子向读者推荐。例如某实验室工程设计单位确定在工程中抽检5根桩，各桩的相关参数如表3-22所列。

各桩相关参数　　表3-22

检测桩号	桩长（m）	桩径（m）	桩混凝土设计强度	施工日期
9#	8.43	1.40	C30	××/8/9
13#	9.98	1.20	C30	××/7/25
23#	15.59	1.40	C30	××/8/9
34#	11.87	1.20	C30	××/7/25
39#	5.84	1.20	C30	××/8/9

②检测方法与工作内容

本次抽芯检测采用钻芯法，投入GXY-1型百米钻机，采用ϕ110mm金刚石钻头钻进，每回次取全芯，详细鉴别描述芯样特征。每孔留取桩体混凝土芯试样2～4组，每组3件。试样按直径：高度=1：1制样，精确控制试件几何尺寸，精心试验。内外业抽检工作量如表3-23所列。

抽检工作量　　表3-23

检测桩号	桩长（m）	抽检深度（m）	取芯试样（件）	单轴抗压试验（样次）
9#	8.43	8.69	12（4组）	12
13#	9.98	10.12	6（2组）	6
23#	15.59	15.88	9（3组）	9
34#	11.87	11.99	6（2组）	6
39#	5.84	5.94	6（2组）	6
合计		52.62	39	39

③检测成果

抽检桩体混凝土试样单轴极限抗压试验指标如表3-24所列（例如9#桩）。

9#桩混凝土试样单轴极限抗压试验指标　　表3-24

桩　号	取样组号	取样深度（m）	抗压强度（MPa）	平均强度（MPa）
9#	第一组	0.31～0.47	28.0	31.8
		0.47～0.69	33.7	
		0.69～0.92	33.8	

续表

桩 号	取样组号	取样深度（m）	抗压强度（MPa）	平均强度（MPa）
9#	第二组	4.28～4.53	44.1	37.1
		4.53～4.69	32.3	
		4.69～4.89	34.9	
	第三组	5.75～5.95	35.5	39.2
		5.95～6.19	40.8	
		6.19～6.34	41.3	
	第四组	7.49～7.71	28.9	30.6
		7.71～7.88	29.9	
		7.88～8.06	32.9	

④ 检测成果分析与评价

a. 对检测桩身混凝土特征描述

例如9#桩，9#桩混凝土浇筑日期为20××年8月9日，混凝土龄期为92天。桩体芯样完整，呈长柱状，胶结较好，骨料分布较均匀，表面较粗糙，有气孔，断口基本吻合。

b. 对检测桩身混凝土强度的分析

例如9#桩，该桩取4组芯试样，除（0.31～0.47m）、（7.49～7.71m）、（7.71～7.88m）3件芯样单轴抗压强度略低（分别为28.0MPa、28.9MPa、29.9MPa）外，其余均大于30MPa，各组强度平均值均大于30MPa。

c. 对检测桩总体质量的评定

13#桩桩身混凝土完整性良好，各试件强度及分组强度平均值均大于30MPa，属Ⅱ类桩，满足设计要求，见图3-8。

9#、23#、34#、39#桩桩身混凝土完整性良好，各试件中除极个别强度略低于30MPa外，其余试件强度及分组强度平均值均大于30MPa，亦属Ⅱ类桩，满足设计要求。

图3-8 对13#桩桩身混凝土钻芯取出的混凝土试样进行检测

（5）静载抗拔检测

① 检测目的

用于测定单桩竖向抗拔承载力。一般位于地下室的周边柱，当该柱不出±0.000时，设计上这些柱在上层建筑发生沉降时会承受抗拔力。现在创优质工程上要求对这些桩的抗拔承载力进行抽样检测。

本工程设计单位未要求做抗拔检测。是我们在另一优质工程上设计单位要求做的，现作为一个例子向读者推荐。

例如某实验室工程设计单位确定在地下室边柱工程中抽检2根桩，各桩的相关参数如表3-25所列。

2根桩的相关参数 **表3-25**

桩　号	桩径（mm）	桩长（m）	施工日期	设计加载极限（kN）
4	900	14.7	××/7/25	1400
6	900	15.45	××/7/25	1400

② 检测方法与工作内容

A. 抗拔静载试验装置图（图3-9，图3-10）

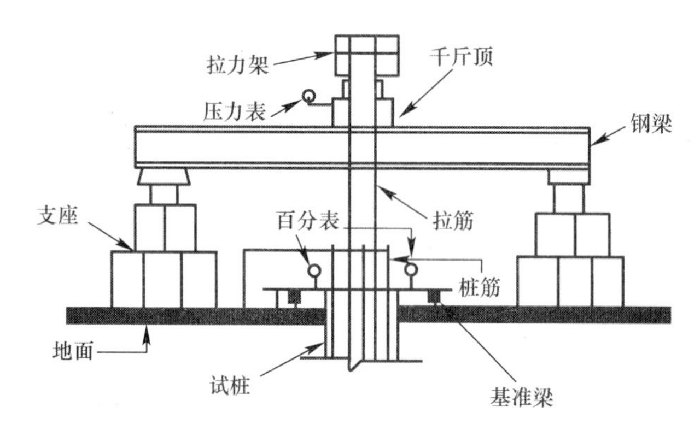

图3-9 抗拔静载试验装置示意图

图3-10 抗拔静载试验装置实况图

B. 试验仪表、设备

试验用的仪表、设备一览表如表3-26所示。

试验用的仪表、设备 **表 3-26**

仪表、设备名称	型号（规格）	数量（个、只）	编 号
千斤顶	QW-3200	1	611
压力表	0.4 级 100MPa	1（表达千斤顶加载量）	2061
百分表	50mm	4（检测试桩拉拔量）	3400、3420、3386、3395
反力架	自制	1	

C. 检测过程

a. 检测场地、环境条件符合检测要求；

b. 桩头处理和垫层符合规范要求（桩主筋与拉力架焊接牢固）；

c. 安装支座反力架；

d. 安装试桩上拔量观测系统；

e. 用千斤顶分级加载（例如 6＃试桩），并进行上拔量观测，直至符合终止加载条件（表 3-27）；

f. 按规范要求进行卸载。

单桩竖向抗拔静载试验汇总表 **表 3-27**

工程名称：×××××× 试验桩号：6＃

测试日期：20××/11/09 桩长：15.4m 桩径：900mm

序 号	荷载（kN）	历时（min）		上拔量（mm）	
		本级	累计	本级	累计
0	0	0	0	0.00	0.00
1	280	120	120	0.23	0.23
2	420	120	240	0.31	0.54
3	560	120	360	0.35	0.89
4	700	120	480	0.68	1.57
5	840	120	600	0.58	2.15
6	980	120	720	0.75	2.90
7	1120	120	840	0.90	3.80
8	1260	120	960	1.02	4.82
9	1400	120	1080	1.27	6.09
10	1120	60	1140	−0.08	6.01
11	840	60	1200	−0.18	5.83
12	560	60	1260	−0.82	5.01
13	280	60	1320	−1.25	3.76
14	0	180	1500	−1.72	2.04
最大上拔量：6.09mm；残余上拔量：2.04mm					

③ 实测与计算分析曲线

例如：6＃试桩的 *Q-s* 曲线（表 3-28）和 *s-t* 曲线（表 3-29）。

6＃试桩的 Q-s 曲线　　**表 3-28**

工程名称：××××研究院实验室							试验桩号：6＃								
测试日期：20××/11/09				桩长：15.4m			桩径：ϕ900mm								
荷载（kN）	0	280	420	560	700	840	980	1120	1260	1400	1120	840	560	280	0
上拔量（mm）	0.00	0.23	0.54	0.89	1.57	2.15	2.90	3.80	4.82	6.09	6.01	5.83	5.01	3.74	2.04

Q-s 曲线

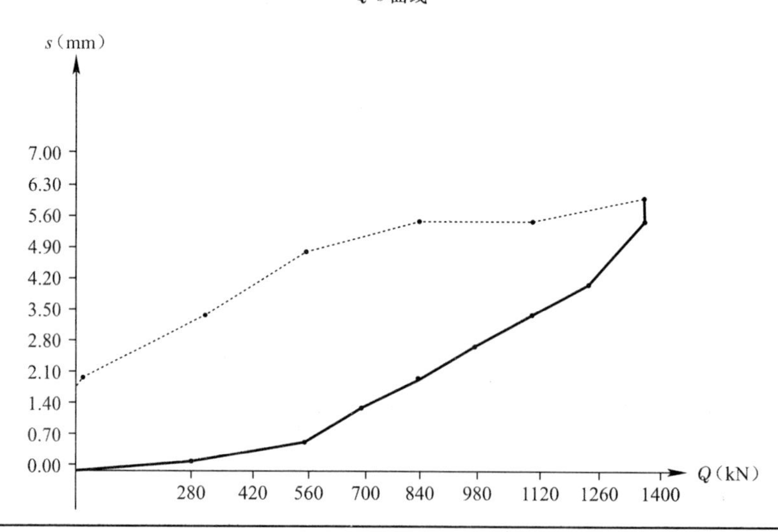

6＃试桩的 s-t 曲线　　**表 3-29**

工程名称：××××研究院实验室							试验桩号：6＃								
测试日期：20××/11/09				桩长：15.4m			桩径：ϕ900mm								
荷载（kN）	0	280	420	560	700	840	980	1120	1260	1400	1120	840	560	280	0
上拔量（mm）	0.00	0.23	0.54	0.89	1.57	2.15	2.90	3.80	4.82	6.09	6.01	5.83	5.01	3.74	2.04

s-t曲线

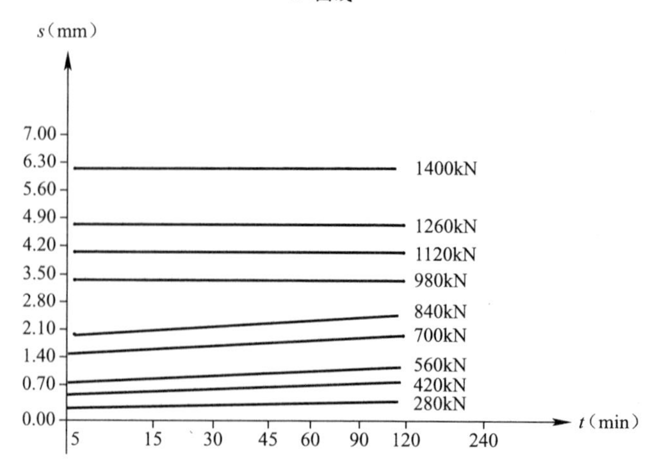

④ 检测结论（例如6＃试桩）

6＃桩单桩竖向抗拔试验，当加载至1400kN时，本级上拔量为1.27mm，累计上拔量为6.09mm，残余上拔量为2.04mm。

6＃桩Q-S曲线为缓变型，试验至最大加载荷载（1400kN）未出现终止上拔试验情况，S-t曲线尾部未出现显著弯曲。因此，该桩单桩竖向抗拔极限承载力不小于1400kN。

（6）桩基工程质量验收

桩基工程质量验收按子分部工程质量验收的要求进行。

其验收资料包括：

① 桩基子分部工程质量控制资料核查记录（表3-30）

该表由桩基施工单位根据表列项目内容，对在施工过程中积累的质量控制资料进行盘点清理后填写。在盘点清理过程中若发现缺少的，必须到建设方或监理方处寻找补齐。并分类装订成册后报监理单位，由主管档案的监理人员负责逐一核查、签署核查意见和核查人签名。经核查无误后的这份质量档案资料，不尽为满足工程质量验收需要，也将为工程竣工备案、工程质量评优、工程档案入库存档，甚至为工程竣工结、决算都是十分有用的。分包单位的工程质量资料，由总包单位负责核查；当分包资料报送监理后，监理人员负责复查。本表应一式多份，以满足各参建单位档案存档工作需要。

桩基子分部工程质量控制资料核查记录 **表3-30**

工程名称	×××		施工单位	×××	
序号	资料名称		数份	核查意见	核查人
1	设计图及地质勘察报告		各1	资料完整	×××
2	图纸会审、设计变更、洽商记录		5	资料完整	×××
3	工程定位测量放线记录		1	资料完整	×××
4	原材料出厂合格证及进场检测试验报告	钢材出厂合格证及试验报告	11	资料完整	×××
		焊接试验报告、焊条（剂）合格证	4	资料完整	×××
		水泥出厂合格证、试验报告	2	资料完整	×××
		砖出厂合格证、试验报告	2	资料完整	×××
		外加剂出厂合格证、试验报告	/		
		预制构件、预拌混凝土合格证	9	资料完整	×××
		砂、石试验报告	4	资料完整	×××
	施工试验报告及见证检测报告	混凝土试块试验报告、强度评定表	32	资料完整	×××
		承载力检测报告	1	资料完整	×××
		完整性检测报告	3	资料完整	×××
5	隐蔽工程验收表		1	资料完整	×××
6	施工原始记录及汇总表		212	资料完整	×××
7	桩位测量记录		1	资料完整	×××
8	竣工平面图		1	资料完整	×××
9	工程质量事故汇报及调查处理记录		/		

续表

序号	资料名称	数份	核查意见	核查人
10	新材料、新工艺施工记录	/		
11	检验批和分项验收记录	19	资料完整	×××
12				

结论：

资料完整

施工单位项目经理：×××　　（签字）　　总监理工程师：×××　　（签字）
（项目经理部公章）　　（项目监理部公章）
20××年 12 月 27 日　　20××年 12 月 27 日

注：工程验收前，监理（建设）单位应对资料进行核查，核查人填写核查意见并签字；对资料齐全、结果符合要求的，结论中填写“资料完整”。

② 桩基工程质量验收报告（表 3-31）

该表由桩基施工单位在桩基子分部工程验收前草拟验收报告内容；在验收时向有关单位组成的桩基工程验收小组汇报；通过验收后，由桩基施工单位根据验收小组意见进行修改、填表，并办理工程参建各方（亦为验收小组成员方）应填写的验收意见和加盖法人单位章。一式多份，以满足各参建单位档案存档工作需要。

桩基工程质量验收报告　　**表 3-31**

建设单位及工程名称	××××××、××××××				
桩基施工单位	×××××××××			项目经理	×××
桩基类型	人工挖孔灌注桩	桩数	85 根	造　价	131.59 万元
施工起止日期	20××年 4 月 29 日至 2002 年 8 月 28 日			验收日期	20××年 12 月 29 日
验收内容	1. 根据设计图纸及合同要求，完成人工挖孔灌注桩 85 根。其中 ϕ1000，49 根；ϕ1400，29 根；ϕ1300，1 根；ϕ1600，4 根；ϕ2200，1 根；ϕ2400，1 根； 2. 轴线、桩位、桩径、桩长、桩垂直度、扩大头尺寸等均经监理验收。其偏差符合设计规范要求； 3. 桩顶超灌 50cm。凿除浮浆后其桩顶标高及强度符合设计及规范要求，锚固长度符合设计要求； 4. 钢材、水泥、砖、商品混凝土均具有质保书，均按批次进行复试，钢材焊接进行试验，石子、砂均进行复试，材质均经复试合格后方能使用； 5. 每根桩留置 1～2 组混凝土试块，共计 87 组，经标养、进行抗压强度测试，均符合设计与规范要求。并经混凝土质量评定，混凝土合格； 6. 按设计要求对三根桩进行静载荷试验。其中 ϕ1400，2 根，承载力≥32000kN；ϕ1000，1 根，承载力≥10200kN，满足设计要求。其中 39 根桩进行声波透射检测，均为 A 类桩，合格率 100%；43 根桩进行低应变测试，A 类桩 41 根，B 类桩 2 根，合格率 100%；市质监站抽查 5 根，均为 A 类，合格率 100%，满足设计及规范要求； 7. 工程施工均按设计图纸进行。成孔、钢筋笼制安、混凝土浇筑等隐蔽工程均经监理验收合格。符合设计及规范要求； 8. 桩基检测合同已报质监站登记。备案号：20××119；监督号：32010620××0311				

施工单位评定意见： 项目经理：　　（公章） 年　月　日	总包或交接单位验收意见： 项目经理：　　（公章） 年　月　日	监理单位验收意见： 总监理工程师：　　（公章） 年　月　日
设计单位验收意见： 项目负责人：　　（公章） 年　月　日	勘察单位验收意见： 项目负责人：　　（公章） 年　月　日	建设单位验收意见： 项目负责人：　　（公章） 年　月　日

注：验收内容应反映各项设计值的完成情况。

③ 桩基工程验收监督记录（表 3-32）

该表由当地政府主管工程质量监督部门填写。填写此表的基础是：在桩基施工过程中，该部门分阶段到现场检查、监督，提出书面整改要求；工程子分部验收前，桩基施工单位应将桩基工程质量验收全部资料送该部门核验，资料核验合格后，方能组织桩基子分部工程的正式验收。为确保政府质监部门对工程资料核验的一次性通过率，由工程监理单位事前组织有关工程参建单位进行工程竣工预验收，在工程资料方面事前做好填平补齐的工作。此表应一式多份，以满足各参建单位档案存档工作需要。

桩基工程验收监督记录 **表 3-32**

监督注册号：32010620××0311

建设单位及工程名称	×××、×××		
施工单位	×××	项目经理	×××
桩基类型	人工挖孔桩	桩数	85
面积	28498.27m^2		
施工日期	2002 年 4 月 29 日至 2002 年 8 月 28 日		
监理单位	×××	总监	×××
设计单位	×××	负责人	×××
勘察单位	×××	负责人	×××

监督记录：
1. 参加验收的各责任主体依据设计要求和合同约定对桩基工程进行了验收，并一致认为该工程质量符合验收标准和设计要求，同意验收；
2. 验收的组织形式、程序符合要求，执行验收标准基本准确；
3. 抽查的质量控制资料，基本符合验收标准；
4. 抽查的实体工程质量，基本符合验收标准

监督意见：基本符合要求

监督人员：
××× ×××
负责人：
×××
×××市建筑安装工程质量监督站
（公章） 年 月 日

注：监督记录内容含建设各方质量行为、检测资料、实物质量情况。
本表一式四份，第一联质监站存，第二联施工单位存，第三联监理单位存，第四联建设单位存。

3.1.4 桩基工程在“创优”过程中应避免的质量疵病

根据参与鲁班奖工程评选活动的专家撰文披露，桩基工程在“创建鲁班奖工程”过程中应避免的质量疵病有：

1）单桩竖向承载力及桩体缺陷的检测应符合现行规范要求：

(1) 对于重要的工业及民用建筑物，对桩基变形有特殊要求的工业建筑物，工程桩施工前应进行单桩静载试验，在同一条件下的试桩数量，不宜少于总桩数的 1%，且不应少于 3 根（《建筑地基基础设计规范》GB 50007—2011 第 8.5.6 条）。工程桩施工后，应取同样方法和数量进行单桩静载试验，当总桩数少于 50 根时，不应少于 2 根。

(2) 用低应变动力检测法对桩身质量进行检验，灌注桩抽检数量不应少于总数的 30%，且不应少于 20 根；其他桩基工程抽检数量不应少于总数的 20%，且不应少于 10 根；对混凝土预制桩及地下水位以上且终孔后经过核验的灌注桩，检验数量不应少于总桩

数的10%，且不得少于10根。每个承台不得少于1根（《建筑地基基础工程施工质量验收规范》GB 50202—2002第5.1.5条、第5.1.6条）。

（3）用高应变动力检测法对工程桩单桩竖向承载力进行检测的前提条件是：工程桩施工前已进行高应变和单桩静载试验的，有动静对比的桩基；地质条件简单，或有本地区相近条件的对比验证资料时，桩的施工质量可靠性高的二级建筑桩基和三级建筑桩基；一、二级建筑桩基的辅助检测等抽检数量不宜少于总桩数的5%，且不得少于5根（《建筑桩基技术规范》JGJ 94—2008第5.3.2条）。

（4）参评的鲁班奖工程多为重要的工业及民用建筑，高层和超高层建筑，施工完成后的工程桩应进行桩身质量检验。当直径大于800mm的混凝土嵌岩桩应采用钻孔抽芯法或声波透射法检测。检测桩数不得少于总桩数的10%，且每个承台的抽检桩数不得少于1根。

（5）对于端承型大直径灌注桩，当受设备或现场条件限制无法检测单桩竖向抗压承载力时，可采用钻芯法测定桩底沉渣厚度并钻取桩端持力层岩土芯样检验桩端持力层（图3-11）。抽检数量不应少于总桩数的10%，且不应少于10根（《建筑桩基检测技术规程》JGJ 106—2003第3.3.7条）。

图3-11　钻取桩端持力层岩土芯样检验其强度（抗压承载力）

（6）人工挖孔桩终孔时，应进行桩端持力层检验。单桩的大直径嵌岩桩，应视岩性检验桩底下$3d$或5m深度范围内有无空洞、破碎带、软弱夹层等不良地质条件。复合地基除应进行静载荷试验外，尚应进行竖向增强体及周边土的质量检验（《建筑地基基础设计规范》GB 50007—2011第10.2.2条、第10.2.13条、第10.2.15条）。

（7）从某资料中得知，在个别工程中采用了一种新的桩种，没有进行相应的检测，而是提供该桩种的科研鉴定报告，专利证书等。这是不符合规范要求的。我们提倡采用新工艺、新方法、新材料、新产品，但要注意安全、可靠，只有通过检测试验才能用数据说话，使人们放心。

2）要有回填土压实系数的检测记录。在压实填土的过程中，应分层取样检验土的干密度和含水量，每50～100m^2面积内应不少于一个检验点，根据检验结果求得压实系数。一般λ_C≥0.94～0.97（《建筑地基基础设计规范》GB 50007—2011第6.3.7条、第10.2.3条）。

3）要有完整的建筑物在施工期间及使用期间的变形观测记录。有的施工单位称图纸说明中没有规定或者当地质监部门没有验收要求，干脆不进行观测。有的部分观测记录，因为主体结构完成后进行石材外贴、悬挂幕墙，人为等主客观原因，将变形观测点掩盖或损坏。有的观测资料与实际的观测不相对应，标识不全，以至于记录数据不全，这都是不符合规范要求的。

按《建筑地基基础设计规范》GB 50007—2011要求，一般能够参评鲁班奖的工程多为“一级”或“甲级”建筑物，因此必须进行施工和使用期间的变形观测。

3.2 基础（钢筋混凝土结构的地下室）工程质量控制要点

地下室施工监理包括土建施工监理和水、电、风管线预埋监理。要求有关监理人员在下列各控制点上把好工程质量关。

1）基坑开挖过程中督促施工单位严格按照基坑开挖方案进行施工，监理应特别注意基坑的分层开挖要求，严禁一挖到底。当挖至离底板设计标高还有20cm时，应停止机械开挖，改用人工修整。此时，监理人员应督促施工单位控制好标高（图3-12）。同时，监理人员应核算好土方量和石方量。

图3-12 承包、监理人员测量控制底面标高图

2）在基坑开挖过程中，为控制支护桩的位移，监理人员应随时与位移测试单位联系，了解其观测数据，并及时向总监理工程师报告。

3）当底板土石方挖到标高后，由土建施工单位对井筒、承台、地梁进行放线，并通过监理复验认可。接着，由土石方施工单位开挖井筒、承台、地梁，并进行修正。后报监理复验其几何尺寸，并办理报验手续。

4）当井筒、承台土石方开挖至设计标高后，工程桩施工单位复合轴线、测量桩位，并绘制桩位竣工图。此时，监理人员要做好平行检测记录。完成桩位竣工图后，由监理组织土建施工单位对该图进行复核验收，并办理轴线、竣工图的交接手续，要求桩基、土建、监理三方有关参加验收人员在竣工图上签字和加盖公章。

5）对工程桩进行超声波和小应变等测试。此时，监理人员进行旁站监测，遇有不正常情况及时报告总监理工程师。

6）对井筒、承台、集水井、地梁制作胎模，并做防水层（图3-13）。此时，监理应审查防水分包单位资质，检验防水材料和防水施工方案。

（a）

（b）

图3-13　在底板垫层及地梁胎模上涂刷防水层

7）对井筒、承台、集水井、地梁、底板绑扎钢筋。其绑扎顺序：井筒、承台、集水井→地梁→底板。对绑扎后钢筋的验收要求，另见钢筋工程监理实施细则。

8）钢筋绑扎后，埋设止水板，并通过验收。止水板位于地下室周边（图3-14）和生活水池及消防水池周边。承台与底板接合部增加的斜向插筋（图3-15），以抵抗该处可能产生的裂缝，从而防止底板渗漏。

9）防雷接地的埋设与验收（图3-16）；水池周边水管的埋设与验收；墙上风、水、电、桥架的预留、预埋与验收。

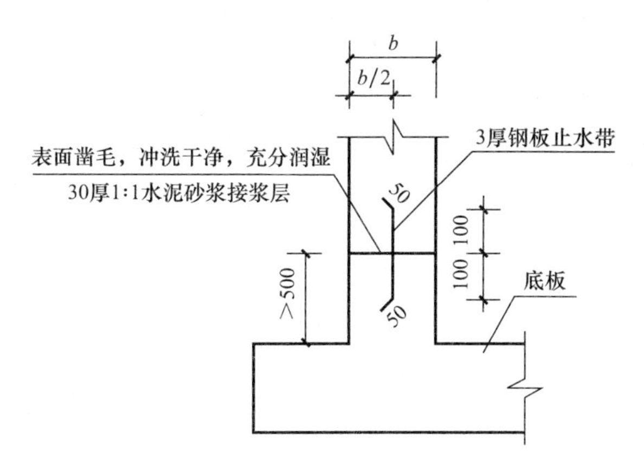

图 3-14　地下室周边外墙埋设止水板的位置

图 3-15　承台与底板接合部增加斜向插筋

（a）

（b）

图 3-16　防雷接地的埋设

10）混凝土的浇筑。要求施工单位制定地下室混凝土浇筑方案。监理督促施工单位严格执行混凝土浇筑方案和实施混凝土工程监理实施细则。

11）在混凝土浇筑过程中对井筒底板、承台等大体积混凝土进行测温，在每个测温点上设置上、中、下三根测温管，并由施工单位每隔 2h 测温一次并做好记录。监理随时检查施工单位的测温记录，并做好统计分析，有关情况及时报告总监，以便指导施工单位对混凝土表面的覆盖养护。

12）大体积混凝土浇筑控制要点：

（1）选择合理的混凝土配合比，采用低热水泥和粉煤灰、超细矿粉等掺和料和低温地下水等。

（2）混凝土的浇筑：在楼板内实行斜面分层浇筑，每层厚度在400mm左右，分层用插入式振动器捣实；在底板与承台处，因厚度增加，采用斜坡分层浇筑，斜面坡度一般为1∶6左右，自然流淌距离较远，要求覆盖每层混凝土的时间不大于2.5h，分层用插入式振动器捣实。

（3）混凝土的温差控制。按规范规定：混凝土浇筑后要控制混凝土表面与内部温度之差不能超过25℃。否则，混凝土表面就会出现裂缝。为此，必须设计布置测温孔，建立测温制度。并利用测温数据控制混凝土表面的覆盖保温层，当混凝土内部与环境温度之差接近混凝土内部与表面温差时，方可全部撤除覆盖保温层。对电梯井基础混凝土可采用盛水养护。

13）对地下室混凝土防止裂缝的技术措施

为了预防、减少混凝土早期收缩和后期温度变化对地下室混凝土结构的裂缝，需从以下三个方面采取综合措施如下：

（1）与设计单位联系、加强设计措施

① 建议地下室外墙水平钢筋采用小直径配置，在满足规范和计算的前提下，调整钢筋间距，满足密间距配筋，以加强混凝土的抗裂性；建议后浇带内钢筋尽量全部采用绑扎连接形式，以适应混凝土早期收缩变形的需要。

② 混凝土后浇带封闭前，将接缝处混凝土表面杂物清除，刷纯水泥浆两遍后用抗渗等级相同且设计强度等级提高一级的补偿收缩混凝土。在本工程中对后浇带的位置及其构造图均有节点大样如图3-17所示。施工时按节点大样控制。

③ 作为结构自防水，在拌制补偿收缩混凝土时，必须要掺膨胀剂（可选用UEA-Ⅳ低碱膨胀剂），同时必须掺高强聚丙烯抗裂防渗纤维。

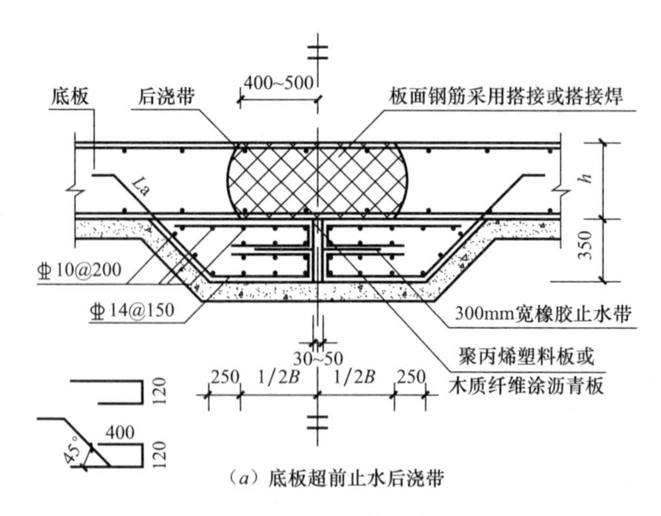

图3-17　底板与楼板后浇带的位置及其构造图

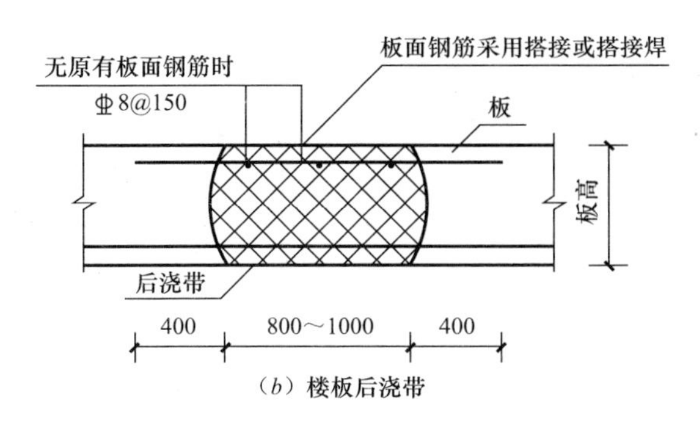

（b）楼板后浇带

图 3-17 底板与楼板后浇带的位置及其构造图（续）

（2）正确选用材料、控制混凝土原材料的质量

① 应先选用水化热低的普通硅酸盐水泥或粉煤灰水泥。

② 泵送剂和膨胀剂应选用优质高效、经住建部认证并发有证书的产品，按照各地质站检试配的配合比资料，严格控制用量。

③ 所有原材料必须是合格材料。

（3）加强施工措施

① 控制好混凝土浇筑的均匀性和密实性，泵送混凝土一定要连续浇筑，顺序推进，不得产生冷缝。在振捣时尽量使每层混凝土处于同一层水平面上，并充分注意振捣时间。对采用商品混凝土的，在混凝土搅拌车到现场后要高速转一分钟后再卸料。

② 做好养护工作，养护时间不少于规范规定，使混凝土处在有利于硬化及强度增长的湿润环境中，使硬化后的混凝土强度满足设计要求。明确专人负责，墙面负责湿麻袋覆盖养护，并紧贴墙面不得离开。

③ 墙体与顶板须分开浇捣，其间隔时间不小于 14d。贯通后浇带应在地下室混凝土浇筑完成 60 天后（或按设计要求）方可浇筑后浇带；外墙独设后浇带可与顶板同时浇筑，注意后浇带封闭时避开高温，及时浇捣密实，应加强养护。

④ 设计要求地下室底板、侧墙、顶板、水池及后浇带均采用补偿收缩混凝土，视具体情况可掺抗裂纤维或抗裂防渗剂。

14）地下室外墙板支模体系

混凝土墙板采用 18mm 厚木胶合板，50mm×100mm 木方作背楞，双根 ϕ48×3.5mm 钢管围楞，以及带止水带和定位杆的对拉螺栓固定的模板支撑施工工艺，竖楞间距 300mm，对拉螺栓采用 ϕ14～ϕ16 圆钢制作。斜撑采用 ϕ48×3.5mm 钢管，下段支承固定点，采用 ϕ25 钢筋点焊在底板顺向钢筋上。

底板外侧模采用 240mm 厚（可根据实际情况予以调整）砖胎模，沿基础底板周围布置，沿长度方向每 6m 设置 370mm 厚（可根据实际调整）壁柱，吊模及支撑、止水钢板、穿墙止水螺杆、防水及导墙如图 3-18 所示（实例如图 3-20 所示）。

由于地下室外墙采用抗渗混凝土，对拉螺杆为一次性投入止水螺杆，止水螺杆的做法是在螺栓中间及两侧加焊 50mm×50mm×10mm 的止水片钢板，止水片钢板要满焊。为避免切割螺杆时在墙上留下的痕迹影响外观及防锈，封模时在螺杆两端穿上 18mm 厚直径 40mm 的圆形塑料垫圈，如图 3-19 所示。

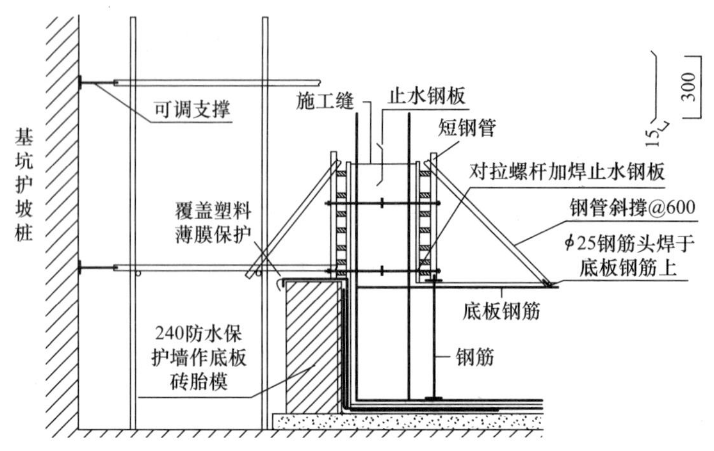

图 3-18　底板外侧模用 240mm 砖砌及外墙施工缝做法示意图

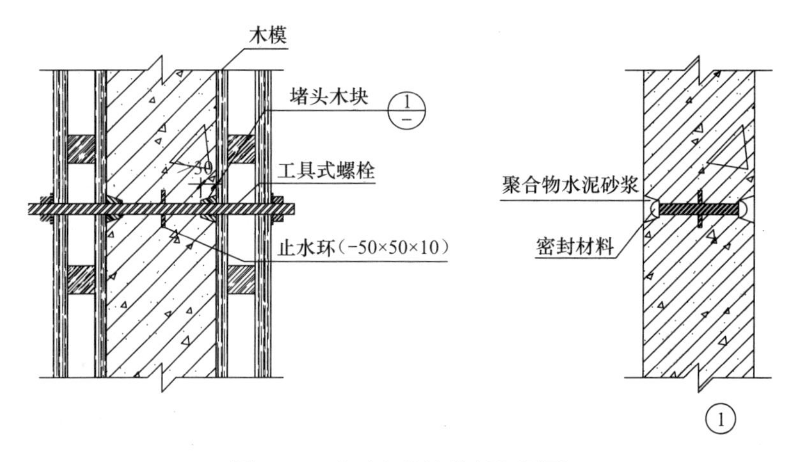

图 3-19　地下室外墙模板加固图

螺杆起步高度 150mm，横向、竖向间距不小于 400mm，具体间距根据墙体厚度及高度计算确定。穿螺杆时，必须放线进行使得螺杆都处在同一直线上。

竖楞排列间距不大于 300mm，具体间距根据墙体厚度及高度计算确定，板与板交接处模板竖楞间搭接采用两边钉板条的方式，且一定要压住板边。

横檩采用一根 ϕ48 钢管、一根木方的方式，钢管搭接使用一字扣件，搭接头设在两木方竖楞间隔内。

凡剪力墙转角处模板，螺杆间距按 500mm 间距要求无法满足时，必须在转角处焊接短螺杆，间距 500mm。

待剪力墙模板初步安装完毕后，利用钢支撑及花篮螺杆调整模板垂直度，并进行加固，如上述模板加固图所示。

15）柱、墙插筋

地下室基础底板钢筋绑扎完后即进行柱、墙插筋，先由测量员按图纸放出墙、柱位置线，根据弹好的墙、柱位置插放钢筋，墙柱插筋伸入基础底板深度要满足锚固长度的要求，并应伸入基础底板后做水平弯折，弯折长度不小于 150mm。

地下室外墙插筋绑扎至外墙施工缝以上 500mm 处。插筋时底板上要有三道墙焊接水

图 3-20　地下室外墙外侧模改用 240mm 厚砖砌

平筋或柱焊接箍筋，底板面筋上第一道墙水平筋或柱箍筋要紧贴底板面筋放置，并同底板面筋绑扎牢固。固定钢筋采用 ϕ25 钢筋，在打垫层时预埋好。焊接水平筋、箍筋与固定钢筋点焊（注意不得将主筋与固定钢筋点焊，以避免损伤主筋）。

柱墙插筋应注意上部接头位置长短错开，同一截面内钢筋接头总数不能超过 50%。

16）地下室底板混凝土等级 C40，抗渗等级为 P8；地下室外墙：C40，抗渗等级为 P8；水箱、水池：C40，抗渗等级为 P8。地下室顶板：C40，有覆土抗渗等级为 P8，无覆土抗渗等级为 P6。无覆土的地下室顶板采用图 3-21 和图 3-22 结构。

图 3-21　采用预制空心管柱方案

17）对地下室梁、板、墙、楼梯模板的几何尺寸和支撑及易发生胀模的部位进行检查，符合要求时与承包单位办理签认手续。

18）做好隐蔽工程验收手续，包括钢筋检查验收：风、水、电管预留（埋）验收。

19）在混凝土强度未达到规范要求的规定时，不得拆除模板；不得在混凝土表面操作和堆置重物。

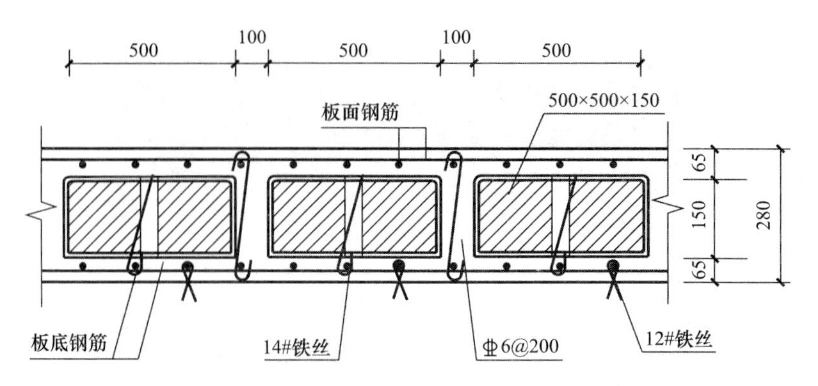

图3-22　采用BDF空心板方案

第 4 章　主体结构工程质量控制要点

按《混凝土结构工程施工质量验收规范》GB 50204—2002、《砌体结构工程施工质量验收规范》GB 50203—2011 和《钢结构工程施工质量验收规范》GB 50205—2001 要求，制定了各子分部工程的质量控制要点，现将有关内容分述如下：

4.1　混凝土结构质量控制要点

电信业务生产楼和邮政通信指挥中心的主体结构均为现浇钢筋混凝土框筒结构。

电信业务生产楼的工程特点是：该工程地下 2 层，地上 28 层，总高 107.30m，总建筑面积 28345m^2，系生产、软件研制、办公等一体的高层多功能智能化大厦。地下室开挖层全部为砂岩层，柱基为直径 3.5m，深 3m 的嵌岩墩。基坑支护采用混凝土喷锚技术。工程为框筒结构，±0.000 以上柱为钢管混凝土柱，边柱直径 800mm，中柱直径 850mm；管壁厚 10mm、12mm、14mm。水平结构采用双梁夹柱形式，梁截面 500mm×500mm，梁与柱间节点用钢销支承。楼板采用冷轧扭变形钢筋。室内填充墙采用加气混凝土砌块。其主体施工完成后的情景如图 4-1、图 4-2 所示。

邮政通信指挥中心的工程特点是：该工程地下 2 层、地上 17 层，总高度 81.90m，总建筑面积 28492.7m^2，系办公、宾馆等一体的高层多功能智能化大厦。地下室开挖层 1/3 为土层，2/3 为岩层，柱基为人工挖孔桩，直径 1～2.4m，深 18～31m 不等。基坑支护采用人工挖孔桩，直径为 0.8m。工程为框筒结构，从第五层楼面（22.50m）③～⑦轴至第十二层（49.00m）为一个高 26.50m 宽 15.44m 的洞，呈门式结构。第十二层以上③～⑦轴间为钢骨混凝土悬吊式结构，其中④～⑥轴的柱悬吊在位于支承在两侧中筒上的钢骨桁架（钢桁架重 110 吨）上，结构复杂。其主体完成时的情景如图 4-2 所示。

根据工程特点分别制定监理实施细则，以落实各子分部工程的质量控制要点。我们强调要根据工程特点，即要求监理实施细则的内容要有针对性，以便“细则”能指导专业监理人员今后的工作方向和工作内容。特别对缺少专业监理工作经验的监理人员来说尤为重要。

按《混凝土结构工程施工质量验收规范》GB 50204—2002 要求，本子分部工程中各分项工程的质量控制要点如下：

4.1.1　模板工程质量控制要点

1）检查、验收构件模板的几何尺寸，确保构件尺寸符合设计要求，模板安装偏差应在规范允许范围内：轴线位置 5mm；底模上表面标高±5mm；截面内部尺寸（基础±10mm，柱、墙、梁＋4m，－5mm）；层高垂直度（≤5m，6mm；＞5m，8mm）；相邻两板表面高低差 2mm；表面平整度 5mm。

图 4-1　电信业务生产楼主体结构

图 4-2　邮政通信楼主体结构

2）检查构件节点处模板的构造情况，确保拆模后节点处构件阴、阳角的方正、清晰，可采取如下措施。

（1）为了保证楼板模板与墙体相交的阴角顺直、方正，与墙体相交的边龙骨（50mm×100mm 木方）要求顶面及与墙接触的侧面刨平刨直，并在楼板模板侧边粘贴憎水海绵条，如图 4-3 所示。

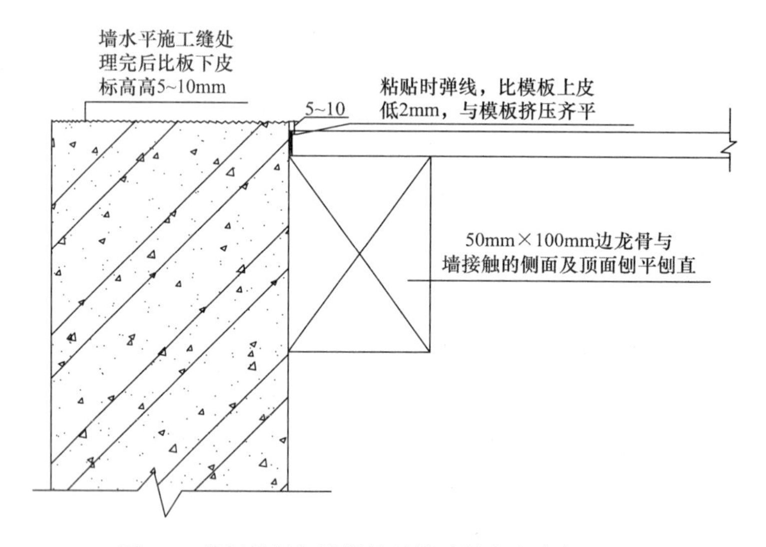

图 4-3　楼板模板与墙拼缝处粘贴憎水海绵条示意图

（2）墙模支模前要求弹 5 条线：即轴线（X、Y）、混凝土剔凿边线、墙体边线及模板控制线。弹混凝土剔凿边线可以提高剔凿质量，避免在剔凿时使墙外的混凝土缺楞掉角，同时作为墙内竖向钢筋保护层的控制线；墙体边线作为墙体模板立模时就位用；模板控制线作为模板支模及校正检查用。

(3) 墙体模板下口粘贴海绵条

墙体模板支设前，顺墙体边线后退 2～3mm 粘贴憎水性海绵条，海绵条要求顺直，并与楼面混凝土面粘贴牢固（图 4-4）。柱模板下口做法与墙体模板下口做法相同。

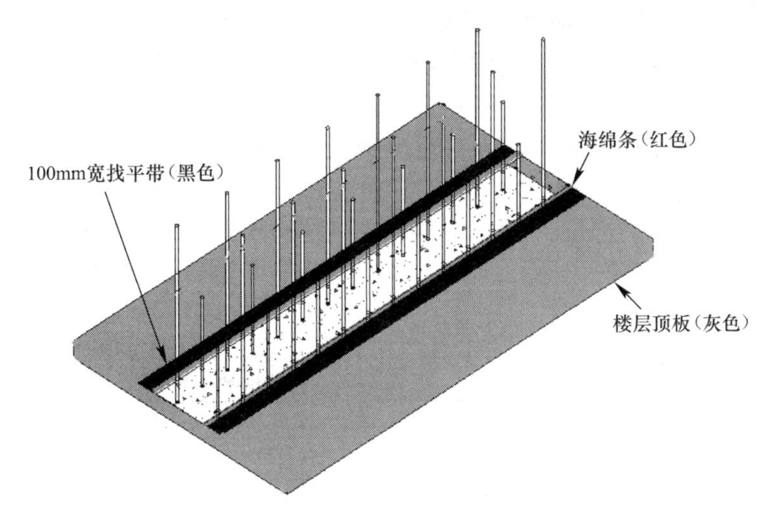

图 4-4 墙（柱）模板下口粘贴海绵条示意图

3）检查模板支撑的间距、纵横向水平杆的间距、剪刀撑的间距和扫地杆的设置等情况，以确保模板支撑具有足够的承载能力、刚度和稳定性。模板支撑、立柱位置和垫板属于主控项目，应从严要求。

4）检查模板的平整度和板间缝隙的大小，确保接缝平整和不漏浆。

5）检查梁、板模板的标高、轴线和起拱高度（当跨度≥4m 时，起拱高度宜为全跨长度的 1/1000～3/1000）。标高、轴线的安装允许偏差应符合规范要求。梁、板起拱高度的控制如图 4-5 所示。

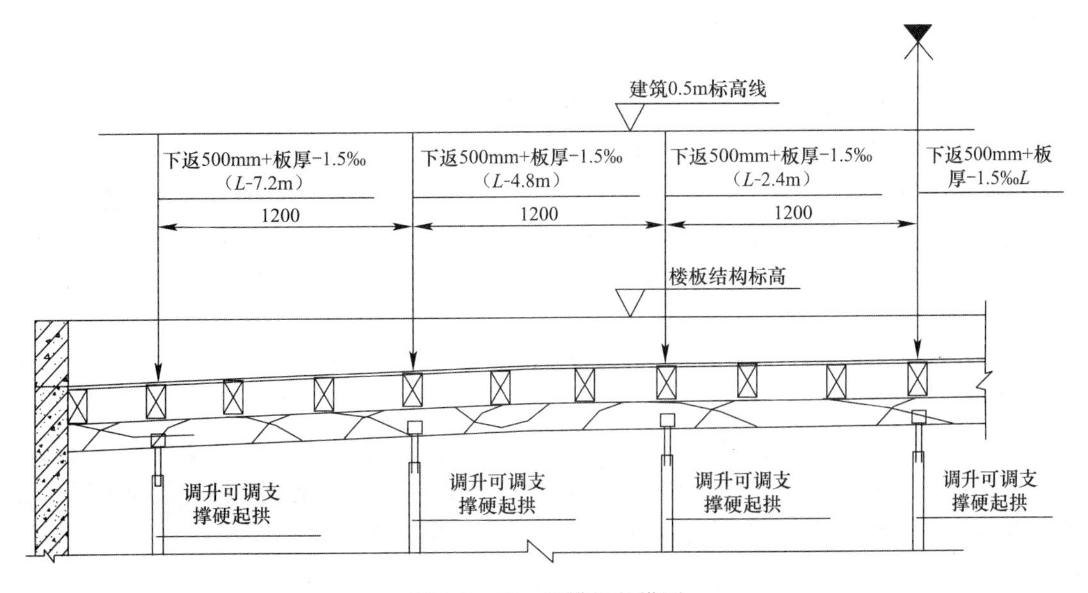

图 4-5 梁、板模板起拱图

起拱的操作方法：当梁底模板或房间楼板模板格栅铺好后，按已标识的建筑标高控制线，通常称谓 0.5m 标高线，在 0.5m 控制标高线间紧拉白线，再从白线开始向下量好下返尺寸（即 500mm＋板厚－起拱高度），量取尺寸的顺序从梁或板的中间向两端进行。起拱时直接抬高钢管（对于梁）或调高螺旋支撑（对于顶板），严禁采用木楔起拱（浇筑混凝土易滑脱）。起拱要求弧线顺直，不要起折段形拱，也不要起倒拱。

6）检查安装在模板内的预埋件和预留孔位置是否准确（中心线位置允许偏差：插筋 5mm，预埋螺栓 2mm，预留洞 10mm，预埋钢板 3mm，预埋管、孔 3mm），安装是否牢固。

7）检查易发生胀模的部位（表 4-1）模板支承结构和安装牢固程度，以防浇筑混凝土时因胀模原因造成构件胀模。

易发生胀模的部位和原因　　**表 4-1**

构件名称	易发生胀模的部位	胀模原因分析
墙	模板下口	模板下口混凝土侧压力最大，采用大流动度泵送混凝土时，一次浇筑过高、过快
	阳角	阳角部位 U 形卡不到位及大模悬挑端过长
	门、窗洞口及预留洞口	采用木板制作的门、窗洞口、预留洞口模板，其下脚支撑及定位困难
	二次接槎部位	由于墙面残浆等原因，二次接槎部位模板不能保证与墙拼严
	模板拼接处	拼接处模板安装过松
	对拉螺栓处	随意取消对拉螺栓
柱	模板下口	与墙胀模原因相同
	模板拼接处	
	二次接槎部位	
梁	周边梁外侧	无外脚手架时，周边梁外模安装质量难以控制，外模不顺直，支撑不牢
	支撑数量不足或支撑悬空	人为减少支撑数量，造成荷载重分配，易使梁下沉
	悬挑梁端部	支撑数量不足，标高不准、跑模
	跨中	未按规定起拱时，易发生梁下沉现象
楼板	模板方格中心	与梁“跨中”条目相同
	支撑悬空处	与梁“支撑数量不足或支撑悬空”条目相同
节点	梁柱节点及楼板与柱交接处	未制作定型节点模板，易胀模或模板吃进柱内，与墙“二次接槎部位”条目相同

8）检查楼梯与剪力墙交接处、混凝土后浇带、地下室止水带等特殊部位的模板支承情况。检查楼梯支模高度应符合设计强制性条文的规定：楼梯平台上部及下部过道处的净高不应小于 2m。楼梯段净高不应小于 2.2m。

9）检查脱模剂的质量和涂刷情况，对油质类脱模剂影响结构粉刷层粘结时不宜采用。严禁脱模剂沾污钢筋和混凝土接槎处。

10）在浇筑混凝土时，应督促承包单位对模板和支撑进行观察和维护。防止胀模（变形）、跑模（位移）、甚至坍塌情况发生。

11）检查模板拆模时间和模板及其支撑的拆除顺序，应符合设计与规范规定，确保施工安全。当施工荷载对拆模后的构件受力不利时（即拆模后，混凝土结构可能尚未形成设计要求的受力体系），应加临时支撑加固。混凝土拆模时的强度属于主控项目，应从严要求。

拆模时间的控制：

墙、柱侧模：墙、柱侧模需要在混凝土保证不缺棱掉角后方准拆模，在混凝土强度达到1.0Mpa后才可松动螺杆，在混凝土强度达到4MPa（混凝土温度和环境温度之差不大于20℃时），方可拆除模板。

底模：底模及其支架拆除时的混凝土强度应符合表4-2的规定。具体操作时，现场留置同条件养护试块来控制底模及支架的拆除。

底模拆除时的混凝土强度要求　　　　**表4-2**

项次	结构类型	结构跨度（m）	达到设计的混凝土立方体抗压强度标准值的百分率
1	楼板	≤2 >2，≤8 >8	50% 75% 100%
2	梁	≤8 >8	75% 100%
3	悬臂结构	—	100%

12）在施工前，要求施工单位编制模板分项工程施工方案，监理在审批该方案时，应对上述1）～11）项控制内容进行全面落实。并要求施工单位必须采取相应措施。以确保工程施工质量和安全施工。

13）由专业监理工程师完成对模板工程的验收，并办理签认手续。同时将验收结论填入表4-3中，以便进行统计分析，给出对工程施工质量的总体评价。

4.1.2　钢筋工程质量控制要点

1）熟悉图纸（含设计变更），参加施工图会审，对图纸中表达不清、构造模糊、不便施工、漏算漏放和容易出现质量事故的部位，通过施工图会审向设计单位提出，并通过图纸会审纪要给予明确决定。

2）分批检查钢筋的外观、品种、规格、产地和产品质量合格证明书，抽检钢筋力学性能、连接（绑扎、焊接、机械）质量。抽检要求和试件数量应符合规范规定。抽检测试结果应超前在构件钢筋加工前出示，测试结果不合格者不得用于工程。钢筋力学性能的检验属于主控项目，并纳入强制性条文，应严格执行。

3）检查构件内钢筋的品种、数量、直径、间距、形状、锚固长度、加密区长度、箍筋弯钩的角度是否符合设计图纸和施工规范要求，不符合要求者必须整改到位。当承包单位缺乏设计所要求的钢筋品种和规格时，可进行钢筋代换。钢筋代换时，应由设计单位负责，并办理设计变更文件。对钢筋品种、规格代换的规定，属于强制性条文，应严格执行变更规定。

4）检查构件内钢筋焊接接头位置、数量、面积百分率是否符合设计和施工规范要求。因抗震要求，钢筋接头不宜设置在梁端、柱端的箍筋加密区内。

5）当钢筋接头采用绑扎接头时，其钢筋搭接长度和接头位置、数量、面积百分率应符合设计和施工规范规定。本工程设计规定：梁、柱、墙中纵筋直径≥22mm时不宜采用绑扎搭接接头，选用机械连接。

6）当上、下柱构件截面改变时，会影响到钢筋数量或钢筋截面的改变（图4-6），此时应检查纵向钢筋的位置是否符合设计和施工规范要求。当上、下柱构件截面相同或钢筋数量或钢筋截面相同时，应检查柱纵向钢筋的接头位置是否符合施工规范要求。检查上下柱在梁内部位箍筋加密区的箍筋位置是否绑扎到位。

（a）

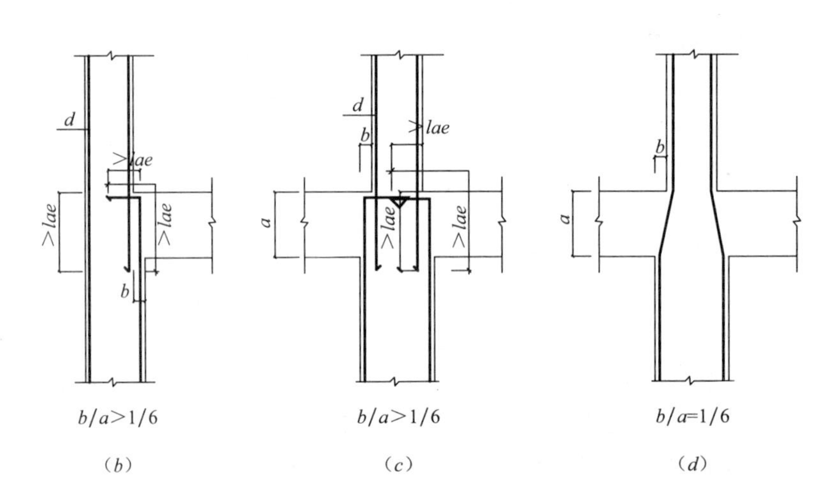

（b）　（c）　（d）

图 4-6　当上、下柱截面改变时，钢筋接头的布置

7）检查梁上预留洞的位置（一般规定在梁跨中 1/3L 区段内）预留孔洞周围应加固的钢筋（构造要求：如图 4-7 所示）是否到位，已加固的钢筋是否符合设计和施工规范要求。检查需要预留插筋的部位，插筋是否到位，已插筋是否符合设计和施工规范要求。

8）检查双层钢筋网间应设置的支撑是否按设计和施工规范要求绑扎到位。钢筋保护层厚度，是否符合设计和施工规范要求。

（1）当板厚 $h\leqslant200$mm 时马凳可用 $\phi10$ 钢筋制作；当 200mm$\leqslant h\leqslant$300mm 时马凳应用 $\phi12$ 钢筋制作；当 $h>300$mm 时，制作马凳的钢筋应适当加大，如图 4-8 所示。

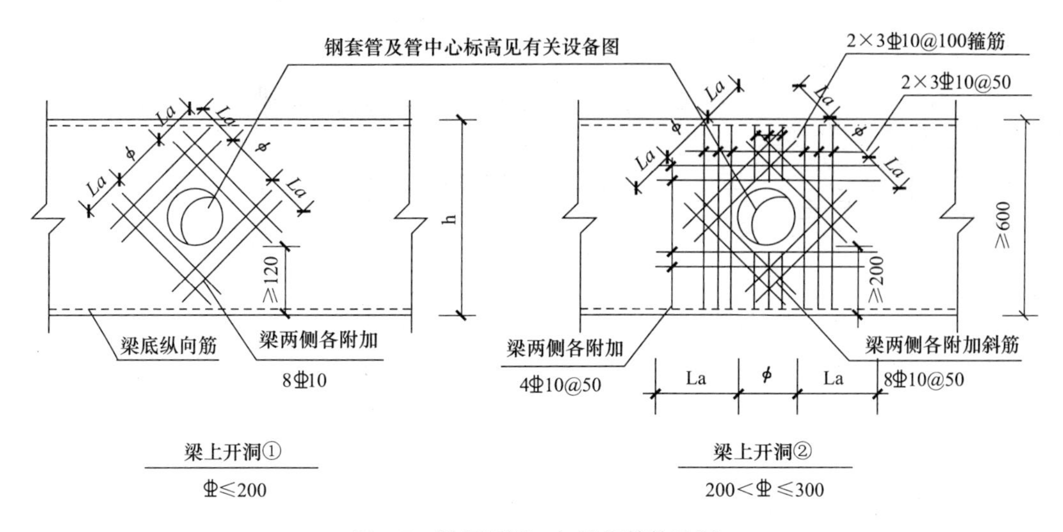

图 4-7 梁留洞洞口加强钢筋构造图

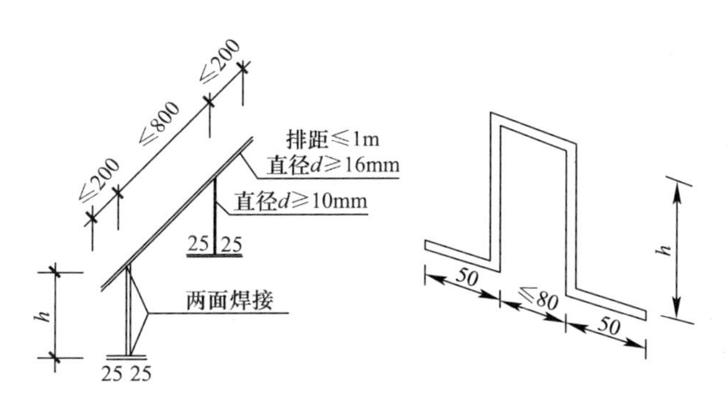

图 4-8 支架与马凳图

注：h 为模板至面筋底高度

(2) 钢筋保护层厚度可采用定制的槽形塑料垫块，如图 4-9 所示。

9）检查楼板钢筋安装。

(1) 用粉笔在模板上划好主筋、分布筋间距。

(2) 按画好的间距，先摆受力主筋，后放分布筋，预埋件、电线管、预留孔等及时配合安装。

(3) 板底部钢筋，短跨方向筋放在下层。板的负筋搭接在跨中，板的底筋搭接在支座。

(4) 楼板主筋距梁或墙边的距离是否为 50mm。

(5) 设置在梁板上的负弯矩钢筋在纵横梁交界处和筒体剪力墙周边应重叠设置，切勿减料；在楼面混凝土浇筑时，应及时纠正被踩负筋的位置。

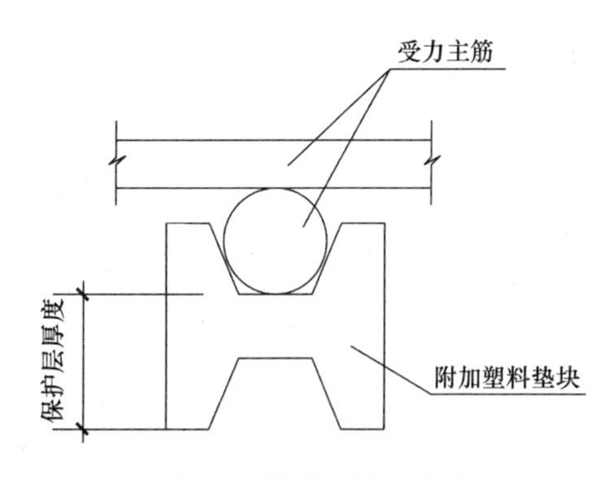

图 4-9 槽形塑料垫块图

10）检查主次梁相交处，在主梁搁置次梁处放置吊筋，并箍筋加密，如图 4-10 所示。

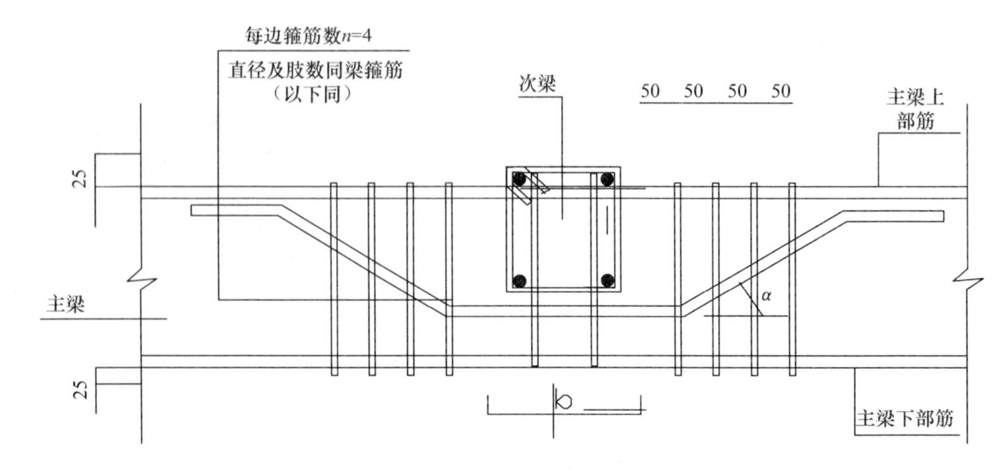

图 4-10　主次梁相交处加吊筋示意图

附加吊筋：主梁高度 $H>800$ 时，$\alpha=60°$，$H\leqslant800$ 时，$\alpha=45°$

11）板、次梁与主梁交叉处，板的钢筋在上，次梁的钢筋在中层，主梁的钢筋在下。主梁、次梁、板的钢筋布置如图 4-11 所示。

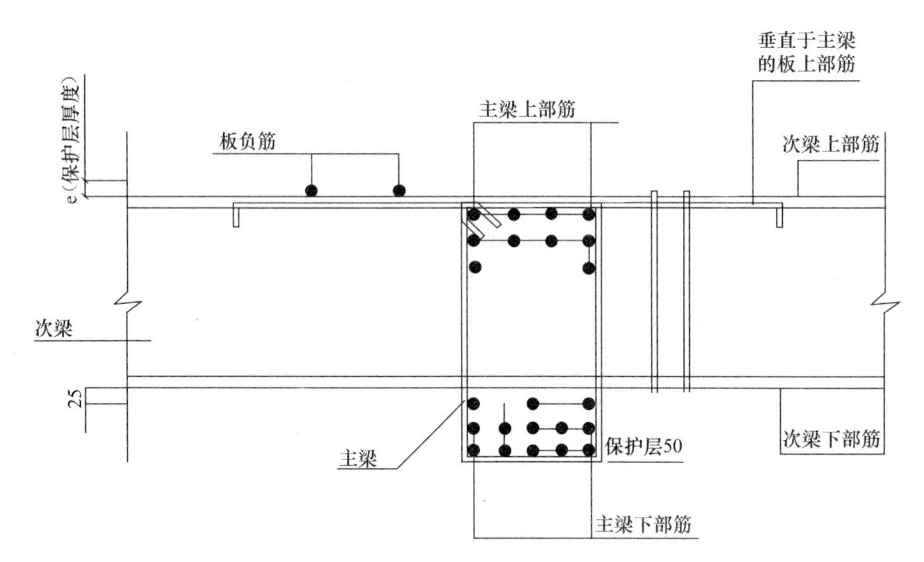

图 4-11　主梁、次梁、板钢筋布置示意图

12）框架梁节点处钢筋穿插十分稠密时，应注意梁顶面主筋间的净间距要留有 30mm，以利灌筑混凝土的需要。

13）梁柱节点核心区的钢筋，由于梁柱钢筋穿插，钢筋较密，绑扎较困难，钢筋施工时应作为重点部位，高度重视，梁柱节点内柱子和梁受力钢筋均须绑扎到位，柱子箍筋的数量和间距须满足设计要求，并与主筋绑扎牢固。对于钢筋较密的梁柱节点，为保证核心区的钢筋绑扎到位，施工顺序如下：

柱钢筋绑扎→支梁底模→核心区柱箍筋绑扎→穿梁主筋→绑扎梁钢筋→支梁侧模。

14）分检验批及时要求钢筋施工承包单位提供钢筋加工单，以便及时掌握各种规格钢筋的耗量，有利于竣工结算时对钢筋的计量结算。

15）钢筋安装允许偏差：绑扎钢筋网长、宽±10mm，网眼尺寸±20mm；绑扎钢筋骨架长±10mm，宽、高±5mm；受力钢筋间距±10mm，排距±5mm，保护层厚度为：基础±10mm，柱、梁±5mm，板、墙、壳±3mm；绑扎箍筋、横向钢筋间距±20mm；钢筋弯起点位置20mm；预埋件，中心线位置5mm，水平高差+3mm、0mm。

16）在施工前，要求承包单位编制钢筋分项工程施工方案，监理在审查该方案时，应对上述（1）～（15）项控制内容进行全面落实。并要求承包单位必须采取相应措施。以确保工程施工质量。

17）由专业监理工程师完成对钢筋分项工程的隐蔽验收，并办理签认手续。同时将验收结论填入表4-3中，以便进行统计分析，给出对工程施工质量的总体评价。

4.1.3 混凝土工程质量控制要点

1）熟悉图纸（含设计变更）要求，并在建筑剖面图上明确表示出不同高度、不同层次、不同构件（如梁、板、柱、墙、楼梯等）、不同部位（如地下、地上）设计要求的混凝土强度等级或混凝土抗渗等级。及时检查现场实际是否符合设计要求。

2）协助业主方和施工单位考察和选择好商品混凝土供应商。选择社会信誉好、产品质量稳定、价格公道、配合和服务周到的供应商中标。

3）对原材料的质量提出要求，并做好质量抽检工作（商品混凝土由供应商负责抽检）。如水泥进场必须检查水泥出厂合格证，抽检水泥强度和安定性，并应对其品种、强度等级、包装、出厂日期等检查验收；抽检砂、石级配和含泥量；检查外加剂的品种和质保书。水泥进场检验，外加剂质量及应用，属于主控项目，并纳入强制性条文，应严格执行。

4）按设计图纸或设计变更规定的混凝土强度等级要求，检查混凝土的配合比、原材料的称量和坍落度。并严格按设计和规范要求，定组制作混凝土试块。对试块应检查其制作工艺、制作数量、编号、养护，送检时间、送检手续，取得测试结果等。混凝土配合比设计属于主控项目，应认真执行。

5）对重要部位（含桩基，地下室，±0.000以上的框剪、框筒结构）的混凝土浇筑和在雨期或冬期浇筑混凝土，应由施工单位在事前专门编制施工方案，并经总监理工程师审核认可后方能施工，以确保工程质量。

6）混凝土浇筑前，应由总监理工程师签发混凝土浇筑申请表后，方能开盘浇筑混凝土。总监理工程师签发混凝土浇筑申请表的依据：

（1）为由专业监理工程师签字的施工单位报送的隐蔽工程验收单和检验批质量验收记录（含土建、水、电、通风）。

（2）为由施工单位报送的混凝土浇筑申请表。

（3）为由施工单位或商品混凝土供应商报送的混凝土配合比通知单和水泥、外加剂、砂、石等原材料的质保书及材料检验报告。

（4）为施工现场混凝土浇筑前的准备工作已完成。

7）在混凝土浇筑过程中，要实行全天候的旁站监理，并做好旁站监理记录。内容包括：

（1）要及时检查混凝土的坍落度，发现与原要求不符时，要即时向混凝土供应商提出调整。

（2）检查混凝土强度试块取样与留置情况（留置应符合下列规定：每拌制100盘且不

超过 $100m^3$ 的同一配合比的混凝土，取样不得少于一次；每工作班拌制的同一配合比的混凝土不足 100 盘时，取样不得少于一次；当一次连续浇筑超过 $1000m^3$ 时，同一配合比的混凝土每 $200m^3$ 取样不得少于一次；每一楼层、同一配合比的混凝土，取样不得少于一次；每次取样应至少留置一组标准养护试块，同条件养护试块留置组数应根据实际需要确定。本条文属于主控项目，并纳入强制性条文，应严格执行）。

（3）检查混凝土供应速度，避免混凝土供应间歇时间过长，以免混凝土内部出现“冷缝”，影响混凝土构件质量。若因施工需要，必须按规范规定设置施工缝。

（4）检查混凝土的振捣工艺，要求密实、平整；检查、纠正构件内被踩踏钢筋和预埋管件的复位工作。

（5）检查对已浇筑完毕的混凝土，应按规定的时间加以覆盖和浇水。

（6）检查、纠正在已浇筑的混凝土未达到 $1.2N/mm^2$ 强度以前，不得在其上踩踏、堆置重物或安装模板及支架。

（7）检查是否出现膨模、跑模和模板支撑失稳等情况。

8）不同强度等级的混凝土，同时浇筑的保证措施：

某工程主体结构混凝土强度等级：柱、墙为 C40，梁、板、楼梯为 C30。不同强度等级的混凝土在同一时间内浇筑，某工程设计规定按以下原则处理：以混凝土强度等级 $5N/mm^2$ 为一级，凡柱混凝土强度等级高于梁板混凝土等级不超过一级者，梁柱节点处的混凝土可随梁板一起浇筑；否则节点处混凝土按柱混凝土单独浇筑。如图 4-12 所示。

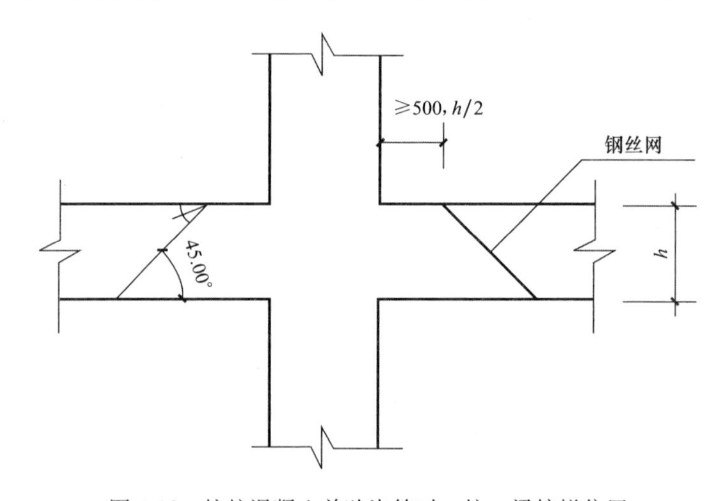

图 4-12　按柱混凝土单独浇筑时，柱、梁接槎位置

混凝土施工时，采取以楼层为施工段一次性浇筑，不留施工缝。为保证工程质量，确保施工速度，应采取以下措施进行施工。

（1）不同强度等级的混凝土分别输送。采用一台泵输送柱、墙混凝土，另一台泵输送梁、板、楼梯混凝土。

（2）浇筑顺序应从高等级混凝土至低等级混凝土进行，即从墙、柱→梁→板→楼梯。能保证抗震要求的强柱弱梁，强节点弱构件的要求。

（3）混凝土浇筑方向，由一端向另一端以次推进，一次性浇筑结束，如图 4-13 所示。

（4）搅拌运输车施工前按混凝土等级和车号专门运输，现场落实专职人员登记调度，搅拌站由监理派员跟班值勤。

(5) 在柱、墙(井筒)与梁、板相交处，离柱、墙 $H\sim2H$ (H 为梁高) 的梁内或离梁 $h\sim2h$ (h 为板厚) 的板内设凹凸为 10mm 的钢板网隔离，先浇筑柱、墙混凝土，后浇筑梁混凝土，再浇筑板混凝土，最后浇筑楼梯混凝土。采用钢丝网(图 4-12)可以增加不同强度混凝土接触面处的抗剪能力。

图 4-13 泵送混凝土管布置在一端向另一端浇筑

9) 施工缝留设位置及其处理

施工缝留设位置：

(1) 原则：施工缝的位置应设置在结构受剪力较小且便于施工的部位。

(2) 地下室外墙及底板后浇带按图纸设计位置留设，外墙水平施工缝留设在距底板上皮 500mm 高位置处。

(3) 墙体：

竖向施工缝：外墙留设在墙跨中的 1/3 范围内(其中地下室外墙施工缝位置处要加设钢板止水带)；内墙留设在门洞口跨中的 1/3 范围内。

水平施工缝：地下室外墙留设位置应比规定高度高出 3～5mm，以便在拆模后剔除表面的浮浆和松散石子，同时应加设钢板止水带。内墙留置在板底下皮标高上 30～50mm 处。

(4) 顶板：顶板施工缝的留设在板净跨跨中的 1/3 范围内。

(5) 楼梯：楼梯施工缝留设在楼梯斜跑位置的 1/3 处，平台及平台梁要求进支座不少于半墙厚。

施工缝的处理：

再次浇筑混凝土时，已浇筑完的混凝土抗压强度不小于 1.2N/mm²。

水平施工缝应拉线用切割机沿线切入混凝土面 10mm(切割线位置如图 4-14 所示)，再用扁铲将混凝土表面的水泥薄膜和软弱混凝土层剔除，露出石子，并清理干净。在浇筑混凝土时，先用水湿润并在施工缝处浇筑一层 50mm 厚与混凝土同配合比的减石子砂浆，然后再浇筑混凝土。

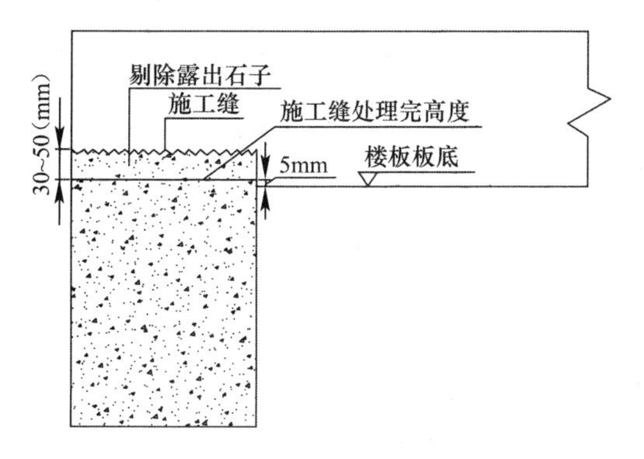

图 4-14 墙上口切割线

垂直施工缝应拉线用切割机沿线切入混凝土面 10mm(切割线位置如图 4-15 所示)，再用扁铲将混凝土表面水泥薄膜和松散石子剔除，露出密实层，并用水加以充分湿润和冲洗干净，然后再浇筑混凝土。

在施工缝处，混凝土应细致捣实，使新旧混凝土紧密结合，并加强养护。

10) 卫生间、开水间等墙底部及出屋面外墙、女儿墙底部应现浇钢筋混凝土翻边梁，如图 4-16 所示。某工程用图 4-16 表示翻梁的设计图。

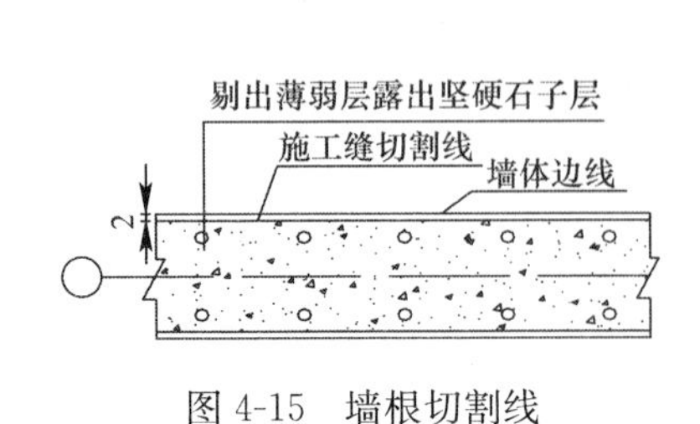

图 4-15　墙根切割线

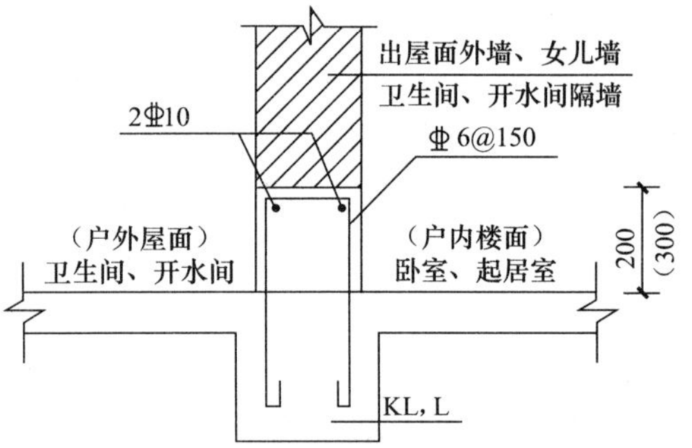

图 4-16　卫生间、开水间、出屋面外墙、女儿墙底部做翻梁

11）按批次及时查询混凝土试块测试结果，并及时做好其台账记录，适时应对台账进行数理统计分析。

12）对拆模后的构件进行检查、验收，内容包括：

(1) 外观质量检验（含：露筋，蜂窝，孔洞，夹渣，疏松，裂缝，连接部位缺陷，外形掉角、棱角不直等缺陷，外表麻面、掉皮、起砂、沾污等缺陷），属于主控项目；

(2) 对结构和构件的几何尺寸进行抽查验收。

其允许偏差：

① 轴线位置：基础 15mm，独立基础 10mm，墙、柱、梁 8mm，剪力墙 5mm；

② 垂直度：层高≤5m、8mm，＞5m、10mm；全高（H）允许偏差为 H/1000mm，同时要求偏差≤30mm；

③ 标高：层高±10mm，全高±30mm；

④ 截面尺寸＋8mm、－5mm；

⑤ 电梯井：井筒长、宽对定位中心线＋25mm、0mm，井筒全高（H）垂直度允许偏差为 H/1000mm，同时要求偏差≤30mm；表面平整度 8mm；

⑥ 预埋设施中心线位置：预埋件 10mm，预埋螺栓 5mm，预埋管 5mm；预留洞中心线位置 15mm。

对构件外观和几何尺寸的验收，必须做好验收记录，并办理书面签认手续。

13）沉降观测。按设计院要求：沉降观测由专业单位按三等水准测量标准进行，并从基础混凝土浇筑时开始（观测点按设计要求布置）。主体结构每施工完一层进行一次沉降观测（观测点按设计要求布置在通透的首层柱子和电梯井筒体剪力墙的根部，并作为永久性保存），施工完成后一年内每隔三至六个月观测一次，以后每隔六个月观测一次，直至沉降稳定，并按规定格式填写存档。所有沉降档案作为工程竣工验收时的必备资料之一。

14）在该分项工程施工前，要求施工单位编制混凝土分项工程施工方案，监理在审查该方案时，应对上述（1）～(13）项控制内容进行全面落实。并要求施工单位必须采取相应措施。以确保工程施工质量。

15）由专业监理工程师完成对混凝土工程的验收，并办理签认手续。同时将验收结论填入表 4-3 中，以便进行统计分析，给出对工程施工质量的总体评价。

钢筋混凝土主体工程质量控制一览表

表 4-3

分项	部位	检查内容	负二层	负一层	一层	二层	三层	四层	五层	六层	七层	八层	九层	十层	十一层	十二层	十三层	十四层	十五层	十六层	十七层	十八层	十九层	廿层	廿一层	廿二层	廿三层	廿四层	廿五层	廿六层
钢筋工程	梁	规格、锈蚀											㊣	㊣		㊣			㊣			㊣						㊣	㊣	
		数量、间距	㊣			㊣	㊣		㊣			!		㊣		!			㊣								㊣			㊣
		接头位置				㊣				㊣		㊣			㊣	㊣	㊣	㊣			㊣	㊣				!	㊣	㊣		
		焊接	㊣									㊣																		
		搭接、锚固		㊣							㊣	㊣							㊣						㊣		㊣		㊣	
		绑扎		!			㊣			㊣			㊣							㊣	㊣		㊣	㊣		㊣		㊣		㊣
		断面、保护层	㊣			㊣			㊣		㊣	㊣				㊣	㊣	㊣												
	板	规格、锈蚀											㊣																	
		数量、间距						㊣																						
		板厚、保护层		㊣	㊣				㊣		㊣						㊣	㊣											㊣	
		绑扎					㊣					㊣	㊣	㊣	㊣	㊣							㊣			㊣				㊣
		搭接、锚固						㊣																	㊣		㊣			
	墙	规格、锈蚀														㊣			㊣	㊣			!							
		数量、间距	㊣	㊣	㊣	㊣		㊣	㊣	㊣	㊣	㊣	㊣		㊣							㊣	㊣	㊣		㊣	㊣			
		板厚、保护层				㊣							㊣																	
		绑扎		㊣	㊣		㊣	㊣	㊣		㊣										㊣	㊣				㊣			㊣	㊣
		接头位置																												
		焊接	㊣									㊣										㊣								
		搭接、锚固													㊣	㊣	!	㊣						㊣	!		㊣			㊣
	楼梯	规格、锈蚀														!														
		数量、间距																												

续表

分项	部位	检查内容	负二层	负一层	一层	二层	三层	四层	五层	六层	七层	八层	九层	十层	十一层	十二层	十三层	十四层	十五层	十六层	十七层	十八层	十九层	廿层	廿一层	廿二层	廿三层	廿四层	廿五层	廿六层
钢筋工程	楼梯	板厚、保护层																												
		绑扎	㊣		㊣					㊣				㊣									㊣						㊣	
		搭接、锚固																												
	整改结论		Y	Y	Y	Y	Y	Y	Y	Y	Y	Y	Y	Y	Y	N	Y	Y	Y	Y	Y	Y	Y	Y	Y	Y	Y	Y	Y	Y
模板工程	板	标高						㊣	㊣	㊣	㊣	㊣				㊣		㊣							㊣					
		尺寸		㊣				㊣							㊣					㊣			㊣					㊣		㊣
		板缝处理		㊣		㊣						㊣	㊣													㊣	㊣			
		破损程度										㊣																	㊣	
	墙/楼梯	标高															㊣													
		尺寸																												
		板缝处理																												
		破损程度											㊣																	
	预留孔洞		㊣									㊣																		
	整改结论		Y	Y		Y		Y	Y	Y	Y	Y	Y		Y	Y	Y	Y		Y			Y		Y	Y	Y	Y	Y	Y
混凝土工程	柱	塌落度	㊣												㊣							㊣			㊣			㊣		㊣
		振捣																												
		成品检测			?	?	?	?	?	?	?	?	?		?				?		?			?		?	?			
	墙/楼梯	塌落度		㊣		㊣																								
		振捣																												
		成品外观	?	㊣		?		?	?	?																				
	板	塌落度																												
		振捣																												
		成品外观	?		?																									
		施工缝位置										?			?			?			?	?	?				?			
	整改结论		Y	Y		Y									Y			Y				Y			Y			Y	Y	Y

续表

分项 部位 检查内容	负二层	负一层	一层	二层	三层	四层	五层	六层	七层	八层	九层	十层
初次检查通过	N	N	Y	N	Y	Y	Y	Y	N	N	Y	Y
整改后通过	Y	Y		Y					Y	Y		
质量评定	P	P	★	P	★	★	P	★	★	P	P	★
存在主要问题	①梁筋少；②焊接质量差；③墙体拉结筋少；④止水板焊接质量差且有的方向放反；⑤水池跑模严重	①柱头负加筋位置放反；②墙体拉结筋少；③梁没有保护层；④地面混凝土平整度不够；⑤混凝土的坍落度太小堵管	①板筋的马凳少；②钢筋绑扎问题多；③墙体拉结筋少；④柱混凝土浇筑起壳；⑤因温度高混凝土开裂严重覆盖浇水	①梁内配筋不够；②梁没有保护层；③混凝土的坍落度太小堵管；④柱混凝土浇筑起壳；⑤墙板走模较严重	①梁的配筋少；②钢筋绑扎问题多；③柱混凝土浇筑起壳	①板筋在梁上搭接长度不够；②板、梁交接处钢筋间距大于5cm；③墙体拉结筋少、洞口没加筋；④墙板走模较严重	①梁内箍筋数不够；②梁、板保护层不够；③墙板拉筋少；④柱混凝土浇筑起壳；⑤模板标高误差大、平整度不够	①梁内主筋接头超标；②墙板拉筋少；③柱混凝土浇筑起壳；④墙板走模较严重	①底板钢筋保护层小；②梁筋在柱上搭接长度不够；③墙板拉筋少；④柱混凝土浇筑起壳；⑤模板标高误差大	①梁端负加筋少；②梁断面错误；③对焊接头外观质量差；④部分搭接不规范；⑤模板破损严重	①梁内钢筋下料太长；②板墙钢筋移位保护层过大；③部分板墙钢筋搭接、绑扎不规范；④部分暗梁标高不对	①1.8m卧梁箍筋少；②钢筋锈蚀厉害；③中筒附近加强筋未放；④钢管柱有起壳

分项 部位 检查内容	十一层	十二层	十三层	十四层	十五层	十六层	十七层	十八层	十九层	廿层	廿一层	廿二层	廿三层	廿四层	廿五层	廿六层
初次检查通过	N	N	N	N	N	Y	Y	N	N	Y	N	N	N		N	N
整改后通过	Y	Y	Y	Y	Y			Y	Y		Y	Y	Y		Y	Y
质量评定	★	P	P	★	P	★	★	P	P	★	P	P	★	P	P	P
存在主要问题	①梁箍筋加密区内接头多；②墙板筋存在锚固故长度不够；③柱销下模板间距小；④钢管柱混凝土浇筑质量差	①梁端负加筋少一根；②钢筋锈蚀严重；③板超厚；④未经整改就浇筑混凝土	①接头在箍筋加密区内；②梁保护层厚度不够；③柱销下模板间距小；④中筒的电梯门上梁锚固长度小，问题严重	①梁内钢筋接头多在箍筋加密区内；②梁钢筋有些锚固长度不够；③暗梁钢筋锚固长度不够；④模板标高误差大、柱混凝土浇筑起壳	①钢筋锈蚀厉害；②少量梁钢筋锚固长度不够；③1.8m宽梁内少吊筋；④柱混凝土浇筑起壳	①梁内钢筋绑扎有问题；②墙筋绑扎有问题；③墙板拉结筋少	①梁筋接头数超标；②墙筋绑扎有问题；③柱混凝土浇筑起壳；④模板标高误差大	①钢筋锈蚀厉害；②梁箍筋的加密区长度不够；③墙板拉结筋少；保护层小，④主筋焊接质量差	①暗梁钢筋规格不对；②洞口加强筋未放；③墙板拉结筋少；④模板标高误差	①板、梁交接处钢筋未绑扎；②板筋支撑少，搭接长度不够；③墙板拉结筋少；④暗梁钢筋锚固长度不够	①板钢筋锚固长度不够；②板、梁交接处钢筋间距大于5cm；③部分柱节点箍筋未绑扎；④暗梁钢筋锚固长度不够；⑤梁筋接头在柱顶内	①部分柱节点箍筋未绑扎；②梁上腰筋少；③柱上混凝土浇筑起壳	①板、梁钢筋锚固长度不够；②梁箍筋加密长度不够；③主筋焊接质量差；④模板标高误差大；⑤柱混凝土浇筑起壳	①梁筋接头在柱顶内；②梁箍筋加密长度不够	①板钢筋锚固长度不够；②梁箍筋加密长度不够；③模板标高误差大	①梁筋接头数超标；②板、梁交接处钢筋间距大于5cm；③墙板拉结筋少；④模板标高误差大

符号说明：? 存在问题；㊣需要整改；! 严重错误；Y 检查通过；N 检查未通过；★质量优良；P 质量合格；□无质量问题。

我们在电信业务生产楼中实践过这个十分成功的做法，这个例子是在土建专业监理工程师的努力和密切配合下进行的。每次对模板、钢筋、混凝土等工序检查后储存于计算机的专门设置的表格中，如表4-3钢筋混凝土主体工程质量控制一览表所示，并用代符定性地表达检查结论的等级。同时将计算机中储存的数据制成大表上墙公布，让建设、施工、监理等各方及时知道检查结论，以达到参建各方间的相互了解和监理人员间的相互促进。

4.1.4 预应力工程质量控制要点

某工程采用有粘接预应力框架结构，预应力梁锚具采用OVM体系，孔道采用普通金属波纹管留孔，采用管壁厚为0.28mm的波纹管，管径$\phi70$、$\phi85$，接管采用大一号的波纹管。采用夹片锚具和端部预埋锚垫板，张拉后波纹管内压力灌注水泥浆，端部用细石混凝土封裹。

(1) 预应力梁的施工按如下顺序进行：

安装梁底模→波纹管质量检查→绑扎梁的钢筋和加保护层垫块→在绑扎后的梁箍筋上画出预应力筋曲线坐标位置并焊接钢筋托架→波纹管就位、固定梁端部埋件→预应力筋质量检验→预应力筋下料→预应力筋穿入孔道→安装梁两侧模板→进行梁模、钢筋、预应力筋的检查和验收，并办完相关的隐蔽工程验收手续→浇筑混凝土（留置混凝土试块）、拉动钢绞线→混凝土养护、拆梁侧模和楼板底模→锚具质量检查→千斤顶校验、检查张拉设备和压混凝土试块→预应力筋张拉→孔道灌浆（留置水泥浆试块）→压水泥浆试块拆梁底模及支撑→切割端部钢绞线、端部用细石混凝土封裹。

(2) 预应力梁模板的安装与拆除必须满足下列要求：

① 预应力梁模板的支撑间距应通过计算确定，要求支撑有足够的强度、刚度和稳定性。

② 预应力梁两侧模板均须在波纹管固定好后方可进行封模安装，在模板打对拉螺栓孔时必须预先定出位置，防止将波纹管打穿。

③ 由于预应力梁自重大，支模时按1‰起拱。

④ 楼板模板、预应力梁两侧模板应在预应力筋张拉前拆除，预应力梁底模板在张拉前不得拆除。搭设底模脚手架时，建议搭设独立脚手架，以充分周转模板和脚手架。

(3) 预应力梁的钢筋绑扎要照顾到波纹管的埋设，为此要求做到：

① 预应力梁的钢筋骨架绑扎并垫好保护层垫块后，方可在箍筋上弹出波纹管（以管底为准）曲线坐标。

② 在绑扎梁非预应力钢筋时，应保证预应力孔道（波纹管）坐标位置准确，若有矛盾时，应在规范允许或满足使用要求的前提下调整非预应力钢筋位置，或由原设计人员确定。

③ 在绑扎柱筋时，应考虑波纹管能顺利通过。钢筋交叉问题，施工时会同有关人员商量确定。

④ 在绑扎楼面钢筋、安装楼面管线时，不得移动波纹管的位置，不得压瘪波纹管。

⑤ 钢筋工程施工结束时，应全面检查波纹管，并做记录存档，发现问题及时处理。

(4) 预应力梁浇筑混凝土时，必须注意：

① 混凝土浇筑前，应检查波纹管和锚板的位置是否正确，接头是否牢固，发现问题及时处理。

② 混凝土入模时，应尽量避免波纹管受到过大冲击，以防波纹管移位和压瘪。

③ 在预应力梁端部和钢筋密集处浇筑混凝土时，应振捣密实，混凝土中石子粒径要小，以防漏振，影响到混凝土强度。

④ 混凝土振动器不能直接振击波纹管，以防振瘪引起波纹管漏浆，影响到预应力筋的张拉和孔道灌浆。

⑤ 及时制作混凝土试块，并按施工规范要求留设同条件养护的混凝土试块，以确定预应力筋的张拉时间。

⑥ 混凝土浇捣后应及时养护，检查和清理孔道、锚垫板及灌浆孔。

（5）波纹管（金属）的留设

① 波纹管按设计位置安装固定，其安装过程如下：

梁钢筋绑扎完并在梁底已垫好保护层→在梁的箍筋上按孔道坐标位置点焊固定托架→铺设和固定波纹管→安装和固定锚垫板→穿入钢绞线→检查验收。

② 波纹管安装中特别注意预应力筋曲线的最高点、最低点及反弯点等位置标高的准确性。

③ 波纹管安装前先应安放完梁钢筋保护层。波纹管之间的连接，可用大一号（3～5mm）的波纹管相连，连接管长为250～300mm，两端应对称均匀旋入，并应用胶带纸封裹接缝。

④ 必须采取有效的封裹措施，切实保证锚垫板处不漏浆。

⑤ 预应力梁端部锚垫板应安放平整、牢固，其预埋锚垫板孔的中心应与孔道中心线同心，端面与孔道中心线垂直。

⑥ 波纹管直径应满足要求且级配准确、外观清洁、无孔洞、咬口紧密、无脱扣等现象，并按有关标准验收。本工程采用ϕ70mm和ϕ85mm两种金属波纹管，壁厚为0.28mm（图4-17）。现场堆放时下部应垫木枋，上有遮掩设施防雨淋锈蚀。

图4-17 预应力梁中放置的波纹管和穿入钢绞线

（6）预应力筋下料

① 预应力筋进场时，应按现行国家标准《预应力混凝土用钢绞线》GB/T 5224等的规定抽取试件做力学性能试验，其质量必须符合有关标准的规定。试件按进场的批次和产

品的抽样检验方案确定。检验方法：检查产品合格证、出厂检验报告和进场复验报告。本工程采用马钢生产的抗拉强度为 1860MPa，延伸率 $\delta_{600}\geqslant3.5\%$的低松弛钢绞线（1860 级有粘结钢绞线）2.055t。

② 预应力筋下料长度=孔道的实际长度+张拉工作长度。孔道曲线实际长度应事先进行理论计算，编制每层的钢绞线下料长度统计表并在现场抽查孔道实际长度进行校核，以保证下料长度的准确性；张拉工作长度应考虑张拉端工作锚、千斤顶、工作锚所需长度并留出适当余量，一端张拉时，张拉端工作长度一般为 900mm。

③ 按规范规定预应力筋应采用砂轮锯或切断机切断，不得采用电弧切割。

④ 预应力筋下料后应及时穿入孔道，以免生锈。预应力筋穿束时，应在穿入端套上子弹头，逐根穿入，并经验收合格。

⑤ 下料场地应平整无积水，长度应满足最长束下料的要求。

（7）预应力筋的张拉

① 预应力筋的张拉设备及仪表应定期（半年）维护和校验。张拉设备应配套标定，并配套使用。本工程千斤顶为 YCW250 型，油泵为 ZB-500/400 型；压力表应用精度为 0.4 级的标准（精密）压力表；配套校验使用表 4-4 中配套校验的数据，有效期半年。

张拉设备配套校验的数据　　表 4-4

标定压力值（kN）	油压表读数（MPa）	标定压力值（kN）	油压表读数（MPa）
0	0	1400	31.5
200	4.5	1600	36.0
400	9.0	1800	40.5
600	13.5	2000	45.0
800	18.0	2200	49.5
1000	22.5	2500	56.4
1200	27.0	/	/

② 预应力筋用的锚具、夹具和连接器按设计要求采用，其性能应符合现行国家标准《预应力筋用锚具、夹具和连接器》GB/T 14370—2007 等的规定，锚具的效率系数 $\eta_a\geqslant0.95$，试件破断时的总应变 $\varepsilon_u\geqslant2.0\%$。本工程采用柳州的 OVM 型锚具。

③ 规范规定预应力筋张拉时，混凝土强度应符合设计要求；当设计无要求时，不应低于设计的混凝土立方体抗压强度标准值的 75%（本工程采用此值）。正式张拉时，应有同条件养护试块的试压报告。

④ 预应力筋张拉前应清理垫板，并检查锚板后面的混凝土质量，如发现空鼓现象，应在张拉前修补，并待所补部分混凝土强度达到 100%设计强度后方可张拉。

⑤ 预应力筋采用一端张拉。张拉端的钢绞线应满足张拉所需的工作长度。

⑥ 预应力筋张拉程序：

$0\rightarrow0.2\sigma_{con}\rightarrow0.6\sigma_{con}\rightarrow1.0\sigma_{con}\rightarrow$锚固

⑦ 原设计每束预应力筋张拉应力为 $\sigma_{con}=0.7f_{ptk}$，超张拉 3%，并要求张拉时采取顶压措施（即采用双作用千斤顶）。由于承包商只有单作用千斤顶，无顶压措施，承包商建议提高张拉控制应力 $\sigma_{con}=0.75f_{ptk}$，张拉至 $1.0\sigma_{con}$，以弥补不进行顶压所造成的锚固回缩损失（监理要求此举必须经设计人员书面同意）。

⑧每束张拉力为 $N=\sigma_{con}A_S$。

本工程每束张拉力为：

12 孔： $N=0.75\times1860\times140\times12=2343.6kN$

6 孔： $N=0.75\times1860\times140\times6=1171.8kN$

⑨ 张拉伸长值

预应力筋张拉伸长值的计算公式：

$$\Delta L=\sigma_{con}\times[1+e^{-(kL_T+\mu\theta)}]L_T/(E_S\times2)$$

式中 L_T——曲线孔道长度$=\sum(1+8H^2/3L^2)L$ +直线孔道长度；

θ——夹角$=8H/L$；

k——每米孔道局部偏差对摩擦影响的系数，为 0.0015；

μ——预应力筋与孔道壁之间的摩擦系数，为 0.25；

E_S——预应力筋的弹性模量$=1.95\times10^5N/mm^2$。

本工程预应力筋张拉理论伸长值的计算如表 4-5 所示。

预应力筋张拉理论伸长值的计算 **表 4-5**

梁编号	张拉方式	孔道长度	伸长值（mm）			下限	上限
			$0.2\sigma_{con}$	$0.6\sigma_{con}$	$1.0\sigma_{con}$		
YL1	1 端	10.05	15	44	74	55	62
YL2	1 端	10.05	15	44	74	55	62

预应力筋的张拉采用应力控制，伸长值校核。实际伸长值与理论计算伸长值的允许偏差为±6%。$(0.2\sim0.6)\sigma_{con}$伸长控制范围为表中所示的“上限”和“下限”。超过该值，应暂停张拉，采取措施予以调整后方可继续张拉。

⑩ 预应力筋的张拉力与其对应的油压表读数及伸长值如表 4-6 所列，承包单位与监理人员可根据表 4-6 进行施工和监督管理。

预应力筋的张拉力与其对应的油压表读数及伸长值 **表 4-6**

孔数	$0.2\sigma_{con}$			$0.6\sigma_{con}$			$1.0\sigma_{con}$		
	张拉力（kN）	表读数（MPa）	伸长值（mm）	张拉力（kN）	表读数（MPa）	伸长值（mm）	张拉力（kN）	表读数（MPa）	伸长值（mm）
12 孔	469	10.6	15	1406	31.6	44	2344	52.8	74
6 孔	234	5.3	15	703	15.8	44	1171	26.4	74

（8）孔道灌浆及锚具封裹

预应力筋张拉后应尽早灌浆，一般待一施工区段预应力筋全部张拉完毕后一次性进行灌浆。灌浆前先将孔道两端锚具做初步密封，用水灰比 0.35～0.4 的不低于 32.5MPa 普通硅酸盐水泥进行灌浆（掺入 JMⅡ型外加剂），灌浆设备为电动压浆泵。每个孔道要一次性连续灌完，直至另一端泌水管冒出浓浆，然后封闭，再继续加压到 0.5～0.6MPa。灌浆完成后，切除多余钢绞线，外露出长度不小于 30mm，端部锚具用细石混凝土封裹。

（9）安全措施

① 现场应有专职电工负责预应力施工用电。

② 钢绞线发盘下料时，应采取措施以防钢绞线弹出伤人。

③ 预应力筋穿束和张拉时，应搭设牢固的操作平台，平台上应铺脚手板，平台挑出张拉端不小于2m。

④ 张拉时千斤顶两端严禁站人，闲杂人员不得围观，预应力施工人员应在千斤顶两侧操作，不得在端部来回穿越。

⑤ 穿束和张拉地点上、下垂直方向严禁其他工种同时施工。

⑥ 高空作业时防止高空坠落，必要时在预应力梁两端可搭设安全网。

⑦ 孔道灌浆主要施工人员应佩戴防护镜，以防水泥浆喷出伤人。

（10）预应力工程分项验收资料

① 钢绞线出厂保证书、材性试验报告。

② 锚具出厂证明、硬度检测报告。

③ 有粘结筋铺设验收报告。

④ 预应力施工参数计算书。

⑤ 张拉设备配套检验报告。

⑥ 预应力筋张拉记录报告。

⑦ 预应力施工方案。

（11）在该分项工程施工前，要求承包单位编制预应力混凝土分项工程施工方案，监理在审查该方案时，应对上述各项控制内容要求施工单位进行全面落实，以确保工程施工质量。

4.2　砌体结构质量控制要点

因这两项工程全为框筒结构，故砌体结构全为框架内砌筑填充墙。砌体材料内墙为加气混凝土砌块、外墙为多孔黏土砖。按照《砌体结构工程施工质量验收规范》GB 50203—2011规范要求，其质量控制要点如下：

1）砖和砌块的强度等级必须符合设计要求。

砖强度抽检数量：同一生产厂家、同一品种、同一规格、同等级的蒸压加气混凝土砌块以1万块为一批，不足1万块亦为一批，至少应抽检一组。必须具备出厂合格证，出厂检验报告，一年内的形式检验报告（含放射性检测结果）；多孔砖以5万块为一验收批。

蒸压加气混凝土砌块的规格、质量、强度等级应符合有关设计和规范的要求（表4-7～表4-11）。不得使用龄期不足、潮湿、破裂、不规整、表面被污染的砌块。蒸压加气混凝土砌块的龄期不小于28天。

蒸压加气混凝土砌块的抗压强度　　表4-7

强度等级	立方体抗压强度（MPa）	
	平均值不小于	单块最小值不小于
A5.0	5.0	4.0
A7.5	7.5	6.0

蒸压加气混凝土砌块的体积密度（kg/m²） 表 4-8

密度等级		B05	B06	B07
干体积密度	优等品（A）≤	500	600	700
	一等品（B）≤	530	630	730
	合格品（C）≤	550	650	750

蒸压加气混凝土砌块的干缩率（干燥收缩）、抗冻性和导热系数 **表 4-9**

体积密度级别			B05	B06	B07
干缩率（干燥收缩值）	标准法≤	mm/m	0.50		
	快速法≤		0.80		
导热系数（干态）（W/m·K）≤			0.14	0.16	—

注：1. 按规定采用标准法、快速法测定砌块干缩率（干燥收缩值），若测定结果发生矛盾不能判定时，则以标准法测定为准。
2. 用于墙体的砌块，允许不测导热系数。

蒸压加气混凝土砌块常用规格尺寸 **表 4-10**

砌块公称尺寸（mm）			砌块制作尺寸（mm）		
长度 L	宽度 B	高度 H	长度 L_1	宽度 B_1	高度 H_1
600	100 150 200 250	200 250	L-10	B	H-10
	120 180 240	300			

蒸压加气混凝土砌块的尺寸允许偏差和外观 **表 4-11**

项目			指标		
尺寸允许偏差（mm）	长度	L_1	优等品（A）	一等品（B）	合格品（C）
	宽度	B_1	±3	±4	±5
	高度	H_1	±2	±3	+3，−4
缺棱掉角	个数不多于（个）		0	1	2
	最大尺寸不得大于（mm）		0	70	70
	最小尺寸不得大于（mm）		0	30	30
平面弯曲不得大于（mm）			0	3	5
裂纹	条数，不多于（条）		0	1	2
	任一面上的裂纹长度不得大于裂纹方向尺寸的比例		0	1/3	1/2
	贯穿一棱二面的裂纹长度不得大于裂纹所在面的裂纹方向尺寸总和的		0	1/3	1/3
爆裂、黏膜和损坏深度不得大于（mm）			10	20	30
表面疏松、层裂			不允许		
表面油污			不允许		

2）砌筑砂浆的强度等级必须符合设计要求。

（1）砂浆须符合设计要求强度等级（M5、M10），及砌块种类对稠度的要求，由具有相应资质的试验室确定配合比。当砂的含水率发生变化时，应及时调整施工配合比；

（2）砌筑砂浆要具有高粘附性、良好的和易性、保水性和强度。蒸压加气混凝土砌块砌筑砂浆的密度不应大于1800kg/m^3，分层度不应大于20mm，粘结强度（剪切）不应小于0.2MPa，收缩率不应大于0.11%；

（3）砌筑砂浆的稠度应根据砌块类型、湿度和施工工艺通过试砌确定，蒸压加气混凝土砌块砌筑、砂浆的稠度宜为50～70mm；

（4）砌筑砂浆的凝结时间，应控制在3～4h；

（5）砌筑砂浆的保水性不宜小于60%；

（6）试配砂浆时，应按设计强度等级提高15%，以保证砂浆强度的平均值不低于设计强度等级；

（7）砌筑砂浆的品种必须符合设计要求，试块必须符合下列规定：

① 同一验收批砂浆试块抗压强度平均值必须大于等于$f_{m\cdot k}$；

② 同一验收批砂浆试块抗压强度的最小一组平均值必须大于或等于0.75$f_{m\cdot k}$；

③ 砌筑砂浆试块应随即取样制作，严禁同盘砂浆制作多组试块。每一检验批且不超过一个楼层或250m^{3}砌体所用的各种类型及强度等级的砌筑砂浆，应制作不少于一组试块，每组试块数量为6块。

3）砌块运输和堆放时，应轻吊轻放，砌块堆放场地应平整清洁、不积水；进场砌块应按品种、规格、强度等级及生产日期分别堆码整齐，堆码高度不宜超过2m，堆垛上应设有标志，堆垛间应留有通道。堆放场地应有防潮、防雨措施。

4）编制砌块砌体专项施工方案。方案中应明确不同砌筑材料施工质量控制要点。专项方案经批准通过后严格执行。方案中应编制砌块排列图，根据设计图纸，结合砌块的规格、尺寸等情况绘制砌体砌块排列图，经审核无误后按图砌筑。排列砌块应按照从上至下的顺序试排。

（1）砌块排列尽量不镶砖或少镶砖，必须镶砖时，应用整砖平砌，且尽量分散，镶砌砖的强度不应小于砌块强度等级。

（2）按设计图的门、窗、过梁、暗线、暗管等要求，在排列图上标明主砌块、辅助砌块、特殊砌块以及预埋件等。

（3）标明灰缝中应设拉结钢筋的部位。

（4）砌块墙体与结构构件位置有矛盾时，应先满足构件布置。

5）墙体砌块砌筑控制要点：

（1）按照已编制好的排列图，在所砌砌体两侧的混凝土墙柱上标出皮数及标高。

（2）砌筑时严格控制墙体平整度和垂直度，根据墙体厚度采取单面或双面挂线的砌筑方法；挂线时注意两头皮数杆标高要一致，较长的墙体中间应加吊点，以防由于线长出现塌腰的现象。砌筑时随时检查并校正墙体平整度和垂直度。并应错缝搭砌，蒸压加气混凝土砌块搭砌长度不应小于砌块长度的1/3，竖向通缝不应大于2皮。抽检数量：在检验批的标准间中抽查10%，且不少于3间。

（3）根据最下面第一皮砖的底标高，采用砌筑水泥砂浆或C15级细石混凝土找平。第一皮砌块下要满铺砂浆，砂浆厚度宜为15～30mm。

（4）砌块砌筑采用“一铲灰、一块砖、一揉压、一灌缝”的方法，先用大铲、灰刀进行分块铺灰，一次铺灰长度不宜超过 800mm，相邻砌块安装校正后，应立即用工具或夹板夹住进行灌缝灌浆。如需要移动已砌好的砌块，则应清除原有砂浆，重铺新砂浆砌筑。

（5）砌体灰缝应横平竖直，砂浆饱满（表 4-12）。砂浆灌入垂直缝后，随即进行灰缝的勒缝（原浆勾缝），勾缝深度为 1～3mm。

填充墙砌体的灰缝厚度和宽度应正确。空心砖砌体灰缝应为 8～12mm。蒸压加气混凝土砌块砌体的水平缝厚度及竖向灰缝宽度分别宜为 15mm 和 20mm。

抽检数量：在检验批的标准间中抽查 10%，且不少于 3 间。

填充墙砌体的砂浆饱满度及检验方法应符合表 4-12 的规定。

填充墙砌体的砂浆饱满度及检验方法　　表 4-12

砌体分类	灰缝	饱满度及要求	检验方法
空心砖砌体	水平	≥80%	采用百格网检查块材底面砂浆的粘结痕迹面积
	垂直	填满砂浆，无透明、瞎、假缝	
加气混凝土和轻骨料混凝土砌块砌体	水平	≥80%	
	垂直	≥80%	

抽检数量：每步架子不少于 3 处，且不少于 3 块。

（6）每层砌筑开始时，应从转角或定位砌块处开始向一侧进行，内外墙同时砌筑。砌块应缓慢垂直平稳下落，避免冲击已砌墙体，用人力推动或用小撬棍、瓦刀轻微撬动就位。每一砌块就位后应拉线，用靠尺板校正水平和垂直度，如有偏差，用木锤轻轻敲击纠正。

（7）某工程规定当隔墙长度大于 5m（墙顶与梁不设置拉接筋时）时应设置构造柱，使墙长不超过 4m（轻质砌块不超过 3m）。当墙长超过层高 2 倍时也应设置构造柱。构造柱应在砌完一个楼层高度后连续分层浇筑，混凝土坍落度应不小于 90mm，每浇筑 400～500mm 高度应捣实一次。浇筑前应先清除孔洞内的砂浆等杂物，用水冲洗，并注入适量与构造柱混凝土相同的水泥砂浆，待砌筑砂浆强度大于 1MPa 时，方可浇筑。

构造柱设置要求砌体先退后进留马牙槎，宽高同墙厚，纵筋锚入上下梁内，构造柱配筋主筋 4ϕ12，箍筋 ϕ6@200，上下端 400mm 范围内加密至 100mm，在构造柱处墙体内应按照要求留设拉结筋。

拉结筋预留按照大于 250mm 厚的墙体设置 3 根，其余小于 250mm 的墙体均留两根 2ϕ6，两根钢筋的间距大于 60mm 并居中布置，一般拉结筋长度 1000mm，上下间距 500mm，墙长小于 1000mm 的按照墙长考虑，转角或内外墙交接处的拉结筋应弯成 90°分别锚入墙体 500mm 以上，同时构造柱两侧的墙体内应在构造柱中放置拉墙筋，拉结筋的自由端应有弯勾，拉结筋的做法参照设计要求预埋或用膨胀螺栓后焊接的办法或植筋；

（8）门、窗安装前，将预制好埋有木砖的砌块或细石混凝土块砌入轻质砌块，按洞口高度 2m 以内每边三块，洞口高度大于 2m 时，间距按照 600mm 设置于洞口两侧。安装木门、窗框时，用手电钻在边框预先钻出钉孔，然后用钉子将木框与混凝土内预埋木砖钉牢；安装钢门、窗框时，将门框与预埋铁件焊牢。

（9）砌块每次砌筑高度应控制在 1.5m 或一步脚手架高度，应待前次砌筑砂浆终凝后，再继续砌筑，日砌高度不宜超过 2.8m。

（10）砌体砌至接近梁、板底时，预留 200mm 左右的空隙，待砌体砌筑完毕至少间隔 7d 后再将其补砌顶紧。补砌顶紧采用配套砌块斜顶砌筑，砌块斜砌角度约为 60°。补砌时，对双侧竖缝用高强度等级水泥砂浆嵌填密实（图 4-18（*a*））；当隔墙长度大于 5m 时，墙顶与梁应拉接（图 4-18（*b*））。砌体顶部的砌筑方法如图 4-19、图 4-20 所示。

抽检数量：每检验批抽 10％填充墙片（每两柱间的填充墙为一墙片），且不应少于 3 片墙。

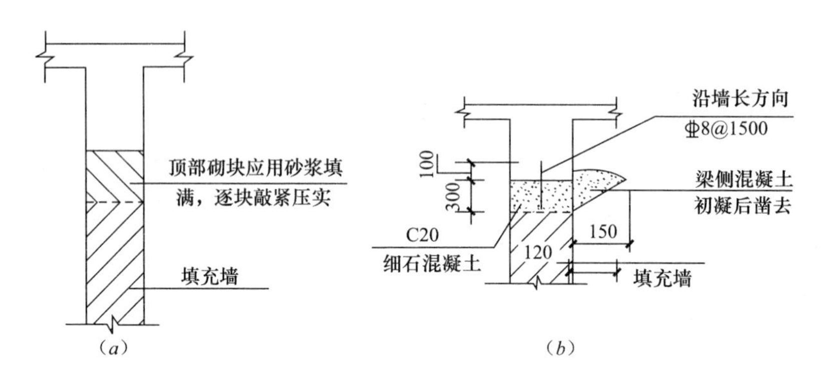

图 4-18　节点大样图（一）

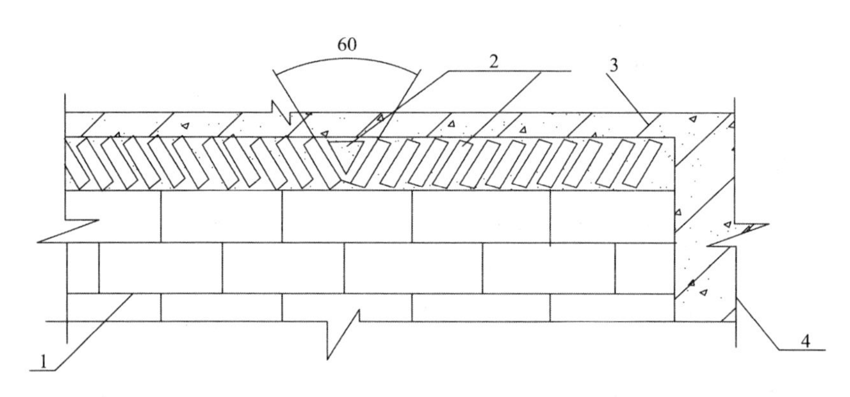

图 4-19　砌体顶部斜顶砌筑中部部位

1——主规格砌体；2——配套砌块；3——混凝土梁、板；4——混凝土墙、柱

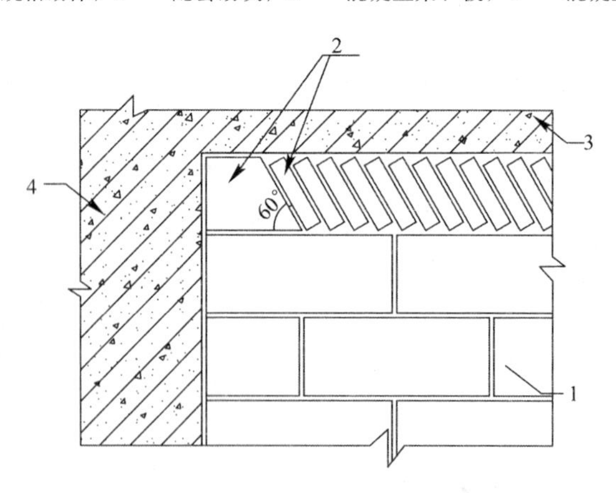

图 4-20　砌体顶部斜顶砌筑端部

1——主规格砌体；2——配套砌块；3——混凝土梁、板；4——混凝土墙、柱

（11）某工程规定当墙高超过 4m（轻质砌块隔墙任何墙高）在墙体半高或门顶、窗底处宜设与柱连接且沿墙全长贯通的钢筋混凝土水平系梁。楼梯间非承重墙两端必须与框架柱或构造柱连接，沿墙高每隔 500mm 设 2ϕ6 拉接筋贯通隔墙全长，锚入柱内 35d，并应采用钢丝网水泥砂浆面层加强（图 4-21）。

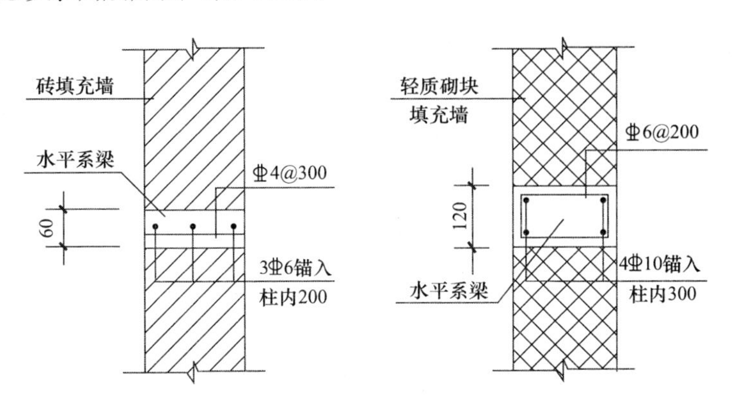

图 4-21 节点大样图（二）

6）填充墙砌体一般尺寸的允许偏差应符合表 4-13 的规定。

填充墙砌体一般尺寸的允许偏差 **表 4-13**

项次	项目		允许偏差（mm）	检验方法
1	轴线位移		10	用尺检查
	垂直度	小于或等于 3m	5	用 2m 托线板或吊线、尺检查
		大于 3m	10	
2	表面平整度		8	用 2m 靠尺和楔形塞尺检查
3	门、窗洞口高、宽（后塞口）		±5	用尺检查
4	外墙上、下窗口偏移		20	用经纬仪或吊线检查

抽检数量：表 4-13 中 1、2 项，在检验批的标准间中随机抽查 10%，但不应少于 3 间；大面积房间和楼道按两个轴线或每 10 延长米按一标准间计数。每间检验不应少于 3 处。对表 4-13 中 3、4 项，在检验批中抽检 10%，且不应少于 5 处。

7）砌体抗震加固措施

砌体抗震加固参照设计图纸的节点大样加以处理，其要点如下：

（1）构造柱的设置。

（2）墙体内设置拉结筋。

（3）内墙的中部应增设与墙体同宽厚的混凝土腰梁。

（4）所有门、窗洞口应采用钢筋混凝土框加强（除外墙）。

8）在该分项工程施工前，要求施工单位编制砌体分项工程施工方案，监理在审查该方案时，应对上述 1)～7) 项控制内容进行全面落实，并要求施工单位必须采取相应措施。以确保工程施工质量。

9）由专业监理工程师完成对砌体工程的验收，并办理签认手续。同时将验收结论填入表中，以便进行统计分析，给出对砌体工程施工质量的总体评价。

4.3 劲钢（管）混凝土结构质量控制要点

4.3.1 劲钢混凝土结构质量控制要点

4.3.1.1 工程概况

邮政通信指挥中心地上17层，其劲钢混凝土结构位于12～17层的2～8轴间，17层顶面以上为钢桁架，桁架高度为6m，用钢量100余吨。C轴和D轴线上二榀为主桁架，支承于2～4轴和7～8轴中筒（电梯井）四个角设置的劲钢柱上（图4-22）；4轴和6轴上二榀为次桁架，支承在主桁架上（图4-23）。主、次桁架交会处和次桁架与B、C轴、E轴交会处设置悬挂劲钢柱，劲钢柱悬挂在劲钢桁架上。位于12～17层的3～7轴间各层楼面劲钢主次梁支承在悬挂劲钢柱上（图4-24），用钢量近200t。劲钢总计用钢量300余吨。劲钢构件四周设计配扎钢筋（图4-25）后浇筑混凝土。施工时在3～7轴间自第4层楼起至第12层楼面高度内搭设满堂钢脚手架，用于支承第12层楼面劲钢梁的安装、绑扎钢筋、立模、浇筑混凝土。从12～17层楼面劲钢梁安装后，均用专项设计，以锚固于两侧中筒柱上的预应力斜拉索（图4-26）支托3～7轴间劲钢混凝土结构的重量，待劲钢桁架施工结束后其混凝土达到设计要求时才能进行受力机制转换，即将楼面重量全部转至劲钢桁架承担。此时，专项设计的预应力斜拉索完成历史任务，进行拆除。监理工作是针对上述工程情况作出了以下步骤。

(*a*)

(*b*)

图4-22 桁架支承在井筒墙内的钢柱上

图4-23 次桁架支承在主桁架上

图4-24 主次梁支承在悬挂劲钢柱上

图 4-25 劲钢构件四周设计配扎钢筋

（*a*）

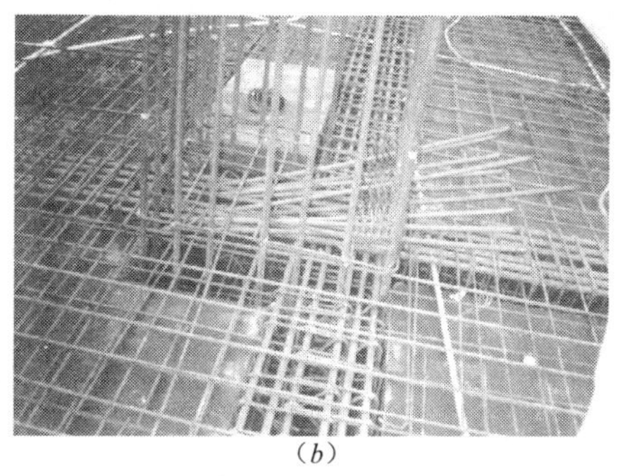

（*b*）

图 4-26 锚固于两侧中筒柱上的预应力斜拉索

4.3.1.2 劲钢结构加工及安装前的质量监理要点

（1）在劲钢结构加工前应首先熟悉分解图纸，对钢骨施工图纸监理部内部先行进行分解、熟悉、消化。对关键节点、挂柱、连接副、桁架等图纸，监理部要进行深化理解和认识，并将各注意事项和施工说明重点拿出来分解上墙，进行内部培训，使专业监理人员都充分理解设计意图和落实监理要点。并做好参与图纸交底、会审的准备工作。

（2）参与劲钢结构分部的专项图纸会审，并提出监理对设计图纸的意见。

（3）审查施工方案，提出监理的审查意见。在某项目中，监理针对施工方案中的不足部分和关键点提出如下意见：钢骨结构的制作与安装要设专门机构，机构中有关人员要落实，并责任到人；在总体工艺流程图中，对悬挂劲钢柱受力转换时，监理要求参建各方事前组织一次中间检查验收，经验收合格后，方能放松专项设计的预应力斜拉索，以确保劲钢柱受力转换后的绝对安全可靠；在钢骨柱的制作和安装工艺流程中，监理要求在每层钢柱制作中要做好编号和标识，以便构件到现场时可对照各层次、轴线对号入座；在钢骨制作过程中，总包对分包的质量检验要总包制定实施细则报监理备查；构件进入现场后，必须经监理验收合格才能安装，有关监理检查验收的实施细则将发给施工和建设单位；钢骨结构的运输，要采取有力的加固措施，以确保钢骨结构（特殊结点）在运输中的安全；在重点、难点部位的措施中，应补充对钢骨桁架的制作、运输、吊装等方面的措施，因这是该项工作的重中之重；对电焊工、气焊工、起重工、机械操作工等特殊工种人员，必须持证上岗，并将上岗证报监理备案；质量保证体系中的质检员要落实、水平较高，并将名单报监理备案；安全施工方面要落实有责任心的人负责，并将名单报监理备案。

（4）严格进场材料的见证取样。监理要求施工单位在工程用钢进场后，必须待监理现场取样送检合格方可进行加工。取样采用去加工现场取样，取样内容包括工程上所需加工钢材、加工用的机焊条、手工焊条、栓钉等。对机焊条和手工焊条在有相应质保材料证明情况下再抽样加检理化试验。

（5）钢骨加工前，监理对施工单位预算所提出的钢骨加工分解图进行复核，监理复核后，要求承包单位将分解加工图送至原设计单位由原设计人员审核批准后方可进行加工。

（6）钢骨加工过程中，在构件出厂之前，监理人员还须进厂进行检验，检验内容包括：所加工钢骨的几何尺寸、焊接情况、钢骨表面喷砂处理情况、厂内加工超声波自检情况等是否符合设计和规范要求。检查各项指标合格后方可起运出厂。

（7）构件运至现场安装前，监理对运至现场的构件进行再次复验，复查运输至现场的构件变形和栓钉情况，同时对现场施工人员进行安装前的技术交底和安全交底，提出相应的技术要求和安全要求，对现场焊接人员进行现场焊接考核和资质核验，对连接副和高强度螺栓进行现场取样送检，某项目连接副的抗滑移系数设计要求是不小于 0.45，试验结果均值是 0.52，送检的高强度螺栓连接副预拉力复验，预拉力标准差：$\sigma_P=0.98$，试验预拉力平均值：$P=205$kN，结论均符合设计及规范要求，M22 扭剪型高强度螺栓紧固预拉力为 191～231kN（《钢结构工程施工质量验收规范》GB 50205—2001）。

高强度螺栓连接副试验和高强度螺栓连接副摩擦面抗滑移系数试验结果数值分析如图 4-27、图 4-28 所示：

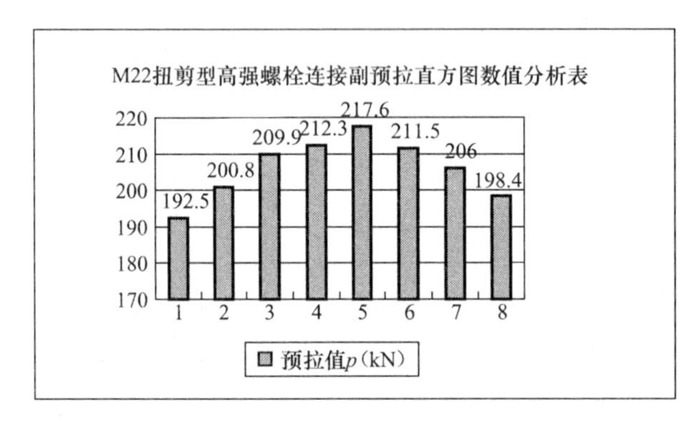

图 4-27　高强度螺栓紧固预拉力

注：Y 轴表示预拉数值；X 轴表示所提供同组试件数。

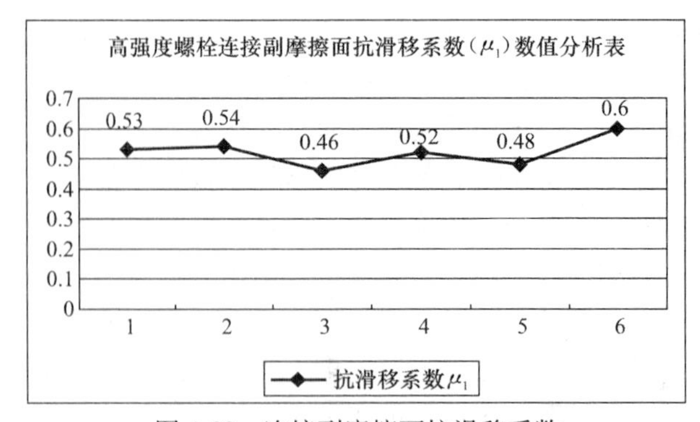

图 4-28　连接副摩擦面抗滑移系数

注：Y 轴表示滑移数值；X 轴表示所提供样件组数。

4.3.1.3 劲钢结构现场安装过程的质量监理要点

（1）进入正式安装前监理对施工单位所提交的轴线及高程进行复验，合格后再次进行安装前技术交底。交底时，要强调在各焊接缝间必须进行坡口处理；现场矫正时要控制好矫正温度；禁止用高强螺栓代替临时螺栓做穿插用；对连接副板及腹板的面要进行二次清理后才能进行螺栓穿插；严禁不规范吊装。

（2）所有焊缝坡口按规范和设计要求必须进行铣口或打磨，未经铣口或打磨过的坡口不得进行焊接。

（3）在现场安装过程中，由于安装误差，需要对构件进行必要的矫正。规范规定：碳素合金钢和低碳合金钢在加热矫正时，加热温度不应超过 900℃。同时设计图纸也要求所有翼缘板不得高温烘烤矫正。

（4）在高强螺栓连接副部位，对高强螺栓的紧固不得一次性紧固到位。经各标高、轴线复核无误，本层焊接全部完成，且经超声波检测合格后，才能进行高强螺栓终拧。终拧采用机械定力工具紧固，且安排专人负责操作。紧固顺序：由内芯环绕、对称向外紧固。并要求每次紧固前对每对连接副的高强螺栓按由内向外对称的原则编号，按号紧固。紧固编号如图 4-29 所示。

33	21	9	10	22	34
29	17	5	6	18	30
25	13	1	2	14	26
27	15	3	4	16	28
31	19	7	8	20	32
35	23	11	12	24	36

图 4-29　连接副上高强螺栓的紧固顺序编号

（5）由于劲钢结构的安装顺序是先行完成第十二层楼面的钢骨主、次梁和柱的安装，后按专项施工设计要求，对第十二层楼面的劲钢结构使用预应力钢绞索吊挂，所施加的预应力致使十二层劲钢结构楼面整体抬高 40mm。必须在安装过程中对整个钢骨体系的各部位的参数进行重新校核。当钢骨体系的安装全部完毕，并完成钢骨柱的应力转换，各层混凝土浇筑结束并达到设计强度后，原先整体抬高的 40mm 已恢复原位，以确保这样的变位不会造成后期混凝土的裂缝。上述工作完成后，十三至十七层钢骨梁、柱，随 A、B 两个中筒（电梯井）施工进行拼装、焊接逐层向上安装。监理同时按已批准的“钢骨结构监理实施细则”进行监理。重点控制各层次的挂柱垂直度，楼面梁架的水平度、轴线及高程传递，高强度螺栓连接副的紧固和焊接检测；并按每层为一个检验批，实时作好工序报验和平行检验记录，确保钢骨结构在进入最后钢骨桁架拼装时误差减小到最小量，使钢骨桁架拼装一次性完成。

（6）钢骨桁架的拼装，由于某工程设计的钢骨桁架总用钢量约 100 余吨，钢骨桁架的外形尺寸和重量超过了公路运输和工地垂直运输塔吊的能力（现场塔吊 80t/m，起重量到 C 轴线位置时约 2.8～3t，到 D 轴线位置时起重量更小）。而桁架部分十字组合节点，预拼装后计算最小重量超过了 4t，其高度尺寸也超过交通部门的规定：高不超过 4.5m，宽不超过 3.5m 强制性规定范围。因此，承包单位提出了分解拼桁架方案，该方案由监理、业主、设计院、东大的部分专家进行了充分讨论，原则上同意按该方案施工，同时提出了由于分解所带来的风险及对策。即由于在生产厂内无法进行预拼装，到现场拼装有可能由于焊接产生的变形而造成构件报废。针对该问题，决定采用现场手工焊接试验，以落实同条件下的构件焊接变形和收缩量的实际参数。在监理现场督促下，取同质量的Q345C25mm×400mm×300mm两块钢板，用手工现场进行对拼焊接。焊接前监理用钢板尺、划针在钢板上刻划出两板间的标准间距以供焊接完毕后比较其收缩量。焊接完毕，经自然冷却后，再量原间距，得出收缩量为3mm。随后将该试块裁成三块标准试件，加工后送至试验室进行必要试验。Q345C三组试件抽样送检数据：断口距离：200mm，断裂特性：塑性，其结果符合规范要求。

（7）钢骨桁架拼装过程中，监理全过程跟班旁站，对现场的每道工序安装过程进行即时复核、记录，特别是钢桁架的各节点、桁架梁的水平度、垂直度、拼装间距进行严格控制。由于未进行厂内预拼装，所以现场预拼装时采取了减小各焊接点坡口的间距（设计要求为3mm，实际为1mm）。按预定要求对桁架的所有节点和各连接部位的连接副的高强度螺栓均不得紧固，待所有节点、杆件预拼装完成后即对各几何尺寸对角线进行测量复核，并做好记录。当桁架预拼装无问题并通过设计院相关设计人员认可后，即进行焊接。焊接过程中钢桁架各节点与杆件的焊接全部按预控方案要求，采用双面对焊的方式以控制和减小变形量。安装焊接采用中间向两侧推移的方式，以求得消除焊接收缩变形的消化和纠正。全部焊接完成后，监理再对各部位原测量过的几何尺寸进行二次复测，最后进行连接副的高强度螺栓紧固。从最终测得的数值比较看，几何尺寸最大变形量约5mm，挂柱垂直偏差小于15mm。完全达到了设计的要求。

图4-30即为钢骨桁架预拼装后和焊接完成后的各部位几何尺寸两次测量的数据分析对比，从图中不难看出预拼装后的数据线基本上被焊接后再次测量的数据线所覆盖，两条曲线基本吻合，说明整个钢骨桁架从预拼装到全面焊接完成的过程中，预控在先，控制到位，达到了设计预想的目的。同时也说明有效地克服了由于焊接造成钢骨变形的不利影响。使整个钢骨桁架的安装质量达到了设计和规范要求。

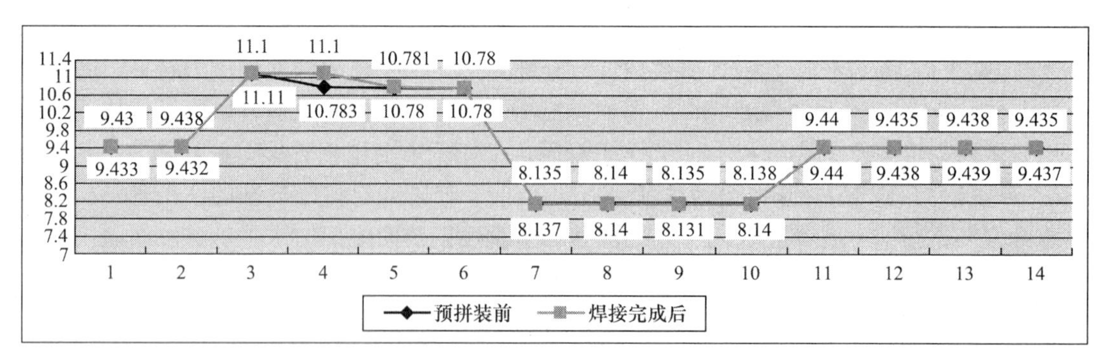

图4-30　钢桁架焊接前后两次测量其几何尺寸的比较

注：图中Y轴表示测量单位数值m；X轴表示桁架几何尺寸测量组数。

4.3.1.4　钢骨结构检验和检测的质量监理要点及质量控制流程

某工程钢骨构件的生产、运输、安装、焊接等环节的检验检测分以下几个步骤和过程：

1）厂内加工的钢骨构件由生产厂和施工单位负责，监理在钢骨构件加工过程中，按预先对检验批的设定，先后7次到加工厂，对出厂前钢骨构件批次预检，检查内容：依据设计图纸和规范检查构件的几何尺寸和焊接情况，检查生产厂委托上海锅炉检测所对构件进行超声波检测的情况报告，经检查认为全部合格后才能同意发运。

2）构件运至现场后再由专业监理工程师进行二次复核性检验。检验内容：除核对所有出厂证明文件外；再进行一次几何尺寸的复查，重点放在运输过程中有无外力造成的变形和损坏；经确认后通知承包单位进行吊装。

3）吊装完成后，进行现场焊接。所有属于设计要求的一级焊缝部位，均由施工单位进行超声波自检测。其检测量为所有现场焊接的一级焊缝。自检过程由监理旁站监督，并做好相应记录。

4）在施工单位自检的基础上，再由业主委托的第三方抽样检测。第三方抽检由省检测中心负责，主要是对钢桁架部位和钢骨挂柱等关键部位抽检20%。第三方抽检方案由专业监理审核同意后执行。检测过程同样有监理到场全程监督，同时对检验全过程做好监理记录。

综上所述，钢骨结构的施工，要想达到设计和施工规范的要求，钢骨结构的制作与安装必须做到：

（1）钢骨结构制作阶段要控制好六个环节：即按照钢骨结构的设计图纸做好对钢骨加工分解图的复核；对钢材、焊条的取样检测；对下料后钢骨件几何尺寸的检验；对焊缝质量的检验；对钢骨表面喷砂除锈处理的检验；厂内制作拼装检验。

（2）钢骨结构安装阶段要控制好八个环节：即对连接副和高强螺栓进行现场取样送检；对焊工进行现场技术考核，并将其考核焊缝（件）送检，以考核其能否上岗作业；对钢骨安装位置的轴线和标高进行复验；控制好钢骨件的水平度、垂直度和拼装间距；按预定方案控制好钢骨桁架的现场拼装及拼装后对桁架各杆件几何尺寸和对角线长度的复验；控制好杆件与各节点间焊接的焊接变形，为此，按预定方案要求部分采用双面对焊的方式以控制和减少焊接变形量，且焊接顺序采用由中间向两侧推移的方式进行。待焊接工作全部完成后，监理人员再次复测桁架的几何尺寸，并与焊接前的几何尺寸相比较（本工程比较结果：桁架几何尺寸最大变形量为5mm，挂柱垂直偏差小于15mm，符合规范要求），合格后，最后进行连接副的高强螺栓的紧固，紧固时应按预定的顺序由连接副的中间向四周辐射进行；把好现场焊接焊缝检验质量关，在现场焊接的全部一级焊缝均由承包单位进行施工，100%的超声波检测，检测时由监理旁站监督。经自检合格后，由业主委托第三方（具有资质的检测单位）抽检20%焊缝，最后再由市质检部门抽检5%的焊缝。

钢骨结构中通过对各种数据的综合分析，确保了钢骨结构子分部质量验收的一次性通过。

钢骨结构质量控制流程图如图4-31所示。

4.3.2 钢管混凝土结构质量监理要点

4.3.2.1 工程概况

电信生产楼地上28层，地下2层，总高度108m，总面积28442m^2，框筒结构，框架柱全部采用钢管混凝土结构。本工程由××年8月1日开始施工至××年1月5日完工，历时4个月。这在当时的工程所在地南京，大面积采用钢管混凝土柱作为框架的也是首例。钢管混凝土柱的布局：从负1层开始至第7层、每层为13根，第8层至第25层、

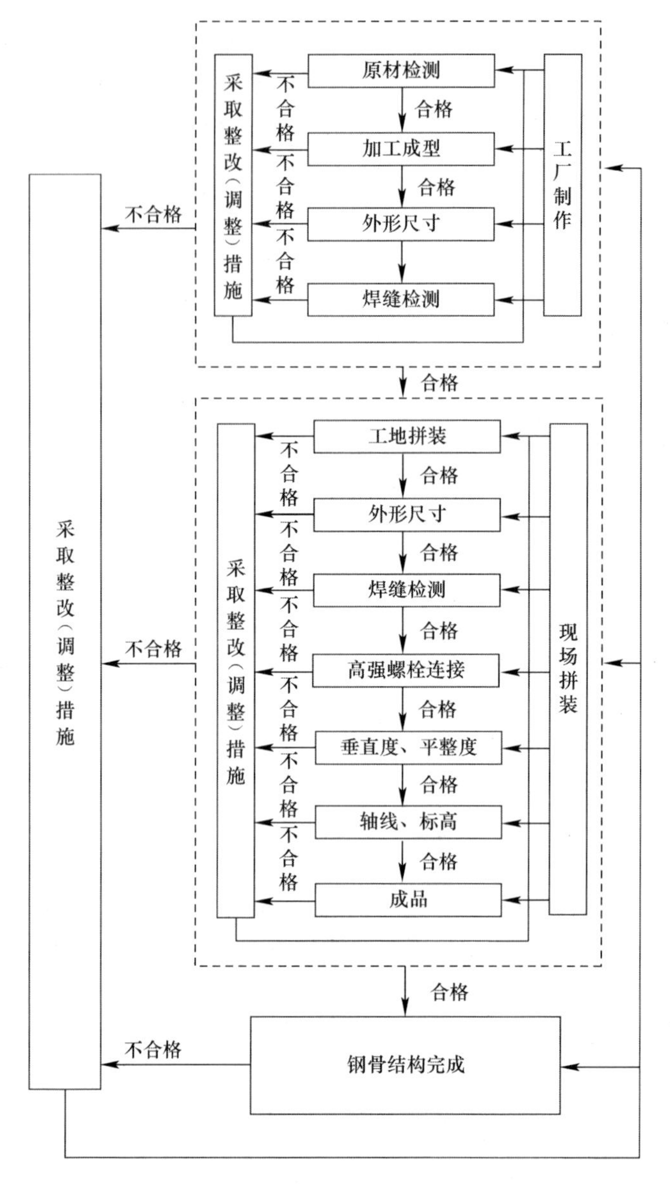

图 4-31　钢骨结构质量控制流程图

每层 12 根，第 26 层为 4 根。钢管混凝土柱直径：边柱为 800mm，中柱为 850mm。钢管壁厚：第 11 层以下为 14mm，第 12 层至 21 层为 12mm，第 22 层以上为 10mm。柱中混凝土等级为 C40。

图 4-32 为楼层钢管柱全部安装完后的情景。

4.3.2.2　钢管柱的制作质量监理要点

为方便钢管柱的制作与安装，钢管柱采取以楼层分节制作，每节长度为 3.6～4.8m 不等，标准层为 3.6m。每节上、下端分别有 12mm 厚、100mm 宽的环形封顶板与 3mm 厚、50mm 高的内衬管。钢管柱的卷制与各部件的制作在工厂内进行，经监理检验合格后，方能运往工地现场安装。

监理检验要点：

(a)

(b)

图 4-32 钢管柱安装后的情景

（1）材质检测

抽样检测钢管材质，待抽样检测合格，方能用于制作、焊条质量的检查等。

（2）按技术规范要求检查

① 钢管对口错边量：竖、环缝≤0.1δ（δ 为钢管壁厚），且≤2mm；钢管垂直度≤L/1000（L 为管长）；

② 钢管椭圆度≤3/1000mm；竖缝与水平焊缝达到二级焊缝要求，并进行超声波探伤检测；

③ 竖向焊缝在同一截面内不得多于 2 条，焊缝间距大于 200mm，上下 T 字缝错开，间距大于 30mm。

（3）钢管柱几何尺寸的检测

每层钢管柱进场前，监理根据安装层的层高和所需钢管柱的直径分别对钢管柱的几何尺寸进行检测，并做好记录。检测内容包括：钢管长度、直径、壁厚、承重销（钢牛腿）的标高和几何尺寸。承重销的标高：承重销的上口低于建筑楼面标高 125mm，以确保梁的上部钢筋搁置在承重销上（图 4-33）和确保楼面的保护层厚度。另加楼面标高以上 1000mm 作为钢管柱纵向焊接接头的设置位置。承重销的下口高于梁底面标高 75mm，以确保梁的下部钢筋从销下通过和确保保护层的厚度。承重销的几何尺寸：承重销由厚 20mm 的钢板焊成“工”字状，按纵、横轴线“十”字状穿过钢管柱，并与钢管壁内外焊接，销伸出柱壁外 190～465mm 不等，如图 4-33 所示。

图 4-33 钢柱与双梁抱柱的连接

4.3.2.3 钢管柱的安装质量监理要点

钢管柱采用现场施工用的 QZ80A 塔吊吊装，吊绳锁定在钢销位置后扶正起吊安装。第一节钢管柱位于负一层，使用钢管柱脚上的钢靴与埋设在地下室楼板上的地脚螺栓连接，钢管外由钢筋混凝土柱包裹，钢管柱长度伸出第一层楼面 1000mm，以作为与第一层柱安装时的接口位置，如图 4-34 所示。第一层以上柱的安装均采用相同方法。即用塔吊将上节柱吊起后对准下节柱位置缓缓地放下，对照上、下节柱在制作时标识的冲眼位置就位。后利用定位钢板配顶拉丝杆调整柱安装中的偏位（图 4-35）。并及时对接口焊接（图 4-36），焊接完后，割除定位钢板，并将焊缝打磨平整。安装后的钢管柱在尚未安装上一层楼楼面模板前，应用支撑临时加固保护。

图 4-34　负一层钢管柱埋入钢筋混凝土柱中的情景

图 4-35　调整柱安装中的偏位

图 4-36　对上下节柱进行焊接

监理检验要点：

（1）钢管柱的垂直度检测：

使用两台经纬仪分别安置在纵横轴线上，为方便观测，柱的安装顺序可先从边角柱开始，要求测量监理工程师对每根柱的垂直度进行复测，并使用专用表式记录纵横轴线（X、Y 两个方向）上的左右偏差值。技术要求垂直度≤$H/1000$（H 为柱高）且不大于 15mm。本层的偏差值要求在安装再上一层柱时进行反方向调整。以确保同一位置上的柱其垂直度偏差在允许范围内。本工程钢管柱的垂直度检测数据如表 4-14 所示。

钢管柱垂直度偏差检测记录表　　**表 4-14**

层次	柱高 \ 点号 偏差值	E-2		B-3		E-4		E-5		D-4		D-5		C-4		C-5		B-2		B-3		B-4		B-5		B-6	
		X	Y	X	Y	X	Y	X	Y	X	Y	X	Y	X	Y	X	Y	X	Y	X	Y	X	Y	X	Y	X	Y
		+	−	+	−	+	−	+	−	+	−	+	−	+	−	+	−	+	−	+	−	+	−	+	−	+	−
1	5.5	3	3	5	4	4	3	1	4	2	2	2	0	3	3	4	2	3	2	4	5	1	1	5	3	2	0
2	5.0	5	4	2	2	2	3	3	1	1	4	4	2	2	5	3	3	2	5	3	3	3	3	3	4	4	2
3	5.0	3	2	2	4	1	1	3	1	4	3	1	1	3	2	1	4	2	3	2	3	3	4	4	3	1	4
4	5.8	5	1	1	2	1	1	2	1	4	1	4	1	2	3	1	4	2	3	2	3	3	4	4	3	1	4
5	5.0	4	3	5	3	4	3	5	3	4	4	2	3	3	2	2	3	2	1	2	1	4	2	4	1	2	3
6	5.0	2	1	3	2	1	1	5	3	1	3	1	4	2	3	2	4	4	3	4	2	4	2	1	1	5	2
7	5.0	5	5	3	5	3	4	1	5	1	1	5	2	3	1	1	2			2	3	2	4	1	3	4	3
8	5.0	4	2	1	2	4	2	3	1	4	2	3	1	1	5	2	5			1	3	2	5	3	4	2	2
9	5.0	5	3	4	2	4	2	2	3	2	1	1	3	4	2	2	2			1	5	3	1	1	5	2	3
10	5.0	3	3	3	1	1	1	2	1	1	4	3	3	4	1	2	1			4	3	2	1	2	1	2	1
11	4.6	3	4	2	3	2	3	1	4	3	2	2	1	1	0	5	4			2	1	5	2	3	2	2	1

续表

层次	层柱高 \ 偏差值 \ 点号	E-2		B-3		E-4		E-5		D-4		D-5		C-4		C-5		B-2		B-3		B-4		B-5		B-6	
		X	Y	X	Y	X	Y	X	Y	X	Y	X	Y	X	Y	X	Y	X	Y	X	Y	X	Y	X	Y	X	Y
		+	−	+	−	+	−	+	−	+	−	+	−	+	−	+	−	+	−	+	−	+	−	+	−	+	−
12	4.6	4	3	4	2	3	4	2	1	2	3	1	3	4	2	2	2			2	1	3	2	3	3	1	2
13	4.6	1	1	2	2	2	4	4	3	2	0	1	3	3	2	2	2			4	1	3	4	4	2	1	3
14	4.6	1	3	2	1	3	2	1	2	0	2	3	2	2	4	0	3			1	4	2	2	1	3	4	2
15	4.6	4	2	2	2	2	4	3	0	2	2	2	1	1	4	1	1			2	3	2	3	1	2	4	1
16	4.6	4	1	4	1	2	4	1	1	2	2	2	3	1	2	1	2			1	2	2	3	3	4	4	2
17	4.6	2	2	1	4	2	3	2	2	1	2	2	0	2	1	1	2			4	1	4	1	4	2	3	4
18	4.6	1	4	1	2	2	3	3	1	1	2	3	2	1	1	2	2			1	1	2	1	3	2	3	3
19	4.6	2	2	1	2	0	1	2	2	2	1	2	1	1	1	1	1			1	2	1	2	1	1	2	1
20	4.6	2	3	2	1	2	1	2	2	1	3	2	3	2	2	1	2			2	3	2	3	1	2	2	2
21	4.6	2	3	2	2	1	0	1	3	1	4	1	3	2	2	2	1			1	1	1	0	3	0	1	1
22	4.6	3	1	2	2	3	1	1	0	0	2	1	4	2	1	3	2			2	2	2	1	2	2	3	1
23	4.6	4	2	3	1	4	1	2	0	2	1	0	1	3	2	1	1			2	3	4	1	2	1	4	3
24	4.6	3	1	1	4	2	3	1	3	2	2	1	1	3	1	3	0			2	3	2	2	2	3	3	1
25	4.6	1	2	2	2	3	1	1	3	1	2	1	1	3	3	1	3			1	2	2	2	1	1	1	1
26	2.8									2	2	2	1	1	2	1	2										
27																											
28																											

注：钢管柱垂直度安装测量的允许偏差为 $H/1000$。H 为钢管柱垂直部分的长度（mm），偏差值单位为 mm，层高单位为 m。

（2）柱顶和承重销标高的检测

安装后的柱顶标高和承重销标高检测时要求做好记录，以便安装梁底模板时进行调整。技术要求柱顶面不平整度≤5mm。

（3）柱安装后的中心线与 X、Y 方向轴线偏差的检测

要求将检测结果做好记录，其允许偏差为±5mm。

（4）检验柱对接焊缝的质量

由焊接监理工程师对焊缝的外观进行全面检查，检查中发现不合格的要求施工单位及时整改；同时由另行委托的测试单位对焊缝进行超声波抽测，如图 4-37 所示。

图 4-37　对柱接口焊缝进行检测

（5）对安装后的钢管柱表面进行除锈、刷漆检查

钢管安装后在刷防锈漆之前必须将柱表面后生的锈除尽，钢管混凝土柱在未装修前应刷二道防锈漆。

4.3.2.4　钢管柱内混凝土的浇筑质量监理要点

钢管柱中混凝土的等级为 C40，混凝土浇筑时，一要确保混凝土强度达到设计要求的等级；二要确保所浇筑的混凝土密实度要好，与钢管壁之间无缝隙。

监理检验要点：

（1）严格控制原材料质量。

本工程采用商品混凝土，要求砂、石级配好，含泥量少；水泥用量为402kg/m³的525PS水泥；水灰比0.4；另掺8%的JM-3微膨胀剂；坍落度控制在120～140mm之间。

（2）严格控制混凝土一次浇筑量。

每一吊斗（1m³）分三根柱轮流下料，下料时对准钢管柱中间，防止混凝土离析。最后一次混凝土量浇至离柱顶300mm处为止。留出部分作为上一节柱的混凝土榫，以增加钢管柱焊接接口处的水平剪切强度。

（3）严格控制每层混凝土振动器的插点位置和振动时间。

插点位置按承重销的分格定为四个点，每点振动时间为30s左右，视混凝土表面无气泡溢出、表面不再显著下沉为止。防止振动时间过长而混凝土离析。每根柱浇筑完毕，待混凝土硬化后，应将其表面浮浆清除，并灌水养护。

（4）对钢管内混凝土测缺，如图4-38，图4-39。

用小锤轻击普查：混凝土浇筑一周后，监理人员用小锤在管柱表面全面的轻击普查，通过回声判断钢管壁与混凝土间结合是否良好，有否空鼓，并在其钢管表面做好标识，同时做好记录。

用超声波探伤，合同要求抽测20%。本工程每层抽测3根。检测其管壁与混凝土的结合状况，并以彩图描述管壁与混凝土的结合状况，做好记录存档。

图4-38　将探头放在钢柱测点上

图4-39　用仪器进行空缺检测

4.4　主体结构工程测量控制

4.4.1　主体结构轴线控制

主体结构轴线的引入应该是从建筑物定位放线时所使用的轴线控制点传递过来的。在高层建筑中，地下室顶板以下作为地基基础分部工程中的轴线控制。它的起始点是从桩基工程竣工验收时，由桩基施工承包单位会同监理人员向土建施工单位移交时所标定的位置。土建施工单位在进行地下室施工时，就以交接时的起始轴线位置为准，进行地下室轴线的定位放线。当土建施工单位进入±0.000以上主体结构施工时，土建施工单位应将建筑物的纵向轴线和横向轴线引入地下室顶板面上，每个方向一般引入三条，即纵、横轴线的两头和中间分别各引入一条。每条引入时，一般不引在真正的轴线位置，而是离真正轴线一侧1000mm处。而真正的轴线是根据这一米线再定位放线的。楼层间轴线的传递方法有多种，当施工现场宽敞时，可用经纬仪直接投影；当施工现场狭窄时，从建筑物外用经纬仪投影没有场地，所以只能在建筑物内部想办法，一般采取在建筑物纵、横两头纵、横轴线的1m线交汇处和建筑物纵、横中间轴线的1m线与纵、横边轴线的1m线交汇处，各在楼面模板上预留一个200mm×200mm的洞，共留设九个洞。今后上层楼面的轴线就是通过这些洞口利用大垂球吊线，将下层轴线引到上层。这样的轴线传递方法还是很精确的。因为在轴线上引时，可以先用几个洞进行，另几个洞上引时用以校核。整个轴线传递过程和定位放线，主管测量的监理工程师必须旁站监理。当每一层轴线放线完成后，施工单位必须书面报监理工程师验收，合格后办理签认手续。整个建筑物的轴线放线与验收应建立台账存档。

4.4.2　主体结构标高控制

主体结构的标高控制，施工单位依据±0.000点位置（土建工程施工开始前，施工单位应将±0.000点引测在建筑物周边稳固的建筑物或构筑物上，可以在多处设置，以便使用）引测到地下室结构上或首层主体结构的柱子上（根据现场±0.000点的位置而定）。在上层楼面的主梁底板立模板时，根据楼层层高由±0.000点位置利用精制钢尺量测到上层楼面设计标高以上+500mm或+1000mm的柱子钢筋上，并用白漆做标志，并以此标志用水准仪或全站仪对上层楼面立模或楼面混凝土表面进行抄平。但当建筑物高度很高时，再用钢尺从±0.000点位置开始量测是不可能的，因为高度太高测量精度就不能保证，同时也没有能达到建筑物高度的钢尺。为此，根据建筑物的高度，可在不同高度的中间楼层设置中转点，不同高度的中转点高度从±0.000点位置开始量测。然后，不同的施工层标高可以从中转点量测，以达到控制楼层标高的目的。也可在下层楼面上设置标高控制点（其标高要事先标定），一般在建筑物的四个角上和建筑物对角线交汇处的主梁位置做好标高控制点。这样的标高传递也比较精确。同时在上层楼板模板立模时还可利用轴线传递中的预留洞用钢尺进行层高校核。每层的标高控制与模板一起由施工单位向监理工程师报验，合格后办理签认手续。整个建筑物的标高控制应建立台账存档。

4.4.3　主体结构沉降观察测量

建筑物的沉降观测，对观测点位置和数量应按照设计要求进行布置，其位置标志稳固、明显，结构合理且不影响建筑美观与使用，并便于观测及长期保存。

观测的方法及精度要求，按照工程需要采用相应等级规定。观测次数：对于高层建筑主体结构，应从第一层楼面施工完后必须测得初次沉降观测数据，以后每建一层测一次，直至主体结构全部完成后，施工单位申报工程竣工时止，且按设计规范要求：观测时间可根据建筑物等级、地基土质、施工条件等确定。一般至建筑物沉降基本稳定（1mm/100天），每100天沉降量为1mm时可终止观测。其方法可采用附合或闭合路线水准测量方法。每次观测应由同一人观测，专人立尺，采用同一路线同一方法，以便提高观测精度。

观测记录用表应符合水准测量记录手簿格式要求。闭合差应达到其相应等级精度规范要求，观测误差，对于一级建筑物应小于0.1mm；对于二级建筑物应小于0.3mm。通过平差算出各观测点的绝对高程，然后在沉降观测成果表上填写每次每点的绝对高程，算出沉降量累计量。测量监理工程师应对其数据核算无误后签字认可。并建立台账（汇总表）后分析、处理、存档。

例如：某工程主体结构沉降观测资料与对资料的分析。

（1）沉降观测点的布置

根据建筑物平面图，由设计单位布置在建筑物框架柱或电梯井筒的墙体上，如图 4-40 所示。

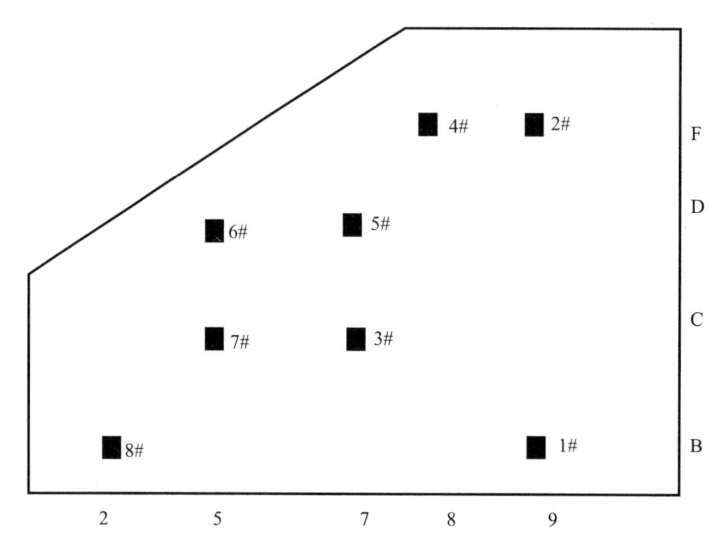

图 4-40　沉降观测点的平面布置图

（2）沉降观测的时间（Y 轴表示观测日期）与空间（X 轴表示观测时的荷载重量，即建筑物楼层数），如图 4-41 所示。

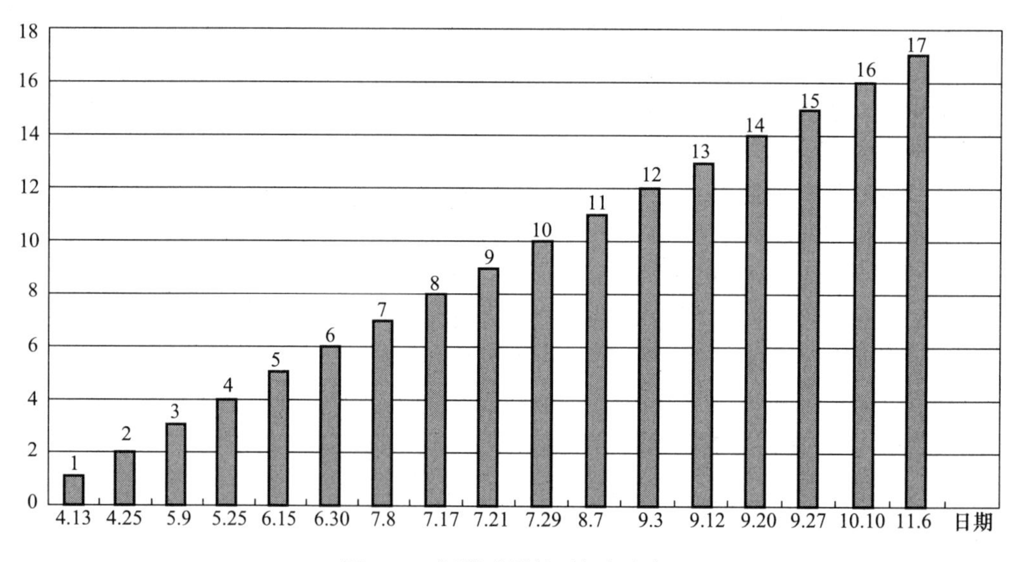

图 4-41　沉降观测的时间与空间

（3）建立各沉降点观测值汇总表（cm），如图 4-42 所示。

（4）对每个观测点沉降量的图表描述（X 轴为观测日期，Y 轴为沉降量，单位：cm），如图 4-43 所示（摘录二个观测点）。

（5）对沉降观测数值进行分析，如图 4-44 所示。

邮政指挥中心体大楼沉降观侧（单位：厘米）

序号	日期	1#点		2#点		3#点		4#点		5#点		6#点		7#点		8#点	
		本次沉降	累计沉降	本次沉降	累计沉降	本次沉降	累计沉降	本次沉降	累计沉降	本次沉降	累计沉降	本次沉降	累计沉降	本次沉降	累计沉降	本次沉降	累计沉降
1	4月14日	1239.22	0	1348.41	0	1253.87	0	1356.64	0	1351.12	0	1362.6	0	1249.8	0	1401.41	0
2	4月26日	0.001	0.001	0.001	0.001	0.001	0.001	0.001	0.001	0.001	0.001	0.001	0.001	0	0	0.001	0.001
3	5月10日	0.008	0.009	0.002	0.003	0.001	0.002	0.001	0.002	0.001	0.002	0.002	0.003	0.001	0.001	0.003	0.004
4	5月26日	0.032	0.041	0.007	0.01	0.002	0.004	0.004	0.006	0.003	0.005	0.006	0.009	0.001	0.002	0.005	0.009
5	6月5日	0.035	0.076	0.018	0.028	0.01	0.014	0.011	0.017	0.02	0.025	0.005	0.014	0.001	0.003	0.003	0.012
6	6月15日	0.057	0.133	0.02	0.048	0.016	0.03	0.008	0.025	0.13	0.155	0.006	0.02	0.002	0.005	0.003	0.015
7	7月1日	0.062	0.195	0.013	0.061	0.008	0.038	0.01	0.035	0.018	0.173	0.008	0.028	0.015	0.02	0.004	0.019
8	7月8日	0.043	0.238	0.013	0.074	0.007	0.045	0.015	0.05	0.02	0.193	0.01	0.038	0.02	0.04	0.006	0.025
9	7月18日	0.044	0.282	0.018	0.092	0.01	0.055	0.015	0.065	0.024	0.217	0.015	0.053	0.024	0.064	0.01	0.035
10	7月23日	0.045	0.327	0.02	0.112	0.015	0.07	0.018	0.083	0.025	0.242	0.014	0.067	0.023	0.087	0.015	0.05
11	8月1日	0.046	0.373	0.021	0.133	0.018	0.088	0.02	0.103	0.026	0.268	0.016	0.083	0.027	0.114	0.018	0.068
12	8月9日	0.049	0.422	0.025	0.158	0.02	0.108	0.028	0.131	0.03	0.298	0.012	0.195	0.03	0.144	0.02	0.088
13	9月5日	0.045	0.467	0.028	0.186	0.028	0.136	0.034	0.165	0.031	0.329	0.024	0.119	0.034	0.178	0.025	0.113
14	9月15日	0.045	0.512	0.03	0.216	0.031	0.167	0.04	0.205	0.035	0.364	0.028	0.147	0.036	0.214	0.03	0.143
15	9月21日	0.047	0.559	0.035	0.251	0.035	0.202	0.041	0.246	0.038	0.402	0.03	0.177	0.035	0.249	0.034	0.177
16	9月29日	0.046	0.605	0.041	0.292	0.036	0.238	0.049	0.295	0.04	0.442	0.031	0.208	0.038	0.287	0.036	0.213
17	10月13日	0.045	0.65	0.045	0.337	0.048	0.286	0.054	0.349	0.041	0.483	0.033	0.241	0.04	0.327	0.04	0.253
18	11月8日	0.045	0.695	0.049	0.386	0.054	0.34	0.058	0.407	0.046	0.529	0.035	0.276	0.041	0.368	0.04	0.293
19	12月3日	0.046	0.741	0.05	0.436	0.058	0.398	0.061	0.468	0.045	0.574	0.034	0.31	0.045	0.413	0.042	0.335
20	1月10日	0.043	0.784	0.042	0.478	0.054	0.452	0.062	0.53	0.042	0.616	0.032	0.342	0.043	0.456	0.044	0.379
21	2月13日	0.047	0.831	0.066	0.544	0.067	0.519	0.063	0.593	0.048	0.664	0.038	0.38	0.048	0.50[illegible]	0.048	0.427

图 4-42 各沉降点观测值汇总表（cm）

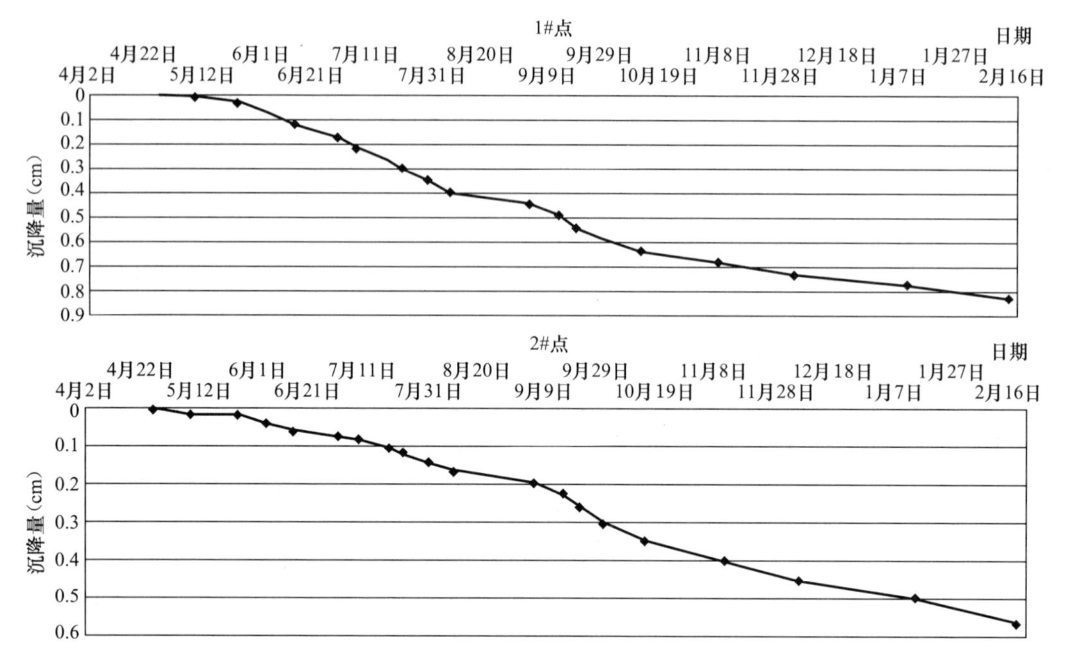

图 4-43　观测点的沉降量描述

注：*X* 轴为观测日期，*Y* 轴为沉降量，单位：cm

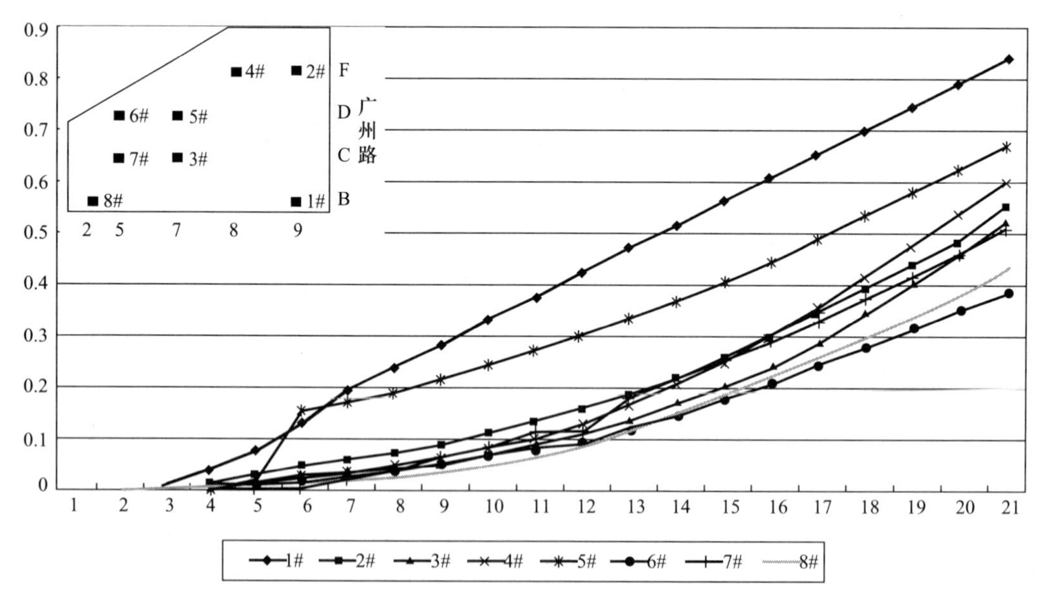

注：1.表中*X*轴为沉降观测组（次）数；2.表中*Y*轴为沉降量（cm）；3.本表中各观测点分布见示意图；4.本表为累计曲线数值分析。

××建工学院监理公司省邮政项目监理部

图 4-44　沉降观测数值分析表

注：表中 *X* 轴为观测次数或日期；*Y* 轴为沉降量，单位：cm；

本图有为累计曲线；左上角为各观测点分布示意图

由图 4-44 中第 21 次观测结果知：1＃观测点累计沉降量最大，为 0.831cm；6＃观测点累计沉降量最小，为 0.38cm。沉降量最大与最小之间差 0.451cm。根据《建筑地基基础设计规范》GB 50007—2011 规定：框架结构相邻柱基的沉降差：对中、低压缩性土为 0.002L；对高压缩性土为 0.003L。（L 为相邻柱基的中心距，单位：mm）。对体型简单的高层建筑基础的平均沉降量为 200mm。例如：L＝8000mm 时，对高压缩性土：相邻柱基的沉降差为 24mm；对中、低压缩性土：相邻柱基的沉降差为 16mm。这些就是规范允许的沉降控制值。图 4-44 中的沉降值均小于设计规范规定数值，是符合允许条件的。

当在建筑物沉降观测过程中发现不均匀沉降，造成建筑物倾斜。倾斜是指基础倾斜方向两端点的沉降差与其距离的比值。根据《建筑地基基础设计规范》GB 5007—2011 规定：

多层和高层建筑的整体倾斜允许值：

H≤24m 时，为 0.004；

24＜H≤60m 时，为 0.003；

60＜H≤100 时，为 0.0025；

H＞100 时，为 0.002。

其中，H 为自室外地面起算的建筑物高度（m）。

高层建筑的沉降观测应分为两部分，一为建筑物施工阶段沉降观测，二为建筑物竣工后的沉降观测。建筑物施工阶段的沉降观测，按设计规范要求，应从完成基础底板施工时开始至施工结束交付使用时为止。建筑物竣工后的沉降观测，一般在工程竣工后第一年，应当每隔两个月观测一次，第二年每隔四个月观测一次，第三年每隔六个月观测一次，第四年后每一年观测一次，直至沉降稳定为止。现在一般的做法是：观测从主体施工开始至工程竣工交付使用时为止的施工阶段沉降量。

4.4.4　主体结构层高与垂直度的控制

主体结构的层高控制，是在每层施工的标高传递中获得控制。在工程主体验收时要对层高进行抽检，并对建筑物总高进行量测。

主体结构垂直度的控制，一般在施工过程中利用对电梯井筒墙体的垂直度控制来实现对整个建筑物垂直度的控制。对电梯井筒垂直度的控制关键在于对井筒墙体立模的垂直度控制和立模时对井筒模板对角线相等的控制。在工程竣工验收时对建筑物的垂直度要用测量仪器进行量测。

对建筑物层高、总高和垂直度量测后，其误差值均应在规范允许范围内。

4.5　主体结构工程在“创优”过程中应避免的质量疵病

根据参与鲁班奖工程评选活动的专家撰文披露，主体结构工程在“创建鲁班奖工程”过程中应避免的质量疵病：

1）原材料出厂合格证书及进场检（试）验报告记录不全或不规范。由于这部分资料量大面广、数量众多，一时很难查清，需要被检方密切配合。主要是存在缺件、报告不规范、复试不按规范规定的数量、批量来做。如钢材、水泥的批量、编号和出厂的质量证明不符；复验报告和进场报告对不上号；特别应该注意的是资料的可追溯性，要资料、实物一一对应。类似这些常规的问题应该及时查清杜绝。

2）观感检查中，地下室部分往往不被人们重视，墙面、平顶施工粗糙，甚至明显地留有跑模、胀模、漏浆的痕迹；水泥砂浆地坪起灰，空鼓开裂；门洞周边不直，楼梯踏步高低不平和上部精良的建筑装修很不匹配。如按标准《混凝土结构工程施工质量验收规范》GB 50204—2002 第 8.1.1 条，现浇结构外观质量不应该有：露筋、蜂窝、孔洞、夹渣、疏松、裂缝等严重缺陷存在。在施工中就应该进行彻底整改。

3）混凝土及砌筑砂浆的试块强度检测记录不全，如果对照施工日志进行抽样检查，就会发现未按规范规定的批量进行检测。有的商品混凝土等级在工程上无法分清用在结构上的哪个部位，也不便于追溯。还有的工程现场对检测报告保管不善，仍有缺失。

4）结构混凝土的强度等级取样检测必须符合设计要求和“强制性条文”的规定：

(1) 用于检查结构混凝土强度的试件，应在混凝土的浇筑地点随机抽取，取样与试件留置应符合下列规定：

① 每拌制 100 盘且不超过 $100m^3$ 的同配合比的混凝土，取样不得少于一次。

② 每工作班拌制的同一配合比的混凝土不足 100 盘时，取样不得少于一次。

③ 当一次连续浇筑超过 1000 立方米时，同一配合比的混凝土每 $200m^3$ 取样不得少于一次。

④ 每一楼层，同一配合比的混凝土，取样不得少于一次。

⑤ 每次取样至少留置一组标准养护试件，同条件养护试件的留置组数应根据实际需要确定。

(2) 对于有抗渗要求的混凝土结构，其混凝土试件应在浇筑地点随机取样。同一工程，同一配合比的混凝土，取样不应少于一次，留置组数可根据实际需要确定（《混凝土结构工程施工质量验收规范》GB 50204—2002 第 7.4.1 条、第 7.4.2 条）。

(3) 混凝土强度等级应按立方体抗压强度标准值确定。立方体抗压强度标准值系指按照标准方法，制作养护的边长 150mm 的立方体试件，在 28d 龄期用标准试验方法测得的具有 95%保证率的抗压强度（《混凝土结构设计规范》GB 50010—2010 第 4.1.1 条）。

对照此条规定，存在有：

① 没有严格按规范要求去做，批量与留置试块组数不对应。

② 试块 28d 龄期不准，超龄期现象时有发生。

③ 试块用现场留置的替代标准方法养护的。

④ 数理统计不规范，不是同一批量，合伙在一起进行综合评定。

5）建筑物垂直度、标高、全高测量记录不全和不规范。应具备该工程的整栋建筑的垂直度观测记录和在工程的建造过程中每一层或若干层的相对垂直偏差记录。

4.6　某市规定的建筑结构优质工程评审标准

标准如表 4-15 所列。

建筑优质结构工程评审标准 **表 4-15**

序号	抽查项目	抽查内容	标准	检查方法及数量	评定阶段		参照标准备注
					过程抽查	完工抽查	
1	现场标识	钢材、水泥、砖(砌块)砂石等	各种原材料进场应分类堆放整齐,并将进场时间、数量、材料品种、规格、型号、验收人员、验收结论等进行标识。未设标识牌或标识低于85%为不合格,完全符合为合格	检查方法:检查标识牌和进场验收记录; 检查数量:全数	√		宁建工字[2007]32号第十四条
		砌块、混凝土检验批	砌体、混凝土等实体工程应按检验批进行验收,并在明显部位将施工人员及日期、验收人员、时间、结论等进行标识。未及时标识或标识低于85%为不合格,完全符合为合格	检查方法:检查标识和检验批验收记录; 检查数量:各抽查不少于两个检验批	√	√	宁建工字[2007]32号第十四条
		标高、轴线	建筑物出±0.000后,所有外墙大角处均应用红油漆将标高、轴线清晰标出,每层应及时弹出50线或1m线。未标识或标识低于85%为不合格,完全符合为合格	检查方法:观察检查; 检查数量:所有外墙大角和任抽两个楼层	√	√	
2	钢筋工程	★梁、柱节点柱子箍筋间距	允许正偏差15mm,极限偏差不超过25mm。超过允许偏差每个节点不多于两个间距	检查方法:钢尺量连续三档,取最大值; 检查数量:不少于3个节点	√		GB 50204—2002第5.5.2条
		★钢筋位移	柱子、剪力墙等竖向构件的主钢筋出截面方向位移不大于10mm,超过允许偏差每检查处柱子不超过2根,剪力墙不超过4根。极限位移不大于保护层厚度	检查方法:观察、尺量检查; 检查数量:抽查作业面两个开间的竖向构件或不少于4个构件	√		
		钢筋保护层垫块	钢筋保护层应采用专用垫块,并应有合格证。梁柱侧向垫块间距不大于1m,且短边每排不少于2块;楼面钢筋直径小于等于10mm时,垫块间距不大于500mm,大于10mm时,不大于700mm。垫块间距允许正偏差不大于50mm,超过允许偏差每检查处板、墙不得超过6个点,梁、柱不超过3个点;极限正偏差不大于100mm。合格点低于85%和存在极限偏差为不合格	检查方法:观察、尺量检查; 检查数量:两自然间或两开间的柱、梁、板	√		宁建工字[2007]32号附件一
3	模板工程	板材厚度	木胶合板不小于16mm,竹胶合板不小于12mm,负偏差不超过2mm。该项无基本合格	检查方法:尺量检查; 检查数量:随机抽查三块	√		宁建工字[2007]32号附件一
		模板支撑系统	模板支撑系统应采用钢管和型钢,钢管壁厚不小于3mm。中间立杆间距不应大于800mm,允许正偏差不得超过100mm。存在两处超过允许偏差值为不合格	检查方法:观察、尺量检查; 检查数量:不少于6根立杆间距	√		宁建工字[2007]32号附件一

续表

序号	抽查项目	抽查内容	标准	检查方法及数量	评定阶段		参照标准备注
					过程抽查	完工抽查	
3	模板工程	高低差定型模板	现浇楼面高低差变化处应采用方钢制作成工具式定型模板或在门洞处埋设 ∟30×3 角钢，保证高低差处边角整齐	检查方法：观察、尺量检查； 检查数量：不少于3处	√		宁建工字[2007]32号附件一
		模板保养与验收	每批模板拆除后应全数清理，保养并整修，经监理验收符合要求后，方可再次使用	检查方法：观察检查、检查保养与验收记录； 检查数量：检查两层（其中作业面一层）	√		宁建工字[2007]32号附件一
4	混凝土工程	蜂窝、麻面、夹渣、疏松、孔洞	构件主要受力部位无夹渣、疏松和蜂窝、孔洞。非受力部位不得有孔洞，每处蜂窝、麻面不得超过 $200cm^2$，累计不超过 $400cm^2$；夹渣深度不超过30mm，长度不超过50mm，且不得超过3处	检查方法：观察、尺量检查； 检查数量：多层建筑抽查不少于一层，高层建筑不少于两层，每层检查两个自然间或两个轴线开间 （过程检查不少于一个楼层）	√	√	GB 50204—2002 第8.1.1和第8.2.1条
		★裂缝、露筋	纵向受力钢筋无露筋，箍筋或分布筋每处露筋长度不得超过100mm，累计不超过300mm。不得有影响结构性能及使用功能的裂缝。不影响结构性能或使用功能的裂缝每检查层不超过2个构件	检查方法：观察、尺量检查； 检查数量：多层建筑抽查不少于一层，高层建筑不少于两层，每层检查两个自然间或两个轴线开间（过程检查不少于一个楼层）	√	√	GB 50204—2002 第8.1.1和第8.2.1条
		混凝土观感质量	混凝土结构表面色泽均匀，棱角清晰顺直，表面平整；现浇混凝土梁板底面不得有明显污物、黄斑；浇筑面不得有明显的脚印和坑洼；竖向构件周边的楼面已抹压成半光面	检查方法：观察、尺量检查； 检查数量：多层建筑抽查不少于一层，高层建筑不少于两层，每层检查两个自然间或两个轴线开间	√	√	宁建工字[2007]32号附件一
5	砌体工程	砌体外观质量	砌体灰缝应横平竖直，厚薄均匀，墙面整洁，无断砖，马牙槎方正，上下顺直； 二次构件和窗台梁（板）截面高度（除墙厚外的尺寸）负偏差不大于5mm，且超过允许偏差每检查处不超过一个点；极限负偏差不大于10mm	检查方法：观察、尺量检查； 抽查数量：任意抽查两层，每层检查两个自然间或两个轴线开间，且不少于6个构件，每个构件检查3个点	√	√	GB 50203—2002 第5.3.2 宁建工字[2007]32号附件一
		★窗台梁（板）的设置	砌体工程的顶层和底层应设通长现浇钢筋混凝土窗台梁（h≥120mm），其他层设窗台板（h≥60mm）。窗洞处应浇成内高外低的大斜坡，其高差不得小于60mm。未按规定设置为不合格	检查方法：观察、尺量检查； 抽查数量：任意抽查两层，每层检查两个自然间或两个轴线开间	√	√	DGJ 32/J16—2005 第6.1.1条

续表

序号	抽查项目	抽查内容	标准	检查方法及数量	评定阶段		参照标准备注
					过程抽查	完工抽查	
5	砌体工程	★轻质砌体二次构件	轻质砌体墙长大于5m时，应增设间距不大于3m的构造柱，每层墙高中部增设高度为120mm的腰梁，无约束砌体端部应增设构造柱。预留门窗洞口应设钢筋混凝土加强框。未按规定设置为不合格	检查方法：观察、尺量检查；抽查数量：任意抽查两层，每层检查两个自然间或两个轴线开间	√	√	DGJ 32/J16—2005 第6.1.1条
6	钢结构工程	钢材切口质量	钢材切割面（含氧气切割）或剪切面应无裂缝、夹渣和分层等缺陷，无装饰封盖时，应倒边倒角，表面光滑平整。禁止电气焊扩孔、吹孔。存在电气焊扩孔 吹孔和切割缺陷以及10%以上的构件无装饰封盖而未倒边倒角的判为不合格，小于10%判为基本合格	检查方法：观察、手摸检查；抽查数量：不少于6个构件	√	√	GB 50221—95（现为GB 50205—2001）第5.2.2.2
		焊缝外观质量	焊缝表面不得有裂纹 焊瘤、烧穿、弧坑、气泡、夹渣、咬边、未焊满等缺陷。一级、二级焊缝存在质量缺陷以及其他焊缝10%及以上存在质量缺陷判为不合格 小于10%判为基本合格	检查方法：观察检查；抽查数量：不少于3个构件，6条焊缝	√	√	GB 50221—95（现为GB 50205—2001）第3.2.1.5
		★支座安装	支座轴线允许偏差2mm，且不多于2处；极差不大于3mm。双螺帽加点焊固定牢固。支座钢板与预埋钢板直接接触时，应无缝隙或填塞楔铁满焊；灌浆支座灌浆及时、饱满、密实，强度符合设计要求	检查方法：观察检查；抽查数量：不少于6个节点	√	√	
		涂装层观感质量	涂刷应均匀，色泽一致，无皱皮、流坠和气泡，附着良好，分色线清晰、整齐	检查方法：观察检查；抽查数量：不少于6个构件	√		GB 50221—95（现为GB 50205—2001）第9.2.3.1
7	其他	电线盒埋设	在现浇混凝土结构（墙、柱）中埋设电盒时，应采用ϕ6钢筋焊接成与线盒尺寸相匹配的“井”字型固定架固定	检查方法：观察检查；抽查数量：抽查电盒的固定不少于3只	√		宁建工字[2007]32号附件一
		砌体上布管线	砌体上布管应采用机械开凿或预埋，严禁在承重墙上开水平槽	检查方法：观察检查；抽查数量：任抽两个楼层每层两个自然间	√		宁建工字[2007]32号附件一
		给水管道敷设	给水管道宜明管敷设，严禁在现浇板上留槽，给水管道穿越楼板及结构性墙体时应设套管	检查方法：观察检查；抽查数量：任抽两个楼层，每层两个自然间	√		宁建工字[2007]32号附件一

注：1. 未注明判定标准的项目，全部符合要求判为合格，85%及以上符合要求的判为基本合格，否则判为不合格。
2. 优质结构检查应在施工和监理单位检查验收合格的基础上进行。
3.“★”项无基本合格。

由于施工企业“创优”活动的需要，各地政府主管部门根据国家标准《建筑工程施工质量评价标准》GB/T 50375—2006 结合当地实际，纷纷制定了有关优质工程的评审标准。这里介绍某市拟定的建筑结构优质工程评审标准供读者参考。

4.7　某省规定对主体结构工程为优质结构工程的验评标准

一、混凝土工程

主控项目：

高大模板及支撑必须有专项的设计文件和施工方案并经专家论证。

检验方法：核查专项设计文件和施工方案及专家论证意见。

检查数量：全数检查。

本条文说明：为预防建设工程高大模板支撑系统坍塌事故，保证施工安全，依据建质【2009】254 号《建设工程高大模板支撑系统施工安全监督管理导则》制定本条目。

（1）后浇带的模板应单独设置支撑系统。

检验方法：观察检查。

检查数量：全数检查。

本条文说明：本条提出了后浇带位置模板支撑的要求，主要是为了防止后浇带部位结构构件出现裂缝，避免渗水现象和影响结构安全。

（2）钢筋进场时，应对其重量偏差和尺寸偏差见证取样检验；调直的钢筋，调直后应见证取样检验。

检验方法：检查产品合格证和复验报告。

检查数量：按进场的批次和产品的抽样检验方案确定。

本条文说明：钢筋对混凝土结构构件的承载力至关重要，对其质量应从严要求。本条主要为了控制钢筋原材和调直后的钢筋质量。

（3）阳台、雨篷等悬挑现浇板负弯矩钢筋下面，应设置间距不大于 500mm 的钢筋保护支架。

检验方法：观察，钢尺检查。

检查数量：全数检查。

本条文说明：由于不注意加强施工管理，在现浇楼板近支座处的上部负弯矩钢筋绑扎结束后，楼板混凝土浇筑前，部分上部钢筋常常被工作人员踩踏下沉，使其不能有效发挥抵抗负弯矩的作用，使板的实际有效高度减少，结构抵抗外荷载的能力降低，裂缝就容易出现。

（4）地下防水工程的混凝土结构构件应无明显裂缝，裂缝宽度不大于 0.2mm，且不渗水。按地下室建筑面积计算每 500m^2 裂缝数量不大于 1 条，满足抗渗和混凝土耐久性要求。

检验方法：观察。

检查数量：全数检查。

本条文说明：以目前的技术水准，尚难杜绝混凝土的裂缝。但设计、施工单位要采取综合措施，从配筋、水泥品种、混凝土级配、外加剂、施工缝留置、混凝土浇捣及混凝土养护等多方考虑，严格按照规范施工，以防混凝土墙板出现裂缝，对裂缝的宽度和数量进行限制。

（5）混凝土的28d碳化深度不应大于3mm。

检验方法：检查施工记录和检查记录。

检查数量：每5层抽检2个构件。

本条文说明：混凝土碳化深度的大小与其养护的好坏和时间的长短有关，碳化会使混凝土中钢筋失去碱性环境的保护作用，耐久性降低。混凝土养护到位的话，碳化深度会小很多。

（6）混凝土观感质量应符合表4-16的要求。

混凝土结构工程观感质量要求　　　**表4-16**

序号	项目名称	质量要求
1	混凝土外表	混凝土构件表面不应有麻面、掉皮、起砂、沾污、露筋、蜂窝、孔洞、夹渣、不密实、裂缝等
2	混凝土外形	混凝土构件不应有缺棱掉角、尺寸偏差满足规范要求
3	连接部位	构件连接处钢筋、连接件松动
4	施工缝	施工缝无夹渣、无裂缝
5	楼梯踏步	相邻高低差应小于10mm

本条文说明：混凝土外观质量的缺陷严重的会影响结构性能和使用功能，不严重的也有碍观瞻。故对本条文中出现的质量缺陷要及时处理，并重新检查验收。

二、砌体工程

主控项目：

（1）砌体的拉结筋长度、间距符合设计和规范规定，间距的偏差不应大于50mm。

检查方法：钢尺测量。

检查数量：全数检查。

本条文说明：框架柱间填充墙拉结筋，既是抗震设计的要求，对防止柱边竖向裂缝也有一定的作用。拉结筋的长度、位置、间距对拉结效果影响很大，故作此要求。

（2）墙体上无管线交叉埋设和开凿水平槽。

检查方法：观察检查。

检查数量：全数检查。

本条文说明：这些措施主要是为了防止施工过程中操作不规范而引起墙体产生裂缝。

（3）施工洞、脚手眼等应补平填实，无裂缝、空鼓、渗漏。

检查方法：观察检查。

检查数量：全数检查。

本条文说明：本条规定主要是为保证后堵墙体的整体性、砂浆饱满度及墙体防渗性能。有条件时，外墙脚手眼也可采用微膨胀混凝土填实。

（4）填充墙与结构构件结合处应嵌填密实，不应有裂缝。

检查方法：观察检查。

检查数量：全数检查。

本条文说明：填充墙砌筑完成后，砌体还将产生一定的变形，施工不当，不仅会影响砌体与梁或板底的紧密结合，还会在该部位产生水平裂缝。为了有效减少裂缝，接缝处的填塞间隔时间应延长到 15d，对采用微膨胀混凝土填塞的，间隔时间也不应少于 7d。

（5）植筋的数量、位置、锚固长度应符合设计和规范的要求，并应做拉拔抽检试验，试验结果应符合要求。

检查方法：观察和钢尺测量，核查建筑植筋专用胶合格证明和拉拔试验报告。

检查数量：全数检查。

本条文说明：建筑植筋胶，使用前查看其生产日期及终止使用日期；钻孔后应用吹风机对孔内吹风清理，由工长、质检员逐孔对钻孔孔径、孔深、清孔情况进行自检后，报业主或监理逐孔进行验收，并做好隐蔽验收记录。

（6）砌体观感质量应符合表 4-17 的要求。

砌体观感质量要求　　表 4-17

序号	项目名称	质量要求
1	砌体外形	混凝土构件不应开裂，尺寸偏差满足规范要求
2	墙体开槽	墙体开槽应做到顺直，不应凿留水平槽
3	接槎	墙体转角处和内外墙交接处应同时砌筑；墙体临时间断处应砌成斜槎，普通砖斜槎长度比≥2/3
4	混砌现象	不同干密度和强度等级的加气混凝土砌块不得混砌，也不得和其他砖、砌块混砌
5	马牙槎留设部位	应符合规范和设计图纸要求
6	灰缝	砌体灰缝应横平竖直、厚薄均匀
7	砌筑错缝	砌体砌筑应上下错缝

本条文说明：砌体外观质量的缺陷严重的会影响结构性能和使用功能，不严重的也有碍观瞻。故对本条文中出现的质量缺陷要及时处理，并重新检查验收。

三、钢结构工程

主控项目：

（1）高强度螺栓连接副终拧完成 1h 后、48h 内应质量检查，检查结果应符合下列要求：

① 扭矩法紧固：终拧扭矩偏差 $\Delta T \leqslant 5\%T$；

② 转角法紧固：终拧角度偏差 $\Delta\theta \leqslant 5°$；

③ 扭剪型高强度螺栓施工扭矩：尾部梅花头未拧掉比例 $\Delta \leqslant 2\%$。

检测方法：核查施工记录。

本条文说明：

高强度螺栓终拧 1h 时，螺栓预拉力的损失已大部分完成，在随后 1～2d 内，损失趋于平稳，当超过一个月后，损失就会停止，但在外界环境影响下，螺栓扭矩系数将会发生变化，影响检查结果的准确性。为了统一和便于操作，本条规定检查时间统一定在 1h 后 48h 之内完成，T 为扭矩法紧固时终拧扭矩值。

（2）钢网架结构总拼完成后及屋面工程完成应分别测量其挠度值，且所测的挠度值应符合设计要求。

检测方法：核查施工记录。

本条文说明：

网架结构理论计算挠度与网架结构安装后的实际挠度有一定的出入，这除了网架结构计算模型与其实际的情况存在差异之外，还与网架结构的连接节点实际零件的加工精度、安装精度等有着极为密切的联系。为了加强网架施工的质量，促使各环节的质量控制，本条规定挠度值应符合设计要求。

(3) 钢结构工程观感质量应符合表4-18的要求。

钢结构工程观感质量要求　　表4-18

序号	项目名称	质量要求
1	焊缝	外形均匀、成型较好，焊道与焊道、焊道与基本金属间过渡较平滑，焊渣和飞溅物清除干净
2	高强度螺栓连接	(1) 高强度螺栓连接副拧后，螺栓丝扣外露为2～3扣，外露丝扣基本一致； (2) 高强度螺栓连接摩擦面应保持干燥、整洁，不应有飞边、毛刺、焊接飞溅物、焊疤、氧气铁皮、污垢等，除设计要求外摩擦面不应涂漆
3	钢结构表面	(1) 钢材切割面或剪切面应无裂纹、夹渣、分层和大于1mm的缺棱； (2) 矫正后的钢材表面，不应有明显的凹面或损伤，划痕深度不得大于0.5mm，且不应大于该钢材厚度负允许偏差的1/2； (3) 螺栓球成型后，不应有裂纹、褶皱、过烧； (4) 钢板压成半圆球后，表面不应有裂纹、褶皱
4	钢网架结构表面	钢网架结构安装完成后，其节点及杆件表面应干净，不应有明显的疤痕、泥沙和污垢。螺栓球节点应将所有接缝用油膨子填嵌严密，并应将多余螺孔封口
5	压型金属板	压型金属板表面基板不应有裂缝，涂、镀层不应有肉眼可见的裂纹、剥落和擦痕
6	普通涂层	构件表面不应误漆、漏涂，涂层不应脱皮和返锈。涂层应均匀、无明显皱皮、流坠、针眼和气泡
7	防火涂层	防火漆料不应有误涂、漏涂、涂层应闭合无脱层、空鼓、明显凹陷、粉化松散和浮浆

四、优质结构工程验收与评价

(1) 优质结构工程应按本标准进行评价。

(2) 优质结构工程的地基与基础分部、主体结构分部质量必须已评价为优质。

(3) 优质结构工程由建设单位组织勘察、设计、施工、监理单位相关专业技术人员在主体结构工程验收时一并进行评价，工程质量监督机构同时进行监督。

本条文说明：本条规定了优质结构工程评价的组织者及参加评价的相关单位和人员，其相关专业技术人员资格应符合《建筑工程施工质量验收统一标准》GB 50300的规定，数量应不少于3人。

(4) 优质结构工程验收与评价时，应对实体质量进行实测实量，并按表4-19进行记录。

① 允许偏差的抽测：多层建筑不少于50%的层数，高层建筑不少于30%的层数，每层不少于5点。

② 检测位置：在检测前由检查人员在施工图上随机确定，其中底层及顶层必须有检测点。

③ 混凝土强度、承重结构的砂浆强度经抽测必须符合设计要求。

本条文说明：本条规定了优质结构工程的尺寸偏差及限值实测评价项目，并按混凝土现浇结构、砌体结构、钢结构分别列出，并计算合格率、总测点合格率。由于基础分部在优质结构工程评价时已隐蔽，故没有列出。其中混凝土强度、承重结构的砂浆强度由实体质量检查人员负责抽测。

(5) 优质结构工程验收与评价时，应抽查地基基础分部工程和主体分部工程的评定资料，未按本标准进行验收评定或未评定为优质分部工程的，不得评为优质结构工程。

优质结构工程实体质量实测实量检查记录表　　表 4-19

（一）混凝土现浇结构

实测项目		允许偏差（mm）		实测数值	合格率（%）
1	混凝土柱每层垂直度	8			
2	混凝土表面平整度	8			
3	混凝土截面尺寸（柱、梁、墙）	+8，−5			
4	轴线位置（剪力墙）	8（5）			
5	每层楼面标高	+10			
6	混凝土现浇板厚度	+8，−5			
7	钢筋保护层	梁	+10，−7		
		板	+8，−5		
总测点合格率：（%）		检查人员： 年　月　日			

（二）砌体结构

实测项目			允许偏差（mm）	实测数值	合格率（%）
1	垂直度	砌体每层垂直度	5		
		全高垂直度	10		
2	砌体表面平整度	砌砖、混凝土小型空心砌块	8		
		蒸压加气混凝土砌块	6		
		清水墙	5		
3	砌体灰缝	砌砖水平灰缝厚度 10mm	±2		
		混凝土小型空心砌 10mm 块水平灰缝厚度 10mm	±2		
		混凝土小型空心砌块垂直灰缝宽度 10mm	±2		
		水平灰缝平直度混水 10m 内	10		
		水平灰缝平直度清水 10m 内	7		

续表

（二）砌体结构

实测项目			允许偏差（mm）	实测数值										合格率（%）
4	砖砌体门窗洞口	砌体门、窗洞口	±5											
		混凝土小型空心砌块门、窗洞口宽度	±5											
		加气混凝土砌块门、窗洞口宽度	+10，−5											
5	轴线位置		10											
6	楼面层高		±15											
总测点合格率（%）			检查人员： 年 月 日											

（三）钢结构

实测项目			允许偏差（mm）		实测数值										合格率（%）
1	基础柱的定位轴线		1.0												
2	基础上柱底标高		±2.0												
3	地脚螺栓（锚栓）位移		2.0												
4	单节柱的垂直度		H/1000，且不应大于10.0												
5	屋（托）架，桁架及受压杆件	跨中的垂直度	H/250，且不应大于10.0												
		侧向弯曲矢高f	H/1000，L≤30m，不大于10.0；L/1000，30m≤L≤60m，不大于20.0；L/1000，L>60m，不大于40.0												
6	主体结构的整体垂直度		H/1000，且不应大于20.0	单层：20.0											
				多层：40.0											
7	主体结构的整体平面弯曲		L/1500，且不应大于20.0												
8	纵向、横向长度		L/1500，且不应大于20.0												
	支座中心偏移		L/3000，不大于20.0												
	周边支撑网架相邻支座高差		L/400，不大于30.0												
	支座最大高差		20.0												
	多点支撑网架相邻支座高差		30.0												
	挠度值		不大于设计值的1.1倍。设计值为：												
9	涂装	涂层干漆膜总厚度：室外不小于150μm，室内不小于150μm	不大于−25μm												
10	防火涂料涂层厚度	薄型	0												
		厚型80%及以上面积符合设计要求	厚度不应低于设计厚度的85%，设计厚度为：												
总测点合格率（%）			检查人员： 年 月 日												

6. 优质结构工程验收与评价时，应进行观感质量检查，并按表 4-20 进行记录。

优质结构观感质量检查记录表　　　　**表 4-20**

序号	工程名称	问题	抽查质量情况
（一）混凝土部分			
1	露筋	构件内钢筋未被混凝土包裹而外露	
2	蜂窝	混凝土表面缺少水泥砂浆而形成石子外露	
3	孔洞	混凝土中孔穴深度和长度均超过保护层厚度	
4	夹碴	混凝土中夹有杂物且深度超过保护层厚度	
5	疏松	混凝土中局部不密实	
6	裂缝	缝隙从混凝土表面延伸至混凝土内部	
7	连接部位缺陷	构件连接处混凝土缺陷及连接钢筋、连接件松动	
8	外形缺陷	缺棱掉角、棱角不直、翘曲不平、飞边凸肋等	
9	外表缺陷	构件表面麻面、掉皮、起砂、沾污等	
10	施工缝	施工缝无夹渣等缺陷，无裂缝	
11	楼梯踏步	相邻高低差应小于 10mm	
（二）砌体部分			
1	砌体灰缝应横平竖直厚薄均匀	烧结普通砖、多孔砖和混凝土小型空心砌块的水平灰缝厚度和竖向灰缝宽度宜为 10mm，但不应小于 8mm，也不应大于 12mm	
		蒸压加气混凝土砌块砌体宜为 15mm，垂直灰缝宜为 20mm	
2	砌体砌筑应上下错缝	砖砌体应上下错缝，内外搭接	
		单排孔混凝土空心小砌块，应对孔错缝搭接	
		多排孔混凝土空心小砌块，搭接长度不应小于 120mm	
		小砌块应对孔错缝搭砌	
3	墙体的转角处和内外墙相交处应同时砌筑，墙体临时间断处应砌成斜槎，普通砖斜槎长度比应大于等于 2/3		
4	墙体开槽应做到顺直		
5	不同干密度和强度等级的加气混凝土砌块不应混砌，也不得和其他砖、砌块混砌		
6	马牙槎留设部位应符合规范及设计图纸要求		
（三）钢结构			
1	钢结构普通涂层表面不应误涂、漏涂、涂层不应脱皮和返锈，涂层应均匀，无皱皮、流坠、针眼和气泡		
2	防火涂层表面不应有误涂、漏涂、涂层应闭合、误脱层、空鼓、明显凹陷、粉化松散和浮浆。		
3	压型金属板表面基板不应有裂纹，涂、渡层不应有网眼可见的裂纹、剥落和擦痕		
检查结果			检查人： 年　月　日

7. 优质结构工程验收与评价时，应符合本章规定，且实测实量合格点率≥90%，观感质量评为“好”，无表 4-21 中否决项目。按表 4-21 进行综合检查并记录。

优质结构工程综合检查表　　　　表 4-21

工程名称		结构类型	
建设单位		监理单位	
设计单位		施工单位	
项目经理		质量检查员	
序号	内容		检查情况
1	工程质量控制资料		
2	工程技术资料		
3	结构实测实量结果		
4	结构观感质量		
5	否决项目检查		
(1)	地基基础工程、主体结构工程检验评定资料主要内容或项目有缺项、漏项，或弄虚作假不能反映工程真实质量		
(2)	结构变更无设计变更手续；重大结构设计变更未经图审认可		
(3)	混凝土标养强度、混凝土结构实体强度、砂浆强度评定不合格		
(4)	桩承载力达不到设计的；Ⅰ类桩数量达不到所测桩数的 80%；出现Ⅲ类桩、Ⅳ类桩		
(5)	砌体表面凿留水平槽		
(6)	钢筋保护层厚度检测点合格率小于 95%		
(7)	混凝土楼板厚度实测点合格率小于 95%		
(8)	主体结构不均匀沉降和垂直度超过设计和规范要求的		
(9)	未使用预拌（商品）混凝土		
(10)	吊车梁或吊车桁架下挠		
(11)	工程自开工起至主体结构施工期发生重大质量、安全事故		
检查结论		检查人员： 年　月　日	

本条文说明：本条规定了优质结构工程验收与评价时的否决项目，其中预拌混凝土使用范围指基础、主体结构工程除构造措施以外所使用的混凝土。

第5章　装饰工程质量控制要点

5.1　幕墙工程质量控制要点

邮政工程外墙隐框玻璃幕墙 1211.94m²，半隐框玻璃幕墙 1618.33m²，幕墙窗 2309.94m²，石材幕墙 11808.20m²。工程量大，质量要求高，如图 5-1 所示。

图 5-1　工程利用吊篮安装玻璃、石材幕墙实况

对幕墙工程质量总体要求如下：

1）幕墙工程必须进行设计，并出具完整的施工图设计文件，加盖单位出图章，并应出具计算书。再报原建筑设计单位对幕墙的造型和对结构的载重进行审批，后经设计单位工程技术负责人签字后生效。

2）对幕墙施工图和幕墙结构计算书，在幕墙工程施工之前，要有当地政府主管部门的审图中心的书面审核意见。

例如：该工程中审图中心的批复：

××省建设厅文件：××建图审（20××）221-1 号

《关于××工程幕墙部分通过施工图设计技术审查的通知》

××局：

按照国务院《建设工程质量管理条例》、《建设工程勘察设计管理条例》、住房城乡建设部和省建设厅有关建设工程施工图设计审查工作规定以及你局的送要求，我审图中心于20××年 11 月 10 日组织专家对××工程幕墙部分进行了施工图设计技术审查；又于20××年 11 月 18 日组织专家对设计单位修改的回复意见进行了复审。根据专家的复审意见，该工程幕墙部分施工图设计基本满足规范要求，技术审查予以通过。

20××年 11 月 22 日

（审图中心盖章）

3）专业监理工程师对幕墙施工图和幕墙结构计算书进行复核。

（1）对幕墙施工图的复核内容：

① 幕墙施工图上是否盖有设计单位出图章，图章内各部门负责人签字是否齐全；当地政府主管部门的审图中心审核后是否在每页图纸盖章；以便监理对幕墙施工图正式版本的确认。今后若有补充或修改，必须以本版本为基础，经建设单位书面同意，由该施工图设计单位出补充或修改图；

② 检查经当地政府主管部门的审图中心审核后的书面批复，以便监理督促设计与施工单位进行落实；

③ 审核幕墙与主体结构之间的连接和幕墙本身节点大样是否齐全、是否有误；

④ 审核幕墙施工图上各构件截面的大小和分格的几何尺寸是否与幕墙结构计算书上的计算结果相一致；

⑤ 审核幕墙施工图上的防雷接地与主体结构防雷接地设计的连接，并要求到政府有关部门办理防雷接地的审批手续；

⑥ 检查幕墙设计方案是否经原建筑设计单位建筑设计工程师的书面签字认可，以确保建筑立面符合原设计要求；幕墙施工图是否经原建筑设计单位结构工程师书面签字认可，以确保幕墙荷载在原结构工程师控制的范围内。

（2）对幕墙结构计算书的复核内容：

监理复核幕墙结构计算书的目的不在于结构计算是否有错误（因计算错误应由设计单位负责，监理不能越权去承担责任），而是在于以下目的：

① 复核结构计算书中各构件的几何尺寸和截面大小是否与图纸上的标识和实际进场材料相一致。我们曾经发现过幕墙结构计算书与图纸标识尺寸和实际进场材料不一致的例子。例如：幕墙立柱：设计规定壁厚为 4mm，实际进场为 3mm；横梁：设计规定壁厚为 3mm，实际进场为 2mm，中腹腔厚为 2.5mm；横梁与立柱连接件铝角码：设计规定壁厚为 4mm，实际进场为 3mm。经监理核对计算书后，具备充分理由要求施工单位对已进场材料进行更换，否则，不得使用于本工程。

② 在阅读幕墙结构计算书的过程中可以了解到为监理工作所需的各种数据资料，以利于监理工作的决策。例如：我们阅读后对立梃与主体连接的有关数据汇总在表内。从表中对连接螺栓的数量，按计算结果每个节点选用 2 个已足够了，但图纸要求每个节点选用同类产品 4 个，安全性扩大了一倍。

③ 熟悉结构计算书后，可以更好地进行工程质量监理。例如：计算书要求幕墙钢架结构的连接件与立梃间的连接、立梃与横梁间的连接均采用不锈钢螺栓进行机械连接。而在施工过程存在采用电焊焊接等不规范操作，应立即予以纠正。

4）幕墙（含玻璃和石材幕墙）工程施工质量验收要求：

（1）主体结构与幕墙连接的各种预埋件（或后置埋件）、连接件的数量、规格、位置、连接方法和防腐处理必须符合设计要求。后置埋件的锚栓在现场的拉拔强度必须符合设计要求。

（2）隐框、半隐框幕墙所采用的结构粘结材料必须是中性硅酮结构密封胶，其性能必须符合《建筑用硅酮结构密封胶》GB 16776—2005 的规定。硅酮结构密封胶必须在有效期内使用。

（3）幕墙的金属框架与主体结构埋件的连接、立柱与横梁的连接及幕墙面板的安装必须符合设计要求，安装必须牢固。

（4）对幕墙隐蔽工程的验收

施工单位应对幕墙的立面分格尺寸、放线工序质量向监理报验。

① 放线分格尺寸，见表 5-1。

质量要求：尺寸范围：1540mm≥宽度≥540mm，允许偏差±1.0mm。

实测值（一）（mm）　　**表 5-1**

北立面 B~G 轴	东立面 1~9 轴	南立面 B~C 轴	西立面 1~8 轴
0.5，1.0，1.0，0.5，1.0	0.5，1.0，−0.5，1.0，1.0	1.0，0.5，−1.0，0.5，1.0	0.5，−1.0，−0.5，1.0，1.0
抽检数为该立面的 5%；结论：合格	抽检数为该立面的 5%；结论：合格	抽检数为该立面的 5%；结论：合格	抽检数为该立面的 5%；结论：合格

② 放线垂直度，见表 5-2。

质量要求：高度<90m，允许偏差 20mm。

实测值（二）（mm）　　**表 5-2**

北立面 B~G 轴	东立面 1~9 轴	南立面 B~C 轴	西立面 1~8 轴
15，13，15，12，8	16，15，13，17，10	14，16，18，17，11	8，16，13，11，10
抽检数为该立面的 5% 结论：合格	抽检数为该立面的 5% 结论：合格	抽检数为该立面的 5% 结论：合格	抽检数为该立面的 5% 结论：合格

③ 对后置埋件质量验收，见表 5-3。

质量要求：

a. 所用材料规格、数量、焊接质量及防腐处理必须符合设计要求；

b. 幕墙后置件水平偏差不应大于±10mm；垂直允许偏差±20mm（见表 5-4）；

c. 后置埋件应用 4 只化学锚栓固定。

埋件水平偏差实测值（mm）　　**表 5-3**

北立面 B~G 轴	东立面 1~9 轴	南立面 B~G 轴	西立面 1~8 轴
5，7，−9，−8，9，8，9	9，6，−7，−9，6，8，8	7，9，−9，9，6，8，7	7，5，−8，−6，6，9，9
抽检数为该立面的 5% 结论：合格	抽检数为该立面的 5% 结论：合格	抽检数为该立面的 5% 结论：合格	抽检数为该立面的 5% 结论：合格

埋件垂直偏差实测值（mm）　　**表 5-4**

北立面 B~G 轴	东立面 1~9 轴	南立面 B~G 轴	西立面 1~8 轴
15，17，−18，−17，18，19，17	13，16，−14，−19，14，18，17	13，15，−16，14，−17，17，19	19，14，−15，−18，13，14，15
抽检数为该立面的 5% 结论：合格	抽检数为该立面的 5% 结论：合格	抽检数为该立面的 5% 结论：合格	抽检数为该立面的 5% 结论：合格

④ 对构件连接节点验收，见表 5-5。

幕墙连接节点，结合现场结构实际，经多次修改，并经建设单位认可，基本上确保了节点的牢固、可靠。焊接质量及防腐处理符合设计及规范要求。对焊工进行考核上岗，考核方法：焊工各自焊接试件，经抽样测试合格。

对焊件测试结果　　**表 5-5**

试件尺寸（mm）	计算面积（mm^2）	抗拉强度（MPa）	断裂特征	断口距离（mm）
22.36×8.22	183.8	415	塑断	90
22.20×7.72	171.4	440	塑断	10
22.74×8.08	183.7	410	塑断	70

注：钢板对焊（钢板 300mm×200mm×8mm），级别牌号 Q235A。

⑤ 对幕墙防雷装置验收

根据外装设计图纸要求：外装幕墙的防雷装置需自成体系。用50mm×4mm的扁钢作为均压环（防雷带），在建筑物的高度方向每隔三层楼（并不大于20m）和长度方向每隔18m设置引下线，同一平面引下线不少于2根。扁钢与幕墙立梃；扁钢与铝窗框按设计要求进行连接。所有幕墙防雷装置均与土建结构防雷装置连通，上接屋面防雷网，下接土建结构接地线。幕墙防雷装置经电阻测试，电阻值小于1Ω。

（5）幕墙安装施工还应对下列项目进行验收：

① 主体结构与立柱、立柱与横梁连接节点安装及防腐处理；

② 幕墙的防火、保温安装；

③ 幕墙的伸缩缝、沉降缝、防震缝及阴阳角的安装；

④ 幕墙的防雷节点的安装；

⑤ 幕墙的封口安装。

5.1.1 玻璃幕墙工程质量控制要点

1）对所用的原材料、半成品和成品进行检测

（1）铝合金型材

对铝型材的检验重点为查看厂家的生产许可证、出厂合格证、质量保证书及物理性能报告；外观主要检查型材是否变形、氧化膜厚及材料的壁厚是否满足设计要求。

① 幕墙立梃（180系列），见表5-6。

检测结果汇总（一） **表5-6**

检测项目	计量单位	技术指标	检测结果
硬度	HV	≥58	71
氧化膜平均厚度	Mm	≥15	15
型材壁厚	mm	闭合部位实测壁厚≥2.5	实测结果附图2.9，2.9，3.0
结论	样品经检测，所检项目符合《玻璃幕墙工程技术规范》JGJ 102—2003标准规定的技术要求		

② 幕墙立梃、横梁（150系列），见表5-7。

检测结果汇总（二） **表5-7**

检测项目	计量单位	技术指标	检测结果
硬度	HV	≥58	69
氧化膜平均厚度	Mm	≥15	18
型材壁厚	mm	闭合部位立梃最小实测壁厚≥2.5，横梁≥1.5	实测结果附图；立梃：3.24，3.0，3.1；横梁：2.2，2.4
结论	样品经检测，所检项目符合《玻璃幕墙工程技术规范》JGJ 102—2003标准规定的技术要求		

③ 幕墙立梃、横梁（120系列），见表5-8。

检测结果汇总（三）　　　　**表5-8**

检测项目	计量单位	技术指标	检测结果
硬度	HV	≥58	71
氧化膜平均厚度	mm	≥15	17
型材壁厚	mm	闭合部位立梃最小实测壁厚≥2.5	实测结果附图；立梃：2.9，2.9，2.9
结论	样品经检测，所检项目符合《玻璃幕墙工程技术规范》JGJ 102—2003标准规定的技术要求		

（2）玻璃组件（中空玻璃，规格：6＋9＋6），见表5-9。

对玻璃的检验重点为查看厂家的生产许可证、合格证、质保书，颜色是否一致，有无钢化，有无磨边，有无变形，有无气泡。对组件加工厂的考查重点为打胶是否在恒温、无尘的空调房内进行，是否用双组分注胶机，各加工流程是否合格。

产品合格证（抽样388块）　　　　**表5-9**

序号	项目	允许偏差（mm）	检测结果（mm）	结论
1	长宽尺寸	±1.0	＜1.0	合格
2	对角线尺寸	≤2000时为2.3 ＞2000时为3.3	＜2.0	合格
3	平面度	2.5	＜2.5	合格
4	框组装间隙	0.5	＜0.5	合格
5	胶缝宽度	0～1.0	＜0.5	合格
6	胶缝厚度	0～0.5	＜0.5	合格
7	组件周边玻璃与铝框位置差	0.7	＜0.5	合格
8	符合设计要求，保证安全		符合要求	合格
9	注胶和固化过程符合要求		符合要求	合格
10	结构胶填满，无气泡，胶缝平滑		符合要求	合格
11	组件注胶前表面平整，不翘曲		符合要求	合格
12	组件表面无明显擦伤、腐蚀、斑痕		符合要求	合格

（3）建筑用硅酮结构密封胶（德国进口，用于胶结中空玻璃和玻璃副框）

对结构胶和耐候胶的检验重点为相容性试验报告、抗老化性能报告、质保书、商检证、销售许可证、有效期。

国家合成树脂质量监督检验中心对该结构胶进行全性能检测，其检测报告如表5-10所列：

硅酮结构密封胶检测报告　　　　**表5-10**

序号	项目	标准规定	检验结果	单项评定
1	外观	细腻，均匀膏状物，无结块凝胶、结皮及不易迅速分散的析出物	A组分为均匀白色膏状物，无结块、凝胶、结皮现象；B组分为均匀黑色膏状物，无结块、凝胶、结皮现象	合格

续表

序号	项目		标准规定	检验结果	单项评定
2	下垂度(mm)	垂直放置	≤3	0.5	合格
		水平放置	不变形	不变形	合格
3	挤出性(s)		≤10	—	
4	适用期(20min)(s)		≤10	2.7	合格
5	表干时间(min)		≤180	115	合格
6	邵氏硬度HA		30～60	45	合格
7	热老化	热损失(%)	≤10	3.2	合格
		龟裂	无	无	合格
		粉化	无	无	合格

(4) EL305硅酮耐候密封胶(德国进口，用于玻璃幕墙中密封玻璃块间缝隙)

国家化学建筑材料测试中心对该胶进行测试，其检测结果如表5-11所列：

EL305硅酮耐候密封胶检测报告　　表5-11

序号	检测项目		技术指标	检测结果	单项评定
1	外观		细腻，均匀膏状物，无气泡、结皮和凝胶	细腻，均匀膏状物，无气泡、结皮和凝胶。黑色	合格
2	下垂度(mm)	垂直	≤3	0	合格
		水平	无变形	无变形	合格
3	挤出性(ml/min)		≥80	170	合格
4	弹性恢复率(%)		≥80	86.2	合格
5	表干时间(min)		≤180	83	合格
6	拉伸模量MPa		标准状态≤0.4	0.39	合格
			−20℃≤0.6	0.45	合格
7	定伸粘结性		无破坏	无破坏	合格
8	热压、冷拉后的粘结性		无破坏	无破坏	合格
9	浸水光照后定伸粘结性(%)		无破坏	无破坏	合格
10	质量损失率(%)		≤10	4.1	合格

(5)“四性”试验(用于测试玻璃幕墙合格性指标)，见表5-12、表5-13。

物理性能检测结果　　表5-12

项目	技术指标	检测结果	单项评论
空气渗透性 q_0(m^3/m·h)	10Pa下，固定部分 $q_{01}\leqslant 0.01$	0.01	Ⅰ级
	10Pa下，固定部分 $q_{02}\leqslant 0.5$	0.39	Ⅰ级
雨水渗透性 ΔP(Pa)	固定部分 $1600\leqslant\Delta P<2500$	1600	Ⅱ级
	可开启部分 $\Delta P\geqslant 500$	500	Ⅰ级
风压变形性 P_3(Pa)	正压 $2000\leqslant P_3<3000$	2000	Ⅳ级
	负压 $2000\leqslant -P_3<3000$	−2000	Ⅳ级
平面内变形 γ(mm)	$\gamma\geqslant 1/100$	1/100	Ⅰ级

结论：表中“四性”检测结果均满足工程设计要求。

建筑幕墙物理性能分级值　　表5-13

性能	计量单位	分级				
		Ⅰ	Ⅱ	Ⅲ	Ⅳ	Ⅴ
风压变形性 P_3（GB/T 21086—2007）	kPa	$P_3 \geqslant 5$	$4 \leqslant P_3 < 5$	$3 \leqslant P_3 < 4$	$2 \leqslant P_3 < 3$	$1 \leqslant P_3 < 2$
空气渗透性 q_0（GB/T 21086—2007）	可开启部分 q_0（$m^3/m \cdot h$）	$q_0 \leqslant 0.5$	$0.5 < q_0 \leqslant 1.5$	$1.5 < q_0 \leqslant 2.5$	$2.5 < q_0 \leqslant 4.0$	$4.0 < q_0 \leqslant 6.0$
	固定部分 q_0（$m^3/m \cdot h$）	$q_0 \leqslant 0.01$	$0.01 < q_0 \leqslant 0.05$	$0.05 < q_0 \leqslant 0.10$	$0.10 < q_0 \leqslant 0.20$	$0.20 < q_0 \leqslant 0.50$
雨水渗漏性 ΔP（GB/T 15225—94）	可开启部分（Pa）	$\Delta P \geqslant 500$	$350 \leqslant \Delta P < 500$	$250 \leqslant \Delta P < 350$	$150 \leqslant \Delta P < 250$	$100 \leqslant \Delta P < 150$
	固定部分（Pa）	$\Delta P \geqslant 2500$	$1600 \leqslant \Delta P < 2500$	$1000 \leqslant \Delta P < 1600$	$700 \leqslant \Delta P < 1000$	$500 \leqslant \Delta P < 700$
平面内变形 r（GB/T 18250—2000）	mm	$\gamma \geqslant 1/100$	$1/150 \leqslant \gamma < 1/100$	$1/200 < \gamma < 1/150$	$1/300 < \gamma < 1/200$	$1/400 \leqslant \gamma < 1/300$

（6）其他性能

① 保温性能，见表5-14。

玻璃幕墙采用钢化中空镀膜玻璃，保温性能达到Ⅳ级。

保温性能　　表5-14

性能	分级指标	分级			
		Ⅰ	Ⅱ	Ⅲ	Ⅳ
保温性	K（$W/m^2 \cdot K$）	$K \leqslant 0.7$	$0.7 < K \leqslant 1.25$	$1.25 < K \leqslant 2.0$	$2.0 < K \leqslant 3.3$

② 隔声性能，见表5-15。

玻璃幕墙采用钢化中空镀膜玻璃，其隔声性能达Ⅲ级。

隔声性能　　表5-15

性能	分级指标	分级			
		Ⅰ	Ⅱ	Ⅲ	Ⅳ
隔声性	R_W(dB)	$R_W > 40$	$40 > R_W \geqslant 35$	$35 > R_W \geqslant 30$	$30 > R_W \geqslant 25$

③ 耐撞击性能，见表5-16。

玻璃幕墙采用钢化玻璃，其耐撞击性能达Ⅲ级。

耐撞击性能　　表5-16

性能	分级指标	分级			
		Ⅰ	Ⅱ	Ⅲ	Ⅳ
耐撞击性	F($N \cdot m/s$)	$F \geqslant 280$	$280 > F \geqslant 210$	$210 > F \geqslant 140$	$140 > F \geqslant 70$

④ 抗震性能。在结构连接部位设置长孔，以满足地震时带来结构变形。

⑤ 防雷性能。按防雷设计要求，分类进行设计。

⑥ 防火性能。按防火设计要求在梁面部位设置防火岩棉。

2）对玻璃幕墙构件安装验收

玻璃幕墙立梃与横梁用铝合金型材制作，其安装检验记录举例（表5-17）：

××××集团有限责任公司

（明、半、隐框玻璃幕墙）构件安装检验记录

HF/QR-751-×××-01

编号：002

工程名称	××省邮政通信指挥中心			施工部位	北立面B～F，3～17层
依据标准	《玻璃幕墙工程质量检验标准》JGJ/T 139—2001			检验方式	抽检5%
竖向构件安装质量的检验	序号	项目		允许偏差（mm）	实测数据
	1	构件整体垂直高度 h＜90m		≤20	19、18、16、15、17、15
	2	竖向构件直线度		≤2.5	2.0、2.5、2.5、2.0、2.0、2.5
	3	相邻两竖向构件标高偏差		≤3	3.0、2.5、2.0、2.5、2.0、2.0
	4	同层构件标高偏差		≤5	5.0、4.5、5.0、4.5、4.5、5.0
	5	相邻两竖向构件间距偏差		≤2	2.0、1.5、1.5、2.0、1.5、2.0
	6	构件外表面平面度	相邻三构件	≤2	2.0、1.5、1.5、1.5、2.0、1.5
			幕墙宽度≤40m	≤7	7.0、6.0、6.5、6.5、7.0、7.0
横向构件安装质量检验	7	单个横向构件水平度	L≤2m	≤2	2.0、1.5、2.0、1.5、2.0、1.5
			L＞2m	≤3	
	8	相邻两横向构件间距差	s≤2m	≤1.5	1.5、1.0、1.0、1.5、1.5、1.0
			s＞2m	≤2	
	9	相邻两横向构件端部标高差		≤1	1.0、0.5、0.5、1.0、0.5、0.5
	10	幕墙横向构件高度差	b≤35m	≤5	
			b＞35m	≤7	6.0、6.0、6.5、6.5、6.5、6.0
分格框对角线		L_d≤2m		≤3	
		L_d＞2m		≤3.5	3.0、3.0、3.5、2.5、3.5、2.5
焊缝质量：表面平整、光滑、无焊瘤、夹渣				防雷系统安装质量：防雷装置连接紧密、可靠、不松动，电阻值小于1Ω，符合设计及规范要求	
防火层安装质量：防火层材料铺设饱满、均匀、无遗漏，符合设计及规范要求					

5.1.2　石材幕墙工程质量控制要点

1）所用的原材料、半成品和成品进行检测

对石材的检验重点为合格证、质保书、性能报告及放射性试验报告；外观颜色、尺寸和厚度。

（1）镜面干挂花岗岩（西班牙粉红麻）

① 板材的设计厚度为30mm。实测值：30mm，29.5mm，29mm，28.5mm，28mm，27.5mm，27mm，25mm。按合格品验收，规范规定为±2.0mm，即厚度小于28mm者不用。天然花岗岩板材允许偏差（镜面），见表5-18。

天然花岗岩板材允许偏差（镜面）　　表 5-18

		优等品	一等品	合格品
长度（mm）		+0，−1.0	+0，−1.0	+0，−1.0
厚度（mm）	≤12	±0.5	±1.0	+1.0，−2.0
	>12	±1.0	±1.5	±2.0

② 板材物理力学性能复测结果，见表 5-19。

板材物理力学性能复测结果　　表 5-19

检测项目	计量单位	标准值	实测值	单项评定
干燥压缩强度	MPa	≥100.0	126.2	合格
吸水率	%	≤0.60	0.32	合格
干燥弯曲强度	MPa	≥8.0	8.90	合格
结论	该样品经检验，所检项目均符合《天然花岗石建筑板材》GB/T 18601—2009 的技术要求			

③ 板材放射性指标检测结果，见表 5-20。材料放射性限量和分类，见表 5-21。

板材放射性指标检测结果　　表 5-20

内照射指数	外照射指数	材料分类
0.44	1.13	A 类装修材料
结论	放射性指标符合《民用建筑工程室内环境污染控制规范》GB 50325—2010 标准规定的 A 类装修材料要求	

材料放射性限量和分类（GB 50325—2010）　　表 5-21

	建筑主体材料	建筑主体材料空心率大于 25%	装修材料		
			A	B	C
内照射指数（I_{R_a}）	≤1.0	≤1.0	≤1.0	1.0<I_{R_a}<1.3	
外照射指数（I_γ）	≤1.0	≤1.3	≤1.3	1.3<I_γ≤1.9	1.9<I_γ≤2.8

注：1. A 类装修材料使用范围不受限制；B 类装修材料不可用于Ⅰ类民用建筑的内饰面，但可用于Ⅰ类民用建筑的外饰面及其他一切建筑物的内、外饰面；C 类装修材料只可用于建筑物的外饰面。

2. Ⅰ类民用建筑工程包括住宅、医院、老年建筑、幼儿园、学校教室等民用建筑工程。Ⅱ类民用建筑工程包括办公楼、商店、旅馆、文化娱乐场所、书店、图书馆、体育馆、公共交通等候室、餐厅、理发店等民用建筑工程。

（2）钢材（用于石材幕墙）

① 方钢（立梃），见表 5-22。

方钢检测结果汇总　　表 5-22

检测项目	计量单位	标准要求	检测结果
抗拉强度 R_a	N/mm^2	—	405
断后伸长率 A	%	—	29.5
弯曲试验	—	—	无裂缝
结论	单项不做评定		

② 角钢（横梁），见表 5-23。

角钢检测结果汇总 **表 5-23**

检测项目	计量单位	标准要求	检测结果
下屈服强度 R	N/mm^2	≥235	290
抗拉强度 R_a	N/mm^2	375～500	410
断后伸长率 A	%	≥26	29.5
弯曲试验	—	无裂缝	符合
结论	单项评定符合标准		

③ 化学锚栓 M12×160（进口德国伍尔特产品，用于锚固幕墙立梃后置件）：

a. 抗剪检测结果，见表 5-24。

抗剪检测结果 **表 5-24**

检测项目	计量单位	实测值	平均值
单面抗剪力	kN	33.0，34.0，32.5	33.2
单面抗剪力	kN	33.5，33.3，33.7	33.5
单面抗剪力	kN	29.3，32.5，30.9	30.9
结论	符合厂商提供的资料：M12 最小值 29.8kN，最大值 32.7kN，平均数 31.3kN，变异系数 0.031		

b. 原位抗拔测试结果，见表 5-25。

原位抗拔测试结果 **表 5-25**

受力性质	测试位置	测试力值 kN	测试情况
原位抗拔	第三层 9/E～F	20.0	未破坏
		20.0	未破坏
		30.0	未破坏
原位抗拔	第四层 9/C～D	25.0	未破坏
		30.0	未破坏
		30.0	未破坏

注：测试依据：(上海市工程建设规范)《建筑锚栓抗拉拔、抗剪性能试验方法》DG/TJ 08—003—2000

④ FZP 柱锥式锚栓（飞鱼牌背栓螺栓，用于干挂石材），见表 5-26。

FZP 柱锥式锚栓检测结果 **表 5-26**

组号	锚栓规格	试件编号	石材编号	抗拔力（kN）	破坏状态
Ⅰ	M6	1	11F，DSC-29	3.21	背栓未滑移，石材未破坏
		2		3.73	
		3		3.72	
Ⅱ		1	13F，DSCB-42	3.60	
		2		3.80	
		3		3.80	
Ⅲ		1	—	6.51	
		2		6.53	
		3		9.69	石材断裂
说明		20××/5/18 测试			

⑤ EL355 硅酮无污染石材胶（德国进口，用于干挂石材缝隙间打胶）

国家化学建筑材料测试中心对该胶进行测试，其检测结果如下（表5-27）：

EL355 硅酮胶检测报告　　**表 5-27**

序号	检测项目		技术指标	检测结果	单项评定
1	外观		细腻、均匀膏状物，无气泡、结皮和凝胶	细腻、均匀膏状物，无气泡、结皮和凝胶，黑色	合格
2	下垂度（mm）	垂直	≤3	0	合格
		水平	无变形	无变形	合格
3	表干时间（h）		≤3	2	合格
4	挤出性（ml/min）		≥80	266.7	合格
5	弹性恢复率（%）		≥80	95.9	合格
6	拉伸模量 MPa	23℃	≤0.4	0.31	合格
		−20℃	≤0.6	0.36	合格
7	定伸粘结性（%）		无破坏	无破坏	合格
8	浸水后定伸粘结性（%）		无破坏	无破坏	合格
9	热压\冷拉后的粘结性		无破坏	无破坏	合格
10	污染性（mm）	污染深度	≤1.0	0.5	合格
		污染宽度	≤1.0	0.5	合格
11	紫外线处理		表面无粉化、龟裂、−25℃无裂纹	表面无粉化、龟裂、−25℃无裂纹	合格
备注	（1）基材清洗液：50%异丙醇水溶液； （2）挤出性的检测采用400ml挤出筒				

2）对石材幕墙构件安装验收

石材幕墙用镀锌方钢管作立梃（柱），用镀锌角钢作横梁，其安装检验记录举例（表5-28）：

××××集团有限责任公司

（金属、石材幕墙）构件安装检验记录

HF/QR-751-×××-02

编号：001　　**表 5-28**

工程名称		××省邮政通信指挥中心	施工部位	东立面 1-9 轴，2-17 层
依据标准		《金属与石材幕墙工程技术规范》JGJ 133—2001	检验方式	抽检 5%
项目			允许偏差（mm）	实测数据
1	立柱安装	构件整体垂直高度 h<90m	≤20	19、18、15、14、15、18
2		立柱安装标高偏差	≤3	2.5、2.5、3.0、3.0、3.0、2.5
3		轴线前后偏差	≤2	1.5、1.5、1.5、2.0、2.0、1.5
4		左右偏差	≤3	3.0、2.5、3.0、2.0、3.0、3.0
5		相邻两立柱标高偏差	≤3	3.0、3.0、2.5、2.5、2.5、3.0
6		同层立柱最大标高偏差	≤5	4.5、5.0、5.0、4.5、4.5、4.5
7		相邻两立柱间距偏差	≤2	1.5、2.0、1.5、1.5、2.0、1.5

续表

<table>
<tr><td colspan="3">工程名称</td><td colspan="2">××省邮政通信指挥中心</td><td>施工部位</td><td>东立面1～9轴，2～17层</td></tr>
<tr><td colspan="3">依据标准</td><td colspan="2">《金属与石材幕墙工程技术规范》
JGJ 133—2001</td><td>检验方式</td><td>抽检5%</td></tr>
<tr><td colspan="5">项目</td><td>允许偏差（mm）</td><td>实测数据</td></tr>
<tr><td>8</td><td rowspan="3">横梁安装</td><td colspan="3">相邻两横梁水平标高偏差</td><td>≤1</td><td>0.5、1.0、0.5、0.5、1.0、0.5</td></tr>
<tr><td rowspan="2">9</td><td colspan="2" rowspan="2">同层标高偏差</td><td>幕墙宽度≤35m</td><td>≤5</td><td>4.5、5.0、5.0、4.5、5.0、5.0</td></tr>
<tr><td>幕墙宽度>35m</td><td>≤7</td><td></td></tr>
<tr><td colspan="2" rowspan="2">分格框对角线</td><td colspan="3">对角线长不大于2000mm</td><td>≤3</td><td>2.5、3.0、3.0、2.5、3.0、2.5</td></tr>
<tr><td colspan="3">对角线长大于2000mm</td><td>≤3.5</td><td></td></tr>
<tr><td colspan="5">焊缝质量：表面平整、光滑，无焊瘤、夹渣</td><td colspan="2">防雷系统安装质量：
防雷装置连接紧密、可靠、不松动，
电阻值小于1Ω，符合设计及规范要求</td></tr>
<tr><td colspan="7">防火安装层质量：</td></tr>
</table>

（1）石材幕墙构件应按同一种类构件的5%进行抽样检查，且每种构件不得少于5件。当有一个构件抽样不符合上述规定时，应加倍抽样复验，全部合格后方可出厂。

（2）石板安装应符合下列规定：

① 应对横竖连接件进行检查、测量、调整；

② 石板安装时，左右、上下的偏差不应大于1.5mm；

③ 石板空缝安装时，必须有防水措施，并应有符合设计要求的排水出口；

④填充硅酮耐候密封胶时，石板缝的宽度、厚度应根据硅酮耐候密封胶的技术参数，经计算后确定。有关石材安装如图5-3～图5-10所示。

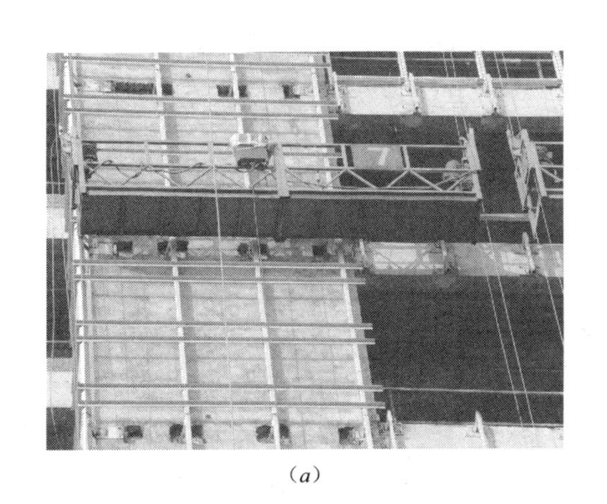

（a）

（b）

图5-3　石材幕墙的主体结构与立柱、立柱与横梁连接节点安装

(*a*)

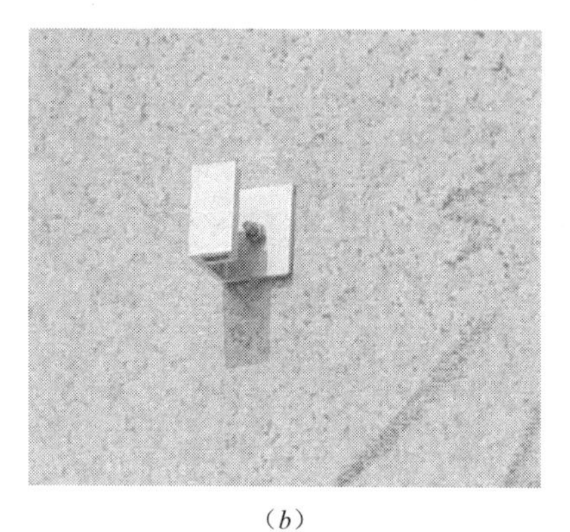

(*b*)

图 5-4　石材采用背挂式（每块石材背后设四个专用挂件）

图 5-5　石材背后的专用挂件由专用机床钻孔后埋入

图 5-6　专用挂件

挂在横梁上配置的专用卡件上，并用螺栓作上下、左右微调，以保证每块石材的准确位置。

(*a*)

(*b*)

图 5-7　上下（（*a*）图）、左右（（*b*）图）石材挂置状况

(a)

(b)

图 5-8 立柱上、下节接点处理方法

下节上端固定，上节下端可伸缩，两节间加套筒。

图 5-9 立柱通过预埋件与主体连接

图 5-10 上下幕墙窗之间与干挂石材骨架节点的构造图

5.1.3 幕墙工程质量控制方法及措施

可按施工进程分为事前控制、事中控制、事后控制和各时期资料的核查。采用巡视、旁站、测量、试验、指令性文件、工地会议和专家会议等措施，对各单位工作提出如下要求：

(1) 建设和施工单位必须认真贯彻国家和地方政府的有关法律、法规、规章。

(2) 施工单位所施工的幕墙工程质量必须符合国家行业标准、地方标准和验收规范，并且符合设计文件和工程施工合同要求。

(3) 在开工前，施工单位应协助建设单位向质监站申办工程质量监督手续；工程竣工后，施工单位应及时报政府质量监督部门审核。

(4) 施工单位应当建立健全质量保证体系，配备持有效上岗证的质量检查员，落实质量责任制，做好施工现场质量管理，对施工全过程进行质量控制。

(5) 施工单位必须按照工程设计文件、施工规范、标准和工程施工合同组织施工，对进入本施工现场的幕墙材料、构配件和设备进行检验，按规定须由检测单位检测或鉴定的应先检测或鉴定；不合格的材料、构配件和设备等不得使用；并且整理保存好合格证、质保书及检测报告。

(6) 施工单位根据实际施工状况，对设计文件需做变更的，应请原设计单位进行出图修改，不得擅自修改工程设计。

(7) 施工单位应严格执行施工规范和技术标准，做好工序控制（自检、互检、交接检）和质量检验（分项工程质量检验评定工作）。

(8) 施工单位在隐蔽工程完工后，应及时通知专业监理工程师进行验收签认。

(9) 施工单位在工程竣工后，应及时通知建设、监理、质监等各方参加验收，并办理验收手续和移交手续，并按规定要求及时整理好工程竣工资料，会同建设单位，做好城建档案的归档工作。

(10) 由于项目施工管理不善等原因造成质量事故，其返工费用由施工单位自行承担，并且工期不得延误。

(11) 若工程发生重大质量事故，施工单位应及时通知建设单位，并且按规定向质量监督部门及其他有关部门报告，并且保护好现场。

(12) 施工单位应根据ISO 9001贯标要求，做好工程施工、质量、技术、安全、材料、人员、设备、资料等项管理工作，要经得起建设、监理、政府质监部门及建设单位有关部门的检查，做到干我所写，写我所干。

(13) 施工单位在工程施工中应严格按照规范规定做好装饰材料中有害物质的限量检测工作，质量验收规范中明确规定的强检条文应有文字记录备查。

(14) 项目监理机构应编制工程质量监督计划，并通知施工单位。

(15) 项目监理机构应按照质量监督计划进行监督抽查、核验，填写质量监督记录。

(16) 项目监理机构有权对施工单位在施工现场的建筑装饰、安装材料、半成品和成品进行抽检。

(17) 项目监理机构有权检查施工单位的质量保证体系，并且提出整改要求，施工单位应按监理的整改要求进行整改。

5.1.4 幕墙工程在施工过程中存在的主要质量问题及其处理结果

幕墙工程在施工过程中存在的主要质量问题及其处理结果，见表5-29。

幕墙工程在施工过程中存在的主要质量问题及其处理结果　　表5-29

序号	质量问题	处理结果	备注
1	进场化学锚栓与封样不符（无标识、螺纹、与呈色不同）	不符者退货。更换符合封样要求的化学锚栓。并对锚栓进行抗拔和抗剪测试合格	化学锚栓为德国“伍尔特”牌
2	玻璃幕墙铝型材厚度（含立梃、横梁、角铝）现场实测验收与原设计相比均小1mm	将厚度减小的设计经省审图中心审查批准后实施	建设、监理方要求扣除厚度减小后的铝材费用
3	玻璃幕墙铝型材立梃与接插件间不能紧配合	采取打密封胶处理	
4	石材幕墙钢立梃与接插件间不能紧配合	采用钢栓配件固定	
5	石材幕墙钢立梃节点固定用的后置件，设计用四个锚栓固定，少量因钻孔遇钢筋，小于用四个锚栓固定	配制硬度大的钻头在原位打孔或移位打孔后加焊钢板固定	

续表

序号	质量问题	处理结果	备注
6	玻璃幕墙铝型材立梃节点固定用的后置件，原设计用四个锚栓固定在悬挂板上，因悬挂板厚度近于锚栓长度，按锚固要求失效	签发设计变更，改用镀锌钢螺栓连接	
7	洞口窗立梃上下固定原设计采用四个锚栓后置件固定。可后置件宽度只能有一个锚栓位置，另一个要设置到洞口侧面	原设计采用角钢板成型，实际上改用两块钢板直角焊接	
8	石材幕墙钢立梃节点原设计固定在砖墙的构造柱上	针对不同的构造柱位置，另行变更设计，采取加固措施	
9	4F、17F洞口窗为保持与其他窗的高度一致，洞口窗上一段未能按设计图纸施工	监理已签发整改通知，否则不予验收	设计已出示变更图和验算结果合格，监理要求经省审图中心盖章
10	幕墙阳角立梃与后置件的固定以焊接代替螺栓连接	监理已签发整改通知，否则不予验收	设计已出示变更图，监理要求经省审图中心盖章
11	后置件均采用涂锌处理。但因后焊接，破坏了涂锌层	对焊缝处理后，刷二道防锈漆，再刷二道银粉漆	
12	幕墙防雷均压坏截面小于设计要求	按设计要求整改到位	
13	5～11层⑦轴C-8窗设计宽度3000mm，施工改成2790mm，误差210mm	书面通知施工单位向业主报告	由于设计原因，照顾到外立面上下窗宽的一致性，经业主同意施工方的更改
14	5～17层④轴C-8窗设计宽度2900mm，施工改成2790mm，误差110mm	同13项	由于设计原因，照顾到外立面上下窗宽的一致性，经业主同意施工方的更改
15	第四层北立面玻璃幕墙内侧支架用12#槽钢代替设计规定的18#槽钢	发指令要求其整改	经业主与监理同意，在12#槽钢旁另加焊12#槽钢加固
16	南立面玻璃幕墙横梁与立梃间缺少橡胶垫片，且有部分横梁下料短少10mm	同上处理	
17	防雷用的均压环施工尚未到位。设计要求三层设一道，并设接地，防雷接地自成体系	要求施工单位按设计图纸整改到位	按设计要求整改到位，并通过监理验收
18	干挂石材幕墙立梃用的后置件和洞口窗立梃上口，其上角钢应三面焊接，现有少数只焊一长面	已通知其整改	已整改到位，并通过监理验收
19	南、北立面第四层玻璃幕墙侧钢制斜撑高度太低，降低了装修吊顶高度	要求设计院来人处理	

续表

序号	质量问题	处理结果	备注
20	当进行西立面石材外挂时，经监理检查，所采用的背栓以杭州产品代替进口飞鱼牌	监理查封杭州产品，令施工单位采购进口飞鱼牌背栓	抽查已安东立面所用背栓为进口飞鱼牌背栓。西立面已使用进口飞鱼牌背栓
21	洞口窗框二侧胶缝宽度不一致	调整洞口侧面干挂石材离窗框边的距离	
22	干挂石材间缝隙设计要求打深胶缝（胶缝低于板面6～8mm）	与打平胶缝（胶从板面往下打8mm）相比施工难度大，质量不易控制	加强检查胶缝接头的搭接好
23	石材干挂后有色差	同一大面用的石材要求在同一批方料中一次性下料	采取措施后还有个别处色差，可个别进行调换
24	个别板平整度差、缝隙小	平整度可个别调整、缝小能调整的可调，不能调整者请石料供应商开缝	
25	石材干挂后发现个别板上缺角、掉棱	由石材供应商调制与石料相同的色料到现场修补	
26	女儿墙压顶石料配料不能保证墙内侧挑出一致	石料配料是一样大小的，因外墙干挂立梃离墙距离不一造成的，通过整改到位	
27	17F西立面阳台两侧墙面干挂未能做立梃	在墙面两端各立方钢立柱一根，中间焊角钢做横梁，梁中间吊若干挂件，并用膨胀螺栓锚固。经验算合格	原因是加立梃后墙面厚度增加，从向西幕墙中可看出
28	市质监站检查石材幕墙工程后认为立梃后置件用的化学锚栓其抗拔只做六根数量不合规范	拆除干挂石材，露出后置件后对其化学锚栓进行非破损性抗拔试验，以达到规范要求	原因是施工单位怕花试验费，没有按规范要求取样测试
29	市质监站检查玻璃幕墙工程资料后认为"四性"试验中平面变形不符合设计规定	原设计立梃壁厚为4mm，可材料进场时为3mm，经省审图中心同意为3mm。结果经测试《平面变形不符合设计规定》。处理结果以符合设计老规范为准	幕墙设计规定为二级，而实际测试为一级
30	市质监站检查玻璃幕墙及幕墙窗淋水试验组数太少	再增加九组淋水试验，平均200m^{2}一组，按幕墙、窗均匀分布抽样检测	由施工单位直接委托市质监站检测，一组价300元
31	市质监站检查玻璃和石材幕墙设计方案时未见主体设计单位的书面认可资料	玻璃和石材幕墙设计方案确定时，曾得到主体设计单位结构工程师的认可，也曾草签过，但未能办理正式认可手续，现须要补办	由建设单位负责与原设计院联系
32	市质监站检查玻璃幕墙及幕墙窗的地台高度低于800mm（只有200mm），按建筑设计强制性标准要求，应设置防护栏杆； 幕墙和内装设计单位对此在图纸上无要求。监理向建设单位一再建议整改，否则，不能验收		

5.1.5 幕墙工程在“创优”过程中应避免的质量疵病

根据参与鲁班奖工程评选活动的专家撰文披露，幕墙工程在“创建鲁班奖工程”过程中应避免的质量疵病：

1）石材幕墙

（1）石材背面及四周没有做防水涂层处理，板缝注胶不够饱满、密实，造成返潮泛碱，污染墙面（本工程外挂石材采用进口防水涂料事前进行六面涂刷，既防止返潮泛碱，又能防止雨后石材因吸水程度不同而造成墙面色差）；

（2）石材的弯曲强度不应小于 8.0MPa，吸水率应小于 0.8%，石材幕墙的铝合金挂件厚度不应小于 4.0mm，不锈钢挂件厚度不应小于 3.0mm；

（3）石材进入施工现场，没有防雨淋措施，造成石材翘曲不平，或被包装的草绳水浸污染，形成墙面色泽不均；

（4）石材供应商服务不到位，货到现场验收不严格，使部分翘曲变形石材混入其中，影响工程施工质量。产生翘曲的原因，主要是石材切割应力重新分布而产生的应变，最终导致变形，对应措施是提前加工毛坯，搁置一段时间后再磨光，可消除大部分变形。

2）玻璃幕墙工程

（1）幕墙防雷措施不到位；

（2）缺少淋水试验资料；

（3）楼梯间的楼层间的封堵未做或材料不合要求；

（4）无窗槛墙时玻璃安全性能达不到要求，特别是防火要求；

（5）缺承包商的设计与制作安装企业的资质证和计算书；缺使用的材料质量证明文件及相容性检验证明；

（6）结构胶和密封胶的打注欠饱满密实，宽度和厚度不够规范，特别是隐框、半隐框幕墙所采用的结构粘结材料必须是中性硅酮结构密封胶，必须复查使用的有效期。各项性能应符合《建筑用硅酮结构密封胶》GB 16776 的规定。

5.1.6 超薄蜂窝石材板幕墙的施工

某银行大厦为 24 层高层办公楼，本次进行外立面装修改造，采用干挂超薄蜂窝石材板幕墙，被评为 20××年市优工程（图 5-11～图 5-14）。

超薄蜂窝石材板幕墙板块尺寸为 1000mm×1650mm，总厚度为 20mm，其中石板厚 5mm，蜂窝板厚 15mm。板的背面设置四个背栓，背栓孔到短边端面的垂直距离 a=150mm，背栓孔到长边端面的垂直距离 b=150mm。

龙骨材质：立柱 Q235 矩形钢管，截面 120mm×60mm×3mm。横梁为 Q235 角钢 ∟5×5。

连接：立柱与主体连接处的钢角码壁厚 8mm，立柱与主体连接处的螺栓公称直径 12mm，每一连接点配 2 个螺栓；立柱与横梁连接处的钢角码壁厚 5mm，立柱与钢角码连接处的螺栓公称直径 6mm，每一连接点配 2 个螺栓，横梁与钢角码连接处的螺栓公称直径 6mm，每一连接点配 2 个螺栓。

这种超薄蜂窝石材板幕墙优点很多，除自重轻以外，其蜂窝板还有保温隔热作用。作者特意向读者推荐有关知识，包括设计、计算等方面的知识供参考。

图 5-11　外立面改造前

图 5-12　外立面改造后

图 5-13　超薄蜂窝石材板正、反面及背栓

图 5-14　超薄蜂窝石材板与龙骨的连接

蜂窝石材计算书

1. 基本参数

（1）幕墙所在地区

××市新街口。

（2）地面粗糙度分类等级

幕墙属于外围护构件，按《建筑结构荷载规范》GB 50009—2012 分为：

A 类：指近海海面和海岛、海岸、湖岸及沙漠地区；

B 类：指田野、乡村、丛林、丘陵以及房屋比较稀疏的乡镇和城市郊区；

C 类：指有密集建筑群的城市市区；

D 类：指有密集建筑群且房屋较高的城市市区。

依照上面分类标准，本工程按 D 类地形考虑。

（3）抗震烈度：

根据国家规范《建筑抗震设计规范》GB 50011—2010，南京地区地震基本烈度为7度，地震加速度为0.1g（规范表3.2.2），水平地震影响系数最大值为：$\alpha_{max}=0.08$（规范表5.1.4-1）。

2. 幕墙承受荷载计算

（1）风荷载标准值的计算方法：

幕墙属于外围护构件，按《建筑结构荷载规范》GB 50009—2012计算：

$$w_k=\beta_{gz}\mu_z\mu_{s1}w_0$$

式中　w_k——风荷载标准值（kN/m^2）或（MPa）；

β_{gz}——高度z处的阵风系数；根据D类地形，85m高度处的阵风系数：查GB 50009—2012表8.6.1得$\beta_{gz}=2.025$；

μ_{s1}——风荷载局部体型系数；

μ_z——风压高度变化系数。

μ_z：风压高度变化系数；根据D类地形，查GB 50009—2012表8.2.1得$\mu_z=0.945$

μ_{s1}：局部风压体型系数；按《建筑结构荷载规范》GB 50009—2012第8.3.3条：验算围护构件及其连接的强度时，可按下列规定采用局部风压体型系数μ_{s1}：

① 外表面：

正压区：按表8.3.3采用；

负压区：

——对墙面，取-1.0；

——对墙角边，取-1.4。

② 内表面：

对封闭式建筑物，按表面风压的正负情况取-0.2或0.2。

本计算点为转角位置。

注：上述的局部体型系数$\mu_{s1}(1)$是适用于围护构件的从属面积A小于或等于$1m^2$的情况折减系数取1.0；当围护构件的从属面积A大于或等于$25m^2$时，局部风压体型系数μ_{s1}（25）可乘以折减系数0.8；当构件的从属面积小于$25m^2$而大于$1m^2$时，局部风压体型系数μ_{s1}（A）可按面积的对数线性插值，即：

$$\mu_{s1}(A)=\mu_{s1}(1)+[\mu_{s1}(25)-\mu_{s1}(1)]\log A$$

式中当$A\geqslant 25m^2$时，取$A=25m^2$；当$A\leqslant 1m^2$时，取$A=1m^2$；

W_0——基本风压值（MPa），根据《建筑结构荷载规范》GB 50009—2012表E.5，按南京市重现期50年，取$0.4kN/m^2=0.0004MPa$；

（2）计算支撑结构时的风荷载标准值：

计算支撑结构时的构件从属面积：

$$A=1\times 3.9=3.9m^2$$

$$\log A=0.591$$

$$\mu_{s1}(A)=\mu_{s1}(1)+[\mu_{s1}(25)-\mu_{s1}(1)]\log A=1.587$$

$$\mu_{s1}=1.587+0.2=1.787$$

$$w_k=\beta_{gz}\mu_z\mu_{s1}w_0=2.025\times 0.945\times 1.787\times 0.0004=0.001368MPa$$

（3）计算面板材料时的风荷载标准值：

计算面板材料时的构件从属面积：

$$A = 1 \times 1.65 = 1.65\text{m}^2$$

$$\log A = 0.217$$

$$\mu_{s1}(A) = \mu_{s1}(1) + [\mu_{s1}(25) - \mu_{s1}(1)]\log A = 1.722$$

$$\mu_{s1} = 1.722 + 0.2 = 1.922$$

$$w_k = \beta_{gz}\mu_z\mu_{s1}w_0 = 2.025 \times 0.945 \times 1.922 \times 0.0004$$
$$= 0.001471\text{MPa}$$

（4）垂直于幕墙平面的分布水平地震作用标准值：

$$q_{EAk} = \beta_E \alpha_{max} G_k / A$$

q_{EAk}——垂直于幕墙平面的分布水平地震作用标准值（MPa）；

β_E——动力放大系数，取5.0；

α_{max}——水平地震影响系数最大值，取0.08；

G_k——幕墙构件的重力荷载标准值（N）；

A——幕墙构件的面积（mm^2）。

（5）作用效应组合：

荷载和作用效应按下式进行组合：

$$S = \gamma_G S_{Gk} + \psi_w \gamma_w S_{wk} + \psi_E \gamma_E S_{Ek}$$

式中　S——作用效应组合的设计值；

S_{Gk}——重力荷载作为永久荷载产生的效应标准值；

S_{wk}、S_{Ek}——分别为风荷载，地震作用作为可变荷载产生的效应标准值；

γ_G、γ_w、γ_E——各效应的分项系数；

ψ_w、ψ_E——分别为风荷载，地震作用效应的组合系数，此处ψ_w=1.0，ψ_E=0.5；

上面的γ_G、γ_w、γ_E为分项系数，按《玻璃幕墙工程技术规范》JGJ 102—2003第5.4.2条、第5.4.3条、第5.4.4条规定如下：

进行幕墙构件强度、连接件和预埋件承载力计算时：

重力荷载γ_G：1.2；

风荷载γ_w：1.4；

地震作用γ_E：1.3；

进行挠度计算时：

重力荷载γ_G：1.0；

风荷载γ_w：1.0；

地震作用：可不做组合考虑。

3. 幕墙立柱计算

（1）基本参数：

① 计算点标高：85m；

② 力学模型：单跨简支梁；

③ 立柱跨度：L=3900mm；

④ 立柱左分格宽：1000mm；立柱右分格宽：1000mm；

⑤ 立柱计算间距：B=1000mm；

⑥ 板块配置：20mm蜂窝石材；

⑦ 立柱材质：Q235；

⑧ 安装方式：偏心受拉。

本处幕墙立柱按单跨简支梁力学模型进行设计计算，受力模型如图5-15～图5-17所示：

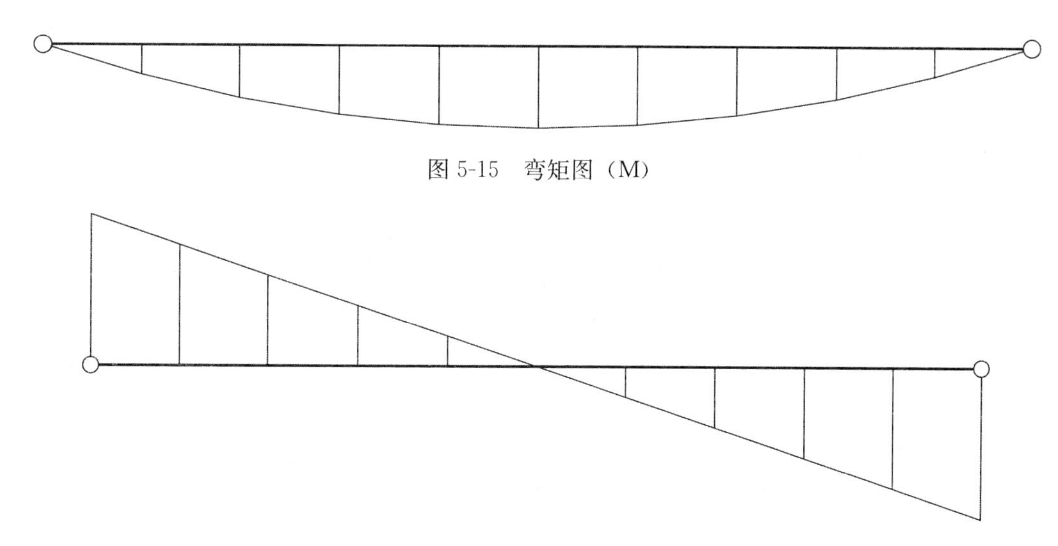

图5-15 弯矩图（M）

图5-16 剪力图（V）

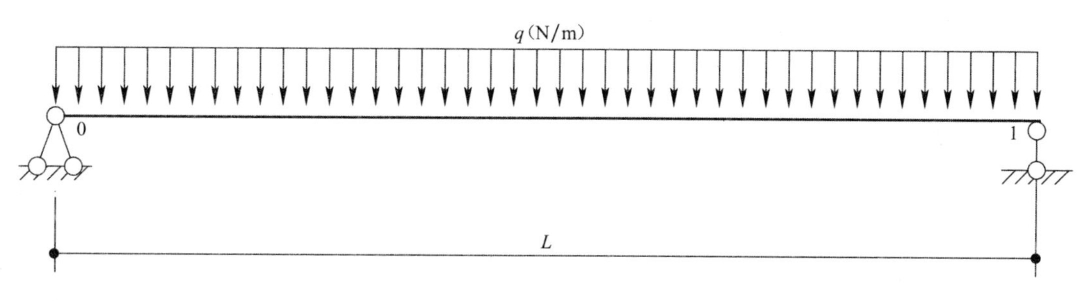

图5-17 单跨简支梁受力模型

（2）立柱型材选材计算：

① 风荷载作用的线荷载集度（按矩形分布）：

$$q_{wk} = w_k B = 0.001368 \times 1000 = 1.368\text{N/mm}$$

$$q_w = 1.4 q_{wk} = 1.4 \times 1.368 = 1.92\text{N/mm}$$

式中 q_{wk}——风荷载线分布最大荷载集度标准值（N/mm）；

w_k——风荷载标准值（MPa）；

B——幕墙立柱计算间距（mm）；

q_w——风荷载线分布最大荷载集度设计值（N/mm）；

② 水平地震作用线荷载集度（按矩形分布）：

$$q_{EAk} = \beta_E \alpha_{max} G_k / A = 5.0 \times 0.08 \times 0.0011 = 0.00044\text{MPa}$$

式中 q_{EAk}——垂直于幕墙平面的分布水平地震作用标准值（MPa）；

β_E——动力放大系数，取5.0；

α_{max}——水平地震影响系数最大值，取0.08；

G_k——幕墙构件的重力荷载标准值（N），（含面板和框架）；

A——幕墙构件的面积（mm^2）；

幕墙单位面积的自重标准值：

$$\frac{G_K}{A} = 0.0011\text{MPa}$$

$$q_{Ek} = q_{EAK}B = 0.00044 \times 1000 = 0.44\text{N/m}$$

式中　q_{Ek}——水平地震作用线荷载集度标准值（N/mm）；

B——幕墙立柱计算间距（mm）；

$$q_E = 1.3q_{Ek} = 1.3 \times 0.44 = 0.572\text{N/mm}$$

式中　q_E——水平地震作用线荷载集度设计值（N/mm）；

③ 幕墙受荷载集度组合：

用于强度计算时，采用 $S_w+0.5S_E$ 设计值组合：

$$\begin{aligned} q &= q_w + 0.5q_E \\ &= 1.92 + 0.5 \times 0.572 \\ &= 2.206\text{N/mm} \end{aligned}$$

用于挠度计算时，采用 S_w 标准值：

$$\begin{aligned} q_k &= q_{wk} \\ &= 1.368\text{N/mm} \end{aligned}$$

④ 立柱在组合荷载作用下的弯矩设计值：

采用 $S_w+0.5S_E$ 组合：

$$\begin{aligned} M_w &= q_w L^2/8 \\ M_E &= q_E L^2/8 \\ M_x &= M_w + 0.5M_E \\ &= qL^2/8 \\ &= 2.206 \times 3900^2/8 \\ &= 4194157.5\text{N} \cdot \text{mm} \end{aligned}$$

式中　M_x——弯矩组合设计值（N·mm）；

M_w——风荷载作用下立柱产生的弯矩设计值（N·mm）；

M_E——地震作用下立柱产生的弯矩设计值（N·mm）；

L——立柱跨度（mm）。

（3）确定材料的截面参数：

① 立柱抵抗矩预选值计算：

$$W_{nx} = M_x/(\gamma f_s) = 4194157.5/1.05/215 = 18578.77\text{mm}^3$$

式中　W_{nx}——立柱净截面抵抗矩预选值（mm^3）；

M_x——弯矩组合设计值（N·mm）；

γ——塑性发展系数：

对于钢材龙骨，按《金属与石材幕墙工程技术规范》JGJ 133或《玻璃幕墙工程技术规范》JGJ 102规范，取1.05；

对于铝合金龙骨，按规范《铝合金结构设计规范》GB 50429—2007，取1.00；

f_s——型材抗弯强度设计值（MPa），对Q235取215MPa；

② 立柱惯性矩预选值计算：

$$d_{f,lim} = 5q_k L^4/(384EI_{xmin})$$

$$L/250 = 3900/250 = 15.6mm$$

式中 q_k——风荷载线荷载集度标准值（N/mm）；

E——型材的弹性模量（MPa），对Q235取206000MPa；

I_{xmin}——材料需满足的绕X轴最小惯性矩（mm^4）；

L——计算跨度（mm）；

$d_{f,lim}$——按规范要求，立柱的挠度限值（mm）；

按标准《建筑幕墙》GB/T 21086—2007第5.1.1.2条的规定，对于构件式玻璃幕墙或单元幕墙（其他形式幕墙或外维护结构无绝对挠度限制）：

当跨距≤4500mm时，绝对挠度不应该大于20mm；

当跨距>4500mm时，绝对挠度不应该大于30mm；

对本例取：

$$d_{f,lim} = 15.6mm$$

$$I_{xmin} = 5q_k L^4/(384Ed_{f,lim})$$

$$= 5 \times 1.368 \times 3900^4/384/206000/15.6$$

$$= 1282305.446mm^4$$

（4）选用立柱型材的截面特性：

按上一项计算结果选用型材号：矩形钢管120mm×60mm×3mm；

型材的抗弯强度设计值：f_s=215MPa；

型材的抗剪强度设计值：τ_s=125MPa；

型材弹性模量：E=206000MPa；

绕X轴惯性矩：I_x=1973100mm^4；

绕Y轴惯性矩：I_y=664100mm^4；

绕X轴净截面抵抗矩：W_{nx1}=32880mm^3；

绕Y轴净截面抵抗矩：W_{nx2}=32880mm^3；

型材净截面面积：A_n=1044mm^2；

型材线密度：γ_g=0.081954N/mm；

型材截面垂直于X轴腹板的截面总宽度：t=6mm；

型材受力面对中性轴的面积矩：S_x=20280mm^3；

塑性发展系数：γ=1.05。

（5）立柱的抗弯强度计算：

① 立柱轴向拉力设计值：

$$N_k = q_{GAk}A = q_{GAk}BL = 0.0011 \times 1000 \times 3900 = 4290N$$

式中 N_k——立柱轴向拉力标准值（N）；

q_{GAk}——幕墙单位面积的自重标准值（MPa）；

A——立柱单元的面积（mm^2）；

B——幕墙立柱计算间距（mm）；

L——立柱跨度（mm）；

$$N = 1.2N_k = 1.2 \times 4290 = 5148N$$

式中　N——立柱轴向拉力设计值（N）；

② 抗弯强度校核：

按单跨简支梁（受拉）立柱抗弯强度公式，应满足：

$$N/A_n + M_x/(\gamma W_{nx}) \leqslant f_s$$

式中　N——立柱轴力设计值（N）；

M_x——立柱弯矩设计值（N·mm）；

A_n——立柱净截面面积（mm^2）；

W_{nx}——在弯矩作用方向的净截面抵抗矩（mm^3）；

γ——塑性发展系数：

对于钢材龙骨，按《石材幕墙工程技术规范》JGJ 133—2010或《玻璃幕墙工程技术规范》JGJ 102—2003，取1.05；

对于铝合金龙骨，按最新规范《铝合金结构设计规范》GB 50429—2007，取1.00；

f_s：型材的抗弯强度设计值，取215MPa；

则

$$N/A_n + M_x/(\gamma W_{nx}) = 5148/1044 + 4194157.5/1.05/32880$$
$$= 126.42\text{MPa} \leqslant 215\text{MPa}$$

立柱抗弯强度满足要求。

（6）立柱的挠度计算：

因为惯性矩预选是根据挠度限值计算的，所以只要选择的立柱惯性矩大于预选值，挠度就满足要求：

实际选用的型材惯性矩为：$I_x = 1973100mm^4$

预选值为：$I_{xmin} = 1282305.446mm^4$

实际挠度计算值为：

$$d_f = 5q_{wk}L^4/(384EI_x)$$
$$= 5 \times 1.368 \times 3900^4/384/206000/1973100$$
$$= 10.139\text{mm} < d_{f,lim} = 15.6\text{mm}$$

而 $d_{f,lim} = 15.6mm$

所以，立柱挠度满足规范要求。

（7）立柱的抗剪计算：

校核依据：

$$\tau_{max} \leqslant \tau_s = 125\text{MPa}(\text{立柱的抗剪强度设计值})$$

① 风荷载作用下剪力标准值 V_{wk}（N）：

$$V_{wk} = w_k BL/2$$
$$= 0.001368 \times 1000 \times 3900/2$$
$$= 2667.6\text{N}$$

② 风荷载作用下剪力设计值 V_w（N）：

$$\begin{aligned} V_w &= 1.4V_{wk} \\ &= 1.4 \times 2667.6 \\ &= 3734.64\text{N} \end{aligned}$$

③ 地震作用下剪力标准值 V_{Ek}（N）：

$$\begin{aligned} V_{Ek} &= q_{EAk}BL/2 \\ &= 0.00044 \times 1000 \times 3900/2 \\ &= 858N \end{aligned}$$

④ 地震作用下剪力设计值 V_E（N）：

$$\begin{aligned} V_E &= 1.3V_{Ek} \\ &= 1.3 \times 858 \\ &= 1115.4\text{N} \end{aligned}$$

⑤ 立柱所受剪力设计值组合 V：

采用 $V_w + 0.5V_E$ 组合：

$$\begin{aligned} V &= V_w + 0.5V_E \\ &= 3734.64 + 0.5 \times 1115.4 \\ &= 4292.34\text{N} \end{aligned}$$

⑥ 立柱剪应力校核：

$$\begin{aligned} \tau_{max} &= VS_x/(I_x t) \\ &= 4292.34 \times 20280/1973100/6 \\ &= 7.353\text{MPa} \leqslant 125\text{MPa} \end{aligned}$$

其中 τ_{max}——立柱最大剪应力（MPa）；

V——立柱所受剪力（N）；

S_x——立柱型材受力面对中性轴的面积矩（mm^3）；

I_x——立柱型材截面惯性矩（mm^4）；

t——型材截面垂直于 X 轴腹板的截面总宽度（mm）；

立柱抗剪强度满足要求。

4. 幕墙横梁计算

（1）基本参数：

① 计算点标高：85m；

② 横梁跨度：B=1000mm；

③ 横梁上分格高：1650mm；横梁下分格高：1200mm；

④ 横梁计算高度：H=825mm；

非背栓结构取平均分格高；

背栓结构取最大分格高度的一半；

⑤ 力学模型：两点集中荷载简支梁；

⑥ 集中力作用点到横梁端部的距离：a=150mm；

⑦ 板块配置：20mm 蜂窝石材；

⑧ 横梁材质：Q235；

本处幕墙横梁按两点集中荷载简支梁模型进行设计计算，受力模型如图5-18～图5-20所示：

图5-18　弯矩图（M）

图5-19　剪力图（V）

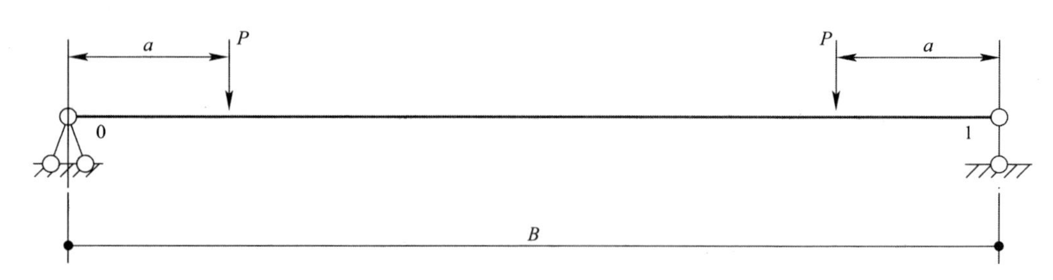

图5-20　两点集中力作用下简支梁受力模型

（2）横梁型材选材计算：

① 横梁在风荷载作用下的集中力计算（按两点集中荷载简支梁）：

$$P_{wk} = w_k BH/2 = 0.001368 \times 1000 \times 825/2 = 564.30\text{N}$$

$$P_w = 1.4P_{wk} = 1.4 \times 564.30 = 790.02\text{N}$$

式中　P_{wk}——风荷载作用下集中荷载标准值（N）；

w_k——风荷载标准值（MPa）；

B——横梁跨度（mm）；

H——横梁计算高度（mm）。

式中　P_w——风荷载作用下集中荷载设计值（N）；

② 垂直于幕墙平面的分布水平地震作用（按两点集中荷载简支梁）：

$$q_{EAk} = \beta_E \alpha_{max} G_k / A = 5.0 \times 0.08 \times 0.001 = 0.0004\text{MPa}$$

式中　q_{EAk}——垂直于幕墙平面的分布水平地震作用（MPa）；

β_E——动力放大系数，取5.0；

α_{max}——水平地震影响系数最大值，取0.08；

G_k——幕墙构件的重力荷载标准值（N），（主要指面板组件）；

A——幕墙平面面积（mm^2）；

$$P_{Ek} = q_{EAk} BH/2$$

$$=0.0004\times1000\times825/2$$
$$=165N$$

式中 P_{Ek}——横梁在水平地震作用下集中力标准值（N）；

B——横梁跨度（mm）；

H——横梁计算高度（mm）；

$$P_E=1.3P_{Ek}$$
$$=1.3\times165$$
$$=214.5N$$

式中 P_E——横梁在水平地震作用下集中力设计值（N）；

③ 幕墙横梁受水平荷载集度组合：

用于强度计算时，采用 $S_w+0.5S_E$ 设计值组合：

$$P=P_w+0.5P_E$$
$$=790.02+0.5\times214.5$$
$$=897.27N$$

用于挠度计算时，采用 S_w 标准值：

$$P_k=P_{wk}=564.30N$$

④ 横梁在风荷载及地震组合作用下的弯矩值（按两点集中荷载简支梁）：

式中 M_y——横梁受风荷载及地震作用弯矩组合设计值（N·mm）；

P——集中荷载的设计值组合（N）；

a——集中力作用点到横梁端部的距离（mm）；

$$M_y=Pa$$
$$=897.27\times150$$
$$=134590.5N\cdot mm$$

⑤ 横梁在自重荷载作用下的弯矩值（按两点集中荷载简支梁）：

$$P_{Gk}=0.001\times BH_1/2=0.001\times1000\times825/2=412.5N$$

式中 P_{Gk}——横梁自重荷载作用下集中力标准值（N）；

B——横梁跨度（mm）；

H_1——横梁自重荷载作用高度（mm）：

非背栓结构取横梁上分格高；

背栓结构取最大分格高度的一半；

$$P_G=1.2P_{Gk}$$
$$=1.2\times412.5$$
$$=495N$$

式中 P_G——横梁自重荷载作用下集中力设计值（N）；

$$M_x=P_Ga$$
$$=495\times150$$
$$=74250N\cdot mm$$

式中 M_x——横梁在自重荷载作用下的弯矩设计值（N·mm）；

P_G——横梁自重荷载作用下集中力设计值（N）；

a——集中力作用点到横梁端部的距离（mm）。

（3）确定材料的截面参数：

① 横梁抵抗矩预选：

$$W_{nx}=M_x/(\gamma_x f_s)$$
$$=74250/1.05/215$$
$$=328.904mm^3$$
$$W_{ny}=M_y/(\gamma_y f_s)$$
$$=134590.5/1.05/215$$
$$=596.19mm^3$$

式中　W_{nx}——绕X轴横梁净截面抵抗矩预选值（mm^3）；

W_{ny}——绕Y轴横梁净截面抵抗矩预选值（mm^3）；

M_x——横梁在自重荷载作用下的弯矩设计值（N・mm）；

M_y——风荷载及地震作用弯矩组合设计值（N・mm）；

γ_x，γ_y——塑性发展系数：

对于钢材龙骨，按《金属与石材幕墙工程技术规范》JGJ 133或《玻璃幕墙工程技术规范》JGJ 102，均取1.05；

对于铝合金龙骨，按标准《铝合金结构设计规范》GB 50429—2007，均取1.00；

此处取：$\gamma_x=\gamma_y=1.05$

f_s——型材抗弯强度设计值（MPa），对Q235取215。

② 横梁惯性矩预选：

式中　$d_{f1,lim}$——按规范要求，横梁在水平力标准值作用下的挠度限值（mm）；

$d_{f2,lim}$——按规范要求，横梁在自重力标准值作用下的挠度限值（mm）；

B——横梁的跨度（mm）；

按相关规范，钢材横梁的相对挠度不应大于$L/250$，铝材横梁的相对挠度不应大于$L/180$；

《建筑幕墙》GB/T 21086—2007还有如下规定：

第5.1.1.2条，对于构件式玻璃幕墙或单元幕墙（其他形式幕墙或外维护结构无绝对挠度限制）：

当跨距≤4500mm时，绝对挠度不应该大于20mm；

当跨距>4500mm时，绝对挠度不应该大于30mm；

第5.1.9条622页，自重标准值作用下挠度不应超过其跨度的1/500，并且不应大于3mm；

$B/250=1000/250=4mm$

$B/500=1000/500=2mm$

对本例取：

$d_{f1,lim}=4mm$

$d_{f2,lim}=2mm$

$$d_{f,lim}=P_k a(3B^2-4a^2)/(24EI_{ymin})$$
$$I_{ymin}=P_k a(3B^2-4a^2)/(24Ed_{f1,lim})$$

$=564.30\times150\times(3\times1000^2-4\times150^2)/24/206000/4$

$=12455.35mm^4$

式中 P_k——风荷载作用下的水平集中荷载标准值（N）；

a——集中力作用点到横梁端部的距离（mm）；

E——型材的弹性模量（MPa），对 Q235 取 206000MPa；

I_{ymin}——绕 Y 轴最小惯性矩（mm^4）；

$$d_{f,lim}=P_{Gk}a(3B^2-4a^2)/(24EI_{xmin})$$

$$I_{xmin}=P_{Gk}a(3B^2-4a^2)/(24Ed_{f2,lim})$$

$=412.5\times150\times(3\times1000^2-4\times150^2)/24/206000/2$

$=18209.572mm^4$

式中 P_{Gk}——重力作用下的集中荷载标准值（N）；

a——集中力作用点到横梁端部的距离（mm）；

B——横梁的跨度（mm）；

E——型材的弹性模量（MPa），对 Q235 取 206000MPa；

I_{xmin}——绕 X 轴最小惯性矩（mm^4）。

（4）选用横梁型材的截面特性：

按照上面的预选结果选取型材：

选用型材号：角钢 ∟5×5；

型材抗弯强度设计值：215MPa；

型材抗剪强度设计值：125MPa；

型材弹性模量：$E=206000MPa$；

绕 X 轴惯性矩：$I_x=112100mm^4$；

绕 Y 轴惯性矩：$I_y=112100mm^4$；

绕 X 轴净截面抵抗矩：$W_{nx1}=7900mm^3$；

绕 X 轴净截面抵抗矩：$W_{nx2}=3130mm^3$；

绕 Y 轴净截面抵抗矩：：$W_{ny1}=7900mm^3$；

绕 Y 轴净截面抵抗矩：：$W_{ny2}=3130mm^3$；

型材净截面面积：$A_n=480.3mm^2$；

型材线密度：$\gamma_g=0.037704N/mm$；

横梁与立柱连接时角片与横梁连接处横梁壁厚：$t=5mm$；

横梁截面垂直于 X 轴腹板的截面总宽度：$t_x=5mm$；

横梁截面垂直于 Y 轴腹板的截面总宽度：$t_y=5mm$；

型材受力面对中性轴的面积矩（绕 X 轴）：$S_x=3179mm^3$；

型材受力面对中性轴的面积矩（绕 Y 轴）：$S_y=3179mm^3$；

塑性发展系数：

对于钢材龙骨，按《金属与石材幕墙工程技术规范》JGJ 133—2010 或《玻璃幕墙工程技术规范》JGJ 102—2003，均取 1.05；

对于铝合金龙骨，按规范《铝合金结构设计规范》GB 50429—2007，均取 1.00；

此处取：$\gamma_x=\gamma_y=1.05$。

（5）幕墙横梁的抗弯强度计算：

按横梁抗弯强度计算公式，应满足：

$$M_x/\gamma_x W_{nx}+M_y/\gamma_y W_{ny}\leqslant f_s$$

式中　M_x——横梁绕 X 轴方向（幕墙平面内方向）的弯矩设计值（N·mm）；

W_{nx}——横梁绕 X 轴方向（垂直于幕墙平面方向）的弯矩设计值（mm^3）；

M_y——横梁绕 Y 轴方向（幕墙平面内方向）的净截面抵抗矩（N·mm）；

W_{ny}——横梁绕 Y 轴方向（垂直于幕墙平面方向）的净截面抵抗矩（mm^3）；

γ_x，γ_y——塑性发展系数，取 1.05；

f_s——型材的抗弯强度设计值，取 215MPa。

采用 $S_G+S_w+0.5S_E$ 组合，则：

$$\begin{aligned}M_x/(\gamma_x W_{nx})+M_y/(\gamma_y W_{ny})&=74250/1.05/3130+134590.5/1.05/3130\\&=63.545\text{MPa}\leqslant 215\text{MPa}\end{aligned}$$

横梁抗弯强度满足要求。

（6）横梁的挠度计算：

因为惯性矩预选是根据挠度限值计算的，所以只要选择的横梁惯性矩大于预选值，挠度就满足要求：

实际选用的型材惯性矩为：

$$I_x=112100\text{mm}^4$$

$$I_y=112100\text{mm}^4$$

预选值为：

$$I_{xmin}=18209.572\text{mm}^4$$

$$I_{ymin}=13684.505\text{mm}^4$$

横梁的实际挠度计算值为：

$$\begin{aligned}d_{f1}&=P_k a(3B^2-4a^2)/(24EI_y)\\&=564.30\times150\times(3\times1000^2-4\times150^2)/24/206000/112100\\&=0.444\text{mm}\end{aligned}$$

$$\begin{aligned}d_{f2}&=P_{Gk}a(3B^2-4a^2)/(24EI_x)\\&=412.5\times150\times(3\times1000^2-4\times150^2)/24/206000/112100\\&=0.325\text{mm}\end{aligned}$$

而

$$d_{f1,lim}=4\text{mm}$$

$$d_{f2,lim}=2\text{mm}$$

所以，横梁挠度满足规范要求。

（7）横梁的抗剪计算（两点集中荷载简支梁）：

校核依据：

$$\tau_{max}\leqslant\tau_s=125\text{MPa}$$

① 风荷载作用下剪力标准值 V_{wk}(N)：

$$\begin{aligned}V_{wk}&=P_{wk}\\&=564.30\text{N}\end{aligned}$$

② 风荷载作用下剪力设计值 V_w(N)：

$$V_w = 1.4P_{wk} = 790.02\text{N}$$

③ 地震作用下剪力标准值 V_{Ek}(N)：

$$V_{Ek} = P_{Ek} = 165\text{N}$$

④ 地震作用下剪力设计值 V_E(N)：

$$V_E = 1.3P_{Ek} = 214.5\text{N}$$

⑤ 水平总剪力 V_x(N)；

采用 $V_w + 0.5V_E$ 组合：

$$V_x = V_w + 0.5V_E = 790.02 + 0.5 \times 214.5 = 897.27\text{N}$$

⑥ 垂直总剪力 V_y(N)：

$$V_y = P_G = 495\text{N}$$

⑦ 横梁剪应力校核：

$$\tau_x = V_x S_y / (I_y t_y) = 897.27 \times 3179/112100/5 = 5.089\text{MPa} \leqslant 125\text{MPa}$$

式中 τ_x——横梁水平方向剪应力（MPa）；

V_x——横梁水平总剪力（N）；

S_y——横梁型材受力面对中性轴的面积矩（mm^3）（绕 Y 轴）；

I_y——横梁型材截面惯性矩（mm^4）；

t_y——横梁截面垂直于 Y 轴腹板的截面总宽度（mm）；

$$\tau_y = V_y S_x / (I_x t_x) = 495 \times 3179/112100/5 = 2.808\text{MPa} \leqslant 125\text{MPa}$$

式中 τ_y——横梁垂直方向剪应力（MPa）；

V_y——横梁垂直总剪力（N）；

S_x——横梁型材受力面对中性轴的面积矩（mm^3）（绕 X 轴）；

I_x——横梁型材截面惯性矩（mm^4）；

t_x——横梁截面垂直于 X 轴腹板的截面总宽度（mm）；

横梁抗剪强度能满足。

5. 超薄蜂窝石材复合板的选用与校核

(1) 基本参数：

计算点标高：85m；

板块净尺寸（短边×长边）：$a \times b = 1000\text{mm} \times 1650\text{mm}$；

背栓孔到短边端面的垂直距离：$a_1 = 150\text{mm}$；

背栓孔到长边端面的垂直距离：$b_1=150\text{mm}$；

超薄蜂窝石材复合板配置：总厚度δ20mm，其中石板厚5mm，蜂窝板厚15mm，四个背栓；

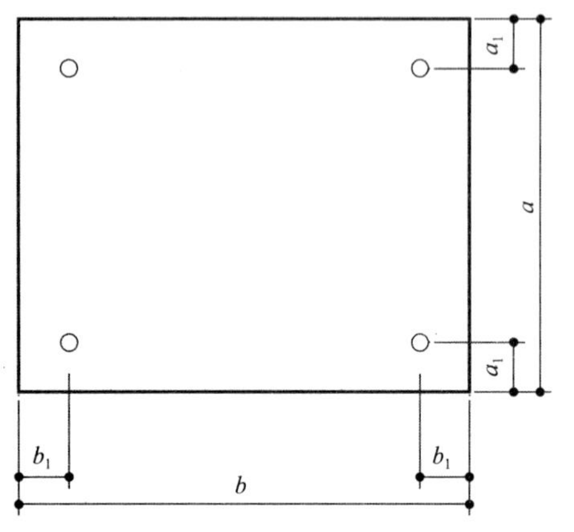

图5-21 背栓连接石材板块

规范说明：《金属与石材幕墙工程技术规范》JGJ 133—2001中并没有给出超薄蜂窝石材复合板相关的计算方法，计算参考自北京市地方标准《建筑装饰工程石材应用技术规范》DB11/T 512—2007。模型简图如图5-21所示：

（2）超薄蜂窝石材复合板板块荷载计算：

① 垂直于幕墙平面的分布水平地震作用标准值：

$$\begin{aligned}q_{EAk}&=\beta_E\alpha_{max}G_k/A\\&=5\times0.08\times0.000162\\&=0.000065\text{MPa}\end{aligned}$$

式中 q_{EAk}——垂直于幕墙平面的分布水平地震作用标准值（MPa）；

β_E——动力放大系数，取5.0；

α_{max}——水平地震影响系数最大值，取0.08；

G_k——超薄蜂窝石材复合板板块的重力荷载标准值（N）；

A——幕墙平面面积（mm^2）；

② 超薄蜂窝石材复合板板块荷载集度设计值组合：

采用$S_w+0.5S_E$设计值组合：

$$\begin{aligned}q&=1.4w_k+0.5\times1.3q_{EAk}\\&=1.4\times0.001471+0.5\times1.3\times0.000065\\&=0.002142\text{MPa}\end{aligned}$$

③ 超薄蜂窝石材复合板板块荷载集度标准值组合：

采用$S_w+0.5S_E$标准值组合：

$$\begin{aligned}q_k&=w_k+0.5q_{EAk}\\&=0.001471+0.5\times0.000065\\&=0.00150\text{MPa}\end{aligned}$$

（3）超薄蜂窝石材复合板整体板面的抗弯设计：

① 边长的计算：

$$(a-2a_1)=700\text{mm}\leqslant(b-2b_1)=1350\text{mm}$$

所以：

$$a_0=700\text{mm}$$

$$b_0=1350\text{mm}$$

式中 b_0——支撑点间板块长边边长（mm）；

a_0——支撑点间板块短边边长（mm）；

a——板块短边边长（mm）；

b——板块长边边长（mm）；

a_1——背栓孔到短边端面的垂直距离（mm）；

b_1——背栓孔到长边端面的垂直距离（mm）；

② 整体板面材料的抗弯校核计算：

校核依据：

$$\sigma = 6mqb_0^2/t^2$$

$$\sigma \leqslant f_{sc} = 9.72\text{MPa}$$

式中　σ——超薄蜂窝石材复合板中产生的弯曲应力设计值（MPa）；

f_{sc}——超薄蜂窝石材复合板的抗弯强度设计值（MPa）；

m——超薄蜂窝石材复合板最大弯矩系数，按支撑点间板块短边边长与长边边长的比 0.5185，查《建筑装饰工程石材应用技术规程》DB11/T 512—2007 中表 4.4.10-1 得：0.1306；

q——超薄蜂窝石材复合板板块水平荷载集度设计值组合（MPa）；

b_0——支撑点间板块长边边长（mm）；

t——超薄蜂窝石材复合板厚度：20mm；

在按上面公式计算超薄蜂窝石材复合板的时候，要考虑大挠度变形对起弯曲应力的影响，对《建筑装饰工程石材应用技术规程》DB11/T 512—2007 公式 4.4.10-1 计算的应力应该进行折减，折减系数按标准 DB11/T 512—2007 表 4.4.10-2 取用；

$$\theta = q_k a^4/Et^4$$

式中　θ——计算参数；

q_k——超薄蜂窝石材复合板板块荷载集度标准值组合（MPa）；

a——无肋时，取超薄蜂窝石材复合板板块短边边长（mm）；
有肋时，取肋区格内短边边长（mm）；

E——超薄蜂窝石材复合板近似弹性模量（MPa）；

t——超薄蜂窝石材复合板厚度：20mm；

$$\begin{aligned}\theta &= q_k a^4/Et^4 \\ &= 0.00150 \times 1000^4/3000/20^4 \\ &= 3.13\end{aligned}$$

查标准 DB11/T 512—2007 表 4.4.10-2，得 $\eta=1$，

$$\begin{aligned}\sigma &= 6mqb_0^2\eta/t^2 \\ &= 6 \times 0.1306 \times 0.002142 \times 1350^2 \times 1/20^2 \\ &= 7.647\text{MPa} \leqslant 9.72\text{MPa}\end{aligned}$$

超薄蜂窝石材复合板强度能满足要求。

（4）超薄蜂窝石材复合板面材与基材的抗弯设计：

校核依据：

$$\sigma_{面} = D_1/(D_0\sigma) \qquad 4.4.10\text{-}3[\text{DB 11/T512—2007}]$$

$$\sigma_{基} = D_2/(D_0\sigma) \qquad 4.4.10\text{-}4[\text{DB 11/T512—2007}]$$

式中　σ——水平荷载作用下板块最大弯曲应力设计值（N）；

$\sigma_{面}$——水平荷载作用下板块面材最大弯曲应力设计值（N）；

$\sigma_{基}$——水平荷载作用下板块基材最大弯曲应力设计值（N）；

D_0——超薄蜂窝石材复合板近似组合抗弯刚度（N·mm）；

$$D_0 = D_1 + D_2$$

D_1、D_2——分别为超薄蜂窝石材复合板面材和基材的抗弯刚度（N·mm），按下列公式计算：

$$D = Et^3/12(1-v^2)$$

式中　D——面材和基材的抗弯刚度（N·mm）；

E——面材和基材的弹性模量（MPa）；

t——面材和基材的厚度（mm）；

v——面材和基材的泊松比（MPa）；

所以

$$\begin{aligned} D_1 &= E_1 t_1^3/12(1-v_1^2) \\ &= 80000 \times 5^3/12/(1-0.125^2) \\ &= 846560.847\text{N}\cdot\text{mm} \\ D_2 &= E_2 t_2^3/12(1-v_2^2) \\ &= 29000 \times 15^3/12/(1-0.25^2) \\ &= 8700000\text{N}\cdot\text{mm} \\ D_0 &= D_1 + D_2 \\ &= 846560.847 + 8700000 \\ &= 9546560.847\text{N}\cdot\text{mm} \\ \sigma_{面} &= D_1/(D_0\sigma) \\ &= 846560.847/9546560.847 \times 8.233 \\ &= 0.73MPa \leqslant 1.86MPa \end{aligned}$$

所以，超薄蜂窝石材复合板面材抗弯强度能满足。

$$\begin{aligned} \sigma_{基} &= D_2/(D_0\sigma) \\ &= 8700000/9546560.847 \times 8.233 \\ &= 7.503\text{MPa} \leqslant 10.5\text{MPa} \end{aligned}$$

所以，超薄蜂窝石材复合板基材抗弯强度能满足。

（5）超薄蜂窝石材复合板的挠度校核：

校核依据：

$$d_f = m_1 q_k b_0^4/D_0$$

式中　d_f——水平荷载作用下板块最大挠度计算值（mm）；

m_1——四点支撑超薄蜂窝石材复合板挠度系数；

q_k——水平风荷载标准值（MPa）；

b_0——支撑点间板块长边边长（mm）；

D_0——超薄蜂窝石材复合板近似组合抗弯刚度（N·mm）；

$$\begin{aligned} d_f &= m_1 q_k b_0^4/D_0 \\ &= 0.01461 \times 0.00150 \times 1350^4/9546560.847 \\ &= 7.71\text{mm} \leqslant 22.5\text{mm} \\ d_{f,\lim} &= 1350/60 = 22.5\text{mm} \end{aligned}$$

所以，超薄蜂窝石材复合板挠度能满足。

（6）超薄蜂窝石材复合板的螺栓抗拉强度校核：

$$N = qab/4$$
$$= 0.002142 \times 1000 \times 1650/4$$
$$= 883.575\text{N}$$

式中　N——单个螺栓抗拉强度计算值（N）；

q——超薄蜂窝石材复合板板块水平荷载集度设计值组合（MPa）；

a——板块短边边长（mm）；

b——板块长边边长（mm）；

883.575N≤3200N

所以，超薄蜂窝石材复合板螺栓抗拉强度能满足。

6. 连接件计算

（1）基本参数：

① 计算点标高：85m；

② 立柱计算间距：B_1=1000mm；

③ 横梁计算分格尺寸：宽×高=$B \times H$=1000mm×825mm；

对于背栓结构，H 取最大分格的一半；

对于非背栓结构，H 取平均分格高度；

④ 幕墙立柱跨度：L=3900mm；

⑤ 板块配置：20mm 蜂窝石材；

⑥ 龙骨材质：立柱为：Q235；横梁为：Q235；

⑦ 立柱与主体连接钢角码壁厚：8mm；

⑧ 立柱与主体连接螺栓公称直径：12mm；

⑨ 立柱与横梁连接处钢角码厚度：5mm；

⑩ 横梁与角码连接螺栓公称直径：6mm；

⑪ 立柱与角码连接螺栓公称直径：6mm；

⑫ 立柱连接形式：单跨简支；

本处幕墙横梁按两点集中荷载模型进行设计计算。

（2）横梁与角码间连接：

① 风荷载作用下横梁剪力设计值（按两点集中荷载）：

$$V_w = 1.4W_kBH/2$$
$$= 1.4 \times 0.001368 \times 1000 \times 825/2$$
$$= 790\text{N}$$

② 地震作用下横梁剪力标准值（按两点集中荷载）：

$$V_{Ek} = \beta_E \alpha_{max} G_k/A \times BH/2$$
$$= 5.0 \times 0.08 \times 0.001 \times 1000 \times 825/2$$
$$= 165\text{N}$$

③ 地震作用下横梁剪力设计值：

$$V_E = 1.3V_{Ek}$$

$=1.3\times 165$

$=214.5\text{N}$

④ 连接部位总剪力 N_1：

采用 $S_w+0.5S_E$ 组合：

$$N_1=V_w+0.5V_E=790+0.5\times 214.5=897.25\text{N}$$

⑤ 连接螺栓计算：

$$N_{v1}^b=n_{v1}\pi d^2 f_{v1}^b/4=1\times 3.14\times 6^2\times 175/4=4945.5\text{N}$$

式中　N_{v1}^b——螺栓受剪承载能力设计值（N）；

n_{v1}——剪切面数：取 1；

d——螺栓杆直径：6mm；

f_{v1}^b——螺栓连接的抗剪强度设计值，对奥氏体不锈钢（A50）取 175MPa；

$$N_{num1}=N_1/N_{v1}^b=897.25/4945.5=0.181\text{个}$$

式中　N_{num1}——螺栓个数；

实际取 2 个；

⑥ 连接部位横梁型材壁抗承压能力计算：

$$N_{c1}=N_{num1}dt_1 f_{c1}=2\times 6\times 5\times 305=18300\text{N}$$

式中　N_{c1}——连接部位幕墙横梁型材壁抗承压能力设计值（N）；

N_{num1}——横梁与角码连接螺栓数量，2 个；

d——螺栓公称直径，6mm；

t_1——连接部位横梁壁厚，5mm；

f_{c1}——型材抗压强度设计值，对 Q235 取 305MPa；

18300N≥975.232N

强度可以满足。

（3）角码与立柱连接：

① 自重荷载计算：

$$P_{Gk}=0.001BH_g/2=0.001\times 1000\times 825/2=412.5\text{N}$$

式中　P_{Gk}——横梁自重荷载作用下集中力标准值（N）；

B——横梁跨度（mm）；

H_g——横梁受自重荷载分格高（mm）；

对于背栓结构，取最大分格的一半；

对于非背栓结构，取上分格高度；

P_G——横梁自重荷载作用下集中力设计值（N）；

$$P_G = 1.2P_{Gk} = 1.2 \times 412.5 = 495\text{N}$$

$$N_2 = P_G = 495\text{N}$$

式中　N_2——自重荷载（N）；

② 连接处组合荷载 N：

采用 $S_G + S_w + 0.5S_E$：

$$N = (N_1^2 + N_2^2)^{0.5} = (897.25^2 + 495^2)^{0.5} = 1024.74\text{N}$$

③ 连接处螺栓强度计算：

$$N_{v2}^b = n_{v2}\pi d^2 f_{v2}^b/4 = 1 \times 3.14 \times 6^2 \times 175/4 = 4945.5\text{N}$$

式中　N_{v2}^b——螺栓受剪承载能力设计值（N）；

n_{v2}——剪切面数，取 1；

d——螺栓杆直径，6mm；

f_{v2}^b——螺栓连接的抗剪强度设计值，对奥氏体不锈钢（A50）取 175MPa；

N_{num2}——螺栓个数；

$$N_{num2} = N/N_{v2}^b = 1024.74/4945.5 = 0.21\text{个}$$

实际取 2 个。

④ 连接部位立柱型材壁抗承压能力计算：

$$N_{c2} = N_{num2}dt_2f_{c2} = 2 \times 6 \times 3 \times 305 = 10980\text{N}$$

式中　N_{c2}——连接部位幕墙立柱型材壁抗承压能力设计值（N）；

N_{num2}——连接处螺栓个数；

d——螺栓公称直径，6mm；

t_2——连接部位立柱壁厚，3mm；

f_{c2}——型材的承压强度设计值，对 Q235 取 305MPa；

10980N≥1024.74N，强度可以满足。

⑤ 连接部位钢角码壁抗承压能力计算：

$$N_{c3} = N_{num2}dt_3f_{c3} = 2 \times 6 \times 5 \times 305$$

$$=18300\text{N}$$

式中　N_{c3}——连接部位钢角码壁抗承压能力设计值（N）；

N_{num2}——连接处螺栓个数；

d——螺栓公称直径，6mm；

t_3——角码壁厚，5mm；

f_{c3}——型材的承压强度设计值，对 Q235 取 305MPa；

18300N≥1024.74N，强度可以满足。

（4）立柱与主结构连接：

① 连接处风荷载设计值计算：

$$\begin{aligned} N_{wk} &= W_k B_1 L \\ &= 0.001368 \times 1000 \times 3900 \\ &= 5335.2\text{N} \end{aligned}$$

式中　N_{wk}——连接处风荷载标准值（N）；

B_1——立柱计算间距（mm）；

L——立柱跨度（mm）；

$$\begin{aligned} N_w &= 1.4 N_{wk} \\ &= 1.4 \times 5335.2 \\ &= 7469.28\text{N} \end{aligned}$$

式中　N_w——连接处风荷载设计值（N）；

② 连接处地震作用设计值：

$$\begin{aligned} N_{Ek} &= \beta_E \alpha_{max} G_k / A \times B_1 L \\ &= 5 \times 0.08 \times 0.0011 \times 1000 \times 3900 \\ &= 1716\text{N} \end{aligned}$$

式中　N_{Ek}——连接处地震作用标准值（N）；

B_1——立柱计算间距（mm）；

L——立柱跨度（mm）；

$$\begin{aligned} N_E &= 1.3 N_{Ek} \\ &= 1.3 \times 1716 \\ &= 2230.8\text{N} \end{aligned}$$

式中　N_E——连接处地震作用设计值（N）；

③ 连接处水平剪切总力：

采用 $S_w + 0.5S_E$ 组合：

$$\begin{aligned} N_1 &= N_w + 0.5 N_E \\ &= 7469.28 + 0.5 \times 2230.8 \\ &= 8584.68\text{N} \end{aligned}$$

式中　N_1——连接处水平总力（N）；

④ 连接处重力总力：

$$\begin{aligned} N_{Gk} &= 0.0011 \times B_1 L \\ &= 0.0011 \times 1000 \times 3900 \end{aligned}$$

$$=4290N$$

式中 N_{Gk}——连接处自重总值标准值（N）；

B_1——立柱计算间距（mm）；

L——立柱跨度（mm）；

$$N_G = 1.2N_{Gk} = 1.2 \times 4290 = 5148N$$

式中 N_G——连接处自重总值设计值（N）；

⑤ 连接处总剪力：

$$N = (N_1^2 + N_G{}^2)^{0.5} = (8584.68^2 + 5148^2)^{0.5} = 10010N$$

式中 N——连接处总剪力（N）；

⑥ 螺栓承载力计算：

$$N_{v3}^b = n_{v3}\pi d^2 f_{v3}^b/4 = 2 \times 3.14 \times 12^2 \times 175/4 = 39564N$$

式中 N_{v3}^b——螺栓受剪承载能力设计值（N）；

n_{v3}——剪切面数，取 2；

d——螺栓杆直径，12mm；

f_{v3}^b——螺栓连接的抗剪强度设计值，对奥氏体不锈钢（A50）取 175MPa；

$$N_{num3} = N/N_{v3}^b = 10010/39564 = 0.253\text{个}$$

式中 N_{num3}——螺栓个数；

实际取 2 个。

⑦ 立柱型材壁抗承压能力计算：

$$N_{c4} = 2 \times N_{num3}dt_2f_{c4} = 2 \times 2 \times 12 \times 3 \times 305 = 43920N$$

式中 N_{c4}——立柱型材壁抗承压能力（N）；

N_{num3}——连接处螺栓个数；

d——螺栓公称直径，12mm；

t_2——连接部位立柱壁厚，3mm；

f_{c4}——型材的承压强度设计值，对 Q235 取 305MPa；

43920N≥10010N，强度可以满足要求。

⑧ 钢角码型材壁抗承压能力计算：

$$N_{c5} = 2 \times N_{num3}dt_4f_{c5} = 2 \times 2 \times 12 \times 8 \times 305$$

$$=117120N$$

式中　N_{c5}——钢角码型材壁抗承压能力（N）；

N_{num3}——连接处螺栓个数；

d——连接螺栓公称直径，12mm；

t_4——幕墙钢角码壁厚，8mm；

f_{c5}——钢角码的抗压强度设计值，对Q235取305MPa；

117120N≥10010N，强度可以满足要求。

7. 蜂窝石材幕墙胶类及伸缩缝计算

（1）基本参数：

① 计算点标高：85m；

② 板块分格尺寸：1650mm×1000mm；

③ 幕墙类型：蜂窝石材幕墙；

④ 年温温差：80℃。

（2）立柱连接伸缩缝计算：

为了适应幕墙温度变形以及施工调整的需要，立柱上下段通过插芯套装，留有一段空隙——伸缩缝（d），d值按下式计算：

$$d \geq \alpha \Delta t L + d_1 + d_2$$

式中　d——伸缩缝计算值（mm）；

α——立柱材料的线膨胀系数，取1.2×10^{-5}；

Δt——温度变化，取80℃；

L——立柱跨度（mm）；

d_1——施工误差，取3mm；

d_2——考虑其他作用的预留量，取2mm；

$$\begin{aligned} d &= \alpha \Delta t L + d_1 + d_2 \\ &= 0.000012 \times 80 \times 3900 + 3 + 2 \\ &= 8.744\text{mm} \end{aligned}$$

实际伸缩空隙d取20mm，满足设计要求。

（3）耐候胶胶缝计算：

式中　W_s——胶缝宽度计算值（mm）；

α——板块材料的线膨胀系数，为0.8×10^{-5}；

Δt——温度变化，取80℃；

b——板块的长边长度（mm）；

δ——耐候硅酮密封胶的变位承受能力，25%；

d_c——施工偏差，取3mm；

$$\begin{aligned} W_s &= \alpha \Delta t b / \delta + d_c \\ &= 0.000008 \times 80 \times 1650 / 0.25 + 3 \\ &= 7.224\text{mm} \end{aligned}$$

实际胶缝取8mm，满足设计要求。

附录：常用材料的力学及其他物理性能

一、玻璃的强度设计值 f_g（MPa）

《玻璃幕墙工程技术规范》JGJ 102—2003 表 5.2.1

种类	厚度（mm）	大面	侧面
普通玻璃	5	28.0	19.5
浮法玻璃	5～12	28.0	19.5
	15～19	24.0	17.0
	≥20	20.0	14.0
钢化玻璃	5～12	84.0	58.8
	15～19	72.0	50.4
	≥20	59.0	41.3

二、铝合金型材的强度设计值（MPa）

《铝合金结构设计规范》GB 50429—2007 表 4.3.4

铝合金牌号	状态	厚度	强度设计值	
		（mm）	抗拉、抗压	抗剪
6061	T4	不区分	90	55
	T6	不区分	200	115
6063	T5	不区分	90	55
	T6	不区分	150	85
6063A	T5	≤10	135	75
	T6	≤10	160	90

三、钢材的强度设计值（热轧钢材）f_s（MPa）

《玻璃幕墙工程技术规范》JGJ 102—2003 表 5.2.3

钢材牌号	厚度或直径 d（mm）	抗拉、抗压、抗弯	抗剪	端面承压
Q235	$d \leqslant 16$	215	125	325
Q345	$d \leqslant 16$	310	180	400

四、钢材的强度设计值（冷弯薄壁型钢）f_s（MPa）

《冷弯薄壁型钢结构技术规范》GB 50018—2002 表 4.2.1

钢材牌号	抗拉、抗压、抗弯	抗剪	端面承压
Q235	205	120	310
Q345	300	175	400

五、材料的弹性模量 E（MPa）

《玻璃幕墙工程技术规范》JGJ 102—2003 表 5.2.8、《金属与石材幕墙工程技术规范》JGJ 133—2001 表 5.3.9

材料	E	材料	E
玻璃	0.72×10^5	不锈钢绞线	$1.20\times10^5\sim1.50\times10^5$
铝合金、单层铝板	0.70×10^5	高强钢绞线	1.95×10^5
钢、不锈钢	2.06×10^5	钢丝绳	$0.80\times10^5\sim1.00\times10^5$
消除应力的高强钢丝	2.05×10^5	花岗石板	0.8×10^5
蜂窝铝板 10mm	0.35×10^5	铝塑复合板 4mm	0.2×10^5
蜂窝铝板 15mm	0.27×10^5	铝塑复合板 6mm	0.3×10^5
蜂窝铝板 20mm	0.21×10^5		

六、材料的泊松比 υ

《玻璃幕墙工程技术规范》JGJ 102—2003 表 5.2.9、《金属与石材幕墙工程技术规范》JGJ 133—2001 表 5.3.10、《铝合金结构设计规范》GB 50429—2007 表 4.3.7

材料	υ	材料	υ
玻璃	0.20	钢、不锈钢	0.30
铝合金	0.3（按 GB 50429）	高强钢丝、钢绞线	0.30
铝塑复合板	0.25	蜂窝铝板	0.25
花岗岩	0.125		

七、材料的膨胀系数 α（1/℃）

《玻璃幕墙工程技术规范》JGJ 102—2003 表 5.2.10、《金属与石材幕墙工程技术规范》JGJ 133—2001 表 5.3.11、《铝合金结构设计规范》GB 50429—2007 表 4.3.7

材料	α	材料	α
玻璃	$0.80\times10^{-5}\sim1.00\times10^{-5}$	不锈钢板	1.80×10^{-5}
铝合金、单层铝板	2.3×10^{-5}（按 GB 50429）	混凝土	1.00×10^{-5}
钢材	1.20×10^{-5}	砖砌体	0.50×10^{-5}
铝塑复合板	$\leqslant4.0\times10^{-5}$	蜂窝铝板	2.4×10^{-5}
花岗石板	0.8×10^{-5}		

八、材料的重力密度 γ_g（kN/m³）

《玻璃幕墙工程技术规范》JGJ 102—2003 表 5.3.1、《铝合金结构设计规范》GB 50429—2007 表 4.3.7

材料	γ_g	材料	γ_g
普通玻璃、夹层玻璃、钢化、半钢化玻璃	25.6	矿棉	1.2～1.5
		玻璃棉	0.5～1.0
钢材	78.5	岩棉	0.5～2.5
铝合金	2700kg/m³（按 GB 50429）		

九、板材单位面积重力标准值

《金属与石材幕墙工程技术规范》JGJ 133—2001 表 5.2.2

板材	厚度（mm）	q_k（N/m^2）	板材	厚度（mm）	q_k（N/m^2）
单层铝板	2.5 3.0 4.0	67.5 81.0 112.0	不锈钢板	1.5 2.0 2.5 3.0	117.8 157.0 196.3 235.5
铝塑复合板	4.0 6.0	55.0 73.6			
蜂窝铝板（铝箔芯）	10.0 15.0 20.0	53.0 70.0 74.0	花岗石板	20.0 25.0 30.0	500～560 625～700 750～840

十、螺栓连接的强度设计值（一）（MPa）

《玻璃幕墙工程技术规范》JGJ 102—2003 表 B.0.1-1

螺栓的性能等级、锚栓和构件钢材的牌号		普通螺栓						锚栓	承压型连接高强度螺栓		
		C级螺栓			A、B级螺栓						
		抗拉 f_t^b	抗剪 f_v^b	承压 f_c^b	抗拉 f_t^b	抗剪 f_v^b	承压 f_c^b	抗拉 f_t^b	抗拉 f_t^b	抗剪 f_v^b	承压 f_c^b
普通螺栓	4.6、4.8级	170	140	—	—	—	—	—	—	—	—
	5.6级	—	—	—	210	190	—	—	—	—	—
	8.8级	—	—	—	400	320	—	—	—	—	—
锚栓	Q235钢	—	—	—	—	—	—	140	—	—	—
	Q345钢	—	—	—	—	—	—	180	—	—	—
承压型连接高强度螺栓	8.8级	—	—	—	—	—	—	—	400	250	—
	10.9级	—	—	—	—	—	—	—	500	310	—
构件	Q235钢	—	—	305	—	—	405	—	—	—	470
	Q345钢	—	—	385	—	—	510	—	—	—	590
	Q390钢	—	—	400	—	—	530	—	—	—	615

十一、螺栓连接的强度设计值（二）（MPa）

《铝合金结构设计规范》GB 50429—2007 表 4.3.5-1

螺栓的材料、性能等级和构件铝合金牌号			普通螺栓								
			铝合金			不锈钢			钢		
			抗拉 f_t^v	抗剪 f_v^b	承压 f_c^b	抗拉 f_t^v	抗剪 f_v^b	承压 f_c^b	抗拉 f_t^v	抗剪 f_v^b	承压 f_c^b
普通螺栓	铝合金	2B11	170	160	—	—	—	—	—	—	—
		2A90	150	145	—	—	—	—	—	—	—
	不锈钢	A2-50、A4-50	—	—	—	200	190	—	—	—	—
		A2-70、A4-70	—	—	—	280	265	—	—	—	—
	钢	4.6、4.8级	—	—	—	—	—	—	170	140	—

续表

螺栓的材料、性能等级和构件铝合金牌号		普通螺栓								
		铝合金			不锈钢			钢		
		抗拉 f_t^Y	抗剪 f_v^b	承压 f_c^b	抗拉 f_t^Y	抗剪 f_v^b	承压 f_c^b	抗拉 f_t^Y	抗剪 f_v^b	承压 f_c^b
构件	6061-T4	—	—	210	—	—	210	—	—	210
	6061-T6	—	—	305	—	—	305	—	—	305
	6063-T5	—	—	185	—	—	185	—	—	185
	6063-T6	—	—	240	—	—	240	—	—	240
	6063A-T5	—	—	220	—	—	220	—	—	220
	6063A-T6	—	—	255	—	—	255	—	—	255
	5083-O/F/H112	—	—	315	—	—	315	—	—	315

十二、焊缝的强度设计值（MPa）

《玻璃幕墙工程技术规范》JGJ 102—2003 表 B.0.1-3

焊接方法和焊条型号	构件钢材		对接焊缝				角焊缝
	牌号	厚度或直径 d(mm)	抗压 f_c^w	抗拉和抗弯受拉 f_t^w		抗剪 f_v^w	抗拉、抗压和抗剪 f_f^w
				一级、二级	三级		
自动焊、半自动焊和E43型焊条的手工焊	Q235钢	$d\leqslant16$	215	215	185	125	160
		$16<d\leqslant40$	205	205	175	120	160
		$40<d\leqslant60$	200	200	170	115	160
自动焊、半自动焊和E50型焊条的手工焊	Q345钢	$d\leqslant16$	310	310	265	180	200
		$16<d\leqslant35$	295	295	250	170	200
		$35<d\leqslant50$	265	265	225	155	200
自动焊、半自动焊和E55型焊条的手工焊	Q390钢	$d\leqslant16$	350	350	300	205	220
		$16<d\leqslant35$	335	335	285	190	220
		$35<d\leqslant50$	315	315	270	180	220
自动焊、半自动焊和E55型焊条的手工焊	Q420钢	$d\leqslant16$	380	380	320	220	220
		$16<d\leqslant35$	360	360	305	210	220
		$35<d\leqslant50$	340	340	290	195	220

十三、不锈钢螺栓连接的强度设计值（MPa）

《玻璃幕墙工程技术规范》JGJ 102—2003 表 B.0.3

类别	组别	性能等级	σ_b	抗拉	抗剪
A（奥氏体）	A1、A2	50	500	230	175
	A3、A4	70	700	320	245
	A5	80	800	370	280
C（马氏体）	C1	50	500	230	175
		70	700	320	245
		100	1000	460	350
	C3	80	800	370	280
	C4	50	500	230	175
		70	700	320	245
F（铁素体）	F1	45	450	210	160
		60	600	275	210

十四、楼层弹性层间位移角限值

《金属与石材幕墙工程技术规范》GB/T 21086—2007 表 20

结构类型	建筑高度 H（m）		
	$H \leqslant 150$	$150 < H \leqslant 250$	$H > 250$
框架	1/550	—	—
板柱—剪力墙	1/800	—	—
框架—剪力墙、框架—核心筒	1/800	线性插值	
筒中筒	1/1000	线性插值	1/500
剪力墙	1/1000	线性插值	
框支层	1/1000	—	—
多、高层钢结构	1/300		

十五、部分单层铝合板强度设计值（MPa）

《金属与石材幕墙工程技术规范》JGJ 133—2001 表 5.3.2

牌号	试样状态	厚度（mm）	抗拉强度 f_{a1}^{t}	抗剪强度 f_{a1}^{v}
2A11	T42	0.5～2.9	129.5	75.1
		>2.9～10.0	136.5	79.2
2A12	T42	0.5～2.9	171.5	99.5
		>2.9～10.0	185.5	107.6
7A04	T62	0.5～2.9	273.0	158.4
		>2.9～10.0	287.0	166.5
7A09	T62	0.5～2.9	273.0	158.4
		>2.9～10.0	287.0	166.5

十六、铝塑复合板强度设计值（MPa）

《金属与石材幕墙工程技术规范》JGJ 133—2001 表 5.3.3

板厚 t(mm)	抗拉强度 f_{a2}^{t}	抗剪强度 f_{a2}^{v}
4	70	20

十七、蜂窝铝板强度设计值（MPa）

《金属与石材幕墙工程技术规范》JGJ 133—2001 表 5.3.4

板厚 t(mm)	抗拉强度 f_{a3}^{t}	抗剪强度 f_{a3}^{v}
20	10.5	1.4

十八、不锈钢板强度设计值（MPa）

《金属与石材幕墙工程技术规范》JGJ 133—2001 表 5.3.5

序号	屈服强度标准值 $\sigma_{0.2}$	抗弯、抗拉强度 f_{s1}^{a}	抗剪强度 f_{s1}^{v}
1	170	154	120
2	200	180	140
3	220	200	155
4	250	226	176

5.2　室内装饰工程质量控制要点

5.2.1　墙面装饰工程质量控制要点

5.2.1.1　墙面乳胶漆工程

1）工艺过程

基层处理→第一遍满刮腻子、平磨→第二遍满刮腻子、磨平→打底漆→第一遍涂料、复补腻子、磨平→第二遍涂料、局部补腻子、磨平→第三遍涂料（面层）。

2）质量控制要点

（1）基层处理。清除基层表面灰渣、疙瘩、污垢后，用腻子将墙面麻面、蜂窝、洞眼、残缺处填补好，待腻子干后磨平；当基层为纸面石膏板时，对板缝和钉眼进行处理；涂料基层处理应符合《建筑装饰装修工程质量验收规范》GB 50210—2001 第 10.1.5 条的要求；

（2）第一遍满刮腻子、平磨。满刮乳胶腻子一遍，要求密实、平整、线角棱边整齐为度，不得漏刮、接头不得留槎、不要沾污门、窗及其他物面，厚度控制在 1～2mm；腻子干透后，用 1 号砂纸打磨，打磨时注意打磨平整、保护棱角，磨后清扫干净；

（3）第二遍满刮腻子、平磨。质量要求与第一遍相同，但腻子刮抹方向应与第一遍方向垂直（即第一遍采用横刮，则第二遍采用竖刮）；

（4）第一遍涂料、复补腻子、磨平。采用排笔涂刷，刷前应将底层清理干净；刷时应从上到下，从左到右，先横后竖，先边线、棱角、小面，后大面；阴角处不得有残余涂料，阳角处不得裹棱，避免接槎、刷涂重叠现象；待涂料干后，对缺陷处复补腻子一遍；待腻子干后，用细砂纸打磨平滑，并将表面清扫干净；

图 5-22　室内墙面和走道墙面为乳胶漆涂料

（5）第二遍满刮腻子、磨平与第一遍涂料、复补腻子、磨平相同；

（6）第三遍涂料（面层）。采用喷涂或刷涂（图 5-22）。涂刷时注意，乳胶漆涂料的品种、型号和性能、颜色和图案应符合设计要求；涂料应涂刷均匀、粘结牢固，不得漏涂、透底、起皮和掉粉；涂料的涂刷质量和检验方法应按设计要求，涂层厚度符合 GB 50210—2001 表 10.2.6、表 10.2.7、表 10.2.8 的规定。

5.2.1.2 饰面板（砖）饰面工程

1）一般规定

（1）饰面板（砖）工程应对下列材料及其性能指标进行复验：

① 室内用花岗石的放射性；

② 粘贴用水泥的凝结时间、安定性和抗压强度；

③ 外墙陶瓷面砖的吸水率；

④ 寒冷地区外墙陶瓷面砖的抗冻性。

（2）饰面板（砖）工程应对下列隐蔽工程项目进行验收：

① 预埋件（或后置埋件）；

② 连接节点；

③ 防水层。

（3）各分项工程的检验批应按下列规定划分：

① 相同材料、工艺和施工条件的室内饰面板（砖）工程每50间（大面积房间和走廊按施工面积30m^2为一间）应划分为一个检验批，不足50间也应划分为一个检验批。

② 相同材料、工艺和施工条件的室外饰面板（砖）工程每500～1000m^2应划分为一个检验批，不足500m^2也应划分为一个检验批。

2）饰面砖（板）粘贴工程

（1）工艺流程：

基层处理→弹线→墙面砖（板）粘贴→擦缝→修理保护。

（2）质量控制要点：

① 基层处理。清理墙面松散混凝土或砂浆，并将明显凸出部分凿除；墙面如有油污，可用烧碱溶液清洗干净；面砖铺贴前，基层表面应洒水湿润，然后涂抹1∶3水泥砂浆找平层；底层砂浆要绝对平整，阴阳角要绝对方正；

② 弹线。按照图纸设计要求，根据门、窗洞口，横竖装饰线条的布置，首先明确墙角、墙垛、线条、分格（或界格）、窗台等节点的细部处理方案，弹出控制尺寸，以保证墙面完整和粘贴各部位操作顺利；

③ 选砖。对进场面砖进行开箱抽查。饰面砖的品种、规格、图案、颜色和性能应符合设计要求；如发现差错，应进行全数检查，并做相应处理；

④ 墙面砖粘贴（图5-23）。根据设计标高弹出若干条水平线和垂直线，再按设计要求与面砖的规格确定分格缝宽度，并准备好分格条以便按面砖的图案特征，顺序分别粘贴；面砖粘贴前须用水浸泡2h以上；面砖宜采用水泥浆铺贴，一般自下而上进行，整间或独立部位宜一次完成；在抹粘合层之前应在湿润的面砖背面刷水泥灰浆一遍（水泥∶石灰膏＝1∶0.3），然后进行粘贴。饰面砖粘贴必须牢固；满粘法施工的饰面板工程应无空鼓、裂缝；饰面砖表面应平整、洁净、色泽一致，无裂痕和缺损；阴阳角处搭接方式、非整

图5-23 墙面粘贴饰面砖

砖使用部位应符合设计要求；墙面突出物周围的饰面砖应整砖套割吻合，边缘应整齐，墙裙、贴脸突出墙面的厚度应一致；饰面砖接缝应平直、光滑，填嵌应连续、密实；宽度和深度应符合设计要求；有排水要求的部位应做滴水线（槽），滴水线（槽）应顺直，流水坡向应正确，坡度应符合设计要求；饰面砖粘贴的允许偏差和检验方法应符合《建筑装饰装修工程质量验收规范》GB 50210—2001 表 8.3.11 的规定；

⑤ 擦缝、保护。待全部铺贴完，粘结层终凝后，用白水泥稠浆将缝嵌平，并用力推擦，使缝隙饱满密实，完成后用塑料薄膜保护。

（3）粘贴饰面砖的质量通病防治（表 5-30）。

粘贴饰面砖的质量通病防治　　表 5-30

序号	质量通病	原因分析	防治措施
1	粘贴不牢固、空鼓、脱落	（1）基层过分干硬，粘贴前未用水湿润或面砖粘贴操作不当，面砖与基层之间粘结差，致使面砖空鼓，甚至脱落； （2）砂浆配合比不准确，稠度控制不当，砂子含泥量过大，形成空鼓，脱落； （3）粘贴面砖砂浆不饱满，面砖勾缝不密实，被雨水渗透侵蚀，受冰冻胀缩，引起空鼓脱落	（1）必须将底层、基层表面清理干净，并于施工前一天将准备抹灰的面浇水润湿； （2）对表面较光滑的混凝土表面，抹底灰前应先凿毛，或掺 107 胶水泥浆，或用界面处理剂处理； （3）面砖粘贴方法分软贴与硬贴两种。软贴法是将水泥砂浆刮在面砖底上，厚度为 3～4mm，粘贴在基层上；硬贴法是用 107 胶水、水泥与适量水拌和，将水泥浆刮在面砖底上，厚度为 2mm，此法适用于面砖尺寸较小的；无论采用哪种贴法，面砖与基层必须粘结牢固； （4）粘贴砂浆的配合比应准确，稠度适当；对高层建筑或尺寸较大的面砖其粘贴材料应采用专用粘结材料； （5）外墙面砖的含水率应符合质量标准，粘贴砂浆须饱满，勾缝严实，以防雨水侵蚀与酷暑高温及严寒冰冻胀缩引起空鼓脱落
2	排缝不均匀，非整砖不规范	（1）排砖方法不准确，在粘贴面逐一划线计数，这种“由小到大”以几块面砖为基数逐一划线排砖的方法，极易产生累积误差； （2）外墙刮糙与面砖尺寸没有事先统筹考虑，在排砖中出现非整砖又没有按规范妥善处理，而是任意割砖； （3）操作人员在粘贴面砖过程中，没有掌握或少了一道砂浆初凝前应对排缝不均匀的面砖进行调整的工序	（1）外墙刮糙应与面砖尺寸事先作统筹考虑，尽量采用整砖模数，其尺寸可在窗宽度与高度上做适当调整。在无法避免非整砖的情况下，应取用大于 1/3 非整砖； （2）准确的排砖方法应是“取中”划控制线进行排砖。例如：外墙粘贴平面横或竖向总长度可排 80 块面砖（面砖＋缝宽），其第一控制线应划在总长度的 1/2 处，即 40 块的部位；第二控制线应划在 40 块的 1/2 处，即 20 块的部位；第三控制线应划在 20 块的 1/2 处，即 10 块的部位，依此类推。这种方法可基本消除累计误差； （3）摆门、窗框位置应考虑外门、窗套，贴面砖的模数取 1～2 块面砖的尺寸数，不要机械地摆在墙中，以免割砖的麻烦； （4）面砖的压向与排水的坡向必须正确。对窗套上滴水线面砖的压向为“大面罩小面”或拼角（45°割角）两种贴法；墙、柱阳角一般采用拼角（45°割角）的贴法；作为滴水线的面砖其根部粘贴总厚度应大于 1cm，并呈鹰嘴状。女儿墙、阳台栏板压顶应贴成明显向内泛水的坡向；窗台面砖应贴成内高外低 2cm，用水泥砂浆勾成小半圆弧形，窗台口再落低 2cm 作为排水坡向，该尺寸应在排砖时统一考虑，以达到横、竖线条全部贯通的要求； （5）粘贴面砖时，水平缝以面砖上口为准，竖缝以面砖左边为准
3	勾缝不密实、不光洁、深浅不统一	（1）勾缝砂浆配合比不准确，稠度不当，砂浆镶嵌不密实，勾缝时间掌握不适当； （2）勾缝没有用统一的自制勾缝小工具或操作不得要领	（1）勾缝必须作为一道工序认真对待，砂浆配合比一般为 1∶1，稠度适中，砂浆镶嵌应密实，勾缝抽光时间应适当（即初凝前）； （2）勾缝应自制统一的勾缝工具（视缝宽选定勾缝筋或勾缝条大小），并应规范操作，其缝深度一般为 2mm 或面砖小圆角下；缝形状可勾成平缝或微凹缝（半圆弧形）；勾缝深度与形状必须统一，勾缝应光洁，特别在“十字路口”应通畅（平顺）

续表

序号	质量通病	原因分析	防治措施
4	面砖不平整、色泽不一致	(1) 粘贴面基层抹灰不平整或粘贴面砖操作方法不当； (2) 面砖质量差，施工前与施工中没有严格选砖，造成不平整与色泽不一致	(1) 基层刮糙前应弹线出柱头或做塌饼，如果刮糙厚度过大，应掌握“去高、填低、取中间”的原则，适当调整柱头或塌饼的厚度； (2) 应严格控制基层的平整度，一般可选用大于2m的刮尺，操作时使刮尺做上下、左右方向转动，使抹灰面（层）平整度的允许偏差为最小； (3) 粘贴面砖操作方法应规范化，随时自查、发现问题，在初凝前纠正，保持面砖粘贴的平整度与垂直度； (4) 粘贴面砖应严格选砖，力求同批产品、同一色泽；可模拟摆砖（将面砖铺在场地上），有关人员站在一定距离俯视面砖色泽是否一致，若发现色差明显或翘曲变形的面砖，当场予以剔除； (5) 用草绳或色纸盒包装的面砖在运输、保管与施工期间要防止雨淋与受潮，以免污染面砖
5	无釉面砖表面污染、不洁净	无釉面砖，如泰山砖，在粘贴面砖与勾缝操作过程中，往往使灰浆污染在面砖上，不易清除，若不及时清理，会留有残浆等污染痕迹	(1) 无釉面砖在粘贴前，可在其表面先用有机硅（万可涂）涂刷一遍，待其干后再放箱内供粘贴使用。涂刷一道有机硅，其目的是在面砖表面形成一层无色膜（堵塞毛细孔），砂浆污染在面砖上易清理干净； (2) 无釉面砖粘贴与勾缝中，应尽量减少与避免灰浆污染面砖，面砖勾缝应自上而下进行，一旦污染，应及时清理干净

(4) 粘贴饰面板的质量通病防治（表5-31）。

粘贴饰面板的质量通病防治 **表5-31**

序号	质量通病	原因分析	防治措施
1	大理石或花岗岩固定不牢固	施工方法不规范，大理石与花岗岩在粘贴前没有事先在基层按规定留设预埋件，在板材上也没有打孔或割扎线连接口，或绑扎钢丝不紧密，不牢固，或铜丝直径过细，竣工后数年造成贴面板材脱落现象	(1) 粘贴前必须在基层按规定预埋$\phi 6$钢筋接头或打膨胀螺栓与钢筋连接，第一道横筋在地面以上100mm上与竖筋扎牢，作为绑扎第一皮板材下口固定钢丝； (2) 在板材上应事先钻孔或开槽，第一皮板材上下两面钻孔（四个连接点），第二皮及其以上板材只在上面钻孔（两个连接点），璇脸板材应三面钻孔（六个连接点），孔位一般距板宽两端1/4处，孔径5mm，深度12mm，孔位中心距板背面8mm为宜
2	大理石或花岗岩饰面空鼓	灌浆前对基层没有用水润湿，石材背面未清除表面浆膜、灰尘，在灌浆时没有用钢钎（棒）捣实，故砂浆粘结差，灌浆也不密实	(1) 外墙砌贴（筑）花岗石，必须做到基底灌浆饱满，结顶封口严密； (2) 安装板材前，应将板材背面灰尘用湿布擦净；灌浆前，基层先用水湿润； (3) 灌浆用1∶2.5水泥砂浆，调度适中，分层灌浆，每次灌注高度一般为200mm左右，每皮板材最后一次灌浆高度要比板材上口低50～100mm，作为与上皮板材的结合层； (4) 灌浆时，应边灌边用橡皮锤轻击板面或用短钢筋插入轻捣，既要捣密实，又要防止碰撞板材而引起位移与空鼓

续表

序号	质量通病	原因分析	防治措施
3	接缝不平，嵌缝不实	（1）基层处理不好，柱、墙面偏差过大； （2）板材质量不符合要求，使用前未进行严格挑选与加工处理； （3）粘贴前未全面考虑排缝宽度，粘贴时未采取技术措施，接缝大小不匀，甚至瞎缝，无法嵌缝	（1）板材安装必须用托线板找垂直、平整，用水平尺找上口平直，用角尺找阴阳角方正；板缝宽为1～2mm，排缝应用统一垫片，使每皮板材上口保持平直，接缝均匀，用浆糊状熟石膏粘贴在板材接缝处，使其硬化结成整体； （2）板材全部安装完毕后，须清除表面石膏和残余痕迹，调制与板材颜色相同的色浆，边嵌缝边擦洗干净，使接缝嵌得密实、均匀、颜色一致
4	大理石纹理不顺，花岗岩色泽不一致	石材采购时对纹理与色泽未严格要求，粘贴前没有模拟试排及挑选，粘贴时又没有注意纹理与色泽的调整	（1）应严格选材，力求同批产品、同一色泽；可模拟摆砖（将面砖铺在场地上），有关人员站在一定距离俯视面砖色泽是否一致，若发现色差明显或翘曲变形的面砖，当场予以剔除； （2）对重要装饰面，特别是纹理密集的大理石，必须做好镶贴试拼工作，一般可在地坪上或草坪上进行。应对好颜色，调整花纹，使板与板之间上下、左右纹理通顺，色调一致，形成一幅自然花纹与色彩的风景画面（安装饰面应由上至下逐块编制镶贴顺序号）； （3）在安装过程中对色差明显的石材，应及时调整，以体现装饰面的整体效果

3）干挂石材安装工程（图 5-23）

（*a*）

（*b*）

图 5-23　墙、柱面干挂石材贴面

（1）工艺流程：

基层准备→挂线→安装骨架→结构打孔→隐蔽验收→石材剔槽→固定石材→表面处理→验收。

（2）质量控制要点：

① 基层准备：清理基层结构表面，并修补墙柱面，使墙柱面平整坚实。弹出垂直线亦可根据需要弹出石材的位置线和分块线；

② 根据设计尺寸进行石材剔槽。当板厚小于 30mm 时，在石板剔槽处的背面加装与石板相同厚度的同质材料以做加强处理；

③ 挂线：按图纸要求，在墙面弹出垂直线控制线，也可根据需要弹出石材的位置线和分块线；

④ 安装钢骨架，加以固定；结构打孔，插固定螺栓；调整好与石材连接的间距；

⑤ 安装石材：将连接固定件与石材剔槽相吻合，然后采用专业结构胶嵌缝，胶嵌下层石材的上孔，插连接固定件，再用胶嵌上层石材孔，使上、下石材面保持垂直一致，由下至上安装石材，最后镶顶层石材；

⑥ 清理饰面石材，嵌缝。

（3）质量要求

① 石材表面要洁净平整，颜色均匀，分格缝宽度一致，横平竖直，大角通顺。

② 连接件与基层、与石材要牢固固定。

③ 石材经过挑选，无裂缝，无风化，无隐伤，无破损。

④ 质量检测方法及允许偏差应符合施工规范规定。

4）墙面木饰面工程（图 5-24、图 5-27）

（1）工艺流程：

放样、弹线→防潮处理→基层龙骨制作→基层龙骨安装→基层板安装→隐蔽验收→饰面板安装。

（2）质量控制要点：

① 放样、弹线：根据设计图纸上的尺寸、墙面造型、位置等要求，先在墙上划出水平标高线和外围轮廓线，然后弹出龙骨分格线。根据分格线在墙上加木橛或在砌墙时预埋木砖或固定铁件。木砖、铁件的位置应符合龙骨分档的尺寸，平墙面木龙骨横竖间距一般不大于 400mm。

图 5-24　柱面、墙面木饰面工程施工

② 防潮处理：在潮湿地区或者紧靠外墙、卫生间等经常接触到水的墙面，墙面防水要求较高。常用的做法是在木龙骨、木砧等表面涂刷新型水柏油，墙面在堵漏、粉刷后也涂刷新型水柏油两遍。在湿度小的地区或不易接触到水的内墙，防潮处理的做法一般是在木龙骨表面刷二道水柏油。

③ 基层龙骨制作：工程所有木龙骨的含水率均控制在 12%以内，木龙骨应进行防腐、防火处理，可用新型水柏油和防火涂料将木楞内外和两侧各涂刷二遍，晾干后再拼装。平墙面木龙骨骨架制作采用相同规格的木料，开契口带胶拼装。根据档距尺寸在龙骨上开契口，契口深度一般为龙骨厚度的 1/2，契口内涂刷白乳胶后拼装成一整片龙骨骨架，拼接处加枪钉固定。全墙面饰面应根据基层板的尺寸在板与板拼接处增加龙骨，便于基层板安装平整。弧形墙面和圆柱骨架采用木龙骨制作。根据设计要求在地面上放样并画出弧形外框轮廓线，为保证弧度的准确性，用细木工板制作相同弧度的模板用以下料和检测。龙骨横档采用细木工板，与竖向龙骨契口带胶拼装，枪钉固定。弧形面竖向龙骨间距适当加密。

④ 基层龙骨安装方法是：先将骨架按放样位置临时固定在墙上，在横、竖龙骨交接附近的墙上打眼，打眼深度 40～60mm，调整龙骨平整度和垂直度后，在孔洞中打入长木砧，用枪钉将龙骨与木砧固定连接，木砧抛出龙骨面的部分锯平即可。如骨架离墙较远，则可在墙上每隔一段距离安装一排通长木龙骨，骨架与墙面固定龙骨通过短木龙骨连接固定。骨架安装位置要准确，连接要牢固、稳定，平整度和垂直度需符合规范规定要求。平

墙面饰面还可以采用轻钢龙骨骨架，采用轻钢龙骨的优点是简化施工步骤、操作简便、龙骨防腐、防火性能好、不易变形、现场容易保证整洁等。

⑤ 饰面板安装：天然木材饰面板在色泽、纹路等方面总存在差异，而同一版面饰面板在色泽等方面如差别太大，则会影响装饰观感质量，因此饰面板安装前需进行排版挑选。首先需表面色泽相近、无明显节疤，同一版面饰面板还需颜色相近、纹路相通。挑选出来的饰面板根据位置进行编号，确保安装效果。

图 5-25 为一种新型卡子式铝合金配套龙骨，可在龙骨上安装饰面板。

(*a*)

(*b*)

(*c*)

图 5-25　新型卡子式铝合金配套龙骨

近年来，饰面板的安装采用预制饰面板，直接安装在墙体基层上（图 5-28，图 5-29）。

图 5-26　会议厅墙、柱面采用多孔木制饰面板

5.2.1.3　墙面硬包工程

1）工艺流程：

制作木基层（弹线、分格→钻孔打入木楔→墙面防潮→钉木龙骨→铺钉胶合板）→制作硬包面层（划线→粘贴芯衬→包面层材料）（图 5-26）。

2）质量控制要点：

（1）制作木基层

① 弹线、预制木龙骨架：用吊垂线法、拉水平线及尺量的办法，借助＋50cm 水平线，确定软包墙的厚度、高度及打眼位置等（可用 25mm×30mm 的木方，按 300mm 或 400mm 见方的分档，采用凹槽榫工艺，制作成木龙骨框架）。木龙骨架的大小，可根据实际情况加工成一片或几片拼装到墙上。做成的木龙骨架应刷涂防火漆。

② 钻孔、打入木楔：孔眼位置在墙上弹线的交叉点，孔距 600mm 左右，孔深 60mm，用 ϕ16～ϕ20mm 冲击钻头钻孔。木楔经防腐处理后，打入孔中，塞实塞牢。

③ 防潮层：在抹灰墙面涂刷冷底子油或在砌体墙面、混凝土墙面铺沥青油毡或油纸做防潮层。涂刷冷底子油要满涂、刷匀，不漏涂；铺油毡、油纸要满铺，铺平、不留缝。

（2）装钉木龙骨：将预制好的木龙骨架靠墙直立，用水准尺找平、找垂直，用铁钉钉在木楔上，边钉边找平，找垂直。凹陷较大处应用木楔垫平钉牢（图 5-27）。

（a）

（b）

图 5-27 墙体采用预制装饰板饰面

（3）铺钉胶合板：木龙骨架与胶合板接触的一面应刨光，使铺钉的三合板平整。用气钉枪将三合板钉在木龙骨上。钉固时从板中向两边固定，接缝应在木龙骨上且钉头设入板内，使其牢固、平整。三合板在铺钉前，应先在其板背涂刷防火涂料，均匀涂满。

（4）制作硬包面层：在木基层上铺钉九厘板，依据设计图在木基层上划出墙、柱面上硬包的外框及造型尺寸线，并按此尺寸线锯割九厘板拼装到木基层上，九厘板围出来的部分为准备做硬包的部分。钉装造型九厘板的方法同钉三合板一样。

① 按九厘板围出的硬包的尺寸，裁出所需的泡沫塑料块，并用建筑胶粘贴于围出的部分。

图 5-28 酒店包间走道墙面预制装饰板饰面

（a）

（b）

图 5-29 墙面采用硬包装饰面

② 从上往下用织锦缎包覆泡沫塑料块。先裁剪织锦缎和压角木线，木线长度尺寸按硬包边框裁制，在90°角处按45°割角对缝，织锦缎应比泡沫塑料块周边宽50～80mm。将裁好的织锦缎连同作保护层用的塑料薄膜覆盖在泡沫塑料上。用压角木线压往织锦缎的上边缘，展平、展顺织锦缎以后，用气枪钉钉牢木线。然后拉捋展平织锦缎钉织锦缎下边缘木线。用同样的方法钉在左右两边的木线上。压角木线要压紧、钉牢，织锦缎面应展平不起皱、最后用刀沿木线的外缘（与九厘板接缝处）裁下多余的织锦缎与塑料薄膜。

（5）预制硬包块拼装硬包

① 按硬包分块尺寸裁九厘板，并将四条边用刨刨出斜面，刨平。以规格尺寸大于九厘板50～80mm的织物面料和泡沫塑料块置于九厘板上。将织物面料和泡沫塑料沿九厘板斜边卷到板背，在展平顺后用钉固定。钉好一边，再展平铺顺拉紧织物面料，将其余三边都卷到板背固定，为了使织物面料经纬线有顺，固定时宜用码钉枪打码钉，码钉间距不大于30mm，备用。

② 在木基层上按设计图划线，标明硬包预制块及装饰木线（板）的位置。

③ 将硬包预制块用塑料薄膜包好（成品保护用），镶钉在墙、柱面做硬包的位置。用气枪钉钉牢。每钉一颗钉用手抚一抚织物面料，使硬包面既无凹陷、起皱现象，又无钉头挡手的感觉。连续铺钉的硬包块，接缝要紧密，下凹的缝应宽窄均匀一致且顺直（塑料薄膜待工程交工时撕掉）。

镶钉装饰木线及饰面板：在墙面硬包部分的四周用木压线条、盖缝条及饰面板等装饰处理，这一部分的材料可先于装硬包预制块做好。或在硬包预制块上墙后制作。

5.2.1.4　墙面裱糊工程

1）工艺流程：

基层刷清油→板缝嵌缝处理→基层批腻打磨→墙纸粘贴（画线→裁纸→刷胶→纸上墙→对缝→赶大面→整理→纸缝→擦净胶面）。

2）质量控制要点：

（1）为防止基层板返黄渗透到表面影响观感质量，基层板表面需刷清油封闭，清油涂刷要周到，不得漏刷。板缝要进行处理，以防开裂。

（2）板面腻子批刮两遍并打磨平整、光滑。

（3）画线：待基层干燥后画垂线，起线位置从墙的阴角开始，以小于壁纸10～20mm为宜。

（4）裁纸：这道工序很重要，直接影响墙面裱糊质量。应控制好：

① 注意花纹的上下方向，每条纸上端根据印花对应，在花纹循环的同一部位裁剪；

② 比较每条纸的颜色，如有微小差别，应加以分类，分别安排在不同的墙面上；

③ 主要墙面花纹应对称完整，一个墙面不足一幅宽的纸，应贴在较暗的阴角处。窄条纸宜现用现下料，下料时应核对窄条上下端所需的宽度。

（5）刷胶：在墙面和壁纸背面同时刷胶。应控制好：

① 墙纸背面刷胶时，纸上不应有明胶，多余的胶应用干燥棉纱擦去；

② 刷胶不宜太厚，应均匀一致，纸背刷胶后，胶面与胶面应对叠，以避免胶干得太快，也便于上墙。

(6) 裱糊：是本分项工程中最主要的工序，直接决定墙面质量的好坏（图 5-30）。应控制好：

① 根据阴角搭缝的里外关系，决定先做哪一片墙面。贴每一片墙的第一条壁纸前，要先在墙上吊一条垂直线。第一条壁纸以整幅开始，将窄条甩在较暗的一端或门两侧阴角处；

② 裱糊应先从一侧由上而下开始，上端不留余量，对花接缝到底；

③ 由对缝一边开始，上下同时从纸幅中间向上、下划动，压迫壁纸贴在墙上，不留气泡；

④ 阴角不对缝，采用搭缝做法。先裱糊压在里面的一幅纸，在阴角处转过 5mm 左右。阴角有时不垂直，要核对上下头再决定转过多少；

⑤ 阳角处不甩缝。包角要严密，没有空鼓、气泡，注意花纹和阳角的直线关系；

图 5-30 酒店包间墙面墙纸贴面

⑥ 壁纸上端应在挂镜线下沿，下端收头在踢脚板上沿；

⑦ 壁纸表面轧有花纹，压缝赶气泡时用力要适度，不得使用硬质工具。

(7) 裱糊工程的质量应符合下列规定：

① 壁纸必须粘贴牢固，表面色泽一致，不得有气泡、空鼓、裂缝、翘边和斑污，视时无胶痕；

② 表面平整，无波纹起伏。壁纸与挂镜线、贴脸板和踢脚线紧接，不得有缝隙；

③ 各幅壁纸拼接横平竖直，拼接处花纹、图案吻合，不离缝，不搭接。距墙面 1.5 米正视不显明缝；

④ 阴阳转角垂直，棱角分明，阴角处搭接顺光，阳角无接缝；

⑤ 不得有漏贴、补贴和脱层等缺陷。

3) 裱糊工程质量通病防治（表 5-32）

裱糊工程质量通病防治 **表 5-32**

序号	质量通病	原因分析	防治措施
1	裱糊面皱纹、不平整	(1) 基层表面粗糙，批刮腻子不平整，粉尘与杂物未清理干净，或砂纸打磨不仔细； (2) 壁纸材质不符合质量要求，壁纸较薄，对基层不平整度较敏感； (3) 裱糊技术水平低，操作方法不正确	(1) 基层表面的粉尘与杂物必须清理干净；对表面凹凸不平较严重的基层，首先要大致铲平，然后分层批刮腻子找平，并用砂纸打磨平整、洁净； (2) 选用材质优良与厚度适中的壁纸； (3) 裱糊壁纸时，应用手先将壁纸铺平后，才能用刮板缓慢抹压，用力要均匀；若壁纸尚未铺平整，特别是壁纸已出现皱纹，必须将壁纸轻轻揭起，用手慢慢推平，待无皱纹、切实铺平后方能抹压平整

续表

序号	质量通病	原因分析	防治措施
2	接槎明显，花饰不对称	（1）裱糊压实时，未将相邻壁纸连接缝推压分开，造成搭缝；或相邻壁纸连接缝不紧密，有空隙缝；或壁纸连接缝不顺直等均会造成接槎明显； （2）对装饰面所需要裱糊的壁纸（布）未进行周密计算与裁剪，造成门、窗口的两边、对称的柱子、墙面所裱糊的壁纸花饰不对称； （3）壁纸（布）选择的颜色与花纹不适当，会增加裱糊的难度	（1）壁纸粘贴前，应先试贴，掌握壁纸收缩性能；粘贴无收缩性的壁纸时，不准搭接，必须与前一张壁纸靠紧而无缝隙；粘贴收缩性较大的壁纸时，可按收缩率适当搭接，以便收缩后，两张纸缝正好吻合； （2）壁纸粘贴的每一装饰面，均应弹出垂线与直线，一般裱糊2～3张壁纸后，就要检查接缝垂直与平直度，发现偏差应及时纠正； （3）粘贴胶的选择必须根据不同的施工环境温度、基层表面材料及壁纸品种与厚度等确定；粘贴胶必须涂刷均匀，特别在拼缝处，胶液与基层粘结必须牢固，色泽必须一致，花饰与花纹必须对称； （4）壁纸（布）选择必须慎重。一般宜选用易粘贴、且接缝在视觉上不易察觉的壁纸（布）

5.2.1.5　玻璃隔墙工程

图5-31为走道墙面采用成品玻璃隔断，成品玻璃隔断为双层透明钢化玻璃，内置金属手动翻转百叶帘。

图5-31　走道墙面采用成品玻璃隔断

1）工艺流程：

墙面定位、弹线→预埋件安装→钢骨架槽安装→玻璃安装、打胶。

2）质量控制要点：

（1）根据图纸和现场实际尺寸在隔断两端墙上弹出垂线，并在地面及顶棚上弹出隔断的位置线，后报监理复验合格。

（2）根据已弹出的位置线定位玻璃的位置和尺寸，在确定玻璃尺寸时要考虑墙、地面的装饰面层位置。

（3）根据墙、地面的弹线位置，在墙面和地面上安装固定件，固定件一般采用中厚钢板，用金属膨胀螺栓固定。

（4）玻璃槽可使用槽钢或角钢，与固定件焊接连接。钢架槽安装要水平、方正、牢固、稳定，整个框要保持在一个平面内，槽内不能有杂物。如玻璃伸到顶面内，则在顶面内也需安装固定件，固定件应与顶面龙骨分离，做成倒“U”字形卡槽或专用连接件，玻璃上端需开孔，到时用对接螺栓固定。

（5）玻璃安装时，先将玻璃伸入上口，再慢慢落入下口，下口槽内要垫橡皮条，两侧和上口玻璃两面槽内可用小木条临时塞紧固定。再用吊锤校正玻璃的垂直度和位置后，在槽内填入橡皮条和小木条，取走临时固定物。

（6）墙面饰面结束后，饰面和玻璃之间缝隙可用打胶处理。缝隙较大时，可在缝内先填入泡沫条，后进行打胶。胶条要直、饱满和粗细均匀，不能出现明显的弯曲和气泡。打胶结束后，用夹板对玻璃进行围护保护，并做醒目的警示标语，防止触碰损坏。

（7）对玻璃隔断安装的质量要求

① 隔断所用材料的品种、规格、性能、图案和颜色应符合设计要求。

② 隔断所需预埋件、连接件的位置、数量及连接方法应符合设计要求。

③ 隔断安装必须牢固。其胶垫的安装应准确。

④ 隔断所用接缝材料的品种及接缝方法应符合设计要求，接缝应横平竖直、密实平整、均匀顺直。

⑤ 隔墙安装应垂直、平整、位置正确，玻璃应无裂痕、缺损和划痕。

⑥ 隔断表面应平整光滑、色泽一致、洁净、清晰美观。

⑦ 隔断安装的允许偏差和检验方法应符合规范《建筑装饰装修工程质量验收规范》GB 50210—2001 表 7.5.10 的规定。

5.2.1.6　骨架隔墙工程

图 5-32、图 5-33 以轻钢龙骨为骨架，以纸面石膏板、人造木板、水泥纤维板等为墙面材料的隔墙工程。

图 5-32　隔墙工程

图 5-33　隔墙中已填完隔声棉

1）工艺流程：

墙面定位、弹线→骨架安装→单侧面墙面材料安装→墙内布管（强、弱电管）→填充隔声材料→另一侧墙面材料安装→板缝隙与钉眼处理。

2）质量控制要点：

（1）根据图纸和现场实际尺寸在隔墙两端墙上弹出垂线，并在地面及顶棚上弹出隔墙的位置线，后报监理复验合格。

（2）所用龙骨、配件、墙面板、填充材料及嵌缝材料的品种、规格、性能和木材的含水率应符合设计要求。有隔声、隔热、阻燃、防潮等特殊要求的工程，材料应有相应性能等级的检测报告。

（3）隔墙边框龙骨必须与基体结构连接牢固，并应平整、垂直、位置正确。

（4）隔墙中间龙骨间距和构造连接方法应符合设计要求。骨架内设备管线的安装、门、窗洞口等部位加强龙骨应安装牢固、位置正确，填充材料的设置应符合设计要求。

（5）木龙骨及木墙面板的防火和防腐处理必须符合设计要求。

（6）墙面板的安装应牢固，无脱层、翘曲、折裂及缺损。墙面所用的接缝材料的接缝方法应符合设计要求。隔墙表面应平整光滑、色泽一致、洁净、无裂缝、接缝均匀、顺直。

（7）隔墙上的孔洞、槽、盒应位置正确、套割吻合、边缘整齐。

（8）隔墙内的填充材料应干燥，填充应密实、均匀、无下坠。

（9）骨架隔墙的允许偏差和检验方法应符合规范《建筑装饰装修工程质量验收规范》GB 50210—2001 表 7.3.12 规定。

3）骨架隔墙工程质量通病防治（表 5-33）

骨架隔墙工程质量通病防治　　表 5-33

序号	质量通病	原因分析	防治措施
1	接槎明显，拼接处裂缝	（1）板材拼接节点构造不合理，板材未倒角； （2）板材拼接处，嵌缝（勾缝）材料选用不当； （3）板材制作尺寸不准确，厚薄不一致，或板材翘曲变形或收缩裂缝	（1）板材拼接应选择合理的接点构造。一般有两种做法：一是在板材拼接前先倒角，或沿板边20mm刨去宽40mm厚3mm左右；在拼接时板材间应保持一定的间距，一般以2～3mm为宜，清除缝内杂物，将腻子批嵌至倒角边，待腻子初凝时，再刮一层较稀的厚约1mm的腻子，随即贴布条或贴网状纸带，贴好后应相隔一段时间，待其终凝硬结后再刮一层腻子，将纸带或布条罩住。然后把接缝板面找平；二是在板材拼缝处嵌装饰条或勾嵌缝腻子，用特制小工具把接缝勾成光洁清晰的明缝； （2）选用合适的勾、嵌缝材料。勾、嵌缝材料应与板材成分一致或相近，以减少其收缩变形； （3）采用质量好、制作尺寸准确、收缩变形小、厚薄一致的侧角板材，同时应严格操作程序，确保拼接严密、平整，连接牢固； （4）房屋底层做石膏板隔断墙，在地面上应先砌三皮砖（1/2砖），再安装石膏板，这样既可防潮，又可方便粘贴各类踢脚线
2	门框固定不牢固	板端凹槽内杂物未清理干净，板槽内粘结材料下坠；采用后塞门框时，预留门洞过大，水泥砂浆（腻子）镶嵌缝隙不密实，隔墙与门框连接不牢固	（1）门框安装前，应将槽内杂物清理干净，刷108胶稀溶液1～2道；槽内放小木条以防粘结材料下坠；安装门框后，沿门框高度钉3枚钉子，以防外力碰撞门框导致错位； （2）尽量不采用后塞门框的做法，应先把门框临时固定，龙骨与门框连接，门框边应增设加强筋，固定牢固； （3）为使墙板与结构连接牢固，边龙骨预粘木块时，应控制其厚度不得超过龙骨翼缘；安装边龙骨时，翼缘边部顶端应满涂掺108胶水的水泥砂浆，使其粘结牢固；梁底或楼板底应按墙板放线位置增贴92mm宽石膏垫板，以确保墙面顶端密实

续表

序号	质量通病	原因分析	防治措施
3	隔断墙与原墙、平顶交接处不顺直，门框与墙板面不交圈，接头不严、不平；装饰压条、贴面制作粗糙，见钉子印	技术交底不明确，施工程序不规范，作业不认真	(1) 施工前质量交底应明确，严格要求操作人员做好装饰细部工程； (2) 门框与隔墙板面构造处理应根据墙面厚度而定，墙厚等于门框厚度时，可钉贴面；小于门框厚度时应加压条；贴面与压条应制作精细，切实起到装饰条的作用； (3) 为防止墙板边沿翘起，应在墙板四周接缝处加钉盖缝条，或根据不同板材，采取四周留缝的做法，缝宽10mm左右

5.2.2 吊顶装饰工程质量控制要点

5.2.2.1 暗龙骨（如纸面石膏板）吊顶工程：

图5-34、图5-35为主龙骨吊在吊筋上，次龙骨用专用挂件挂在主龙骨上，次龙骨下锚固纸面石膏板。当吊顶高度超过1.5米时要设置图示的反支撑。

图5-34 反支撑

图5-35 某餐厅采用暗龙骨（纸面石膏板）吊顶

1) 工艺流程：

施工准备→墙面放线找平→打眼、安装吊杆→安装主龙骨→安装次龙骨→吊顶龙骨整平→安装石膏板→做好成品保护。

2) 质量控制要点：

(1) 施工准备。

① 吊顶龙骨安装前，应进行图纸会审，明确设计意图和工程特点；在此基础上进行现场实测，掌握房间吊顶面的实际尺寸，根据要求的安装方法，对龙骨骨架进行合理排布，绘制龙骨组装平面图；考虑到罩面板的规格及拼缝尺寸，其板缝必须落在C型（槽型）覆面龙骨底面的中心线部位；吊点间距、主次龙骨中距等尺寸关系，应符合设计规定及龙骨产品本身的使用要求。

② 认真检查吊顶的预埋情况。对于有附加荷载的重型吊顶（上人吊顶、吊挂重型灯具或设备），必须有安全可靠的吊点紧固措施；对于预埋件（铁件）或非预埋件（采用射钉或膨胀螺栓）作为吊点紧固时，其承载要求必须经设计计算或试验而定。

③ 在吊顶施工前及其过程中，要做好与消防、电气、空调、土建等诸工种间的协调

工作；在吊顶封板时，上述诸工种均属隐蔽工程，必须事前完成，并通过隐藏工程质量验收。

④ 检查原材料的材质、品种、规格和颜色应符合设计要求。并按验收规定对原材料检查出厂产品合格证和抽样复验。

（2）墙面放线找平。复验吊顶标高线，根据吊顶的标高，在四周墙面或柱面上弹出标高线，弹线应清楚，位置应准确，其水平允许偏差为5mm。

（3）打眼、安装吊杆。

① 复验吊杆位置线，吊杆间距应控制在1000mm左右；

② 吊杆距离墙边的间距不得大于300mm；

③ 吊杆距主龙骨端部距离不得超过300mm，当大于300mm时，应增加吊杆；

④ 当吊杆与设备相遇时应调整或增设吊杆；

⑤ 当吊杆长度大于1.5m时，应设置反支撑。

⑥ 复验吊杆与结构固定。上人吊顶采用ϕ8mm吊杆；不上人吊顶采用ϕ6mm吊杆；金属吊杆应经过表面防腐处理（目前较多采用ϕ8mm热镀锌成品螺纹杆，间距不大于900mm）；木吊杆、龙骨应进行防腐、防火处理。

（4）安装主龙骨。

① 复验主龙骨布置线，主龙骨中心线间距应控制在1000mm左右。当罩面板为3000mm×1200mm幅面时，按间距500mm沿3000mm方向分割；当罩面板为2400mm×1200mm幅面时，按间距480mm沿2400mm方向分割；

② 边龙骨布置线按弹线固定在四周墙上，钉距小于400mm。

（5）安装次龙骨。复验次龙骨的安装质量，检查是否安装牢固，扣件是否合理安装，中心间距是否符合设计或施工要求。

（6）吊顶龙骨整平。主龙骨安装前应拉好标高控制线，根据标高控制线使龙骨就位。主龙骨安装后应及时校正其标高并按规范要求适当起拱，起拱高度应不小于房间短向跨度的1/200。

（7）安装石膏板。

① 石膏板的接缝应交错布置，并按设计要求进行板缝处理，通常板缝为3mm；

② 检查吊顶封板的平整度、板缝批腻、盖缝带、钉距、嵌入深度、钉帽防锈等必须符合规范要求；

③ 核对灯孔与龙骨的位置，严禁灯孔与主、次龙骨位置重叠；安装双层石膏板时，面层板与基层板的接缝应错开，并不得在同一根龙骨上接缝；

④ 饰面材料表面应洁净、色泽一致，不得有翘曲、裂缝及缺损，压条应平直、宽窄一致；

⑤ 饰面板上的灯具、烟感器、喷淋头、音乐喇叭、风口篦子等设备的位置应合理、美观，与饰面板的交接应吻合、严密；

⑥ 吊顶内填充吸声材料的品种和铺设厚度应符合设计要求，并应有防散落措施；

⑦ 暗龙骨吊顶工程安装的允许偏差和检查方法应符合规范的规定。

（8）做好成品保护。上述诸工种在施工过程中不得任意破坏成品，如需变动，必须经业主、监理同意，并办理相应手续后方能改变；否则有关工种必须承担经济和工期损失的责任。

3）暗龙骨吊顶质量通病防治（表5-34）。

暗龙骨吊顶质量通病防治　　表5-34

序号	质量通病	原因分析	防治措施
1	接槎明显	（1）吊杆（吊筋）与龙骨（搁栅）、主龙骨与次龙骨拼接不平整； （2）吊顶面层板材拼接不平整，或拼接处未处理就贴胶带纸（布），批腻子又没有找平，致使拼接处明显突起，形成接槎	（1）吊杆与主龙骨、主龙骨与次龙骨拼接应平整； （2）吊顶面层板材拼接也应平整，在拼接处面板边缘如无构造接口，应事先刨去2mm左右，以便接缝处粘贴胶带纸（布）后使接口与大面相平； （3）批刮腻子须平整，拼接缝处更应精心批刮密实、平整，打砂皮一定要到位，可将砂皮钉在木蟹上做均匀打磨，以确保其平整，消除接槎
2	面层裂缝	（1）木料材质差，含水率高，收缩翘曲变形大；采用轻钢龙骨或铝合金吊顶，吊杆与主、次龙骨纵横方向线条不平直，连接不紧密，受力后位移变形； （2）吊顶面板含水率偏大，或产品出厂时间较短，尚未完全稳定，面板产生收缩变形（PC板等产品尤为严重）； （3）整体紧缝平顶，拼接缝处理不当或不到位，易产生拼缝处裂缝	（1）吊杆与龙骨安装应平整，受力节点结合应严密牢固，可用砂袋等重物试吊，使其受力后不产生位移变形，方能安装面板； （2）湿度较大的空间不得用吸水率较大的石膏板等作面板；FC板等材料应经收缩相对稳定后方能使用； （3）使用纸面石膏板时，自攻螺钉与板边或板端的距离不得小于10mm，也不宜大于16mm；板中螺钉的间距不得大于200mm； （4）整体紧缝平顶其板材拼缝处要统一留缝2mm左右，宜用弹性腻子批嵌，也可用107胶或木工白胶拌白水泥掺入适量石膏粉作腻子批嵌拼缝至密实，并外贴拉结带纸或布条1～2层，拉结带宜用的确良布或编织网带，然后批平顶大面
3	面层挠度大、不平整。	（1）木料材质差，含水率高，收缩翘曲变形大；采用轻钢龙骨或铝合金吊顶，吊杆与主、次龙骨纵横方向线条不平直，连接不紧密，受力后位移变形； （2）吊顶施工未按规程（范）操作，事前未按基准线在四周墙面上弹出水平线，或在安装吊顶过程中没有按规范要求起拱	（1）吊杆与龙骨安装应平整，受力节点结合应严密牢固，可用砂袋等重物试吊，使其受力后不产生位移变形，方能安装面板； （2）吊顶施工应按规程操作，事先以基准线为标准，在四周墙面上弹出水平线；同时在安装吊顶过程中要做到横平、竖直，连接紧密，并按规范起拱

5.2.2.2　明龙骨（如矿棉板、多孔铝合金板）吊顶工程（图5-36）

1）工艺流程：

施工准备→墙面放线找平→打眼、安装吊杆→安装主龙骨→安装次龙骨→吊顶龙骨整平→安装矿棉板（或铝合金板）→做好成品保护。

2）质量控制要点：

（1）施工准备。

① 吊顶龙骨安装前，应进行图纸会审，明确设计意图和工程特点；在此基础上进行现场实测，掌握房间吊顶面的实际尺寸，再

图5-36　某办公室采用明龙骨（矿棉板）吊顶

根据所选用的矿棉板品种、规格和安装方法等，按设计图纸的规定对龙骨骨架进行合理排布，绘制龙骨组装平面图；绘制平面图时要精确计算纵横龙骨骨架框格尺寸，每边应分别大出矿棉板板面尺寸 2mm，即当板块就位于 T 型龙骨框格内时，每边均有 1mm 的伸缩缝隙或称活动余量，以避免在吊顶施工过程中对龙骨过多地进行调整和割锯，尤其是避免裁割榫边板和企口边板。

② 认真检查吊顶的预埋情况。对于有附加荷载的重型吊顶（上人吊顶、吊挂重型灯具或设备），必须有安全可靠的吊点紧固措施；对于预埋件（铁件）或非预埋件（采用射钉或膨胀螺栓）作为吊点紧固时，其承载要求必须经设计计算或试验而定。

③ 在吊顶施工前及其过程中，要做好与消防、电气、空调、土建等诸工种间的协调工作；在吊顶封板时，上述诸工种均属隐蔽工程，必须事前完成，并通过隐藏工程质量验收。

④ 检查原材料的材质、品种、规格、图案和颜色应符合设计要求。并按验收规定对原材料检查出厂产品合格证和抽样复试。

(2) 墙面放线找平。复验吊顶标高线，根据吊顶的标高，在四周墙面或柱面上弹出标高线，弹线应清楚，位置应准确，其水平允许偏差为 5mm。

(3) 打眼、安装吊杆。

① 复验吊杆位置线，吊杆间距应控制在 1000mm 左右；

② 吊杆距离墙边的间距不得大于 300mm；

③ 吊杆距主龙骨端部距离不得超过 300mm，当大于 300mm 时，应增加吊杆；

④ 当吊杆与设备相遇时应调整或增设吊杆；

⑤ 当吊杆长度大于 1.5m 时，应设置反支撑。

⑥ 复验吊杆与结构固定。上人吊顶采用 ϕ8mm 吊杆；不上人吊顶采用 ϕ6mm 吊杆；金属吊杆应经过表面防腐处理（目前较多采用 ϕ8mm 热镀锌成品螺纹杆，间距不大于 900mm）；木吊杆、龙骨应进行防腐、防火处理。

(4) 安装主龙骨。

① 复验主龙骨布置线，主龙骨中心线间距应控制在 1000mm 左右。

② 边龙骨布置线按弹线固定在四周墙上，钉距小于 400mm。

③ 金属龙骨的接缝应平整、吻合、颜色一致，不得有划伤、擦伤等表面缺陷。

(5) 安装次龙骨。复验次龙骨的安装质量，检查是否安装牢固，扣件是否合理安装，中心间距是否符合设计或施工要求。

(6) 吊顶龙骨整平。主龙骨安装前应拉好标高控制线，根据标高控制线使龙骨就位。主龙骨安装后应及时校正其标高并按规范要求适当起拱，起拱高度应不小于房间短向跨度的 1/200。

(7) 安装矿棉板（或多孔铝合金板）。矿棉（铝合金板）装饰吸声板的活动式吊顶安装，根据板材棱边的不同，与 T 型金属龙骨骨架的连接配合分为平放搭装和企口嵌装两种方法。

① 齐边板和榫边板的平放搭装。是将板块平搭于 T 型龙骨的做法。此法操作简易，拆装方便，在吊顶面所形成的装饰效果取决于板材表面及其明露龙骨。榫边板与龙骨搭接处形成线型凹缝；对于平放搭装矿棉板应用压板（定位夹）压住，以保持板块的稳定，不

宜浮搁。

② 企口边板的嵌装。是将带企口棱边的矿棉板与T型金属龙骨嵌装的方法。安装后的吊顶面可不露骨架，使吊顶封闭，增强吸声效果。也可以根据配套龙骨和安装方式的不同，使部分龙骨底面明露成为半隐式。

③ 板块安装后其表面应洁净、色泽一致，不得有翘曲、裂缝及缺损，压条应平直、宽窄一致。

④ 板块安装后其饰面板上的灯具、烟感器、喷淋头、音乐喇叭、风口篦子等设备的位置应合理、美观，与饰面板的交接应吻合、严密。

⑤ 吊顶内填充吸声材料的品种和铺设厚度应符合设计要求，并应有防散落措施。

⑥ 明龙骨吊顶工程安装的允许偏差和检查方法应符合规范的规定。

(8) 做好成品保护。上述诸工种在施工过程中不得任意破坏成品，如需变动，须经业主、监理同意，并办理相应手续后方能改变：否则有关工种须承担经济和工期损失的责任。

3）明龙骨吊顶质量通病防治（表5-35）。

明龙骨吊顶质量通病防治 **表5-35**

序号	质量通病	原因分析	防治措施
1	分格缝不均匀，纵横线条不平直	（1）吊顶安装前应按吊顶平面尺寸统一规划，合理分块，准确分格； （2）吊顶安装过程中必须纵横拉线与弹线；装钉板块时，应严格按基准线拼缝、分格与找方，竖线以左线为准，横线以上线为准； （3）吊顶板块必须尺寸统一与方正，周边平直与光洁	（1）吊顶安装前应按吊顶平面尺寸统一规划，合理分块，准确分格； （2）吊顶安装过程中必须纵横拉线与弹线；装钉板块时，应严格按基准线拼缝、分格与找方，竖线以左线为准，横线以上线为准； （3）吊顶板块必须尺寸统一与方正，周边平直与光洁
2	分格板块呈锅底状变形，木夹板板块见钉印	（1）分格板块材质不符合要求，变形大； （2）分格块材料选择不当，地下室或湿度较大的环境不应选用石膏板等吸水率较大的板块，易变形； （3）分格板块装订不牢固或分格面积过大；夹板板块钉钉子的方法不正确，深度不够，钉尾未嵌腻子	（1）分格板块材质应符合质量要求，优选变形小的材料； （2）分格板块必须与环境相适应，如地下室或湿度较大的环境与门厅外大雨篷底均不应采用石膏板等吸水率较大的板材； （3）分格板块装钉必须牢固，分格面积应视板材的刚度与强度确定； （4）夹板板块的固定以胶粘结构为宜（可配合用少量钉子）；用金属钉（无头钉）时，钉打入夹板深度应大于1mm，且用腻子批嵌，不得显露用钉子的痕迹
3	吊筋拉紧程度不一致		使用可调吊筋，在装分格板前调平并预留起拱

5.2.2.3 钢质金属条板吊顶

该种吊顶使用在某工程办公室吊顶，这是一种新型的吊顶，采用专用卡具将条板固定，如图5-37所示。

（a）

（b）

图5-37　钢质金属条板吊顶

5.2.2.4　扣板式吊顶

扣板式吊顶质量通病防治　　表5-36

序号	质量通病	原因分析	防治措施
1	扣板拼缝与接缝明显	（1）板材裁剪口不方正，不整齐，不完整； （2）铝合金等板材在装运过程中造成接口处变形，安装时未校正，接口不紧密； （3）扣板色泽不一致	（1）板材裁剪口必须方正、整齐与光洁； （2）铝合金等扣板接口处如变形，安装时应校正，其接口应紧密； （3）扣板色泽应一致，拼接与接缝应平顺，拼接要到位
2	板面变形或挠度大，扣板脱落	（1）扣板材质不符合质量要求，特别是铝合金等薄型扣板保管不善或遇大风安装时易变形、易脱落，一般无法校正； （2）扣板搭接长度不够，或扣板搭接构造要求不合理，固定不牢	（1）扣板材质应符合质量要求，须妥善保管，预防变形；铝合金等薄扣板不宜做在室外与雨篷底，否则易变形与脱落； （2）扣板接缝应保持一定的搭接长度，一般不应小于30mm，其连接应牢固； （3）扣板吊顶一般跨度不能过大，其跨度应视扣板刚度与强度而合理确定，否则易变形、脱落

5.2.3　地面装饰工程质量控制要点

5.2.3.1　水泥砂浆楼地面

1）工艺流程：

基层处理→地面标高抄平→铺设细石混凝土找平层→铺设水泥砂浆面层。

2）质量控制要点：

（1）基层处理。将基层表面清理干净，并用水冲刷使基层表面保持湿润，但不积水；

（2）地面标高抄平。对地面标高进行抄平，定出水平标高线；按找平要求做好房间内四角塌饼，并按塌饼间距1.5m左右引出中间塌饼。在大开间长度超过5m处及门框下口均用素浆固定玻璃条（用做伸缩缝）；隔24h后铺设找平层；

（3）铺设细石混凝土找平层。按设计图纸要求的找平层厚度进行控制；但由于在结构层施工时平整度控制上的差异，应按塌饼控制的标高进行找平；

（4）铺设水泥砂浆面层。铺面层首先用纯水泥浆扫浆一遍，随即铺水泥砂浆面层，随铺随用抹子拍实，并用括尺刮至与塌饼相平；面层收水后，用木蟹搓平（边槎边铲除塌饼)，并用铁抹子进行第一遍压光；待水泥砂浆稍硬（脚踩不产生明显痕迹）时，用铁抹子进行第二遍压光；待面层显得干燥（压不出铁板印，即接近终凝）时，用铁抹子进行最后一遍压光（或使用机械磨压），以确保面层不起砂、不开裂、不空鼓，经一昼夜后进行洒水养护。

5.2.3.2 地砖地面

1）工艺流程：

基层处理→地面放线、找平→摊铺砂浆找平层→地砖背面抹砂浆粘结层→铺贴地砖→校验铺贴平整度→拨缝调整→表面清洁。

2）质量控制要点：

（1）基层处理。将基层表面清理干净，并用水冲刷使基层表面保持湿润，但不积水；对地面标高进行抄平，定出水平标高线；按找平要求做好房间内四角塌饼，并按塌饼间距 1.5m 左右引出中间塌饼；

（2）地面放线、找平。在楼地面及墙面分格弹线，并将控制格刻画在墙面上；

（3）摊铺砂浆找平层。用 1∶3 水泥砂浆作为找平层铺设压实在楼面上，并复测其平整度不得大于 3mm；

（4）地砖背面抹砂浆粘结层。用 1∶2 水泥砂浆外掺胶水作为结合层刮平在清洗干净并经过浸润的地砖上；

（5）铺贴地砖。按地砖分格线铺平，再用皮榔头敲实在找平层上；

（6）校验铺贴平整度。地砖平整度不大于 2mm；

（7）拨缝调整。缝口宽度不大于 2mm；

（8）表面清洁。用白水泥素浆或加颜料水泥素浆嵌缝，要擦密实，并将表面灰痕用锯末或棉纱擦洗干净。地砖铺设后 48h 才能行走使用。

5.2.3.3 石材地面（图 5-38、图 5-39）

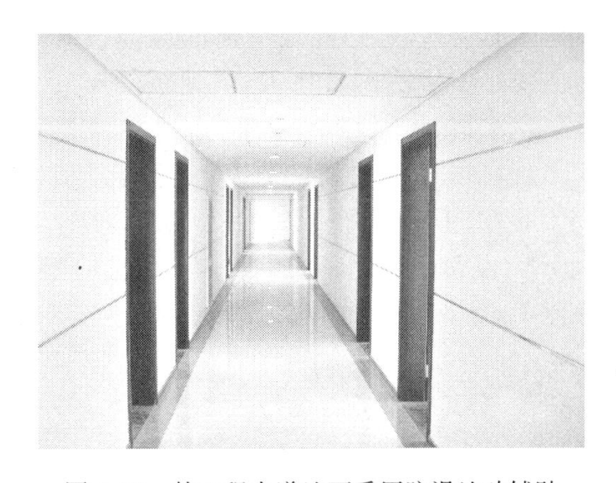

图 5-38 某工程走道地面采用防滑地砖铺贴

图 5-39 某工程门厅地面用石材铺贴

1）工艺流程：

清洗基层，整体复核楼面标高→找水平、拉线→对色编号→确定铺贴顺序→铺贴石材→补缝→养护。

2）质量控制要点：

（1）清洗基层，整体复核楼面标高。施工中采用以电梯口、楼梯口、大门入口等处作为标高控制点，弹出 50 线进行标高控制的方法，对局部超出标高部位进行剔除；室内房间进行拉通线套方的办法，以“日”形控制线的办法进行控制；

（2）找水平、拉线。按控制线在基层上贴水平灰饼；按设计图纸要求在地面弹线，拉出双向水平线找中找方，并找出拼花板的位置；

（3）对色编号。石材铺设前，应对规格板进行试拼（指对色、拼花、编号），以便对号入座。试拼的结果要保证地面石材前后左右的花纹、颜色基本一致，纹理通顺，接缝严密吻合，角度垂直，线条顺直，控制板缝≤0.5mm，相邻板块高差≤0.3mm；

（4）确定铺贴顺序。拉线后应先铺若干条干线作为基准，起标筋作用。一般先由厅中线往两侧采取退步法铺贴，圆形地面则由中心向外围铺设；

（5）铺贴石材。按照弹线位置及水平拉线将石材板块依线平稳放下，用木（或橡皮）锤垫木轻击，使砂浆振实。缝隙宽度、平整度满足要求后，揭开板块，在其背后批水泥砂浆一道，再正式铺贴。轻轻敲击、找直找平。石材铺设需按照编号，做到对号入座。在铺贴过程中应随时检查板块平整度、相邻高差、套方和空鼓，发现缺陷，及时处理。大面积板块铺完，且各项指标均能满足施工规范要求后，开始铺设踢脚线及圈边石材，采用由控制线向两边铺设；

（6）养护。进行封闭养护及成品保护。板材铺设 24h 后，应洒水养护 1～2d，以保证板材与砂浆粘结牢固。养护期 3d 之内禁止踩踏。

图 5-40　某工程报告厅地面采用 PVC 塑胶地板

5.2.3.4　PVC 塑胶地板（图 5-40）

1）工艺流程：

地坪的准备和处理→涂刷底油→自流平施工→PVC 地板铺设。

2）质量控制要点：

（1）地坪的准备和处理

在铺设 PVC 弹性地材前的地面情况最为重要，由于室内常用 PVC 地板的厚度一般不超过 4mm，没有自承能力，所以对地坪基础要求很高。地面的好坏，影响并决定 PVC 地材的功效和外观。对地坪的要求：

① 湿度：根据胶水生产商的意见，地基含水率（重量百分比）应小于 6%，遇天气原因或外来水分，应使空气流通，并及时抹去表面水份，施工场所空气湿度应保持在 20%～75%。

② 表面硬度：用锋利的凿子快速交叉切划表面，交叉处不应有爆裂。

③ 表面平整度：用 2m 直尺检验，空隙应不大于 2mm。

④ 表面密实度：表面不得过于粗糙及有多的孔隙，对轻微起砂地面应做表面硬化处理。

⑤ 裂隙：不得有宽度大于 1.5mm 的裂隙。表层不得有空鼓。

⑥ 表面清洁度：油污、蜡、漆、颜料等残余物质必须去除。

⑦ 温度：铺设场地温度以 15°为宜（不得低于 10°）。

⑧ 另外：应保持水平基准，建筑沉降缝处应有合适的封口。

为确保大面积铺设效果（平整度，强度），建议务必于铺设前在找平层上使用底油和自流平。

为确保铺设后的场地有足够的强度，以承托其上的各层结构，并承受将来使用中的高负荷，建议找平层应选择高强度等级，如为细石混凝土做法，则推荐强度等级为C30，水泥沙浆面层应严格按照国家标准≥M15强度标准。

（2）涂施底油

地面处理达到施工要求后，将底油按标准配比兑水，将底油用海绵滚浸湿，在地坪表面按顺序横竖交叉一遍无遗漏，均匀涂布，做到地坪表面无积水现象，然后封闭现场，1～2h后可进行自流平施工。如地坪吸水性强，则可加做一次以保证封地效果。

（3）自流平施工

① 施工环境要求：

A. 施工环境要求施工温度在13℃以上；

B. 施工原始地面要求已经进行过高级抹灰，平整度最大高差在2mm以内（2m范围内）；

C. 施工地面已经清扫完毕，并且达到表面无粉尘及颗粒等杂物。

② 施工步骤：

A. 每m^2用4kg的自流平材料，水料比大致为1∶4，并应用专业工具搅拌均匀；

B. 在最快速度下将搅拌物倒至施工地面，自流平厚度平均为2mm左右，一般最厚处不超过4mm；

C. 在环境温度为10℃左右时，自流平固化时间为12h。当自流平铺设完毕养护2～3d后，在强度、干燥度达到符合铺设地板的要求后，方可铺设地板。

③ 施工中注意事项：

A. 施工过程中禁止通风，防止自流平表面产生龟裂现象，如有龟裂现象发生也可视为不合格施工。

B. 施工完毕后24h内绝对禁止任何人进入施工现场，否则极易将自流平破坏。

C. 24～48h之后可以检查地面是否完全干燥，依据具体情况决定是否可以开始进行下一道工序——地板的铺设。

当自流平材料铺设完毕后，由于温度过低，可能导致表面产生白色沉淀物，只需擦去或用砂纸磨去即可。

（4）PVC地板的铺设

① 施工环境要求

A. 自流平材料已经施工完毕并且干燥。

B. 独立完整的施工空间，禁止任何情况下任何人对已完成的地面自流平进行破坏或污染。

C. 封闭的（禁止通风）洁净的施工空间，禁止粉尘或其他杂物污染地面，施工人员必须在安装地板前再一次清理地面。

D. 施工过程中保持不间断的电源（220V，50Hz）。

E. 如有交叉施工的现象存在，必须保证如下：

a. 其他施工工序的施工无粉尘，例如喷涂料的工序绝对禁止。

b. 其他施工工序的施工人员的脚上无污染物，所使用的工具也无污染方可。

c. 其他施工工序的工作不得破坏已经完成或正在进行的地板施工工作。

② 铺设步骤

A. 在自流平材料施工完成地面上涂抹界面剂材料，比例大致为 0.1kg/m^2；

B. 依据施工图纸对照产品进行计算；

C. 地面弹线划出准备铺设的区域；

D. 根据上述区域选定相应的型号进行下料；

E. 在划线区域准备铺设的范围内刷胶；

F. 等待 15min 左右，当胶水颜色变透明时可以开始粘贴地板；

G. 将粘贴地板分两次分别从两端开始粘贴；

H. 利用大滚轮对已经完成场面进行碾压，将空气完全挤出地板；

I. 所有地板粘贴完毕后开始处理接缝处；

J. 清理地面，并对所有已安装完毕产品进行自检，如有问题进行修补；后交质检员验收成品。

③ 施工中必须注意事项

A. 胶水涂抹时的环境温度必须大于 5℃，否则禁止施工，在 5℃以上时依据具体温度判定胶水干燥时间。胶水涂抹必须均匀。

B. 下料合理并均匀。

C. 开槽均匀且直、无毛刺。

D. 接缝之前将焊槽内的多余胶水或其他杂物清理干净。接缝走线平稳，走线为直线。

E. 第一次去除多余焊条必须等到焊条温度稍低后方可进行。

PVC 塑胶地板因采用 100%纯 PVC，所以质地柔韧，可卷曲上墙做踢脚线；同时也可与其他踢脚线配合使用。但从卫生、防水、防潮上考虑，可用直接卷曲上墙的方式制作踢脚线，踢脚线高度以 80～120mm 为宜。

5.2.3.5　环氧树脂地板施工

1）工艺流程：

基层处理→刷底漆→满刮腻子→刷地面漆 2～3 道→罩光清漆（无要求时可以取消）→固化养护 7d 以上。

2）质量控制要点：

（1）基层处理

地面基层要求平整、清洁、干燥（表面含水率不大于 6%）基层不得有起壳和较大的眼孔、裂缝、凹凸不平和起砂现象。基层起壳、起砂应重新返工，洞孔和明显凹陷处应填补平整；砂轮打磨机清除表面的水泥浮浆，以及黏附的垃圾杂物；用溶剂彻底清除地面上的油迹油漆等污物；清除积水，并使潮湿处彻底干燥；使用吸尘器或漆刷将地坪表面的尘埃彻底清除。

（2）地面漆的施工

① 底漆的施工：严格按照规定的材料配比混合，搅拌均匀，并熟化 30min，由受过专门训练的油漆工进行批刮、动作要利索、干净。在基层上先用较稀的清漆涂刷一道底漆，要求涂刷均匀、饱满，不得有漏刷处，环氧地面漆具有融变流体特性，能很快自动流平，

该环氧地面漆的黏度较小，有利于向混凝土地坪的孔隙中渗透，增加地面的附着力和承重力。

② 底漆的修补和打磨：如有明显的凹陷处应批刮补平，在局部不平整处，应打磨修正。

③ 满刮腻子：做完底漆的修补和打磨后，待底漆表干不沾手时，进行满刮腻子，要求批刮均匀平整。

④ 腻子打磨：待腻子干后，用砂纸打磨平整。

⑤ 二次满刮腻子：高级的环氧地面漆地坪，应采用二次满刮，其做法是，两次批刮的腻子在其批刮的方向上应相互垂直。

⑥ 涂刷地面漆：地面漆涂刷的道数可根据设计要求或使用要求确定，一般涂刷 2～3 道。该层为中间层，其厚度较大，是保证地坪使用的关键，所以，地面漆中不宜加稀释剂，否则会影响其厚度和漆膜干燥性能。可采用批刮或刷涂方法施工。

⑦ 地面漆的修补和打磨：如有局部不平处，应打磨修平，明显的凹陷处应批刮腻子修补。

⑧ 面层的施工：可采用刷涂或高压无空气喷涂方法施工。如地坪有防滑要求，可在面漆施工之后，立即在地坪表面均匀洒上耐磨增强粉料，干燥后，即成防滑涂层。

⑨ 地面施工养护：环氧地面漆漆膜的固化时间与环境温度、空气流通等条件有密切关系，当室内温度在 20℃以上时，可每隔 24h 涂刷一道；室内温度在 5℃以下时不宜施工，否则，需采取人工加温措施来提高施工环境温度。面层施工结束后，在 25℃气温下固化养护 7d 以上，方能承受重负荷。

⑩ 配料：每道环氧地面漆的用漆量一般在 0.15～0.20kg/m^2。

环氧地面漆的甲料和乙料在存入一定的时间之后，部分颜料、填料会产生软沉淀现象，使用之前一定要在桶内搅拌均匀，按配比将甲、乙料准确称量，倒入料桶搅拌均匀后用铜筛过滤，静止存放 30min 后使用。

3）施工注意事项

（1）施工现场的环境温度应高于 4℃，相对湿度小于 85%时才能施工。

（2）施工者应做好施工部位、时间、温度、相对湿度、地坪表面处理、材料实耗记录，以备查核。

（3）环氧地面漆施工后，应立即清洗有关设备和工具。

4）安全技术要求

（1）施工场地四周应拉好警戒线、挂好警告牌。

（2）环氧地面漆的甲料、乙料和专用稀释剂是易燃物品，因此，配料间及施工场地四周 10m 内严禁明火作业，严禁吸烟，以免发生火灾。

（3）配料间及施工场地应有适当的通风条件，施工期间应打开门、窗通风，下班时应及时关闭。

（4）施工操作人员应配给必要的劳保用品，如口罩、手套、工作服、工作鞋等。

（5）施工操作人员如果把地面漆粘在皮肤上或衣服上可用专用稀料擦洗，然后用肥皂和清水洗干净。

（6）为防止静电效应可能产生的电火花，在使用高压无空气喷涂时应接妥地线。

（7）电动工具的使用须有专人负责，完工离场前需切断电源。

5.2.3.6　地面地毯铺设（图5-41～图5-43）

图5-41　会议厅地毯铺设

图5-42　酒店包间地毯铺设

图5-43　酒店宴会厅地面地毯铺设

1）施工准备

地毯铺设应在结构、机电安装工程及其他装饰工程完工，并清扫干净后进行。

（1）新浇筑的混凝土要养护90～120d，干燥以后方可在上面铺设地毯；

（2）水泥地面不能有空鼓或宽度大于1mm的裂缝及凹坑，如有上述缺陷，必须提前用修补水泥修补；

（3）地面不能有隆起的脊或包。如发现有隆起，应提前剔除或打磨平整；

（4）地面必须清洁、无尘、无油垢、无油漆或蜡，若有油垢宜用丙酮或松节油擦净；

（5）地面干燥，含水率不得大于8%；

（6）木地板上铺地毯，应检查有无松动的木板块及有无突出的钉头，必要时应做加固或更换。

（7）铺设地毯的房间四周墙、柱根部已安装好踢脚板，踢脚板下缘与地面之间的空隙大约8mm，或比地毯厚度大2～3mm。

（8）成卷地毯应在铺设前24h运到铺设现场，打开、展平，消除卷曲应力，以便铺设。

（9）准备好足够的倒刺板、铝压条或锑条；

（10）准备好接缝带或其他接缝材料；

（11）准备好其他施工工具。

2）工艺流程：

地毯裁割→钉倒刺板→铺垫层→接缝→张平→固定、收边→修整、清扫。

3）质量控制要点：

（1）地毯裁割

① 首先应量准房间实际尺寸，按房间长度加长 2cm 下料。地毯的经线方向应与房间长向一致。地毯宽度应扣去地毯边缘后计算。根据计算的下料尺寸在地毯背面弹线。

② 大面积地毯用裁边机裁割，小面积地毯用裁刀或手推裁刀裁割。从地毯背部裁割时，吃刀深度掌握在正好割透地毯背部的麻线而不损伤正面的绒毛；从地毯正面裁割时，可先将地毯折叠，使叠缝两侧绒毛向外分开，露出背部麻线，然后将刀刃插入两道麻线之间，沿麻线进刀裁割。

③ 不锋利的刀刃须及时更换，以保证切口平整。

④ 裁好的地毯应立即编号，与铺设位置对应。准备拼缝的两块地毯，应在缝边注明方向。

（2）钉倒刺板

① 沿墙边或柱边钉倒刺板，倒刺板离踢脚板 8mm。

② 钉倒刺板应用钢针（水泥钉），相邻两个钉子的距离控制在 30～40cm。

③ 大面积厅、堂铺地毯，建议活墙、柱钉双道倒刻板，两条倒刺板之间净距约 2cm。

④ 钉倒刺板时应注意勿损坏踢脚板。必要时可用薄钢板保护墙面。

（3）铺垫层

① 垫层应按倒刺板之间的净间距下料，避免铺设后垫层褶皱、覆盖倒刺板或远离倒刺板。

② 设置垫层拼缝时应考虑到与地毯拼缝至少错开 15cm。

（4）地毯拼缝

① 拼缝前要判断好地毯编织的方向，以避免缝两边的地毯绒毛排列方向不一致。为此在地毯裁下之前应用箭头在背面注明经线方向。

② 纯毛地毯多用缝接，即将地毯翻过来，背面对齐接缝，用线缝实后刷 5～6cm 宽的一道白胶，再贴上牛皮纸。

③ 麻布衬底的化纤地毯多用粘接，即将地毯胶刮在麻布上，然后将地毯对缝粘平。

④ 胶带接缝法以其简便、快速、高效的优点而得到越来越广泛的应用。在地毯拼缝位置的地面上弹一直线，按线将胶带铺好，两侧地毯对缝压在胶带上，然后用熨斗在胶带上熨烫使胶质熔化，随熨斗的移动立即把地毯紧压在胶带上。

（5）展平

① 将地毯短边的一角用扁铲塞进踢脚板下的缝隙，然后用撑子把这一个短边撑平后，两用扁铲把整个短边都塞进踢脚板下缝隙。

② 大撑子承脚顶住地毯固定端的墙或柱，用大撑手扒齿抓住地毯另一端，接装连按管，通过大撑子头的杠杆伸缩，将地毯张拉平整。

③ 大撑子张拉力量应适度，张拉后的伸长量一般控制在 1.5～2cm/m，即 1.5%～2%，过大易撕破地毯。过小则达不到张平的目的；伸张次数视地毯尺寸不同而变化，以将地毯展平为准。

④ 小范围不平整可用小撑子展平，用手压住撑子，使扒齿抓住地毯，通过膝盖撞击撑子后部的胶垫将地毯推向前方，使地毯张平。

（6）固定、收边

① 地毯挂在倒刺板上要轻轻敲击一下，以便倒刺全部钩住地毯，以免挂不实而引起地毯松弛。

② 地毯全部张平拉直后，应把多余的地毯边裁去，再用扁铲将地毯边缘塞入踢脚板和倒刺板之间。

③ 在门口或与其他地面的分界处，弹出线后用螺钉固定铝压条，再将地毯塞入铝压条口内，轻轻敲击弹起的压片，使之压紧地毯。

（7）修整、清理

铺设工作完成后。因接缝、收边裁下的边料和因扒齿拉伸掉下的绒毛、纤维应打扫干净。并用吸尘器将地毯表面全部吸一遍。

5.2.3.7　预制金属地板

邮政工程办公室地面采用一种新型的预制金属地板（图5-44）。

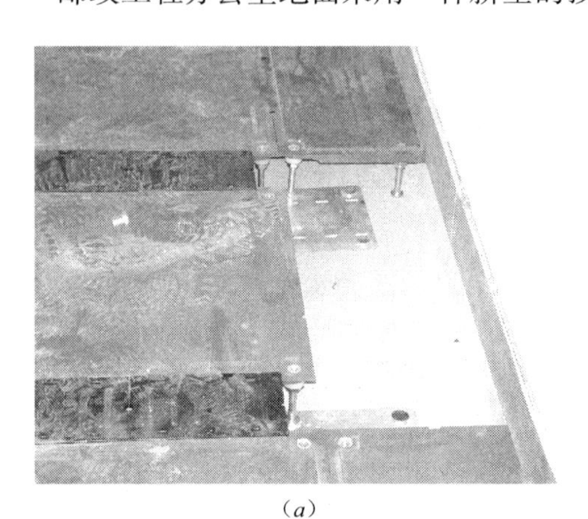
(a)

(b)

图5-44　预制金属地板及其铺设

5.2.3.8　实木地板地面

1）实木地板地面可采用双层或单层面层铺设，其厚度应符合设计要求。其材质应符合现行国家标准《实木地板第1部分：技术要求》GB/T 15036.1和《实木地板第2部分：检验方法》GB/T 15036.2的规定。

2）其木搁栅的截面尺寸、间距和稳固方法应符合设计要求。木搁栅固定时不得损坏预埋管线，木搁栅应垫实钉牢，与墙之间应留出30mm的缝隙，表面应平直。

3）毛地板铺设时，木材髓心应向上，其板间缝隙不应大于3mm，与墙之间应留8～12mm空隙，表面应刨平。

4）实木地板面层铺设时，面板与墙之间应留8～12mm缝隙。

5）采用实木制作的踢脚线，背面应抽槽，并做防腐处理。

6）实木地板面层所采用的材质和铺设时的木材含水率必须符合设计要求。木搁栅、垫木和毛地板等必须做防腐、防蛀处理。

7）木搁栅安装应牢固、平直。面层铺设应牢固，粘结无空鼓。

8）实木地板面层应刨平、磨光（免刨免漆者除外），无明显刨痕和毛刺等现象；图案清晰、颜色均匀一致；面层缝隙应严密；接头位置应错开、表面洁净。

9）拼花地板接缝应对齐，粘、钉严密；缝隙宽度均匀一致。

10）踢脚线（板）表面应光滑，接缝严密，高度一致。

（1）木踢脚板应在木地板刨光后再安装，以保证踢脚板的表面平整。

（2）在墙内安装踢脚板的位置，每隔 400mm 打入木楔。安装前，先按设计标高将控制线弹到墙面，使木踢脚板上口与标高控制线重合。

（3）木踢脚板与地面转角处安装木压条或安装圆角成品木条。

（4）木踢脚板接缝处应做陪榫或斜坡压槎，在 90°转角处做成 45°斜角接槎。

（5）木踢脚板背面刷水柏油防腐剂。安装时，木踢脚板要与立墙贴紧，上口要平直，钉接要牢固，用气动打钉枪直接钉在木楔，若用明打钉接，钉帽要砸扁，并冲入板内 2～3mm，油漆时用腻子填平钉孔，钉子的长度是板厚度的 2.0～2.5 倍，且间距不宜大于 1.5m。

（6）油漆涂饰工作待室内一切施工完毕后进行。木踢脚板的油漆施工，应与木地板面层同时进行，同时，油漆颜色与本地板同色。这样有利于保证地板质量，方便组织施工和成品保护。

（7）木踢脚板应钉牢墙角，表面平直，安装牢固，不应发生翘曲或呈波浪形等情况。

（8）采用气动打钉枪固定木踢脚板，若采用明钉固定时钉帽必须打扁并打入板中 2～3mm，钉时不得在板面留下伤痕。板上口应平整。拉通线检查时，偏差不得大于 3mm，接槎平整，误差不得大于 1mm。

（9）木踢脚板接缝处做斜边压槎胶粘法，墙面明、阳角处宜做 45°斜边平整粘接接缝，不能搭接。木踢脚板与地坪必须垂直一致。

（10）木踢脚板含水率应按不同地区的自然含水率加以控制，一般不应大于 18%，相互胶粘接缝的木材含水率相差不应大于 1.5%。

5.2.4 门、窗装饰工程质量控制要点

5.2.4.1 铝合金门、窗安装质量控制要点

1）工艺流程：

准备工作→门、窗框安装→门、窗扇安装→玻璃安装。

2）质量控制要点：

（1）准备工作

① 安装门、窗框前，应逐个核对门、窗洞口尺寸，与进场的铝合金门、窗框规格是否一致。

② 按室内地面弹出的 50 线和垂直线，标出门、窗框安装的基准线，作为安装时的标准。要求同一立面上门、窗的水平及垂直方向应整齐一致。如有偏差应及时调整、处理。

③ 注意室内地面标高，地弹簧的表面应与室内地面装饰面标高一致。

（2）门、窗框安装

① 铝合金门、窗框的安装时间，应选择在主体结构基本结束后进行，以免施工时将其破坏；

② 按照洞口上弹出的门、窗位置线，根据设计要求，将门、窗框立于墙的中心线部位或内侧，使门、窗框表面与饰面层相适应；

③ 将门、窗框临时用木楔子固定，待检查立面垂直、左右间隙大小、上下位置一致，均符合设计要求后，再将镀锌锚板固定在门、窗洞口内（图 5-45）；

④ 锚板与墙体的固定方法有射钉固定法、膨胀螺栓固定法、燕尾铁脚固定法。严禁在砖砌体上用射钉固定法；

(a)

(b)

图 5-45　窗框上下左右用锚板固定在主体结构的混凝土构件上

⑤ 一般情况，锚固板一端固定在框的外侧，另一端固定在密实的洞口墙体内。锚固要牢固，锚固板间距不大于 500mm；有条件时，锚固板的方向宜在内、外交叉布置；

⑥ 设置在铝合金门、窗框上的接地线，严禁采用焊接作业；当固定铁码与洞口预埋件焊接时，在门、窗框上要盖橡胶石棉布，防止焊接时烧伤铝合金门、窗框；

⑦ 铝合金门、窗框与洞口的间隙，采用矿棉条或玻璃棉毡条分层填塞，或采用发泡剂填塞。缝隙表面留 5～8mm 深的槽口，填嵌密封材料。在施工中不得损坏铝合金门、窗框上的保护膜；

⑧ 严禁利用安装完毕的门、窗框搭设和捆绑脚手架，避免损坏门、窗框；

⑨ 全部竣工后，剥去门、窗上的保护膜，如有油污、脏物，可用醋酸乙酯擦洗，醋酸乙酯易燃，注意防火。

(3) 门、窗扇安装

① 门、窗扇的安装时间，应选择在室内外装修基本结束后进行，以免施工时将其破坏。

② 推拉门、窗扇的安装：先将外扇插入上滑道的外槽内，自然下落与对应的下外滑道内；再以相同的方法安装内扇；

③ 平开门、窗的安装：先将合页按要求位置固定在铝合金门、窗框上，然后将门、窗扇嵌入框内临时固定，并进行调整，再将门、窗扇固定在合页上，必须保证上、下两个转动部分在同一个轴线上；

④ 地弹簧门扇安装：先将地弹簧主机埋在地面上，并浇筑混凝土使其固定。主机轴与门框中横档上的顶轴在同一垂直线上，主机表面与地面齐平。待混凝土达到设计强度后，调节上门顶轴将门扇装上，最后调整门扇间隙及门扇开启速度。

(4) 玻璃安装

门、窗的玻璃安装在后场工厂内进行，以确保产品质量。并以成品进入现场。

玻璃安装工艺：玻璃裁割→玻璃就位→玻璃密封与固定→清理。

(5) 施工单位向监理报验的内容

① 审核门、窗施工图和节点大样图及门、窗构件用料计算书和门、窗框锚固件计算书。

② 检查原材料（铝材、玻璃、结构胶、密封胶）合格证、质保书，并对原材料进行抽样复试。要求对窗成品试样进行“三性”试验。

③ 检查门、窗构件几何尺寸、用料规格、制作质量，并办理相应验收手续。

④ 指令施工单位拟定一层作为铝合金门、窗安装样板层，要求对门、窗安装后在垂直度、标高、离门、窗洞内外口位置、固定门、窗框用的埋件位置及其牢固程度等按施工图及施工规范要求做出样板，后经监理组织业主、总包、监理、施工等单位到现场进行评议，经评议、整改后，承包商通过样板引路，才能组织门、窗的大面积安装。

⑤ 门、窗框安装后，土建应对框与洞之间的缝隙用水泥砂浆进行粉刷，要求粉成高低缝，高低缝在框宽度中间分格。后在缝中发泡或填塞其他材料，缝外口打密封胶，内口粉刷水泥砂浆并咬框边 5mm。

⑥ 监理对门、窗框构件的验收和对门、窗安装后分检验批验收的质量分别记进记录，并办理平行检验和承包商提出的验收手续。质量验收的允许偏差应符合《建筑装饰装修工程质量验收规范》GB 50210—2001 表 5.3.12 中规定的范围。

⑦ 为确保工程质量和施工进度，要求承包商自上而下，每一层作为一个检验批，在自检合格的基础上，速报监理组织验收。

3）铝合金门、窗安装工程质量通病防治（表 5-37）。

铝合金门、窗安装工程质量通病防治　　表 5-37

序号	质量通病	原因分析	防治措施
1	门、窗框弯曲，门、窗扇翘曲	（1）框、扇料断面小，型材厚度薄，刚度不够； （2）型材质量本身不符合标准； （3）窗扇构造节点不坚固，平面刚度差	（1）框扇料断面应符合要求，壁厚不得少于 1.2mm； （2）型材质量应符合《铝合金建筑型材》GB/T 5237 和《变形铝及铝合金化学成分 GB/T 3190—2008》的规定； （3）窗扇四角连接构造必须坚固，一般做法为：上下横插入边、梃内通过转角连接件和固定螺钉连接，或采用自攻螺钉与紧固槽孔机械连拉等
2	门、窗框松动，四周边嵌填材料不正确	（1）安装锚固铁脚间距过大； （2）锚固铁脚用料过小； （3）锚固方法不正确； （4）四周边不应嵌填水泥砂浆	（1）锚固铁脚间距不得大于 500mm，四周离边角 180mm，锁位上必须设连接件，连接件应伸出铝框并锚固于墙体； （2）锚固铁脚连接件应采用镀锌的金属件，其厚度不小于 1.5mm，宽度不小于 25mm，铝门框埋入地面以下应为 20～50mm； （3）当墙体为混凝土时，则门、窗框的连接件与墙体固定。当为砖墙时，框四周连接件端部开叉，用高强度水泥砂浆嵌入墙体内，埋入深度不小于 50mm，离墙体边大于 50mm； （4）门、窗外框与墙体之间应为弹性连接，至少应填充 20mm 厚的保温软质材料，如用泡沫塑料条或聚氨酯发泡剂等，以免结露

续表

序号	质量通病	原因分析	防治措施
3	门、窗开启不灵活	（1）推拉窗轨道变形，窗框下冒头弯曲，高低不顺直，顶部无限位装置，滑轮错位或轧死不转； （2）窗铰松动，滑槽变形，滑块脱落； （3）门、窗扇节点构造不牢固，平面刚度差	（1）推拉窗轨道不直应予以更换，窗框下冒头应校正后方能安装，窗扇左右两侧顶角要有防止脱轨跳槽的装置，限位装置应使窗扇抬高或推拉时不脱轨，使窗框与窗扇配合恰当，滑轮组件调整在一直线上，做到轮子滚动灵活； （2）滑撑应保持上下一条垂直线，连接牢固；滑槽变形、滑块脱落均进行修复或重新更换，合页平开门，画线、开槽要准确，连接牢固，合页轴保持在同一垂直线上，铝梃嵌玻璃门可采用三个合页； （3）门、窗扇四角的节点连接必须坚固，平面稳定不晃动
4	渗水，密封质量不好	（1）密封不好，构造处理不妥，未按设计要求选择密封材料； （2）窗框与饰面交接处勾缝不密实，窗框四周与结构间有缝隙； （3）窗台泛水坡度反坡，窗框内积水； （4）施工中橡胶条脱落	（1）在窗中横框处应装挡水板，横竖框的相交部位，应注上硅酮密封胶，外露螺钉头也应在其上面注一层密封胶；按设计要求选择密封材料； （2）窗框与饰面交接处不密实部位注一层硅酮密封胶，安窗框时，窗框与结构间的间隙应填塞密实； （3）窗台泛水坡度反坡应重新修理。为使窗框内积水尽快排除，可在封边及轨道的端部50mm处钻3mm×8mm的椭圆形小孔，通过小孔将水排向室外； （4）施工中脱落的橡胶条应及时补上，用橡胶条密封的窗肩应在转角部位注胶，使其粘结，窗外侧的密封材料宜使用整体的硅酮密封胶

4）塑钢门、窗安装工程质量通病防治（表5-38）

塑钢门、窗安装工程质量通病防治　　表5-38

序号	质量通病	原因分析	防治措施
1	门、窗框松动，四周边嵌填材料不正确	（1）固定方法和固定措施不适当； （2）不了解塑钢门、窗性能，门、窗框与墙体间隙填硬质材料或使用腐蚀性材料	（1）门、窗应预留洞口，框边的固定片位置距离角、中竖框、中横框150～200mm，固定片之间距离小于或等于600mm，固定片的安装位置应与铰链位置一致。门、窗框周边与墙体连接件用的螺钉需要穿过衬加的增强型材，以保证门、窗的整体稳定性； （2）框与混凝土洞口应采用电锤在墙上打孔装入尼龙膨胀管，当门、窗安装校正后，用木螺钉将镀锌连接件固定在膨胀管内，或采用射钉固定； （3）当门、窗框周边是砖墙或轻质墙时，砌墙时可砌入混凝土预制块以便与连接件连接； （4）当墙体为混凝土时，则门、窗框的连接件与墙体固定。当为砖墙时，框四周连接件端部开叉，用高强度水泥砂浆嵌入墙体内，埋入深度不小于50mm，离墙体边大于50mm； （5）门、窗外框与墙体之间应为弹性连接，至少应填充20mm厚的保温软质材料，如用泡沫塑料条或聚氨酯发泡剂等，以免结露。推广使用聚氨酯发泡剂填充料（但不得用含沥青的软质材料，以免PVC腐蚀）

续表

序号	质量通病	原因分析	防治措施
2	门、窗框外形不符合要求	(1) 原材料配方不良； (2) 增强骨料用量不符合标准； (3) 角部焊接不牢固、不平整； (4) 存放不当	(1) 门、窗采用的异型材、原材料应符合《门、窗框用未增塑聚氯乙烯（PVC-U 型材）》GB/T 8814—2004 等有关国家标准的规定； (2) 衬钢材料断面及壁厚应符合设计规定（型材壁厚不低于 1.2mm），衬钢应与 PVC-U 型材配合，以达到共同组合受力目的，每根构件装配螺钉数量不少于 3 个，其间距不超过 500mm； (3) 四个角应在自动焊机上进行焊接，准确掌握焊接参数和焊接技术，保证节点强度达到要求，做到平整、光洁、不翘曲； (4) 门窗存放时应立放，与地面夹角大于 70°，距热源应不少于 1m，环境温度低于 50℃，每扇门、窗应用非金属软质材料隔开
3	门、窗开启不灵活	(1) 摩擦铰链连接件未连接到衬钢上； (2) 门、窗扇高度、宽度太大； (3) 门、窗框料变形、倾斜	(1) 铰链的连接件应穿过 PVC-U 腔壁，并要同增强型材连接； (2) 窗扇高度、宽度不能超过摩擦铰链所能承受的重量； (3) 门、窗框料抄平对中，校正好后用木楔固定，当框与墙体连接牢固后应再次吊线及对角线检查，符合要求后才能进行门、窗扇安装
4	雨水渗漏	(1) 密封条质量差，安装质量不符合要求； (2) 玻璃薄，造成密封条镶嵌不密实； (3) 窗扇上未设排水孔，窗台倒泛水； (4) 框与墙体缝隙未处理好	(1) 密封条质量应符合《塑料门、窗用密封条》GB 12002—1989 的有关规定，密封条的装配用小压轮直接嵌入槽中，使用无“抗回缩”的密封条应放宽尺寸，以保证不缩回； (2) 玻璃进场应加强检查，不合格者不得使用； (3) 窗框上设有排水孔，同时窗扇上也应设排水孔，窗台处应留有 50mm 空隙，向外做排水坡； (4) 产品进场必须检查抗风压、空气渗透、雨水渗漏三项性能指标，合格后方可安装； (5) 框与墙体缝隙应用聚氨酯发泡剂嵌填，以形成弹性连接并嵌填密实

5.2.4.2 成品装饰木门安装质量控制要点

1) 工艺流程

木门套的制作安装→木门安装（图 5-46）。

(*a*)

(*b*)

图 5-46 木门套的制作安装

图5-47　安装后的客房木门

2）质量监理要点

（1）木门套的制作安装（图5-47）

① 在门框固定后，即可开始木门套饰面施工。检查木筒子板的门洞口是否方正垂直，预埋的木砖或连接铁件是否齐全，位置是否正确，如发现问题，必须修理或校正。

② 制作安装木龙骨：根据设计要求和门洞口实际尺寸，先用木方制成龙骨架。一般骨架分三片，洞口上部一片，两侧各一片，每片一般为两根立杆，当筒子板宽度大于500mm需要拼缝时，中间应适当增加立杆。横撑间距根据筒子板的厚度决定，横撑位置必须与预埋件位置对应。木龙骨架安装必须平整牢固。木龙骨刷防潮剂两道，进行防腐处理。

③ 饰面板封钉：在完成门套木龙骨安装及墙面抹灰，并完成地面湿作业后，即可安装饰面板。门、窗套木龙骨尺寸裁切饰面板，两端刨成45°角。安装时一般先钉横向，后钉竖向，钉长视板厚度而定，钉帽应砸扁，顺木纹冲入板表面1～3mm。

（2）木门安装

① 门扇安装前检查其型号、规格、质量是否符合设计要求，如发现问题，及时进行更换。

② 安装双扇木门时，必须使左右扇的上、中、下冒头平齐，门扇四周和中缝的间隙应符合规定。

③ 安装前先量好门框的高低、宽窄尺寸，然后在相应的扇边上画出高低宽窄的线，双扇门要打叠，先在中间缝外画出中线，再画出边线，并保证梃宽一致。

④ 将扇放入框中安装合格后，在框上按铰链大小画线，并剔出铰链槽，槽深一定要与铰链厚度相适应，槽底要平。安装好的门扇，必须开关灵活、稳定，不得回弹和反翘，门扇梃面与外框梃面应相平。

3）木门、窗工程质量通病防治（表5-39）。

木门、窗工程质量通病防治　　表5-39

序号	质量通病	原因分析	防治措施
1	木门、窗框变形，木门、窗扇翘曲	（1）木材含水率超过了规定数值； （2）选材不当，断面小，而门、窗扇尺寸过高、过宽，造成刚度不足； （3）制作质量低劣，下料不方正、打眼偏斜，榫肩不方，榫眼结合松弛； （4）制品成形后未及时刷底子油，堆放时底部也未垫平；或日晒、雨淋发生胀缩变形	（1）用含水率达到规定数值的木材制作； （2）选用树种一般为一、二级杉木、红松，掌握木材的变形规律，合理下锯，不用易变形的木材，对于较长的门框边梃，选用锯割料中靠芯材部位。对于较高、较宽的门窗扇，设计时应适当加大断面； （3）门框边梃、上槛料较宽时，靠墙面边应推凹槽以减少反翘，其边梃的翘曲应将凸面向外，靠墙顶住，使其无法再变形。对于有中贯档、下槛牵制的门框边梃，其翘曲方向应与成品同在一个平面内，以便牵制其变形； （4）提高门、窗扇制作质量，刮料要方正，打眼不偏斜，榫头肩膀要方正，拼装台要平正，拼装时掌握其偏扭情况，加木楔校正，做到不翘曲，当门、窗扇偏差在3mm以内时可在现场修整； （5）门、窗料进场后应及时涂上底子油，安装后应及时涂上油漆，门、窗成品堆放时，应使底面支承在一个平面内，表面要覆盖防雨布，防止发生再次变形

续表

序号	质量通病	原因分析	防治措施
2	木门、窗框松动	(1) 预留木砖间距过大； (2) 预留门、窗洞口过大； (3) 门、窗口塞灰不平	(1) 木砖的数量应按图纸规定设置，第一块离地面240mm，以上间隔800mm埋设，半砖墙或轻质墙应用混凝土内嵌木砖，制作门、窗框上冒头应伸出边梃，加强门、窗框同墙体连接； (2) 对于较大木门，应砌入混凝土预制块（预制块内预埋开叉铁件），保证安装木门后不松动； (3) 门、窗洞口每边空隙不应超过20mm，若超过20mm时，连接钉子相应要加长，门框与木砖结合时，每一木砖要钉2个钉子，上下要错开，并保证钉子钉进木砖至少50mm； (4) 门框与洞口之间缝隙超过30mm时应灌细石混凝土，不足30mm应分层填塞干硬性砂浆，前次砂浆硬化后再塞第二次，以免收缩过大； (5) 木砖松动或间距过大，应补埋后方能装门、窗框
3	门、窗扇开关不灵，扇下坠	(1) 门扇上下合页的轴不在一条直线上，致使开关费力； (2) 合页的一边门框、立梃倾斜； (3) 合页在框扇上装得不标准，合页选得较小，木螺钉安装倾斜、松动； (4) 门、窗扇过高、过宽，用料断面过小，刚度不足，也会引起下垂； (5) 制作质量低劣，榫头过窄，榫眼过宽，榫眼结合松弛而下垂	(1) 保证合页的进出、深浅一致，使上下合页保持在一条垂直轴线上； (2) 框主梃应垂直，扇应方正，若有偏差应修整后再安装； (3) 根据缝隙大小及合页的厚度剔槽，里口比外口要深，剔出的面要平直，合页放在槽上，应保证无缝隙，做到里深外平，符合要求。应根据门扇大小选择合适的合页，门扇较高或重的可采用三个合页；木螺钉大小应选择合适，安装要垂直和拧紧； 在修刨扇时，不装合页的一边少修刨，控制在1mm以内，让扇稍有挑头，留有下坠的余量； (4) 较宽的门、窗扇，设计时应适当加大冒头宽度，提高刚度，避免下垂。一般情况，平开窗扇宽度宜小于或等于550mm，门扇宽度宜小于或等于900mm； (5) 提高门、窗扇的制作质量，榫眼要方正，尺寸恰当，结合严密，拼装时榫眼内和榫头上应满涂胶并涂匀，结合牢固

5.2.5 涂饰工程质量控制要点

1）工艺流程

材料确认→表面处理→环境保护→涂饰施工。

2）质量控制要点

(1) 施工前应将涂料的品牌、合格证、色卡及成品样品提交业主，经确认后方可进料。

(2) 认真检查基层牢固状况，如板面是否开胶，是否有裂纹以及基层板材质量是否符合要求等；对钉眼及凸出板大面的钉、榫等物品先处理平，对钉眼需用色浆调制腻子填补；

木材表面应先用木砂纸反复打磨除去木毛刺，使表面平滑，墙接缝及其他胶合处残留的胶，用刮刀刮掉或细砂纸打磨掉，表面上如有色斑，颜色分布不均匀，应事先对木材表面进行脱色处理，使之颜色均匀一致。

金属构件表面应将其表面的灰尘、油渍、焊渣、锈斑清除干净，涂刷防锈漆，如图纸无规定的，涂刷遍数不少于两遍。

(3) 刷涂料前首先清理好周围环境，防止尘土飞扬，影响涂刷质量。

涂料施工时，应根据设计要求和质量标准决定涂刷遍数。要求木纹清晰，光亮柔和，光滑无挡手感，颜色一致，无刷纹无裹楞，无流坠皮现象，无漏刷现象，横平竖直，涂料的相邻面及五金配件无污染。

（4）涂料工程表面无反碱、咬色、喷点、刷纹、流坠、疙瘩、溅沫现象，颜色一致，无砂眼，无划痕，装饰线、分色线平直，门、窗洁净，灯具洁净。灯光照射检查，无明显不平整处。

3）涂饰工程质量通病防治（表5-40）。

涂饰工程质量通病防治　　**表5-40**

序号	质量通病	原因分析	防治措施
1	漆膜皱纹与流坠	（1）施工环境不适宜，刷漆时或刷完后遇高温、太阳曝晒，或底漆过厚，或在长油度漆膜上加涂短油度漆，以及催干剂加得过多等，使漆膜内外干燥不同步，沿漆表面先干燥结膜，内部后干燥，即“外干里不干”，就会形成漆膜表面皱纹； （2）涂料中加稀释剂过多，或涂刷的漆膜太厚，或选用的漆刷太大，或喷嘴孔径太大，喷枪距离物面太近，或漆料中含重质颜料过多，或刷漆时温度过低，湿度过大等均会造成油漆流坠	（1）要重视漆料、催干剂、稀释剂的选择。一般选用含桐油或树脂适量的调和漆；催干剂、稀释剂的掺入要适当，宜采用含锌的催干剂； （2）要注意施工环境温度和湿度的变化，高温、日光曝晒或寒冷，以及湿度过大一般不宜涂刷油漆；最好在温度15℃～25℃，相对湿度50%～70%条件下施工； （3）要严格控制每次涂刷油漆的漆膜厚度，一般油漆为50～70μm，喷涂油漆应比刷漆要薄一些；要避免在长油度漆膜上加涂短油度漆料，或底漆未完全干透的情况下涂刷面漆； （4）对于黏度较大的漆料，可以适当加入稀释剂；对粘度较大而又不宜稀释的漆料，要选用刷毛短而硬、且弹性好的油刷进行涂刷； （5）对已产生漆膜皱纹或油漆流坠的现象，应待漆膜完全干燥后，用水砂纸轻轻将皱纹或流坠油漆打磨平整；对皱纹较严重不能磨平的，需在凹陷处刮腻子找平；在油漆流坠面积较大时，应用铲刀铲除干净，修补腻子后打磨平整，然后再分别满刷一遍面漆
2	漆面不光滑，色泽不一致	（1）涂刷油漆前，物体表面打磨不到位、不光滑，灰尘、砂粒等粉尘清除不干净； （2）漆料本身不符合要求，或漆料在调制时搅拌不均匀，或过筛不仔细，将杂质污物混入漆料中，或误将两种以上不同性质的漆混合等均会造成漆面粗糙； （3）物体材质本身色泽不一致，或采用油漆品种与涂油的方法不合理、刮腻子不均匀、色差等均会造成色泽不一致	（1）涂刷油漆前，物体表面打磨必须到位并光滑，灰尘、砂粒等应清除干净； （2）要选用优良的漆料；调制搅拌应均匀，并过筛将混入的杂物滤净；严禁将两种以上不同型号、性能的漆料混合使用； （3）“漆清水”即浅色的物体本色，应事先做好造材工作，力求材料本身色泽一致；否则只能“漆混水”，即深色，同时也要制好腻子使色泽一致； 对于高级装饰的油漆，应用水砂纸或砂蜡打磨平整光洁，最后上光蜡或进行抛光，提高漆膜的光滑度与柔和感
3	涂层裂缝、脱皮	漆底腻子质量不好，有的用水性腻子代替油性腻子，疏松、强度低，受振动易开裂脱落	物体表面特别是木门表面必须用油腻子批嵌，严禁用水性腻子

续表

序号	质量通病	原因分析	防治措施
4	涂层不均匀，刷纹明显	（1）基层材料差异（混凝土面、砌体粉刷、板材等），或基层处理差异（腻子厚薄不一、光滑程度不一、施工接槎等），对涂料的吸收不一样（不同），会造成涂层不均匀； （2）使用涂料时未搅拌均匀，或任意加水，使涂料稠、稀不一，也会造成涂层不均匀； （3）涂料涂层过厚，或涂层厚薄不一，或毛刷过硬，或刷涂料时操作用力不当等均会造成刷纹明显	（1）遇基层材料差异较大的装饰面，其底层特别要清理干净，批刮腻子厚度要适中；须先做一块样板，力求涂料涂层均匀； （2）使用涂料时须搅拌均匀，涂料稠度要适中；涂料加水应严格按出厂说明书要求，不得任意加水稀释； （3）涂料涂层厚度要适中，厚薄一致；毛刷软硬程度应与涂料品种适应；涂刷操作时用力要均匀、顺直，刚中带柔
5	涂料饰面空鼓、裂缝、片状脱落	（1）普通纸巾饰面，其基层为石灰砂浆。在纸巾面上涂刷高级涂料时，往往批刮白水泥腻子厚度在1mm左右。由于表面层白水泥腻子强度高，与基层收缩变形不一致，导致局部，甚至大面积空鼓裂缝； （2）涂刷基层面潮湿，或表面太光滑，或强度太低，或涂层太厚，涂料质量差等	（1）普通纸巾饰面（软底子），不适宜涂刷高级涂料，更不得批刮形成一定厚度的掺水泥比例较大的硬腻子； （2）涂刷涂料的基层不能潮湿，也不能太光滑或强度太低； （3）涂料稠度要适中，稀释涂料时，应严格按标准，合理配制； （4）应严格控制分层涂刷的厚度与间隔时间，间隔时间与气温、基层材料及涂料性能有关，应视实际情况选定
6	装饰线与分色线不平直、不清晰，涂料污染	（1）操作不认真，贪图省力； （2）操作不规范，涂刷过程中没有采取技术措施	（1）必须加强对涂料涂刷人员的教育，增强质量意识，提高操作技术水平，克服涂刷的随意性与涂料污染； （2）涂料涂刷必须严格执行操作程序与施工规范，采用粘贴胶带纸技术措施，确保装饰线与分色线平直与清晰； （3）加强对涂料工程各涂刷工序质量交底与质量检查，尽量减少与预防涂料污染，发现涂料污染，立即制止与纠正

5.3 室内装饰工程在“创优”过程中应避免的质量疵病

根据参与鲁班奖工程评选活动的专家撰文披露，室内装饰工程在“创建鲁班奖工程”过程中应避免的质量疵病：

（1）石材装饰：在墙面上主要是图案划分不够美观和石材泛色，在地面上存在不平整。局部色差很大。有时为了弥补不平，采用二次打磨方法，造成人为毛糙，光洁度差，地面使用水洗清洁后，形成泛色及水迹的大花脸状况。

（2）地砖地面划分不够合理，造成不美观或图形琐碎，不管何种地面，铺地毯的边上踢脚线没有留嵌地毯的槽，这种情况时有产生，大面积的水泥砂浆地面在检查中也常发现空鼓和裂缝。

（3）石膏或木夹板吊顶出现细小裂缝，矿棉板吊顶受潮吸水后变形；花式吊顶边线不够圆顺；窝档、线角不够顺直；铁丝吊顶少有存在；轻钢龙骨吊顶随着时间的推移，多种原因造成不同程度的下坠。

（4）一般粉刷墙面，阴阳角稍有不直，涂料粉刷起皮，门、窗洞口不挺直，不成方，消防楼梯抹灰不细，细木、油漆手感质差，不锈钢扶手接口不平顺，成品保护欠挂，交叉污染存在等。

（5）大堂、多功能厅等重要部位的墙、顶、地面排板、色带、拼缝不够统一协调。

（6）卫生间、楼梯间的施工要体现栏杆、配件、器皿位置与拼缝协调的对称统一，要避免错缝、乱缝和小半砖现象。

（7）内走道吊顶及吊顶内管道走向的二次设计，要把吊顶面的各种构配件及器皿做到整齐划一、走向统一。特别是要注重管道支架的统一制作、统一安装，最好是支架形式统一。

（8）地下室内不得有渗、潮、霉的现象，水泥砂浆地坪，分格缝不规范，有的工程是用切割机事后切割，分格缝的缝宽、缝深都不够，离墙、柱边切不到位。室内排水地沟有的倒坡积水，地沟铁箅子盖板破损不全，集水井没有护栏或盖板。

（9）浴厕间的蓄水检测一般情况均做，实际上个别工程也有渗漏；地漏套孔不够圆顺，有的不在房间地坪最低处；地面砖套割不美观，常用碎砖或白水泥进行填补，谈不上精品工程；盥洗台下角钢支架漏刷防锈漆；厕所隔断门单面开铰链等质量通病尚未消除。

（10）浴厕间、地下室等防水工程应交代清楚是何种防水材料，是几道、厚度多少、有无合格证及进场复验报告，是否进行了蓄水检验及蓄水时间。这方面往往容易疏忽，或提供不全。

（11）门、窗工程：主要是小五金安装不够细腻，门锁安装间隙过大，有油漆污染，缝隙超标；铰链单面开槽，吃肉少钉；木夹板门上冒头处，没有钻通气孔，油漆漏做，十分粗糙。铝合金或塑钢门、窗，硅胶打注不均匀饱满、细腻、美观，有污染；橡胶密封条短缺，泄水孔也不规范；玻璃窗窗台高度低于0.80m时未设栏杆采取防护措施；窗台吃框，外窗台比内窗台高的情况也有存在；同一层楼外窗框安装进出不一；安全玻璃的要求往往做不到，详见标准《建筑玻璃应用技术规程》JGJ 113及四部委关于《建筑安全玻璃管理规定》的规定。

5.4 某省规定对装饰装修工程为优质工程的验评标准

主控项目：

1）抹灰前应对基体表面做毛化处理。

检查方法：观察；检查施工记录。

检查数量：全数检查。

2）门、窗所使用的密封胶条不得采用再生胶条。

检查方法：观察；检查产品合格证书、性能检测报告。

检查数量：全数检查。

3）当饰面材料为玻璃板时，必须使用安全玻璃。

检查方法：观察；检查产品合格证书、性能检测报告。

检查数量：全数检查。

4）玻璃砖砌筑隔墙中应埋设拉结筋，拉结筋与建筑主体结构或受力杆件应可靠连接；玻璃板隔墙的受力边与建筑主体结构或受力杆件应可靠连接。

检查方法：观察；手扳检查，检查隐蔽验收记录。

检查数量：全数检查。

本条文说明：本条要求主要为了保证其整体稳定性，保证墙体的安全。

5）饰面砖粘结强度应符合要求，其检验方法和结果判定应符合《建筑工程饰面砖粘结强度检验标准》JGJ 110 和《江苏省应用外墙外保温粘贴饰面砖做法技术规定》的规定。

检查方法：检查检测报告。

检查数量：全数检查。

6）外墙饰面砖应采用专用材料勾缝。

检查方法：观察；检查产品合格证书。

检查数量：全数检查。

7）幕墙后置埋件必须采用化学螺栓固定并按规定做拉拔试验。

检查方法：观察；检查产品合格证书、拉拔试验报告。

检查数量：全数检查。

8）涂装工程的腻子不得有粉化和起皮现象。

检查方法：观察检查。

检查数量：全数检查。

9）建筑装饰装修工程的观感质量应符合表 5-41 的规定。

建筑装饰装修工程的观感质量要求　　表 5-41

<table>
<tr><th>序号</th><th colspan="2">项目名称</th><th colspan="4">质量要求</th></tr>
<tr><td rowspan="13">1</td><td rowspan="13">室外墙面</td><td>一般抹灰</td><td colspan="4">一般抹灰工程的表面质量应符合下列规定：
（1）普通抹灰表面应光滑、洁净、接槎平整，分格缝应清晰，平直；
（2）高级抹灰表面应光滑、洁净、颜色均匀、无抹纹，分格缝和灰线应清晰、平直、美观；
（3）护角、孔洞、槽、盒周围的抹灰表面应整齐、光滑；管道后面的抹灰表面应平整</td></tr>
<tr><td rowspan="4">装饰抹灰</td><td>水刷石表面</td><td colspan="3">石粒清晰、分布均匀、紧密平整、色泽一致，应无掉粒与接槎痕迹</td></tr>
<tr><td>斩假石表面</td><td colspan="3">剁纹应均匀顺直、深浅一致，应无漏剁处；阳角处应横剁并留出宽窄一致的不剁边条，棱角应无损坏</td></tr>
<tr><td>干粘石表面</td><td colspan="3">色泽一致，不露浆、不漏粘、石粒应粘结牢固、分布均匀，阳角处应无明显黑边</td></tr>
<tr><td>假面砖表面</td><td colspan="3">平整、沟纹清晰、留缝整齐、色泽一致，应无掉角、脱皮、起砂等缺陷</td></tr>
<tr><td>分格条（缝）</td><td colspan="4">装饰抹灰分格条（缝）的设置应符合设计要求，宽度和深度应均匀，表面应平整光滑，棱角应整齐</td></tr>
<tr><td>滴水线（槽）</td><td colspan="4">有排水要求的部位应做滴水线（槽）。滴水线（槽）应整齐顺直。滴水线应内高外低，滴水槽的宽度和深度均不应小于 10mm</td></tr>
<tr><td>清水墙勾缝表面</td><td colspan="4">清水砌体勾缝应横平竖直，交接处应平顺，宽度和深度应均匀，表面应压实抹平。灰缝应颜色一致，砌体表面应洁净</td></tr>
<tr><td rowspan="5">涂饰工程（水性涂料）</td><td colspan="4">薄涂料的涂饰质量应符合以下规定</td></tr>
<tr><td>项次</td><td>项目</td><td>普通涂饰</td><td>高级涂饰</td></tr>
<tr><td>1</td><td>颜色</td><td>均匀一致</td><td>均匀一致</td></tr>
<tr><td>2</td><td>泛碱、咬色</td><td>允许少量轻微</td><td>不允许</td></tr>
<tr><td>3</td><td>流坠、疙瘩</td><td>允许少量轻微</td><td>不允许</td></tr>
</table>

续表

<table>
<tr><th>序号</th><th colspan="2">项目名称</th><th colspan="4">质量要求</th></tr>
<tr><td rowspan="18">1</td><td rowspan="18">室外墙面</td><td rowspan="13">涂饰工程
（水性涂料）</td><td>4</td><td>砂眼、刷纹</td><td>允许少量轻微砂眼，刷纹通顺</td><td>无砂眼，无刷纹</td></tr>
<tr><td>5</td><td>装饰线、分色线直线度允许偏差（mm）</td><td>2</td><td>1</td></tr>
<tr><td colspan="4">厚涂料的涂饰质量应符合以下的规定</td></tr>
<tr><td>项次</td><td>项目</td><td>普通涂饰</td><td>高级涂饰</td></tr>
<tr><td>1</td><td>颜色</td><td>均匀一致</td><td>均匀一致</td></tr>
<tr><td>2</td><td>泛碱、咬色</td><td>允许少量轻微</td><td>不允许</td></tr>
<tr><td>3</td><td>点状分布</td><td>—</td><td>疏密均匀</td></tr>
<tr><td colspan="4">复层涂料的涂饰质量应符合以下的规定</td></tr>
<tr><td>项次</td><td>项目</td><td colspan="2">质量要求</td></tr>
<tr><td>1</td><td>颜色</td><td colspan="2">均匀一致</td></tr>
<tr><td>2</td><td>泛碱、咬色</td><td colspan="2">咬色不允许</td></tr>
<tr><td>3</td><td>喷点疏密程度</td><td colspan="2">均匀，不允许连片</td></tr>
<tr><td colspan="4">涂层与其他装修材料和设备衔接处应吻合，界面应清晰</td></tr>
<tr><td>涂饰工程
（溶剂型涂料）</td><td colspan="4">参考室内墙面饰面</td></tr>
<tr><td>板饰面</td><td colspan="4">板表面应平整、洁净、色泽一致，无裂痕和缺损。石材表面应无泛碱等污染。饰面板嵌缝应密实、平直，宽度和深度应符合设计要求，嵌填材料色泽应一致。采用湿作业法施工的饰面板工程，石材应进行防碱背涂处理，饰面板与基体之间的灌注材料应饱满、密实。饰面板上的孔洞应套割吻合，边缘应整齐</td></tr>
<tr><td>饰面砖</td><td colspan="4">饰面砖表面应平整、洁净、色泽一致，无裂纹和缺损。阴阳角处搭接方式，非整砖使用部位应符合设计要求；
墙面突出物周围的饰面砖应整砖套割吻合，边缘应整齐。墙裙、贴脸突出墙面的厚度应一致；
饰面砖接缝应平直、光滑，填嵌应连续、密实，宽度和深度应符合设计要求；
有排水要求的部位应做滴水线（槽）。滴水线（槽）应顺直，流水坡向应正确，坡度应符合设计要求</td></tr>
<tr><td>花饰安装</td><td colspan="4">花饰表面应洁净，接缝应严密吻合，不得有歪斜、裂缝、翘曲及损坏</td></tr>
<tr><td>幕墙</td><td colspan="4">幕墙外露框应横平竖直，造型及分割应符合设计要求。面板安装必须牢固；
幕墙的胶缝应横平竖直，厚度应符合设计要求，表面应光滑、平直、无污染；
铝合金面板应无脱膜现象，颜色应均匀一致；
金属板材表面应平整，站在距幕墙 3m 处，肉眼观察时不应有可察觉的变形，波纹或局部压砸等缺陷；
石材颜色应均匀，花纹图案应符合设计要求，并无明显色差；
石材表面应平整，不得有凹坑，缺角或局部压砸等缺陷</td></tr>
<tr><td rowspan="9">2</td><td rowspan="9">室内墙面</td><td>一般抹灰</td><td colspan="4">参照室外墙面</td></tr>
<tr><td>装饰抹灰</td><td colspan="4">参照室外墙面</td></tr>
<tr><td>饰面砖（板）</td><td colspan="4">参照室外墙面</td></tr>
<tr><td>涂料工程
（水性涂料涂饰）</td><td colspan="4">参照室外墙面</td></tr>
<tr><td rowspan="5">溶剂型涂料
涂饰工程</td><td colspan="4">色漆的涂饰质量应符合以下规定</td></tr>
<tr><td>项次</td><td>项目</td><td>普通涂饰</td><td>高级涂饰</td></tr>
<tr><td>1</td><td>颜色</td><td>均匀一致</td><td>均匀一致</td></tr>
<tr><td>2</td><td>光泽、光滑</td><td>光泽基本均匀；光滑无挡手感</td><td>光泽均匀一致；光滑</td></tr>
<tr><td>3</td><td>刷纹</td><td>刷纹通顺</td><td>无刷纹</td></tr>
</table>

续表

<table>
<tr><th>序号</th><th colspan="2">项目名称</th><th colspan="4">质量要求</th></tr>
<tr><td rowspan="14">2</td><td rowspan="14">室内墙面</td><td rowspan="11">溶剂型涂料涂饰工程</td><td>4</td><td>裹棱、流坠、皱皮</td><td>明显处不允许</td><td>不允许</td></tr>
<tr><td>5</td><td>装饰线、分色线直线度允许偏差（mm）</td><td>2</td><td>1</td></tr>
<tr><td colspan="4">注：无光色漆不检查光泽</td></tr>
<tr><td colspan="4">清漆的涂饰质量应符合以下规定</td></tr>
<tr><td>项次</td><td>项目</td><td>普通涂饰</td><td>高级涂饰</td></tr>
<tr><td>1</td><td>颜色</td><td>基本一致</td><td>均匀一致</td></tr>
<tr><td>2</td><td>木纹棕</td><td>棕眼刮平、木纹清楚</td><td>棕眼刮平、木纹清楚</td></tr>
<tr><td>3</td><td>光泽、光滑</td><td>基本均匀；光滑无挡手感</td><td>光泽均匀一致；光滑</td></tr>
<tr><td>4</td><td>刷纹</td><td>无刷纹</td><td>无刷纹</td></tr>
<tr><td>5</td><td>裹棱、流坠、皱皮</td><td>明显处不允许</td><td>不允许</td></tr>
<tr><td colspan="4"></td></tr>
<tr><td>涂饰工程</td><td colspan="4">涂层与其他装修材料和设备衔接处应吻合，界面应清晰；
美术涂饰表面应洁净，不得有流坠现象；
仿花纹涂饰的饰面应具有被模仿材料的纹理；
套色涂饰的图案不得移位，纹理和轮廓应清晰</td></tr>
<tr><td>软包工程</td><td colspan="4">软包工程表面应平整、洁净，无凹凸不平及褶皱；图案应清晰、软包边框应平整、顺直、接缝吻合。其表面涂饰质量应符合涂饰工程的有关规定。
清漆涂饰木制边框的颜色、木纹应协调一致</td></tr>
<tr><td>轻质隔墙</td><td colspan="4">隔墙表面平整光滑、色泽一致、洁净，所用接缝方法符合要求，接缝均匀、顺直；
隔墙上的孔洞、槽、盒位置正确，套割方正、边缘整齐；
隔墙的墙面板安装牢固，无脱层、翘曲、折裂及缺损；
活动隔墙轨道与基体结构连接牢固，位置正确，配件安装牢固，位置正确，推拉安全、平稳、灵活、无噪声；
玻璃板隔墙应安装牢固，玻璃板隔墙胶垫应安装正确；
玻璃板隔墙嵌缝及玻璃砖隔墙勾缝应密实平整、均匀顺直、深浅一致</td></tr>
<tr><td rowspan="4">3</td><td rowspan="4">室内顶棚</td><td>一般抹灰顶棚、涂饰工程装饰抹灰顶棚</td><td colspan="4">参考墙面工程</td></tr>
<tr><td>暗龙骨吊顶工程</td><td colspan="4">饰面材料表面应洁净、色泽一致，不得有翘曲、裂缝及缺损。压条应平直、宽窄一致；
饰面板上的灯具、烟感器、喷淋头、风口篦子等设备的位置应合理、美观，与饰面板的交接应吻合、严密</td></tr>
<tr><td>明龙骨吊顶</td><td colspan="4">工程饰面材料表面应洁净，色泽一致，不得有翘曲、裂缝及缺损；
饰面板与明龙骨的搭接应平整、吻合，压条应平直、宽窄一致；
饰面板上的灯具、烟感器、喷淋头、风口篦子等设备的位置应合理、美观，与饰面板的交接应吻合、严密；
金属龙骨的接缝应平整、吻合、颜色一致，不得有划伤、擦伤等表面缺陷。木质龙骨应平整、顺直，无劈裂；
吊顶内填充吸声材料的品种和铺设厚度应符合设计要求，并应有防散落措施</td></tr>
<tr><td>裱糊工程</td><td colspan="4">裱糊后的壁纸、墙布表面应平整，色泽应一致，不得有波纹起伏、气泡、裂缝、褶皱及斑污，斜视时应无胶痕；
复合压花壁纸的压痕及发泡壁纸的发泡层应无损坏；
壁纸、墙布与各种装饰线、设备线盒应交接严密；
壁纸、墙布边缘应平直整齐，不得有纸毛、飞刺；
壁纸、墙布阴角处搭接应顺光，阳角处应无接缝</td></tr>
</table>

续表

序号	项目名称		质量要求
4	室内地面	整体楼、地面	(1) 混凝土、砂浆面层： 面层表面不应有裂纹、脱皮、麻面、起砂等缺陷； 面层表面的坡度应符合设计要求，不得有倒泛水和积水现象； 水泥砂浆踢脚线与墙面应紧密结合，高度一致，出墙厚度均匀； (2) 水磨石面层： 面层表面应光滑；无明显裂纹、砂眼和磨纹；石粒密实，显露均匀； 颜色图案一致，不混色；分格条牢固、顺直和清晰； 踢脚线与墙面应紧密结合，高度一致，出墙厚度均匀； (3) 水泥钢（铁）屑面层： 面层表面坡度应符合设计要求； 面层表面不应有裂纹、脱皮、麻面等缺陷； 踢脚线与墙面应结合牢固，高度一致，出墙厚度均匀； (4) 防油渗面层： 防油渗面层表面坡度应符合设计要求，不得有倒泛水和积水现象； 防油渗混凝土面层表面不应有裂纹、脱皮、麻面和起砂现象； 踢脚线与墙面应紧密结合、高度一致，出墙厚度均匀； (5) 不防火（防爆的）面层： 面层表面应密实，无裂缝、蜂窝、麻面等缺陷； 踢脚线与墙面应紧密结合、高度一致、出墙厚度均匀
		板块楼、地面	(1) 砖面层： 砖面层的表面应洁净、图案清晰，色泽一致，接缝平整，深浅一致，周边顺直。板块无裂纹、掉角和缺楞等缺陷； 面层邻接处的镶边用料及尺寸应符合设计要求，边角整齐、光滑； 面层表面的坡度应符合设计要求，不倒泛水、无积水；与地漏、管道结合处应严密牢固，无渗漏； (2) 大理石面层和花岗石面层： 大理石、花岗石面层的表面应洁净、平整、无磨痕，且应图案清晰、色泽一致、接缝均匀、周边顺直、镶嵌正确、板块无裂纹、掉角、缺楞等缺陷； 踢脚线表面应洁净，高度一致、结合牢固、出墙厚度一致； 面层表面的坡度应符合设计要求，不倒泛水、无积水；与地漏、管道结合处应严密牢固，无渗漏
		木质板楼、地面	实木地板面层应刨平、磨光，无明显刨痕和毛刺等现象；图案清晰、颜色均匀一致； 面层缝隙应严密；接头位置应错开、表面洁净； 拼花地板接缝应对齐，粘、钉严密；缝隙宽度均匀一致；表面洁净，胶粘无溢胶； 踢脚线表面应光滑，接缝严密，高度一致
5	楼梯、踏步、护栏、细部		楼梯踏步的宽度、高度应符合设计要求。楼层梯段相邻踏步高度差不应大于10mm，每踏步两端宽度差不应大于10mm；旋转楼梯梯段的每踏步两宽度的允许偏差为5mm。楼梯踏步的齿角应整齐，防滑条应顺直； 护栏和扶手转角弧度应符合设计要求，接缝应严密，表面应光滑，色泽应一致，不得有裂缝、翘曲及损坏； 护栏高度、栏杆间距、安装位置符合要求，护栏安装牢固； 橱柜窗帘盒、窗台板和散热器、门、窗套及配件应安装牢固； 橱柜的抽屉和柜门开关灵活、回位正确； 橱柜、窗帘盒、窗台板、门、窗套应平整、洁净、色泽一致、无裂缝、翘曲及损坏； 橱柜裁口顺直、拼缝严密； 花饰安装位置和方法应符合要求，安装牢固； 花饰表面应洁净，接缝严密吻合，无歪斜、裂缝、翘曲及损坏； 地板及细木装饰的油漆参考涂饰工程要求

续表

序号	项目名称		质量要求
6	门、窗	木门、窗安装	木门、窗表面应洁净，不得有刨痕、锤印； 木门、窗的割角、拼缝应严密平整；门、窗框、扇裁口应顺直，刨面应平整； 木门、窗上的槽、孔应边缘整齐，无毛刺； 木门、窗批水、盖口条、压缝条、密封条的安装应顺直，与门、窗结合应牢固、严密
		金属门、窗安装	金属门、窗表面应洁净、平整、光滑、色泽一致，无锈蚀；大面应无划痕、碰伤；漆膜或保护层应连续； 铝合金门、窗推拉门、窗扇开关力应不大于100N； 金属门、窗框与墙体之间的缝隙应填嵌饱满，并采用密封胶密封；密封胶表面应光滑、顺直，无裂纹、宽窄一致，厚薄均匀； 金属门、窗扇的橡胶密封条或毛毡密封条应安装完好，不得脱槽； 有排水孔的金属门、窗，排水孔应畅通，位置和数量应符合设计要求
		塑料门、窗安装	塑料门、窗表面应洁净、平整、光滑，大面应无划痕、碰伤； 塑料门、窗扇的密封条不得脱槽；旋转窗间隙应基本均匀； 塑料门、窗扇的开关力应符合下列规定： （1）平开门、窗扇平铰链的开关力应不大于80N；滑撑铰链的开关力应不大于80N，并不小于30N； （2）推拉门、窗扇的开关力应不大于100N； 塑料门、窗框与墙体之间的缝隙应采用闭孔弹性材料填嵌饱满，并采用密封胶密封；密封胶表面应光滑、顺直，无裂纹、宽窄一致，厚薄均匀； 玻璃密封条与玻璃及玻璃槽口的接缝应平整，不得卷边、脱槽； 排水孔应畅通，位置和数量应符合设计要求
		玻璃	玻璃表面应洁净，不得有腻子、密封胶、涂料等污渍；中空玻璃内外表面均应洁净，玻璃中空层内不得有灰尘和水蒸气； 门、窗玻璃不应直接接触型材。单面镀膜玻璃的镀膜层及磨砂玻璃的磨砂面应朝向室内；中空玻璃的单面镀膜玻璃应在最外层，镀膜层应朝向室内； 腻子应填抹饱满、粘结牢固；腻子边缘与裁口应平齐；固定玻璃的卡子不应在腻子表面显露；安装后的玻璃应牢固，不得有裂纹、损伤和松动

第6章　屋面工程质量控制要点

6.1　质量控制流程（图6-1）

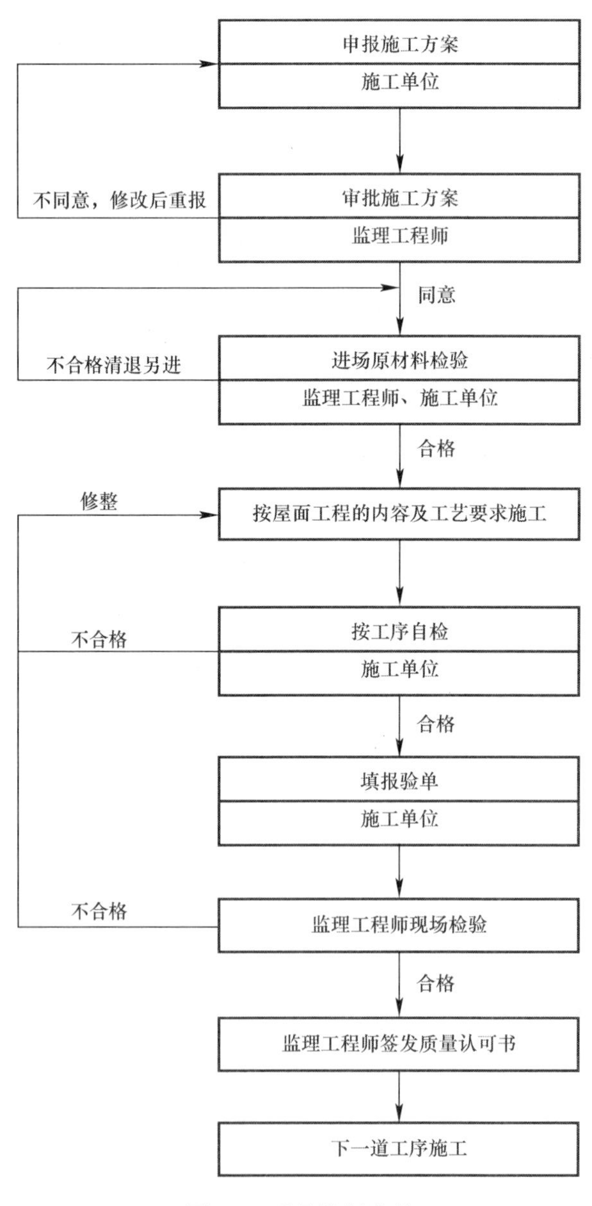

图6-1　质量控制流程

6.2 质量控制要点

6.2.1 总要求

1）要求工程施工承包单位必须按设计图纸和施工规范要求进行施工。

现在一般建筑屋面设计防水时，基本上套用图集。缺乏因地制宜，对特殊部位应采取特殊处理，对一些构造要求应给予说明，这样对细化防水体系是有益的。为此，在设计上应注意以下几点：

（1）对于体积吸水率大于2%的保温材料，不能设计成倒置式屋面。

（2）刚性防水层应采用细石防水混凝土，其强度等级不应小于C30，厚度不应小于50mm，分格缝间距不宜大于3m，缝宽不应大于30mm，且不小于12mm。

（3）柔性材料防水层的保护层宜采用撒布材料或浅色涂料。当采用刚性保护层时，必须符合细石混凝土防水层的要求。

（4）对女儿墙、高低跨、上人孔、变形缝和出屋面管井（烟）道等节点应设计防渗构造详图；变形缝宜优先采用现浇钢筋混凝土盖板的做法，其强度等级不应低于C30；伸出屋面井（烟）道周边应有同屋面结构一起整浇一道钢筋混凝土防水圈。

（5）膨胀珍珠岩类及其他块状、散状屋面保温层必须设置隔气层和排气系统。排气道应纵横交错、畅通，其间距应根据保温层厚度确定，最大不宜超过3m；排气口应设置在不易被损坏、不易进水的位置。

2）要求按屋面工程施工工艺流程施工，施工完一个流程必须向监理办理质量报验手续。

3）屋面防水工程施工完成后必须经过24h蓄水试验，经检查无渗漏后，方能进入下道工序施工。

4）要求承包单位必须按屋面工程质量监理工作流程办理报验手续。

6.2.2 工艺流程

屋面工程施工工艺流程：

基层处理→结构层找坡→找平层施工→铺贴卷材→蓄水试验→保温层施工→保护层施工→铺贴面层广场砖→油膏嵌缝→清理。

6.2.3 质量控制要点

1）防水材料的选择

20世纪80年代初以前大量使用的沥青纸胎油毡已被明确禁止使用在各类正式建筑中，只能在临时建筑和产品包装上使用。目前大量使用的建筑防水材料为中高档次材料，这些材料大多是我国20世纪80年代末引进和研制的产品。主要有：

（1）改性沥青油毡，以SBS为主。积极利用APP和其他橡塑高分子材料，在减少环境污染、保证产品质量的前提下，不同的产品采用不同铺设方法。

（2）高分子卷材以PVC卷材为主，发展三元乙丙橡胶防水卷材、氯化聚乙烯防水卷材等弹性、弹塑性较高的高分子卷材。以挤出成型为主，逐步采用内增塑技术。进一步研制高档卷材的特殊性能，如目前市场上出现一种有自愈合性能的自粘卷材。

（3）防水涂料以水性厚质氯丁和丁苯胶改性沥青为主，大力发展丙烯酸及聚氨酯防水涂料。

(4) 密封材料的发展应提高改性沥青密封油膏的质量，积极发展丙烯酸、聚氨酯、硅酮等密封膏。

防水材料品种较多，在选择时，应注意以下几点：

① 正确掌握防水材料的防水性能，以耐久性、抗渗性等物理化学指标以及该产品受地域和施工条件影响因素而正确选择。

② 对拟选择的防水材料要进行考察，考察该材料在实际工程中的使用状况，产品市场占有率，品牌信誉度等。

③ 利用价值工程原理，考虑防水材料的性价比，综合考虑建筑物自身的特点，考虑到房屋的重要性（对有纪念性的建筑要加强防水性能），选择耐久性好、使用寿命长（一般应大于 10 年）的防水材料，例如：三元乙丙橡胶被国外称为防水材料之王，使用寿命 50 年以上，属高档产品。

④ 加强产品抽检时的见证工作，防止弄虚作假、产品以次充好，使所用材料质量有保证。

2) 基层处理

施工前基层应清理干净，除去表面松动的尘粒，不得有积水。对结构阴阳角、管道根部等应仔细整理。

3) 结构层找坡

屋面找坡可采用两种形式，一种是结构找坡，另一种在结构层上后找坡。

(1) 结构找坡。主要在屋面结构层上通过调整结构层各处的标高形式设计坡度方向的找坡。

(2) 利用各种材料建筑找坡。其中早期用炉渣找坡；近年用膨胀珍珠岩、膨胀蛭石（可用现浇和预制两种）；发泡混凝土找坡（使用一种具有防水功能的找坡材料）。

(3) 找坡的方向和坡度。一般南方以大于 2%为宜；北方因少雨以大于 1%为宜。找坡的方向决定了排水方向，排水口位置设在排水坡方向。施工时要控制好横向和纵向坡度，在排水方向上不能有积水现象，否则在积水处由于长期浸泡可能会导致渗漏。

4) 找平层施工

找平层用 20mm 厚 1∶3 水泥砂浆在找坡层上找平，找平层应粘结牢固，无松动、起壳、起砂等现象。找平层是柔性防水层下的构造层，起着承上启下的作用。找平层施工主要控制好平整度、基层强度。在柔性层铺贴或涂刷前要干燥，含水量要小于规范规定的数值。

5) 柔性防水层的施工

施工时应注意以下几点；

(1) 铺贴卷材前对找平层及进场防水卷材的质量进行验收。清扫找平层，在找平层上排尺寸，弹出基准线；做好排水口或排水沟有附加层的附加防水层；

(2) 将成卷的卷材置于找平层下坡，对准基准线，用喷灯烘烤卷材底面，加热要均匀，当底面涂盖层熔化到有光泽发黑时，滚动卷材，使其底面与基层粘贴牢固；按坡度方向由低到高顺铺搭接卷材；滚铺卷材时，应防止出现褶皱，要对准基线边铺贴；卷材的长边搭接不小于 80mm，短边搭接不小于 100mm，搭接部位的粘贴应在大面积铺贴完成后进行，两个粘贴面均需加热熔化，以保证搭接部位粘结牢固，封闭严密；为防止卷材末端收尾和搭接缝边缘的剥落或渗漏，应做粘合封闭处理，用膏状的胶粘剂进行粘结封闭，封闭前，基层缝隙应用毛刷、干布清理干净；

(3) 对平面与立面相连接的卷材应由下向上铺贴，使卷材紧贴阴角，不得有空鼓或粘贴不牢现象；准确施工至规定的泛水高度，一般应不小于 250mm（管道井泛水应不小于300mm）。卷材防水层收头宜在女儿墙凹槽内固定，收头处应用防腐木条加盖金属条固定，钉距不得大于 450mm，并用密封材料将上下口封严；伸出屋面管道、井道及高出屋面结构处卷材防水层泛水应用管箍或压条将卷材上口压紧，再用密封材料封口；

(4) 特殊部位（细部构造）的施工：

① 卷材防水屋面的基层与突出屋面结构（女儿墙、立墙等）的连接处以及女儿墙的转角处（水落口、天沟、檐沟等）均应做成圆弧。高聚物改性沥青防水卷材转角圆弧半径为 50mm；

② 天沟、檐沟与屋面交接处的附加层宜空铺，空铺宽度 200mm，天沟、檐沟卷材收头应固定密封；

③ 当墙体为砖墙时，在砖墙上留凹槽，将裁齐的卷材端部压入预留的凹槽内，并用压条或垫片钉压固定，然后用密封材料将凹槽嵌缝封严。凹槽上部的墙体亦应做防水处理；

④ 当墙体为混凝土时，卷材收头采用金属压条钉压，并用密封材料封固；

⑤ 落水口周围与屋面结构的连接处，均应封固严实，粘结牢固。穿过屋面的管道、设备层等与屋盖间的空隙应用密封材料封严；

⑥ 卷材与卷材、卷材与基层之间，以及周边、转角部位及卷材搭接缝必须粘结牢固，不允许有漏粘、翘边等缺陷。每层卷材铺完应经检查合格后，再进行下道工序施工；

⑦ 阴阳角、落水口、管道根部周围是容易发生渗漏的薄弱部位，应做增补处理。处理方法是先铺一层卷材附加层。在转角周边的加宽不小于 250mm；

(5) 掌握好施工时间。对于多次形成的防水层，要满足每层施工间的时间间隔要求；

(6) 掌握好天气、气温对施工质量的影响。有些防水材料不宜在下雨时施工，有些防水材料不宜在气温过高或过低时施工；

(7) 掌握材料的施工说明。要严格按施工说明书的要求施工；

(8) 做好保护层的施工。现在一般采用挤塑板作为柔性防水层的保护层，它既保护屋面防水层，又有保温隔热效果。

6) 蓄水试验

卷材防水层铺贴完毕，经验收合格后，即可进行 24h 蓄水试验。经确认防水层无渗漏后，方可进行保护层施工。

近来也有在现浇钢筋混凝土屋面板（基层）上刷 1mm 厚聚氨酯作隔气层，经 24h 蓄水试验，确认无渗漏；若有少量渗漏点，需经重刷聚氨酯修补，并再做 24h 蓄水试验，确认无渗漏，才能进入下道工序施工的做法。

7) 保温层施工

本工程采用 30mm 聚苯乙烯泡沫挤塑板作保温层，表面平整。铺设板状保温层的基层表面应平整、干燥、洁净，干铺的保温板就紧靠在需要保温的结构表面，铺平、垫稳。当气温在负温度（不低于零下20℃）施工时，可用沥青胶结材料粘贴；当气温不低于5℃施工时，可采用水泥砂浆铺贴。

8）保护层施工

根据设计要求，在保温层上设排气道，排气道应纵横贯通，并应与大气连通的排气管相通。排气管的数量为每36m² 屋面面积设置一个，排气管应设置在结构层上，穿过保温层的排气管壁上应设排气孔。再在其上绑扎钢筋网片，浇筑细石混凝土刚性面层。采用40mm厚C20细石混凝土，内设Φ6@200钢筋单层双向配筋。保护层分隔间距为6m×6m。

图6-2 上人屋面上铺贴的缸砖面层

9）广场砖贴面

当设计要求为上人屋面时，应在保护层上另行铺贴广场砖。采用200mm×200mm广场砖粘贴。广场砖贴面分隔间距为6m×6m见图6-2、图6-3。

10）油膏嵌缝

选用质量稳定、性能可靠的油膏进行嵌缝。嵌缝前，应用钢丝刷清除缝两侧面浮灰、杂物等，随即满涂同性材料稀释或专用冷底子油，待其干燥后及时由下而上灌热油膏。尽量减少热灌接头数量，以确保屋面防水工程质量。

(a)

(b)

图6-3 上人屋面上设置的VRE空调机组及广告牌

11）清理

屋面工程施工完成后，要对面层上的各种污染（含油膏、水泥浆、锈斑、电焊渣灼伤、油漆等）进行清理干净，以达到质量目标要求的验收标准。

6.2.4 屋面工程在“创优”过程中应避免的质量疵病

根据参与鲁班奖工程评选活动的专家撰文披露，屋面工程在“创建鲁班奖工程”过程中应避免的质量疵病：

主要是屋面防水构造、出屋面构件的防水处理和出屋面构件的总体布置、走向、排水节点构造等。主要表现在：

（1）有的工程没有按照该建筑物的性质、重要程度，使用功能要求以及防水层合理使用年限的等级进行设防，直接选用当地的标准图集，只做了道防水设防，把重要的建筑和高层建筑视为一般建筑。

（2）现场纵观屋面的卷材、涂膜或者细石混凝土防水层有渗漏和积水现象。

（3）使用的防水、保温隔热材料的产品合格证和性能检测报告系复印件或宣传广告资料，也没有盖红章注明原件存放处。

（4）屋面的找平层表面应平整，不得有疏松、起砂、起皮现象，保温层的厚度、含水率和表观密度，天沟、檐口、泛水、变形缝和伸出屋面管道的防水构造均应符合设计要求。一般平屋面积坡度为1%～3%，天沟应为5%，保持天沟平直，防止积水现象发生。

（5）卷材或涂膜防水层的厚度应符合设计要求，无裂纹、褶皱、流淌、鼓包和翘边、露胎体的现象。刚性防水屋表面应平整，压光、不起砂、不起皮、不开裂。分格缝应平直，位置正确（应设在屋面板的支承端、屋面转折处、防水层与突出屋面结构的交接处，其纵横间距不宜大于6m）。

（6）嵌缝密封材料应与两侧基层粘牢，底部应填放背衬材料，密封部位光滑、平直，不得有开裂、鼓包、下塌现象。有条件时，外露的密封材料上应设置保护层，其宽度不小于200mm。

（7）平瓦、油毡瓦、金属板材屋面的基层应平整、牢固，瓦片排列整齐、平直，搭接合理，接缝严密，不得有残缺瓦片等明显的缺陷存在。

（8）上人屋面（或室内外平台）的临空面栏杆高度不应小于1.05m，高层建筑栏杆高度应再适当提高，但不宜超过1.20m，栏杆高度应从可踏面量起，45cm以上不作为可踏面。临空屋面、地面、顶层楼梯间临空处，在0.1m高度内不应留空。此强制性条文常被忽略。

（9）屋面防水工程应交代清楚是何种防水材料，是几道、厚度多少、有无合格证及进场复验报告，是否进行了蓄水检验及蓄水时间检测。这方面往往容易疏忽，或提供资料不全。

6.2.5　某省规定对建筑屋面工程为优质工程的验评标准

主控项目：

1）屋面防水层厚度必须符合设计要求。

检查方法：测厚仪检查并做记录。

检查数量：100m^2 检查一处，每处10m^2，且不少于3处。

本条文说明：防水层合理使用年限长短的决定因素，除防水材料本身的技术性能外，就是防水层的厚度。因此，本条规定防水层厚度必须符合设计要求是合理的、必要的。

2）刚性保护层与突出屋面的墙体、排汽（管）道等交接处必须设置分格缝，并用密封材料嵌填密实。

检查方法：观察检查。

检查数量：墙体每50m抽查一处，每处5m，不少于3处，其他全数检查。

本条文说明：刚性保护层与突出屋面的墙体、排汽（管）道等交接处直接接触，约束刚性保护层的自由伸缩，易使刚性保护层产生裂缝，交接处极易发生脱缝现象，产生渗漏。因此，本条规定刚性保护层与突出屋面的墙体、排汽（管）道等交接处必须设置分格缝，并用密封材料嵌填密实，以防影响防水效果和防水使用寿命。

3）密封材料嵌填必须密实、连续、饱满，边缘顺直，粘结牢固，无气泡、开裂、脱落、凹凸不平等缺陷。外露的密封材料上应设置一道附加卷材层，其宽度不应小于200mm。

检查方法：观察检查。

检查数量：每 50m 抽查一处，每处 5m，不少于 3 处。

本条文说明：密封材料出现气泡、开裂、脱落、凹凸不平、边缘不顺直等缺陷，不仅影响观感质量，更重要的是易产生渗漏现象。外露的密封材料上加设卷材层能有效防止密封材料出现开裂、脱落等缺陷，附加卷材层本身对防水效果也起到增强作用。故作本规定。

4）屋面工程观感质量应符合表 6-1 的要求。

屋面工程观感质量要求　　表 6-1

序号	项目名称	质量要求
1	变形缝	变形缝的防水构造应符合下列要求： （1）变形缝的泛水高度不得小于 250mm； （2）防水层应铺贴到变形缝两侧砌体的上部； （3）变形缝内应填充聚苯乙烯泡沫塑料，上部填放衬垫材料，并用卷材封盖； （4）变形缝顶部应加扣混凝土或金属盖板，盖板需固定牢固，接缝处平整，并用密封材料嵌填密实
2	卷材防水屋面	（1）卷材防水层厚度：一道设防时高聚物改性沥青防水卷材不应小于 4mm，合成高分子防水卷材不应小于 1.2mm；二道以上设防时高聚物改性沥青防水卷材不应小于 3mm，合成高分子防水卷材不应小于 1.2mm，当为Ⅰ级防水等级时，合成高分子防水卷材不应小于 1.5mm； （2）卷材防水层的搭接缝应粘（焊）结牢固，密封严密，不得有褶皱、翘边和鼓包等缺陷； （3）防水层的收头应与基层粘结并固定牢固，缝口封严，不得翘边，与粉刷层交接线清晰、顺直； （4）卷材的铺贴、搭接方向正确，卷材搭接宽度偏差值不得大于－10mm； （5）排汽屋面的排气道应纵横贯通，不得堵塞。排气管应安装牢固，位置正确，封闭严密； （6）基层与突出屋面结构的交接处和基层的转角处，找平层均应做成圆弧形，其半径需符合规范要求，且整齐平顺； （7）绿豆砂应清洁、铺撒均匀，并使其与沥青玛琋脂粘结牢固，不得残留未粘结的绿豆砂； （8）云母或蛭石保护层不得有粉料，撒铺应均匀，不得露底，多余的云母或蛭石应清除； （9）浅色涂料保护层应与卷材粘结牢固，厚薄均匀，不得漏涂，且色泽均匀； （10）细石混凝土保护层应符合本标准刚性防水层的要求
3	涂膜防水屋面	（1）涂膜防水层厚度：一道设防时高聚物改性沥青防水涂料不应小于 3mm，合成高分子防水涂料不应小于 2mm；二道以上设防时高聚物改性沥青防水涂料不应小于 3mm，合成高分子防水涂料不应小于 1.5mm； （2）涂膜防水层与基层应粘结牢固，表面平整，涂刷均匀，无流淌、褶皱、鼓包、露胎体和翘边等缺陷； （3）涂膜防水层在天沟、檐沟、檐口、水落口、泛水、变形缝和伸出屋面管道等处的涂膜收头应用防水涂料多遍涂刷或用密封材料封严，且封口顺直； （4）涂膜防水层上的撒布材料或浅色涂料保护层应铺撒或涂刷均匀，色泽一致，粘结牢固； （5）细石混凝土保护层应符合本标准刚性防水层的要求

续表

序号	项目名称	质量要求
4	刚性防水屋面	（1）细石混凝土防水层应表面平整、压实抹光，不得有裂缝、起壳、起砂等缺陷，且色泽基本一致； （2）细石混凝土分格缝的位置和间距应符合设计要求和本标准的规定； （3）细石混凝土防水层表面平整度的偏差值不得大于5mm； （4）密封材料的嵌填应符合本标准中相关规定； （5）细石混凝土防水层与基层间应设置隔离层
5	平瓦屋面	（1）脊瓦应搭盖正确，间距均匀，封固严密；屋脊和斜脊应顺直，无起伏现象； （2）平瓦屋面的波峰波谷应顺直，表面平整，无起伏现象，且色泽基本一致； （3）泛水做法应符合设计要求，顺直整齐，结合严密； （4）平瓦屋面的有关尺寸应符合下列要求： ① 脊瓦在两坡面瓦上的搭盖宽度，每边不小于40mm； ② 瓦伸入天沟、檐沟的长度为50～70mm； ③ 天沟、檐沟的防水层伸入瓦内宽度不小于150mm； ④ 瓦头挑出封檐板的长度为50～70mm； ⑤ 突出屋面的墙或烟囱的侧面瓦伸入泛水宽度不小于50mm
6	油毡瓦屋面	（1）油毡瓦的铺设方法应正确；油毡瓦之间的对缝，上下层不得重合； （2）油毡瓦应与基层紧贴，瓦面平整，檐口顺直，色泽基本一致； （3）泛水做法应符合设计要求，顺直整齐，结合严密； （4）油毡瓦屋面的有关尺寸应符合下列要求： ① 脊瓦与两坡面油毡瓦搭盖度宽度每边不小于100mm； ② 脊瓦与脊瓦的压盖面不小于脊瓦面积的1/2； ③ 油毡瓦在屋面与突出屋面结构的交接处铺贴高度不小于250mm
7	金属板材屋面	（1）金属板材屋面应安装平整，固定方法正确，密封完整；排水坡度应符合设计要求； （2）金属板材屋面的檐口线、泛水段应顺直，无起伏现象； （3）金属板材屋面的有关尺寸应符合下列要求： ① 压型板的横向搭接不小于一个波，纵向搭接不小于200mm； ② 压型板挑出墙面的长度不小于200mm； ③ 压型板伸入檐沟内的长度不小于150mm； ④ 压型板与泛水的搭接宽度不小于200mm
8	隔热屋面	（1）蓄水屋面所设置的溢水口、过水孔、排水管、溢水管的大小、位置、标高的留设必须符合设计要求，并应在防水层施工前安装完毕； （2）蓄水屋面防水层的施工质量应符合本标准卷材防水屋面的有关要求； （3）种植屋面应有1%～3%的坡度。种植屋面四周应设挡墙，挡墙下部应设泄水孔，孔内侧放置疏水粗细骨料

第7章　安装工程质量控制要点

7.1　建筑给水排水、采暖、消防工程质量控制要点

7.1.1　工程特点

某工程包含7个子分部工程：室内给水系统、室内排水系统、室内热水供应系统、卫生器具安装系统、室外给水管网、室外排水管网、供热锅炉及辅助设备安装。具体情况为：

（1）生活给水管道采用镀锌衬塑钢管，系统分两个独立系统；3层以下为市政管网直接供水，4层以上由4台水泵（图7-1）和不锈钢水箱组成动力供水至屋顶水箱，形成由上而下自动给水系统。排水系统通过通球试验。

（2）热水管采用铜管焊接，由屋顶两只容积式电热交换器（图7-2）提供，标准为60℃热水200L/人·日。

图7-1　给水泵房

图7-2　容积式电热交换器

（3）雨水系统采用镀锌钢管丝扣连接，经屋面雨水斗收集接入市政雨水管网。污水系统采用PVC管承插粘接法连接，出户汇集至污水处理站处理后接入市政管网。

（4）消防水系统、自动喷淋及消火栓系统形成环状（图7-3）布置，火灾初期供水压力由屋顶的水箱和气压供水设备提供，然后通过消防水池及4台消防主泵供水。消防系统经市消防大队验收合格。

（5）卫生洁具系统包括大便器、小便斗和洗脸盆等设施（图7-4、图7-5、图7-6）。

图 7-3 涂红色为消防水管

图 7-4 卫生器具安装

图 7-5 洗手间设施

图 7-6 客房卫生间设施

7.1.2 质量控制流程（图 7-7）

7.1.3 质量控制要点

1）预控内容

（1）审核设计图纸。将图中的差错、漏项等形成书面意见，及时组织设计交底和图纸会审。

（2）审核工程分包单位的企业资质；施工技术和管理人员资格；特殊技术工人上岗证。

（3）审核施工方案及技术交底单。着重审核现场实测安装图、制作大样图、保证质量措施、各种协调措施、季节性施工措施、安全施工措施，必要时进行样板引路。

（4）安装开始前应对主体结构工程的基面进行验收，对基面的外形尺寸、标高、坐标、坡度以及预留洞、预埋件要对照图纸进行核验，并签发工程认可书。

（5）在主体上安装管道时，严格按设计图纸要求，对管道及设备的位置、标高尺寸及固定方式加以控制。并按规范和设计要求进行查验和验收。避免错、漏和移位。

（6）工程使用的各种材料、配件及设备，分包单位自检合格后报监理工程师认定。使用的各种管材、设备必须符合设计要求。

2）给水与排水、采暖工程质量控制要点

（1）督促施工单位做好对管道的预制加工和成品妥善保护。

① 预制加工好的丝扣管段，应用临时管箍或水泥纸将管口包好，以防丝扣锈蚀。

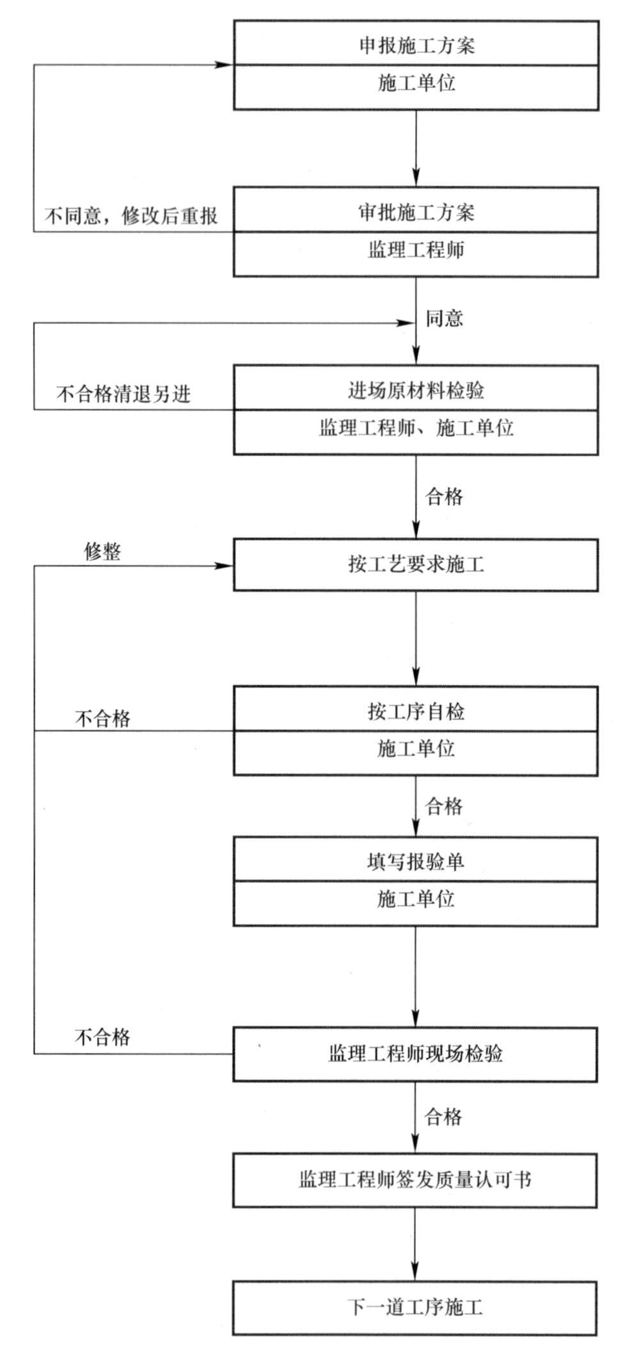

图 7-7　质量控制流程

② 预制加工好的干、立、支管应分别编号，排放有序、按大小分类排放，用木方垫好，防止人员脚踏，重物砸损。

③ 经防腐处理后的管材附件、配件、型材和支架制品，应放在专用的空气干燥的场地，避免受到雨、雪水的侵蚀，所有防腐处理的制品必须严格做好除锈工作。

(2) 各种管道隐蔽工程必须分部位在隐蔽之前进行检查，做好试水、试压工作，在各项措施指标达到并符合设计要求和规范规定后方可验收，并填写隐蔽验收单。隐蔽验收时应注意以下几点：

① 平直度应符合要求，有坡度的管道必须符合设计及施工规范规定。

② 管道接口不得位于墙体、套管内及支架上，对口焊缝及弯曲部位严禁焊接支管，对口焊缝距起弯点、支架边缘必须大于50mm。

③ 丝扣接口在加工完毕应清除填料，并刷防锈漆两道。

④ 管道切口在加工完毕后应进行铣口，以保证管道内壁光滑和内径尺寸。

（3）所有承压管道，在安装完毕后应进行水压试验。水压试验应注意以下几点：

① 按水压试验的目的，分为强度试验和严密试验；按试压的范围，水压试验分为单项试验和系统试验。

② 强度试验压力按设计要求进行，一般为系统工作压力的1.5倍，但不小于0.7Mpa。严密性试验压力为系统工作压力，单项试压是在干管敷设完毕或隐蔽部位的管道安装完毕后，按设计要求和规范规定进行水压试验。系统试压是在全部管道安装完毕，按设计要求和规范规定进行水压试验。在强度试验合格后，将压力降至工作压力恒压，进行严密性试验，经全面检查，接口无渗漏，无压力降时为严密性试验合格，自动喷水系统应保持压力24h；

③ 当所试压管道合格后，方可填写“管道系统试压记录”；排水管道的闭水试验根据对象分为灌水试验、通水试验和通球试验，合格后方可签字验收。试验时应注意：

A. 隐蔽的生活污废水管在隐蔽之前须做灌水试验，灌水高度与设计地面相平，当灌满水并延续5min，液面不下降为合格。

B. 被隐蔽的雨水管道应做水压试验，试验压力为系统最高一个雨水斗的高度，在系统接通后作灌水试验，灌水高度至每根立管的雨水斗，当灌满水并延续5min，液面不下降为合格。

C. 生活污废水明装的悬吊管安装完毕后应做通水试验，以检查横管通水时渗漏情况，也可利用竣工验收前卫生设备放水进行试验，通水无渗漏为合格。

D. 生活污水主立管和排出管安装结束后应做通球试验，以便于查找可能存在的堵塞，以利管道的通畅和安装质量的检查。

E. 卫生设备安装完毕后做盛水试验，观察和检查时间为24h，液面不下降为合格。

F. 灌水、通水、通球和盛水试验合格后，填写试验记录表，经签字认定合格后归档。

（4）管道系统的冲洗

在管道系统试压合格后，即将进行调试前，应对系统进行冲洗。冲洗时应注意：

① 冲洗介质：工作介质为水的系统采用清洁水（自来水）；

② 冲洗压力和流量为设计工况下的压力和流量，直到每个配水点处的水色透明度与入口处目测一致为合格；

③ 消火栓系统由底层向上接上水龙带，逐个开启放水，至水清洁为合格；

④ 自动喷水系统各配管支管应在喷头安装前进行，在各管口加丝堵，打开各分区系统末端试验泄水阀，放水冲洗。

3）消防工程质量控制要点

（1）室内消火栓

① 应设在消防电梯前室及走道、楼梯附近等明显易于取用的地点（图7-8），消火栓

的间距应保证同层任何部位有两个消火栓的水枪充实水柱同时达到（水枪充实水柱当建筑高度小于100m时不应小于10m；大于100m时不得小于13m）。

② 对高层民用与工业建筑，高架库房，甲、乙类厂房室内消火栓的间距不应大于30m，其他单层、多层建筑及裙房不应大于50m；同一建筑物内应采用同一型号规格的消火栓，其栓口应为*DN*65，每根水带长度不超过25m，水枪喷嘴口径不小于19mm；

③ 箱式消火栓（图7-9）的安装应符合下列规定：

A. 栓口应朝外，并不应安装在门轴侧；

B. 栓口中心距地面为1.1m；

C. 阀中心距箱侧面为140mm，距箱后内表面为100mm；

D. 消火栓箱体安装的垂直度允许偏差为3mm。

图7-8　室内消火栓设在消防电梯前室

图7-9　箱式消火栓的安装

④ 室内消火栓系统安装完毕，在系统水压试验合格后，应取顶层（或水箱间内）设试验和检查用的消火栓及首层取二处消火栓做试射试验，达到设计要求为合格。

⑤ 重要办公楼，一类建筑的商业楼，展览楼，综合楼，避难层等和建筑高度超过100m的其他高层建筑，均应设消防卷盘见图7-10。

图7-10　地下室内消火栓的安装位置

（2）喷头

① 喷头应布置在顶板或吊顶下易于接触火灾热气流并有利于均匀布水的位置。当喷头附近有障碍物时，应增设能补偿喷水强度的喷头。装设通透性吊顶的场所，喷头应布置在顶板下。

② 在不同的环境温度场所内设置喷头时，喷头公称动作温度宜比环境最高温度高30℃。

③ 在有腐蚀性气体的环境场所内设置喷头时，应进行防腐处理，并应采取不能影响喷头感温元件功能的措施。

④ 标准型喷头布置间距：

A. 严重危险级的生产建筑物为2.8m；

B. 严重危险级的储存建筑物为2.3m；

C. 中危险级的建、构筑物为3.6m（含边墙型喷头）；

D. 轻危险级的建、构筑物为4.6m（含边墙型喷头）。

以上各危险级的建、构筑物内喷头与墙及柱面的最大间距均为喷头间距的一半。

⑤ 仅在走道设置单排喷头的闭式系统，其喷头间距应按走道地面不留漏喷空白点确定；货架内喷头的间距不应小于2m，并不应大于3m见图7-11。

⑥ 喷头布置在有坡度的屋面板、吊顶下时，喷头应垂直于斜面，其间距按水平投影计算。当屋面板坡度大于1∶3并且在距屋脊750mm范围内无喷头时，应在屋脊处增设一排喷头。

⑦ 在门、窗洞口处设置喷头时，喷头距洞口上表面的距离不应大于150mm；距墙面的距离不宜小于75mm。并不宜大于150mm。

图7-11 走道内弧形吊顶上伸出的喷淋管

⑧ 在吊顶、屋面板、楼板下安装边墙型喷头时，应装在两侧1m范围内和墙面垂直方向2m范围内。

⑨ 边墙型喷头距吊顶、楼板、屋面板的距离，不应小于100mm，并不应大于150mm；距墙边的距离不应小于50mm，并不应大于100mm。

⑩ 边墙喷头的布置应符合下列要求：

A. 宽度不大于3.6m的房间，可沿房间长向布置一排喷头；

B. 宽度介于3.6m与7.2m的房间，除两侧各布置一排边墙型喷头，宽度大于7.2m的房间，除两侧各布置一排边墙型喷头，还应按上述规定在房间中间布置标准喷头（见图7-12）。

（3）火灾自动报警及控制系统的设置及安装

① 检查进场管线、电线、材料质量、型号规格、产品出厂合格证，并进行外观检查，测量检查，主要材料有钢（塑料）管、电线。重点检查钢管直径、壁厚，电线线芯直径、股根数。

② 检查火灾报警及控制设备的质量、出厂合格证、设备型号、规格，必须符合设计

图7-12　喷头的安装位置

要求，主要设备有火灾报警控制器、火灾探测器、火灾报警按钮。

③ 火灾自动报警及控制系统供电：

A. 应设有主电源（消防电源）和直流备用电源（专用蓄电池）；

B. 消防联动控制装置的直流操作电源电压，应采用24V。

（4）系统布线

① 火灾自动报警系统的传输线路，应采用铜芯绝缘导线或铜芯电缆，其电压等级不应低于交流250V。

② 铜芯绝缘导线，电缆线芯的最小截面应符合如下要求：

A. 穿管敷设的绝缘导线为1.0mm²；

B. 线槽内敷设的绝缘导线为0.75mm²；

C. 多芯电缆为0.5mm²。

③ 火灾自动报警系统传输线路采用绝缘导线时，应采取穿金属管、硬质塑料管、半硬质塑料管或封闭式线槽保护方式布线。

④ 消防控制、通信和报警线路，应采取穿金属管保护，并需暗敷在非燃烧体结构内，其保护层厚度应不小于3cm。当必须明敷时，应在金属管上采取防火保护措施。采用绝缘和护套为非延燃性材料的电缆时，可不穿金属管保护，但应敷设在电缆井内。

⑤ 槽内敷设的报警系统传输线路如采用穿管布线时，不同防火分区的线路不宜穿入同一根管内。

⑥ 不同系统、不同电压等级、不同电流类别的线路，不应穿在同一管内或线槽的同一槽孔内。布线使用的非金属管材、线槽及其附件，应采用不燃或非延燃性材料制成。

⑦ 在管内或槽内的穿线，应在建筑抹灰及地面工程结束后进行。在穿线前，应将管内或槽内的积水及杂物清除干净。

⑧ 导线在管内或线槽内，不应有接头或扭结。导线的接头，应在接线盒内焊接或用端子连接。

⑨ 敷设在多尘或潮湿场所管路的接口和管子连接处，均应作密封处理。

⑩ 管子超过下列长度时，应在便于接线处装接线盒：

A. 管子长度每超过45m，无弯曲时；

B. 管子长度每超过30m，有1个弯曲时；

C. 管子长度每超过20m，有2个弯曲时；

D. 管子长度每超过15m，有3个弯曲时。

⑪ 管子入盒时，盒外侧应套锁母，内侧应装护口，在吊顶内敷设时，盒的内外侧均应套锁母。

⑫ 在吊顶敷设各类管路和线槽时，宜采用单独的卡具吊装或支承物固定。

⑬ 线槽的直线段应每隔1.0～1.5m设置吊点或支点，在下列部位也应设置吊点或支点：

A. 线槽接头处；

B. 距接线盒 0.2m 处；

C. 线槽走向改变或转角处。

⑭ 吊装线槽吊杆直径，不应小于 6mm。

⑮ 管线经过建筑物变形缝处，应采取补偿措施，导线跨越变形缝两侧应固定，并留适当余量。

⑯ 火灾自动报警系统导线敷设后，应对每回路的导线用 500V 的兆欧表测量绝缘电阻，其对地绝缘电阻值不应小于 20MΩ。

（5）火灾探测器的安装

① 火灾探测器选择原则：

A. 火灾初期有阴燃阶段，产生大量的烟和少量的热，很少或没有火焰辐射，应选用感烟探测器。如饭店、旅馆、教学楼、办公楼、电子计算机房、电影放映室、楼梯、走道、书库及有电器火灾危险的场所图 7-13 为酒店包间内的感烟探测器。

B. 相对湿度经常高于 95%；可能发生无焰火灾；有大量粉尘，在正常情况下有烟气和蒸汽滞留等的房间，宜选用感温探测器。如厨房、锅炉、发电机房、茶炉房、烘干房、汽车库、吸烟室、小会议室及其他不宜安装感烟探测器的厅堂和公共场所图 7-14 为地下室汽车库内感温探测器的安装。

C. 火灾时有强烈的火焰辐射；无阻燃阶段的火灾及需要对火焰作出快速反应的场所，宜选用火焰探测器。

D. 当有自动联动装置或自动灭火系统时，宜采用感烟、感温及火焰探测器的组合。

② 点型火灾探测器的安装位置，应符合下列规定：

A. 探测器至墙壁、梁边的水平距离，不应小于 0.5m；

B. 探测器周围 0.5m 内，不应有遮挡物；

C. 探测器至空调送风口边的水平距离，不应小于 1.5m。至多孔送风顶棚孔口的水平距离，不应小于 0.5m；

D. 在宽度小于 3m 的内走道顶棚上设置探测器时，宜居中布置。感温探测器的安装间距，不应超过 10m。感烟探测器的安装间距，不应超过 15m。探测器距墙壁的距离，不应大于探测器安装间距的一半；

图 7-13 酒店包间内的感烟探测器

图 7-14 地下室汽车库内感温探测器的安装

E. 探测器宜水平安装，当必须倾斜安装时，倾斜角不应大于45°。

③ 线型火灾探测器和可燃气体探测器等是有特别安装要求的探测器，应符合现行有关国家标准的规定。

④ 探测器的底座应固定牢靠，其导线连接必须可靠压接和焊接。当采用焊接时，不得使用带腐蚀性的助焊剂。

⑤ 探测器的“+”线应为红色，“-”线应为蓝色，其余的传输线应根据不同用途采用其他颜色区分。但同一工程中相同用途的导线颜色应一致。

⑥ 探测器底座的外接线，应留有不小于15cm的余量，入端处应有明显标志。

⑦ 探测器底座的穿线孔宜封堵，安装完后的探测器底座应采取保护措施。

⑧ 探测器的确认灯，应面向便于人员观察的主要入口方向。

⑨ 探测器在即将调试时方可安装，在安装前应妥善保管，并应采取防尘、防潮、防腐蚀措施。

(6) 手动火灾报警按钮的安装，见图7-15。

图7-15 安装在电梯厅墙上的手动火灾报警按钮（全红色）

① 报警区域内每个防火分区，应至少设置一只手动火灾报警按钮。从一个防火分区的任何位置至最邻近的一个手动火灾报警按钮的步行距离，不应大于30m。

② 手动火灾报警按钮应设置在明显和便于操作的墙上，距地（楼）面高度1.5m处。

③ 手动火灾报警按钮，应安装牢固，并不得倾斜。

④ 手动火灾报警按钮的外接导线，应留有不小于10cm的余量，且在其端部应有明显标志。

(7) 火灾报警控制器和火灾警报装置的设置及安装

① 区域报警控制器的容量不应小于报警区域内的探测区域总数，集中报警控制器的容量不宜小于保护范围内探测区域总数。

② 音响警报装置发出的音响，应与背景噪声有明显的区别。

③ 灯火警报信号宜作为音响警报信号的辅助手段。灯光警报装置和音响警报装置其中一种发生的任何故障，不应影响另一种装置正常工作。

④ 火灾报警控制器在墙上安装时，其底边距楼（地）面高度不应小于1.5m；落地安装时，其底宜高出地坪0.1～0.2m。

⑤ 火灾报警控制器应安装牢固，不得倾斜，安装在轻质墙上时，应采取加固措施。

⑥ 引入控制器的电缆和导线，应符合下列要求：

A. 配线应整齐，避免交叉，并应固定牢靠；

B. 电缆芯线和导线端，均应标明编号，并与图纸一致，字迹清晰不易褪色；

C. 端子板的每个接线端，接线不得超过2根；

D. 电缆芯和导线，应留有不小于20cm的余量；

E. 导线应绑扎成束，导线引入线穿线后，在进线管处应封堵。

⑦ 控制器的主电源引入线，应直接与消防电源连接，严禁使用电源插座。主电源应有明显标志。

（8）火灾事故广播的设置与安装

① 控制中心报警系统应设置火灾事故广播，集中报警系统宜设置火灾事故广播。

② 火灾事故广播扬声器的设置，应符合下列要求：

A. 民用建筑应设置在走道和大厅等公共场所，其数量应保证从本楼层任何部位到最近一个扬声器的步行距离不应超过25m，每个扬声器的额定功率不应小于3W；

B. 工业建筑内设置的扬声器，在其播放范围内最远点的播放声压级应高于背景噪声15dB。

③ 火灾事故广播与广播声响系统合用时，应符合下列要求：

A. 火灾时，应能在消防控制室将火灾疏散层的扬声器和广播声响扩机强制转入火灾事故广播状态；

B. 床头控制柜内设置的扬声器，应有火灾事故广播功能；

C. 火灾事故广播设备用扩音机，其容量不应小于火灾事故广播扬声器容量的总和。

（9）消防通信设备的设置与安装

① 消防控制室与值班室、消防水泵房、配电室、空调通风机房、电梯机房、区域报警控制器及卤代烷等管网灭火系统应急操作装置处，应设置固定的对讲电话；

② 手动报警按钮处，宜设置对讲电话插孔；

③ 消防控制室内应设置向当地公安消防部门直接报警的外线电话。

（10）消防控制设备的设置与安装

① 消防控制设备根据需要可由下列部分或全部控制装置组成：

A. 集中报警控制器；

B. 室内消火栓系统控制装置；

C. 自动喷水灭火系统的控制装置；

D. 泡沫、干粉灭火系统的控制装置；

E. 卤代烷、二氧化碳等管网灭火系统的控制装置；

F. 电动防火门、防火卷帘的控制装置；

G. 通风空调、防烟排烟设备及电动防、排烟防火阀的控制装置；

H. 电梯间的控制装置；

I. 火灾事故广播设备的控制装置；

J. 消防通信设备。

② 消防控制设备在安装前，应进行功能检查，不合格者，不得安装。

③ 消防控制设备外接导线，当采用金属软管作套管时，其长度不宜大于2m，并应采用管卡固定，其固定点间距不应大于0.5m。金属软管与消防控制设备的接线盒，应用锁母固定，并应根据配管规格接地。

④ 消防控制设备对接导线的端部，应有明显标志。

⑤ 消防控制设备盘（柜）内不同电压等级、不同电流类别的端子应分开，并有明显标志。

7.1.4　给水排水、采暖、设备安装工程在“创优”过程中应避免的质量疵病

根据参与鲁班奖工程评选活动的专家撰文披露，给水排水、采暖、设备安装工程在“创建鲁班奖工程”过程中应避免的质量疵病：

（1）采暖、消防、生活给水管道，管件连接后，明装的接口处，尚能做到外露油麻清根，露出的螺纹进行防腐处理；但安装在吊顶内的管道，连接后，既不清除外露的油麻，也不对外露的螺纹进行防腐处理。

（2）自动喷水灭火系统的管道，倒坡现象较普遍，尤其是配水管的配水支管，管道的坡度应坡向泄水装置或辅助排水管。并应注意按规范（《自动喷水灭火系统设计规范》GB 50084—2001；《自动喷水系统施工及验收规范》GB 50261—2005）要求设置防晃吊架。由于管道倒坡，使管内水排不出去，当清洗或更换喷头时，易产生污染。极个别的采暖回水管道也有倒坡的，影响采暖效果。

（3）采暖、消防、燃气管道及硬聚氯乙烯管道穿墙（楼板）应按规定加设套管。在工程检查中，这方面的缺陷与不足较为普遍。有的虽然加了套管，穿越楼板与楼板面齐平或嵌入楼板；有的穿越墙面，比饰面多出20～50mm；有的没有设套管或预埋套管偏位，干脆用水泥圈（楼面）、塑料圈（墙面）护（粘）住，掩人耳目；有的套管比管道只大1个规格，有的大3～5个规格；有的随手方便拿到什么管材就用什么。套管与管道间隙有的用泡沫、油麻堵塞，而不是很规范的用阻燃材料填实。套管的设置若无设计要求时，一般按规范规定设置。套管应安装牢固不松动，比管道大2个规格，与管道之间间隙均匀。安装在楼板内的套管，其顶部应高出地面20mm；用水量较大的地方（如卫生间内）应高出地面50mm；底面与楼板面齐平，安装在墙壁内的套管，其两端应与饰面齐平，做到美观、整洁。

（4）消防水泵吸水管阀门采用蝶阀。消防水泵和消防水池为独立的两个基础，管道连接时未加柔性连接管。《自动喷水灭火系统施工及验收规范》GB 50261—2005第4.2.3条第2款规定：吸水管上的控制阀“其直径不应小于消防水泵吸水口直径，且不应采用蝶阀”，这是因为当水泵开始运转，管道内的水头冲击较大，蝶阀由于水阻力大，受震动等因素可自行关闭或关小，因此不能在吸水管上使用。第4.2.3条第3款规定：“当消防水泵和消防水池位于独立的两个基础上且相互为刚性连接时，吸水管上应加设柔性连接管”。这是由于沉降不均匀，可能造成消防水泵吸水管承受内应力，最终应力加在水泵上将会造成消防泵损坏。在安装消防水泵和管道时应特别注意这个问题。

（5）气体灭火系统和自动喷水灭火系统管道安装，对于公称直径小的一般都采用管件丝接；对于管径较大的，如*DN*65、*DN*73、*DN*89及以上的有采用焊接的。但焊后只对外表面进行了防腐处理，容易造成喷头堵塞。无缝钢管采用法兰连接时，应在焊接后进行内外镀锌处理，已镀锌的无缝钢管不宜采用焊接连接；与选择阀等个别连接部位需用法兰焊接连接时，应对被焊接损坏的镀锌层做防腐处理《自动喷水灭火系统施工及验收规范》。GB 50261—2005规范第5.1.3条规定：“管网安装，当管子公称直径小于或等于100mm时应采用螺纹连接；当管子公称直径大于100mm时，可采用焊接或法兰连接”，并进行防腐处理，但采取焊接连接应进行二次镀锌。《建筑给水排水及采暖工程施工质量验收规范》GB 50242—2002规范第4.1.3条作出了明确的规定：管径小于或等于100mm的镀锌钢管应采用螺纹连接，套丝扣时破坏的镀锌层表面及外露的螺纹部分应做防腐处理。鲁班奖工

程复查时，多项工程在这一方面存在不足，不但采用焊接连接，且在转弯均用压剥弯头焊接连接，使管道与弯头的口径不一致。

（6）采暖管道、消防管道（吊顶内）防腐和保温存在的问题：油漆厚度不均匀，有的工程是在申报鲁班奖后进行整修工程时补刷的，造成水平管子下部油漆流淌、结瘤等缺陷。还有管道保温层表面不平整、圆弧不均匀、外表粗细不一等缺陷，影响观感。有的应做色环圈标识的未做。如：自动喷水灭火系统的配水干管、配水管，规范要求做红色或红色环圈标志。

（7）消防箱进水管孔与管道安装位置不匹配，对消防箱进水管口用氧气切割扩孔，破坏了消防箱产品。

（8）规范《建筑给水排水及采暖工程施工质量验收规范》GB 50242—2002 第 9.3.5 条规定，地下式消防水泵接合器顶部进水口或地下式消火栓的顶部出水口与消防井盖底面距离不得大于 400mm，井内应有足够的操作空间，并设爬梯。

（9）水泵吸水管安装若有倒坡现象则会产生气囊，采用异径水泵吸水口连接，如果是同心异径大小头时，则在吸水管上部有倒坡现象存在，同心异径管大小头上部会存留从水中析出的气体，因此在安装时应注意必须采用偏心异径大小头连接，且保持吸水管上部平直。

（10）管道安装前，应对建筑物进行实际测量，绘出施工草图，根据草图进行管道的下料、预制、调直、套丝等，这样可避免管道下料不准，管段中间拼接短管过多，环向焊缝距支架净距、直管管端两相邻环向焊缝的间距及拼接短管长度严重超标的缺陷。如某个工程，就存在管段中间拼接的短管只有近 30mm 长，管卡卡在环向焊缝上，在不到 250mm 长的一截短管上有 4 条环向焊缝等缺陷。而国家现行规范规定：钢管焊接时，环向焊缝距支架净距不应小于 100mm，直管管端两相邻环形焊缝的间距不应小于 200mm，直线管段中间不应采用长度小于 800mm 的短管拼接。

（11）管道支架应按不同的管道正确选择其构造形式，合理布置，埋设平整牢固。成排支架应排列整齐，与管道接触紧密。管道支架在安装前应事先选好，进行预制，统一下料，机械打孔，将飞边毛刺处理干净，统一进行防腐除锈涂漆。这样就避免了支架气焊、电焊开孔、焊缝长度不够、构造形式五花八门、长短不一、油漆漏涂等缺陷和不足。同时管道上的卡环，也根据不同管径统一下料、套丝、摵制，也可避免这方面的质量通病的发生。在工程复查中，发现由于管道支架选择不当，造成支架不起作用，使管道变形；管道支架安装间距过大、标高不准，使管道塌腰下沉。特别是支架用气焊、电焊割孔，U 形卡环紧固后，丝扣露出过长（达 50～70mm）等现象较为普遍。

（12）在设备及水泵与管道安装连接时，应注意在进出口处专门设置支架；大口径的阀门和部件处应设支架，不得由设备承受管道、管件的重量；管道井内的立管，应合理设置承重支架或支座；在穿墙上翻的水平弯管或下翻的水平弯管下应加设支架。法兰与管道焊接时应注意同心度，也就是法兰应垂直于管子中心，防止柔性接头或法兰受力不均，且影响观感质量。

（13）在工程检查中还发现，有的卫生器具安装后，整体外观不平整；有的有松动现象，容易引起管道连接零件损坏或漏水；采用的预埋螺栓或膨胀螺栓规格与卫生器具不匹配；卫生器具及给水配件的安装高度无设计要求时，应符合《建筑给水排水及采暖工程施工质量验收规范》GB 50242—2002规范中第7.1.3条及第7.1.4条的有关规定。地漏应安装在楼地面最低处，其箅子顶应低于地面5mm。在工程检查中，这一部分缺陷较为普遍，有的低于楼地面10～40mm；有的高出楼地面10～20mm，影响集水效果。

（14）此外，尚需注意以下质量通病：

① 管道穿过吊顶楼地面、墙面的饰面材料套孔极不规矩，管四周有很大的空隙或打破饰面板材，用白水泥填塞极不美观；管道贴墙敷设，影响管后抹灰的平整，个别的管道保温嵌入墙内；小直径管道的水平与垂直度欠佳；暖气片回水管坡度过大，排水管坡度过小或者倒坡。

② 管道吊杆不齐、不顺直，丝扣过短或过长，涂漆不到位；管道转弯或U形管处应该设吊杆而没设；个别的小管道直接吊在大管道上；管道支架构造选用不当，多条管道共用一个吊架，仍采用角钢做横担，致吊架塌腰变形；有的同一墙面的同一根管道，支架什么形式的都有，长短不一，里出外进；水平管道只用钩子托位，不予紧固。

③ 支架用气焊、电焊割孔、下料，氧化铁不处理，漏涂油漆，焊缝长度不够，只点焊不满焊，有的支架焊接固定在相邻管道上；有的支架间距过大，设置的数量不够；U形卡环两头不套丝，直接焊在支架上或套丝的部分丝扣过长；门式支架支腿做成内八字，穿墙上翻或下翻的水平弯管均不加设支架。

④ 塑料或复合管道架设在角钢支架上，管道卡不用非金属材料进行隔离；管道法兰连接螺栓过长，最长的紧固后露出螺母50mm，朝向不一。法兰选用不配套，两法兰外径及厚度尺寸相差较大；弯管制作弯曲半径超标，截面变形，管壁内侧起皱较多；管道碰头连接短管过短；管道走向十字交叉间距不够，两相交管道管壁紧贴，且排水管在上，给水管在下。

⑤ 管道的保温与防腐施工不细腻，管道焊缝欠美观；管道对口焊接有错口现象；管道介质分色及走向标志欠完善；铸铁管的承插口灰浆欠饱满，低于20mm。多种规格、型号的阀门缺耐压试验报告；管道卡由于未防腐锈蚀严重；PVC管不使用专用卡子，卡距过长，没有按规范要求做；管道井壁内未粉刷，井内垃圾没有清除干净等。

⑥ 消防喷淋头和烟感器及平顶各种灯具排列位置不合理，不成行、成线，有死角，不讲求均衡、对称，极不美观，有的甚至紧靠在灯具边或者梁柱边，满足不了使用功能。

⑦ 燃气管道安装横不平，竖不直，且没有坡度。室内立管和水平管距离墙、电气开关、插座等太近。有的甚至将管子一半装在墙内，不符合《家用燃气燃烧器具安装及验收规程》CJJ 12—99的规定。

⑧ 消防系统的施工与土建施工配合不够认真，造成预留洞口偏差较大，致使实际安装质量不符合规范要求。如规范《建筑给水排水及采暖工程施工质量验收规范》GB 50242—2002第4.3.3条：箱式消火栓的安装应符合下列规定：栓口应朝外，并不应安装在门轴侧；栓口中心距地面为1.1m，允许偏差±20mm；阀门中心距箱侧面为140mm，距箱后内表面为100mm，允许偏差±5mm；消火栓箱体安装的垂直度允许偏差为3mm。而在工程检查中，相当比例的消火栓安装不符合规范要求。集中表现为：栓口朝向箱体侧面；有的安装在门轴一侧；阀门中心距地面1.40～1.55m之间；阀门中心距箱侧面240mm左右等。

7.1.5 某省规定对建筑给水、排水及采暖工程为优质工程的验评标准

7.1.5.1 室内生活给水系统涉及材料必须达到饮用水卫生标准的规定，对于PP-R等塑料管材、管件必须提供省级以上卫生检疫部门颁发的卫生许可证及检验报告。

检查方法：核查质量证明文件和相关技术资料。

检查数量：全数检查。

条文说明：为确保工程质量，防止生活饮用水在输送中受到二次污染，也强调了生活给水系统所涉及的材料必须达到饮用水卫生标准。该条为原强制性条文的补充和提高，优质工程必须保证。

7.1.5.2 室内给水系统水泵防水锤、防气蚀及出水管防摆动措施可靠。

检验方法：现场检查或查验记录。

检查数量：全数检查。

条文说明：给水泵的使用寿命直接关系到系统的正常供水，本条主要为了减少水泵和出水管接口的损坏，作为优质工程更要考虑供水系统的可靠性。

7.1.5.3 室内排水系统吊顶内和可上人夹层内的排水管道应做灌水试验。

检查方法：满水15min水面下降后，再灌满观察5min，液面不下降，管道及接口无渗漏。

检查数量：全数检查。

条文说明：隐蔽或埋地的排水管道在隐蔽前作灌水试验，主要是防止管道本身及管道接口渗漏，吊顶内和可上人夹层内的管道往往被忽略，故增加此内容。

7.1.5.4 室内塑料排水横管上应采用锁紧式橡胶圈伸缩节。

检查方法：现场观察检查。

检查数量：抽查5%，不少于5个伸缩节区间。

条文说明：排水塑料管道设伸缩节是为了防止管道出现变形、渗漏等现象，水平安装的排水管塑料管使用承插式伸缩节时容易渗漏，强调使用锁紧式。

7.1.5.5 高层建筑明敷塑料排水管的阻火圈安装不得使用塑料膨胀管固定，固定件数量齐全、安装牢固；横管穿越防火分区隔墙时，穿越处应设置防火套管或在两侧设置阻火圈。

检查方法：观察和尺量检查。

检查数量：抽查10%，不少于10个。

条文说明：高层建筑中明敷排水塑料管道在楼板下设阻火圈或防火套管是防止发生火灾时塑料管被烧坏后火势穿过楼板使火灾蔓延到其他层，工程实际发现有用塑料膨胀管固定，用塑料膨胀管固定阻火圈遇到火情时，阻火圈将不起作用；排水塑料管水平敷设穿过防火分区时容易忽略安装阻火圈，故以强调。

7.1.5.6 太阳能热水器系统集热器之间的连接密封可靠，无泄漏，无扭曲变形；水泵、电磁阀、阀门的安装方向正确。

检查方法：现场观察、测量和用扳手检查。

检查数量：全数检查。

条文说明：本条是室内热水供应系统太阳能热水器安装分项工程的补充内容，不同厂家生产的集热器连接方式可能不同，实际安装中，容易出现水泵、电磁阀、阀门安装方向

不正确的现象，对此加以强调。

7.1.5.7　卫生器具表面应完整无破损，安装采用预埋螺栓或膨胀螺栓固定。

检查方法：观察检查。

检查数量：抽查10%，但不少于5组。

7.1.5.8　建筑给水、排水及采暖工程性能检测应检查的项目包括：

(1) 生活给水系统管道交用前水质检测；

(2) 承压管道、设备系统水压试验；

(3) 非承压管道和设备灌水试验及排水干管管道通球、通水试验；

(4) 消火栓系统试射试验；

(5) 采暖系统调试、试运行、安全阀、报警装置联动系统测试；

(6) 建筑给水、排水管材及阀门必须按××省建筑工程质量通病控制标准的有关规定进行复试，散热器及保温材料必须按建筑节能验收规范的有关规定进行复试，并提供检测报告。

条文说明：本条主要强调性能检测，(6)条为新增内容，(1)～(5)条参照国家优质标准。

7.1.5.9　观感质量

建筑给水、排水及采暖分部必须检查的部位为：地下室、水泵房、厨房、卫生间，厨房、卫生间抽查10%，各不少于5间。

建筑给水、排水及采暖工程观感质量如表7-1所列。

建筑给水、排水及采暖工程观感质量要求　　　**表7-1**

<table>
<tr><th>序号</th><th colspan="2">项目名称</th><th>质量要求</th></tr>
<tr><td>1</td><td rowspan="5">给水排水与采暖</td><td>管道接口、坡度、支架</td><td>管道坡度符合设计或规范要求，管道接口螺纹无断丝，防腐完整，镀锌钢管表面、螺纹露出部分和管件的镀锌层无破损，接口处无外露油麻等缺陷；管道焊接口焊缝成型好，无熔瘤和凸凹不均现象。法兰接口的紧固螺栓规格与螺栓孔适配，法兰对接平行。PP-R管（聚丙烯管）连接后管道接合处有一均匀的熔接圈，无局部熔瘤或熔接圈凹凸不均匀现象。
支架构造正确，埋设平整牢固，位置合理，排列整齐，支架与管子接触紧密、牢固，管道穿墙、接口、三通、转弯、翻高、设备进出口和连接件处等特殊部位，管架设置合理；管道及支架的漆膜厚度均匀，色泽一致，无流淌及污染现象；塑料管道与金属支架间的隔垫完整、设置正确</td></tr>
<tr><td>2</td><td>卫生器具、支架、阀门</td><td>卫生器具表面应完整无破损，卫生器具的支、托架防腐良好，安装平整、牢固，与器具接触紧密、平稳。卫生器具给水配件完好无损伤，接口严密，启闭部分灵活</td></tr>
<tr><td>3</td><td>检查口、清扫口、地漏</td><td>检查口朝向合理，便于检修。清扫口设置合理，便于清扫。排水栓和地漏的安装平正、牢固，低于排水表面，周边无渗漏。地漏水封高度大于50mm</td></tr>
<tr><td>4</td><td>散热器、支架</td><td>散热器外表面刷非金属涂料，散热器表面洁净，肋片整齐无翘曲。支架排列整齐，与散热设备接触紧密</td></tr>
<tr><td>5</td><td>防腐、绝热</td><td>管道、金属支架和设备的防腐和涂漆附着良好，无脱皮、起泡、流淌和漏涂缺陷。
保温层采用不燃或难燃材料，其材质、规格及厚度等应符合设计和节能要求；保温管壳的粘贴牢固、铺设平整，无滑动、松弛及断裂现象；防潮层紧密粘贴在保温层上，封闭良好，没有虚粘、气泡、褶皱、裂缝等缺陷；阀门及法兰部位的保温层结构严密，且能单独拆卸并不得影响其操作功能</td></tr>
</table>

7.2 通风与空调工程质量控制要点

7.2.1 工程特点

某工程包含3个子分部工程：送、排风系统、空调风系统、空调水系统。本工程的空调采用4台风冷螺杆式冷热水机组，室内采用风机盘管加新风系统，系统方式采用双管制同程式，利用8台水泵循环，冷热媒循环补水方式，见图7-16～图7-18。分会议中心和办公区两个环路提供。本工程的地下室部分均采用机械送、排风方式，地面各房间通过新风及机械排风实行通风换气。防排烟系统：地下室、主楼内走道、楼梯间及无窗房间均设置机械排风系统和送风系统，并同时与消防联动。验收通过人防的送回风防排烟检测和空调系统检测。

（a）

（b）

图7-16 设置在屋面上的空调机组和空调水管

（a）空调机组；（b）空调水管

图7-17 设置在屋面上的烟道排风口

图7-18 设置在室内吊顶内的通风管系统

7.2.2 质量控制流程（图7-7）

7.2.3 质量控制要点

1）预控内容

（1）审核设计图纸。将图中的差错、漏项等形成书面意见，及时组织设计交底和图纸会审。

(2) 审核工程分包单位的企业资质；施工技术和管理人员资格；特殊技术工人上岗证。

(3) 审核施工方案及技术交底单。着重审核现场实测安装图、制作大样图、保证质量措施、各种协调措施、季节性施工措施、安全施工措施，必要时进行样板引路。

(4) 安装开始前应对主体结构工程的基面进行验收，对基面的外形尺寸、标高、坐标、坡度以及预留洞、预埋件要对照图纸进行核验，并签发工程认可书。

(5) 在主体上安装管道时，严格按设计图纸要求，对管道及设备的位置、标高尺寸及固定方式加以控制，并按规范和设计要求进行查验和验收。避免错、漏和移位。

(6) 工程使用的各种材料、配件及设备，分包单位自检合格后报监理工程师认定。使用的各种管材、设备必须符合设计要求。

2) 质量控制要点

(1) 风管及部件制作控制要点

① 对选料、划线、下料切割、板材的连接（咬口、焊接、铆接）、法兰制作、法兰与部件或管件的连接等各道工序都要进行检验（或抽验）；督促施工单位严格按照施工工艺标准施工，按验评标准检验。

② 检验风管咬口缝，必须达到连续、紧密、均匀，无孔洞、无半咬口和胀裂现象，不得出现一边宽、一边窄的现象，直管拼接的纵向咬缝必须错开。

③ 薄钢板风管及管件在咬口前，必须清除表面的尘土、污垢和杂物，在钢材上预先涂刷一层防锈漆，防止咬口缝内漏涂防锈漆。

④ 防腐喷涂应在低温（不低于＋5℃）和潮湿（相对湿度不大于80％）的环境下进行。防腐用的涂料应符合设计要求。

⑤ 风管部件（风口风阀、风帽、罩类及柔性软管）组装后要按设计要求和验评标准进行检查验收。

⑥ 风口加固。矩形风管：边长≥630mm（非保温风管）及边长≥800mm（保温风管）在管段长度＞1.2m时，均需采取加固措施。

⑦ 风管法兰制作。用料应符合设计或规范要求。

(2) 风管及部件安装控制要点

① 各种安装材料、部件均为合格产品，风管成品不许变形、扭曲、裂开、孔洞、法兰脱落、法兰开焊、漏铆、漏打螺栓、孔眼等缺陷，安装的阀门、消声器、罩体风口等部件装置应灵活，消声片、油漆层无损伤，辅助材料及螺栓等加固体应符合产品质量要求。

② 送排风系统的安装，应在建筑围护结构施工完后安装，并在安装部位及地面无障碍物和杂物的条件下进行。空气洁净系统的安装应在土建粗装修施工完成，室内基本无灰尘飞扬或在有防尘措施下进行。

③ 安装前应先检查结构施工中预埋件、预留洞有无留错、漏留，预留孔洞应比风管实际断面每边大100mm。

④ 风管支、吊架的安装。其形式、规格和间距应按现场实际情况和规范要求确定。一般水平风管支、吊间距为3～4m；垂直风管支、吊架间距＜4m，单根直管至少应有2个固定点。支、吊架不宜设置在风口、阀门、检查门及自控机构处，离风口或插接管的距

离不宜小于200mm。对于直径或边长大于2500mm的超宽、超重等特殊风管的支、吊架应按设计规定。当水平悬吊的主、干风管长度超过20m时，应设置防止摆动的固定点，每个系统不少于1个。吊杆应平直、螺纹完整、光洁。安装后各副支、吊架的受力应均匀，无明显变形风管吊架的安装位置见图7-19。

⑤ 风管保温材料的选择，应符合设计和消防规范要求；导热系数为0.022～0.047W/(m·K)，材质为不燃或阻燃，材料要有出厂合格证和质量鉴定文件。

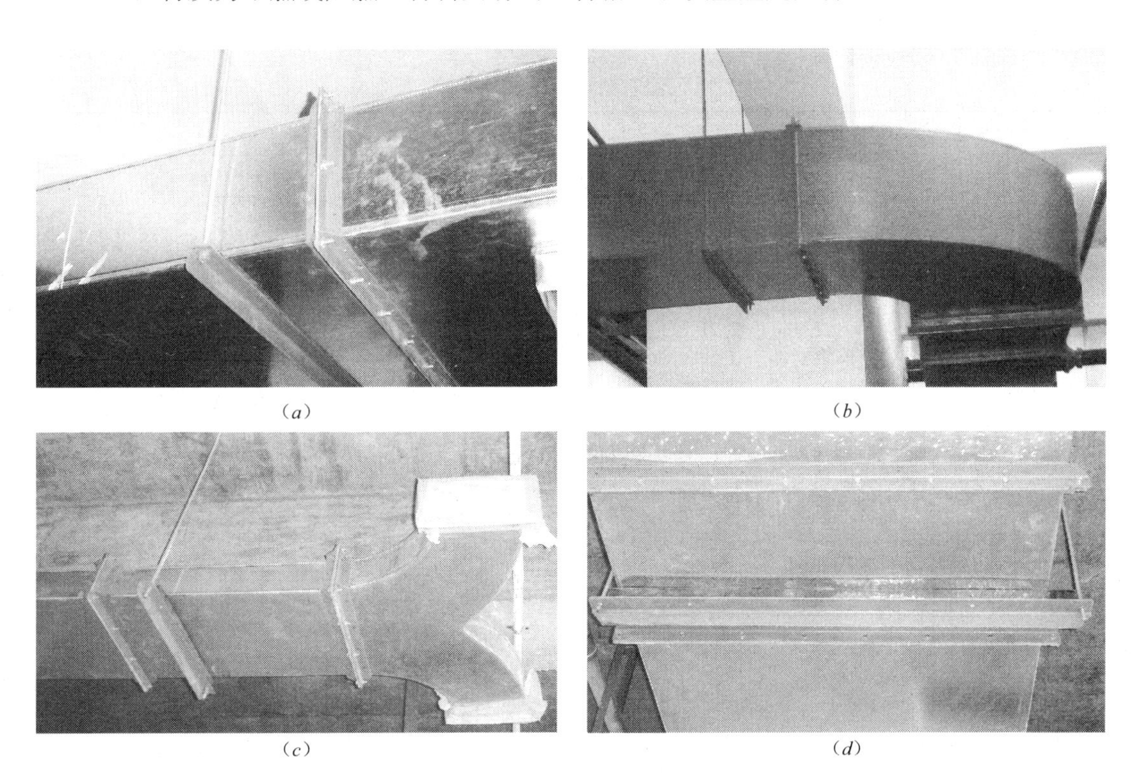

(a) (b) (c) (d)

图7-19 风管吊架的安装位置

(3) 空气处理设备的安装控制要点

① 设备的开箱检查。开箱时检查设备名称、规格、型号、空调机组、风机盘管、诱导器出口方向、进水位置等是否符合设计要求；产品合格证、说明书、设备文件是否齐全；检查主机附件、专用工具是否齐全；设备有无缺陷损坏、锈蚀、受潮等现象；用手盘动风机等转动部件与机壳有无金属摩擦声；减振部分是否符合要求。

② 安装完的金属空调设备必须与设计图纸相符，不应出现漏风、渗水、凝结水外溢或排不出去等现象。

③ 空调机组安装的地方必须平整，一般高出地面100～150mm。减振器的型号、数量、位置要严格按设计安装，要找平整。

④ 每台风机盘管在安装前应接电检查，其机械转动部位不得有摩擦；电气部分不得漏电；逐台进行水压试验，试验强度应为工作压力的1.5倍，定压后观察2～3min不得有渗漏。

⑤ 风机盘管、诱导器同冷热媒连接，应在管道系统冲洗排污后进行，以防堵塞设备。

⑥ 暗装风机盘管，在吊顶上应留有检查孔，便于机组检修和机组拆卸。

(4) 通风机安装的质量控制要点

① 基础验收。按图纸要求对设备基础进行全面检查。

② 风机安装。以测定的轴线、边线及标高放出基准线；将风机吊装就位在基础座上，用垫铁找正、垫平，测试准确，而后点焊，并安设减振器。

3) 质量通病防治

(1) 通风管道制作质量通病防治（表 7-2）。

通风管道制作质量通病防治　　表 7-2

序号	质量通病	原因分析	防治措施
1	风管板材选用不符合要求	选用板材时不按设计要求和施工规范进行	(1) 应按设计要求根据不同的风管管径选用板材厚度； (2) 所使用的风管板材必须具有合格证明书或质量鉴定文件； (3) 当选用的风管板材在设计图纸上未标明时，应按照施工规范实施
2	风管咬口制作不平整	风管板材下料找方直角不准确，咬口宽度受力不均匀，风管制作工作平台不平整，风管咬口线出现弯曲、裂纹	(1) 风管板材下料应经过校正后进行； (2) 明确各边的咬口形式，咬口线应平直整齐，工作平台平整、牢固，便于操作； (3) 采用机械咬口加工风管板材的品种和厚度应符合使用要求
3	圆风管不同心，管径变小	制作同径圆风管时，下料找方直角不准确，制作异径圆风管时，两端口周长采用划线法，直径变小，其咬口宽度不相等	(1) 下料时应用经过校正的方尺找方； (2) 圆风管周长应用计算求出，其计算公式为：圆周长＝π×直径＋咬口留量； (3) 应严格保证咬口宽度一致
4	矩形风管对角线不相等	下料找方不准确，风管两相对面的长度及宽度不相等；咬口受力不均匀	(1) 板材找方划线后，须核查每片长度、宽度及对角线的尺寸，对超过偏差范围的尺寸应以更正； (2) 下料后，风管相对面的两片材料，其尺寸必须校对准确； (3) 操作咬口时，应保证宽度一致，闭合咬口时可先固定两端及中心部位，然后均匀闭合咬口； (4) 用法兰与风管翻边宽度来调整风管两端口平行度及垂直度
5	风管总管与支管连接质量差	相接之前，未在总管上划线就开孔，支管端口不平整，咬口不严	(1) 首先在总管上准确划线开孔； (2) 支管一端口伸入总管开孔处应垂直； (3) 相接时，咬口翻边宽度应相等，咬口受力均匀
6	无法兰，风管连接不严密	风管之间管径误差较大，接口抱箍松动，其接口处密封垫料对接不严密，插入的连接短管与风管间隙过大	(1) 应校核风管周长尺寸后下料，保持咬口宽度一致； (2) 加大抱箍松紧调整量，密封垫料接头处应为搭接； (3) 可按连接短管与风管间隙量加衬垫圈或更换连接短管
7	圆形弯头、圆形三通角度不准确	放样时展开划线错误，按一般划线方法求出的圆周长偏小，其直径相应变小，各瓣单、双面宽度不相等，成品角度不准确	(1) 展开放样的下料尺寸应校对准确； (2) 各瓣单、双咬口宽度应保持一致，立咬口对称错开，防止各瓣结合点扭转错位； (3) 用法兰与风管翻边宽度调整角度
8	矩形弯头、矩形三通角度不准确	内外弧的直片料找方直角不准确，带弧度的两片平面料划线走规，咬口处受力不均，并在三通外弧折角处有小孔洞	(1) 用经过校正的角尺找方下料； (2) 将带弧度的两平片料重合，检验其外形重合偏差，并按允许偏差进行调整； (3) 三通外弧折角处出现的小孔洞，应采用锡焊或密封胶处理； (4) 用法兰与矩形弯头、矩形三通翻边宽度调整角度

(2) 风管及部件安装质量通病防治(表 7-3)。

风管及部件安装质量通病防治 **表 7-3**

序号	质量通病	原因分析	防治措施
1	风管与法兰配制不一致	风管和法兰同心度、平整度差，圆、矩形风管制作后误差大，法兰材料选用与风管管径不同步，法兰铆接不牢固	(1) 检验圆、矩形法兰的同心度、对角线及平整度； (2) 按设计图纸和施工规范选用法兰； (3) 法兰与风管铆接时应在平板上进行校正
2	法兰互换性差	圆形法兰热摵时因加热不均、受力不均等，引起表面不平，圆度差，矩形法兰胎具直角不准确或四边收缩量不相等，法兰螺栓在钻孔时中心位移	(1) 圆形法兰胎具直径偏差不得大于 0.5mm； (2) 矩形法兰胎具四边的垂直度、四边收缩量应相等，对角线偏差不得大于 1mm； (3) 法兰口缝焊接应先点焊，后满焊； (4) 法兰螺栓孔分孔后，将样板按孔的位置依次旋转一周
3	风管安装不直，漏风	风管支架、吊卡、托架位置标高不一致，间距不相等。支架制作受力不均。法兰之间连接螺栓松紧度不一致，铆钉、螺栓间距太大，法兰管口翻边宽度小，风管咬口开裂	(1) 按标准调整风管支架、吊卡、托架的位置，保证受力均匀； (2) 调整圆形风管法兰的同心度和矩形风管法兰的对角线，控制风管表面平整度； (3) 法兰风管垂直度偏差小时，可加厚法兰垫或控制法兰螺栓松紧度，偏差大时，须对法兰重新找方铆接； (4) 风管翻边宽度应大于或等于 6mm，咬口开裂可用铆钉铆接后，再用锡焊或密封胶处理； (5) 铆钉、螺栓间距应均等，间距不得超过 150mm
4	百叶送风口调节不灵活	外框叶片轴孔不同心，中心偏移，外框与叶片连接松紧度不一致，安装预留风口位置不正	(1) 轴孔应同心，不同心轴孔须重新钻孔后补焊； (2) 控制好叶片铆接的松紧度，加大预留孔洞尺寸
5	防火阀动作不灵活	安装反向，阀体轴孔不同心，易熔片老化失灵	(1) 按气流方向，正确安装； (2) 按设计要求对易熔片作熔断试验，在使用过程中应定期更换； (3) 调整阀体轴孔同心度
6	风管柔性接管无松紧	下料制作时没有计算好长度，安装风管端口中心线偏移	(1) 根据风管两端口间距尺寸调整好柔性接管长度； (2) 按实际情况制作风管异径管，便于调整短管的间距，使之保证两端口的中心线一致
7	风管穿墙孔、穿楼板不符合要求	在砌筑配合时未预留孔洞，或虽然预留了孔洞，其标高、坐标位置不符合要求	(1) 在预留孔洞之前应参照土建图纸一起确定位置； (2) 预留的孔洞，应以能穿过风管的法兰及保温层为准； (3) 未保温风管，穿过墙孔、楼板时，须预留套管，确保风管的机械强度
8	风管系统漏风	风管咬口缝锡焊不严密，法兰垫料薄，接口有缝隙，法兰螺栓未拧紧，接口不严密，阀门轴孔漏风。净化系统风管制作无保证措施	(1) 风管咬口缝应涂密封胶，不得有横向拼接缝； (2) 应采用密封性能好的胶垫作法兰垫； (3) 净化系统风管制作应采取洁净保护措施，风管内零件均应镀锌处理； (4) 调节阀轴孔，加装密封圈及密封盖
9	风机盘管新风系统风口安装不到位	风管安装标高不一致，坐标偏移，风管管口未延伸到风口位置，或风口的预留孔洞标高不标准	(1) 风管的安装标高、坐标应与设计图纸相符合； (2) 风管的管口必须伸入出风口位置，保证风口四周密封； (3) 预留的孔洞尺寸应适当加大

续表

序号	质量通病	原因分析	防治措施
10	风管支架制作、安装不符合要求	风管安装时其支、吊架制作不按设计、规范要求进行操作，安装间距不统一，悬吊支承点与水平支架不垂直	(1) 应按设计和规范选用合适的材料制作各类支架； (2) 所预埋的支架间距位置应正确，牢固可靠； (3) 悬吊的风管支架在适当间距应设置防止摆动的固定点； (4) 制作安装的支架应采取机械钻孔，悬吊吊杆支架采用螺栓连接时，应采用双螺栓，保温风管的施热垫木须在支架上固定牢固

(3) 空调设备与油漆保温质量通病防治（表7-4）。

空调设备与油漆质量通病防治 **表7-4**

序号	质量通病	原因分析	防治措施
1	机壳与叶轮周围间隙不均；风机出风口装错；风机润滑冷却系统泄漏；风机运转异常；风机负压运行	机壳与转动部件装配时相对位置发生偏移；安装时未按气流方向进行安装；润滑冷却系统投运前未进行压力试验；叶轮质量不均匀；叶轮轴与电动机轴传动：C型平行度差，D型同心度差，叶轮前盘与风机风圈有碰撞，叶轮轴与电机轴水平度差，C型传动三角带过紧、过松，同规格三角带周长不等，C型传动槽轮与三角带型号不配套；风机启动时启动阀没有关闭，风机启动后，进风阀门未打开	重新调整机壳与叶轮转动部件的相对位置，直至圆周间隙均匀；安装时应检查系统介质流向与阀门允许介质流向，确保两者流向一致；润滑冷却系统投运前按规范规定做好压力试验，试验合格后投运；对叶轮进行配重，做静平衡试验；调整叶轮轴与电动机轴平行度或同心度；按叶轮前盘与风机进风圈间隙量，在进风圈与机壳间加一道钢圈或橡胶衬垫圈；调整叶轮轴和电动机轴的水平度，利用电动机滑道调节三角皮带松紧度，换掉周长不等的三角皮带，按设计要求调换型号不符的槽轮或三角皮带；风机启动时注意先关闭启动阀门，风机运转正常后，逐步打开风机吸风口阀门
2	水泵泵体处于受力状态；上水不正常，填料盖泄水过大；泵运行时振动，轴承过热，电动机过载	泵前、泵后配管重量由泵体来承受；流量太大，吸水管阻力过大，吸水高度过大，在吸水处有空气渗入；泵轴与电动机轴不在一条中心线上，或泵轴歪斜；轴承内缺油；填料盖内无填料，或填料过少，填料压盖过松；填料压得太紧、发热，水泵供水量增加，叶轮磨损，因轴向力过大而造成轴承损坏，叶轮前端面与泵体摩擦	泵前、泵后增设可靠支架，加装软接管；增加出水管内阻力以降低流量，检查泵吸入管内阻力，检查底阀，减少吸水高度，拧紧或堵塞漏气处；将水泵与电动机的轴中心线对准；注好油；调整填料及压盖，调换叶轮降低流量，轴向力过大则在叶轮前面增大平衡孔，更换轴承；加入填料，调整压盖松紧度
3	金属空调器性能差；组装式空调组装后漏风量大，安装质量不符合要求；空调机组制冷量不足；空调系统不能正常投入运行；风机的减振器受力不均	空调器机组性能差，安装中装配不当；空调器组装时密封面无垫料或密封端面发生微量变形，连接件未紧固；安装坐标位置超差，水平度不好，传动轴间同轴度、平行度超差；空调机组冷却水量或冷却水温度不足，制冷介质不足，制冷机效率低，蒸发器表面全部结霜，膨胀阀门开启过大或过小；空调制冷压缩机运转不正常，冷却塔冷却效果不良，挡水板的效果差，除尘器性能差，离心风机运转不正常，风机振动，受力不均	(1) 调换空调器组内性能差的部件，重新校正装配精度，清洗过滤器；紧固连接件，增加密封面垫料；调整空调器安装的坐标位置、水平度，调整同轴度和平行度； (2) 增加冷水量或降低冷却水温度，加足制冷介质，检修机组，更换零件，检查风机叶轮旋转方向，调整三角带松紧度，清洗空气过滤器，调整新风回风和送风阀门，调整膨胀阀门开启程度； (3) 检查制冷压缩机的转动、制冷介质、冷却润滑系统运行情况，处理引起不正常因素，检查冷却塔安装的位置是否符合设计要求，冷却风机运转是否达到设计要求，水量是否达到要求，挡水板高度、角度是否合理，对影响除尘性能的部件进行更换，调整引风机运转不正常的因素

续表

序号	质量通病	原因分析	防治措施
4	风管生锈，漆面卷皮	风管表面的浮尘未除掉，除锈不彻底，防锈漆牌号选用不当，防锈漆头道未干又刷第二道	（1）应将风管表面浮尘或浮锈除尽； （2）制作风管的板材应先刷一遍防锈漆，在高温季节涂刷油漆时应避开曝晒，以免油漆面卷皮； （3）掌握好每道油漆工序的时间，必须在第一道油漆干燥后，再刷第二道
5	风管表面结露，风管系统冷、热损失大	保温材料选用不适当，保温材料厚度不均匀，保温板材表面不平，相互间接触不严密，保温材料拼接缝隙大	（1）选用合适的保温材料，保温材料应表面平整、均匀； （2）在风管表面四周须均匀粘保温钉，将保温材料均匀铺设，纵横接缝错开； （3）拼接缝用胶粘剂密封； （4）防腐处理的木垫与隔热层接缝要严密

7.2.4　通风与空调、设备安装工程在“创优”过程中应避免的质量疵病

根据参与鲁班奖工程评选活动的专家撰文披露，通风与空调、设备安装工程在“创建鲁班奖工程”过程中应避免的质量疵病：

1）常见金属风管制作在弯头、三通、四通处咬口不紧密，宽度不一致，有半咬口和胀裂等质量缺陷；复合材料风管、玻璃钢风管有表面不平整、法兰强度不够等质量缺陷。应按《通风与空调工程施工质量验收规范》GB 50243—2002 规范的规定严格控制弯头、三通、四通的加工制作质量。玻璃钢风管和复合材料风管施工单位应严格按照上述规范和行业标准进行进货检验和验收。在工程检查中还发现矩形风管刚度不够，风管大边上下有不同程度的下沉，两侧小边向外凸出，明显变形。

2）通风管道安装，风管之间采用角钢法兰连接的，由于制作时没有注意法兰的平整和焊缝的清理，造成连接处四角翘曲不平而漏风。有时法兰螺栓朝向不一致，螺栓不是镀锌的，且未加镀锌钢制垫圈。

3）风管保温问题较多，主要是新风机组的新风风管保温层与风管未贴严实或固定不牢固，两者之间产生空隙，长时间运转，就会产生凝结水外渗或滴漏。有的工程矩形风管保温钉的布置不规矩，间距不等，保温钉的个数虽超过规范的规定，但由于排布问题使保温层凹凸。特别是在使用一段时间后，由于检修关系，弄得极为不整齐。

4）一般对风管系统漏风量未进行检测，风管系统的严密程度是反映安装质量的一个重要指标。鲁班奖工程应按规范的规定根据系统的不同工作压力，采用漏光法对系统进行漏风量测试。

5）风管穿过防火墙时未设置预埋管或防护套管；风管未装防火阀，或防火阀位置不正确，规范规定应在 200mm 以内，这也是强制性条文。有的甚至将墙体直接作为套管，墙两侧的风管固定在墙上，这是不允许的；有的虽设置了预埋管或防护套管，但强度、刚度不够，有的塌落在风管上，使风管与防护套管之间无法填塞，且所用的材料不是阻燃、并对人体无危害的柔性材料。

6）防排烟系统的柔性短管不是采用阻燃材料制作，多数用帆布制作外刷油漆或防火漆。应采用三防布或铝箔玻璃布制作柔性短管。

7）风机盘管供、回水管保温不到位，运行时产生凝结水，污染吊顶；凝水盘安装倒坡度，盘内积水，排水不顺畅，个别工程因排水软管弯折、压扁，使凝结水外溢。

8）制冷系统管道焊接对焊口错边量超出允许的范围，对口件未留间隙或间隙过小，造成未焊透或焊缝堆积过高；焊缝有结瘤、咬边和夹渣等质量缺陷。

9）冷冻水供、回水管道以及凝结水管道保温接口不严密，缝隙未填实。用玻璃丝布作保护层，缠绕松紧不一，搭接不均匀，产生凝结水渗出。管道上安装的阀门与管道保温层成一整体，对阀门未采取单独保温，不便于检修。有的甚至不保温，形成凝结水流淌。以薄金属板做保护壳时，其搭接接口不是顺水流方向，而是逆水流方向，且不在侧面下方，个别管道弯头处保护壳做成直角，不符合规范要求。

10）设备安装方面，常见的是风机或水泵的连接轴处未加防护罩；基础缺避振垫块，由于螺栓固定过紧，没有起到避振的作用；有的螺栓长度不够，螺幅上留丝牙太少；支架任意设立，随意性较大；混凝土设备基础一般都施工得十分粗糙，有的被撞坏，缺棱少角，很不美观。

7.2.5　某省规定对通风与空调工程为优质工程的验评标准

主控项目：

7.2.5.1　在风管穿过需要封闭的防火、防爆的墙体或楼板时，应设预埋管或防护套管，其钢板厚度不应小于1.8mm。

检查方法：尺量、观察检查。

检查数量：全数检查。

条文说明：防火、防爆的墙体或楼板是建筑物防灾难扩散的安全防护结构，当风管穿越时，不得破坏其相应的性能，在风管穿越时，墙体或楼板上必须设置预埋管或防护套管，使用钢板厚度不应小于1.8mm，是为了保证其相应的强度需要，钢板的厚度应予以增厚。

7.2.5.2　风机盘管机组和绝热材料进场时，应对其下列技术性能参数进行复验，复验应为见证取样送检。

（1）风机盘管机组的供冷量、供热量、风量、出口静压、噪声及功率；

（2）绝热材料的导热系数、密度、吸水率、燃烧性能。

检验方法：现场随机抽样送检；核查复验报告。

检查数量：同一厂家的风机盘管机组按数量复验2%，但不得少于2台；同一厂家同材质的绝热材料复验次数不得少于2次。

条文说明：通风与空调节能工程中风机盘管机组和绝热材料的用量较多，且其供冷量、供热量、风量、出口静压、噪声、功率及绝热材料的导热系数、材料密度、吸水率、燃烧性能等技术性能参数是否符合设计要求，会直接影响通风与空调节能工程的节能效果和运行的可靠性。因此，本条文规定在风机盘管机组和绝热材料进场时，应对其热工等技术性能参数进行复验。复验应采取见证取样送检的方式，即在监理工程师或建设单位代表见证下，按照有关规定从施工现场随机抽取试样，送至有见证检测资质的检测机构进行检测，并应形成相应的复验报告。

7.2.5.3　通风、空调系统综合效能试验应符合设计和规范要求，并由有资质的检测单位检测合格。

条文说明：调试报告是施工单位质量保证体系中的一个测试程序和手段，在此基础上，为加强质量监督管理，确保满足重要使用功能，以强化其内容，由有法定检测资质的机构对其进行检测，使其更具科学性、公正性、权威性。

业主对综合效能能否符合设计要求和规范规定，必须委托法定检测单位，并出具相应的检测报告。经检测符合设计要求和规范规定，是工程验收和评优的必备条件之一。

7.2.5.4 观感质量抽查部位：

空调设备用房、标准房、大厅、走廊间、屋面、管道井及吊顶内。

7.2.5.5 观感质量抽查数量：

（1）风管系统安装检查数量：按数量抽查20%，不得少于一个系统；

（2）净化空调系统风管：按风管总数抽查20%，不得少于一个系统；

（3）风机安装按总数20%，不得少于一台；

（4）净化空调设备：全数检查；

（5）组合、柜式、单元空调机组检查数量：按总数抽查20%，不得少于一台；

（6）制冷设备与制冷附属设备：全数检查；

（7）隐蔽工程：检查20%；

（8）管道软接头或补偿器：抽查10%，不少于一个；

（9）设备减振吊架：抽查10%，不少于一组；

（10）空调排水系统：抽查10%，不得少于一个系统；

7.2.5.6 通风与空调安装工程的观感质量要求应符合表7-5的要求。

通风与空调安装工程观感质量要求 **表7-5**

符号	项目名称		观感质量要求
1	风管、支架	金属风管	（1）风管与配件的咬口缝紧密、宽度一致；翘角平直，圆弧均匀，两端平行，无明显扭曲与翘角；表面应平整； （2）楞筋或楞线的加固、排列应规则，间隔均匀，板面平顺；角钢、加固筋的加固，应排列整齐、均匀对称； （3）焊接风管的焊缝应平整，无裂纹、凸瘤、穿透的夹渣、气孔等缺陷，变形应矫正，杂物清除干净； （4）可伸缩性软风管的长度不大于1.5m，并无死弯或塌凹
		非金属风管	（1）硬聚氯乙烯风管焊缝应饱满，焊缝排列整齐，无焦黄和断裂现象； （2）有机玻璃风管无明显扭曲，内表面平整光滑，厚度均匀，边缘无毛刺、气泡和分层现象； （3）无机玻璃风管表面应光洁，无裂纹、无明显泛霜和分层现象
		支吊架（风管）	机械加工开孔下料、型钢圆钢平直无毛刺，焊缝均匀完整，吊杆平直，螺纹完整，断口平齐，管卡圆弧均匀，支吊架受力均匀，无明显变形，与风管接触紧密。安装位置标高正确，固定支架埋设准确、牢固、平整，轴线顺直
		支吊架（空调水系统）	（1）管道与设备连接处需设独立支架； （2）冷热水、冷却水系统管道机房内总干管的支吊架采用承重防晃管架，与设备连接的管道、管件有减振措施；冷热水管道与支吊架之间有绝热衬垫，其厚度不应小于绝热层厚度，宽度应大于支、吊架支承面的宽度；衬垫的表面应平整，衬垫与绝热材料之间应填实无空隙； （3）管道支吊架的焊接焊缝应饱满，不得漏焊、欠焊或焊缝裂纹
2	风口、风阀	风口	风口与风管的连接应严密、牢固，与装饰面相紧贴；表面平整、不变形，调节部件灵活、可调、固定可靠。条形风口的安装，接缝处应衔接自然，无明显缝隙。位置正确，排列整齐，平整美观
		风阀	（1）调节风阀结构应牢固，启闭应灵活；止回阀启闭应灵活，关闭时应严密； （2）叶片的搭接应贴合一致； （3）插板风阀壳体应严密，内壁应作防腐处理； （4）三通调节风阀拉杆或手柄的转轴与风管的结合处应严密

续表

符号	项目名称		观感质量要求
3	风机、空调设备	风机	（1）通风机出口方向应正确，运转平稳； （2）固定通风机的地脚螺栓应拧紧，并有防松动措施； （3）安装风机的隔振钢支、吊架，其结构形式和外观尺寸应符合设计和设备文件的规定；焊接应牢固，焊缝应饱满、均匀
		空调设备	（1）布袋除尘器外壳应严密、不漏，布袋接口应牢固； （2）机械回转布袋袋式除尘器的悬臂，转动应灵活可靠； （3）空气过滤器安装平整、牢固，方向正确；过滤器与框架、框架与围护结构之间应严密无穿透缝；风机盘管机组与风管、回风箱或风口的连接，应严密、可靠； （4）空气风幕机安装位置方向应正确、牢固可靠； （5）制冷设备或制冷附属设备其隔振器安装位置应正确，各个隔振器的压缩量，应均匀一致
4	阀门		安装位置进出口方向正确，便于操作，连接应牢固紧密，启闭灵活，连接部位无渗漏，整齐美观
5	水泵、冷却塔	水泵	（1）安装的地脚螺栓应垂直、拧紧，且与设备底座接触紧密； （2）水泵叶轮旋转方向应正确，无异常振动和声响，紧固连接部位无松动
		冷却塔	冷却塔风机叶片端部与塔体四周的径向间隙应均匀，冷却塔本体应稳固，无异常振动，地脚螺栓与预埋件的连接应固定可靠，连接部件采用热镀锌或不锈钢螺栓
6	绝热	空调风管系统	（1）需要绝热的风管与金属支架的接触处、复合风管及需要绝热的非金属风管的连接和内部支撑加固等处，应有防热桥的措施； （2）绝热层与风管、部件及设备应紧密贴合，无裂缝、空隙等缺陷，且纵、横向的接缝应错开； （3）风管穿楼板和穿墙处的绝热层应连续不间断；风管系统部件的绝热，不得影响其操作功能
		空调水系统	（1）绝热管壳的粘贴应牢固密实，铺设应平整；硬质或半硬质的绝热管壳粘贴应紧密，无滑动、松弛与断裂现象； （2）硬质或半硬质绝热管壳的拼接缝隙，采用粘结材料勾缝填满；纵缝应错开，外层的水平接缝应设在侧下方； （3）松散或软质保温材料应按规定的密度压缩其体积，疏密应均匀；毡类材料在管道上包扎时，搭接处不应有空隙； （4）空调冷热水管穿楼板和穿墙处的绝热层应连续不间断，且绝热层与穿楼板和穿墙处的套管之间应用不燃材料填实，不得有空隙，套管两端应进行密封封堵； （5）管道阀门、过滤器及法兰部位的绝热结构应能单独拆卸，且不得影响其操作功能
7	防潮	空调风管系统	（1）防潮层（包括绝热层的端部）应完整，且封闭良好，其搭接缝应顺水； （2）带有防潮层、隔气层绝热材料的拼缝处，应用胶带封严，粘胶带的宽度不应小于50mm
		空调水系统	（1）防潮层与绝热层应结合紧密，封闭良好，不得有虚粘、气泡、褶皱、裂缝等缺陷； （2）防潮层的立管应由管道的低端向高端敷设，环向搭接缝应朝向低端；纵向搭接缝应位于管道的侧面，并顺水； （3）卷材防潮层采用螺旋形缠绕的方式施工时，卷材的搭接宽度宜为30～50mm
8	风管与设备防腐		（1）喷、涂油漆的漆膜，应均匀； （2）金属保护壳应紧贴绝热层，不得有脱壳、褶皱、强行接口等现象。接口的搭接应顺水，并有凸筋加强，搭接尺寸为15～20mm。采用自攻螺钉固定时，螺钉间距应匀称，并不得刺破防潮层

7.3 建筑电气工程质量控制要点

7.3.1 工程特点

某工程包含：电气照明安装、电气动力、供电干线、防雷及接地安装。本工程用电负荷属一级负荷，二路10kV电缆引入供电，双电源均采用手动投入，电气和机械连锁。配电房出线采用封闭式母线和阻燃分支电缆沿镀锌封闭式桥架敷设。防雷为二类，根据《建筑物防雷设计规范》GB 50057—2010和设计要求，屋面所有金属设备外壳、金属管道、金属构件均要求防雷，做了可靠接地连接，12层起向上每层金属门、窗和金属构件均利用建筑梁中钢筋做了防侧击雷和等电位保护措施。经气象局防雷检测中心检测合格。管线安装通过绝缘电阻检测。

7.3.2 质量控制流程（图7-7）

7.3.3 质量控制要点

1）预控内容

（1）审核设计图纸。将图中的差错、漏项等形成书面意见，及时组织设计交底和图纸会审。

（2）审核工程施工单位的企业资质；施工技术和管理人员资格；特殊技术工人上岗证。

（3）审核施工方案及技术交底单。着重审核现场实测安装图、制作大样图、保证质量措施、各种协调措施、季节性施工措施、安全施工措施，必要时进行样板引路。

（4）安装开始前应对主体结构工程的基面进行验收，对基面的外形尺寸、标高、坐标、坡度以及预留洞、预埋件要对照图纸进行核验，并签发工程认可书。

（5）在主体上安装管线时，严格按设计图纸要求，对管线及设备的位置、标高尺寸及固定方式加以控制。并按规范和设计要求进行验收。

（6）工程使用的各种材料、配件及设备，施工单位自检合格后报监理工程师认定。使用的各种管材、设备必须符合设计要求。

2）质量控制要点

（1）检查各楼层土建施工时，预埋的配线电管、箱盒是否到位，并应做到清污、套丝、锉毛、接地焊接可靠、布置合理，横平竖直，整齐一致。

（2）检查利用主体基础（或地下室底板）内的钢筋做接地体，与主体框架柱（选择边柱，数量由设计人员确定。）中的2根钢筋焊接，并且应在这2根钢筋上做好标记，要确保这2根钢筋上下贯通，不能出差错。

（3）钢管连接要紧密，管口光滑，护口齐全，排列整齐。管子弯曲无折皱，暗配管弯曲半径不允许≥$6D$。管子进入盒箱应顺直，露出长度小于5mm。应用卡件固定管口，管子露出螺母的螺纹为2～4丝扣。

（4）管内穿线在盒箱内应有余量，导线在管内无接头，未进入盒箱的垂直管子的上口穿线后密封处理良好，导线连接牢固，包括紧密不伤芯线，护口护套齐全，盒箱内无杂物，导线排列整齐。强弱电配线要按国际色标穿线，出现同一色线应套号码管标识。吊顶内必须使用同规格的阻燃线。

（5）开关插座盖板紧贴墙面，四周无缝隙，箱盘安装允许偏差≤1.5mm，灯具中心允许偏差<5mm，开关并列安装高差<0.5mm，同一场所高差<5mm。

（6）防雷接地

① 避雷网规格尺寸和弯曲半径正确，固定可靠，防腐良好，针体垂直，支撑件间距均匀，垂直偏差小于针杆直径。

② 接地体位置应平直牢固，深度不小于0.6m。检查利用主体基础内钢筋作为接地体向上焊连的2根钢筋，应做标记，屋顶上各种金属部件应与接闪器相连，架空和直接埋地的金属管道就近与防雷装置接地，整个防雷接地电阻不应大于1Ω。

(7) 检查所有设备的电器外壳和管线支吊架、桥架、线槽、保护套管等要牢固接地；支吊架要做防腐处理，油漆色泽均匀，间距均匀，排列整齐；大型灯具用的吊钩预埋件必须埋设牢固。

(8) 明配的线管应单独设吊卡架组，并应安装牢固，线管到位处应护口锁口齐全，管口应光滑，薄铁管应做防腐处理。

(9) 检查母线槽安装，母线槽连接搭接接触面间隙用0.05mm塞尺检查，应塞不进去。焊接应有2～4mm加强高度，焊面两侧各凸出4～7mm，应无缺口、无裂纹、焊渣清除干净。母线绝缘子，位置正确，排列整齐，横平竖直，间距均匀，表面清洁。

(10) 验收阶段的测试工作

① 配合供电、消防做好调试验收工作。

② 检查高压电缆、变压器的耐压试验记录。检查出厂试验报告，检查安装试验报告。

③ 测量各系统导线与导线，导线对地绝缘电阻必须小于0.5MΩ，抽查至少5个回路。

7.3.4 建筑电气工程在“创优”过程中应避免的质量疵病

根据参与鲁班奖工程评选活动的专家撰文披露，建筑电气、设备安装工程在“创建鲁班奖工程”过程中应避免的质量疵病：

(1)“创优”工程的建筑电气工程特别强调综合布局，搞好二次设计。布局不好，不仅影响工程的美观，甚至影响使用功能；布局好，还可降低工程成本。内在质量必须符合设计和规范的要求，必须满足使用功能和使用安全的要求。必须达到：技术先进，性能优良，可靠性、安全性、经济性、舒适性等方面都满足用户的需求。

宏观上要做到：布置合理，安装牢固，横平竖直，整齐美观，居中对称，成行成线，外表清洁，油漆光亮，标识清楚。

微观上要做到：工艺精湛，做工细腻，精工细做，精雕细刻，细部到位。

售后服务要做到：随叫随到，热情友好，周到圆满，维修保养，及时可靠。

(2) 在工程检查中：质量通病主要表现在：室内插座、开关不在同一标高；大面积室内灯具排列欠整齐，日光灯吊线不平行，或正八字或反八字；电气线槽内的导线铺设较乱，主电缆交叉，扭绕现象也时有发生，电缆支架不涂刷漆；插座及螺口灯具局部接反，有的插座无地线；电线软管使用过长；电管入箱盒处缺护口；明配管的间距大于规范规定值；导线分色不符合要求，配电箱、柜内地线有“串”接现象；有的导线接头未涮锡；电气部件被涂料污染；开关、插座周边露有缝隙等。

(3) 接地线的标志不明显，往往有的部分不到位，甚至接地测试记录有数量级差错。屋面避雷带不平直，单面焊接，防腐不良，接头不好，欠美观，沿女儿墙走向任意，高度偏低，没有和建筑物牢固卡接，其间距最大不得超过800mm，接头搭接长度为6倍的钢直径。接地电阻的测试记录也不正确。高度在2.4m以下灯具应接地，各电气金属部分应接地，金属软管要接地，接地绝缘记录，防雷接地，均压环的隐蔽记录一定要细致、准确、可靠。

(4) 重物吊点、支架设置一定要牢固可靠，没有坠落的可能性，如大型灯具，吊点埋设隐蔽记录、超载试验记录要齐全。桥架应平直，接缝应严密，接地应良好，连接螺栓不能穿反，跨接线须大于 4mm²，进出桥架的管路应跨接地线。电线接线，室外保护管应加水弯或采用金属软管连接，软管要用专用接头。

（5）配电箱、开关、插座安装标高不正确，面板歪、缝隙大、盒内有垃圾、配线乱、接头不良、表面污染。创优工程要求做到：箱、开关、插座的埋设应符合标准，位置正确，标高一致；箱（盒）口和墙面齐平，并应做到油漆防腐，接地跨接，盒内清洁无垃圾。

电气管路进入箱盒应垂直，管口应平整无毛刺，锁母应拧紧，露出丝扣应在 2～3 扣并加护套。配电箱、开关、插座、管路和导线不应有污染；接地线的跨线应用 $\phi6$ 圆钢，$6d$ 焊缝长度双面焊；配电箱应做到箱壳平整，表面清洁，箱内配线应横平竖直，绑扎牢固，接线正确，接触良好，黄、绿、红、浅蓝和黄绿双色不得混用，多股线应搪锡。

软包装和木装修处的开关、插座、配电箱、电管一定要到位，电盒一定要平装修表面，线头包扎一定要紧密、牢固，该烫锡的要烫锡，导线不能外露，防火封堵要到位。

各种灯具应居中对称，成行成线，标高一致，安装规范，协调美观。

（6）线槽和桥架的安装位置应符合施工图规定，左右偏差不应超过 50mm；水平度每条偏差不应超过 2mm；垂直桥架及线槽应与地面保持垂直，无倾斜现象，垂直度偏差不应超过 3mm；线槽截断处、两线槽拼接处应平滑无毛刺；金属桥架及线槽节与节间应接触良好、安装牢固，吊架和支架安装亦应保持垂直，整齐牢固，无歪斜现象。质量应符合《综合布线系统工程验收规范》GB 50312—2007 及《民用建筑电气设计规范》JGJ 16—2008 的规定。

（7）暗配的电线管埋入墙内或混凝土内，离表面净距不应小于 15mm；直线布管每 30m 处应设置过线盒装置。暗管管口应光滑，并加护口保护，管口伸出部位宜为 25～50mm；明配管的弯曲处不应有折皱、凹穴和裂缝等现象，弯曲半径不小于管外径的 6 倍；固定点的距离应均匀，管卡与终端、转弯中点、弱电设备或接线盒边缘的距离为 150～500mm。

（8）电源线、弱电系统缆线应分隔布放，槽内缆线布放顺直、尽量不交叉，在缆线进出线槽部位，转弯处以及垂直线槽每间隔 1.5m 处均应绑扎牢固。

（9）机柜、机架安装应牢固，垂直度偏差不应大于 3mm，机柜、机架上各种零件不得脱落或碰坏，各种标志应完整、清晰。接地安装检验：直流工作接地电阻，完全保护接地电阻均小于等于 4Ω。防雷保护接地电阻小于等于 10Ω。弱电系统的接地和利用建筑物的复合接地体，其接地电阻应小于 1Ω。

（10）10kV 配电房的施工，由于行业垄断，一般都不是施工企业来做，而供电局施工时，一般也不遵照建设口子的规范去做，接地做不到位，检测资料提供不出来，造成安全隐患。规范这方面是强制性条文，规范《建筑电气工程施工质量验收规范》GB 50303—2002 第 3.1.8 条，必须要引起我们的重视，不管谁来施工，这方面必须按规范去做，并提供全面的施工、检测、验收资料。

7.3.5 某省规定对建筑电气工程为优质工程的验评标准

主控项目：

7.3.5.1 成套配电柜、控制柜（屏、台）和动力、照明配电箱

配电箱（柜、盘）内回路功能标识齐全准确。箱、柜（盘）内接线整齐美观，无铰接现象；电器元件之间的结线设标记端子套（色标环），引至负荷的导线绝缘层颜色选择正

确，并在线端设回路标志。柜门与柜体的跨接地线要求采用裸编织铜线；导线连接紧密，不伤芯线，不断股。垫圈下螺钉两侧压的导线截面积相同，同一端子上连接不多于2根，防松垫圈等零件齐全。

条文说明：每个接线端子上的电线连接不超过2根，是为了连接紧密，不因通电后由于冷热交替等时间因素而过早在检修期内发生松动，同时也考虑到方便检修，不使因检修而扩大停电范围。本规范提高了要求，设标记端子套（色标环）是为了鉴别相位而作的规定，以方便维护检修和今后扩建时的结线等。

7.3.5.2　电线导管、电缆导管和线槽敷设

（1）埋设在墙体内或混凝土结构内的电导管应选用中型以上（不包括中型）的绝缘导管。

（2）严禁在混凝土楼板中敷设管径大于板厚1/3的电导管，对管径大于40mm的电导管在混凝土楼板中敷设时应有加强措施，严禁管径大于25mm的电导管在找平层中敷设。混凝土板内电导管应敷设在上下层钢筋之间，成排敷设的管间距不小于20mm。

条文说明：

（1）强调了埋设在墙体内或混凝土结构内的电导管不允许用中型管。

（2）第二条是对相关规范的进一步强调。

7.3.5.3　开关、插座、风扇安装

（1）安装高度低于1.8m的电源插座选用防护型插座，卫生间和阳台的电源插座采用防溅型，空调、洗衣机、电热水器的电源插座应带开关。

（2）同一插座回路接地线连接采用“T”形或并线铰接搪锡后，引出单根线插入接线孔中固定。

条文说明：为了进一步确保接地线连接的可靠性。

7.3.5.4　质量控制资料

（1）住宅工程开关、插座、配电箱以及电缆（线）见证取样复试报告。

（2）公共建筑电缆（线）见证取样复试报告。

条文说明：

（1）第一条强调进场的设备、部件必须提供相关资料和抽检复试的要求。

（2）第二条根据《公共建筑节能施工质量验收规程》DB 11/510—2007制定本条。

7.3.5.5　观感质量重点抽查部位为：配电室的变压器，高低压配电柜和母线的安装，配电竖井、机房的动力、照明配电箱、插座、照明器具，可开启顶棚内的供电线路安装，室外接地测试点，屋面避雷网（带）等。

条文说明：规定了建筑电气分部安装检查各子分部的重点抽查部位。

7.3.5.6　建筑电气工程观感质量要求如表7-6所列。

建筑电气工程观感质量要求　　　**表7-6**

序号	项目名称	观感质量要求
1	配电箱、盘、板、接线盒	1）成套配电柜、控制柜（屏、台）安装： （1）成套配电柜、控制柜（屏、台）相互间或与基础型钢间应用镀锌螺栓连接，连接紧密，固定牢固，且防松零件齐全；

续表

序号	项目名称	观感质量要求
1	配电箱、盘、板、接线盒	(2) 箱、柜（盘）内接线整齐美观，无铰接现象；电器元件之间的结线设标记端子套（色标环），引至负荷的导线绝缘层颜色选择正确，并在线端设回路标志。柜门与柜体的跨接地线要求采用裸编织铜线；导线连接紧密，不伤芯线，不断股。垫圈下螺栓两侧压的导线截面积相同，同一端子上连接不多于2根，防松垫圈等零件齐全； 2) 照明箱（盘）安装： (1) 照明箱（盘）内，分别设置零线（N）和保护地线（PE线）汇流排，零线和保护地线经汇流排配出；箱（盘）内接线同成套柜、箱（盘）内接线规定； (2) 照明配电箱（盘）安装应油漆完整，箱体内外清洁；标志牌、标志框齐全、正确并清晰；部件齐全，箱体开孔与导管管径适配，导管锁紧螺母安装牢固贴合，暗装配电箱箱盖紧贴墙面，箱（盘）涂层完整，箱内导线无接头； (3) 箱（盘）安装牢固、位置正确；箱（盘）内开关动作灵活可靠，带有漏电保护的回路，漏电保护装置动作正常可靠； (4) 照明配电箱（盘）安装垂直平整
2	设备器具、开关、插座	1) 灯具安装： (1) 普通灯具安装： ① 灯具及其支架安装位置正确、牢固；嵌入式灯具的镶边与装饰线条平行；灯具内外干净明亮，吊杆垂直，双链平行，吊链灯的软电线编叉在吊链内；灯具接线线芯符合规定，接线牢固；灯具接线必须经过接线端子；室外壁灯有防水措施； ② 安装在重要场所的大型灯具的玻璃罩有防止玻璃罩破裂后向下溅落的措施； (2) 专用灯具安装： ① 36V及以下行灯变压器和行灯安装：行灯变压器的固定支架牢固，油漆完整，接地或接零可靠； ② 手术台无影灯安装应采用双螺母锁紧，固定牢固，底座紧贴顶板，四周无缝隙，灯具表面整洁，镀层完整无划伤； ③ 防爆灯具的防爆标志清晰，灯具及开关外壳完整无损伤，无凹陷或沟槽灯罩无裂纹，金属网无扭曲变形；灯具及开关安装牢固可靠，灯具导管及开关与接线盒螺纹啮合数不少于5扣，螺纹加工光滑、完整，无锈蚀，螺纹上涂以电力复合酯或导电性防锈酯；开关安装位置便于操作，安装高度1.3m，开关及灯具的紧固螺栓无遗漏、锈蚀，密封垫圈完好； 2) 开关、插座安装； (1) 面板紧贴墙面，四周无缝隙，安装牢固，表面整洁，无碎裂、划伤，装饰帽齐全；地插座面板与地面齐平或紧贴地面，盖板固定牢固，密封良好；箱（盒）内清洁、护口齐全； (2) 照明开关安装：开关断开相线；开关的通断位置一致；操作灵活，接触可靠；同一建筑物（构筑物）的开关采用同一系列的产品
3	防雷、接地、动力	1) 针、网（带）及引下线安装： (1) 针、网带位置正确、平正顺直，线材焊接的质量标准同接地连接规定，焊接处防腐完整； (2) 螺栓固定的避雷带，连接固定处的螺母和防松零件齐全； (3) 避雷带过变形缝时有补偿措施； (4) 明敷避雷线及室内接地干线横平竖直、间距均匀、固定可靠；弯曲部分的线材不能成直角弯曲； 2) 接地线及接地装置安装： (1) 接地线在穿越墙壁、楼板和地坪处应加套钢管或其他坚固的保护套管，钢套管应与接地线做电气连通； (2) 当接地线跨越建筑物变形缝时，设补偿装置；接地线涂以黄色和绿色相间的条纹且条纹清晰间距一致； (3) 钢制接地线的焊接连接应符合要求，焊缝饱满无夹渣、咬肉，焊高一致，成型好，焊接处防腐良好； (4) 接地测试点位置正确，防护盖板齐全，标志正确、明显； (5) 等电位联结的连接可靠，联结线路的导体截面符合规定要求； 3) 动力设备安装： (1) 电气设备安装牢固，螺栓及防松零件齐全，不松动。防水、防潮电气设备的接线盒盖等应做密封处理； (2) 发电机组随机的控制柜接线正确，紧固件紧固状态良好，无遗漏脱落。开关、保护装置型号、规格正确，验证出厂试验的标记应无位移； (3) 电机中性线（工作零线）应与接地干线直接连接，螺栓防松零件齐全，且有标识；发电机本体和机械部分的可接近裸露导体应接地或接零可靠

7.4　智能建筑工程质量控制要点

7.4.1　工程特点

某工程包含计算机网络系统、综合布线系统、演艺吧及卡拉OK点播系统、卫星及有线电视系统、闭路电视监控系统、一卡通（消费）管理系统、背景音乐广播系统、多媒体信息发布系统、弱电系统桥架和线管工程。其中语言点800个，数据点815个，摄影机点148个，报警点48个，巡更点48个，扬声器326个，有线电视终端236个；高级会议室、多媒体会议室和大会议室中的显示系统、会议系统、音响系统、中控系统等子系统。消防控制中心设火灾集中报警主机一台，温、烟感探测器1007只，火灾显示器20套，手动报警57套。

7.4.2　质量控制流程（图7-7）

7.4.3　质量控制要点

1）预控内容

（1）审核设计图纸。将图中的差错、漏项等形成书面意见，及时组织设计交底和图纸会审。

（2）审核工程施工单位的企业资质；施工技术和管理人员资格；特殊技术工人上岗证。

（3）审核施工方案及技术交底单。着重审核现场实测安装图、制作大样图、保证质量措施、各种协调措施、季节性施工措施、安全施工措施，必要时进行样板引路。

（4）安装开始前应对主体结构工程的基面进行验收，对基面的外形尺寸、标高、坐标、坡度以及预留洞、预埋件要对照图纸进行核验，并签发工程认可书。

（5）在主体上安装管线时，严格按设计图纸要求，对管线及设备的位置，标高尺寸及固定方式加以控制。并按规范和设计要求进行查验和验收。避免错、漏和移位。

（6）工程使用的各种材料、配件及设备，施工单位自检合格后报监理工程师认定。使用的各种管材、设备必须符合设计要求。

2）质量控制要点

（1）综合布线

① 金属管敷设

A. 敷设在混凝土、水泥里的金属管，其地基应坚实、平整，不应有沉陷，以保证敷设后的线缆安全运行。预埋在墙体中间的金属管内径不宜超过50cm，楼板中的管径宜为15～25cm，直线布管30m处设置暗线盒。建筑群之间金属管的埋设深度不应小于0.8m；在人行道下面敷设时，不应小于0.5m。

B. 金属管道应有不小于0.1%的排水坡度。

C. 金属管内应安置牵引线或拉线。

D. 金属管的两端应有标记，表示建筑物、楼层、房间和长度。

E. 金属管明敷时，应符合下列要求：金属管应用卡子固定，且在需要拆卸时方便拆卸。金属管的支持点间距，设计有要求时按设计规定；设计无要求时不应超过3m。在距接线盒0.3m处，用管卡将管子固定。有弯头的地方，弯头两边也应用管卡固定。

F. 光缆和电缆同管敷设时，应在暗管内预置塑料子管。将光缆敷设在子管内，使光缆和电缆分开布放。子管的内径应为光缆外径的 2.5 倍。

G. 线管超过两个弯头必须留分线盒。墙装底盒安装应该距地面 30cm 以上，并与其他底盒保持等高、平行。

② PVC 塑料管的敷设

基本上与金属管敷设相同，一般在工作区暗埋线槽，操作时要注意两点：管转弯时，弯曲半径要大，以利于穿线；管内穿线不宜太多，一般留有 50%以上的空间。

③ 金属桥架的敷设

A. 线槽安装位置应符合施工图规定，左右偏差视环境而定，最大不应超过 50mm。线槽水平度每米偏差不应超过 2mm。垂直线槽应与地面保持垂直，并无倾斜现象，垂直度偏差不应超过 3mm。

B. 线槽节与节间用接头连接板拼接后用螺钉固定，螺钉应拧紧。两线槽拼接处水平偏差不应超过 2mm。当直线段桥架超过 30m 或跨越建筑物时，应设置伸缩缝。其连接宜采用伸缩连接板。线槽转弯半径不应小于其槽内线缆最小允许弯曲半径的最大者。盖板应紧固，并且要错位盖槽板。

C. 金属线槽敷设时，在线槽接头间距 1～1.5m 处、离开线槽两端 0.5m 处、转弯处，应设置支架或吊架。支吊架应保持垂直，整齐牢固，无歪斜现象。

D. 为了防止电磁干扰，宜用辫式铜带把线槽连接到其经过的设备间或楼层配线间的接地装置上，并保持良好的电气连接。

E. 不同种类的线缆布放在金属槽内，应同槽分室（用金属板隔开）布放。线槽安装时，应注意与强电线槽的隔离。布线系统应避免与强电线路在无屏蔽、距离小于 20cm 情况下平行走 3m 以上。如果无法避免，该段线槽需采取屏蔽隔离措施。

F. 进入家具的电缆管线由最近的吊顶线槽沿隔墙下到地面，并从地面镗槽埋管到家具隔断下。

G. 管槽过渡、接口不应该有毛刺，线槽过渡要平滑。

H. 线槽规格的选择：当设计无要求时，线槽的横截面积留 40%的富余量以备扩充，超 5 类双绞线的横截面积为 0.3cm^2。

④ 塑料线槽的敷设

塑料线槽的敷设类似金属线槽的敷设。但操作上还有所不同。具体表现为三种形式：在顶棚内打吊杆或托式桥架；在顶棚外采用托架桥架铺设；在顶棚外采用托架加配线槽铺设。采用托架时，一般 1m 左右安装一个托架。采用固定配线槽时，一般 1m 左右安装固定点。固定点可根据槽的大小设定：25mm×（20～30）mm 规格的槽，一个固定点应有 2～3个固定螺钉，并水平排列；25mm×30mm 规格以上的槽，一个固定点应有 3～4 个固定螺钉，呈梯形状，使槽受力点分散分布。除了固定点外，应每隔 1m 左右钻 2 个孔，用双绞线穿入，待布线结束后，把所布的双绞线捆扎起来。

⑤ 综合布线系统的测试

A. 连接正确性测试

a. 双绞线系统中，水平子系统的 4 对非屏蔽双绞线（UTP）的连接都是按标准来进行的，在配线架一端都按以下方式来连接。第一对：白蓝；第二对：白橙，蓝白，橙白；

第三对：白绿；第四对：白棕，绿白，棕白。而对信息插座的连接，则是按几种标准来实现的，即4对双绞线可按EIA/TIA568A（美国的超五类线标准）、EIA/TIA568B、USOC等标准来实现连接。

在穿线施工中，负责穿线施工的单位，可能因为用力过大或不正确的穿线方法或被所用金属线槽边沿的锋刃将线缆全部或部分割断、拉断而造成缆线开路，也即缆线不能连续。

测试结果：所有连接完好的信息点连接的正确性要保证100%；必须保证所有信息点无短路现象存在，即无短路信息点；所有信息点中，一对线开路的信息点所占的比例不超过5%；所有信息点中，二对线开路的信息点所占比例不超过1%。

b. 垂直子系统中，缆线的连接正确性由色码得到保证，色码编排如下：

对线号端部颁标准　环箍1～5白（W）蓝（BL）；6～10红（R）橙（O）；11～15黑（BK）绿（G）；16～20黄（Y）棕（BR）；21～25紫（V）灰（S）；按排序组合，如1～5对线有：白蓝、蓝白为第一对线；白橙、橙白为第二对线；白绿、绿白为第三对线；白棕、棕白为第四对线；白灰、灰白为第五对线。其他依此类推，安装时按顺序按此色标进行，方可保证连接的正确性。

B. 衰减测试

衰减是由于线缆阻抗（R、L、C）的原因而导致信号变弱。

测试条件：对五类线及相关产品实现从1.0～100MHz的测试，测试温度为20℃～30℃，信息点到配线室距离不超过90m。

测试方法：被测线路一端接仪器；另一端接Loopback（回送）；仪器的显示器上将显示测试结果或结论，一般显示通过或不通过。

C. 近端串扰（NEXT）测试

近端串扰对本身终接点（跳线架、信息插座）处的非双绞线金属介质很敏感，同时，对粗劣的安装也非常敏感。例如在终点处的不绞线长度至多不能超过13mm（对五类线而言），或25mm（对四类线而言）等。因此，对NEXT的测试相当重要。

测试结果：测试结果将显示在仪器上，一般显示通过或不通过。

⑥ 光缆系统的测试

由于在光缆系统的实施过程中，涉及光缆的镉铺设，光缆的弯曲半径，光纤的熔接、跳线，更由于设计方法及物理布线结构的不同，导致两网络设备间的光纤路径上光信号的传输衰减有很大不同。

根据标准规定和设计方法，应充分保证任两段已熔接好的光缆中的光纤，连同跳线与连接线一起，总的衰减应在衰减值限制范围之内。

测试条件：熔接后的光缆连同跳线的综合测试。

测试结果：对任一段熔接好的光纤数据通路，其衰减值限制应在设计限值范围之内。这样才能绝对保证任两段光纤连接起来，总的衰减值小于设计限值。

⑦ 面板安装的工艺

面板安装通常是安装在国标86型底盒上，也有安装在120底盒上或地面插座盒内的。不管哪一种，其安装特点是统一的：面板是固定在底盒的耳朵上的，有些底盒的耳朵可以调节其位置，使面板能够做到横平竖直，有些则没有。如果底盒的耳朵不可调时，应使用有框（带边框）型插座面板；底盒内应预留150mm左右的线缆，一方面是为了将面板拉出，另一方面是为了防止端接失败使重新端接。当把预留的线缆塞入底盒时，应注意记录保持线缆的转弯半径；面板安装要求横平竖直，两底角之间高低不超过2mm，事实上，对于有经验的检查人员来说，相差0.5mm即可看出。因此，在面板安装时应使用标尺测量两底角的对地高度；布线面板应与其他面板（特别是电源面板）保持同一高度。由于在建筑物中，电源面板和布线面板的数量最多，而电源面板的安装在布线面板安装之前，所以要特别注意电源面板的安装高度，尽量与其保持同一高度。面板安装的工艺要求比配线架简单。步骤如下：

面板的安装应在墙面粉刷完毕后安装。清洁双手及工具，安装时不能弄脏墙面，而且不能破坏底盒旁嵌入的粉刷填充物。

A. 取下面板的框盖，露出安装螺钉孔。

B. 根据双绞线的编号，将面板的标签纸安装在面板上的有机玻璃标签框内。

C. 将已端接好的模块卡入面板，注意模块的方向不能弄反，否则跳线无法插入模块。

D. 根据模块后线缆的出线方向，顺势将预留的双绞线盘在底盒内，同时将面板推到墙面上。

E. 用螺钉将面板逐步固定到墙上。在拧螺钉时，应注意调整面板的平衡，确保面板两底角的高差不超过2mm（如果目测有争议，可以使用卷尺或自制标尺对两底角的高差进行测量和比较）。

F. 盖上面板的框盖。

G. 退后数步，检查面板是否平行，如果觉得装得不理想，应立即调整。面板安装并不复杂，所需的是耐心。

（2）安全防范系统

① 入侵报警系统

A. 线路敷设

a. 应符合设计图纸的要求及有关标准规范的规定。有隐蔽工程的应办理隐蔽验收。

b. 线缆回路应进行绝缘测试，并有记录，绝缘电阻大于20MΩ。

c. 地线、电源线应按规定连接。电源线与信号线应分槽（或管）敷设，以防干扰。采用联合接地时，接地电阻不大于1Ω。

B. 探测器的安装

a. 各类入侵探测器的安装，应根据可选用产品的特性及警戒范围要求进行安装。

b. 周界入侵探测器的安装，位置要对准，防区要交叉。室外入侵探测器的安装应符合产品使用要求和防护范围。

c. 底座和支架应固定牢靠，其导线连接应采用可靠连接方式。

d. 外接导线应留有适当的余地。

C. 报警器安装

a. 选择安装位置时尽可能使入侵者都能处于红外警戒的光束范围内。

b. 要使入侵者的活动有利于横向穿越光束带区，这样可以提高探测灵敏度。

c. 为了防止误报警，不应将PIR探头对准任何温度会快速改变的物体（如电热器、火炉、暖气、空调机出风口、白炽灯和阳光直射的门、窗等），以免由于热气流的流动而引起误报警。

d. PIR永远不能安装在某些热源（如暖气片、加热器、热管道等）的上方或其附近，否则，也会产生误报警。PIR应与热源保持至少1.5m以上的间隔距离。

e. PIR不要安装在强电设备附近。

f. 警戒区内注意不要有高大的遮挡物遮挡和电风扇叶片的干扰。PIR一般安装在墙角，安装高度为2～4m，通常为2～2.5m。

② 巡更管理系统

A. 线缆敷设

a. 管路、线缆敷设应符合设计图纸的要求及相关标准和规范的规定，有隐蔽工程的应办理隐蔽验收。

b. 线缆回路应进行绝缘测试，并有记录，绝缘电阻大于20MΩ。

c. 地线、电源线应按规定连接。电源线与信号线应分槽（或管）敷设，以防干扰。采用联合接地时，接地电阻不大于1Ω。

B. 设备安装

a. 有线巡更信息开关或无线巡更信息钮，应安装在各出入口，主要通道、各紧急出入口，主要部门或其他需要巡更的站点上，高度和位置按设计和规定要求设置。

b. 安装应牢固、端正，户外应有防水措施。

③ 电视监控系统

A. 手动云台的安装

手动云台结构简单，安装、使用和调节都很方便，而且价格低廉，在实践中得到广泛应用。其安装形式有三种：

a. 悬挂式手动云台主要安装在天花板上，但必须固定在天花板上面的承重主龙飞骨上；也可安装在平台上。

b. 横壁式手动云台则安装在垂直的柱、墙面上。

c. 半固定式手动云台安装于平台或凸台上。

B. 摄像机的安装（图7-20）

图7-20　安装在入口处吊顶上的摄像机

摄像机是系统中最精密的设备。安装前，建筑物内的土建、装修工程应已结束，各专业设备安装基本完毕，系统的其他项目均已施工完毕后，在安全、整洁的环境条件下方可安装摄像机。安装时，在摄像机下部有一个安装固定螺孔，可以用M6或M8螺栓加以固定。摄像机的安装应注意以下各点：

a. 安装前摄像机应逐一接电进行检测和调整，使摄像机处于正常工作状态。

b. 检查云台的水平、垂直转动角度和定值控制是否正常，并根据设计要求整定云台转动起点和方向。

c. 按施工图的要求牢固地固定在底座或支（吊）架上。

d. 从摄像机引出的电缆应至少留有1m的余量，以利于摄像机的转动。不得利用电缆插头和电源插头承受电缆的重量。

e. 摄像机宜安装在监视目标附近不易受外界损伤的地方，室内安装高度以2.5～5m为宜；室外安装高度以3.5～10m为宜。电梯轿厢内的摄像机应安装在轿厢的顶部。摄像机的光轴与电梯轿厢的两个面壁成45°角，并且与轿厢顶棚成45°角为适宜。

f. 摄像机镜头应避免强光直射，应避免逆光安装，若必须逆光安装的场合，应选择将监视区的光对比度控制在最低限度范围内。

（3）公共广播系统

① 扬声器布置

A. 扬声器的布置安装按设计要求进行。

B. 扩声系统宜采用明装，若采用暗装，装饰面的透声开口应足够大，透声材料或蒙面的格条尺寸相对于主要扩声频段的波长应足够小。

C. 无论明装或暗装均应牢固，不得因振动而产生机械噪声。

D. 扩声系统声特性测量方法按有关标准规定进行。

② 扩声系统音频输入馈电音频信号输入的馈电应用屏蔽软线，具体要求如下：

A. 话筒输出必须使用专用屏蔽软线。长度在10～50m之间应使用双芯屏蔽软线作低阻抗平衡输入连接，中间若有话筒转接插座的，必须要求接触特性良好。

B. 长距离连接的话筒线（50m以上）必须采用低阻抗（200Ω），平衡传送连接方法，最好采用四芯屏蔽线，对角线对并接穿钢管敷设。

C. 调音台及全部周边设备之间的连接均需采用单芯（不平衡）或双芯（平衡）屏蔽软线连接。

③ 系统功率输出馈电

功率输出的馈电是指功放输出至扬声器箱之间的连接电缆，视距离远近选用截面及高或低阻抗的选择具体要求如下：

A. 短距离宜用低阻抗输出，用截面积2～6mm^{2}的软发烧线穿管敷设。其双向长度的直流电阻应小于扬声器阻抗的1/50～1/100。

B. 长距离宜用高阻抗电压传输（70V或100V）音频输出。馈线宜采用穿管的双芯聚氯乙烯多股软线。

C. 每套节目敷设一对馈线，而不能共用一根公共地线，以避免节目信号间的干扰。

④ 供电线路选择

A. 供电线路选择（单相、三相、自动稳压器），宜用隔离变压器（1∶1）。小于

10kVA时，用单相220V。大于10kVA时，用三相电源再分三路输出220V。

B. 电压波动超过+5%或-10%时，应采用自动稳压器，以保证各系统设备正常工作。

⑤ 系统接地和防雷

接地与防雷应按标准规范要求进行敷设。

A. 应设有专门的接地地线，不与防雷接地或供电接地共用地线。

B. 所有馈电线均应穿电线铁管敷设。

C. 网络线路的施工规范应参照国家标准《建筑电气工程施工质量验收规范》。

⑥ 系统检测

A. 检测系统的输入输出不平衡度、音频线的敷设和接地形式，保证安装质量符合设计要求，设备之间阻抗匹配合理。

B. 放声系统应分布合理，符合设计要求。

C. 检测最高输出电平、输出信噪比、声压级和频宽，上述电声技术指标应符合设计要求。

D. 通过对响度、音色和音质的主观评价，评定系统的音响效果。

⑦ 功能检测

A. 业务宣传、背景音乐和公共寻呼播放。

B. 紧急广播与公共广播共用设备时，其消防紧急广播功能检测按有关规定执行。

C. 紧急广播与消防广播分机控制，具有最高优先权，在火灾和突发事故发生时，应能强制切换为紧急广播播出。

D. 功率放大器应冗余配置，并在主机故障时，按设计要求备用机自动投入运行。

E. 公共广播系统应分区控制，分区的划分应与消防分区一致。

（4）卫星及有线电视系统

① 天线安装

A. 预埋管线、支撑件、预留孔洞、沟、槽、基础、地坪等都符合设计要求。尤其天线安装间距满足设计要求。

B. 卫星电视接收天线安装应十分牢固、可靠，以防大风将天线吹离已调好的方向而影响到收看效果。天线立柱的垂直度用倾角仪测量，保证垂直。用卫星信号测试仪调整高频头位置。

C. 为了减少拉绳对天线接收信号的影响，每隔1/4中心波长的距离内串接一个绝缘子，通常一根拉绳内串接有2～3个瓷绝缘子。

D. 若天线系统需用一个以上的天线装置时，则装置之间的水平距离要在5m以上。

E. 分段式天线竖杆连接时，直径小的钢管必须插入直径大的钢管内30cm以上，才能焊接，以保证天线竖杆的强度。

F. 保安器和天线放大器应尽量安装在该接收天线的竖杆上，并注意防水。馈线与天线的输出端应连接可靠，并将馈线固定住，以免随风摇摆造成接触不良。

G. 天线防雷装置的安装按有关规程标准进行。

② 系统前端及机房设备安装

A. 在确定各部件的安装位置时，考虑电缆连接的走向要合理，以免将电缆扭成死弯，导致信号质量的下降。

B. 机房内电缆的布放，应根据设计要求进行。电缆必须顺直无扭绞，不得使电缆盘结，电缆引入机架处、拐弯处等重要出入地方，均需绑扎。

C. 电缆敷设在两端连接处应留有适度余量，并应在两端标识明显永久性标记。

D. 接地母线的路由、规格应符合设计图纸的规定。

E. 引入引出房屋的电缆，应加装防水罩，向上引的电缆在入口处还应作成滴水弯。

F. 机房中如有光端机（发送机、接收机），端机上的光缆应留约 10m 的余量。

（5）火灾自动报警及联动控制系统

A. 火灾自动报警系统

a. 温感和烟感探测器的安装，监理按设计规范验收。

b. 区域（手动）报警器及火灾警铃安装，监理按设计图纸验收。

c. 扬声器、消防广播主机、报警控制器的安装，监理按设计图纸的设备出厂说明书验收。

B. 联动控制系统

用于火灾发生时对电气和空调设施等进行控制，即该切断的要断开，该打开的要打开。为此，在相关各分部工程安装过程中，要做好相关顺序的验收，如灭火设施（水、粉末、气体、泡沫）的验收等。在整体上，监理要在本工程竣工验收前，必须进行联动控制系统调试，并通过验收合格。

7.4.4 智能建筑工程在“创优”过程中应避免的质量疵病

根据参与鲁班奖工程评选活动的专家撰文披露，智能建筑、设备安装工程在“创建鲁班奖工程”过程中应避免的质量疵病：

（1）智能建筑工程亦特别强调综合布局，搞好二次设计。必须达到：技术先进，性能优良，可靠性、安全性、经济性、舒适性等方面都满足用户的需求。

（2）在工程检查中：质量通病主要表现在：室内插座、开关不在同一标高；配电箱、开关、插座安装标高不正确、面板歪、缝隙大、盒内有垃圾、配线乱、接头不良、表面污染。创优工程要求做到：箱、开关、插座的埋设应做到符合标准，位置正确，标高一致；箱（盒）口和墙面齐平，并应做到油漆防腐，接地跨接，盒内清洁无垃圾。

（3）软包装和木装修处的开关、插座、配电箱、电管一定要到位，电盒一定要平装修表面，线头包扎一定要紧密、牢固，该烫锡的要烫锡，导线不能外露，防火封堵要到位。

（4）线槽和桥架的安装位置应符合施工图规定，左右偏差不应超过 50mm；水平度每条偏差不应超过 2mm；垂直桥架及线槽应与地面保持垂直，无倾斜现象，垂直度偏差不应超过 3mm；线槽截断处两线槽拼接处应平滑无毛刺；金属桥架及线槽节与节间应接触良好、安装牢固，吊架和支架安装亦应保持垂直，整齐牢固，无歪斜现象。质量应符合《综合布线系统工程验收规范》GB 50312—2007 及《民用建筑电气设计规范》JGJ 16—2008 的规定。

（5）暗配的电线管埋入墙内或混凝土内，离表面净距不应小于 15mm；直线布管每 30m 处应设置过线盒装置。暗管管口应光滑，并加在护口保护，管口伸出部位宜为 25～50mm；明配管的弯曲处不应有折皱、凹穴和裂缝等现象，弯曲半径不小于管外径的 6 倍；固定点的距离应均匀，管卡与终端、转弯中点，弱电设备或接线盒边缘的距离为 150～500mm。

（6）电源线、弱电系统缆线应分隔布放，槽内缆线布放顺直、尽量不交叉，在缆线进出线槽部位，转弯处以及垂直线槽每间隔 1.5m 处均应绑扎牢固。

（7）机柜、机架安装应牢固，垂直度偏差不应大于 3mm，机柜、机架上各种零件不得脱落或碰坏，各种标志应完整、清晰。接地安装检验：直流工作接地电阻，完全保护接地电阻均小于等于 4Ω。防雷保护接地电阻小于等于 10Ω。弱电系统的接地和利用建筑物的复合接地体，其接地电阻应小于 1Ω。

7.4.5 某省规定对智能建筑工程为优质工程的验评标准

7.4.5.1 建筑设备监控系统：

1）空调与通风系统

（1）系统控制参数（温度、相对湿度、压力等）的控制精度高于设计精度 20%。

（2）用于计量检测仪表传感器的精度不低于±0.5%；用于控制调节仪表传感器的精度不低于±1%。

（3）空调机组能根据室外气象参数调节新回风比例。

2）公共照明系统

（1）公共照明回路和设施具有按分区和时间控制功能。

（2）位于不同场所的灯具能实现不同照度参数的控制。

（3）满足节能要求，各场所照明功率密度（LPD）必须符合设计要求。

7.4.5.2 安全防范系统

视频图像显示应清晰、连续，采用主观评价的方法，图像质量达到 5 级，水平清晰度优于 400TVL。播放图像水平清晰度优于 370TVL，能清晰地辨别人物脸部特征。

7.4.5.3 综合布线系统

系统工程电气测试项目、数量以及结论参照执行《综合布线系统工程验收规范》GB 50312—2007 的规定。

7.4.5.4 电源与接地

各系统电源应统一检测、验收，供电电源质量应符合设计要求。接地保护系统应符合《建筑物电子信息系统防雷技术规范》GB 50343—2012 的规定。系统中的各类管路、设备的金属导体必须可靠接地。

7.4.5.5 住宅（小区）智能化

系统包括内容应符合设计和规范要求，工程安装调试完成经过试运行周期后，进行系统检测。

7.4.5.6 观感质量

1）设备及仪器仪表

（1）设备与设施安装位置应符合设计要求，留有操作维护空间。

（2）信号传输设备与接收设备的路径、距离应符合设计要求。

（3）读卡器、开关按钮等器具等安装位置应远离电磁干扰源。

（4）传感器安装位置、轴线角度应符合产品技术要求。

（5）仪表及接线盒安装应牢固、平整，配件适用。

（6）执行机构固定牢固，便于操作维护。

2）综合布线安装应符合下列要求：

（1）综合布线电缆与电力电缆的间距应符合表 7-7 所列。

综合布线电缆与电力电缆的最小间距　　表 7-7

类别	与综合布线接近状况	最小间距（mm）
380V 电力电缆容量小于 2kV·A	与缆线平行敷设	130
	有一方在接地的金属线槽或钢管中	70
	双方都在接地的金属线槽或钢管中①	10①
380V 电力电缆容量（2～5）kV·A	与缆线平行敷设	300
	有一方在接地的金属线槽或钢管中	150
	双方都在接地的金属线槽或钢管中②	80
380V 电力电缆容量大于 5kV·A	与缆线平行敷设	600
	有一方在接地的金属线槽或钢管中	300
	双方都在接地的金属线槽或钢管中②	150

① 当 380V 电力电缆的容量小于 2kV·A，双方都在接地的线槽中，且平行长度小于或等于 10m 时，最小间距可为 10mm。

② 双方都在接地的线槽中，系指两个不同的线槽，也可在同一线槽中用金属板隔开。

（2）综合布线缆线及管线与其他管线的间距应符合表 7-8 所列。

综合布线缆线及管线与其他管线的间距　　表 7-8

管线类型	最小平行净距（mm）	最小交叉净距（mm）
防雷引下线	1000	300
保护地线	50	20
给水管	150	20
压缩空气管	150	20
热力管（不包封）	500	500
热力管（包封）	300	300
煤气管	300	20

（3）线槽、桥架与管路安装横平竖直。线槽与管道内敷设线路其截面利用率应符合表 7-9 所列。

线槽与管道内敷设线路其截面利用率　　表 7-9

类型	敷设形式	利用率
线槽	预埋或密封	30%～50%
管道（主干电缆及 4 芯以上光缆）	直线	50%～60%
同上	弯管道	40%～50%
管道（4 对对绞电缆或 4 芯及以下光缆）	暗管	25%～30%

（4）缆线敷设应顺直，在线槽桥架、机柜内敷设应绑扎牢固，各回路标识清晰准确。

7.4.5.7　系统检测

（1）智能建筑工程检测应由省级及以上建设行政主管部门认可的专业检测机构实施并

出具检测报告。

（2）智能建筑工程的试运行报告和检测结论是工程竣工验收的重要依据。

7.5　电梯安装工程质量控制要点

7.5.1　工程特点

某工程设五台客梯一台消防梯。

7.5.2　质量控制要点

1）熟悉本工程与电梯相关的图纸、资料、关键部位、关键结点的设计意图和要求。对电梯设计图纸中有不足或遗漏的问题，应在电梯图纸会审时提出解决办法。

2）审查电梯安装施工队伍的资质及其进场安装人员的上岗证。

3）审查电梯施工方案，要求做到有计划、有措施、高标准、严要求。尽可能做到施工前解决错、漏、撞的问题。

4）配合电梯供应商、电梯安装施工队和业主方做好电梯设备开箱验收工作，并做好验收纪录。经验收合格后，参与验收各方应在验收纪录上签字后归档。

5）在电梯安装过程中应做好分项验收工作，经验收合格后在法定验收表式上签字认可。验收时应检查电梯主电源开关是否操作方便，开关不应切断照明、通风、插座和报警装置的电源；检查电机断相、错相保护是否有效；检查电梯动力与控制线路是否分离敷设，并有良好的接地性能；检查线管、线槽的敷设应平整、整齐、牢固。

6）对电梯机房设备应做下列检查：

（1）电动机或飞轮上应有与轿厢升降方向相对应的标志，曳引轮、飞轮限速器轮外侧应涂黄色。制动器手动松闸板手涂红色，并挂在易接近的墙上。

（2）各润滑部位有可靠润滑，油标齐全，油位显示清晰。

（3）限速器运转应平稳、可靠，安装位置正确、牢固。

（4）停电或电气系统发生故障时，应有轿厢慢速移动措施。

7）对电梯井道设备应做下列检查：

（1）电梯冲顶时，导靴不应越出导轨。

（2）导轨应用压板固定在导轨架上，不应采用焊接或螺栓直接连接。

（3）导轨的下端应支承在地面坚固的导轨座上。

（4）轿厢反绳轮，对重反绳轮应设挡绳装置与护罩，对重块应可靠紧固。

（5）封闭式井道内应设置照明。

（6）电缆支架安装应保证随行电缆不得与各部件相碰和卡阻。

（7）随行电缆安装两端应可靠固定并不应有打结和波浪扭曲现象。

8）对电梯轿箱设备应做下列检查：

（1）轿厢顶反绳轮应设保护罩和挡绳装置，且润滑良好。

（2）曳引绳应符合《电梯用钢丝绳》GB 8903—2005的规定，表面清洁不粘有杂质，并宜涂有薄而均匀的ET极压稀释型钢丝绳脂。

（3）轿内操纵按钮动作灵活，信号显示清晰，轿厢超载装置或称量装置动作可靠。

（4）轿顶应有停止电梯运行的非自动复位的红色停止开关，且动作可靠。

（5）各种安全保护开关安装应可靠且不得使用焊接固定，安装后不得产生位移、损坏和误动作。

9）对电梯层显应做下列检查：

（1）层站指示信号及按钮安装位置正确，指示信号清晰明亮，按钮动作准确无误，消防开关工作可靠。

（2）层门外观应平整、光洁、无划伤或碰伤痕迹。

（3）由轿门自动驱动层门情况下，当轿厢在开锁区域以外时，无论层门由于任何原因而被开启，都应设有一种装置能确保层门自动关闭。

10）对底坑部分应做下列检查：

（1）轿厢在两端站平层位置时，轿厢对重装置的撞板与缓冲器顶面间的距离。

（2）底坑应设有停止电梯运行的非自动复位的红色停止开关。

11）曳引试验

电梯在125％客定载荷以正常运行速度下行时，切断电动机与制动器供电，轿厢应可靠制动。当对重支承在被其压缩的缓冲器上时，空载轿厢不能被曳引绳提升起。

12）限速器安全钳联动试验

限速器与安全钳电气开关在联动试验中动作可靠，且使曳引机立即制动。

13）层门与轿门联锁试验

（1）在正常运行和轿厢未停止在开锁区域内，门应不能打开。

（2）当一个层门或轿门打开，电梯应不能移动或正常运行。

14）上下极限动作试验

井道上下两端应设有极限位置保护开关，并在轿厢或对重接触缓冲前起作用，在缓冲器被压缩期间保持其动作状态。

15）安全开关动作试验：

（1）安全窗打开，电梯应停止运行。

（2）轿顶、底坑应设紧急停止开关且动作可靠、灵敏。

（3）有限速器松绳开关，灵敏可靠。

（4）超载报警安全装置应动作可靠。

（5）电梯运行监控应有效可行。

7.5.3　某省规定对电梯工程为优质工程的验评标准

主控项目：

7.5.3.1　电力驱动的曳引式或强制式电梯安装工程

（1）土建交接检验

实际测量顶层高度，底坑深度、井道尺寸，复核机房的平面布置应与图纸相符。

检查方法：由土建施工、安装、监理单位有关人员共同现场对照图纸检查验收，检查土建交接验收记录。

检查数量：全数检查

（2）驱动主机

制动器闸瓦应紧密地合于制动轮工作表面上，松闸时间隙均匀。

检查方法：观察检查，检查安装记录。

检查数量：全数检查。

（3）导轨

焊接的导轨支架，应一次焊接成功，不得在调整轨道后再补焊。

检查方法：观察检查，检查安装记录。

检查数量：全数检查。

（4）轿箱扶手

下半轿壁是玻璃体的轿箱，玻璃面不得固定扶手，必须另独立固定设置，扶手设置形式及所用材质应符合厂家、设计要求。

检查方法：观察和尺量检查，检查安装记录、检查合格证。

检查数量：全数检查。

（5）轿箱顶内

轿箱顶内接线盒、线槽、电线管、安全保护开关应按厂家说明书（图）安装，不得擅自更换材料、器具。

检查方法：观察检查，检查安装记录。

检查数量：全数检查。

（6）安全部件

限速器整定值，现场安装时不得调整。

检查方法：观察检查，检查合格证，检测报告。

检查数量：全数检查。

（7）悬挂装置、随行电缆、补偿装置

钢丝绳无锈蚀、松股、断丝，钢丝绳自然悬垂于井道，消除其内应力后，安装钢丝绳。

检查方法：观察和扭动检查，检查安装记录。

检查数量：全数检查。

（8）整机安装

机房噪声：小于4m/s的电梯，不大于75dB（A）；大于4m/s电梯，不大于80dB（A）。

检查方法：实际运行检查，检查测试记录。

检查数量：全数检查。

条文说明：

（1）土建交接检验

主要是保证电梯安装工程顺利进行和确保电梯工程质量的重要程序，根据测量井道结果确定基准线，混凝土强度必须满足电梯安装要求，所以土建尺寸的偏差大小、混凝土强度直接影响电梯安装工序的进行。检查机房内的曳引机，工字钢限速器等设备布置应满足设计要求。

（2）驱动主机

制动器应动作灵活的必备条件。

（3）导轨

是防止影响调整精度的措施。

（4）轿箱扶手

轿箱下部为玻璃体时，为确保载人客梯的运行安全，本条突出要保证扶手的安装设置，又要保证固定牢固可靠。对材质的选用提出了要求。

（5）轿箱顶内

是对部分产品的安装使用要求。

（6）安全部件

是经过厂家检验的调整合格的装置，安全可靠，为了防止现场其他人员重新调整，改变动作速度、装置不动作或动作不正确。

（7）悬挂装置、随行电缆、补偿装置

由于运输、装卸、存放的钢丝绳易受损伤污染等因素，强调了实物的检查。并对钢丝绳安装过程质量控制提出了具体要求。

（8）整机安装

通过现场运行试验提高标准，确定整机运行可靠性。

7.5.3.2　液压电梯安装工程

（1）导轨

安装前检查锚栓（膨胀螺栓）。

检查方法：观察检查、检查产品合格证及型式检验证书。

检查数量：全数检查。

（2）悬挂装置、随行电缆

随行电缆敷设前，电缆自由悬垂。

检查方法：观察检查。

检查数量：全数检查。

（3）整机安装

电梯机房噪声不应大于 80dB（A）。

检查方法：观察检查，检查测试记录。

检查数量：全数检查。

条文说明：

（1）导轨

为支承固定的重要部配件，安装前必须认真检查连接强度与抗震能力，符合电梯产品的设计要求。

（2）悬挂装置、随行电缆

是使其内应力消除后，再进行安装，对随行电缆安装质量控制防止出现打结、波浪扭曲的现象所采取的措施。

（3）整机安装

噪声控制是保证电梯安装工程质量的重要指标之一，也是反映整机安装后质量的具体体现，噪声限定在不应大于 80dB（A）范围内，是更进一步促进提高电梯安装质量。

7.5.3.3　自动扶梯、自动人行道安装工程

整机安装：

出现电路接地的故障、无控制电压、过载情况时能自动停止运行。

检查方法：实际运行检查。

检查数量：全数检查。

条文说明：通过现场部分动作试验和检查检验，以确定整机运行的可靠性。

7.5.3.4　电梯观感质量要求如表 7-10 所列。

电梯观感质量要求　　表 7-10

序号	项目名称	观感质量要求
1	运行	电梯启动运行和停止，轿箱内无较大振动和冲击
2	平层	指定召唤开车、截车、停车、平层准确无误
3	开、关门	轿门带动层门开、关运行，门扇与门扇、门扇与门套、门扇与门楣、门扇与门口处轿壁、门扇下端与地坎应无刮碰现象
4	层门	门扇与门扇、门扇与门套、门扇与门楣、门扇与门口处轿壁、门扇下端与地坎之间各自的间隙在整个长度上应基本一致
5	信号系统	声光信号清晰正确
6	机房井道	机房、导轨与支架，底坑、轿顶、轿门、层门、地坎等部位无杂物，表面清洁
7	自动扶梯	（1）上行和下行自动扶梯、自动人行道、梯级、踏板或胶带与围裙板之间应无刮碰现象（梯级、踏板或胶带上的导向部分与围裙板接触除外），扶手带外表应无刮痕； （2）对梯级（踏板或胶带），梳齿板、扶手带、护壁板、围裙板内外盖板、前沿板及活动盖板等部位的外表面应清理

7.5.3.5　电梯安装分部工程质量验评

单台和分项工程均有 60％及其以上为优质，且各台的“安全部件”、“整机安装验收”分项必须优质。

第8章　建筑节能工程

8.1　质量控制要点

根据《建筑节能工程施工质量验收规范》GB 50411—2007 第 1.0.5 条规定：单位工程竣工验收应在建筑节能分部工程验收合格后进行。有关本分部的质检资料，分别归属于墙体、幕墙、门、窗、屋面、地面、通风与空调、配电与照明等分部中。节能工程监理要点应符合强制性条文的规定。表现在：

（1）建筑节能要求应经过施工图设计审查机构审查认定（符合规范第 3.1.2 条）；

（2）建筑节能工程应按照经审查合格的设计文件和经审查批准的施工方案施工（符合规范第 3.3.1 条）；

（3）墙体、幕墙、屋面、地面节能工程使用的保温隔热材料，应进行见证取样送检复验（符合规范第 4.2.2、5.2.2、7.2.2、8.2.2 条）；

（4）墙体节能工程的施工应符合：保温层厚度符合设计要求；保温板与基层粘结牢固，并经现场抗拔试验合格；后置锚固件数量、位置、锚固深度和拉拔力符合设计要求（符合规范第 4.2.7 条）；

（5）建筑外窗的气密性应经复验合格（符合规范第 6.2.2 条）；

（6）通风与空调节能工程中的送、排风系统及空调风系统应按设计要求施工，单机调试合格，功能检测合格（符合规范第 10.2.3、10.2.14 条）；

（7）低压配电系统选择的电线，应经见证取样复验合格（符合规范第 12.2.2 条）；

（8）建筑节能分部工程质量应验收合格，并符合下列规定：分项工程全部合格；质量控制资料完整；外墙节能构造现场实体检验结果符合设计要求；外窗气密性现场实体检测结果合格（符合规范第 15.0.5 条）。

8.2　某省规定对建筑节能工程为优质工程的验评标准

主控项目：

8.2.1　采用预制保温墙板现场安装的墙体，墙板进场和安装经验收合格；保温墙板的结构性能、热工性能及与主体结构的连接方法符合设计要求，且与主体结构构件连接牢固；保温墙板板缝处平顺、无渗漏；且在墙体中无热桥。

检查方法：观察，核查型式检验报告、出厂检验报告、隐蔽工程验收记录。

检查数量：全数检查。

条文说明：预制保温墙板组装过程容易出现连接处渗漏、热桥等质量问题，为此本条规定在保温墙板结构性能、热工性能、连接方法均符合设计要求情况下，验收评价人员应着重检查已安装的墙板连接处有无渗漏、热桥等质量问题。

8.2.2　自保温砌块砌筑的墙体，其砌块、砌筑砂浆的强度等级和砌块的导热系数应符合设计要求；墙体的砌筑应符合《砌体结构工程施工质量验收规范》GB 50203—2011 的要求。

检验方法：观察；产品合格证明文件和复验报告；隐蔽工程验收记录。

检查数量：全数检查。

条文说明：自保温砌块砌筑的墙体，其砌块、砌筑砂浆不仅须有一定强度，以满足其承载要求，而且须有一定热阻性能，以达到其保温、隔热要求。为此本条要求其强度、热阻性能均须满足设计要求。

8.2.3　外墙防火水平隔离带设置间距、几何尺寸及构造做法符合设计图纸和有关规定要求；防护层将保温材料完全覆盖。

检查方法：观察检查。

检查数量：全数检查。

条文说明：为了增强外墙保温系统的防火性能，提高建筑外墙防火工程的质量。依据公安部与住建部颁发的《民用建筑外墙保温系统及外墙装饰防火暂行规定》，本标准作此规定。

8.2.4　屋顶与外墙交界处，屋顶开口部位四周的 A 级阻燃保温材料隔离带宽度不少于 500mm，厚度无负偏差；粘贴密实且无空鼓。

检查方法：观察、尺量检查；

检查数量：全数检查。

条文说明：屋顶与外墙交界处保温防火构造，多数施工图纸中无构造详图。为了增强外墙保温系统的防火性能，本标准作此规定。

8.2.5　门、窗安装的位置正确，关闭严密，开闭灵活，外门、窗框或副框与洞口之间的间隙已采用弹性闭孔材料填充饱满，密封胶施打严密，观感舒畅且无渗漏。

检查方法：观察、尺量检查；淋水检查。

检查数量：全数检查。

8.2.6　幕墙节能工程使用的保温材料，其厚度抽检处无负偏差；安装牢固、无松脱；热桥部位的隔断热桥措施符合设计要求，断热节点的连接牢固。

检查方法：对照幕墙节能设计文件，观察检查。

检查数量：按检查批抽查 10%，并不少于 5 件。

8.2.7　遮阳设施的性能、尺寸符合设计和产品标准要求；遮阳设施安装位置正确、牢固，满足安全和使用功能要求；活动遮阳设施的调节机构灵活，能调节到位。

检查方法：核查质量证明文件；观察、尺量、手板检查。

检查数量：观察、检查全数的 10%，并不少于 5 处，安装牢固程度全数检查。

一般项目：

8.2.8　镀（贴）膜玻璃的安装方向、位置正确；中空玻璃采用双道密封；中空玻璃的均压管已作密封处理；密封条规格正确，长度无负偏差，接缝的搭接符合设计要求且平顺。

检查方法：观察、检验施工记录。

检查数量：每个检验批抽查 10%，并不少于 5 件（处）。

8.2.9　伸缩缝、沉降缝、抗震缝的保温或密封做法符合设计要求且无渗漏、冷凝现象。

检查方法：对照设计文件观察检查。

检查数量：全数检查。

8.2.10　采用地面辐射采暖的工程，其地面节能做法符合设计要求和施工验收规范规定；保温层表面的保护层无空鼓、裂缝或起翘。

检查方法：观察检查。

检查数量：全数检查。

8.3　某银行大厦外立面装修改造的热工计算案例

一、工程简况：

工程名称：某银行大厦幕墙改造工程；

建设单位：××银行；

建设地点：××市；

工程性质：高层办公综合楼；

主体结构形式：钢筋混凝土框架结构；

建筑层数：地下1层，地上20层；

地面粗糙度类型：D类；

本工程采用的基本风压：0.40kN/m^2（50年一遇）；

抗震设防烈度：7度；

立面主要外装饰：玻璃幕墙、蜂窝石材幕墙、铝合金装饰百叶等；

建筑物长32.8m，宽28.2m，高85.4m，体形系数s=0.65。

二、计算评判依据

根据《公共建筑节能设计标准》GB 50189—2005有关强制性条文设计。

（一）根据建筑物所在城市的建筑气候分区，××市属于夏热冬冷地区。因而，该建筑的围护结构的热工性能应符合表8-1的规定，其中外墙的传热系数为包括结构性热桥在内的平均值。当不能满足本条文的规定时，必须按照标准的规定进行权衡判断。

夏热冬冷地区围护结构传热系数和遮阳系数限值　　　表8-1

<table>
<tr><td colspan="2">围护结构部位</td><td colspan="2">传热系数 kW/(m^2·K)</td></tr>
<tr><td colspan="2">屋面</td><td colspan="2">≤0.70</td></tr>
<tr><td colspan="2">外墙（包括非透明幕墙）</td><td colspan="2">≤1.0</td></tr>
<tr><td colspan="2">底面接触室外空气的架空或挑楼板</td><td colspan="2">≤1.0</td></tr>
<tr><td colspan="2">外窗（包括透明幕墙）</td><td>传热系数
kW/(m^2·K)</td><td>遮阳系数 S_C
（东、南、西向/北向）</td></tr>
<tr><td rowspan="5">单一朝向外窗
（包括透明幕墙）</td><td>窗墙面积比≤0.2</td><td>≤4.7</td><td>—</td></tr>
<tr><td>0.2<窗墙面积比≤0.3</td><td>≤3.5</td><td>≤0.55/—</td></tr>
<tr><td>0.3<窗墙面积比≤0.4</td><td>≤3.0</td><td>≤0.50/0.60</td></tr>
<tr><td>0.4<窗墙面积比≤0.5</td><td>≤2.8</td><td>≤0.45/0.55</td></tr>
<tr><td>0.5<窗墙面积比≤0.7</td><td>≤2.5</td><td>≤0.40/0.50</td></tr>
<tr><td colspan="2">屋顶透明部分</td><td>≤3.0</td><td>≤0.40</td></tr>
</table>

注：由外遮阳时，遮阳系数=玻璃的遮阳系数×外遮阳的遮阳系数；无外遮阳时，遮阳系数=玻璃的遮阳系数。

（二）建筑每个朝向的窗（包括透明幕墙）墙面积比均不应大于 0.7。当窗（包括透明幕墙）墙面积比小于 0.4 时，玻璃（或其他透明材料）的可见光透射比不应小于 0.4。当不能满足本条文的规定时，必须按照《公共建筑节能设计标准》GB 50189—2005 的规定进行权衡判断。

（三）围护结构热工性能的权衡判断：

首先计算参照建筑在规定条件下的全年采暖和空气调节能耗，然后计算所设计建筑在相同条件下的全年采暖和空气调节能耗，当所设计建筑的采暖和空气调节能耗不大于参照建筑的采暖和空气调节能耗时，判定围护结构的总体热工性能符合节能要求。当所设计建筑的采暖和空气调节能耗大于参照建筑的采暖和空气调节能耗时，应调整设计参数重新计算，直至所设计建筑的采暖和空气调节能耗不大于参照建筑的采暖和空气调节能耗。

三、传热系数计算

（一）传热系数计算方法

$$K=1/R_0$$

式中　K——传热系数（$W/m^2 \cdot K$）；

R_0——总热阻（$m^2 \cdot K/W$）；

$$R_0=R_i+\Sigma R+R_e$$

式中　R_i——内表面换热阻（$m^2 \cdot K/W$）；

R——材料层热阻（$m^2 \cdot K/W$）；

R_e——外表面换热阻（$m^2 \cdot K/W$）；

$$R=\delta/\lambda$$

δ——材料厚度（m）；

λ——导热系数（$W/m \cdot K$）

$$R_i=1/\alpha_i$$

$$R_e=1/\alpha_e$$

式中　α_i——内表面换热系数（$W/m^2 \cdot K$）；

α_e——外表面换热系数（$W/m^2 \cdot K$）。

（二）玻璃幕墙（透明部分）传热系数

本工程玻璃幕墙中空玻璃选用 6+12A+6 中空钢化 LOW-E 玻璃，中透光性。其传热系数 $K=1.8W/(m^2 \cdot K)$，遮阳系数 $S_C=0.5$。太阳光透射比 $g_g=0.37$，可见光透射比 $\tau_t=0.62$。

（三）非透明幕墙传热系数

其他材料（非透明部分）传热系数的计算：

1）空气间层热阻值

空气间层热阻值：0.2。

2）400mm 厚钢筋混凝土梁

400mm 厚钢筋混凝土梁热阻：$R=\delta/\lambda=0.4/1.74=0.229m^2 \cdot K/W$。

3）20mm 蜂窝石材导热系数 $\lambda=0.655W/(m^2 \cdot K)$

20mm 蜂窝石材热阻：$R=\delta/\lambda=0.02/0.655=0.03m^2 \cdot K/W$。

4）50mm 岩棉保温板热阻：$R=\delta/\lambda=0.05/0.042=1.19\mathrm{m^2\cdot K/W}$。

5）30mm 岩棉保温板热阻：$R=\delta/\lambda=0.03/0.042=0.71\mathrm{m^2\cdot K/W}$。

6）R_i：围护结构内表面换热阻，按规范取 $0.11\mathrm{m^2\cdot K/W}$。

7）R_e：围护结构外表面换热阻，按规范取 $0.04\mathrm{m^2\cdot K/W}$。

（四）各种类型幕墙传热系数的计算：

1）20mm 蜂窝石材幕墙传热系数：

$$\begin{aligned}R_0 &= R_i + \Sigma R + R_e \\ &= 0.11 + 0.2 + 0.229 + 0.03 + 1.19 + 0.04 \\ &= 1.799\end{aligned}$$

$$K=1/R_0=1/1.799=0.556\mathrm{W/(m^2\cdot K)}$$

2）玻璃幕墙（6LOW-E＋12A＋6 钢化中空玻璃）后有 400mm 厚钢筋混凝土梁及 30mm 保温岩棉板传热系数：

$$R_0 = R_i + \Sigma R + R_e$$

$$\begin{aligned}R_0 &= 0.11 + 0.2 + 0.229 + 0.71 + 1/1.8 \\ &= 1.805\end{aligned}$$

$$K = 1/R_0 = 1/1.805 = 0.55\mathrm{W/(m^2\cdot K)}$$

四、各立面窗墙比及传热系数计算

（一）各立面幕墙汇总及窗墙比计算

窗墙比＝透明部分面积/（非透明部分面积＋透明部分面积）

各立面窗墙比计算结果如表 8-2 所列，皆小于 0.7，满足《公共建筑节能设计标准》GB 50189—2005 第 4.2.4 条的要求。

各立面窗墙的计算结果　　　　**表 8-2**

朝向	东立面（1931.69m²）	西立面（2371.62m²）	南立面（2246.79m²）	北立面（2246.79m²）
蜂窝石材幕墙	954.79	1189.96	1012.19	1012.19
玻璃幕墙后有钢筋混凝土梁	157.79	194.92	202.17	202.17
非透明部分面积合计	1112.58	1384.88	1214.36	1214.36
6＋12A＋6LOW-E 全隐框玻璃幕墙	819.11	986.74	1032.43	1032.43
透明部分面积合计	819.11	986.74	1032.43	1032.43
窗墙比	0.42	0.42	0.46	0.46

（二）各立面幕墙传热系数计算（表 8-3）

（三）透明幕墙遮阳系数计算

玻璃幕墙无外遮阳时，遮阳系数＝玻璃的遮阳系数×(1－非透光部分面积/玻璃幕墙总面积)＝0.5×(1－0.16)＝0.42≤0.45。

满足《公共建筑节能设计标准》GB 50189—2005 第 4.2.2 条的要求。

（四）玻璃的可见光透射比

$\tau_t=0.62$，对于公共建筑，按照《公共建筑节能设计标准》GB 50189—2005 第 4.2.4 条的规定，当窗墙比小于 0.40 时，玻璃的可见光透射比不应小于 0.4。满足要求。

各立面幕墙传热系数　　**表 8-3**

<table>
<tr><td colspan="10">城市：××市　　气候分区：夏热冬冷地区</td></tr>
<tr><td colspan="2" rowspan="2">朝向</td><td colspan="2">东立面 1931.69m²</td><td colspan="2">西立面 2371.62m²</td><td colspan="2">南立面 2246.79m²</td><td colspan="2">北立面 2246.79m²</td></tr>
<tr><td>面积（m²）</td><td>传热系数</td><td>面积（m²）</td><td>传热系数</td><td>面积（m²）</td><td>传热系数</td><td>面积（m²）</td><td>传热系数</td></tr>
<tr><td rowspan="3">非透明幕墙 $K \leqslant 1.0$</td><td>蜂窝石材幕墙</td><td>954.79</td><td>0.556</td><td>1189.96</td><td>0.556</td><td>1012.19</td><td>0.556</td><td>1012.19</td><td>0.556</td></tr>
<tr><td>玻璃幕墙后有钢筋混凝土梁</td><td>157.79</td><td>0.55</td><td>194.92</td><td>0.55</td><td>202.17</td><td>0.55</td><td>202.17</td><td>0.55</td></tr>
<tr><td>合计（加权平均）</td><td>1112.58</td><td>0.56</td><td>1384.88</td><td>0.56</td><td>1214.36</td><td>0.56</td><td>1214.36</td><td>0.56</td></tr>
<tr><td rowspan="3">透明幕墙 $K \leqslant 2.8$</td><td>6+12A+6LOW-E 玻璃幕墙</td><td>819.11</td><td>1.8</td><td>986.74</td><td>1.8</td><td>1032.43</td><td>1.8</td><td>1032.43</td><td>1.8</td></tr>
<tr><td>合计（加权平均）</td><td>819.11</td><td>1.8</td><td>986.74</td><td>1.8</td><td>1032.43</td><td>1.8</td><td>1032.43</td><td>1.8</td></tr>
<tr><td>窗墙比</td><td colspan="2">0.42</td><td colspan="2">0.42</td><td colspan="2">0.46</td><td colspan="2">0.46</td></tr>
</table>

各立面传热系数计算结果如表 3 所列，满足《公共建筑节能设计标准》GB 50189—2005 第 4.2.2 条的要求。

结论：节能计算结果符合节能规范要求。

第9章　工程资料与档案管理

9.1　工程资料

工程资料包括：

（1）项目前期资料，含：项目立项批文、项目概算、项目设计招投标文件、项目所在地政府对项目实施阶段应颁发的有关许可证等；

（2）工程图纸、设计变更、工程签证；

（3）当地政府主管部门对图纸的审核意见，含：政府审图中心对图纸中建筑、结构的审核意见，消防部门对装修图纸的审核意见，环保部门对建筑图纸防雷接地的审核意见等；

（4）有特殊要求的工程专家论证意见，如：基坑支护、高耸结构支模方案、高层建筑外脚手架设计方案、高层建筑室内外拆除改造方案、大跨度悬空结构支模方案等；

（5）施工质量控制资料等。

9.2　施工档案管理

施工档案的管理是由项目施工经理部的现场档案员负责，项目监理部应加强对其的督促检查。施工档案侧重于施工质量控制资料为主，其内容主要包括在表9-1中。

施工档案资料目录　　**表9-1**

序号	编号	名称	页码	备注
	TJ1	施工、技术管理资料		
	TJ1.1	工程概况		
	TJ1.2	工程项目施工管理人员名单		
	TJ1.3	施工现场质量管理检查记录		
	TJ1.4	施工组织设计、施工方案审批		
	TJ1.5	技术交底记录		
	TJ1.6	开工报告		
	TJ1.7	竣工报告		
		混凝土配合比通知单		
		砂浆配合比通知单		
		特殊混凝土和砂浆配合比通知单		
		施工招标文件		
		施工总承包合同及分包合同		

续表

序号	编号	名称	页码	备注
		工程预（决）算书		
	TJ2	工程质量控制资料		
	TJ2.1	图纸会审、设计变更、洽商记录汇总表		
	TJ2.1.1	图纸会审、设计变更、洽商记录		
	TJ2.1.2	设计交底记录		
	TJ2.2	工程定位测量、放线验收记录		
	TJ2.3	原材料出厂合格证书及进场检（试）验报告		
	TJ2.3.1	钢材合格证和复试报告汇总表		
		钢材合格证、复试报告		
		其他钢材合格证、复试报告		
	TJ2.3.2	水泥出厂合格证、复试报告汇总表		
		水泥出厂合格证、试验报告		
	TJ2.3.3	砖（砌块）出厂合格证或试验报告汇总表		
		砖（砌块）出厂合格证或检验报告		
	TJ2.3.4	混凝土外加剂（及其他材料）产品合格证、出厂检验报告和复验报告汇总表		
		混凝土外加剂产品合格证、出厂检验报告和复试报告		
		粉煤灰合格证书及进场复验报告		
		砂、石进场复试报告		
	TJ2.3.5	防水和保温材料合格证、复试报告汇总表		
		各种防水材料和保温材料合格证、复试报告		
	TJ2.3.6	（其他）建筑材料合格证、复试报告汇总表		
		饰面板（砖）产品合格证复验报告		
		吊顶、隔墙以及吊顶隔墙龙骨产品合格证		
		人造木板合格证、甲醛含量复验报告		
		玻璃产品合格、性能检测报告		
		室内用大理石、花岗岩、墙地砖及其他非金属材料放射性检测报告、天然花岗岩放射性复验报告		
		涂料产品合格证、性能检测报告		
		裱糊用壁纸、墙布产品合格证、性能检测报告		
		软包面料、内衬产品合格证、性能检测报告		
		地面材料产品合格证、性能检测报告		
	TJ2.4	施工试验报告及见证报告		
	TJ2.4.1	混凝土试块试压报告汇总表		
		混凝土试块试验报告（含结构实体同条件养护试块）		
		抗渗混凝土试块抗渗试验报告		
		用于装配式结构拼缝、接头处混凝土强度试验报告		
		特种混凝土试块试验报告		
	TJ2.4.2	混凝土强度评定		
	TJ2.4.3	结构实体混凝土强度评定		

续表

序号	编号	名称	页码	备注
	TJ2.4.4	砂浆强度汇总评定表		
		砂浆试块试验报告		
		特种砂浆试块试验报告		
	TJ2.4.5	钢筋连接试验报告、焊条（剂）合格证汇总表		
		钢筋连接试验报告、焊条（剂）合格证		
		后置埋件现场拉拔试验报告		
	TJ2.4.6	土壤试验记录汇总表		
		土壤试验报告		
		地表土壤氡浓度检测报告		
	TJ2.4.7	外墙饰面砖样板件粘结强度检测报告		
	TJ2.5（统表）	隐藏工程验收记录		
		钢筋工程隐蔽验收记录		
		地下防水转角处、变形缝、穿墙管道、后浇带、埋设件、施工缝等细部做法隐蔽验收记录		
		穿墙管止水环与主管或翼环与套管隐蔽验收记录		
		地下连接墙的槽段接缝及墙体与内衬结构接缝隐蔽工程验收记录		
		屋面天沟、檐口、檐沟、水落口、泛水、变形缝和伸出屋面管道的防水构造隐蔽工程验收记录		
		抹灰工程隐蔽验收记录		
		门、窗预埋件和锚固件的隐蔽工程验收记录		
		门、窗隐蔽部位的防腐、填嵌处理隐蔽验收记录		
		吊顶工程隐蔽验收记录		

9.3　监理档案管理

监理工作的成效，反映在监理硬件和监理软件两个方面。监理硬件是指监理工程的施工质量；监理软件是指工程资料（含建设、勘察、设计、施工、监理等各方属于归档的资料）的质量。在工程质量评优标准中把工程硬件和工程软件放在同等重要地位，是提高施工企业工程管理水平的重要举措。进入21世纪以来，建筑市场上一流的施工企业，十分重视企业的质量体系论证和工程质量评优，为企业树形象，提高企业的社会知名度，为企业提高社会效益和经济效益。在这种形势下，作为项目监理机构必须以更高的管理水平为其服务。作为工程项目的总监理工程师必须履行《建设工程监理规范》中总监理工程师岗位职责，组织整理监理文件资料。为此，我们在“共创鲁班奖工程”的过程中十分重视监理资料的质量管理，除在项目监理机构中设置专职资料员外，还要求专业监理工程师在监理过程中要认真按照监理资料归档所提出的要求办理。我们的做法。主要归纳为以下几点：

1）提高对监理资料质量的认识

监理资料管理属于信息管理的一部分，信息是指用口头的方式，书面的方式，或电子的方式传输（传达、传递）的知识、新闻、可靠的或不可靠的情报。声音、文字、数字和图像等都是信息表达的形式。建设工程项目的实施需要人力资源和物质资源，应该认识到信息也是项目实施的重要资源之一。当今，信息处理已逐步向电子化和数字化方向发展，但建筑业领域的信息化已明显落后于其他许多行业。根据国际有关文献资料介绍：建设工程项目实施过程中存在的诸多问题，其中三分之二与信息交流（沟通）的问题有关；建设工程项目10%～33%的费用增加与信息交流存在的问题有关；在大型建设工程项目中，信息交流中存在的问题导致工程变更和工程实施的错误约占工程总成本的3%～5%。

在国际上，许多建设工程项目都专门设立信息管理部门（或称信息中心），以确保信息管理工作的顺利进行；也有一些大型建设工程项目专门委托咨询公司从事项目信息动态跟踪和分析，以信息流指导物质流，从宏观上对项目的实施进行控制。

我们理解的监理资料是指监理过程中对监理委托方和被监理方的有关工程资料，包括监理、施工、建设等单位在施工管理过程中的各种工程资料。要真正做好对监理资料的管理，应包括监理资料的收集、整理、分析、利用、归档等五个阶段。其中每个阶段都有总监理工程师亲自组织或主持工作。例如监理资料的收集工作，这项工作虽然由专职资料员去做，但要将各专业的监理资料收齐，真正做到监理资料收集及时、真实、完整、书写规范等是很困难的。为此，总监理工程师需要经常督促各专业监理工程师利用工序报验和原材料检测等机会协助资料员做好资料收集工作；总监理工程师还利用监理协调会的机会反复动员施工单位做好有关工程资料并向监理及时申报的工作；必要时，总监理工程师可以发工程师通知单，限期要求施工单位将有关资料报监理。我们这样做，其结果是有效的，否则，很难及时收集到真实、完整、书写规范的资料。

2）重视对监理资料的分析和利用。

监理资料的收集、整理当然重要，我们还十分重视对监理资料的分析和利用，其结果：

（1）通过对资料的分析可以由表及里，由个别到整体地看清事物的本质。例如：某高层建筑楼板混凝土等级为C30，每层混凝土浇筑时作为一个检验批做了一定数量的试块，其测试结果虽均为合格，但不是一个数值。一个高层建筑有几百个数值，如果说不应用数理统计的方法去分析，其结论：只有一个概念，即C30混凝土是合格的。如果分析以后，就可知道这几百个数值的离散程度（以标准差σ表示，$\sigma<2.5N/mm^2$为优秀；$\sigma=2.5\sim3.5N/mm^2$为良好；$\sigma=3.5\sim5N/mm^2$为一般；$\sigma>5N/mm^2$为不良）。从而进一步得到C30混凝土质量是属于合格、良好、优秀中的哪个等级。如果是商品混凝土，通过上述分析可以判断商品混凝土供应商的产品质量的稳定性，可进一步利用这个结果选好混凝土供应商。

（2）通过对监理资料的分析、利用，得到分析、利用资料的好处，对监理资料的收集和整理工作也是有促进作用的。对要求的资料要及时、真实、完整并有更深刻的理解，否则可能导致分析结论错误，再利用这些错误的结论就会造成损失。把资料的收集、整理工作不仅仅作为一项任务来完成，而是认识到这项工作做得好差的利害关系，不使工作流于形式。目前我们已习惯于利用计算机及其软件对有关数据进行分析，帮助我们进一步看到问题的本质。

（3）通过对资料的分析，就能及时总结经验，并利用这些经验去指导以后的工作。有些数字资料可以通过数据分析进行处理。对那些文字资料也可以进行分析和利用，如外装幕墙工程，其监理资料不少都用文字表达，但也可以通过分析总结成功和失败的监理经验和教训，并将分析结果书写成监理总结和月报等，为做好下一道工序或下一个工程奠基。

3）总监理工程师组织对监理资料的整理与归档工作。

监理资料的内容可通过以下五种渠道中选择：

（1）按《建设工程监理规范》GB/T 50319—2013 中规定的资料内容整理、归档；

其主要内容包括：

① 勘察设计文件、建设工程监理合同及其他合同文件；

② 监理规划、监理实施细则；

③ 设计交底和图纸会审会议纪要；

④ 施工组织设计、（专项）施工方案、应急救援预案、施工进度计划报审文件资料；

⑤ 分包单位资格报审文件资料；

⑥ 施工控制测量成果报验文件资料；

⑦ 总监理工程师任命书、开工令、暂停令、复工令、开工/复工报审文件资料；

⑧ 工程材料、设备、构配件报验文件资料；

⑨ 见证取样和平行检验文件资料；

⑩ 工程质量检查报验资料及工程有关验收资料；

⑪ 工程变更、费用索赔及工程延期文件资料；

⑫ 工程计量、工程款支付文件资料；

⑬ 监理通知、工作联系单与监理报告；

⑭ 第一次工地会议、监理例会、专题会议等会议纪要；

⑮ 监理月报、监理日志、旁站记录；

⑯ 工程质量/生产安全事故处理文件资料；

⑰ 工程质量评估报告及竣工验收监理文件资料；

⑱ 监理工作总结。

（2）按《建筑工程文件归档整理规范》GB/T 50328—2001 中规定的监理资料内容整理、归档；

① 监理委托合同；＊＃

② 工程项目监理机构及负责人名单；＊＃

③ 监理规划；＊△

④ 监理实施细则；＊△

⑤ 监理部总控制计划等；△

⑥ 监理月报中有关质量问题；＊＃

⑦ 监理会议纪要中的有关质量问题；＊＃

⑧ 工程开工/复工审批表；＊＃

⑨ 工程开工/暂停/复工令；＊＃

⑩ 不合格项目通知；＊＃

⑪ 质量事故报告及处理意见；＊＃

⑫ 有关进度控制的监理通知；＃

⑬ 有关质量控制的监理通知；＃

⑭ 有关造价控制的监理通知；#

⑮ 工程延期报告及审批；* #

⑯ 费用索赔报告及审批；#

⑰ 合同争议、违约报告及处理意见；* #

⑱ 合同变更材料；* #

⑲ 专题总结；△

⑳ 月报总结；△

㉑ 工程竣工总结；* #

㉒ 质量评价意见报告；* #

㉓ 检验批质量验收记录；#

㉔ 分项工程质量验收记录；#

㉕ 分部（子分部）工程质量验收记录；* #

㉖ 基础、主体工程验收记录；*

㉗ 幕墙工程验收记录。*

(3) 按城建档案馆规定的归档目录内容分别归档；

建设、设计、施工、监理分别按城建档案馆规定的归档目录内容归档，详见《建筑工程文件归档整理规范》GB/T 50328—2001。属于由城建档案馆保存的监理档案，详见上述第（2）条中带“*”的内容。在监理档案中带“#”的档案属于长期保存的档案（长期是指保存期等于该工程的使用寿命）；带“△”的档案属于短期档案（短期指档案保存20年以下）。

归档文件的质量要求，应根据《建筑工程文件归档整理规范》GB/T 50328—2001 中规定的要求进行：

① 归档的工程文件应为原件。

② 工程文件的内容及其深度必须符合国家有关工程勘察、设计、施工、监理等方面的技术规范、标准和规程。

③ 工程文件的内容必须真实、准确，与工程实际相符合。

④ 工程文件应采用耐久性强的书面材料，如碳素墨水、蓝黑墨水。不得使用易褪色的书面材料，如红色墨水、纯蓝墨水、圆珠笔、复写纸、铅笔等。

⑤ 工程文件应字迹清楚，图样清晰，图表整洁，签字盖章手续完备。

⑥ 工程文件中文字材料幅面尺寸规格宜为 A4 幅面（210mm×297mm）。图纸宜采用国家标准图幅。

⑦ 工程文件的纸张应采用能够长期保存的韧力大、耐久性强的纸张。图纸一般采用蓝晒图，竣工图应是新蓝图。计算机出图必须清晰，不得使用计算机出图的复印件。

⑧ 所有竣工图均应加盖竣工图章（图章内容按规范规定）。

⑨ 利用施工图改绘竣工图，必须标明变更、修改依据。凡施工图结构、工艺、平面布置等有重大改变，或变更部分超过图面 1/3 的，应当重新绘制竣工图。

⑩ 不同幅面的工程图纸应按《技术制图　复制图的折叠方法》GB/T 10609.3—2009 统一折叠成 A4 幅面（210mm×297mm）图标栏露在外面。

归档文件立卷的原则和方法，应根据《建筑工程文件归档整理规范》GB/T 50328—

2001 规定的进行：

① 立卷应遵循工程文件的自然形成规律，保持卷内文件的有机联系，便于档案的保管和利用。

② 一个建设工程由多个单位工程组成时，工程文件应按单位工程组卷。

③ 工程文件可按建设程序划分为工程准备阶段文件、监理文件、施工文件、竣工图、竣工验收文件 5 部分。

④ 工程准备阶段文件可按建设程序、专业、形成单位等组卷。

⑤ 监理文件可按单位工程、分部工程、专业、阶段等组卷。

⑥ 施工文件可按单位工程、分部工程、专业、阶段等组卷。

⑦ 竣工图可按单位工程、专业等组卷。

⑧ 竣工验收文件可按单位工程、专业等组卷。

⑨ 案卷不宜过厚，一般不超过 40mm。

⑩ 案卷内不应有重份文件；不同载体的文件一般应分别组卷。

（4）按省建委监制的监理示范表式进行整理、归档。

某省建设工程施工阶段监理现场用表（第四版）：

A 类表（承包单位用表）

A1　　工程开工报审表
A2.1　　工程进度计划报审表
A2.2　　延长工期报审表
A3.1　　施工组织设计/方案报审表
A3.2　　施工安全生产管理体系报审表
A3.3　　材料（构配件）、设备进场使用报验单
A3.4　　施工起重机械设备进场/使用报验单
A3.5　　工序质量报验单
A3.5　　工序质量报验单（通用）
A3.6　　分包单位资质报审表
A3.7　　施工测量报验单
A3.8　　混凝土浇筑报审表
A3.9　　施工安全专项方案报审表
A4.1　　工程计量报审表
A4.2　　工程费用索赔报审表
A4.3　　工程款支付申请表
A4.4　　工程安全防护措施费使用计划报审表
A5　　监理工程师通知回复单（　　类）
A6　　工程复工报审表
A7　　单位/分部工程竣工报验单
A8　　承包单位通用报审表
A9　　工程变更单

B 类表（监理单位用表）

B1　工程暂停令
B2　监理工程师通知单（　　类）
B3　监理工程师联系单
B4　监理工程师备忘录
B5　监理月报
B6　________会议纪要
B7　监理日记（　　）
B8　工程款支付证书
B9　工程质量评估报告
B10　监理工作总结
B11　旁站监理记录表
B12　监理规划
B13　监理实施细则
B14　项目监理机构向有关主管部门质量安全报告单
B15　工程监理资料移交单

C 类表（建设单位用表）

C1　建设单位工程通知单
C2　建设单位工程联系单

（5）按监理企业自制的表式整理、归档。（略）

目前我们一直采用第（4）条中当地政府制定的监理用表，进行资料整理、归档。一式三份。工程竣工后其中一份移交建设单位，另一份移交监理公司，再一份根据城建档案馆的存档目录选择报送。近年来，某市规定在工程竣工验收时必须具备的条件之一是工程资料（含工程总（分）包方的施工资料和经监理方签认的各专业工程竣工图、监理方的监理资料、建设方的工程前期资料等）。必须经城建档案馆验收合格，并出具相应的证明文件。城建档案馆验收时，按城建档案馆的归档目录，由建设、施工、设计、监理等单位整理档案送验，并存入城建档案馆。为此，建设、施工、设计、监理等单位必须组织有关人员慎重对待。否则，将影响到工程竣工验收工作的进行。

工程资料归档后应能满足以下五个方面的需要：

① 工程竣工验收；
② 工程竣工结算；
③ 工程竣工备案；
④ 工程质量评优；
⑤ 城建档案馆验收存档。

综上所述，要做好工程资料工作必须在项目监理机构的主持下，通过分部工程验收和单位工程竣工预验收，组织监理、施工、建设单位有关资料工作人员对施工单位和监理机构的资料档案按竣工验收要求进行审查，发现不足之处要求有关方进行整改。到了单位工程正式竣工验收时再检查和整改一遍，此时工程资料档案已基本完备。到了工程质量评优时，其工程资料档案已满意了。当然在评选鲁班奖工程时，将会提出更高的要求，到时在原有基础上加工，就不太费劲了。

9.4　工程资料在“创优”过程中应避免的质量疵病

根据参与鲁班奖工程评选活动的专家撰文披露，工程资料在“创建鲁班奖工程”过程中应注意的几个问题

1）注意工程资料的全面性

一项鲁班奖工程，从立项、审批、勘测、设计、施工、监理、竣工、交付使用，到评奖，申报鲁班奖工程，涉及众多的环节和众多的部门，这就要求工程资料齐全、完整。申报单位应会同建设单位收集、整理一并归入工程档案。如有关：计划、规划、土地、环保、人防、消防、供电、电信、燃气、供水、绿化、劳动、技监、档案等部门检测，验收或出具的证明，常见的有：

（1）消防工程的公安消防部门对设计的审查意见书，工程验收意见书，消防技术检测部门的检测报告，施工单位的消防施工许可证；

（2）燃气工程的安装资料；

（3）变配电工程的施工资料；

（4）环保部门的检测记录；

（5）人防部门的验收意见；

（6）劳动（技监）部门对电梯的管理；

（7）白蚁的防治记录；

（8）各种设备的安装资料：如制冷机组及附属设备，空调机组的安装；

（9）按规范规定应检测和抽检的试验记录，如阀门、闭式喷头、气体灭火系统组件以及水质检验报告等。

总之上述工程中，有的是前期管理资料；有的是施工中建设单位指定分包施工单位的，或者行业垄断施工的，作为总包承建单位在申报鲁班奖项目时，资料收集起来的确有很大的难度，但无论怎样，鲁班奖工程的资料应该是全面的、齐全完整的。

2）注意工程资料的可追溯性

“根据记载的标识、追踪实体的历史，应用情况和所处场所的能力。”对于鲁班奖工程来讲主要是：原材料、设备的来源和施工（安装）过程形成的资料。涉及产品合格证，质量证明书，检验试验报告等。应做到：

进货时，供应商提供是原件的应归入工程档案正本，并在副本中注明原件在正本；提供抄件的应要求供应商在抄件上加盖印章，注明所供数量，供货日期、原件在何处，抄件人应签字。重要部位使用的材料应在原件或抄件上注明用途，使其具有追溯性。举例说明：

① 设备试运转记录应一机一表，同型号的多台设备只用一个表格，轴承温升等情况几台设备均一致，这不符合实际情况，记录内容不真实。如复查某工程提供的资料80WQ40-15-4型设备共8台，记录表格只有一张，记录内容为该型号设备共8台，经试运转，轴承温升48°，全部合格，像这种情况，8台设备的温升都一样分毫不差怎么可能？加注的什么润滑剂、每个设备的出厂编号均不清楚，一旦出现问题，怎么进行追溯？类似

这种情况比较普遍，应引起注意。

② 设备安装的记录表格，不能只有试运转一个表格。安装各个程序的情况均应进行记录，如：设备基础验收，应有设备开箱检查、划线定位、找正找平、拆卸清洗，联轴器同心度，隐蔽工程验收等记录，均不可缺少。如果没有这些记录，设备基础是否符合要求，设备到货产品质量情况如何？设备安装平面，标高位置，纵横水平度，联轴器同心度，设备的地脚螺栓尺寸、在孔内的位置，垫铁的位置、组数、每组垫铁几块，找正找平后是否点焊牢固，二次灌浆的混凝土强度等技术指标均反映不出来，影响设备安装质量的评价，且出现问题后，不易查找原因。

现在计算机普遍应用于施工检测，试验数据的采集、存储、数据处理、报告编制和工程资料的整理。应该注意检测，试验报告等资料的责任人，必须是亲笔签字，姓名不可采用计算机打印，否则，也就失去了追溯性。

3）注意工程资料的真实性、准确性

各种工程资料的数据是否符合实际，且满足规范的要求，在施工过程中工长，检测人员就应把关。真实地反映检验和试验的数据。工程监理应确认检验或试验的结果。检验或试验报告（记录）不应抄录规范的技术参数，应记录真实地反映检测和试验结果。目前存在有：

（1）施工组织设计内容上，没有质量目标和目标分解；专业施工方案，只是一些规范或标准的抄写，没有结合该项工程的实际进行布局，施工顺序，工艺要求，材料、设备使用要求。且采用什么规范、标准也不明确。

（2）材料、产品合格证，无原件，以复印件代替，但未注明原件存放处，无存放单位加盖红章和责任人签字；无合格证所代表的数量、进货日期及使用部位；合格证与工程所使用的材料不相符；无进货时的检验单等。

（3）水、电、设备的隐蔽记录与土建施工资料时间对不上；记录填写过于简单，不能表明隐蔽工程的数量与质量状况；有的均压环的设置未纳入隐蔽记录，以致均压环安装见不到任何资料；隐蔽记录不能覆盖工程所有部位。

（4）绝缘记录不齐全，不能覆盖所有电气回路，回路填写混乱，不能与图纸一一对应；绝缘值千篇一律，使人感觉检测工作未做，很假；以及零线与地线间绝缘值漏项。

（5）质量验收（验评）记录，使人感觉到没有进行验收（验评）。整个表是人为编的，如：预留电管验评与穿线验评只是一个时间，且与隐蔽记录不同步，应先验评后隐蔽；金属线槽采用木槽板验评表，有的还在执行作废的标准；分项不准或漏掉分项验收（验评）记录，如：电机接线与检查，变压器安装、设备安装记录表格缺项较多，只有试运转记录一种；管道安装中缺阀门强度试验记录，焊口试验记录，下水管道通水试验记录等均较普遍。

4）注意工程资料的签认和审批

各种工程资料只有经过相应人员的签认或审批才是有效的。

（1）施工组织设计、质量计划没有经过相关职能部门会签和总工审批，只有编制人签字，也未经监理单位和建设单位审核同意。重要的施工方案，作业指导书也未送监理单位确认。

（2）各种检验和试验报告签字不全，有的只有操作者签字，有的虽然操作者、质检员、工长或技术负责人签字了，但未经监理或建设单位代表签字，还有的质检员和工长竟是同一个人。

（3）《建设工程文件归档整理规范》GB/T 50328—2001 规定：工程文件的内容必须真实、准确，与工程实际相符；工程文件应采用耐久性强的书写材料，如碳素墨水、蓝黑墨水，不得使用易褪色的书写材料，如红色墨水、纯蓝墨水、圆珠笔、复写纸、铅笔等；工程文件中文件材料幅面尺寸规格为 A4 幅面，图纸宜采用国家标准图幅。

（4）所有竣工图均应加盖竣工图章，包括：“竣工工图”字样、施工单位、编制人、审核人、技术负责人、编制日期、监理单位、现场监理、总监。如果利用施工图改绘竣工图，必须标明变更修改依据；凡施工图结构、工艺，平面布置等有重大改变或者变更部分超过图画 1/3 的，应当重新绘制竣工图。

上述不足在工程内业资料复查中碰到较多，也是较为普遍的问题。

第 10 章 “创优”过程中的旁站监理、巡视、平行检验、见证取样工作

在“创优”过程中，项目监理机构必须充分利用旁站监理、巡视、平行检验、见证取样等手段，以确保优质工程的实现。这里简要介绍我们的一些做法，供参考。

10.1 旁站监理

关于旁站监理，建设部于 2002 年 7 月 17 日发文《房屋建筑工程施工旁站监理管理办法（试行）》建市［2002］189 号。该办法自 2003 年 1 月 1 日起施行。

该办法中将旁站监理定义为：“是指监理人员在房屋建筑工程施工阶段监理中，对关键部位、关键工序的施工质量实施全过程现场跟班的监督活动。”

该办法对关键部位、关键工序作出了明确规定：“在基础工程方面包括：土方回填，混凝土灌注桩浇筑，地下连续墙、土钉墙、后浇带及其他结构混凝土、防水混凝土浇筑，卷材防水层细部构造处理，钢结构安装；在主体结构方面包括：梁柱节点钢筋隐蔽过程，混凝土浇筑，预应力张拉，装配式结构安装，钢结构安装，网架结构安装，索膜安装。”

该办法对旁站监理人员的主要职责也作出了规定：

（1）检查施工企业现场质检人员到岗、特殊工种人员持证上岗以及施工机械、建筑材料准备情况。

（2）在现场跟班监督关键部位、关键工序的施工执行施工方案以及工程建设强制性标准情况。

（3）核查进场建筑材料、建筑构配件、设备和商品混凝土的质量检验报告等，并可在现场监督施工企业进行检验或者委托具有资格的第三方进行复验。

（4）做好旁站监理记录和监理日记，保存旁站监理原始资料。

我们按该办法的规定认真执行，认真两字意味着不折不扣，意味着充分认识到其保证工程质量的重要性，亦意味着不走过场、不走形式，这就是我们所理解的认真两字的真正意义。

例如：在我们所监理过的全部优质工程中，对旁站主体结构梁柱节点钢筋隐蔽过程一直是十分重视的，其理由是：因为在钢筋混凝土框架结构中，梁柱节点处受力大、抗震要求高。所以在梁柱节点中配置的钢筋也特别多而密。在柱中，柱筋在此的箍筋为加密区，施工时对柱在梁中的箍筋不易绑扎到位。在梁中，由于受负弯矩的影响，梁上部要增加配置负弯矩钢筋，致使在此梁截面上下钢筋密度很大，同时梁在此的箍筋因抗震构造要求也要设置加密区，但根据《混凝土结构构造手册》规定：梁端箍筋加密区的第一根箍筋应设置在距构件节点边缘不大于 50mm 处，一般取用 50mm。也就是说在施工时，柱中的梁上没有箍筋。不存在梁箍筋要绑扎的问题。此时，监理人员的旁站任务，就是要保证柱在梁

中的箍筋加密区一定要绑扎到位。怎么办？事前项目监理机构要与施工单位的项目经理部进行协调，以“共创优质工程”要求改变传统施工工艺来达到目的。传统工艺是柱在梁中的箍筋加密区暂不绑扎，先将梁筋位于梁模上口架空整体绑扎完，然后整体将梁筋从梁模上口放入梁模中。这种工艺比较省时省力。但柱中加密区的箍筋是不可能绑扎到位的，特别当梁高很高时，更是将箍筋堆在一起，不可能绑扎到位。这就严重影响结构节点的受力和抗震。改变工艺，就是先将柱在梁中的箍筋加密区绑扎到位，然后将梁筋按不同位置，一根一根地往柱箍筋中间穿入。这样费时费力，但为了创建优质工程，作出一点牺牲是值得的。我们相信创优单位一定是支持这样干的。因为我们与施工单位在“共创优质工程”中一直是这样做的，而且有的施工单位也能自觉改变施工工艺。但关键问题是有关各方在认识上一定要统一，包括建设单位的支持。

监理旁站结果根据《建设工程监理规范》GB/T 50319—2013 要求需填写专用旁站记录表存档。

该办法要求对关键部位、关键工序进行旁站。那么非关键部位、关键工序又如何确保其工程为优质呢？

例如：上述处理完节点钢筋隐蔽过程后。现在来处理不属旁站范围的板的钢筋隐蔽过程。这里边我要提出来的问题是一个属于误区的问题。即板中受力钢筋一般距墙边或梁边多少距离开始配置？工地上的钢筋师傅们普遍的回答是“与设计图上的钢筋间距相同”，受力钢筋间距一般为 100mm 或 150mm。架立钢筋间距一般为 200mm 或 250mm。我们告诉他们，根据《混凝土结构构造手册》规定：“板中受力钢筋一般距墙边或梁边 50mm 开始配置”。经过监理与施工单位之间的协调，习惯性的做法也是能够改变的。

通过上述两例的处理，使我们感觉到，监理机构在“共创优质工程”过程中的作用是不可忽视的。否则，任凭施工单位有多大“创优”的决心和能力，但缺少技术性支持和管理上的监督，“创优”也是缺乏动力的。所以，在创建优质工程中提倡“共创”，这是一种正确的理解和选择。

10.2 巡视

巡视根据《建设工程监理规范》GB/T 50319—2013 的术语定义：“项目监理机构对施工现场进行的定期或不定期的检查活动”。这里边有两个问题是需要明确：一为监理人员在现场的巡视时间，二为监督检查内容。这两个问题在建设、施工、监理等单位中存在不同的看法和要求。也是在单位之间产生矛盾的主要原因。

有些建设单位认为请监理的目的就是要求监理人员经常在现场巡视，要求直接指导施工单位在工艺操作和技术及管理工作上的失误，以便及时解决问题，免除以后的返工。进而组织人员对监理人员实施现场考勤，有的甚至采用摄像机在现场摄像寻找戴监理帽子的监理人员，并以此来评估监理人员在现场巡视的力度。这种做法反映出对监理工作的看法。这种看法和做法有他积极的一面，即要求监理人员深入现场了解实际并及时解决问题。其不足的一面在于监理人员的工作不仅是要做现场的外勤工作，而且还要做熟悉图纸、施工和验收规范、有关技术资料和合同文件、统计和计算有关检测数据并进行数据分析、核算有关施工工程量、审批各种报验单和施工方案（施工组织设计）、制定有关工程施工实施细则等内勤工作。我们遇到的建设单位的做法是：现场红线以内请监理，由项目监理机构自行负责管理，并定期向建设单位汇报工作，接受建设单位督促和指导。

施工单位对监理人员的巡视，态度不一。有的欢迎监理及时帮助指正；有的惧怕监理，埋怨监理让他们做事无所适从；也有的认为工艺操作是他们的事，在做事的时候，不希望监理人员婆婆妈妈，待事情做完，自检合格，再报监理验收，到时欢迎监理指点等。

监理人员的态度一般强调个人的自觉性，监理工作要从实际出发，由个人处理内外勤的工作时间安排。

我们认为监理工作是属于高智能服务，其服务的知识来源于监理人员个人的理论知识和实践经验与本工程实际相结合的产物。其中本工程实际包括两个部分：一为工程图纸和设计文件、有关合同文件、有关技术资料和设计、施工规范、强制性条文等；二为施工现场实际，包括工程质量、施工进度、劳动力和机械设备使用情况；现场材料、设备供应情况；现场安全生产与文明施工情况；各参建单位之间的协调配合情况等。为了做好这两部分的工作，根据我们的经验，一般安排不少于二分之一的时间做外勤工作。什么时间安排，由个人根据具体情况而定。也许是每天安排半天；也许是隔一天安排。有时我们还要根据监理人员具体情况，对一部分人要强调多点时间在内勤工作上，特别强调要熟悉图纸。对另一部分人要强调多点时间在外勤上，特别强调工程质量和安全生产、文明施工。总之让总监理工程师负责安排协调。

监理人员每次巡视结果应写入监理日志。

10.3 平行检验

根据《建设工程监理规范》GB/T 50319—2013的术语定义为：“项目监理机构在施工单位自检的同时，按照有关规定、建设工程监理合同约定对同一检验项目进行的检测试验活动”。在定义中对进行平行检验工作需要强调两个问题，一为在施工单位自检的基础上；二为监理独立进行的检测试验活动。我们的做法是坚持这两条原则。

1）坚持施工单位向项目监理机构的所有报验（含检验批、分项工程、分部工程、工程竣工等）必须自检合格。在报验单上必须有现场质检员的签名，并考核其真伪。这不仅是个手续问题，而是现场质检人员的责任心和工作作风问题。有的现场质检员工作不负责任，不深入现场检查测定，在报验单上的数据全是编造的。当监理人员实施平行检验时，会发现不少不该发生的质量缺陷，或者是施工单位在自检时应该会发现并可以整改的问题。但由于施工单位有些质检人员的工作态度或投机心理，根本没有自检合格就报验。我们曾经发现过这些问题，后通过向施工单位的领导协调和对有关人员的帮助教育改善，所以在创优过程中施工单位确保自检合格后报验做得还是认真的。

2）坚持监理独立进行检测。坚持这条原则的目的有两个：即检验施工单位报验单的真伪和监理做到对工程质量心中有数。我们坚持做到监理工作一定要凭数据说话，不能人云亦云。做到心中有数，遇事就心悦诚服，不惊慌；心中无数，遇事就心乱如麻，无所适从。在创优过程中我们的监理人员勤奋地做到了这一点。在创建优质工程中不讲勤奋是达不到目的的。工作懒散、工作投机怎能创建优质工程呢？恐怕建个合格工程也不能保证。在施工过程中要报验的工作很多，要监理人员对每次报验都要进行平行检验也是不可能的。我们对一般的工程报验实行抽验；对重要的工程（如地基基础、主体结构）报验实行普查。我们坚持一个观点是：创建优质工程的主角是施工单位；把好工程优质质量关的也应该是施工单位；优质工程创建成功后的最大受益者当然也是施工单位；所以创建优质工程必须建立在施工单位自觉的基础之上的。

这里列举一个监理平行检验的实例，以表我们的做法。

某工程共计 85 根工程桩，对每根桩监理都实施了平行检验。平行检验的项目包括：

（1）复测孔口标高。每根桩的孔口，施工单位事先砌筑二皮砖，并用水泥砂浆粉刷好。然后由施工单位在砌好孔圈表面选择恰当位置做出标志，并测定其标高，标高数据按照孔号做好记录。以便日后按照此标高确定桩孔下挖深度。当施工单位将此测定数据向监理报验后，监理人员一定要逐个孔进行复验其标高和孔径。在这里监理人员不能采用抽测办法。因为每个孔口标高决定每个孔的挖孔深度，孔径和标高影响到结构安全。

（2）当桩长挖到设计要求（该桩设计为摩擦支承桩，考虑到摩擦力时，桩长不能小于 8m；考虑到支承桩时，桩底要做扩大头并要求扩大头入岩，岩层强度要符合设计要求的持力层强度）时，施工单位报验，要求进行桩的扩大头施工。监理人员要逐个复验桩挖深（即桩长）是否已达到 8m 或以上；扩大头位置是否位于设计要求达到的持力层强度的岩层内。此时，监理和勘察人员要逐个下孔复验岩层的岩相及其强度。经复验，施工、勘察、监理等三方验收人员在验收单上分别签名确认其合格或不合格后。如果复验后两个条件都能满足，监理可同意扩大头施工。否则要继续挖到两个条件都能满足时为止。

（3）当监理同意进行扩大头施工，并施工到符合设计要求的扩大头深度时，施工单位又一次向监理报验。此时监理和勘察人员又一次下孔逐个复验孔底岩层的岩相及其强度和量取扩大头的几何尺寸。前者属于勘察人员检查重点，后者属于监理人员职责。经验收合格后，方能终止施工，并办理验收手续，由施工、勘察、监理等三方验收人员在验收单上分别签名后存档。

（4）地基基础设计规范还规定：当持力层下有软弱下卧层时，桩端以下持力层的厚度不宜小于临界厚度，同时也宜大于 2.5m。本工程设计规定为 3m。因此，监理人员还需根据本工程地质勘察报告中的地质剖面图，核定那些工程桩桩端持力层下有软弱下卧层，并核算持力层厚度。如果发现持力层厚度小于设计规定时，还要向建设单位报告，并组织钻机对相关桩位钻探持力层的实际厚度。如果钻探结果证明实际持力层厚度达不到设计规定时，要由设计人员另行采取措施。本工程钻探结果符合设计要求。到此时才能算成孔工作结束。

由此可见，监理人员的平行检验是把好工程质量关的重要手段，是创建优质工程的不可忽视的技术支撑。

10.4 见证取样

见证取样根据《建设工程监理规范》GB/T 50319—2013 的术语定义为："项目监理机构对施工单位进行的涉及结构安全的试块、试件及工程材料现场取样、封样、送检工作的监督活动"。在定义中对见证取样工作包括两个内容：一为需要进行取样的对象，即涉及结构安全的试块、试件及材料；二为工作步骤，即取样、封样、送检。在我们的监理工作中，对这两个内容的理解和采取的措施，保证了优质工程的实现。现分述如下：

1）对涉及结构安全的理解和采取的措施：

对结构安全通常被理解为：结构的强度、刚度和稳定性。对材料的防火、防腐、防蚀、防水、防放射性、保温、隔热、隔声、绝缘、吸水、吸湿等物理和化学性能对结构的影响，算不算涉及结构安全的范围。在监理工作中对混凝土、砂浆、水泥的试块和钢材、焊接的试件必须作为取样的对象，因为它们直接影响到结构的安全。但对电线、电管要求阻燃的性能；对装饰材料中要求防火、防腐、防蚀、防水、防放射性或保温、隔热、隔声、绝缘等性能，可能间接危及结构安全或使用功能的，也应取样检测。所以我们认为在创建优质工程中必须广义的理解涉及结构安全这个命题。因为在创建过程中上述涉及的测试内容是必须要做的。

2）对取样、封样、送检的理解和采取的措施：

这件工作都是由见证员办的。我们在创优过程中，见证员的工作包括：取样、封样、送检、取回测试结果、将测试数据汇总（又称做台账）、对测试汇总数据进行分析等一条龙服务。

见证取样工作我们还注意到以下几件事：

（1）见证员取样要与专业监理工程师相配合。因为对那些项目需要取样，专业监理工程师比见证员更熟悉，见证员不可能对所有专业都熟悉。

（2）取样送检时间要超前于使用到工程上的时间。不能因测试时间滞后而影响工程施工进度。更不能让检测结果尚未出台，工程已经开始施工或者让测试不合格的材料用于工程。

（3）对承担测试的机构要审核其相应资质；对测试报告要审查其检测人员是否签字，测试单位是否盖公章。以便认定测试结果的有效性。

第 11 章　创建优质工程与安全生产、文明施工的关系

11.1　安全生产与文明施工的关系

我们在长期的监理工作过程中，深有体会的感觉到，要确保工程项目的安全生产，必须首先确保工程项目的文明施工。要确保工程项目的文明施工，简单地说，要求工程项目各参建单位必须做到按章办事。办事有章法，就可避免不文明施工，就可杜绝野蛮施工。纵观安全事故的发生案例，总避免不了因不文明施工或进行了野蛮施工作业造成的。所以我们总是在工程项目施工刚开始时，就抓工程施工现场的文明施工，以创建省、市文明工地作为动员目标，并采取多种形式和措施去实现这个目标。有的参建单位，特别有些分包单位进场后不主动在创建文明工地上下功夫，我们要求工程总包单位对其进行督促教育。监理对其加强检查并督促其整改。经反复教育和督促整改后仍不重视和屡教不改者要惩罚。我们十分支持工程总包单位在创建文明工地上所做的努力。实践证明，抓住了创建文明工地这条主线，就能保证了工程项目的安全生产。很难想象一个不文明和野蛮施工的工程项目能够做好安全生产的。

11.2　安全、文明施工与创建优质工程的关系

在优质工程的评选中，“文明工地”亦作为一个必要条件之一，这是评选主管部门、评审专家和参与优质工程评选单位的共同认识。所以作为工程项目各参建单位一定会自觉地将安全生产、文明施工与创建优质工程联系在一起。大家也认识到如果工程上出现了安全事故，这对创建优质工程是一票否决的。因此，在工程实施过程中，各施工单位也是在抓好创建优质工程的同时，抓好工程的安全生产、文明施工的。作为工程项目监理机构一定要做好这二手抓，而且二手都要硬。“抓”体现在工作力度上，要做到层层落实；要协调有关施工单位支持和帮助工程总承包单位做好二手“抓”的工作。“抓”还体现在“紧”上，“抓”而不“紧”等于不“抓”。“硬”体现在为落实二手抓所制定的各项措施上是否有针对性、是否有奖罚制度、执行机构和机构人员是否落实到位等。

如果说“二手”不同时“抓”或者也不“硬”，凭着侥幸心理，或者是为了省些费用，或者是为了省找部门间的麻烦，从而偏重于只抓质量忽视安全生产、文明施工。这样做，对工程施工单位来说有时可能也做成了一些带有投机性的事；但作为项目监理机构的态度要明确，在批准施工方案时，是绝对不允许施工单位这样做的。否则监理机构将要承担起安全生产管理中的监理责任。

11.3　安全生产、文明施工的措施

11.3.1　组织措施

组织措施的文字根据是体现在工程施工单位在投标时的技术标书——施工组织设计（方案）中。在技术标书中专门设置一章节论述安全生产、文明施工的措施，其中包括保证体系和措施方案。在保证体系中的主要内容为保证安全生产、文明施工的组织机构和机构人员姓名；在措施方案中的主要内容为机构和人员的职责范围和持证上岗的要求等。

当工程施工单位（含总包和分包）进场时，我们分别核对进场人员是否与投标书中作出的承诺相一致，若有变动必须书面报告建设单位认可。同时我们检查施工单位进入现场的安全员必须持证上岗，并与监理机构中负责安全的监理工程师做到一对一的工作关系。在确保工程安全生产和创建文明工地的过程中，我们要求安全员坚守现场岗位，凡必须向监理机构报批的方案，必须做到及时报批，报批数据必须准确无误，未经监理机构批准的方案不得施工。

11.3.2　合同措施

在工程“施工合同”的条款中，对安全生产、文明施工应有明确规定。例如：某工程“施工合同”条款中规定：

（1）承包人应当遵守工程建设安全生产有关管理规定，严格按安全标准组织施工，并随时接受行业安全检查人员和监理依法实施的监督检查，采取必要的安全防护措施，消除事故隐患。由于承包人安全措施不力造成事故的，其责任和因此发生的费用由承包人自行承担。

（2）为了加强安全管理，落实安全措施，承包人和发包人必须签订安全文明施工协议书。承包人应根据本工程实际情况落实有关安全防护措施，必须责任到人，落实到位，主动定期检查，排除隐患；经评审达不到建设部建办［2005］89号文规定的安全文明标化要求的，按安全文明施工措施费的50%罚款，从工程款中扣除，该罚款相当于承包人违反安全施工约定而向发包人支付的违约金。

（3）有关基本的标化工地的安全防护措施费、文明施工费用已经包括在工程总价中，发包人不再另行支付任何费用；如工地获得××市或××省文明工地，发包人按分部分项工程费的0.8%增加安全文明施工措施费用。如因承包人原因造成施工现场发生安全事故而引发人员伤亡或其他经济损失，承包人作为事故责任方应承担所有损失及后果。

11.3.3　经济措施

经济措施是指在施工过程中要建立必要的奖罚制度，这种制度也必须教育职工人人遵守。如：现场焊接，承包人必须事前向建设（监理）单位提交“动火申请报告”，经批准后才能执行；现场施工照明电线和动力电缆必须架空设置；现场木制品加工场所必须配置消防器材，并做到每日清理木质垃圾；职工进入现场必须佩戴安全帽，高空作业必须备有安全带；施工机械操作员必须持证上岗；在施工现场不准动火烧饭；在施工现场不准职工住宿；醉酒职工不准进入现场操作；成品保护人人有责等，否则，应对违者处以罚金，并由专门人员或机构去执行。这样做对安全生产是十分重要的。作为工程项目总承包单位和项目监理机构必须重视这项经济措施。如果施工总承包单位通过自我管理将这项措施执行得较好，就用不着建设（监理）单位插手。否则，建设（监理）单位为确保现场安全生产

一定要介入，以确保“施工合同”中有关安全生产条款的执行。实践告诉我们，这项工作做好了，对安全生产和文明施工是十分有益的。

11.3.4　技术措施

监理工程师在审查安全生产的施工方案中必须重视科学的计算和分析。以下推荐几个在实践中已证明行之有效的常用的计算实例。

（一）悬挑式外脚手架的构件计算

在高层建筑中钢管外脚手架的利用较普遍，由于受施工现场场地狭窄条件的限制，不宜采用落地搭设的扣件式钢管脚手架，普遍采用悬挑式扣件钢管脚手架沿高度分段搭设。在《建筑工程安全生产管理条例》中规定：“危险性较大的分部分项工程要编制专项施工方案，并附有安全验算结果。”为此，监理工程师必须掌握对悬挑式外脚手架的构件验算及用材选择。

图 11-1　悬挑式外脚手架

1）悬挑梁的设计与计算实例一（见图 11-1）

某工程采用全封闭式悬挑双排外脚手架，施工设计要求在二层楼面设置工字钢悬挑并用钢丝绳斜拉；然后每隔为 6 层，层高 3.6m，同样设置工字钢悬挑并用钢丝绳斜拉，分段高度为：$H=6\times3.6=21.6$m（一般分段高度在 20m 左右）；每段立杆搭设高度为 19.6m，立杆纵距 $L_a=2.0$m，立杆横距 $L_b=0.9$m；大横杆步距为 1.4m，内立杆距外墙 0.3m，架体与建筑物的拉结水平间距 4.0m，竖向为层高 3.6m；双排脚手架的设计尺寸符合《建筑施工扣件式钢管脚手架安全技术规范》JGJ 130—2011 要求（见图 11-2、图 11-3）和表 11-2。脚手架钢管用 $\phi48\times$

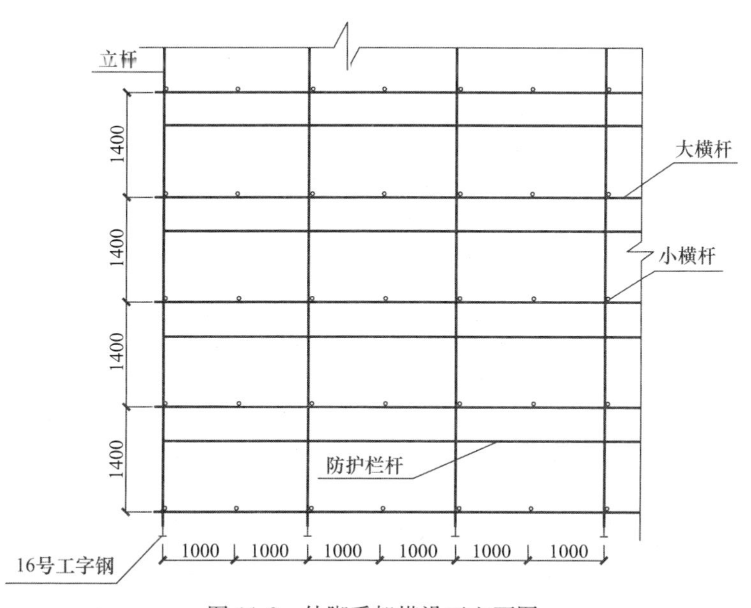

图 11-2　外脚手架搭设正立面图

3.5；外挑采用 16 号工字钢，长 2.7m；在现浇混凝土楼面预埋 2ϕ16@1000 的圆钢固定工字钢。工字钢悬挑部分，在其上方满焊 100mm 高 2ϕ20 螺纹钢（固定竖向管），间距为 0.9m（图 11-4）。如果钢梁穿过剪力墙时，要做好孔洞预留，以便将来拆除。

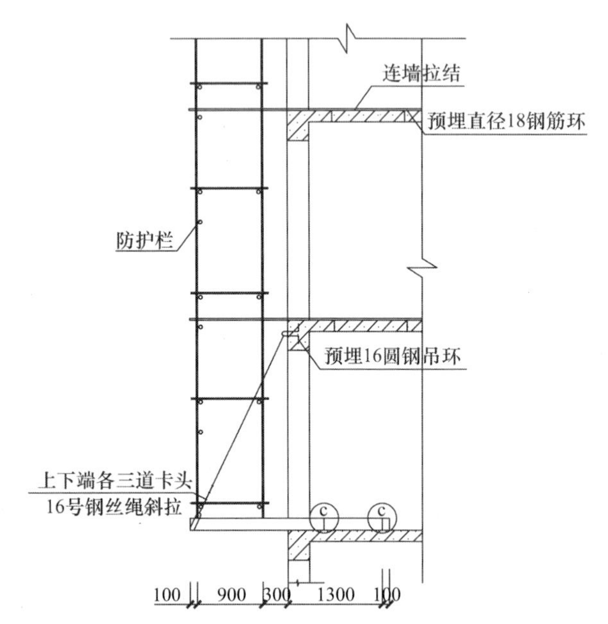

图 11-3　外脚手架搭设侧立面图

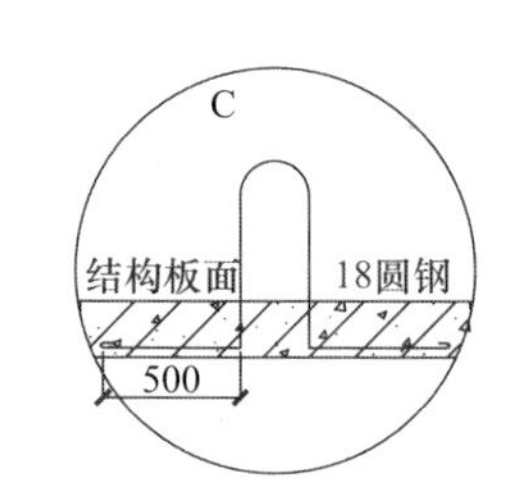

图 11-4　固定工字钢的预埋钢筋图

（1）根据参考资料，各种数据取值如表 11-1 所示：

数据取值　　**表 11-1**

名称及规格	截面面积 A（mm^2）	截面惯性矩 I（mm^4）	弹性模量 E（N/mm^2）	回转半径 i（mm）	抗压、弯强度设计值 f（N/mm^2）	截面模量 W_x（mm^3）
ϕ48×3.5 钢管	489	1.219×10^5	2.06×10^5	15.8	205	5.08×10^3
16 号工字钢	2611	1.127×10^7	2.06×10^5	65.7；18.9	215	1.41×10^5

（2）其他设计参数及字母含义，查《建筑施工扣件式钢管脚手架安全技术规范》JGJ 130—2011，《钢结构设计规范》GB 50017—2003 符号注解：

结构自重标准值（双排脚手架）：$q_1=0.125kN/m$；

竹笆片自重标准值：$q_2=0.35kN/m^2$；

安全网自重标准值：$q_3=0.01kN/m^2$；

施工均布荷载：$q_4=3.0kN/m^2$；

风荷载标准值：$q_5=0.7\times1.1\times1.0\phi=0.225kN/m^2$。

（3）内力计算

悬挑脚手架主要构件为悬挑钢梁，按照《建筑施工扣件式钢管脚手架安全技术规范》JGJ 130—2011 的规定，对钢梁进行抗弯强度、整体稳定性、挠度和端部固定连接强度等验算。

① 每根立杆轴向力设计值（N），按规范公式 $N=1.2(N_1+N_2)+1.4\Sigma N_3$，其中，$N_1$——脚手架结构自重标准值产生的轴向力；$N_1=Hq_1=19.6\text{m}\times0.125\text{kN/m}=2.45\text{kN}$；

N_2——构配件自重标准值产生的轴向力，包括竹笆片、栏杆与挡脚板、安全网等，其自重标准值计算如下：竹笆片：$0.35\times2.0\times1.2\times4/2=1.68\text{kN}$（全高满铺4层）；

栏杆与挡脚板：$0.17\times2.0\times7/2=1.19\text{kN}$（全高7层，仅外立面设置在外立杆内侧）；

安全网：$0.01\times2.0\times19.6/2=0.196\text{kN}$（全高外立面设置）；所以，

$$N_2=1.68+1.19+0.196=3.066\text{kN};$$

ΣN_3——为施工荷载标准值产生的轴向力总和，作业层数 $n_1=1$，故

$$\Sigma N_3=n_1q_4L_aL_b/2=1\times3.0\times2.0\times0.9/2=2.70\text{kN};$$

$$N=1.2(N_1+N_2)+1.4\Sigma N_3=1.2\times(2.45+3.066)+1.4\times2.70=10.40\text{kN};$$

② 最大弯矩，见图11-5。

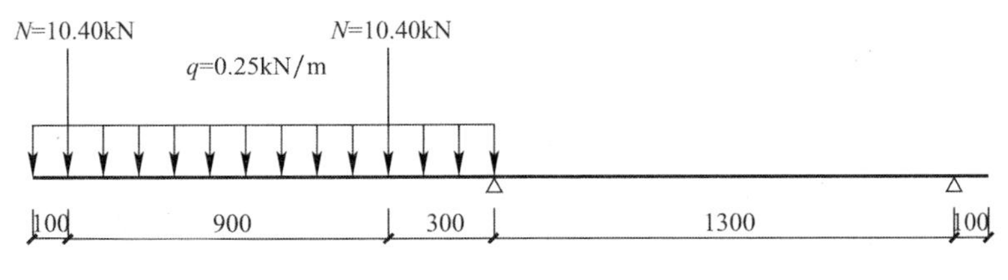

图11-5　简化悬挑梁计算简图

钢梁自重 $q=1.2\times0.205\text{kN/m}=0.25\text{kN}$；

$V_{max}=2N+q1.2=2\times10.40+0.25\times1.2=21.10\text{kN}$；

$M_{max}=1.2N+0.3N+ql^2/2=1.2\times10.40+0.3\times10.40+0.25\times1.2^2/2=15.78\text{kN}\cdot\text{m}$；

（4）钢梁抗弯强度的计算

$\sigma=M_{max}/(W_x)=15.78\times10^6/1.41\times10^5=111.9\text{N/mm}^2<f=215\text{N/mm}^2$，符合表11-1中规定，满足要求。

（5）钢梁挠度计算（由静力计算手册公式）

集中荷载作用下挠度：$v=Nb^2(3l-b)/EI$；

均布荷载作用下挠度：$v=ql^4/8EI$；

式中　N——每根立杆轴向力；

b——内立杆距外墙距离300mm；

l——钢梁悬挑端有效长度1200mm；

E——工字钢弹性模量 $2.06\times10^5\text{N/mm}^2$；

q——钢梁自重 $0.25\text{kN/m}=0.25\text{N/mm}$；

I——工字钢截面惯性矩 $1.127\times10^7\text{mm}^4$；

$v=Nb^2(3L-b)/EI+Nb^2(3L-B)/EI+qL^4/8EI=10.40\times10^3\times300^2(3\times1200-300)/(2.06\times10^5\times1.127\times10^7)+10.40\times10^3\times300^2(3\times1200-1200)/(2.06\times10^5\times1.127\times10^7)+0.25\times10^3\times1200^4/(8\times2.06\times10^5\times1.127\times10^7)=1.30+0.96+0.03=2.29\text{mm}$；

所以，$v/L=2.29/1200=1/524<[v]=1/250$，故挠度符合《建筑施工扣件式钢管脚手架安全技术规范》JGJ 130—2011 表 5.1.8 的要求。

（6）钢梁整体稳定性计算

根据《钢结构设计规范》GB 50017—2003 和《建筑施工扣件式钢管脚手架安全技术规范》JGJ 130—2011 的规定，普通工字钢受弯要考虑整体稳定问题，按公式 $M_{max}/\varphi_b W \leqslant f$；$\varphi_b$——为整体稳定性系数；首先计算两整体稳定参数 $\xi=s_1t_1/ab$ 计算整体稳定系数；式中 s_1，t_1，a，分别为梁的受压翼缘长度、宽度和厚度；b 为梁高；故 $\xi=1.2\times0.0099/0.088\times0.16=0.844$；

查《钢结构设计规范》GB 50017—2003 附录，得 $\beta_b=0.21+0.67\xi=0.775$，

$$\varphi_b=\beta_b(4320Ah)/(\lambda_y^2\cdot W_X)\cdot\{[1+(\lambda_y t_1/4.4h)^2]^{0.5}+\eta_b\}235/f_y$$

为节约篇幅，上式中各字母含义见《钢结构设计规范》GB 50017—2003，附录 B.1，其数值计算如下：$\lambda_y=l_1/I_y=1200/18.9=63.49$；$h=160$mm；$A=2611$mm^2；

$\eta_b=0$；$t_1=9.9$mm；$f_y=235$N/mm^2 代入上式，得 $\varphi_b=3.30$，

则 $\varphi_b'=1.07-0.282/\varphi_b=0.985$

整体稳定验算：$M_{max}/\varphi_b W_x=15.78\times10^6/0.985\times1.41\times10^5=113.5N/mm^2<f=215$N/mm^2；满足（表 11-1）要求。

（7）钢梁用 2ϕ18 圆钢锚固的强度计算

$\sigma=\dfrac{N_m}{A_l}=\dfrac{V_{max}}{A_l}=\dfrac{21100}{2\times254.5}=41.5N/mm^2<f_l=50$N/mm^2（符合《混凝土结构设计规范》GB 50010 的规定）

从以上计算结果看，当悬挑梁采用 16 号工字钢时，各项指标均能满足要求；但从安全考虑，本工程还要设置钢丝绳斜拉，作为安全储备。

（8）斜拉钢丝绳的承载力验算（图 11-6、图 11-7）

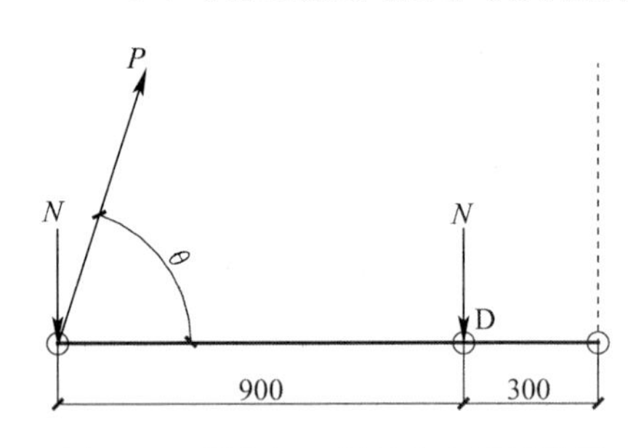

图 11-6 斜拉钢丝绳承载力计算简图

钢丝绳的拉力计算：

$\tan\theta=2.8/1.2=2.33$；$\sin\theta=0.918$；由 $\Sigma M_D=0$，得

$P\cdot\sin\theta\cdot0.90-N\cdot0.90=0$，所以，拉力 $P=N/\sin\theta=10.40/0.918=11.33$kN；

$P_{li}=\alpha\cdot P_g/K$；查表钢丝绳破断拉力换算系数 $\alpha=0.85$，安全系数 $K=8$，钢丝绳破断拉力总和 $P_g=125.0$kN；

$P_{li}=0.85\times125.0/8=13.28kN>P=11.33$kN；满足要求。

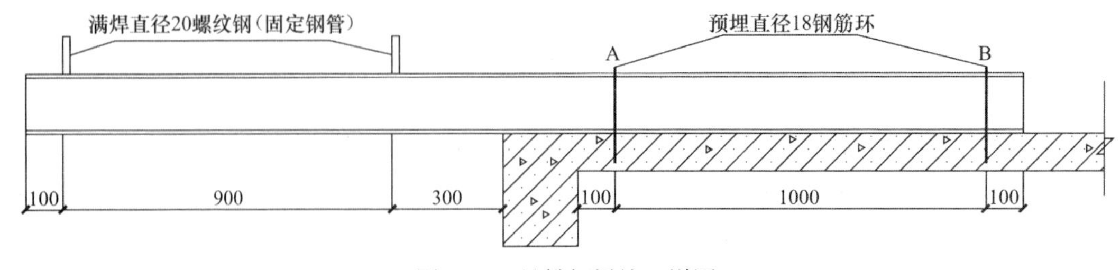

图 11-7 悬挑钢梁施工详图

2）悬挑钢梁的设计与计算实例二（图 11-8、图 11-9）

（1）悬挑脚手架的水平钢梁按照带悬臂的连续梁计算。

悬臂部分脚手架荷载 N 的作用，里端 B 为与楼板的锚固点，A 为墙支点。

本工程中，脚手架排距为 1050mm，内侧脚手架距离墙体 350mm，支拉斜杆的支点距离墙体 1400mm，悬臂水平钢梁采用 16a 号槽钢。水平钢梁的截面惯性矩 $I=866\text{cm}^4$，截面抵抗矩 $W=108\text{cm}^3$，截面积 $A=21.962\text{cm}^2$。

受脚手架集中荷载：$P=1.2\times4.1+1.4\times4.73=11.54\text{kN}$

水平钢梁自重荷载：$q=1.2\times21.962\times0.0001\times7.85\times10=0.2069\text{kN/m}$

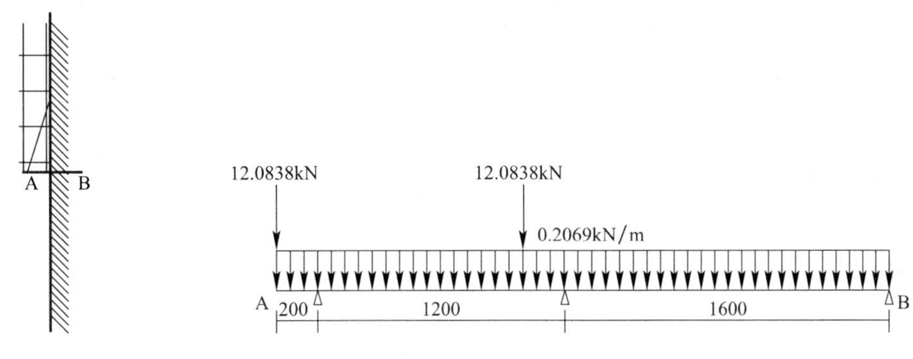

图 11-8　悬挑脚手架示意图

图 11-9　悬挑脚手架计算简图

经过连续梁的计算得到（图 11-10～图 11-12）：

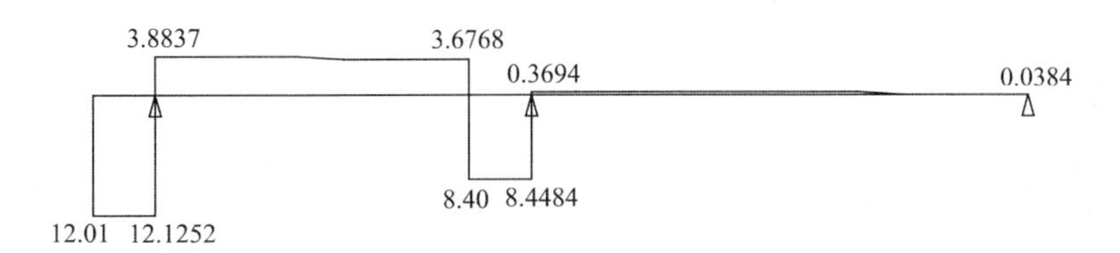

图 11-10　悬挑脚手架支撑梁剪力图（kN）

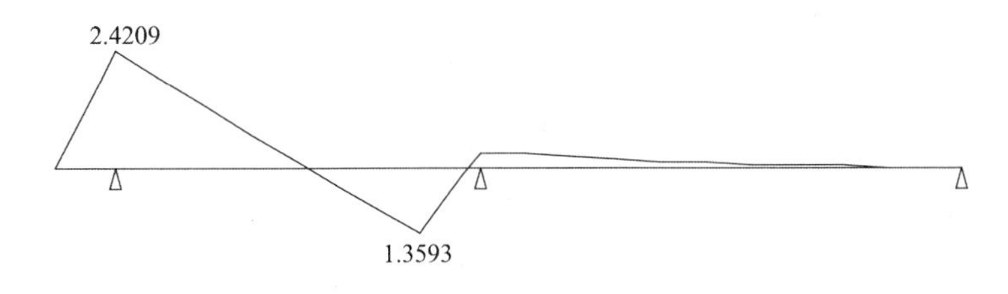

图 11-11　悬挑脚手架支撑梁弯矩图（kN·m）

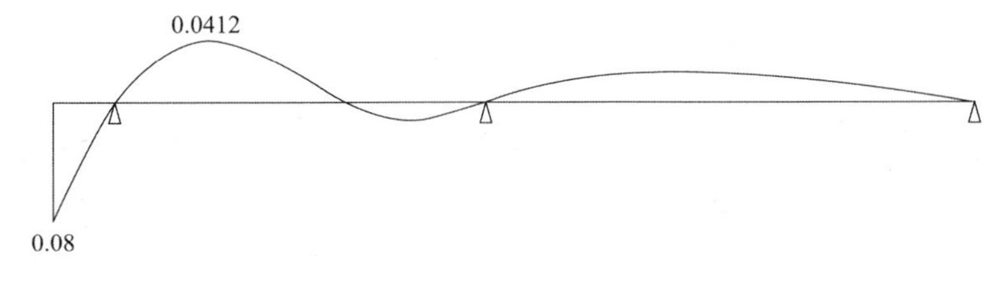

图 11-12　悬挑脚手架支撑梁变形图（mm）

各支座对支撑梁的支撑反力由左至右分别为：

$$R_1 = 13.6\text{kN},\quad R_2 = 10.91\text{kN},\quad R_3 = -0.84\text{kN}$$

最大弯矩：$M_{max} = 2.06\text{kN}\cdot\text{m}$

截面应力：$\sigma = M/1.05W + N/A = 2.06\times10^6/(1.05\times108000) + 4.88\times1000/2196.2 = 20.39\text{N/mm}^2$

悬臂水平钢梁的计算强度小于 205.0N/mm^2，满足要求。

（2）悬挑梁的整体稳定性计算

水平钢梁采用 16a 号槽钢槽口水平，计算公式如下：

$$\sigma = \frac{M}{\varphi_b W_x} \leqslant [f]$$

式中　φ_b——均匀弯曲的受弯构件整体稳定系数，按照下式计算：

$$\varphi_b = \frac{570tb}{lh}\cdot\frac{235}{f_y}$$

经过计算得到 $\varphi_b = 570\times10\times63\times235/(1200\times160\times235.0) = 1.8703$

由于 φ_b 大于 0.6，按照《钢结构设计规范》GB 50017—2003 附录 B 其值用 φ_b'查表得到其值为 0.9192。

经过计算得到强度 $\sigma = 2.06\times10^6/(0.9192\times108000)$

$= 20.75\text{N/mm}^2$

水平钢梁的稳定性计算 $\sigma < [f] = 205$，满足要求！

（3）拉绳的受力计算

① 水平钢梁的轴力 R_{AH} 和拉钢绳的轴力 R_{Ui} 按照下面计算：

$$R_{AH} = \sum_{i=1}^{n} R_{Ui}\cos\theta_i$$

其中 $R_{Ui}\cos\theta_i$ 为钢绳的拉力对水平杆产生的轴压力。

各支点的支撑力：$R_{Ci} = R_{Ui}\sin\theta_i$

按照以上公式计算得到由左至右各钢绳拉力分别为：

$$R_{Ui} = 15.28\text{kN}$$

② 拉绳的强度计算

拉绳或拉杆的轴力 R_U 我们均取最大值进行计算，为：

$$R_U = 15.28\text{kN}$$

如果上面采用钢丝绳，钢丝绳的容许拉力按照下式计算：

$$[F_g] = \frac{\alpha F_g}{K}$$

式中　$[F_g]$——钢丝绳的容许拉力（kN）；

F_g——钢丝绳的钢丝破断拉力总和（kN）；

计算中可以近似计算 $F_g = 0.5d^2$，d 为钢丝绳直径（mm）；

α——钢丝绳之间的荷载不均匀系数，对 6×19、6×37、6×61 钢丝绳分别取 0.85、0.82 和 0.8；

K——钢丝绳使用安全系数。

计算中 $[F_g]$ 取 15.28kN，$\alpha = 0.82$，$K = 10$，得到：$F_g = 186.3\text{kN}$。

选 6×37 直径 17.5mm 的钢丝绳，其抗拉强度 $1670N/m^2$，拉力为 189.2kN，即可满足要求。

③ 钢丝拉绳的吊环强度计算

钢丝拉绳的轴力 R_u 我们均取最大值进行计算作为吊环的拉力 N，为：

$$N = R_U = 15.28kN$$

钢丝拉绳的吊环强度计算公式为：

$$\sigma = \frac{N}{A} \leqslant [f]$$

其中 $[f]$ 为吊环受力的单肢抗剪强度，取 $[f]=125N/mm^2$；

所需要的钢丝拉绳的吊环最小直径 $D=[15280\times4/(3.1416\times125)]^{1/2}=12.498mm$，采用 $\phi14$ 及 $\phi16$ Ⅰ级钢筋。

④ 花篮螺栓的选用

根据脚手架斜拉钢丝绳最大拉力 15.28kN 进行分析，当花篮螺栓的拉力大于 15.28kN 时，应选用该规格的螺栓。

3）扣件式钢管脚手架主要构造要求

（1）《建筑施工扣件式钢管脚手架安全技术规范》JGJ 130—2011 规定（表 11-2）：

常用敞开式双排脚手架的设计尺寸（m） **表 11-2**

连墙件设置	立杆横距 l_b	步距 h	下列荷载时的立杆纵距 l_a				允许搭设高度 $[H]$
			2+0.35 (kN/m^2)	2+2+2×0.35 (kN/m^2)	3+0.35 (kN/m^2)	3+2+2×0.35 (kN/m^2)	
二步三跨	1.05	1.5	2.0	1.5	1.5	1.5	50
		1.8	1.8	1.5	1.5	1.5	32
	1.30	1.5	1.8	1.5	1.5	1.5	50
		1.8	1.8	1.2	1.5	1.2	30
	1.55	1.5	1.8	1.5	1.5	1.5	38
		1.8	1.8	1.2	1.5	1.2	22
三步三跨	1.05	1.5	2.0	1.5	1.5	1.5	43
		1.8	1.8	1.2	1.5	1.2	24
	1.30	1.5	1.8	1.5	1.5	1.2	30
		1.8	1.8	1.2	1.5	1.2	17

注：表中“2+2+2×0.35”含义为：“2+2”代表二层装修作业层施工荷载标准，每层 $2.0kN/m^2$；“2×0.35”代表 2 层作业层脚手板自重荷载标准值，每层为 $0.35kN/m^2$。

（2）立杆主要构造要求

① 每根立杆底部宜设置底座或垫板。

② 底层步距≤2m。

③ 与建筑物之间的连接，必须用连墙件与建筑物可靠连接（关于连墙件构造要求在下文具体阐述）。

④ 除顶层顶步可采用搭接外，其余均须用对接扣件连接。

⑤ 对接应交错布置，两根相邻立杆的接头不应设置在同步内；同步内隔一根立杆的两个相隔接头在高度方向错开的距离不宜小于 500mm；各接头中心至主节点的距离不宜

大于步距的 1/3。

⑥ 搭接长度≥1m，用不少于 2 个旋转扣件固定，端部扣件至杆端头距离≥100mm。

⑦ 立杆顶端宜高出女儿墙上端 1m，高出檐口上端 1.5m。

⑧ 立杆材料最常用的为普通碳素结构钢 Q235，规格为 $\phi48\times3.5$；线重量 3.84kg，每吨长度 260m，截面积 $489mm^2$，抗拉强度 400MPa，屈服点 235MPa；每根钢管的最大长度限制为 6.5m，每根重量控制在 25kg 以内，以确保搭设和拆卸的安全；租赁的钢管来路不同，壁厚从 2.6～4mm 不等，一般为 3mm，设计时以 $\phi48\times3.0$ 进行计算复核较为可靠。

（3）纵向水平杆主要构造要求

① 宜设在立杆内侧，长度不小于三跨，对接扣件连接或搭接。

② 对接应交错布置，相邻的接头不宜设置在同步或同跨内，不同步或不同跨两个相邻接头在水平方向错开的距离≥500mm，各接头中心至最近主节点的距离不应大于纵距的 1/3。

③ 搭接长度不应小于 1m，用 3 个扣件固定，端部扣件至杆端距离≥100mm。

④ 当使用冲压脚手板、木脚手板、竹串片脚手板时，纵向水平杆作为横向水平杆的支座，固定在立杆上。

⑤ 用竹笆脚手板时，横向水平杆固定在立杆上，纵向水平杆固定在横向水平杆上，且等间距设置，间距≤400mm。

（4）横向水平杆主要构造要求

① 主节点处必须设置一根横向水平杆，用直角扣件扣接，且严禁拆除。

② 主节点处两个直角扣件的中心距≤150mm。

③ 靠墙一端的外伸长度不应大于横距的 0.41，且小于或等于 500mm。

④ 作业层上非主节点根据支撑脚手板的需要等间距设置，最大间距不应大于纵距的 1/2。

（5）扫地杆主要构造要求

① 纵向扫地杆固定在底座上皮小于或等于 200mm 的立杆上。

② 横向扫地杆固定在紧靠纵向扫地杆下方的立杆上。

③ 立杆基础不在同一高度时，高处纵向扫地杆向低处延长两跨与立杆固定，高低差不应大于 1000mm；靠边坡上方的立杆轴线到边坡的距离大于或等于 500mm。

④ 试验研究表明：设置纵、横向扫地杆后可使脚手架的承载力提高 5.24%；在立杆与纵向水平杆的相交处间隔设置横向水平杆和不设扫地杆，使立杆的极限承载力降低 11.1%。因此，在大梁下的支架的每一步距的横向水平杆和底部的扫地杆都是必须要设置的。

（6）连墙件主要构造要求（表 11-3）

连墙件布置的最大间距　　表 11-3

搭设方法	高度（m）	竖向间距 h	水平间距 l_a	每根连墙件覆盖面积（m^2）
双排落地	≤50	$3h$	$3l_a$	≤40
双排悬挑	>50	$2h$	$3l_a$	≤27
单排	≤24	$3h$	$3l_a$	≤40

注：h——步距；l_a——纵距。

连墙件宜水平设置，不能水平时，与脚手架连接的一端应下斜连接，不能上斜。连墙件布置原则：

① 宜靠近主节点设置，偏离主节点的距离≤300mm。

② 应从底层第一步纵向水平杆处开始设置，该处设置有困难时，采取其他可靠措施固定。

③ 宜优先采用菱形布置，也可采用方形、矩形布置。

④ 开口型脚手架两端必须设置连墙件，连墙件垂直间距不应大于建筑物的层高，并不应大于 4m。

⑤ 连墙件必须采用可承受拉力和压力的构造。高度＞24m 的双排脚手架，必须采用刚性连墙件与建筑物可靠连接。

⑥ 架高超过 40m 且有风涡流作用时，应采取抗上升翻流作用的连墙措施。

(7) 剪刀撑主要构造要求

① 每道剪刀撑宽度≥4 跨，且≥6m，斜杆与地面的角度 45°～60°之间（见表 11-4）。

② 每道剪刀撑跨越立杆的根数按表 11-4 确定。

剪刀撑跨越立杆的最多根数 **表 11-4**

剪刀撑斜杆与地面的倾角	45°	50°	60°
剪刀撑跨越立杆的最多根数	7	6	5

③ 高度＜24m 的单、双排脚手架，外侧立面的两端、转角及中间间隔不超过 15m 的立面上，各设置一道剪刀撑，并由底至顶连续设置。

④ 高度≥24m 的双排脚手架，应在外侧立面整个长度和高度上连续设置剪刀撑。

⑤ 斜杆接长宜采用搭接，搭接长度不小于 1m，用不少于 2 个扣件固定，端部扣件至杆端头距离≥100mm。

⑥ 斜杆固定在与之相交的横向水平杆伸出端或立杆上，扣件中心线至主节点的距离≤150mm。

⑦ 开口型双排脚手架的两端均必须设置横向斜撑。

⑧ 钢管排架支撑设置必要的剪刀撑有利于支架的整体稳定性，特别是超大梁的重荷载支模，合理设置剪刀撑能防止在楼面泵输送管的抖动下支架的整体失稳。试验研究表明：合理设置剪刀撑对支撑体系能够提高立杆的极限承载能力约 17%。

(8) 扣件的质量要求

① 用于搭设模板支撑架的扣件为可锻铸铁扣件，材料为机械性能不低于 KTH330-08 的可锻铸铁，抗拉强度 330N/mm^2，延伸率 8%，硬度 HB120～HB163。

② 新扣件必须有产品质量合格证，并应进行抽样复试，技术性能应符合《钢管脚手架扣件》GB 15831 的规定。扣件在使用前应逐个挑选，有裂缝、变形、螺栓出现滑丝的严禁使用。

③ 扣件螺栓拧紧力矩达 70N・m 时，可锻铸铁扣件不得破坏。

④ 扣件螺栓要拧紧，其拧紧力矩的大小，对提高扣件的抗滑能力和承载能力直接有关。试验研究表明：当直角扣件的拧紧力矩达 40～65N・m 时，单扣件在 12kN 的荷载下会滑动，其抗滑承载能力可取 8.5kN；双扣件在 20kN 荷载不会滑动，其抗滑承载能力可取 12kN。据有关部门调查：目前施工现场在外脚手架上的拧紧力矩在 40～70N・m 间的仅达 43.7%。

⑤ 要防止扣件的劣质产品进入现场，目前扣件来源杂乱，质量不均，价格不一，有

些旧扣件的螺栓存在滑丝要剔除不得使用。

4）扣件式钢管脚手架杆件内力计算

某办公楼工程施工采用双排外脚手架，搭设高度每层为 19.50m，立杆采用单立管。搭设尺寸为：立杆的纵距 1.50m，立杆的横距 1.05m，立杆的步距 1.80m。采用的钢管类型为 ϕ48×3.5，连墙件采用二步三跨，竖向间距 3.6m，水平间距 4.5m。施工均布荷载为 3kN/m^2，同时施工 2 层，脚手板共铺设 11 层。

（1）纵向水平杆的计算（图 11-13，图 11-14）

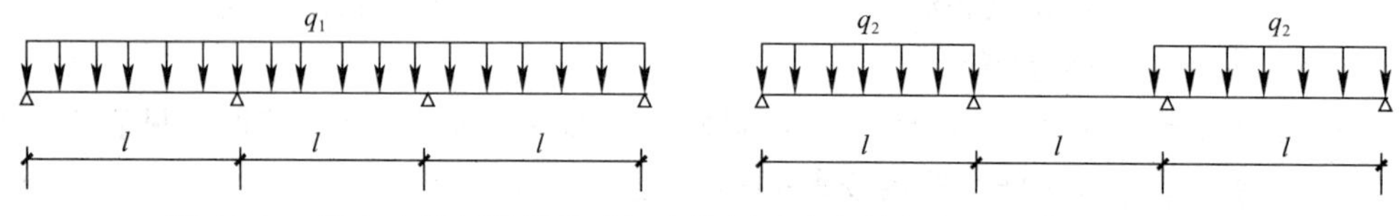

图 11-13　纵向水平杆计算荷载组合简图（跨中最大弯矩和跨中最大挠度）

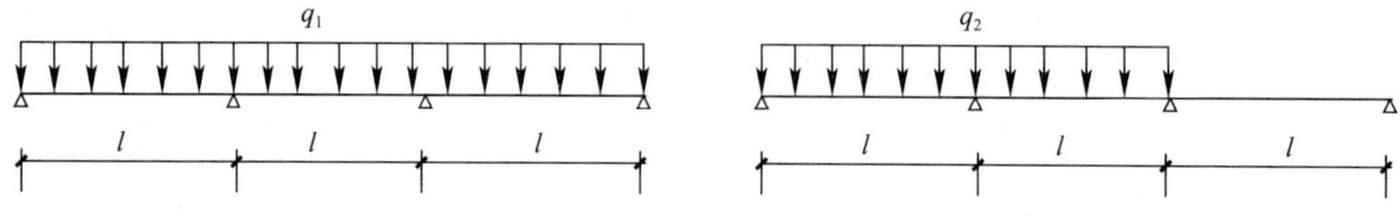

图 11-14　纵向水平杆计算荷载组合简图（支座最大弯矩）

纵向水平杆按照三跨连续梁进行强度和挠度计算，纵向水平杆在横向水平杆的上面。

按照纵向水平杆上面的脚手板和活荷载作为均布荷载计算纵向水平杆的最大弯矩和变形。

① 均布荷载值计算

纵向水平杆的自重标准值：P_1=0.038kN/m

脚手板的荷载标准值：P_2=0.05×1.05/3=0.0175kN/m

活荷载标准值：Q=3×1.05/3=1.05kN/m

静荷载的计算值：q_1=1.2×0.038+1.2×0.0175=0.0666kN/m

活荷载的计算值：q_2=1.4×1.05=1.47kN/m

② 强度计算

最大弯矩考虑为三跨连续梁均布荷载作用下的弯矩。

跨中最大弯矩计算公式如下：

$$M_{1\max} = 0.08q_1l^2 + 0.10q_2l^2$$

跨中最大弯矩为：

$$M_1 = (0.08 \times 0.0666 + 0.10 \times 1.47) \times 1.50^2 = 0.343\text{kN} \cdot \text{m}$$

支座最大弯矩计算公式如下：

$$M_{2\max} = -0.10q_1l^2 + 0.117q_2l^2$$

支座最大弯矩为：

$$M_2 = -(0.10 \times 0.0666 + 0.117 \times 1.47) \times 1.50^2 = -0.402\text{kN} \cdot \text{m}$$

选择支座弯矩和跨中弯矩两者间的最大值进行强度验算：

$$\sigma = 0.402 \times 10^6/5080 = 79.13\text{N/mm}^2 < 205.0\text{N/mm}^2$$

纵向水平杆的计算强度小于 205.0N/mm^2（见表 11-1），满足要求！

③ 挠度计算

最大挠度考虑为三跨连续梁均布荷载作用下的挠度。

计算公式如下：

$$v_{max}=0.677\frac{q_1l^4}{100EI}+0.990\frac{q_2l^4}{100EI}$$

静荷载标准值：$q_1=0.038+0.0175=0.0555\text{kN/m}$

活荷载标准值：$q_2=1.05\text{kN/m}$

三跨连续梁均布荷载作用下的最大挠度：

$v=(0.677\times0.0555+0.990\times1.05)\times1500^4/(100\times2.06\times10^5\times1.219\times10^5)$

$=2.17\text{mm}<1/150$ 与 10mm

纵向水平杆的最大挠度小于《建筑施工扣件式钢管脚手架安全技术规范》JGJ 130—2011 表 5.1.8 的 $l/150$ 与 10mm 的规定，满足要求！

(2) 横向水平杆的计算

横向水平杆按照简支梁进行强度和挠度计算，纵向水平杆在横向水平杆的上面（见图 11-15）。

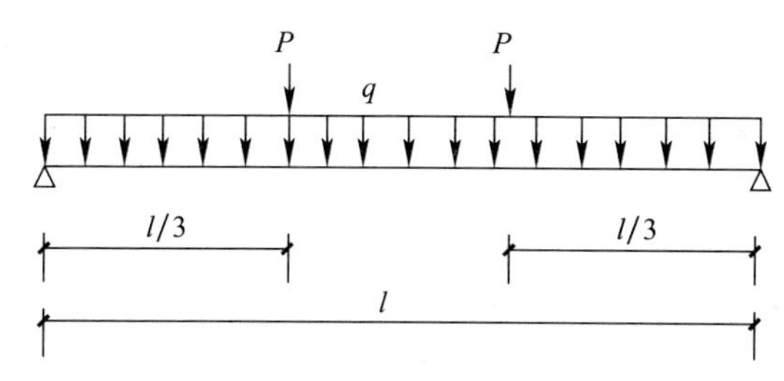

图 11-15 横向水平杆计算简图

用纵向水平杆支座的最大反力计算值，在最不利荷载布置下计算横向水平杆的最大弯矩和变形。

① 荷载值计算

大横杆的自重标准值：$P_1=0.038\times1.50=0.057\text{kN}$

脚手板的荷载标准值：$P_2=0.15\times1.05\times1.50/3=0.026\text{kN}$

活荷载标准值：$Q=3\times1.05\times1.50/3=1.56\text{kN}$

荷载的计算值：$P=1.2\times0.057+1.2\times0.026+1.4\times1.56=2.28\text{kN}$

② 强度计算

最大弯矩考虑为横向水平杆自重均布荷载与荷载的计算值最不利分配的弯矩和均布荷载最大弯矩计算公式如下：

$$M_{q\max}=ql^2/8$$

集中荷载最大弯矩计算公式如下：

$$M_{P\max}=\frac{Pl}{3}$$

$$M=(1.2\times0.038)\times1.05^2/8+2.28\times1.05/3=0.807\text{kN}\cdot\text{m}$$

$$\sigma=0.807\times10^6/5080=158.86\text{N/mm}^2<205.0\text{N/mm}^2$$

横向水平杆的计算强度小于 205.0N/mm²，满足要求！

③ 挠度计算

最大挠度考虑为横向水平杆自重均布荷载与荷载的计算值最不利分配的挠度和均布荷载最大挠度计算公式如下：

$$v_{q\max}=\frac{5ql^4}{348EI}$$

集中荷载最大挠度计算公式如下：

$$v_{P\max}=\frac{Pl(3l^2-4l^2/9)}{72EI}$$

横向水平杆自重均布荷载引起的最大挠度：

$v_1=5.0\times0.038\times1050^4/(384\times2.060\times10^5\times1.219\times10^5)=0.024\text{mm}$

集中荷载标准值 $P=0.057+0.026+1.56=1.643\text{kN}$

集中荷载标准值最不利分配引起的最大挠度：

$v_2=1643\times1050\times(3\times1.05^2-4\times1.05^2/9)/(72\times2.06\times10^5\times1.219\times10^5)$

$=2.653\text{mm}$

最大挠度和：$v=v_1+v_2=0.024\text{mm}+2.653\text{mm}=2.677\text{mm}<1/150$ 与 10mm

横向水平杆的最大挠度小于 $l/150$ 与 10mm，满足要求！

(3) 扣件抗滑力的计算

纵向或横向水平杆与立杆连接时，扣件的抗滑承载力按照下式计算（《建筑施工扣件式钢管脚手架安全技术规范》JGJ 130—2011 第 5.2.15 条）：

$$N_l\leqslant R_c$$

式中　R_c——扣件抗滑承载力设计值，取 8.00kN（JGJ 130—2011 表 5.1.7 规定）；

N_l——纵向或横向水平杆传给立杆的竖向作用力设计值；

荷载值计算：

横向水平杆的自重标准值：$P_1=0.038\times1.05=0.0399\text{kN}$

脚手板的荷载标准值：$P_2=0.05\times1.05\times1.50/2=0.039\text{kN}$

活荷载标准值：$Q=3\times1.05\times1.50/2=2.3625\text{kN}$

荷载的计算值：$N_l=1.2\times0.0399+1.2\times0.039+1.4\times2.3625=3.04\text{kN}<R_c=8.00\text{kN}$

单扣件抗滑承载力的设计计算满足要求。

(4) 脚手架荷载标准值

作用于脚手架的荷载包括静荷载、活荷载和风荷载。

静荷载标准值包括以下内容：

① 每米立杆承受的结构自重标准值（kN/m）（查 JGJ 130—2011 规范附录 A 表 A.0.1），本例为 0.1295，

$$N_{G1}=0.1295\times19.50=2.525\text{kN}$$

② 脚手板的自重标准值（kN/m²），本例采用竹笆片脚手板（查 JGJ 130—2011 规范表 4.2.1-1），标准值为 0.10，

$$N_{G2}=0.10\times11\times1.50\times(1.05+0.35)/2=1.155\text{kN}$$

③ 栏杆与挡脚手板自重标准值（kN/m），本例采用栏杆、竹串片脚手板挡板（查 JGJ 130—2011 规范表 4.2.1-2），标准值为 0.17，

$$N_{G3} = 0.17 \times 1.50 \times 11/2 = 1.40\text{kN}$$

④ 吊挂的安全设施荷载，包括安全网（kN/m^2），取 0.005，

$$N_{G4} = 0.005 \times 1.50 \times 19.50 = 0.15\text{kN}$$

经计算得到，静荷载标准值：$N_G = N_{G1} + N_{G2} + N_{G3} + N_{G4} = 5.23\text{kN}$

活荷载为施工荷载标准值产生的轴向力总和，内、外立杆按一纵距内施工荷载总和的 1/2 取值。

经计算得到，活荷载标准值 $N_Q = 3 \times 2 \times 1.50 \times 1.05/2 = 4.73\text{kN}$

风荷载标准值应按照以下公式计算

$$w_k = 0.7\mu_z \cdot \mu_s \cdot w_0$$

式中 w_0——基本风压（kN/m^2），按照《建筑结构荷载规范》GB 50009—2001 的规定采用：$w_0 = 0.45$；

μ_z——风荷载高度变化系数，按照《建筑结构荷载规范》GB 50009—2001 的规定采用：$\mu_z = 1.27$；

μ_s——风荷载体型系数（查 JGJ 130—2011 表 4.2.6 全封闭）：$\mu_s = 1.0\phi = 1.0 \times 1.2\dfrac{A_n}{A_w} = 1.0 \times 1.2 \times 0.7 = 0.84$（注：取$\dfrac{A_n}{A_w} = 0.7$）。

经计算得到，风荷载标准值：$w_k = 0.7 \times 0.45 \times 1.27 \times 0.84 = 0.34\text{kN/m}^2$

立杆的轴向压力设计值计算公式：（JGJ 130—2011 第 5.2.7 条）

不组合风荷载时：$N = 1.2N_G + 1.4N_Q = 1.2 \times 5.23 + 1.4 \times 4.73 = 12.898\text{kN}$

组合风荷载时：$N = 1.2N_G + 0.85 \times 1.4N_Q = 1.2 \times 5.23 + 0.85 \times 1.4 \times 4.73 = 11.91\text{kN}$

风荷载设计值产生的立杆段弯矩 M_W 计算公式：（JGJ 130—2011 第 5.2.9 条）

$$M_W = 0.9 \times 1.4 w_k l_a h^2/10 = 0.9 \times 1.4 \times 0.34 \times 1.5 \times 1.8^2/10 = 0.208\text{kN} \cdot \text{m}$$

其中 w_k——风荷载基本风压值（kN/m^2）；

l_a——立杆的纵距（m）；

h——立杆的步距（m）。

（5）立杆的稳定性计算（JGJ 130—2011 第 5.2.6 条）

不组合风荷载时，立杆的稳定性计算公式：

$$\sigma = \frac{N}{\varphi A} \leqslant [f]$$

式中 N——立杆的轴心压力设计值，$N = 12.898\text{kN}$；

φ——轴心受压立杆的稳定系数，由长细比 $l_0/i = \lambda = 3.1185/1.58 = 197$ 的结果查表附录 A：表 A.0.6 得到 0.186；

i——计算立杆的截面回转半径，$i = 1.58\text{cm}$；

l_0——立杆计算长度（m），由 JGJ 130—2011 第 5.2.8 条公式 $l_0 = k\mu h = 1.155 \times 1.5 \times 1.8 = 3.1185\text{m}$；

k——计算长度附加系数，取 1.155；

μ——计算长度系数，查 JGJ 130—2011 表 5.2.8 得 $\mu = 1.5$；

A——立杆净截面面积，$A = 4.89\text{cm}^2$；

σ——钢管立杆受压强度计算值（N/mm^2），

$$\sigma=\frac{12898}{0.186\times489}=141.81\text{N/mm}^2<205.00\text{N/mm}^2$$

$[f]$ ——钢管立杆抗压强度设计值，$[f]=205.00\text{N/mm}^2$；

不组合风荷载时，立杆的稳定性计算 $\sigma<[f]$，满足要求！

组合风荷载时，立杆的稳定性计算公式：

$$\sigma=\frac{N}{\varphi A}+\frac{M_W}{W}\leqslant[f]$$

式中　N——立杆的轴心压力设计值，$N=11.91\text{kN}$；

φ——轴心受压立杆的稳定系数，由长细比 $l_0/i=\lambda$ 的结果查表（同上）得到 0.186；

i——计算立杆的截面回转半径，$i=1.58\text{cm}$；

l_0——立杆计算长度（m），由公式 $l_0=k\mu h=1.155\times1.5\times1.8=3.1185\text{m}$；

k——计算长度附加系数，取 1.155；

μ——计算长度系数，查 JGJ 130—2011 表 5.2.8 得 $\mu=1.5$；

A——立杆净截面面积，$A=4.89\text{cm}^2$；

W——立杆净截面模量（抵抗矩），$W=5.08\text{cm}^3$；

M_W——计算立杆段由风荷载设计值产生的弯矩，$M_W=0.208\text{kN}\cdot\text{m}$；

σ——钢管立杆受压强度计算值（N/mm^2），

$$\sigma=\frac{11910}{0.186\times489}+\frac{208000}{5080}=171.89\text{N/mm}^2<205.00\text{N/mm}^2$$

$[f]$ ——钢管立杆抗压强度设计值，$[f]=205.00\text{N/mm}^2$；

组合风荷载时，立杆的稳定性计算 $\sigma<[f]$，满足要求！

（6）连墙件的计算（JGJ 130—2011 第 5.2.12 条）

连墙件轴向力设计值：

$$N_l=N_{lw}+N_0$$

式中　N_{lw}——风荷载产生的连墙件轴向力设计值（kN），应按照下式计算：

$$N_{lw}=1.4\times W_k\times A_w=1.4\times0.40\times16.2=9.07\text{kN}$$

W_k——风荷载基本风压值，$W_k=0.4\text{kN/m}^2$；（南京 50 年平均按《建筑结构荷载规范》GB 50009—2012 取值）

A_w——每个连墙件的覆盖面积内脚手架外侧的迎风面积，

$$A_w=4.5\times3.6=16.2\text{m}^2;$$

N_0——连墙件约束脚手架平面外变形所产生的轴向力（kN）按 JGJ 130—2011 第 5.2.12 条规定取 $N_0=3\text{kN}$，连墙件轴向力计算值 $N_l=9.07+3=12.07\text{kN}$；

强度：

$$\sigma=\frac{N_L}{A_L}=\frac{12070}{489}=24.68\text{N/mm}^2<0.85\times205=174.25\text{N/mm}^2。$$

满足要求。

稳定系数：

$$\sigma=\frac{N_L}{\varphi A}=\frac{12070}{0.968\times1810}=6.89\text{N/mm}^2<0.85\times205=174.25\text{N/mm}^2$$

满足要求。

φ——轴心受压立杆的稳定系数，由长细比 $l/i=20/1.58=12.66=\lambda$ 的结果查表得到 $\varphi=0.968$；

$$A=18.10\text{cm}^2;\ [f]=205.00\text{N/mm}^2。$$

A_L——连墙件净面积（mm^2）

A——连墙件毛面积（mm^2）

N_L——连墙件轴向设计值（N）

连墙件采用扣件与墙体连接。

经过计算得到 $N_l=12.07$kN 大于扣件的抗滑力 8kN，不满足要求，采用双扣件（见图 11-16）。

（二）高大结构的模板、支撑的设计与计算（见图 11-17）

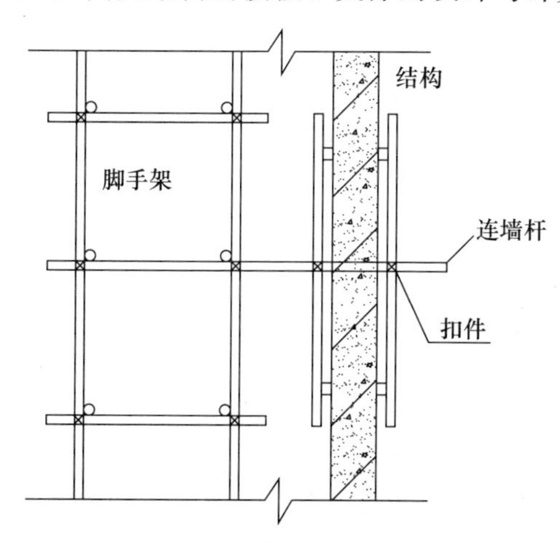

图 11-16　连墙件扣件连接示意图

图 11-17　高大结构的模板、支撑

某工程报告厅净高度 12m，屋面梁采用有粘结预应力混凝土结构，主梁跨度成 21m，设计断面 400mm×1200mm，混凝土强度等级 C40；

1）400mm×1200mm 梁模板及支撑的设计与计算

（1）400mm×1200mm 梁底模的设计与计算

模板采用 18mm 厚胶合板，模板外采用 50mm×100mm 木坊作楞木，楞木外采用 ϕ48×3.5 双排钢管作卡箍。支撑采用 ϕ48×3.5 扣件式钢管脚手架搭设成排架。

① 50mm×100mm 楞木的验算：

A. 荷载计算（参考《建筑施工手册》选用）

梁混凝土自重：1.2×2400＝28800N/m^2

梁钢筋自重：1.2×1500＝1800N/m^2

梁模板自重：500N/m^2

施工荷载：1.4×2500＝3500N/m^2

标准值：28800＋1800＋500＝31100N/m^2

设计值：1.2×31100＋3500＝40820N/m^2＝40.8kN/m^2

荷载均匀作用在底模板上，单位宽度底模板可看作梁，楞木即为底模的支点。按三跨连续梁考虑，底模宽取 200mm。

则 $q_1=0.2\times40.8=8.16\text{kN/m}$

标准值为 31100N/m^2，

则 $q_2=0.2\times31100=6220\text{N/m}=6.22\text{kN/m}$

B. 楞木间距 l_1 的计算

底模按三跨连续梁考虑，楞木作为底模的支点，底模上作用的均布荷载宽度即为楞木间距 l_1，作用在底模连续梁上的均布荷载为 $q_1=8.16\text{kN/m}$。

三跨连续梁的最大弯矩 $M_{\max}=0.1ql^2$，最大挠度 $w_{\max}=0.677\dfrac{ql^4}{100EI}$（当 $w=\dfrac{1}{250}$时，$l=\sqrt[4]{\dfrac{0.59EI}{q}}$）

（注：式中0.1和0.677为三跨等跨连续梁在均布荷载作用下的最大弯矩和最大挠度系数，可查阅《简明施工计算手册》）

按底模承载力（强度）要求：

$$l_1=\sqrt{\frac{10f_{\text{w}}bh^2}{6q_1}}=\sqrt{\frac{1.67f_{\text{w}}bh^2}{q_1}}=\sqrt{\frac{1.67\times30\times200\times18^2}{8.16}}=630.8\text{mm}$$

按底模刚度（挠度）要求，最大变形取为模板结构的1/250，$q_2=6.22\text{kN/m}$，$I=\dfrac{bh^3}{12}$

$$l_1=\sqrt[4]{\frac{0.59EI}{q_2}}=\sqrt[4]{\frac{0.59\times4\times10^3\times200\times18^3}{6.22\times12}}=78\text{mm}$$

对比二者取小值78mm，实际搭设时考虑到楞木宽度，此净间距只为67mm<78mm。

② 钢管卡箍间距 l_2 的计算

楞木按三跨连续梁考虑，钢管卡箍为楞木的支点，楞木上作用均布荷载宽即为钢管卡箍间距 l_2，作用在楞木连续梁上的均布荷载为 $q_1=40.8\times0.2=8.16\text{kN/m}$。

按楞木抗弯承载力要求：

$$l_2=\sqrt{\frac{10f_{\text{w}}bh^2}{6q_1}}=\sqrt{\frac{1.67f_{\text{w}}bh^2}{q_1}}=\sqrt{\frac{1.67\times16.7\times50\times100^2}{8.16}}=1307.2\text{mm}$$

按楞木抗剪承载力要求：

$$l_2=\frac{1.1bhf_{\text{v}}}{q_1}=\frac{1.1\times50\times100\times1.5}{8.16}=1011\text{mm}$$

按楞木刚（挠）度要求：

因板宽荷载为三跨相加，

$$l_2=\sqrt[4]{\frac{0.59EI}{q_2}}=\sqrt[4]{\frac{0.59\times9\times10^3\times50\times100^3}{6.22\times3\times12}}=186\text{mm}$$

对比取小值实际施工时按200mm搭设。

（2）400mm×1200mm梁侧模的设计与计算

① 侧模侧压力计算

取 $T=25℃$，$\beta_1=1.2$，$\beta_2=1.0$，$V=2\text{m/h}$

$$\begin{aligned}F&=0.22\gamma_{\text{c}}\cdot t_0\cdot\beta_1\cdot\beta_2\cdot V^{1/2}\\&=0.22\times24\times[200/(25+15)]\times1.2\times1\times2^{1/2}\\&=44.80\text{kN/m}^2\end{aligned}$$

$$F=\gamma_{C}H$$
$$=24\times1.2$$
$$=28.8\text{kN/m}^2$$

取二者之小值，即 $F=28.8\text{kN/m}^2$

乘以分项系数：$F=28.8\times1.2=34.56\text{kN/m}^2$

倾倒混凝土时所产生的荷载，取 4.0kN/m^2，

以上两项荷载合计为：$34.56+4.0\times1.4=40.16\text{kN/m}^2$

标准值：28.8kN/m^2（刚度验算用）

乘以折减系数，则 $q=40.16\times0.9=36.14\text{kN/m}^2$

② 侧模外楞木间距 l_1 的计算

新浇筑混凝土侧压力均匀作用在胶合板上，楞木即为侧模的支点。侧模按三跨连续梁考虑，侧模宽取 400mm，因 F_7 作用在有效压力的范围之内，可忽略不计。

作用在侧模连续梁上的线荷载：

$$q=36.14\times0.40=14.46\text{kN/m}$$

三跨连续梁的最大弯矩 $M_{\max}=0.1ql^2$，最大挠度 $w_{\max}=0.677\dfrac{ql^4}{100EI}$

按侧模承载力要求：

$$l_1=\sqrt{\frac{10f_{w}bh^2}{6q}}=\sqrt{\frac{1.67f_{w}bh^2}{q}}=\sqrt{\frac{1.67\times30\times400\times18^2}{14.46}}=670\text{mm}$$

按侧模刚度要求，最大变形取为模板结构的 1/250，$q_1=28.8\times0.40=11.52\text{kN/m}$

$$l_1=\sqrt[4]{\frac{0.59EI}{q_1}}=\sqrt[4]{\frac{0.59\times4\times10^3\times400\times18^3}{11.52\times12}}=79.4\text{mm}$$

对比二者取小值 79.4mm，小于楞木实际间距 400mm，侧模刚度不够。可采取加厚侧模为 40mm，再加一根楞木间距改为 300mm，$l=\sqrt[4]{\dfrac{0.59\times4\times10^3\times300\times40^3}{28.8\times0.30}}=269\text{mm}$，同时考虑到楞木宽度，取 $l_1=300\text{mm}$，也可以保持侧模厚度不变，加密楞木，板带改为 200mm 宽，其楞木间距为 341.5mm，取 300mm。

③ 钢管卡箍间距 l_2 的计算

楞木按三跨连续梁考虑，钢管卡箍为楞木的支点，楞木上作用的均布荷载宽度即为楞木间距 l_1，作用在楞木连续梁上的均布荷载为 $q_4=36.14\times0.3=10.84\text{kN/m}$。

按楞木抗弯承载力要求：

$$l_2=\sqrt{\frac{10f_{w}bh^2}{6q_4}}=\sqrt{\frac{1.67f_{w}bh^2}{q_4}}=\sqrt{\frac{1.67\times16.7\times50\times100^2}{10.84}}=1134.2\text{mm}$$

按楞木抗剪承载力要求：$l_2=\dfrac{1.1bhf_{v}}{q_4}=\dfrac{1.1\times50\times100\times1.5}{10.84}=761.1\text{mm}$

$$q_2=28.8\times0.3=8.64\text{kN/m}$$

按楞木刚度要求：$l_2=\sqrt[4]{\dfrac{0.59EI}{q_2}}=\sqrt[4]{\dfrac{0.59\times9\times10^3\times50\times100^3}{8.64\times3\times12}}=171\text{mm}$

对比取小值 171mm，钢管卡箍间距取 171mm 时，能保持楞木不变形。若要加大卡箍的间距，需加大楞木的断面尺寸。

④ 对拉螺栓间距 l_3 的计算

对拉螺栓为钢管卡箍的支点，钢管卡箍上作用均布侧压力荷载的受力宽度为钢管卡箍间距 l_2，而钢管卡箍为 $\phi48\times3.5$ 的钢管，所以设计荷载乘以 0.85 予以折减，则 $F_6=40.16\times0.85=34.14\text{kN/m}^2$。

钢管卡箍单支仍按三跨连续梁考虑，作用在钢管卡箍上的线荷载：

$$q=34.14\times0.6=20.5\text{kN/m}$$

按钢管卡箍抗弯承载力要求：

$$l_3=\sqrt{\frac{10f_{\text{w低}}}{q_5}}=\sqrt{\frac{10\times205\times5078\times2}{20.5}}=1007.8\text{mm}$$

按钢管卡箍刚度要求：

取卡箍受力宽度 200mm（即卡箍间距）时，$q=28.8\times0.2=5.76\text{kN/m}$。

$$l_3=\sqrt[4]{\frac{0.59EI}{q}}=\sqrt[4]{\frac{0.59\times2.06\times10^5\times68050.96}{5.76\times0.6}}=221.2\text{mm}$$

注：$I=\frac{\pi}{64}(d^4-d_1^4)=\frac{3.14}{64}\times(48^4-44.5^4)=68050.96$

对比取小值，取对拉螺栓间距 $l_3=600\text{mm}$。

⑤ 调整对拉螺栓间距

由 l_2、l_3 可得每个对拉螺栓承受混凝土侧压力面积为：

$$0.6\times0.30\times40.16\times0.85=6.14\text{kN}$$

选用 Q235 钢制得 M14 对拉螺栓，其净面积 $A=105\text{mm}^2$

$$\sigma=N/A=6140/105=58.5\text{N/mm}^2<f=170\text{N/mm}^2$$

所以取 $l_3=300\text{mm}$，偏安全。

(3) 400mm×1200mm 梁模板支撑的设计与计算

梁截面尺寸 400mm×1200mm，支模高度约为 12m，板厚 120mm，混凝土构件采用木模板支模，计算梁下的模板支架尺寸。

① 荷载计算（参考《建筑施工手册》选用，见表 11-6）

梁混凝土自重：$1.2\times0.4\times24=11.52\text{kN/m}$

梁钢筋自重：$1.2\times0.4\times1.5=0.72\text{kN/m}$

梁模板自重：$(0.4+1.08\times2)\times0.5=1.28\text{kN/m}$

梁一侧楼板钢筋及混凝土自重：$0.12\times0.4\times25=1.2\text{kN/m}$

合计恒载：14.72kN/m

梁浇筑混凝土时施工活载，按偏大计算，考虑为 1.5kN/m^2，

因此，施工活载为：$0.8\times1.5=1.2\text{kN/m}$

计算支架承载力时，支架的设计荷载为：

$$q=1.2\times14.72+1.4\times1.2=34.46\text{kN/m}$$

② 支撑搭设

采用 $\phi48\times3.5$mm 脚手钢管与扣件搭设成排架。

③ 扣件抗滑设计承载力

双扣件抗滑设计承载力取为 8kN［查《建筑施工扣件式钢管脚手架安全技术规范》

JGJ 130—2011 表 5.1.7 取值]。

④ 支撑搭设尺寸

梁作用在支架上的荷载 q=34.46kN/m，考虑采用双扣件抗滑，每个双扣件的抗滑设计承载力为 8×2=16kN，因此每延米所需的钢管数量为：

$$n = 34.46/16 = 2.15 \text{ 根 }/\text{m}$$

考虑梁下横向每排 3 根钢管立杆，间距 400mm，纵向间距为 800mm，每延米实际数量为：n'=1×3/0.8=3.75 根/m>2.15 根/m（可以）。

⑤ 支撑立杆稳定承载力复核

梁模板支撑搭设的高度约为 12m，按步高 1.2m 进行计算，考虑实际使用的钢管厚薄不均匀，按 ϕ48×3.0 进行计算，偏安全。

A. 按轴心受压柱（钢管立杆顶端设可调托座传力）考虑（表 11-5）

对于脚手钢管其稳定承载力设计值为：

$$\lambda = \mu h / i = 1 \times 1200/15.8 = 75.9$$

式中 μ=1（查 JGJ 130—2011 表 5.3.4）

$$\varphi = 0.744(\text{查 JGJ 130—2011 表 A.0.6 得 } \varphi)$$

$$\varphi A f = 0.744 \times 424 \times 205 = 64668.5\text{N} = 64.7\text{kN} > 34.46/3.75 = 9.19\text{kN}$$

轴心受力状态下稳定承载力设计值 **表 11-5**

钢管壁厚（mm）	步高 h（m）	长细比 λ	承载力设计值（kN）
3.5 A=489mm²	1.8	114	49.0
	1.7	108	53.1
	1.6	101	58.1
	1.5	95	62.8
3.0 A=424mm²	1.8	113	43.1
	1.7	107	46.7
	1.6	101	50.4
	1.5	94	55.1

注：1. 承载力设计值按《冷弯薄壁型钢结构技术规程》GB 50018—2002 要求计算
2. F_c=205N/mm。
3. 在钢管顶端插入 Tr38、长度为 600mm 的可调托座，此法在高架桥或其他连续箱梁桥支模中应用较多。由表中知：减少步高 h 能显著提高其承载力。在相同条件下，因管壁减薄至 3.0mm，其承载力降低 12%左右。

B. 按偏心受压柱（钢管立杆顶部用水平钢管传力）考虑（表 11-6）

每根立杆承受的偏心荷载为：

N=34.46/3.75=9.19kN　偏心距为 53mm

$M=N\cdot e$=9190×53=487070N·mm

$N_E=\pi^2 EA/\lambda^2=\pi^2\times206\times10^3\times4.24\times10^2/75.9^2$=161866.9N

$$\frac{N}{\varphi A}+\frac{M}{\left[\left(1-\frac{N}{N_E}\times\varphi\right)W\right]}\leqslant f$$

$$\frac{9190}{0.744\times424}+\frac{487070}{\left(1-\frac{9190}{161866.9}\times0.744\right)\times4400}=29.12+115.6=144.72\text{N/mm}^2<f$$

$$=205\text{N/mm}^2$$

偏心受力状态下稳定承载力设计值　　表11-6

钢管壁厚（mm）	步高 h（m）	偏心距 e（mm）	承载力设计值（kN）
3.5	1.8	53	13.3
	1.7	53	13.5
	1.6	53	13.8

按步高 $h=1.2$m 进行搭设，局部稳定性满足要求。

2）120mm厚楼板及其支撑的设计与计算

120mm厚的钢筋混凝土楼板模板楞木采用100mm×50mm木枋，支撑采用 $\phi48\times3.5$ 钢管与扣件搭设成排架。

（1）荷载计算

① 设计值：

模板自重：1.2×500＝600N/m^2

120mm厚新浇混凝土自重：1.2×24000×0.12＝3456N/m^2

钢筋自重：1.2×1100×0.12＝158.4N/m^2

施工荷载：1.4×2500＝3500N/m^2

总计：7714.4N/m^2＝7.72kN/m^2

② 标准值：

模板自重：500N/m^2

120mm厚度混凝土自重：24000×0.12＝2880N/m^2

钢筋自重：1100×0.12＝132N/m^2

总计：3512N/m^2＝3.51kN/m^2

（2）楞木间距 l_1 的计算

模板按三跨连续梁考虑，梁宽取200mm，楞木作为模板的支点，模板上作用的均布荷载宽度即为楞木间距 l_1，作用在连续梁上的线荷载：

按设计值计算：$q_1=7714.4\times0.2=1542.9\text{N/m}=1.54\text{kN/m}$

按标准值计算：$q_2=3412\times0.2=702.4\text{N/m}=0.70\text{kN/m}$

按模板的抗弯承载力要求：

$$l_1=\sqrt{\frac{10bh^2f_w}{6q_1}}=\sqrt{\frac{1.67f_wbh^2}{q_1}}=\sqrt{\frac{1.67\times30\times200\times20^2}{1.54}}=1613.3\text{mm}$$

按模板的刚度要求，最大变形值取为楞木间距的1/250。

$$l_1=\sqrt[3]{\frac{0.59EI}{q_2}}=\sqrt[3]{\frac{0.59\times4\times10^3\times200\times20^3}{0.70\times12}}=766.0\text{mm}$$

对比取小值，可取 $l_1=500$mm

（3）支撑钢管间距 l_2 的计算（见图11-10～图11-12）

楞木按三跨连续梁考虑，支撑钢管作为楞木的支点，楞木上作用均布荷载宽即为支撑钢管间距 l_2，作用在楞木连续梁上的线荷载：

按设计值计算：$q_3=7714.4\times0.5=3857.2=3.86\text{kN/m}$

按标准值计算：$q_4=3512\times0.5=1756=1.76\text{kN/m}$

按楞木的抗弯承载力要求：

$$l_2=\sqrt{\frac{1.67f_w bh^2}{q_3}}=\sqrt{\frac{1.67\times16.7\times50\times100^2}{3.86}}=1900.7\text{mm}$$

按楞木的刚度要求：

$$l_2=\sqrt[3]{\frac{0.59EI}{q_4}}=\sqrt[3]{\frac{0.59\times9\times10^3\times50\times100^3}{1.76\times12}}=2325.2\text{mm}$$

按楞木的抗剪承载力要求：

$$l_2=\frac{1.11bhf_v}{q_3}=\frac{1.1\times50\times100\times1.5}{3.86}=2137.3\text{mm}$$

对比取小值，可取板底钢管间距 $l_2=1000$mm。与梁下模板支撑对应按 1000mm×800mm 搭设，偏安全。

（4）120mm 楼板模板支撑的计算

混凝土自重：24×0.12=2.88kN/m²

钢筋自重：1.1×0.12=0.13kN/m²

模板自重：0.5kN/m²

施工荷载：1.0kN/m²

计算支撑承载力时，支撑的设计荷载为

$$q=1.2\times3.51+1.4\times1=5.61\text{kN/m}^2$$

支撑搭设：采用 ϕ48×3.5 脚手钢管与扣件搭设成排架。

扣件抗滑设计承载力：双扣件抗滑设计承载力取为 8kN。

支撑搭设尺寸：楼板作用在支撑上的荷载 $q=5.61\text{kN/m}^2$，（查 JGJ 130—2011 表 5.1.7 取值）每平方米所需的钢管数量为：$n=5.61/8=0.70$ 根

每根钢管支撑面积：1/0.70=1.43m²

实际采用 1000mm×800mm 搭设，支撑面积为 0.8m²<1.43m²。

1000mm×800mm 搭设支撑立杆稳定承载力复核：楼板模板支撑搭设的高度约为 12.6m，按步高 1.2m 进行计算，考虑实际使用的钢管厚薄不均匀，按 ϕ48×3.0 进行计算，偏安全。$N=5.61/4=1.4$kN，见图 11-18、图 11-19、图 11-20）。

按轴心受压柱考虑：

对于脚手钢管其稳定承载力设计值为：

$$\lambda=\mu h/i=1\times1200/15.8=75.9$$

$$\varphi=0.744$$

$$\varphi Af=0.744\times424\times205=64668.5\text{N}=64.7\text{kN}>1.4\text{kN}$$

按偏心受压柱考虑：

每根立杆承受的偏心荷载为（取扣件抗滑设计值 12kN，偏安全）：

$N=1.4$kN，偏心距为 53mm

$M=N\cdot e=1400\times53=74200\text{N}\cdot\text{mm}$

$N_E=\pi^2EA/\gamma^2=\pi^2\times206\times10^3\times4.24\times10^2/75.9^2=161866.9\text{N}$

$$\frac{N}{\varphi A}+\frac{M}{\left[\left(1-\frac{N}{N_E}\times\varphi\right)W\right]}\leqslant f$$

$$\frac{1400}{0.744\times424}+\frac{74200}{\left(1-\frac{1400}{161866.9}\times0.744\right)\times4400}=4.44+16.97=21.41\text{N/mm}^2<f$$
$$=205\text{N/mm}^2$$

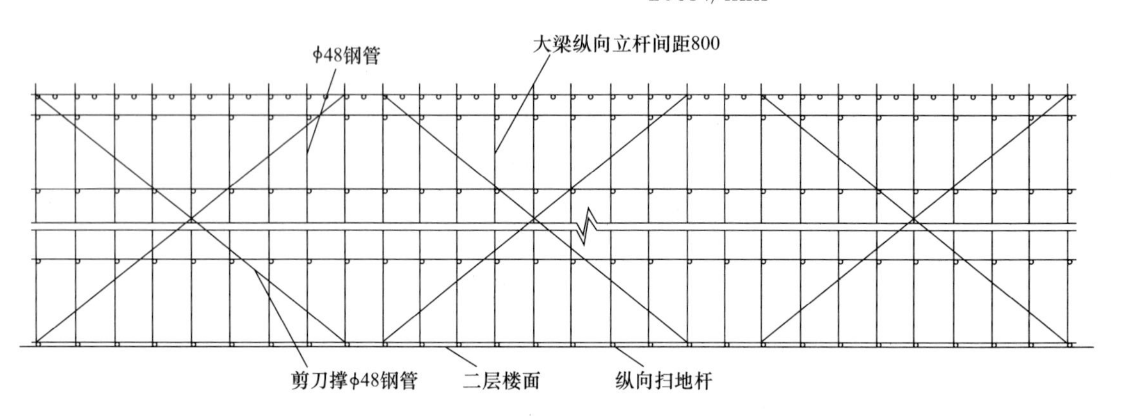

图 11-18　预应力梁模板支架立面图

注：1. 扣件的扭紧力矩大于等于 40N·m。

2. 预应力筋未张拉完毕，不得拆除预应力梁下的模板支架。

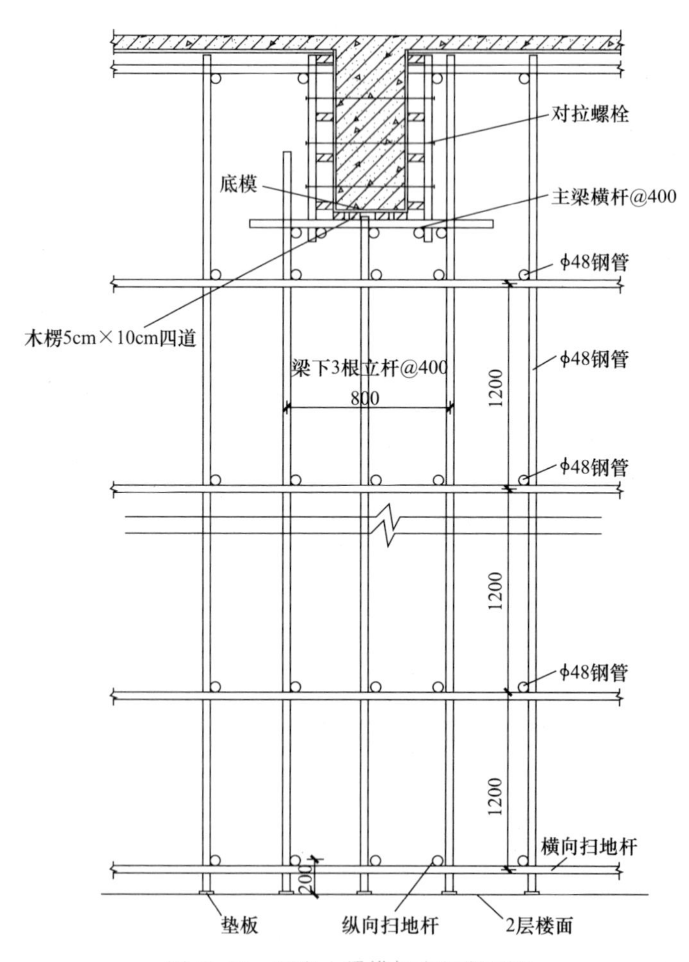

图 11-19　预应力梁模板支架断面图

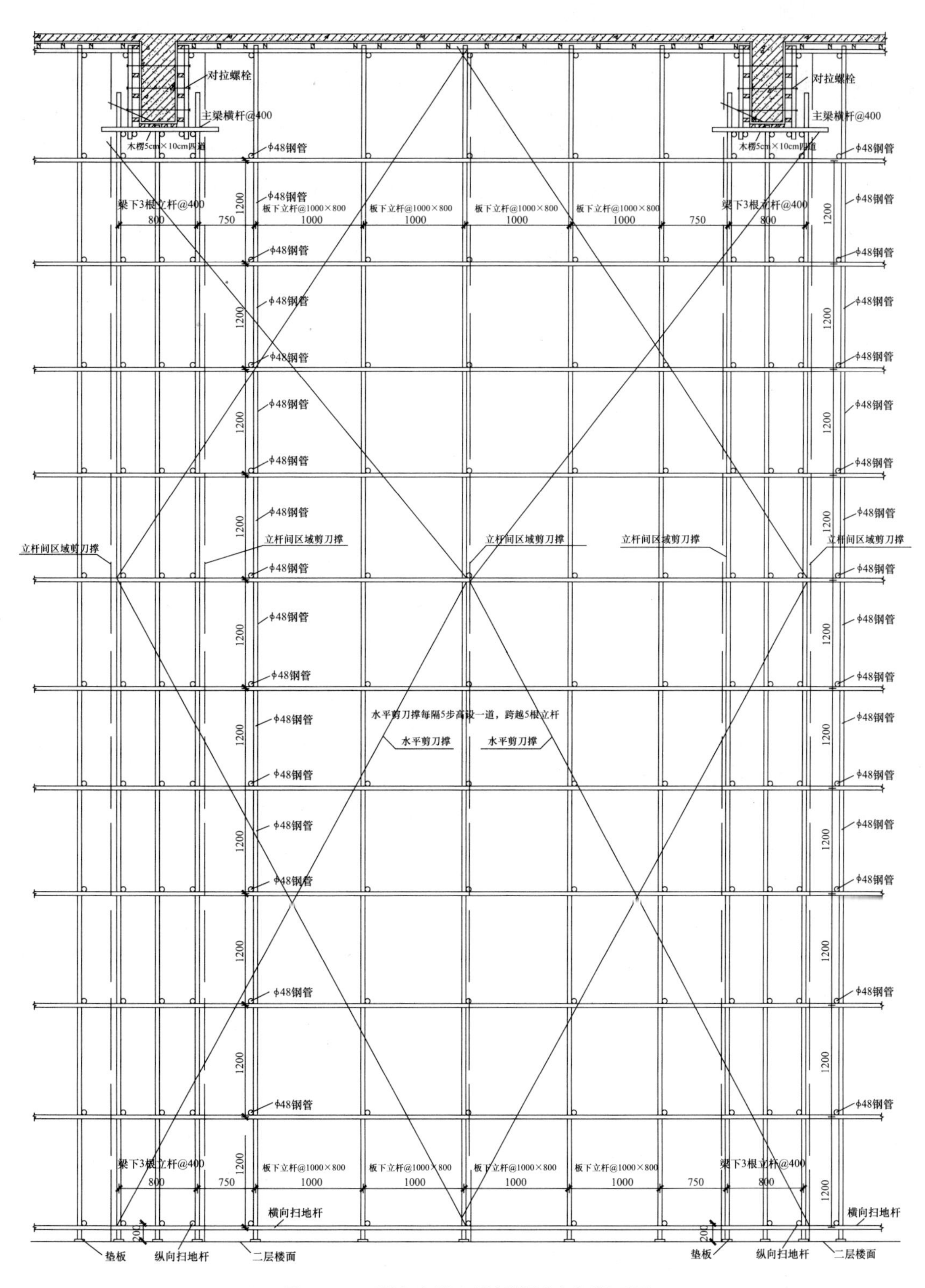

图 11-20 预应力梁、楼板模板支架断面图

（三）悬挑卸料平台的设计与计算

1）计算依据

（1）《建筑施工安全检查标准》JGJ 59—2011 和《钢结构设计规范》GB 50017—2003。

（2）悬挑卸料平台的计算参照连续梁的计算进行（见图 11-21）。

（3）由于卸料平台的悬挑长度和所受荷载都很大，因此必须严格地进行设计与验算。平台水平钢梁（主梁）的悬挑长度 5.0m，悬挑水平钢梁间距（平台宽度）2.5m。次梁采用 10 号槽钢 U 口水平，主梁采用 16a 号槽钢 U 口水平，次梁间距 1.0m。容许承载力均布荷载 1.00kN/m²，最大堆放材料荷载 4.50kN（见图 11-22）。

图 11-21　悬挑卸料平台

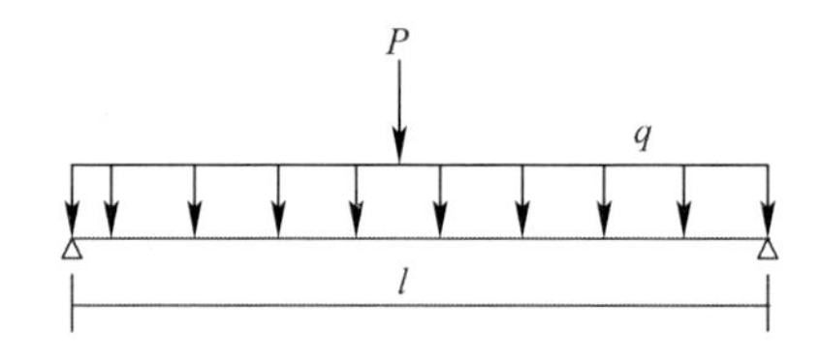

图 11-22　荷载图

2）次梁的计算

次梁选择 10 号槽钢 U 口水平，间距 1.0m，其截面特性为：

面积 $A=12.74\text{cm}^2$，惯性矩 $I_x=198.30\text{cm}^4$，转动惯量 $W_x=39.70\text{cm}^3$，回转半径 $i_x=3.95\text{cm}$，截面尺寸 $B=48.0\text{mm}$，$H=100.0\text{mm}$，$T=8.5\text{mm}$。

（1）荷载计算

① 面板自重标准值：标准值为 0.35kN/m²；

$$q_1=0.35\times1.00=0.35\text{kN/m}$$

② 最大容许均布荷载 1.00kN/m²；

$$q_2=1.00\times1.00=1.00\text{kN/m}$$

③ 槽钢自重荷载；

$$q_3=0.10\text{kN/m}$$

经计算得到：

静荷载计算值：$q=1.2\times(Q1+Q2+Q3)=1.2\times(0.35+1.00+0.10)=1.74\text{kN/m}$

活荷载计算值：$P=1.4\times4.50=6.30\text{kN}$

（2）内力计算

内力按照集中荷载 P 与均布荷载 q 作用下的简支梁计算，计算结果如下：

最大弯矩 M 的计算公式为：

$$M=ql^2/8+Pl/4-1.74\times2.50^2/8+6.30\times2.50/4=5.30\text{kN}\cdot\text{m}$$

（3）抗弯强度计算

$$\sigma = M/\gamma_x W_x \leqslant [f]$$

式中　γ_x——截面塑性发展系数，取 1.05；

$[f]$ ——钢材抗压强度设计值，$[f]=205.00\text{N/mm}^2$。

经计算：$\sigma=5.30\times10^6/(1.05\times39700.00)=127.02\text{N/mm}^2$

次梁槽钢的抗弯强度计算 $\sigma<[f]$，满足要求。

（4）整体稳定性计算（主次梁焊接成整体，此部分可以不计算）

$$\sigma = M/\varphi_b W_x \leqslant [f]$$

式中　φ_b——均匀弯曲的受弯构件整体稳定系数，按照下式计算：

$$\varphi_b = 570tb/lh \times 235/f_y$$

$$= 570 \times 8.5 \times 48.0 \times 235/(2500.0 \times 100.0 \times 235.0) = 0.93$$

由于 φ_b 大于 0.6，按照《钢结构设计规范》GB 50017—2003 附录 B 查表得 $\varphi_b=0.753$。

经计算得到强度：$\sigma=5.30\times10^6/(0.753\times39700.00)=177.19\text{N/mm}^2$

次梁槽钢的稳定性计算 $\sigma<[f]$，满足要求。

3）主梁的计算

卸料平台的内钢绳按照《建筑施工安全检查标准》JGJ 59—2011 作为安全储备不参与内力计算（见图 11-23～图 11-27）。

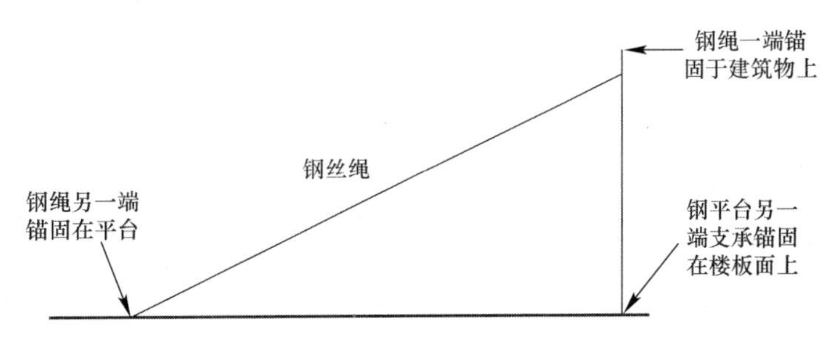

图 11-23　悬挑卸料平台示意图

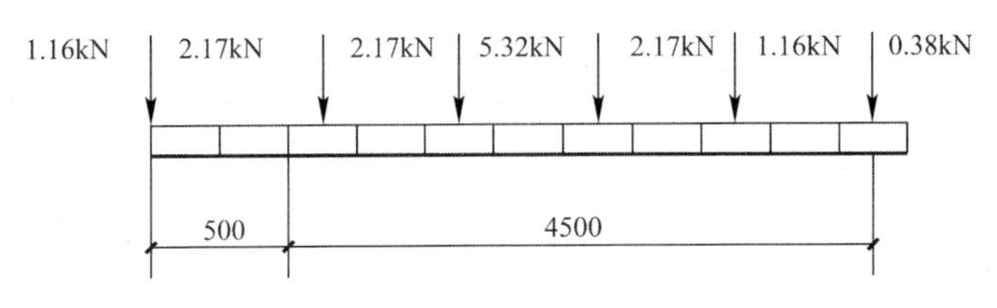

图 11-24　悬挑卸料平台水平钢梁计算简图

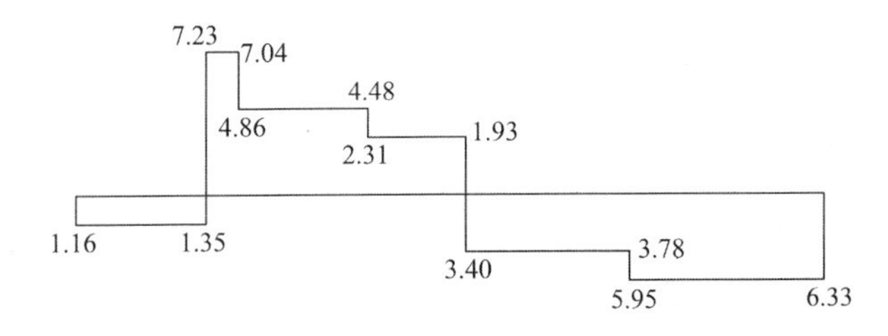

图 11-25　悬挑水平钢梁支撑梁剪力图（kN）

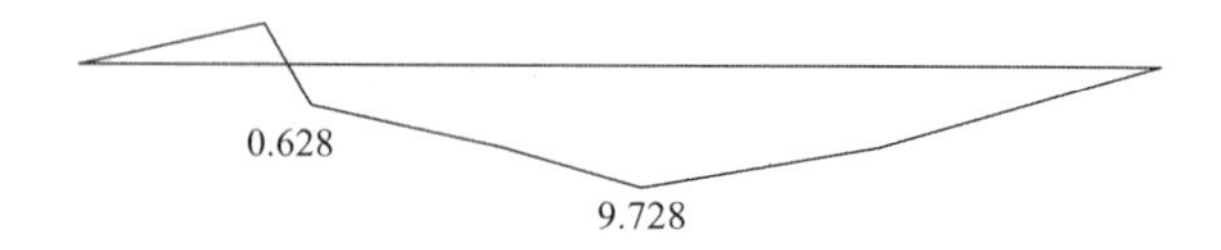

图 11-26　悬挑水平钢梁支撑梁弯矩图（kN·m）

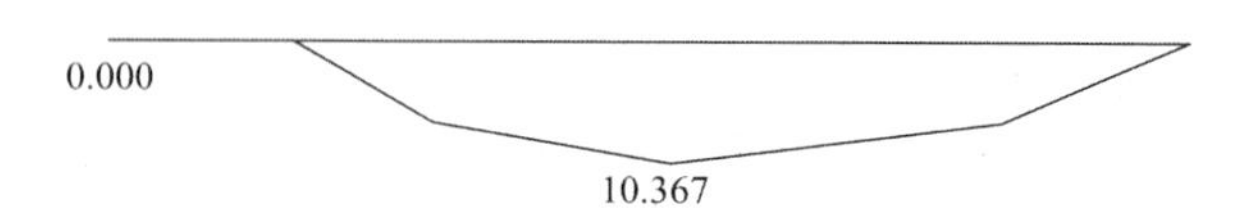

图 11-27　悬挑水平钢梁支撑梁变形图（mm）

主梁选择 16a 号槽钢 U 口水平槽钢，其截面特性为：

面积 $A=21.95\text{cm}^2$，惯性矩 $I_x=866.20\text{cm}^4$，转动惯量 $W_x=108.30\text{cm}^3$，回转半径 $i_x=6.28\text{cm}$，截面尺寸 $b=63.0\text{mm}$，$h=160.0\text{mm}$，$t=10.0\text{mm}$

（1）荷载计算

① 栏杆自重标准值：标准值为 0.15kN/m；

$$q_1 = 0.15\text{kN/m}$$

② 槽钢自重荷载：$q_2=0.17\ \text{kN/m}$

静荷载计算值：$q=1.2\times(q_1+q_2)=1.2\times(0.15+0.17)=0.38\text{kN/m}$

各次梁集中荷载：取梁支座力，分别为：

$$P_1 = 1.2\times(0.35+1.00)\times0.5\times2.50/2+1.2\times0.1\times2.50/2 = 1.16\text{kN}$$
$$P_2 = 1.2\times(0.35+1.00)\times1.00\times2.50/2+1.2\times0.1\times2.50/2 = 2.17\text{kN}$$
$$P_3 = 1.2\times(0.35+1.00)\times1.00\times2.50/2+1.2\times0.1\times2.50/2 = 2.17\text{kN}$$
$$P_4 = 1.2\times(0.35+1.00)\times1.00\times2.50/2+1.2\times0.1\times2.50/2+6.30/2 = 5.32\text{kN}$$
$$P_5 = 1.2\times(0.35+1.00)\times1.00\times2.50/2+1.2\times0.1\times2.50/2 = 2.17\text{kN}$$
$$P_6 = 1.2\times(0.35+1.00)\times0.5\times2.50/2+1.2\times0.1\times2.50/2 = 1.16\text{kN}$$

③ 内力计算

卸料平台的主梁按照集中荷载 P 和均布荷载 q 作用下的连续梁计算。
各支座对支撑梁的支撑反力由左至右分别为：（计算过程略）

$$R_1 = 8.578\text{kN},\quad R_2 = 7.492\text{kN}$$

最大弯矩：　$M=9.728\text{kN}\cdot\text{m}$

④ 抗弯强度计算

$$\sigma = M/\gamma_x W_x + N/A \leqslant [f]$$

式中　γ_x——截面塑性发展系数，取 1.05；

$[f]$——钢材抗压强度设计值，$[f]=205.00\text{N/mm}^2$。

经计算得：$\sigma=M/\gamma_x W_x+N/A=9.728\times10^6/(1.05\times108300)+12.867\times1000/2195=91.412\text{N/mm}^2<[f]=205.00\text{N/mm}^2$，满足要求。

⑤ 整体稳定性计算（主次梁焊接成整体时，此部分可以不计）

$$\sigma = M/\varphi_b W_x \leqslant [f]$$

式中　φ_b——均匀弯曲的受弯构件整体稳定系数，按照下式计算：

$$\varphi_b = 570tb/lh \times 235/f_y$$

$$\varphi_b = 570 \times 10.0 \times 63.0 \times 235/(5000.0 \times 160.0 \times 235.0) = 0.45$$

经计算得强度：

$$\sigma = M/\varphi_b W_x = 9.728 \times 10^6/(0.45 \times 108300) = 200.12\text{N/mm}^2 < [f] = 205.00\text{N/mm}^2$$

满足要求。

4）钢丝拉绳的计算

（1）内力计算

水平钢梁的轴力 R_{ah} 和钢拉绳的轴力 R_{ui} 按下式计算：

$$R_{ah} = \sum_{i=1}^{n} R_{ui}\cos\theta_i$$

式中　$R_{ui}\cos\theta_i$ 为钢绳的拉力对水平杆产生的轴压力。

各支点的支撑力 $R_{ci}=R_{ui}\sin\theta_i$

按照以上公式计算得到由左至右各钢绳拉力为：(计算过程略)

$$R_{c1} = 15.46\text{kN}$$

（2）强度计算

钢丝拉绳的轴力 R_u 我们均取最大值进行计算：

$$R_u = 15.46\text{kN}$$

钢丝绳的容许拉力按照下式计算：

$$[F_g] = \alpha F_g/K$$

式中　$[F_g]$——钢丝绳的容许拉力（kN）；

F_g——钢丝绳的钢丝破断拉力总和（kN）；

计算中可以近似计算 $F_g=0.5d^2$，d 为钢丝绳直径（mm）；

α——钢丝绳之间的荷载不均匀系数，对 6×19、6×37、6×61 钢丝绳分别取 0.85、0.82、0.8；

K——钢丝绳使用安全系数，取 8.0。

钢丝绳的拉力＝8.0×15.46/0.82＝150.86kN＜1400MPa，满足要求。

选择 6×37＋1 钢丝绳，直径为 7.5mm，钢丝绳公称抗拉强度 1400MPa。

（3）钢丝拉绳吊环的强度计算

钢丝拉绳的轴力 R_u 均取最大值进行计算：

$$R_u = 15.46\text{kN}$$

钢平台处吊环强度计算公式：

$$\sigma = N/F \leqslant [f]$$

式中　$[f]$ 为拉环钢筋抗拉强度，按照《混凝土结构设计规范》GB 50010，$[f]$ ＝50N/mm²。

所需要的吊环最小直径 $D=[15460\times4/(3.1416\times50\times2)]^{1/2}=15\text{mm}$。

5）卸料平台安全要求

（1）卸料平台的上部结点，必须位于建筑物上，不得设置在脚手架等施工设备上；

（2）斜拉钢丝绳在构造上宜两边各设置前后两道，并进行相应的受力计算；

（3）卸料平台安装时，钢丝绳应采用专用的挂钩挂牢，建筑物锐角围系钢丝绳处应加补软垫物，平台外口应略高于内口；

（4）卸料平台左右两侧必须装固定的防护栏；

（5）卸料平台吊装，需要横梁支撑点电焊固定，接好钢丝绳，经过检验才能松卸起重吊钩；

（6）钢丝绳与水平钢梁的夹角最好在45°～60°；

（7）卸料平台使用时，应由专人负责检查，发现钢丝绳有锈蚀损坏应及时调换，焊缝脱焊应及时修复；

（8）操作平台上应显著标明容许荷载，人员和物料总重量严禁超过设计容许荷载，配专人监督。

（四）监理审查某大厦热泵机组吊装方案的实例

某大厦中央空调采用四台进口热泵机组，其中二台重7.2t，外形尺寸7.0m×2.26m×2.35m；二台6.2t，外形尺寸6.8m×2.26m×2.35m。安装在大厦屋面上，其吊装高度为81.9m，屋面女儿墙高度为4.2m，吊装时要超越女儿墙。吊装方案采用土法人字把杆吊装。吊装的外环境是在外装修玻璃幕墙全部完成的情况下进行的。起重把杆的安放位置是占用8m宽的一台热泵的安装位置。上下场地狭窄，又要保护已完工的建筑产品，起重外环境十分差。

吊装施工单位获取这项吊装任务后，制定了热泵机组吊装方案，并报现场项目监理部审查。我们接到“方案”审查任务后，便启动了“方案审查程序”并严格进行控制。最终从吊装技术上和监督管理上确保了吊装过程的安全，使热泵机组吊装成功。现将“方案”审查程序的控制过程简略如下，供同行参考。

1）对“方案”的初审。

对吊装施工单位上报监理审查的方案，经我们审查后很不满意。也许吊装单位自认为有吊装经验，可以在“方案”文字表达上马虎一点。但作为监理，审查“方案”一定是严格的。谁都知道，由于监理在审查施工方案中不慎重，其结果是出了事故承担法律责任。所以不要指望监理对“方案”的审查能一次性通过。对“方案”审查反复多次是有好处的。为此，我们决定以初审的意见提出整改要求如下：

对×××大厦热泵机组吊装方案的审查意见

××××：

你们在20××年7月7日报监理的“×××大厦中央空调热泵机组吊装方案”已审。对“方案”的编制内容我们认为十分粗糙，无论在理论上还是实践上，均未能做出周密考虑。所以本次送审不能通过，必须按下列意见修改后重报复审。否则不能实施机组吊装。

（1）应结合现场实际按“方案”上图一所示，详细计算人字把杆的起重高度、起重半径，并应满足现场结构实际。

（2）按实际选用的起吊滑轮组、钢丝绳、卷扬机等验算其起重能力。

（3）人字把杆支承在特制的钢梁上，钢梁支承在C、D轴的梁上；主杆支承在塔楼顶屋面上。两者的支承力对主体结构的影响，应通过原结构设计人员审核。如果不允许，应采取措施。

（4）对起重把杆截面的验算，应在准确分析把杆的受力状况后进行。

（5）对吊装过程的安全措施，尚需要进一步完善。例如：

① 缆风绳的直径大小未定，应在分析缆风绳受力大小后选用。“方案”中提出缆风绳固定于相关柱子根部，在目前外装幕墙已安装完的情况下，此打算如何落实？

② 吊装指挥系统是吊装时的关键，应上下配合。“方案”只设指挥1人是不够的。应屋面设总指挥1人，地面设副指挥1人，相互用对讲机联络。

③ 吊物下应设拉绳，拉绳应通过地面导向滑轮后由专人操作，以防吊物在吊装过程中晃动或碰撞幕墙。

④“方案”上表示吊物距墙面1m。但未能考虑北立面在第15层以上是退层。吊物吊至此高度时如何过度？在该处平台上设置安全人员否？如何确保在该处吊物的稳定？并能安全越过女儿墙。

⑤ 在安全措施方面还应该有几条，请你们根据自己的经验深入地多想想，宁可事前多想一点，才能做到临危不惧。一定要克服“吊装买保险，砸烂有人赔”的侥幸心理和麻痹思想。在“方案”中一定要考虑周密，做到万无一失。否则，当事人要承担责任。

⑥ 根据《建设工程安全生产管理条例》第35条规定，此吊装设备应经专业机构检测和政府主管部门鉴定。

××××××项目监理部

20××年7月8日

2）督促检查对“初审”意见的落实。

“初审”意见批复给吊装单位后，监理的责任是督促检查“初审”意见的落实。本例吊装施工单位为落实“初审”意见，他们做了以下主要工作：

（1）聘请专家勘测吊装现场，结合现场实际确定吊机在二种工况（工况1是在起吊热泵过程中对把杆的受力分析；工况2是热泵吊至屋面时对把杆的受力分析）情况下对人字把杆的受力分析。明确了在二种工况情况下人字把杆的起重高度和起重半径。

（2）走访原结构设计工程师，工程师明确表示原设计未考虑吊装热泵时的起重荷载。要求起重时应对结构进行加固。并在“方案”上签字，以表负责。

（3）吊装施工单位继续完善各种措施，特别是安全措施，如：用试吊泵基础钢梁检查卷扬机、滑轮组、人字把杆支承点固定、起重高度中吊钩与把打顶，吊物与女儿墙顶等之间的安全距离、吊物在起吊过程中导索离玻璃幕墙距离的布置等。经检查后发现了问题，并作出了相应的调整；采取在人字把杆支承点的梁下用ϕ100的钢管对结构进行顶撑加固等。最后对“方案”进行了全面修改，并报监理复审后签字认可。

（4）请市安监站到现场检查指导。

市安监站来现场检查后对初审“方案”认为项目监理部的初审意见写得很认真，要求吊装施工单位继续完善“方案”内容后报监理签认。同时提出：“方案”要组织专家论证和现场吊装参建单位要对吊装设备组织验收，待验收合格后才能实施。

3）密切关注吊装过程中的动态。

在热泵机组吊装实施过程中，建设、施工、监理等单位都十分重视，为此开过数次会，在协调中也闹过种种摩擦。但他们的共同目的只有一个，即一切为了安全生产。作为监理，过去我们曾数次审过此类方案，但从来没有像这次那么紧张。这次紧张不是“方案”中技术上没有把握的紧张，而是监督管理上的紧张。因为技术上是科学的，有了答案就不会紧张。而监督管理是多因素的，参建单位步调不一致时很容易出问题。我们为此甚感紧张，因为万一失误会担负法律责任。因此，监理人员在整个吊装过程中密切关注着吊装过程的动态。下面一组图片记录了监理对吊装过程的关注，密切注视着能平安度过记录中的每个时刻（见图11-28～图11-33）。

图11-28　土法吊装设备图

图11-29　热泵机组在地面起吊前的放置情形

图11-30　热泵机组吊至空中的情形

图11-31　热泵机组吊至女儿墙上空时的情形

图11-32　热泵机组越过女儿墙吊至墙内屋面上时的情形

图11-33　热泵机组安装就座后的情形

4）几点体会。

（1）监理对施工方案的审查已被政府建设主管部门所重视，并作为检查、追究监理责任的依据。事实也是如此，由于监理对施工方案审查不严，而造成伤亡事故，从而被追究了监理的法律责任。所以，监理慎重审查施工方案，是在这种大环境要求下的必然趋势。

（2）监理慎重审查施工方案的基础，在于监理部人员（特别是总监）要有扎实的理论基础和丰富的实践经验。只有这样，才能使审查意见建立在可靠的科学分析和可行的实践基础之上；才能有把握、有信心地相信：“如果能全面落实审查中所提出的意见，那么，一定会达到预期的目的。”

（3）监理要做到慎重审查施工方案，还必须要排除一切干扰。例如来自施工单位的干扰。他们以出事故由施工单位负责为由，要监理在审查中放宽尺度；又例如来自建设单位的干扰。他们以工期要求紧为由，催促监理尽快在方案上签字等。

（4）监理审查施工方案是件承担责任、承担风险的事。特别是审查有高风险作业的施工方案时，心情一定紧张，甚至害怕。特别是审查者自己感到实施方案没有把握时，可提出要求对方案组织专家组论证和组织有关现场参建单位在方案实施前对吊装设备进行验收。即借助大家的智慧来完善方案，从而增强实施方案的可能性。

（五）监理审查某大厦外装修用吊篮施工方案的实例

本工程外墙幕墙（含玻璃和石材幕墙）装饰面积约 18000m^2，总共配置 36 台吊篮进行施工作业。监理要求施工承包商编制专项吊篮施工安全组织设计，项目安全监理工程师对吊篮施工安全组织设计重点审查以下内容：

1）安全施工组织管理及管理网络

（1）对安全施工组织管理要求列出控制重点，例如：

① 工人进场时项目经理部要对每位人员进行安全教育、安全交底，并签订安全管理协议书；

② 配足、配齐安全防护用品，确保每位施工人员用上合格的安全帽、安全带；电气作业人员还必须穿绝缘鞋，戴绝缘手套；进行电焊作业时，严格动火审批制度，申请/批准动火区域、动火监护人，并采用接火斗（盘）进行接火，预防火花飞沫引起火灾。

③ 要求由项目经理部领导参加的现场安全值班制，配备专职、兼职安全员各一名及质检员一名，特殊作业人员要全部持证上岗。

④ 每天定时检查吊篮安全设施、升降起重设备以及电器等是否安全可靠；机电设备由专人负责，非机电专业人员禁止动用机电设备；雨季施工时，电器设备要注意检查防雷、防雨、防潮、防漏电现象；现场突然停电时，要停止一切作业，以防突然来电；现场会使用的氧气和乙炔气瓶间要保持一定的安全距离，防止爆炸（见图 11-34）。

图 11-34 外装修用吊篮施工

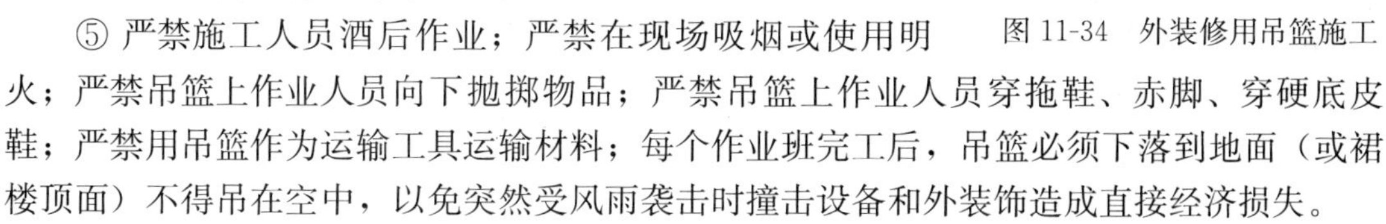

⑤ 严禁施工人员酒后作业；严禁在现场吸烟或使用明火；严禁吊篮上作业人员向下抛掷物品；严禁吊篮上作业人员穿拖鞋、赤脚、穿硬底皮鞋；严禁用吊篮作为运输工具运输材料；每个作业班完工后，吊篮必须下落到地面（或裙楼顶面）不得吊在空中，以免突然受风雨袭击时撞击设备和外装饰造成直接经济损失。

（2）对管理网络的控制要求

① 管理网络要符合现场施工实际。

② 管理网络中涉及的人员必须到位，并符合持证上岗要求。

2）吊篮的技术参数

要求施工承包商提供吊篮制造商的出厂合格证和吊篮的主要技术参数，以便监理机构对进场的吊篮进行合格性检查，并按吊篮技术参数要求督促承包商认真执行。表11-7举例表示几种吊篮的技术参数内容。

吊篮主要技术参数　　表11-7

性能\型号		ZLD800	ZLDS800	ZLDS800	ZLD800GF
额定载重（kg）		800	800	800	800
提升速度（m/min）		8.3±0.5	8.3±0.5	8.3±0.5	8.3±0.5
电动机功率（kW）		2×2.2	2×2.2	2×2.2	2×2.2
制动扭矩（N·m）		16	16	16	16
锁绳速度（m/min）		20-22	20-22	20-22	20-22
锁绳距离（mm）		≤100	≤100	≤100	≤100
支架额定伸出量（mm）		1500	1500	1500	1500
悬吊平台	材质	铝合金	铝合金	钢	钢
	工作台层数	单层	双层	单层	单层（带副篮）
	工作台节数	3	2×3	3	3
	长×宽×高（mm）	(2500×3)×690×3120	(2500×3)×690×3120	(2500×3)×690×3120	(2500×3)×690×3120
	质量（kg）	350	530	510	500
悬挂机构质量（kg）		450	450	450	450
配重（kg）		40×25	40×25	40×25	40×25
钢丝绳直径（mm）		8.6	8.6	8.6	8.6
提升高度（m）		200	200	200	200

3）吊篮结构

（1）整机。主要由悬吊平台、悬挂机构、提升机、安全锁及控制系统组成。

（2）悬吊平台。悬挂于空中，四周装有护栏（靠墙护栏高0.9m，其余护栏高1.1m），用于承载作业人员、工具、设备及作业材料的场所。平台载重分布要均匀，平台两侧应防止倾斜，最大倾斜量≤150mm。

（3）悬挂机构。是架设于建筑物上，通过钢丝绳悬挂悬吊平台的装置。每台吊篮设有两只悬挂机构，每只悬挂机构均有前、中、后梁和上支座、前、后座等组合拼装而成；并配以脚轮、配重、加强钢绳等组成。在使用时其配重量 W，提升力 F，前梁伸出量 a，用下列公式计算：

$W \geqslant 2Fa/B$，a 一般为1.1～1.5m；最大伸出量 a 为2.1m，此时工作载荷不得大于400kg（表11-8）。

悬挂机构三梁架设长度与平台承载量对照表　　表11-8

前梁伸出长度 a（m）	承载量（kg）	后臂长度 B（m）		配重（kg）	备注
		安装高度在100m以内	安装高度在100～200m间		
0.7	800	≥1.9	≥2.1	500	
0.9	800	≥2.3	≥2.5	500	
1.1	800	≥2.9	≥3.1	500	
1.3	800	≥3.4	≥3.6	500	

续表

前梁伸出长度 a（m）	承载量（kg）	后臂长度 B（m）		配重（kg）	备注
		安装高度在100m以内	安装高度在100～200m间		
1.5	800	≥3.9	≥4.1	500	
1.7	800	≥4.5	—	500	
1.9	600	≥4.3	—	500	
2.1	400	≥4.41	—	500	

（4）提升机。提升机是设在悬吊平台两端，沿工作钢绳上、下运行的动力机构。每台吊篮配有两只提升机，每只提升机均由电磁制动电机、“S”形摩擦传动爬升机构、离心限速装置等组成。使用时，提升机应具有良好的穿绳性能，润滑应良好，不得有异常响声、冒烟现象，不得有任何异物进入机体内，严禁在有腐蚀性的液体、气体环境中使用。

（5）安全锁。安全锁是固定在悬吊平台两端安装架上，当悬吊平台运行速度达到锁绳速度或其倾斜角度达到锁绳角度时，能自动锁住安全钢绳，使悬吊平台立即停止下行的装置。每台吊篮设有两只安全锁，运行量，安全钢绳通过安全绳轮、绳轮与离心限速机构相连，当下滑速度达到锁绳速度时，离心限速机构的甩块触发钢绳夹紧装置，在100mm距离内自动锁住钢丝绳，使平台停止下滑。安全锁动作后不能自动复位。使用时，安全钢绳应能自由、顺畅地通过安全锁，并且必须与绳夹槽中心线保持直线，切勿任其斜置，倾斜度≤4°，超过时应及时校正。安全锁应在有效标定期半年内使用，严禁砂浆、杂物进入安全锁。

（6）工作钢绳。工作钢绳用于悬挂和提升悬吊平台，是悬吊平台上下运行的绳梯。采用《航空用钢丝绳》GB 8902—88，6×19＋IWS，直径8.6mm航空镀锌钢绳，破断拉力≥68kN。严禁钢绳对接使用，严禁接触砂浆、杂物，如发现开裂、乱丝、变形、打结等现象，应立即检修、更换。

（7）安全钢绳。安全钢绳用于悬挂和提升悬吊平台，独立悬挂在悬挂机构上。采用《航空用钢丝绳》GB 8902—88，6×19＋IWS，直径8.6mm航空镀锌钢绳，破断拉力≥68kN。严禁钢绳对接使用，不能弯曲，不能有污物，不能接触油类物质。无抽丝、漏股、锈蚀现象，严禁和工作钢绳合用。为确保悬吊平台安全运行，延长钢绳的使用寿命，须经常注意检查其有无断裂、破损、弯曲等情况；是否能继续使用；或更换新绳。

（8）控制系统。控制系统由电器系统和行程限位开关组成。电器系统是使悬吊平台上、下运行、停止的控制装置。由控制电箱、制动电机、操纵按钮等组成。使用电压380V，频率50Hz。控制动力：2.2kW电动机2只，逆顺双向运转。使用时，电器系统不宜过多启动，应有接零、接地保护，电缆线截面应不小于2.5行程限位开关。使用时还应和钢绳安装、连接牢固。

4）吊篮安装要点

（1）各受力螺栓应紧固坚实；

（2）悬挂机构加强钢丝绳的紧度，以前梁伸出1.5m，上挠30～50mm为宜；

（3）穿工作钢丝绳时，应去除绳内卷绕应力；

（4）一般根据施工建筑物的高度决定挂放钢丝绳的长度，钢绳放入地面长度以2～

2.5m 为宜；

（5）当钢绳长度超过实际使用长度时，应把多余的钢绳存放于屋顶上，妥善保管；

（6）多台吊篮并列安装时，两台吊篮间距确保 800mm；

（7）吊篮移位，需把悬吊平台安放稳妥后方能抽绳作业。

5）吊篮的安全使用

（1）吊篮使用应符合有关高空作业规定，一般在雷雨、雾天和 6 级风（风速大于 10.8m/s）的恶劣气候条件下，严禁吊篮升空作业。

（2）夜间施工时，施工现场须有充足的照明，并在施工范围内设置警戒信号灯。

（3）施工范围四周 10m 范围内不得有架空高压线。否则应采取可靠的安全措施后方能施工。

（4）建筑物立面如有突出物或转角处应设置明显标志，吊篮上下运行中应注意及时避让，防止吊篮及电缆被勾拉、碰撞、搁置及缠绕。若建筑物有外开窗户，施工期间要求严禁开启外开窗户。

（5）吊篮不适合在酸、碱液体、气体环境中使用，如不得已用时，应将提升机，安全锁、电器箱与腐蚀性气体、液体隔离，并小心使用。

（6）工作时，先接通电源，将电源开关打开，看指示灯。不工作时，关闭电源开关。

（7）当吊篮工作时，因发生卡绳等故障而将钢丝绳退出提升机进行维修时，应将工作平台使用安全锁等方法可靠固定后，在钢丝绳不受力的情况下，摇动电机手柄，可将钢丝绳慢慢退出提升机。

（8）吊篮在每次使用前，操作人员必须按规定项目对吊篮进行检查，经检查合格后方能使用。若在检查中发现问题，要及时维修合格后，才能使用。

（9）建立吊篮的日常维修和保养制度，发现故障要及时排除。常见的故障、原因和排除方法如表 11-9 所示。

常见的吊篮故障原因及排除方法　　**表 11-9**

故障	原因	排除方法
吊篮不能停止	电机电磁制动失灵	调整摩擦盘与衔铁的间隙为 0.5mm
电机转，吊篮不能动，提升器噪声大	钢丝绳和绳轮间打滑或传动部分有问题	检查整个提升器，更换损坏零件，拉紧钢丝绳
离心限速制动器处发烫	离心限速块与外壳有摩擦	调换限速块的弹簧
安全锁打滑	绳夹或钢丝绳有油脂或绳夹有问题	清除油脂或调换绳夹
安全锁经常锁住	离心弹簧太松或拨杆与棘块棘爪的相对位置有问题	调整离心弹簧或拨杆与棘爪的相对垂直距离：3mm
工作钢丝绳松股、直皱等变形现象	机体内各相关零件相对位置有问题或钢绳本身质量有问题	开箱检查，调整其相对位置或更换新绳
电机上部发烫	电磁制动器不工作，二极管损坏	更换二极管

6）吊篮的操作规范

（1）严禁吊篮超载作业。

（2）吊篮操作人员必须经过培训合格后方可上岗。使用双机提升的吊篮施工时，应有二名人员操作吊篮。操作人员必须戴安全帽，系安全带，不得穿硬底鞋、塑料鞋或其他易滑的鞋。吊篮内严禁使用梯、凳、搁板等登高工具。严禁在吊篮中奔跑、蹦跳。

（3）正常施工时，吊篮内载荷应尽量保持均匀，严禁将吊篮用作起重运输和进行频繁升降运动。

（4）施工人员应在地面进出吊篮，严禁在空中攀援窗户进出吊篮或攀登栏杆。

（5）操作人员在吊篮升降运行中应常注意各机件运行情况，如发现提升机发热、噪音、钢丝绳断丝、安全锁失效、吊篮两端升降速度不匀、限位开关失灵、操纵开关失灵等不正常情况时，应及时回降地面进行检修，完好后方可继续施工，严禁设备带病运行。

（6）吊篮专职维修人员必须具备地方劳动部门颁发的电气作业操作证方可上岗维修。

（7）施工工期较长时，必须制定吊篮定期检查制度。操作人员每天启动吊篮时，应按规定对各机件进行检查。吊篮外置后使用及使用过程中发生安全锁、提升机、电气系统故障或发生断绳等重大事故后，必须由专职检修人员进行检修，其他人不得擅自任意拆卸检修。

（8）悬吊平台在正常使用时，严禁使用电机制动器及安全锁刹车，以免引起意外事故。

（9）严禁吊篮悬空拆装。

（10）吊篮使用结束后，应关闭总电源及控制箱，并将提升机、安全锁用塑料纸包扎，防止雨水渗入。

（六）导轨式爬升脚手架

导轨式爬升脚手架的施工，监理要求编制专项施工方案，并经专家论证后方能施工。专项施工方案编制内容包括：

1）编制依据

（1）本工程标准层平面图、立面图。

（2）桁架轨道式爬架技术指标。

（3）《建筑施工扣件式钢管脚手架安全技术规范》JGJ 130—2011。

2）工程概况（略）

3）桁架导轨式爬架概况

桁架轨道式爬架由架体、升降承力结构、防倾防坠装置和动力控制系统四部分构成。结构简单合理、使用方便安全且经济实用。架体部分，提升点处设置竖向主框架，竖向主框架底部由水平支承桁架相连；承力结构和防倾防坠装置安全可靠，受力明确；动力控制系统采用电动葫芦，并固定在架体上同时升降，避免频繁摘挂，方便实用。

桁架导轨式爬架各项技术指标、各组成结构、构造符合《建筑施工安全检查标准》JGJ 59—2011要求，通过建设部组织的产品鉴定，鉴定证书编号：建科鉴字（2001）第004号。

爬架作业条件及施工荷载：

（1）在下列情况下禁止进行升降作业：下雨、下雪、六级以上大风等不良气候条件下；视线不良时；分工、任务不明确时。升降过程应保持同步，严禁错位、倾斜。

（2）施工荷载：

使用工况下，施工荷载≤2层×3kN/(m^2·层)(结构施工)。

施工荷载≤3层×2kN/(m^2·层)(装修作业)。

升降工况下，施工荷载≤0.5kN/m^2。

4）爬架施工总体部署

（1）爬架使用范围

主楼均自群楼完成后开始搭设，逐层提升至顶层结构施工时可满足上层扎筋立模、下层拆模、周转材料的防护及操作需要；装修时再逐层下降，可为外墙装修提供操作面和防护。

（2）施工准备

① 建立职责明确，运行有效的爬架管理机构。

② 组织技术培训，进行安全质量教育，使有关人员对爬架有初步的了解。

（3）材料和工具

① 所需材料见专用设备表。

② 备足ϕ48×3.5的Q235钢焊接钢管，要求没有弯曲、压扁及严重锈蚀等情况，最好涂橘黄色油漆，既防锈又能使爬架外观效果良好。

③ 备足扣件，扣件应符合国家相关技术标准，在使用前要清洗加机油。

④ 备电焊机、切割机各两台。

（4）爬架施工进度

配合主体结构施工和外装修施工进度。

5）爬架设计方案

（1）平面设计

① 爬架平面布置，爬架设36个提升点。

② 爬架主架宽900mm，内排立杆离墙距离400mm。

③ 预埋点在结构施工时进行预埋，预埋点立面位置为楼板面下返250mm。

（2）立面设计

① 爬架提升点处立面图。

② 提升点处爬架架体立面为定型加工的主框架。爬架总高15.5m，步高1.8m，架宽0.9m，共铺设三层脚手板。

③ 动力系统固定在主框架上，为保证足够提升高度，吊点横梁设置在第三步架上。

（3）防护要求

爬架外立面挂密目安全网。底层密目安全网兜底后满铺脚手板，与墙面实现全封闭，以上架体每隔3层均要求与墙面实现全封闭，防止物件坠落伤人。

（4）组装平台

爬架组装平台高度为二层楼面以下1.3m。

（5）穿墙螺栓及预留孔

① 穿墙螺栓尺寸为ϕ30×L700，双螺母。

② 穿墙螺栓预留孔从群楼以上开始设置。预留孔通过预埋件实现，预埋件与临近主筋焊连，以确保预留孔位置准确。

（6）爬架与塔吊关系

① 塔吊附墙杆应避让提升底座所在位置。

② 爬架在升降过程中若遇塔吊附墙杆阻挡，只需将相应位置处爬架杆件暂时拆除，通过后立即恢复即可。

（7）爬架与施工电梯关系

在主体结构施工时，施工电梯追随在爬架下面；主体结构封顶后，施工电梯处的爬架拆除。

6）爬架组装流程图（见图 11-35）

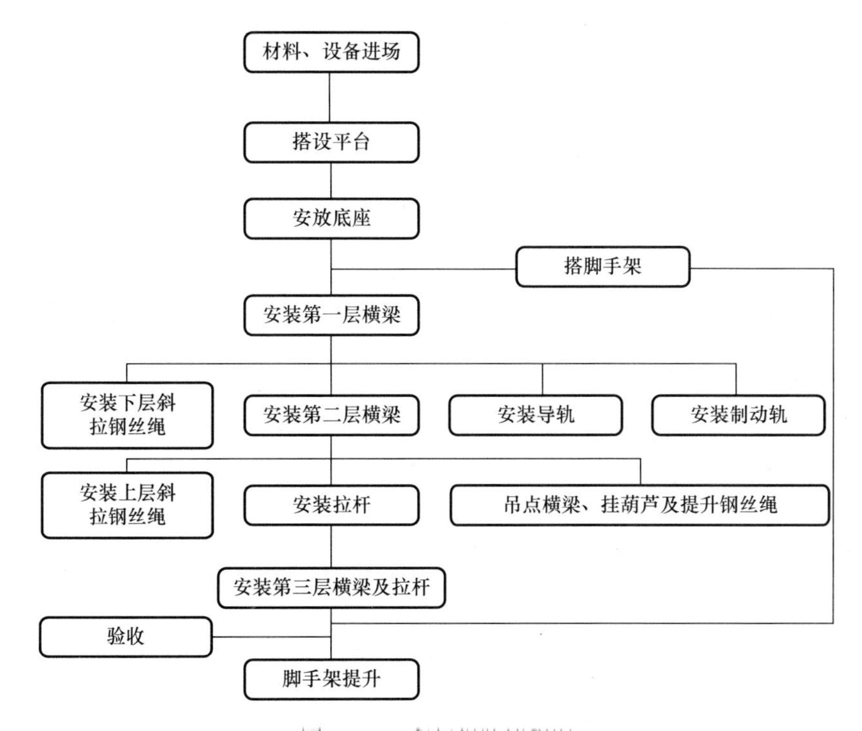

图 11-35 爬架组装流程图

7）爬架的安装

（1）首先搭设平台，在组装平台上组装脚手架。要求组装平台：

① 外沿距爬架外排立杆 300mm。

② 外沿设 1.2m 高防护栏杆。

③ 稳固且能承受 $3kN/m^2$ 的均布荷载。

（2）将提升底座摆放在提升点处。在安装底座时，先复核附墙点处结构尺寸和爬架平面布置图是否相符。

摆放底座时，把放制动轨的一端面向建筑物，不要摆反；底座离墙距离宜从安装穿墙螺栓处直接量取，以避免差错。

底座定位后，应与楼内支撑架或其他固定物拉结，防止移位。

（3）脚手架搭设：

应符合《建筑施工扣件式钢管脚手架安全技术规范》JGJ 130—2011 的规定

① 在提升底座上插放四根立杆，要保持良好的垂直度，要随时检查内侧立杆离墙距离是否正确。

② 基本尺寸及注意事项：

a. 立杆纵距≤1.50m，大横杆步距 1.80m，架宽 0.9m。

b. 相邻大横杆接头应布置在不同立杆纵距内。

c. 最下一步大横杆和小横杆使用双排杆，以保证架体整体刚度。

d. 相邻立杆接头不得在同一步架内。

③ 脚手架每搭设二步，在窗洞处应与楼内支撑架或其他固定物拉结，确保脚手架稳定。

④ 脚手架外立面满搭剪刀撑。

⑤ 脚手架底层满铺脚手板，以上每隔两步架铺设一层。脚手板用铁丝与钢管扎牢。

⑥ 脚手架外侧及底部挂密目安全网。底部要与墙面实现全封闭。

⑦ 所有扣件连接点处须涂白色油漆，以观察脚手架结点处扣件是否滑移。

（4）升降承力结构的安装

① 穿墙螺栓预留孔：确保穿墙螺栓预留孔位置准确十分重要！

a. 预留孔水平绝对偏差应≤20mm（相对于定位轴线）；

b. 两预留孔水平相对偏差应≤20mm（水平投影差）；

c. 预留孔垂直偏差应≤20mm（相对于梁底）。

② 安装升降承力结构

a. 在脚手架搭设一层高度时，开始安装升降承力系统。

b. 将第一根横梁用穿墙螺栓安装在墙上，然后安装斜拉钢丝绳。

c. 在结构施工上升一层时，安装第二根横梁。

d. 在第一根横梁与第二根横梁之间安装竖拉杆和斜拉杆。

e. 开始安装导轨，使其位于横梁上的导轮之间。

f. 随着结构施工上升，安装第三根横梁。

g. 在第二根横梁与第三根横梁之间安装竖拉杆和斜拉杆。

③ 安装注意事项：

葫芦要严格按设计位置悬挂，避免脚手架升降时葫芦刮到横梁。

（5）动力及控制系统的安装

① 使用电动环链葫芦时，应遵守产品使用说明书的规定。

② 葫芦使用前应检查、清洗，加机油、黄油，发现部件损坏应及时更换。

③ 葫芦环链须定期用钢丝刷刷净砂浆等赃物，并加刷机油润滑。要采取防水、防尘措施。

④ 在葫芦悬挂处的同层脚手架上安置电动控制台，要搭一小房间加锁，防止无关人员进入，并能遮风避雨。

⑤ 控制台应设漏电保护装置。

⑥ 三相交流电源总线进控制台前应加设保险丝及电源总闸。

⑦ 升降动力线必须用四芯（$4\times1mm^2$）胶软线，其中一芯接地；动力线沿途绑扎在

钢管上时，须作绝缘处理。

⑧ 要避免升降动力线在升降中拉断。

⑨ 所有葫芦接通电源后，必须保持正反转一致。

8）爬架的升降

（1）爬架升降流程图（见图 11-36）

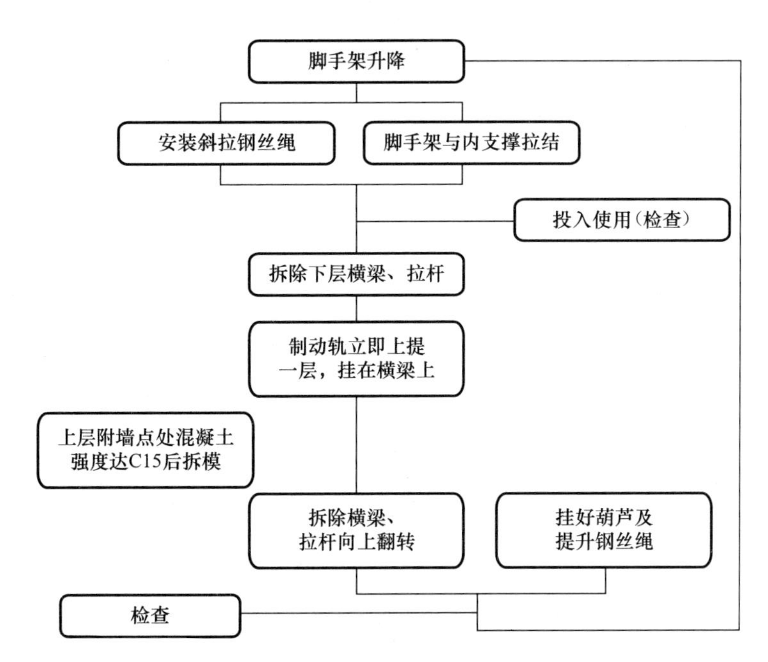

图 11-36 爬架升降流程图

（2）将葫芦挂好并进行预紧，各葫芦环链松紧程度应一致。

（3）进行升降前的检查，并填写“爬架升降前检查记录表”。

（4）除操作人员外，其他人员不得在脚手架上滞留。建筑物周围 20m 内严禁站人，并设专人监护。

（5）松开斜拉钢丝绳，解除脚手架与建筑物之间的约束。

（6）各提升点要速度均匀，行程一致。

（7）要加强升降过程中检查，主要内容有：

① 升降是否同步。当相邻两点行程高差大于 50mm 时，应停止升降，通过点控将架子调平。

② 支架是否出现明显变形。若变形明显，应停止升降，找出原因，进行处理。

③ 检查葫芦运行是否正常，链条是否翻链，扭曲。

④ 是否有影响升降的障碍物（升降前检查时就应该排除掉）。

（8）升降到位后，在底座处用钢管顶住墙壁，然后紧固斜拉钢丝绳，恢复脚手架与建筑物之间的约束。

（9）进行升降后的检查，并填写“爬架升降后加固检查记录表”。

（10）在下列情况下禁止进行升降作业：

① 下雨、下雪、六级以上大风等不良气候条件下。

② 视线不良时。

③ 分工、任务不明确时。

9）爬架的使用

（1）在爬架升降作业完毕，并填写“爬架升降后加固检查记录表”后方可使用。

（2）爬架允许有三个操作层同时作业，每层施工荷载不超过 $2kN/m^2$。

（3）所有与爬架有关联的其他设施（如物料平台等），在使用时应由建筑结构独立承担其引起的荷载。

（4）爬架不得施加集中荷载，不得施加动荷载。

（5）外墙模板不得以爬架作为加固支撑。

（6）禁止下列违章作业：利用爬架吊运物品；在爬架上推车；在爬架上拉结吊装缆绳；拆除爬架部件；起吊时碰撞扯动脚手架。

10）桁架导轨式爬架高空拆除

（1）爬架拆除是爬架使用中最后一个环节，要克服松一口气的想法，要思想上重视、管理上到位，现场应安排专人负责，统一指挥，杜绝各行其是。应分工明确，避免随心所欲。

（2）先搭设拆除平台，要求满足：

① 平台面靠近爬架底座，使爬架坐落在拆除平台上。

② 外沿距爬架外排立杆 300mm；外沿设 1.2m 高防护栏杆。

（3）调紧斜拉钢丝绳，将脚手架连墙加固。

（4）在拆除前清除脚手架上的杂物、垃圾。

（5）拆除人员佩戴“三宝”，拆除区域设警戒线，无关人员不得进入。

（6）拆除顺序应遵循以下原则：

① 先拆上后拆下、严禁上下同时拆。

② 先拆外侧后拆内侧、严禁内外同时拆。

③ 先拆钢管后拆爬架升降设备。

④ 先拆两提升点中间后拆提升点。

⑤ 架体拆完后再拆除斜拉钢丝绳。

（7）拆除一般按以下顺序：

① 拆第三节主框架高度范围内脚手板、安全网、拆横杆、立杆、剪刀撑后，拆除第三节主框架。

② 拆第二节主框架高度范围内脚手板、安全网、拆横杆、立杆、剪刀撑后，拆除第二节主框架；随后拆除最上一根横梁及与之相连的竖拉杆、斜拉杆、斜拉钢丝绳。

③ 在水平支承框架上层里外侧、下层里外侧用通长钢管加固，为整体拆除起吊做准备。

④ 松开水平支承框架与第一节主框架的连接螺栓，用塔吊整体吊至地面拆除。

⑤ 拆除下层斜拉钢丝绳，将第一节主框架与底座用塔吊整体吊至地面拆除。

⑥ 拆除最后两根横梁及与之相连的竖拉杆、斜拉杆。

（8）拆除中注意事项：

① 拆除的物件应轻拿轻放，严禁抛扔。

② 拆除的物件应随拆随运，避免堆至楼面，造成吊运困难。

③ 拆除的物件及时清理、分类集中堆放。

11）质量保证措施

（1）穿墙螺栓预留孔埋件：确保穿墙螺栓预留孔埋件位置准确。

① 预留孔水平绝对偏差应≤20mm（相对于定位轴线）；

② 两预留孔水平相对偏差应≤20mm（水平投影差）；

③ 预留孔垂直偏差应≤20mm（相对于梁底）。

（2）导轨（竖向主框架）垂直偏差不应大于5‰，且不应大于60mm。

（3）脚手架基本尺寸及注意事项：

① 立杆纵距≤1.50m，大横杆步距1.80m，架宽0.9m。

② 相邻大横杆接头应布置在不同立杆纵距内。

③ 相邻立杆接头不得在同一步架内。

（4）架体搭设完毕，试提升一层后，由总包方组织验收。

12）爬架安全使用事项

在爬架使用全过程中，应认真贯彻“安全第一，预防为主”的方针。

（1）施工人员应遵守现行《建筑施工高处作业安全技术规范》、《建筑安装工人安全技术操作规程》的有关规定。各工种人员应基本固定，并持证上岗。

（2）施工用电应符合现行《施工现场临时用电安全技术规范》的要求。

（3）架体外侧用密目安全网围挡并兜过架体底部，底部还应加设小眼网，密目安全网和小眼网都应可靠固定在架体上。

（4）物料平台应单独设置、单独升降，不得与爬架共用传力杆。

（5）六级以上大风、下雨、下雪、浓雾及夜间禁止进行升降作业。

（6）落实安全检查工作，特别是升降前和升降后固架检查，认真进行检查记录。

（7）提升前钢丝绳预紧过程中，应避免引起过大超载。

（8）升降作业过程中，必需统一指挥，分工明确，指令规范，并配备必要巡视人员。

（9）在进行升降作业时，外架上不得进行施工作业，无关人员不得滞留在脚手架上。

（10）升降作业过程中，应防止电动葫芦发生翻链、铰链现象。

（11）穿墙螺栓的位置一定要准确，爬架升降时，应随时检查导轨是否过度挤压横梁或脱离导轮约束。

（12）升降到位后，脚手架必须及时固定，在没有完成固定工作并办交接手续前，脚手架操作人员不得下班或交班。

（13）在拆装时要随时检查构件焊缝状况、穿墙螺栓是否有裂纹及变形。

（14）滑轮、各导轮及所有螺纹均应定期润滑，确保使用时运动自如，装拆方便。

（15）升降控制台应专人进行操作，禁止闲杂人员进入。

（16）在使用过程中，脚手架上的施工荷载需符合设计规定，严禁超载，严禁放置影响局部杆件安全的集中荷载。建筑垃圾应及时清理。

（17）爬架只能作为操作架，不能作为外模板的支模架。

（18）不得随意减少、移动、拆除爬架的零部件。

13）专用设备表（表 11-10）

专用设备表　　**表 11-10**

<table>
<tr><th>序号</th><th colspan="2">名称</th><th>规格</th><th>单位</th><th>单套数量</th><th>套数</th><th>总数量</th><th>备注</th></tr>
<tr><td>1</td><td colspan="2">横梁</td><td>L=763mm</td><td>根</td><td></td><td></td><td></td><td></td></tr>
<tr><td>2</td><td colspan="2">调节拉杆</td><td>—</td><td>根</td><td></td><td></td><td></td><td></td></tr>
<tr><td>3</td><td colspan="2">销轴</td><td>ϕ20×365</td><td>个</td><td></td><td></td><td></td><td></td></tr>
<tr><td>4</td><td colspan="2">开口销</td><td>ϕ5×328</td><td>个</td><td></td><td></td><td></td><td></td></tr>
<tr><td>5</td><td colspan="2">葫芦吊点横梁</td><td>—</td><td>个</td><td></td><td></td><td></td><td></td></tr>
<tr><td>6</td><td colspan="2">制动轨</td><td>L=4500mm</td><td>个</td><td></td><td></td><td></td><td></td></tr>
<tr><td>7</td><td colspan="2">大销轴</td><td>ϕ30×3140</td><td>个</td><td></td><td></td><td></td><td></td></tr>
<tr><td>8</td><td colspan="2">开口销</td><td>ϕ6×3340</td><td>个</td><td></td><td></td><td></td><td></td></tr>
<tr><td>9</td><td colspan="2">底座（防坠装置）</td><td>—</td><td>个</td><td></td><td></td><td></td><td></td></tr>
<tr><td>10</td><td colspan="2">穿墙螺栓</td><td>M30×450</td><td>套</td><td></td><td></td><td></td><td></td></tr>
<tr><td>11</td><td colspan="2">垫板</td><td>—</td><td>块</td><td></td><td></td><td></td><td></td></tr>
<tr><td>12</td><td colspan="2">电动葫芦</td><td>10t，34m</td><td>个</td><td></td><td></td><td></td><td></td></tr>
<tr><td>13</td><td colspan="2">电控柜</td><td>30 门</td><td>台</td><td></td><td></td><td></td><td></td></tr>
<tr><td>14</td><td colspan="2">电缆线</td><td>431mm^2</td><td>m</td><td></td><td></td><td></td><td></td></tr>
<tr><td rowspan="2">15</td><td colspan="2" rowspan="2">钢丝绳</td><td>6337ϕ19.5</td><td>m</td><td></td><td></td><td></td><td></td></tr>
<tr><td>6337ϕ15</td><td>m</td><td></td><td></td><td></td><td></td></tr>
<tr><td rowspan="2">16</td><td colspan="2" rowspan="2">绳卡</td><td>Y20</td><td>个</td><td></td><td></td><td></td><td></td></tr>
<tr><td>Y15</td><td>个</td><td></td><td></td><td></td><td></td></tr>
<tr><td>17</td><td colspan="2">花篮螺栓</td><td>M2、400 型</td><td>个</td><td></td><td></td><td></td><td></td></tr>
<tr><td rowspan="3">18</td><td rowspan="3">竖向主框架</td><td>第一节</td><td>—</td><td>节</td><td></td><td></td><td></td><td></td></tr>
<tr><td>第二节</td><td>—</td><td>节</td><td></td><td></td><td></td><td></td></tr>
<tr><td>第三节</td><td>—</td><td>节</td><td></td><td></td><td></td><td></td></tr>
<tr><td rowspan="10">19</td><td rowspan="10">底部承力框架</td><td>横杆</td><td>—</td><td>根</td><td></td><td></td><td></td><td></td></tr>
<tr><td rowspan="4">弦杆</td><td>弦 90</td><td>根</td><td></td><td></td><td></td><td></td></tr>
<tr><td>弦 120</td><td>根</td><td></td><td></td><td></td><td></td></tr>
<tr><td>弦 150</td><td>根</td><td></td><td></td><td></td><td></td></tr>
<tr><td>弦 180</td><td>根</td><td></td><td></td><td></td><td></td></tr>
<tr><td>竖杆</td><td>竖 180</td><td>根</td><td></td><td></td><td></td><td></td></tr>
<tr><td rowspan="4">斜杆</td><td>斜 90</td><td>根</td><td></td><td></td><td></td><td></td></tr>
<tr><td>斜 120</td><td>根</td><td></td><td></td><td></td><td></td></tr>
<tr><td>斜 150</td><td>根</td><td></td><td></td><td></td><td></td></tr>
<tr><td>斜 180</td><td>根</td><td></td><td></td><td></td><td></td></tr>
<tr><td rowspan="2">20</td><td colspan="2" rowspan="2">螺栓</td><td>M12×40</td><td>套</td><td></td><td></td><td></td><td></td></tr>
<tr><td>M20×40</td><td>套</td><td></td><td></td><td></td><td></td></tr>
<tr><td>21</td><td colspan="2">脚手管</td><td>ϕ48×3.5</td><td>t</td><td></td><td></td><td></td><td></td></tr>
<tr><td>22</td><td colspan="2">扣件</td><td></td><td>个</td><td></td><td></td><td></td><td></td></tr>
<tr><td>23</td><td colspan="2">脚手板</td><td></td><td>m^2</td><td></td><td></td><td></td><td></td></tr>
<tr><td>24</td><td colspan="2">安全网</td><td></td><td>m^2</td><td></td><td></td><td></td><td></td></tr>
</table>

14）桁架导轨式爬架计算

（1）概述

桁架导轨式爬架从功能上可划分为三部分：架体结构，由竖向主框架、水平支撑桁架、脚手管、脚手板等组成；升降机构及安全装置，由横梁、拉杆、穿墙螺栓、提升钢丝绳、斜拉钢丝绳、吊点横梁、底座、制动轨、导轨等组成；升降动力设备，由电动葫芦、电缆线、电控柜等组成。

其中前两部分，即架体结构、升降机构及安全装置为本设计计算书的验算对象。

① 计算遵守的规范、规程

《建筑结构荷载规范》GB 50009—2012；

《钢结构设计规范》GB 50017—2003；

《冷弯薄壁型钢结构技术规范》GB 50018—2002；

《钢结构工程施工质量验收规范》GB 50205—2001；

《起重机设计规范》GB/T 3811—2008；

《编制建筑施工脚手架安全技术标准的统一规定》；

《建筑施工安全检查标准》JGJ 59—2011。

② 计算方法

按照《建筑施工附着升降脚手架管理暂行规定》规定，脚手架架体、竖向主框架、水平支撑桁架、附着支承装置按“概率极限状态法”进行设计，承载能力极限状态材料强度取设计值，使用极限状态材料强度取标准值；吊具、索具按“容许应力设计法”进行设计。

③ 计算单元的选取

计算单元的选取原则是符合《建筑施工附着升降脚手架管理暂行规定》的。

桁架导轨式爬架设计支承跨度≤6.0m，选择计算单元的计算跨度为6.0m。

（2）荷载计算

① 恒载（标准值）：

恒载即脚手架结构及其上附属物自重，包括立杆、大横杆、小横杆、剪刀撑、护栏、扣件、安全网、脚手板（挡脚板）、电闸箱、控制箱、主框架、底部支撑桁架、安装在脚手架上的爬升装置自重。

a. 脚手架结构自重：

立杆：2×2×(15.5－1.8)×38.4＝2.10kN

大横杆：2×9×6.0×38.4＝4.15kN

扶手栏杆：9×6.0×38.4＝2.07kN

小横杆：18×1.4×38.4＝0.97kN

剪刀撑：2×16.62×38.4＝1.28kN

扣件：每根立杆对接扣件2个，每根大横杆、扶手栏杆直角扣件4个、对接扣件1个，每根小横杆直角扣件2个；剪刀撑每根旋转扣件9个。

直角扣件：(27×4＋18×2)×13.5＝1.94kN

旋转扣件：2×9×14.6＝0.26kN

对接扣件：(4×2＋27×1)×18.5＝0.65kN

脚手架结构自重（以上合计）：G_{k1}＝13.42kN

b. 安全网自重：

$$G_{k2} = 0.01 \times 93.00 = 0.93\text{kN}$$

c. 脚手板（挡脚板）自重：

脚手板重量：0.35×(1.20×6.0)×3=7.56kN

挡脚板重量：0.14×(0.20×6.0)×3=0.50kN

$$G_{k3} = 8.32 + 0.55 = 8.06\text{kN}$$

d. 电闸箱、电控箱自重：

$$G_{k4} = 2.00\text{kN}$$

e. 主框架自重：G_{k5}=5.23kN

f. 底部支撑框架：G_{k6}=3.06kN

g. 安装在脚手架上的爬升装置有底座和吊点横梁。

$$G_{k7} = 1248.0 + 152.6 = 1.40\text{kN}$$

以上各项合计为恒载（标准值）：

$$G_k = G_{k1} + G_{k2} + G_{k3} + G_{k4} + G_{k5} + G_{k6} + G_{k7} = 34.10\text{kN}$$

② 活载（标准值）：

a. 施工荷载

在使用工况下，结构施工时按两层（每层 3kN/m^2）计算，装修施工时按三层（每层 2kN/m^2）计算，且两种情况下，施工荷载总和均不得超过 6kN/m^2；在升降工况下，施工荷载按 0.5kN/m^2 计算。

在使用工况下，施工荷载按 6kN/m^2 计算：

$$Q_k = 6 \times (6.0 \times 1.2) = 43.20\text{kN}$$

在升降工况下，施工荷载按 0.5kN/m^2 计算：

$$Q_k = 0.5 \times (6.0 \times 1.2) = 3.60\text{kN}$$

b. 风荷载计算

按《编制建筑施工脚手架安全技术标准的统一规定》：

$$\omega_k = 0.7\mu_s\mu_z\omega_0$$

式中　μ_s——风荷载体型系数，脚手架外挂密目安全网。挡风系数 φ=0.5，μ_s=1.3φ=1.3×0.5=0.65。

μ_z——风压高度比系数。按地面粗糙度 B 类，200m 高空考虑，μ_z=2.61。

ω_0——基本风压，取 ω_0=0.35kN/m^2。

风荷载标准值：

$$\omega_k = 0.7\mu_s\mu_z\omega_0 = 0.7 \times 0.65 \times 2.61 \times 0.35 = 0.42\text{kN/m}^2$$

（3）升降承力结构构件计算

① 受力分析

升降承力结构是由横梁和竖拉杆、斜拉杆通过铰连接，并由穿墙螺栓附着在建筑物上的一次超静定结构。其受力特点是：在升降工况下，架体荷载由提升钢丝绳以集中荷载的形式作用于底层横梁外端。附墙的三层横梁兼具导向功能，同时横梁、穿墙螺栓还受风荷载水平作用。

升降承力结构受恒载+施工荷载+风荷载共同作用。各荷载标准值取值如下：

恒载　　　G_k=34.10kN

施工荷载　Q_k=43.20kN

风荷载　　w_K=0.42×93.0=39.06kN

② 各荷载标准值作用下内力计算

计算简图如下（见图 11-37～图 11-39）

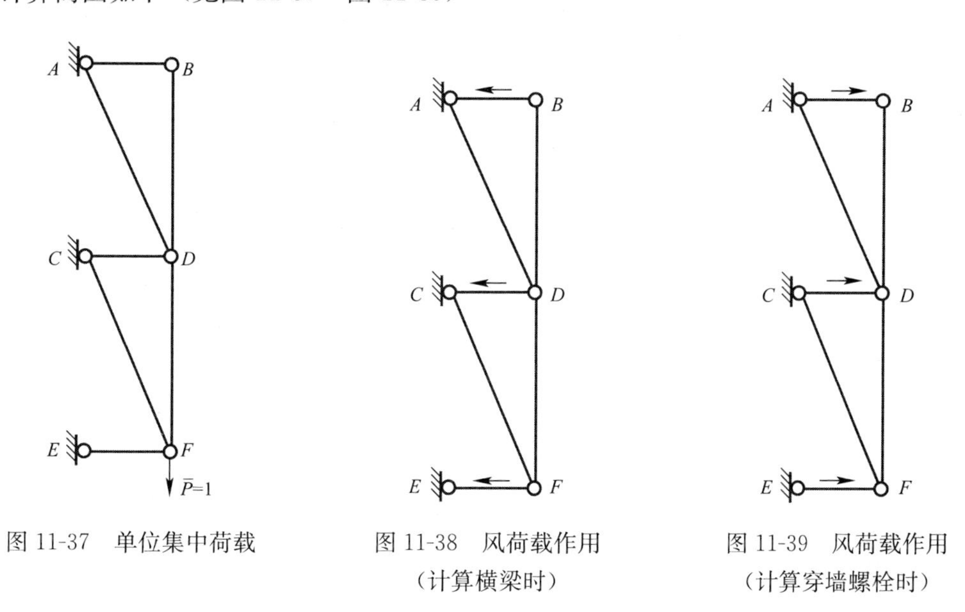

图 11-37　单位集中荷载　　图 11-38　风荷载作用（计算横梁时）　　图 11-39　风荷载作用（计算穿墙螺栓时）

在计算简图中，横梁附墙用的穿墙螺栓简化为铰支座，此简化偏于安全；鉴于竖拉杆受力与层高无关，而横梁和斜拉杆受力与层高大小成反比，与横梁长度成正比，层高4.2m/3.6m，横梁长度0.85m。

风荷载对墙面表现为压力时，对横梁形成压力，它与恒载＋施工荷载对横梁产生的压力叠加，是横梁最不利受力状态。风荷载作用由三根横梁共同承担，为安全计，乘不均匀系数1.5，每根横梁因风荷载产生的压力为：

$$\frac{w_k}{3}\times 1.5=\frac{39.06}{2}=19.53\text{kN(压)}$$

风荷载对墙面表现为吸力时，穿墙螺栓产生拉力峰值，是穿墙螺栓最不利受力状态。风荷载作用由三对穿墙螺栓共同承担，为安全计，乘不均匀系数1.5，每对穿墙螺栓风荷载产生的拉力为：

$$\frac{w_k}{3}\times 1.5=\frac{39.06}{2}=19.53\text{kN(拉)}$$

风荷载对竖拉杆和斜拉杆没有影响（见表 11-11）。

各荷载标准值作用下内力（kN）　　**表 11-11**

杆件及受力类别			恒载	施工荷载	风荷载
杆件轴力	横梁	N_{AB}	0	0	19.53（压）
		N_{CD}	12.79（压）	1.35（压）	19.53（压）
		N_{EF}	12.79（压）	1.35（压）	19.53（压）
	斜拉杆	N_{AD}	21.31（拉）	2.25（拉）	—
		N_{CF}	21.31（拉）	2.25（拉）	—
	竖拉杆	N_{BD}	0	0	—
		N_{DF}	17.05（拉）	1.80（拉）	—

续表

杆件及受力类别			恒载	施工荷载	风荷载
穿墙螺栓	A 点	N_{vA}	17.05↓	1.80↓	—
		N_{tA}	12.79（拉）	1.35（拉）	17.74（拉）
	C 点	N_{vC}	17.05↓	1.80↓	—
		N_{tC}	0	0	17.74（拉）
	E 点	N_{vE}	0	0	—
		N_{tE}	12.79（压）	1.35（压）	17.74（拉）

③ 横梁稳定计算

a. 内力组合

从内力表中知：在恒载+施工荷载共同作用下，横梁 CD、EF 受压值同为最大，这里以横梁 EF 为计算对象。内力组合设计值算式为：

$$N_{EF}=\gamma_0(\gamma_G\gamma_d K_j N_G+\gamma_Q\psi_{C施}\gamma_d K_j N_{Q施}+\gamma_Q\psi_{C风}N_{Q风})$$

式中　γ_0——结构重要性系数，$\gamma_0=0.9$；

γ_G、γ_Q——恒载、活载分项系数，$\gamma_G=1.2$，$\gamma_Q=1.4$；

γ_d——动力系数，$\gamma_d=1.05$；

$\psi_{C施}$、$\psi_{C风}$——施工荷载、风荷载的组合值系数，其值均为 0.85；

K_j——荷载变化系数，$K_j=2.0$；

N_G、$N_{Q施}$、$N_{Q风}$——恒载标准值、施工荷载标准值、风荷载标准值对横梁 EF 产生的拉力。

$$N_{EF}=0.9(1.2\times1.05\times2.0\times12.79+1.4\times0.85\times1.05\times2.0\times1.35+1.4\times0.85\times19.53)=58.84\text{kN}$$

b. 横梁稳定计算

横梁的计算长度：$L=0.85$m

14 号工字钢：$A=21.5\text{cm}^2$　$i_y=17.3$mm

$$\lambda=\frac{L}{i_y}=\frac{0.85}{17.3}=49\quad \Phi=0.861$$

$$\sigma=\frac{N_{EF}}{A\varphi}=\frac{58.84}{21.52\times0.861}=31.8\text{N/mm}^2<f=215\text{N/mm}^2$$

c. 导向轴计算

横梁腹板上焊两滚筒，用于安装导向轴（ϕ33、Q235）。导向轴上设 ϕ42×4 滚套，导轨在导向轴约束下垂直升降，防止架体向内、外倾覆。且承受风荷载作用并通过横梁将其传至建筑物上。

导向轴对称布置在横梁两侧，悬臂长度 $l=60$mm。风荷载由两侧导向轴分担（计算风荷载已乘不均匀系数 1.5，故偏于安全）。

剪力：$Q=\dfrac{19.53}{2}=9.76\text{kN}$

弯矩：$M=Q_l=9.76\times60=585.6\text{kN}\cdot\text{mm}$

导向轴（ϕ33、Q235）截面特性如下：

$$A=854.87\text{mm}^2,\quad W_z=3526.3\text{mm}^3$$

因此：　$\tau=\dfrac{4}{3}\cdot\dfrac{Q}{A}=\dfrac{4}{3}\times\dfrac{9.76}{854.87}=15.2\text{kN/mm}^2<f_v=125\text{N/mm}^2$

$$\sigma=\frac{M}{W_z}=\frac{585.6}{3526.3}=166.1\text{kN/mm}^2<f=215\text{N/mm}^2$$

④ 拉杆计算

斜拉杆与竖拉杆相比，长细比及所受拉力均较大，将其作为计算对象。

a. 长细比验算

拉杆杆身为 $\phi42\times4$ 无缝钢管，其回转半径 $i=13.51\text{mm}$。

拉杆允许计算长：$\left[\frac{l}{i}\right]\times i=350\times13.51=4729\text{mm}$

设计中拉杆计算长度均小于此值。

b. 内力组合：

$$N=\gamma_0 K_j \gamma_d(\gamma_G N_G+\gamma_Q \psi_{C施} N_{Q施})$$

式中 γ_0——结构重要性系数，$\gamma_0=0.9$；

γ_G、γ_Q——恒载、活载分项系数，$\gamma_G=1.2$，$\gamma_Q=1.4$；

γ_d——动力系数，$\gamma_d=1.05$；

$\psi_{C施}$——施工荷载的组合值系数，其值均为 0.85；

K_j——荷载变化系数，$K_j=2.0$；

N_G、$N_{Q施}$——恒载标准值、施工荷载标准值对拉杆产生的拉力。

$$\begin{aligned}N&=0.9\times2.0\times1.05\times(1.2\times21.31+1.4\times0.85\times2.25)\\&=53.39\text{kN}\end{aligned}$$

c. 套管强度计算

$\phi42\times4$ 无缝钢管截面积：$A=477.28\text{mm}^2$

$$\sigma=\frac{N}{A}=\frac{53.39}{477.28}=111.9\text{N/mm}^2<f=205\text{N/mm}^2$$

d. 螺杆强度计算

螺杆净截面积 $A_0=\frac{3.14d_0^2}{4}=\frac{3.14\times24^2}{4}=452.16\text{mm}^2$

$$\sigma=\frac{N}{A_0}=\frac{53.39}{452.16}=118.1\text{N/mm}^2<f=215\text{N/mm}^2$$

e. 螺纹牙强度计算

外螺纹剪应力：

$$\tau=\frac{N}{k_z\pi d_1 bz}=\frac{53.39}{1\times3.14\times24\times3.9\times6}=30.3\text{N/mm}^2$$

式中 k_z——荷载不均匀系数，$k_z=\frac{5z}{d}=\frac{5\times6}{30}=1$；

d_1——外螺纹小径，$d_1=24\text{mm}$；

b——螺纹牙根部宽度，$b=0.652=0.65\times6=3.9\text{mm}$；

z——螺纹圈数，$z=6$。

外螺纹弯曲应力：

$$\begin{aligned}\sigma&=\frac{3Nh}{k_Z\pi d_1 b^2 z}=\frac{3\times53.39\times3}{1\times3.14\times32\times3.9^2\times6}\\&=52.4\text{N/mm}^2\end{aligned}$$

式中　h——螺纹牙工作高度，$h=3\text{mm}$。

f. 焊缝强度计算

$$\sigma_f=\frac{N}{0.7h_f l_f}=\frac{53.39}{0.7\times5\times116.18}=131.3\text{N/mm}^2<1.22f_f^w$$
$$=1.22\times160=195\text{N/mm}^2$$

式中　h_f——焊缝高度，$h_f=5\text{mm}$；

l_f——焊缝长度，$l_f=3.14d=3.14\times37=116.18\text{mm}$。

g. 连接销轴强度验算

横梁与拉杆是通过销轴连接的，销轴为 Q235 钢，规格 $\phi20$。

$$\tau=\frac{N}{2\times\frac{3.14d^2}{4}}=\frac{53.39}{2\times\frac{3.14\times20^2}{4}}=85.0\text{N/mm}^2<f_v=125\text{N/mm}^2$$

⑤ 穿墙螺栓计算

桁架导轨式爬架高四层，有三层附墙，每层附墙有 2 根 M30 穿墙螺栓（Q235a，普通螺栓），计 6 根 M30 穿墙螺栓。M30 穿墙螺栓参数及承载力设计值如下：

螺纹处有效面积：$A_e=560.6\text{mm}^2$

受剪承载力设计值：$N_v^b=n_v\frac{3.14d^2}{4}f_v^b=1\times\frac{3.14\times30^2}{4}\times130=91.85kN$

受拉承载力设计值：$N_t^b=A_e f_t^b=560.6\times140=78.54\text{kN}$

承压承载力设计值：$N_c^b=d\Sigma t f_c^b=30\times12\times305=63.32\text{kN}$

穿墙螺栓受力分为升降工况和使用工况两种情况。

a. 在升降工况下传力路线：恒载和施工荷载→升降承力结构钢丝绳挂点→穿墙螺栓(附墙支座反力)→建筑结构；风荷载→横梁→穿墙螺栓→建筑结构。恒载和施工荷载对穿墙螺栓产生拉力或剪力，风荷载对穿墙螺栓产生拉力。

在图 11-37 中，A 点穿墙螺栓在恒载和施工荷载作用下，受剪拉复合作用，在诸穿墙螺栓中最为不利。

内力组合设计值算式为：

$$N_v=\gamma_0K_j\gamma_d(\gamma_G N_{vG}+\gamma_Q\psi_{C施}N_{vQ施})$$
$$N_t=\gamma_0(\gamma_G\gamma_d K_j N_{tG}+\gamma_Q\psi_{C施}\gamma_d K_j N_{tQ施}+\gamma_Q\psi_{C风}N_{tQ风})$$

式中　γ_0——结构重要性系数，$\gamma_0=0.9$；

γ_G、γ_Q——恒载、活载分项系数，$\gamma_G=1.2$，$\gamma_Q=1.4$；

γ_d——动力系数，$\gamma_d=1.05$；

$\psi_{C施}$、$\psi_{C风}$——施工荷载、风荷载的组合值系数，其值均为 0.85；

K_j——荷载变化系数，$K_j=2.0$；

N_{vG}、$N_{vQ施}$——恒载标准值、施工荷载标准值对穿墙螺栓产生的剪力；

N_{tG}、$N_{tQ施}$、$N_{tQ风}$——恒载标准值、施工荷载标准值、风荷载标准值对穿墙螺栓产生的拉力。

剪力：$N_v=0.9\times2.0\times1.05\times(1.2\times17.05+1.4\times0.85\times1.35)=41.70\text{kN}$

拉力：$N_t=0.9(1.2\times1.05\times2.0\times12.79+1.4\times0.85\times1.05\times2.0\times1.35+1.4\times0.85\times19.53)=52.96\text{kN}$

$$\sqrt{\left(\frac{N_v}{N_v^b}\right)^2+\left(\frac{N_t}{N_t^b}\right)^2}=\sqrt{\left(\frac{41.70}{91.85}\right)^2+\left(\frac{52.96}{78.54}\right)^2}=0.81<1$$

$$N_v=41.70\text{kN}<N_c^b=63.32\text{kN}$$

b. 在使用工况下，A、C 点穿墙螺栓均要挂斜拉钢丝绳，使穿墙螺栓产生剪应力和拉应力。四根斜拉钢丝绳共同承担的恒载为 34.10kN，施工荷载为 43.20kN，为安全起见，乘以 1.5 的不均匀系数。

风荷载对穿墙螺栓产生拉力：

$$N_{t风}=19.53\text{kN}$$

单根穿墙螺栓剪、拉力设计值分别为：

$$N_v=\frac{\gamma_0(\gamma_G G_k+\gamma_Q Q_k)}{4}\times 1.5$$

$$=\frac{0.9\times(1.2\times 34.10+1.4\times 43.20)}{4}\times 1.5=34.22\text{kN}$$

$$N_t=\gamma_0\left[\frac{l}{h}\times\frac{1.5}{4}\times(\gamma_G G_k+\gamma_Q\psi Q_k)+\gamma_Q\psi N_{t风}\right]$$

$$=0.9\times\left[\frac{0.85}{3.5}\times\frac{1.5}{4}\times(1.2\times 34.10+1.4\times 0.85\times 43.20)+1.4\times 0.85\times 19.53\right]$$

$$=41.04\text{kN}$$

$$\sqrt{\left(\frac{N_v}{N_v^b}\right)^2+\left(\frac{N_t}{N_t^b}\right)^2}=\sqrt{\left(\frac{34.22}{91.85}\right)^2+\left(\frac{41.04}{78.54}\right)^2}=0.64<1$$

$$N_v=34.22\text{kN}<N_c^b=63.32\text{kN}$$

（4）制动轨计算

防坠制动装置是为了防止在升降过程中，提升机具发生故障而引发脚手架坠落事故。即当提升机具发生故障失效时，升降过程中的恒载和施工荷载转而由制动轨来承担。各荷载标准值取值如下：

恒载：$G_k=34.10\text{kN}$

施工荷载：$Q_k=3.60\text{kN}$

① 内力组合

按《建筑施工附着升降脚手架管理暂行规定》的要求，内力组合设计值算式为：

$$N=\gamma_0 K_z K_j(\gamma_G N_G+\gamma_Q N_{Q施})$$

式中 γ_0——结构重要性系数，$\gamma_0=0.9$；

γ_G、γ_Q——恒载、活载分项系数，$\gamma_G=1.2$，$\gamma_Q=1.4$；

K_z——冲击系数，$K_z=1.5$；

K_j——荷载变化系数，$K_j=2.0$；

N_G、$N_{Q施}$——恒载标准值、施工荷载标准值对制动轨产生的拉力。

$$N=0.9\times 1.5\times 2.0\times(1.2\times 34.10+1.4\times 3.60)=124.09\text{kN}$$

② 轨身强度计算

10 号工字钢：$A=14.3\text{cm}^2$

$$\sigma=\frac{N}{A}=\frac{124.09}{14.3}=86.72\text{N/mm}^2<f=215\text{N/mm}^2$$

③ 焊缝强度计算

吊点板之间焊缝相对较短，作为检算对象。

$$l_\omega = 4 \times (120 - 10) = 440\text{mm}$$

$$\sigma_f = \frac{N}{0.7h_f l_\omega} = \frac{124.09}{0.7 \times 5 \times 440} = 80.6\text{N/mm}^2 < 1.22 f_f^w = 1.22 \times 160 = 195\text{N/mm}^2$$

④ 吊点挂板截面强度计算

吊点挂板截面为 120mm×12mm，上有一 ϕ38 销轴孔，板净截面积：

$$A = (120 - 38) \times 12 = 984\text{mm}^2$$

$$\sigma = \frac{N}{A} = \frac{124.09}{984} = 126.1\text{N/mm}^2 < f = 215\text{N/mm}^2$$

⑤ 连接销轴强度计算

连接销轴受双剪，每个剪面承受剪力：

$$P = \frac{N}{2} = \frac{124.09}{2} = 62.05\text{kN}$$

$$A = \frac{3.14d^2}{4} = \frac{3.14 \times 38^2}{4} = 1133.5\text{mm}^2$$

$$\tau = \frac{P}{A} = \frac{62.05}{1133.5} = 54.7\text{N/mm}^2 < f_v = 125\text{N/mm}^2$$

（5）提升钢丝绳计算

提升钢丝绳的设计破断力：

$$F_g = kQ = 6 \times 37.70\text{kN} = 226.2\text{kN}$$

式中　k——安全系数，k=6.0；

Q——起重重量，Q=37.70kN（升降工况下荷载标准值）。

选用 6×37ϕ19.5，公称抗拉强度=1961N/mm² 的钢丝绳，其破断力 276.5kN>F_g=226.2kN。

（6）斜拉钢丝绳计算

在使用工况下，恒载和施工荷载由四根斜拉钢丝绳共同承担。

恒载标准值为 34.10kN，施工荷载标准值为 43.20kN，斜拉钢丝绳竖向分力：

$$P = \frac{G_k + Q_k}{4} = \frac{34.10 + 43.20}{4} = 19.33\text{kN}$$

外侧斜拉钢丝绳与水平面夹角较小，其所受拉力较大。

外侧斜拉钢丝绳水平投影：

$$l = 0.85\text{m} + 0.45\text{m} = 1.30\text{m}$$

外侧斜拉钢丝绳铅垂面投影为一个层高，取：h=3.5m。

外侧斜拉钢丝绳所承受拉力标准值：

$$T = \frac{G\sqrt{l^2 + h^2}}{h} = \frac{19.33 \times \sqrt{1.3^2 + 3.5^2}}{3.5} = 20.62\text{kN}$$

取安全系数 k=6，则斜拉钢丝绳设计破断力：

$$F_g = kT = 6 \times 20.62 = 123.72\text{kN}$$

选用 6×37ϕ15，公称抗拉强度≥1813N/mm² 的钢丝绳，其破断力 154.35kN>F_g=139.65kN。

（7）附着支承处结构强度计算

爬架附着支承点设于剪力墙或梁上，需验算剪力墙或梁垂直于墙面的局部压力。

按配置间接钢筋考虑，剪力墙（梁）两侧分别与横梁座板和垫板接触，垫板面积相对较小，与其接触的混凝土局部承压相对不利。垫板尺寸如图 11-40 所示。

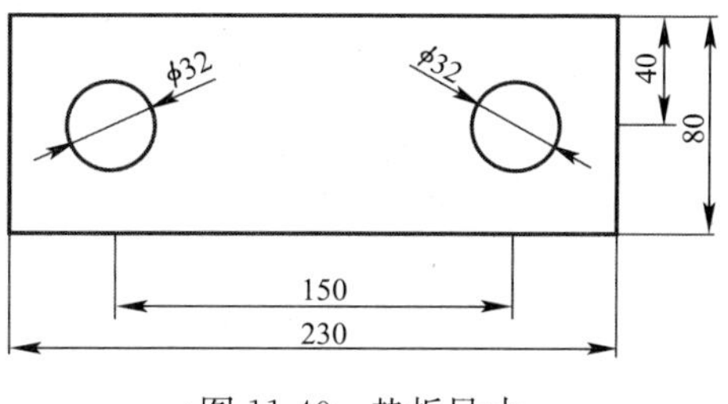

图 11-40　垫板尺寸

混凝土局部承压面积：

$$A_l = 230 \times 80 = 18400\text{mm}^2$$

混凝土局部承压计算底面积：

$$A_b = 390 \times 240 = 93600\text{mm}^2$$

$$\beta = \sqrt{\frac{A_b}{A_l}} = \sqrt{\frac{93600}{18400}} = 2.26$$

安装穿墙螺栓预留 2ϕ41 孔：

$$A_k = 2 \times \frac{3.14 \times 41^2}{4} = 2639.17\text{mm}^2$$

混凝土承压净面积：

$$A_{ln} = A_l - A_k = 18400 - 2639.17 = 15760.83\text{mm}^2$$

混凝土局部受压承载力（混凝土强度达 C10）：

$$1.5\beta f_c A_{ln} = 1.5 \times 2.26 \times 5 \times 15760.83 = 267.15\text{kN}$$

穿墙螺栓拉力：

$$N_t = 12.79 \times 2 = 25.58\text{kN} < 1.5\beta f_c A_{ln} = 267.15\text{kN}$$

（8）水平支撑桁架计算

桁架导轨式爬架水平支撑桁架分内外两片，其两端分别与竖向主框架相连，且将竖向主框架作为支座。

水平支撑桁架分升降、坠落、使用三种工况。显然，在使用工况下其承受竖向荷载最大，因此以下仅就使用工况进行计算。

桁架导轨式爬架的跨度为 6.0m，水平支撑桁架计算跨度 5.4m。计算简图如图 11-41 所示。

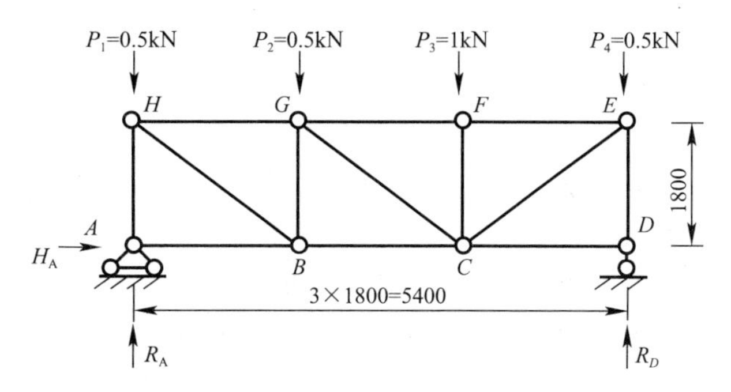

图 11-41　桁架计算简图

水平支撑桁架在单位力作用下（支座处为 1/2 单位力）的内力如表 11-12 所示。

水平支撑桁架在单位力作用下的内力　　表11-12

支座反力	R_A	1.5	竖杆	N_{AH}	−1.5
	R_D	1.5		N_{BG}	−1.0
上弦杆	N_{EF}	−1.0		N_{CF}	−1.0
	N_{FG}	−1.0		N_{DE}	−1.5
	N_{GH}	−1.0	斜杆	N_{BH}	1.41
下弦杆	N_{AB}	0		N_{CG}	0
	N_{BC}	1.0		N_{CE}	1.41
	N_{CD}	0			

显然，竖杆 AH、DE 长度、受力大小相同且均为受压杆件，在所有杆件中最为不利，这里以 AH 杆作为验算对象。

① 荷载计算

水平支撑桁架上部结点承受主桁架以外的全部恒载（自重）和活载（施工荷载），并由内外两片桁架分担。

a. 恒载（标准值）计算

$$P_1 = P_4 = \frac{1}{2} \times \frac{0.90}{5.4} \times (G_k - G_{k5} - G_{k7}) = 2.29\text{kN}$$

$$P_2 = P_3 = \frac{1}{2} \times \frac{1.8}{5.4} \times (G_k - G_{k5} - G_{k7}) = 4.57\text{kN}$$

b. 活载（标准值）计算

$$Q_1 = Q_4 = (0.9 \times 0.6) \times 6 = 3.24\text{kN}$$

$$Q_2 = Q_3 = (1.8 \times 0.6) \times 6 = 6.48\text{kN}$$

② 内力计算

竖杆 AH 恒载（标准值）和施工荷载（标准值）作用下内力计算结果如表11-13所示。

内力计算结果　　表11-13

	恒载（标准值）	施工荷载（标准值）
竖杆 AH	−6.86kN	−9.72kN

③ 内力组合

按《建筑施工附着升降脚手架管理暂行规定》要求，内力组合设计值算式为：

$$N = \gamma_0 K_z (\gamma_G N_G + \gamma_Q N_{Q施})$$

式中　γ_0——结构重要性系数，$\gamma_0 = 0.9$；

γ_G、γ_Q——恒载、活载分项系数，$\gamma_G = 1.2$，$\gamma_Q = 1.4$；

K_z——冲击系数，$K_z = 1.5$；

N_G、$N_{Q施}$——恒载标准值、施工荷载标准值产生的内力。

竖杆 AH 的内力设计值如下：

$$N_{AH} = 0.9 \times 1.5 \times (1.2 \times 6.86 + 1.4 \times 9.72) = 29.48\text{kN}$$

④ 竖杆 AH 计算

竖杆 AH 采用 L63×63×5 角钢，长度 $l = 1800$mm，两端固结，其计算长度为：$l_0 =$

1800mm

L63×63×5 角钢截面特性如下：

$$A = 614\text{mm}^2 \quad i_{y0} = 12.5\text{mm}$$

a. 长细比计算：

$$\frac{l_0}{i_{y0}} = \frac{1800}{12.5} = 144 < \left[\frac{l}{i}\right] = 150$$

b. 杆身稳定计算：

$$\sigma = \frac{N_{AI}}{\varphi A} = \frac{29.48}{0.329 \times 614} = 145.9\text{N/mm}^2 < f = 205\text{N/mm}^2$$

焊缝与杆身采用等强度设计并适当予以加强，故免算。

（9）主框架计算

桁架导轨式爬架在提升点处设两片主桁架，两片主桁架间距 600mm，沿提升机构对称布置。

桁架导轨式爬架葫芦吊点横梁两端支承在主框架上，为防止主框架局部变形，在主框架支座部位设置了桁架。

主框架作为架体的主要承重骨架，除承受施工荷载外，内侧还焊有导轨，作为架体的水平约束，确保脚手架垂直升降，在升降和使用过程中还能独立将风荷载传至横梁，进而传至建筑物上。

① 葫芦吊点横梁计算

a. 吊环强度计算

吊环采用 Q235A，ϕ25 圆钢弯制，弯曲半径 R=40mm。

吊环允许荷载：$F_0 = \frac{4K_s\sigma_s W}{r}$

式中　K_s——截面形状系数，圆形截面 K_s=1.7；

σ_s——材料屈服强度，σ_s=235MPa；

W——截面抗弯模量，$W=\frac{3.14d^3}{32}=\frac{3.14\times25^3}{32}=1523\text{mm}^3$；

r——计算半径，对固定吊环，$r=R\,(\sqrt{R^2+L^2}-R)/L=40\times(\sqrt{40^2+40^2}-40)/40=16.56$mm。

$$F_0 = \frac{4 \times 1.7 \times 235 \times 1533}{16.56} = 147.9\text{kN}$$

安全系数：$n=\frac{147.9}{37.70}=3.9$

b. 吊梁强度计算

吊梁为 14 号工字钢，吊环两肢间距为 80mm，在升降工况下，吊环单肢受力（设计值）：

$$P = \frac{0.9 \times (1.2 \times 34.10 + 1.4 \times 3.60)}{2} = 20.68\text{kN}$$

14 号工字钢：$\frac{I_x}{S_x}=12.19$cm，　$W=101.7\text{cm}^3$，　$t_\omega=5.5$mm

弯曲应力：

$$\sigma=\frac{M}{W}=\frac{5.27}{101.7}=51.8\text{N/mm}^2<f=215\text{N/mm}^2$$

剪应力：

$$\tau=\frac{QS_x}{I_x t_\omega}=\frac{20.68}{12.19\times 5.5}=30.8\text{N/mm}^2<f_v=125\text{N/mm}^2$$

② 吊点横梁支承桁架计算

吊点横梁支承桁架计算简图如图 11-42 所示。

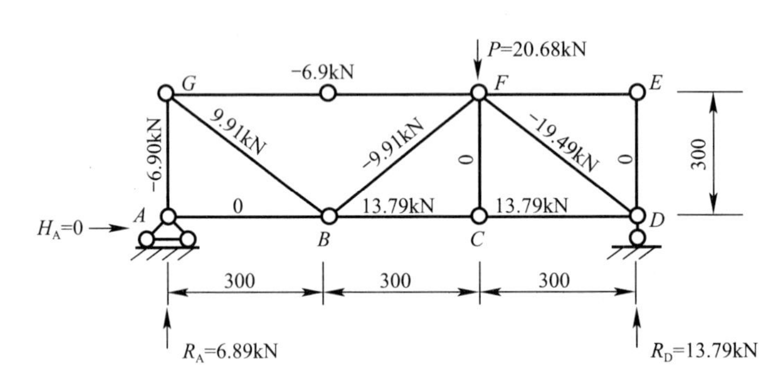

图 11-42　吊点横梁支承桁架计算简图

图中：$P=\frac{0.9\times(1.2\times 34.10+1.4\times 3.60)}{2}=20.68\text{kN}$

经计算，各杆件受力结果如下：

$N_{BC}=N_{CD}=13.79\text{kN}$（+），　$N_{DF}=19.49\text{kN}$（−）

$N_{BF}=9.91\text{kN}$（−），　$N_{BG}=9.91\text{kN}$（+）

$N_{AG}=N_{GF}=6.90\text{kN}$（−）

可见，DF 杆受力最大，下面对其进行稳定验算。

$\Phi 48\times 3.5$ 钢管截面特性如下：

$$A=489\text{mm}^2,\quad i_{y0}=15.78\text{mm}$$

$$\frac{l_0}{i_{y0}}=\frac{424.2}{15.78}=27$$

$$\sigma=\frac{N_{DF}}{\varphi A}=\frac{19.49}{0.968\times 489}=41.2\text{N/mm}^2 f=205\text{N/mm}^2$$

③ 导轨强度计算

导轨对称布置在横梁的两侧，在升降工况下，导轨沿着位置固定的导向轮运动，导向轮成为导轨的支点，因桁架导轨式爬架是中心提升，导轨仅受风荷载作用。六级以上大风不允许升降，所以在使用工况下导轨受力最为不利。

为简化计算且偏于安全，取导轨中的一跨为计算对象，并视为在跨中集中力作用下的简支梁，风荷载作用由六个导向轮共同承担。每个导向轮因风荷载所产生拉力为：

$$\frac{w_k}{6}=\frac{39.06}{6}=6.51\text{kN}$$

计算简图如图 11-43 所示。

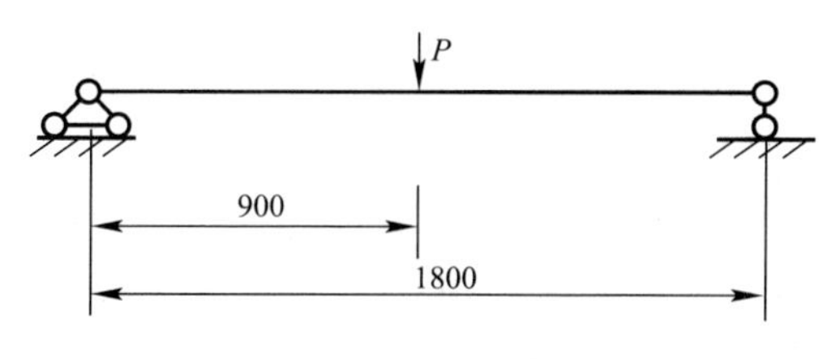

图 11-43 拉力计算简图

导轨强度计算：

$$M=\frac{P_l}{4}=\frac{6.51\times1.8}{4}=2.92\text{kN}\cdot\text{m}$$

导轨为 6.3 号槽钢，$W=16.10\text{cm}^3$，

$$\sigma=\frac{M}{W}=\frac{2.92}{16.10}=182.9\text{N/mm}^2<f=205\text{N/mm}^2$$

④ 主框架计算

竖向主框架在使用工况下，竖向承受施工荷载作用，水平承受风荷载作用，且均比升降工况下相应荷载要大得多，故仅对主框架的使用工况进行计算。

对主框架各杆件，根据风荷载产生有利或不利影响，分别进行下面两种组合：

恒载＋施工荷载；

恒载＋施工荷载＋风荷载。

a. 主框架在竖向荷载作用（恒载＋施工荷载）下的计算

主框架在竖向荷载作用（恒载＋施工荷载）下的计算简图如图 11-44 所示。

在使用工况下，每片主框架承受竖向荷载设计值为：

$$P_{设}=\frac{\gamma_0(\gamma_G G_k+\gamma_Q\psi Q_k)}{2}$$

式中 γ_0——结构重要性系数，$\gamma_0=0.9$；

γ_G、γ_Q——恒载、活载分项系数，$\gamma_G=1.2$，$\gamma_Q=1.4$；

ψ——施工荷载与风荷载组合时的组合值系数，其值均为 0.85；

G_k、Q_k——恒载标准值、施工荷载标准值。

$P_{设}=0.9\times(1.2\times36.92+0.85\times1.4\times47.52)/2=45.38\text{kN}$

主框架所承受竖向荷载设计值由内外侧立柱各承担 1/2，即：$P/2=22.69\text{kN}$。同时认为立柱各段内力均匀分配，每段立柱各承担 1/7，即：$22.69/7=3.24\text{kN}$。

其余杆件为零杆。

b. 主框架在风荷载作用下的计算

主框架内侧节点均通过短杆焊接在导轨上，两片主框架共同承担一跨脚手架间的风荷载，即每片主框架承担竖向风荷载（标准值）为：$q_{风}=0.42\times6.6/2=1.39\text{kN/m}$。

将风荷载（标准值）简化为作用在主框架外侧节点上的水平集中荷载。主框架在风荷载作用下的计算简图如图 11-45 所示。

结构为四次超静定，用力法求解，基本结构如图 11-46 所示。列力法方程如下：

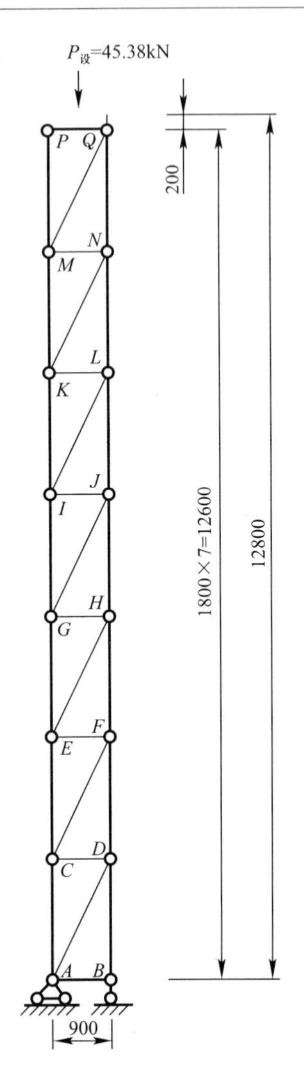

图 11-44　主框架在竖向荷载作用的计算简图

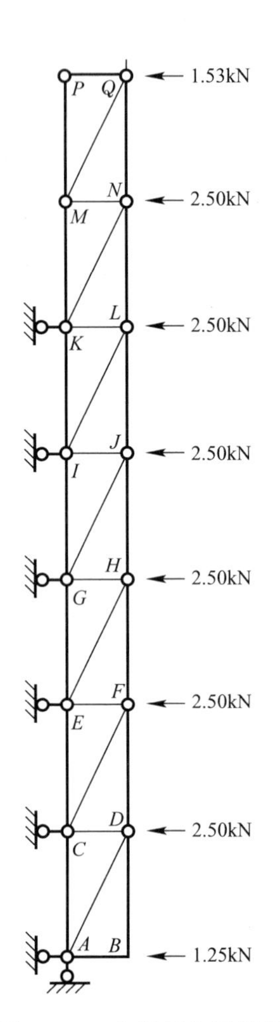

图 11-45　主框架在风荷载作用下的计算简图

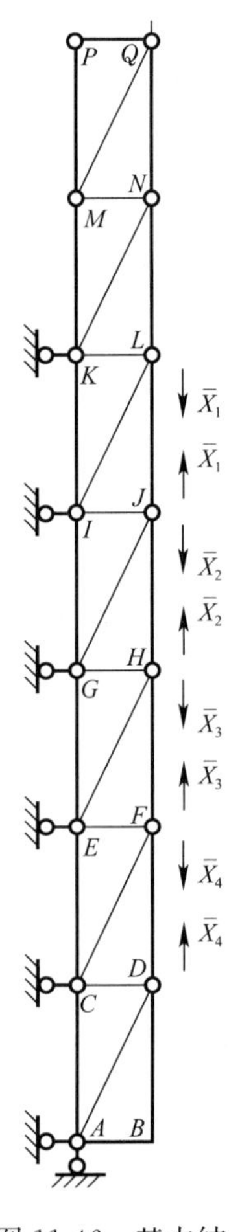

图 11-46　基本结构

$$\begin{cases}\delta_{11}X_1+\delta_{12}X_2+\delta_{13}X_3+\delta_{14}X_4+\Delta_{1p}=0\\\delta_{21}X_1+\delta_{22}X_2+\delta_{23}X_3+\delta_{24}X_4+\Delta_{2p}=0\\\delta_{31}X_1+\delta_{32}X_2+\delta_{33}X_3+\delta_{34}X_4+\Delta_{3p}=0\\\delta_{41}X_1+\delta_{42}X_2+\delta_{43}X_3+\delta_{44}X_4+\Delta_{4p}=0\end{cases}$$

系数和自由项计算从略。将所求系数和自由项代入方程，求解得：$X_1=3.71$，$X_2=1.25$，$X_3=0.42$，$X_4=0.13$。

主框架在风荷载作用下各杆轴力计算如表 11-14 所示。

由表可见，在风荷载作用下，杆 *IK* 轴力为最大值，且与主框架在竖向荷载作用下的轴力为同号，为最不利杆件，作为验算对象。

c. 杆 *IK* 计算

$N_{IK}=3.24+0.9\times0.85\times1.4\times11.09=15.12\text{kN}$

$\phi48\times3.5$ 钢管截面特性如下：$A=489\text{mm}^2$，$i_{y0}=15.78\text{mm}$。

$$\frac{l_0}{i_{y0}}=\frac{1800}{15.78}=114$$

$$\sigma=\frac{N_{\text{LN}}}{\varphi A}=\frac{15.12}{0.534\times489}=57.9/\text{Nmm}^2<f=205\text{N/mm}^2$$

各杆轴力计算（kN）　　**表 11-14**

杆件	N_P	$3.71N_1$	$1.25N_2$	$0.42N_3$	$0.13N_4$	N
AB	−1.25	0	0	0	0	−1.25
AD	0	0	0	0	0.15	0.15
AC	0	0	0	0	−0.13	−0.13
CD	−2.50	0	0	0	−0.07	−2.57
DF	0	0	0	0	0.13	0.13
CF	0	0	0	0.47	−0.15	0.32
CE	0	0	0	−0.42	0	−0.42
EF	−2.50	0	0	−0.21	0.07	−2.64
FH	0	0	0	0.42	0	0.42
EH	0	0	1.40	−0.47	0	0.93
EG	0	0	−1.25	0	0	−1.25
GH	−2.50	0	−0.63	0.21	0	−2.92
HJ	0	0	1.25	0	0	1.25
GI	0	−3.71	0	0	0	−3.71
GJ	0	4.16	−1.40	0	0	2.76
IJ	−2.50	−1.86	0.63	0	0	−3.73
JL	0	3.71	0	0	0	3.71
IK	−11.09	0	0	0	0	−11.09
IL	12.38	−4.16	0	0	0	8.22
KL	−8.04	1.86	0	0	0	−6.18
LN	11.09	0	0	0	0	11.09
KM	−3.05	0	0	0	0	−3.05
KN	−8.98	0	0	0	0	−8.98
MN	1.53	0	0	0	0	1.53
NQ	3.05	0	0	0	0	3.05
MQ	−3.41	0	0	0	0	−3.41

（10）立杆稳定性计算

① 桁架恒载标准值

计算范围为图 11-47 阴影部分所示：

阴影部分包括立杆、大横杆、小横杆、剪刀撑、扣件的自重及脚手板的自重；这些自重对立杆产生的轴向压力标准值如表 11-15 所示。

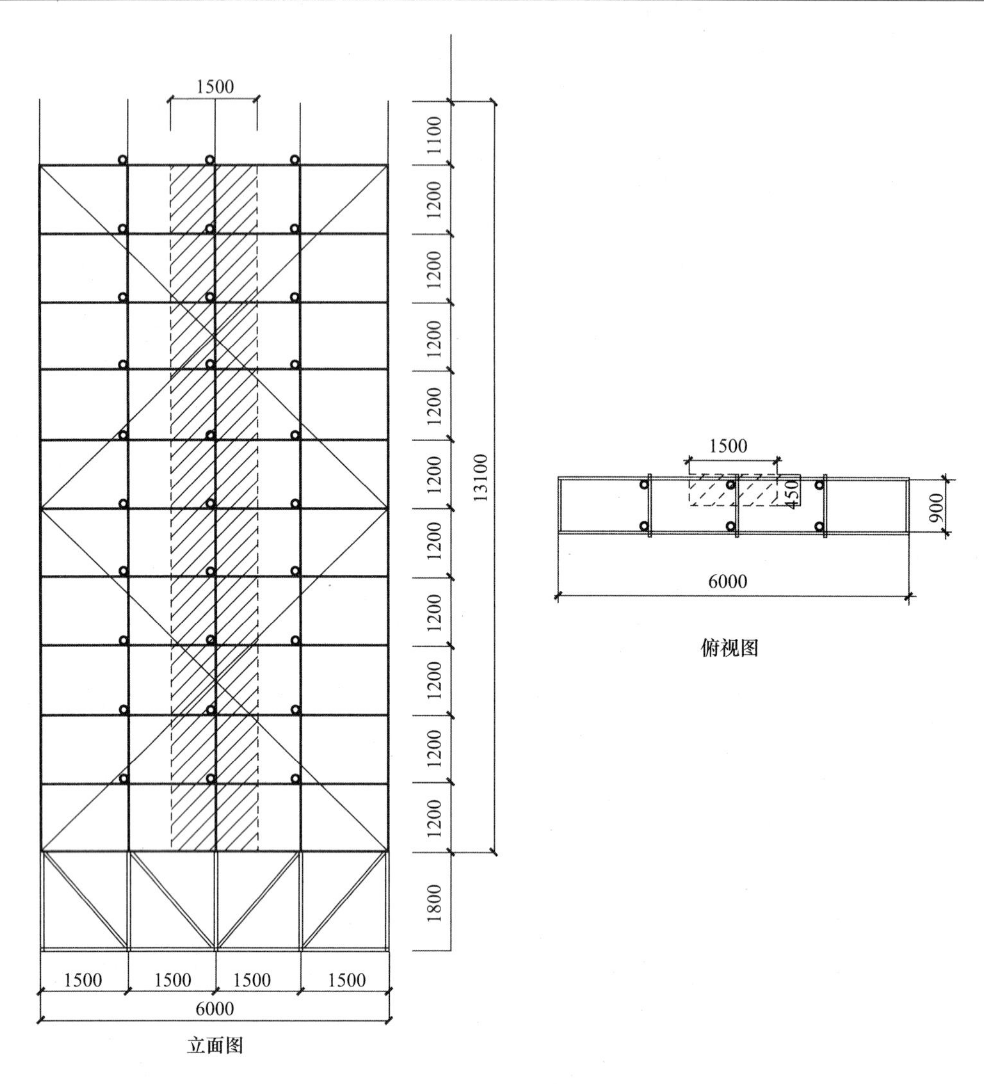

图 11-47　桁架计算范围

轴向压力标准值　　表 11-15

构件	单位重量	数量	总重量（kN）
立杆	0.0384kN/m	13.1m	0.503
大横杆	0.0384kN/m	1.5×10m	0.576
小横杆	0.0384kN/m	1.5×10/2m	0.288
剪刀撑	0.0384kN/m	2.2×4m	0.338
直角扣件	0.0135kN/个	32 个	0.432
对接扣件	0.0185kN/个	2 个	0.037
旋转扣件	0.0145kN/个	2 个	0.029
脚手板	0.3kN/m^2	0.5×1.5×0.9×3m^2	0.6075
合计			2.8105

考虑到脚手架的高度和其他加固杆件及安全网等自重，须对计算荷载加以调整，调整系数 k=0.87（调整系数见《建筑施工脚手架实用手册》表 4-43）。

$$N_{GK} = 2.8105/0.87 = 3.23\text{kN}$$

② 脚手架活载产生的轴向压力标准值

脚手架高 13.1m，按规定满铺 3 层脚手板，其中 2 层为施工作业面，每层施工均布活载为 3.0kN/m²，则活载对立杆产生的轴心压力为：

$$N_{QK} = 0.5 \times 2 \times 1.5 \times 0.9 \times 3 = 4.05\text{kN}$$

③ 立杆在风荷载作用下的验算

爬升脚手架使用期约为一年，根据《建筑结构荷载规范》GB 50009—2012 和《建筑施工脚手架实用手册》，风荷载标准值为：

$$w_k = \beta_{gz} \cdot \mu_z \cdot \mu_s \cdot w_0$$

式中 β_{gz}——高度 z 处的阵风系数，取 0.7；

μ_s——风荷载体形系数，脚手架外挂密目网。挡风系数 $\varphi=0.5$，$\mu_s=1.3\varphi=1.3\times0.5=0.65$

u_z——风压高度变化系数。按地面粗糙度 B 类，200m 高空考虑，$\mu_z=2.61$；

w_0——基本风压（kN/m²）（南通地区取 0.35kN/m²）。

风荷载标准值：$w_k=0.7\cdot\mu_s\cdot\mu_z\cdot w_0=0.7\times0.65\times2.61\times0.35=0.42\text{kN/m}^2$

每根立杆上的风荷载标准值 $q_{w_k}=0.42\times1.5=0.63\text{kN/m}^2$

计算段风荷载产生的弯矩 $M_w=1.4q_{w_k}h^2/10=1.4\times0.63\times1.2\times1.2/10=0.127\text{kN}\cdot\text{m}$

弯曲压应力 $\sigma_w=M_w/W=0.127\times10^6/(5.03\times10^3)=25.2\text{N/mm}^2$

④ 脚手架立杆稳定性计算

荷载组合：$P=1.2N_{GK}+1.4N_{QK}=1.2\times3.23+1.4\times4.05=9.547\text{kN}$

立杆截面面积：$A=489\text{mm}^2$

回转半径：$i=15.8\text{mm}$

钢材抗压强度设计值：$f_c=205\text{N/mm}^2$

立杆计算长度系数：$\mu=1.5$

立杆长细比：$\lambda=\mu\times l/i=1.5\times1200/15.8=114<[\lambda]=150$（计算长度系数 μ 详见《建筑施工脚手架实用手册》表 4-36）

查《建筑施工脚手架实用手册》表 4-37A，查得稳定系数 $\varphi=0.489$。

立杆稳定性：$\varphi A(f_c-\sigma_w)=0.489\times489\times(205-25.2)=43\text{kN}>9.547\text{kN}$

故立杆稳定性满足要求。

(11) 吊篮挑梁计算

① 计算简图

吊篮挑梁计算简图如图 11-48 所示。

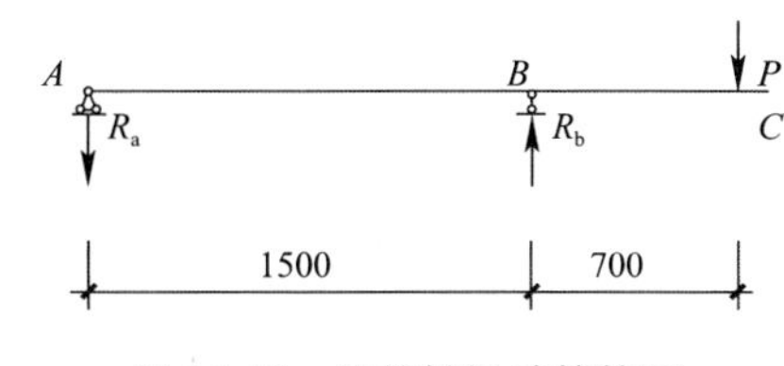

图 11-48 吊篮挑梁计算简图

② 荷载计算

a. 恒载计算

恒载主要由组成吊篮的钢管、扣件、脚手板组成。吊篮高 2m，长 4m，宽 1m。吊篮具体形式可见吊篮设计图，这里从略。

组成吊篮的钢管总长：$\Sigma l=10\times1.5+8\times4.5+4\times2.0+5=64\text{m}$

扣件总数：$\Sigma C=4+4\times2\times4+2=38$ 个

脚手板面积为：$\Sigma M=1.0\times4.0\times2=8.0\text{m}^2$

根据荷载规范查得：钢管 0.0384kN/m，扣件 0.0135kN/个，脚手板 0.35kN/m²。

则恒载为：$G=64\times0.0384+38\times0.0135+8\times0.35=5.77kN$，取$G=6.0kN$。

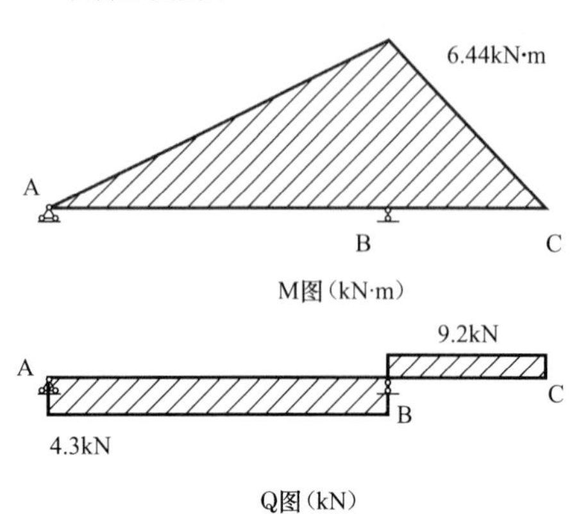

图11-49 内力图

b. 活载计算

吊篮用于装修阶段，根据荷载规范，活载取$2kN/m^2$。

则活载为：$Q=4.0\times1.0\times2.0=8.0kN$

③ 荷载组合

$W=1.2G+1.4Q=1.2\times6.0+1.4\times8.0=18.4kN$，则每个钢梁所承受的荷载为$P=W/2=18.4/2=9.2kN$。

④ 内力计算

根据荷载和计算简图，内力图如图11-49所示。

⑤ 强度计算

钢梁拟采用I 14工字钢，其截面特性如下：

$$A=21.5cm^2, I_x=712cm^4, W_x=102cm^3, I_x/S_x=12.0cm, t_w=5.5mm$$

$$\sigma=\frac{M_{max}}{W_x}=\frac{6.44\times10^6}{102\times10^3}=63.1N/mm^2<215N/mm^2$$

$$\tau=\frac{V_{max}S}{It_w}=\frac{9.2\times10^3}{120\times5.5}=13.9N/mm^2<125N/mm^2$$

强度满足要求。

⑥ 变形计算

变形计算采用图乘法。

计算图形如图11-50所示：

$$l=\frac{1}{EI}(w_1y_1+w_2y_2)$$

$$=\frac{1}{2.06\times10^5\times712\times10^4}\left(\frac{1}{2}\times1500\times6.44\times10^6\times\frac{2}{3}\times700+\frac{1}{2}\times700\times6.44\times10^6\times\frac{2}{3}\times700\right)$$

$$=2.2mm$$

符合要求。

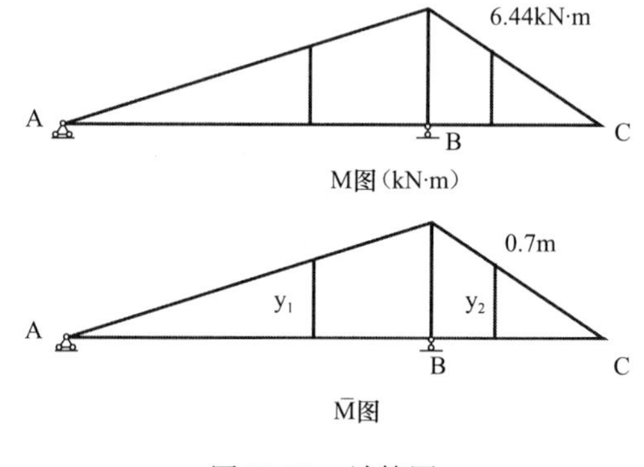

图11-50 计算图

爬升脚手架安全使用注意事项详见超高层安全专项施工方案中的脚手架安全措施及外爬架安全使用的相关内容，此处不再赘述。

第 12 章　创建优质工程与工程投资、工程进度的关系

监理目标是一个目标系统，包含质量、进度、投资三大目标子系统。它们之间相互依存，相互制约。

即如果提高工程质量目标，就要投入较多的资金和耗用较长的建设工期；如果缩短建设工期，在同等的质量目标条件下，投资就要相应提高；

如果建设工期不变，降低投资额，就会降低工程质量标准，甚至影响到工程的使用功能。如果把这三个要素放进立体坐标内，然后从系统角度控制，达到方匣子要求最为理想，图 12-1 投资、进度、质量三大要素受到控制，达到相互平衡，行似方匣子，即解决了三要素之间相互制约、相互依存，使其间的相互矛盾达到平衡。否则就是图 12-2（*a*）、图 12-2（*b*）、图 12-2（*c*）的结果，是个不完美的结局。

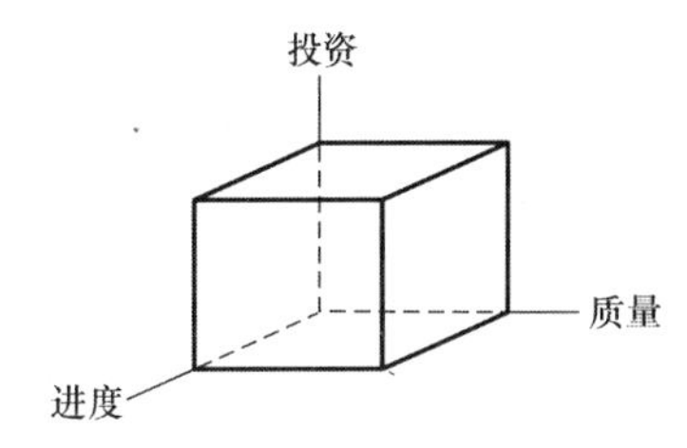

图 12-1　投资、进度、质量控制图

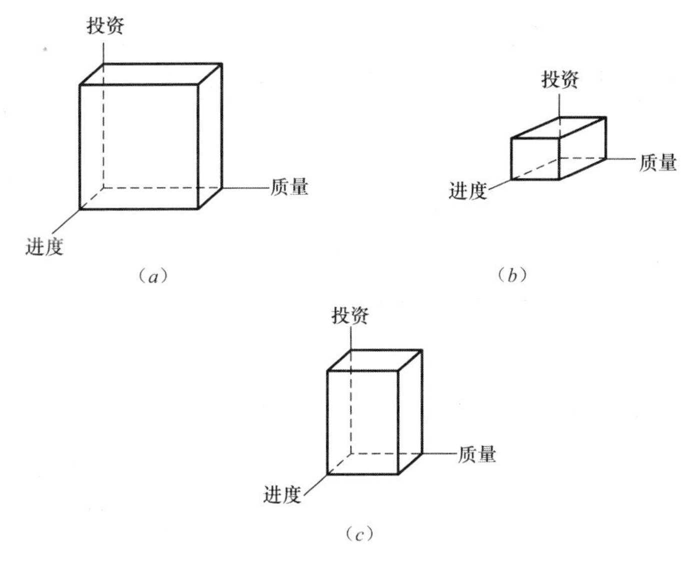

图 12-2　投资、进度、质量非控制图

（*a*）质量好、进度快、投资额增加；（*b*）进度不变、投资额减少、质量标准降低；（*c*）质量不变、加快进度投资额增加

但也应该看到三个要素之间有着矛盾统一的一面。所以在实践中采用其统一的一面，以满足其某一要素的要求。例如：适当增加投资，为加快工程进度提供经费（如赶

工措施费），可以缩短工期。这样，可使工程提前竣工使用，投资尽早收回，项目全寿命经济效益就会得到提高。适当提高功能要求和质量标准，虽然增加一次性投资且延长工期，但能节省项目动用后的经常维修费用，降低产品成本，从而获得更好的投资效益。

12.1　创建优质工程与工程投资的关系

创优质工程其工程造价监理如何控制？优质优价是客观的规律，“创优”要确保工程优质。那么优价又如何控制？是个值得探讨的问题。建设单位对项目的投资是事前确定的，而“创优”是在项目实施过程中确定的。由于时间差给工程造价带来变动，适当变动是可预见的，如政府有关文件规定不超过工程预算价的10%，否则要另立项上报审批。然而为“创优”盲目扩大工程造价是不可取的。为此，我们在创建优质工程中对工程造价的控制的做法如下。

12.1.1　在施工过程中，监理做好“计量支付”

监理实行“计量支付”的方法，根据××省建设厅的规定要做好对四个表式的审核和签发。这四种表式：由施工单位向监理报审的工程计量报审表、工程费用索赔报审表、工程款支付申请表，由总监审核批准后签发的“工程款支付证书”。由于工程进度款的支付与所完成的工程质量挂钩，因此确保了工程质量。

（1）工程计量报审表

该表为施工单位报请项目监理机构对其已完成的合格工程量进行审核的用表。项目监理机构收到本表后，应由专业监理工程师在规定的时间内对施工单位完成的合格工程量予以计量，不合格工程量不予计量。凡在计量中涉及变更的工程量，要求出示设计变更或工程签证，作为变更工程量计量的重要依据。经准确计量后，签发工程计量报审表。

（2）工程费用索赔报审表

该表为施工单位报请项目监理机构审核工程费用索赔事项的用表。项目总监理工程师应根据施工合同的约定，经审核并与建设单位协商后，签发工程费用索赔报审表。

（3）工程款支付申请表

该表为施工单位按“工程计量报审表”确认的合格工程量、“工程费用索赔报审表”和根据合同规定应获得款项，向项目监理机构提出工程款支付申请的用表。总监理工程师或总监代表按合同规定扣除应扣款，确定应付款金额后签发工程款支付申请表。

（4）工程款支付证书

该表为项目监理机构收到施工单位的工程款支付申请表和工程费用索赔报审表后，由项目监理总监理工程师签发工程款支付证书。后由建设单位审批、付款。

以下介绍一个案例：

A4.1

工程计量报审表

工程名称：×××办公楼装饰工程　　　　编号：A4.1—001

致：×××工程项目监理部（监理单位）

兹申报 20×× 年 8 月 25 日至 20×× 年 1 月 20 日完成的办公楼装饰工程《施工合同》约定的全部装饰任务，工程质量经自验合格，现报合格工程量，请予核查。

类别：□ 1 合同内工程量 1780.97 万元

□ 2 变更工程量（合同外工程量）253.08 万元

合计：2034.05 万元

附件：

□ 1 计算书和说明共 63 页。

□ 2 变更通知单（B25—____）。

□ 3 设计变更等其他变更依据。增加合同外楼梯石材贴面通知单

承包单位项目经理部（章）：×××

项目经理：×××　日期：××/1/30

项目监理机构签收人姓名及时间	×××	承包单位签收人姓名及时间	×××

专业监理工程师审查意见：

经对现场工程质量验收，本着工程质量合格计量、不合格不计量的原则和对工程量计算书的审核（含对工程量的现场实测），现将审核结果如下：

合同内工作量 1525.55 万元；变更工作量 239.84 万元；合计工作量为 1765.39 万元。

专业监理工程师：×××　日期：××/2/5

总监理工程师审核意见：

办公楼装饰工程承包商实际完成的工作量（经验收合格）总计为 1765.39 万元。

项目监理机构（章）：××××××

总监理工程师：×××　日期：××/2/7

注：项目监理机构一般应在自收到本报审表之日起 7 日内予以计量

××监制

A4. 2

工程费用索赔报审表

工程名称：________________　　　　　　　　　　编号：A4. 2—______

致：__________（监理单位）

根据施工合同条款________条的规定，由于________________________的原因，我方要求索赔金额（大写）________________________，请予批准。

索赔的详细理由和经过：

索赔金额的计算：

附件：

承包单位项目经理部（章）：________

项目经理：________　日期：______

项目监理机构签收人姓名及时间		承包单位签收人姓名及时间	

监理审核意见：

根据施工合同条款__________的规定，你方提出的费用索赔申请经我方审核：

☐ 不同意此项索赔。

☐ 同意此项索赔，金额为（大写）______________。

同意/不同意索赔的理由：

索赔金额的计算：

项目监理机构（章）：__________

专业监理工程师：________总监理工程师：________日期：________

注：项目监理机构一般应在自收到本报审表之日起 28 日内回复

××监制

A4.3

工程款支付申请表

工程名称：×××办公楼装饰工程　　　　　　　　　　　　　　　　　编号：A4.3—001

致：×××工程项目监理部（监理单位）

我方本期完成了办公楼装饰工程施工图纸要求和《施工合同》约定的全部装饰工作，工程量（款）为 1765.39 万元，按施工合同的规定，应扣除20××/11/2 支付的工程进度款 160 万元，本期申请支付该项工程款共（大写）壹仟贰佰伍拾贰万叁仟壹佰元（小写：1252.31 万元）。现报上工程付款申请表及附件，请予以审查并开具工程款支付证书。

附件：

☐ 1 工程计量报审表（A4.1 1-见附件）

☐ 2 工程费用索赔报审表（A4.2-无）

☐ 3 计算方法：（1765.39 万元×80%）－160 万元＝1252.31 万元

（按《施工合同》条款约定，工程竣工结算经监理初审后付至 80%）

承包单位项目经理部（章）：×××

项目经理：×××　日期：××/2/8

项目监理机构签收人姓名及时间	

××监制

B8

工程款支付证书

工程名称：×××办公楼装饰工程　　　　　　　　　　　　　　编号：B8—012

事由	支付×××办公楼装饰工程竣工结算进度款	签收人姓名及时间	

致：×××（建设单位）

根据工程施工合同的规定，经审核×××（承包单位）的付款申请和报表，并扣除有关款项，同意支付工程款共（大写）壹仟贰佰伍拾贰万叁仟壹佰元（小写：1252.31 万元）。请按合同规定及时付款。

其中：
1. 承包单位申报款为：2034.05 万元
经审核承包单位应得款为：1765.39 万元
2. 本期应扣款为：160 万元（进度款）＋353.08 万元（合同约定）＝513.08 万元
3. 本期应付款为：1252.31 万元
附件：
1. 承包单位的工程付款申请表及附件。
2. 监理机构审查记录。

抄送：××××××（承包单位）

项目监理机构（章）：×××

专业监理工程师：×××　总监理工程师：×××　日期：××/2/9

××监制

12.1.2 在工程竣工验收中，监理做好“竣工结算的审核”

监理一定要在工程竣工验收中执行“施工合同”约定的“优质工程”标准进行验收；并在监理进行“竣工结算的审核”中落实。达不到“优质工程”标准的不予计量。经整改达标后，方能计量。不计量就拿不到工程款。

通过“竣工结算的审核”，不仅确保了“优质工程”的质量，而且也确保了工程竣工资料和竣工图的质量。没有完整的竣工资料和合格的竣工图是不能进行竣工结算审核的。所以，做好“竣工结算的审核”也是确保“优质工程”的措施之一。

现将我们的做法介绍如下：

1）严格遵守招、投标文件和施工合同中有关经济条款的约定。

有些承包人在编制工程竣工结算报告时，有意或无意地混淆上述文件中的有关条款的双方约定。如工程竣工结算报告中所使用的定额版本是近期的定额版本与招标文件中规定的定额版本不一致；工程竣工结算报告中所使用的单价与投标文件中的单价或招标文件的工程量清单中的综合单价不一致；合同双方有关承担的风险范围，条款规定了哪些内容可调，哪些内容不可调，工程竣工结算报告中做成全可调的局面；合同条款中规定了有关质量、进度方面奖惩办法，工程竣工结算报告中避开不谈；合同条款中有关材料、设备采购的规定和有关费用的结算，工程竣工结算报告中扩大了对采保费的结算；双方约定的有关违约的经济责任，工程竣工结算报告中也是避开不谈；还有有关总包服务费的计算、获得文明工地称号的奖励计算等高套冒抢等。在这些情况中，作为审核的监理工程师要认真查阅上述有关文件，研究有关条款，准确理解条款内容，必要时就有关条款向合同双方做调研，准确做到不损害合同双方应有的经济利益。我们在审核中发现，在上述文件中，由于当时有关部门审批把关不严，造成有关条款中的有关内容不全面、用词不严密，给事后的机动性留下隐患，为编制工程竣工结算报告时的扩大化给予机会。为此，应该在上述文件的审批过程中严格把关。

2）严格区分设计变更和工程签证的界线。

设计变更和工程签证的界线在理论上和实际应用中容易混淆。工程签证一般为发包人或发包人与监理人给予承包人签发的有关设计变更或零碎工程施工费用的书面凭证。此凭证应作为设计单位进行设计变更的依据；也应作为工程竣工结算的依据。这从理论上讲是很容易分清的。但在实际使用中，应将设计变更纳入工程竣工图中，然后按工程竣工图进行结算，当设计变更被纳入竣工图结算后，其设计变更的费用理应解决了。可有些承包人在编制工程竣工结算报告时又列入设计变更一项，再重复计费一次。这次计费，如果说属于上述设计变更，是属重复计费应扣除；如果说属于深化设计，即某些细部在原施工图中缺少大样，为此所增加的详图，应属于深化设计，更不应该计费。为了避免工程竣工结算时的重复计算，我们将区分设计变更和工程签证的界线于施工过程中解决。即在施工过程中发生的设计变更（除由设计院提出外），由承包人提出技术核定单，经监理审核认可后再转发包人审批，经发包人批准后转入设计院出示设计变更图，然后承包人才能按照设计变更图施工。对于工程签证，监理人向承包人明确指出：凡在工程竣工图上无法表达的工程内容，在施工中所发生的费用，特别是有些零星工程施工中所发生的费用，可以按发包人的书面指令进行施工，施工结束后经监理在质量上验收合格、数量上测定结果后办理书面工程签证单，所发生的费用应事前与发包人谈妥，并在工程竣工结算时纳入独立费计算。

3）严格审核工程竣工图。

监理对工程竣工图的审核，其目的有二：其一，为按照工程竣工图进行结算创造条件；其二，为工程竣工验收和城建档案馆存档创造条件。所以，对工程竣工图的严格审核，不仅仅为了经济问题，亦是为了今后工程存档和修缮时查档的需要。为此，我们的做法是：

（1）对原施工图虽有设计变更，但变更量不大，一般不超过10％，可以在原施工图上进行修改，如土建施工图。修改时，承包人应在原施工图上注明修改的部位，并在该部位注明设计变更单的编号和加盖"竣工图图签"。修改结束后，报监理机构审核，监理审核时边查图上的变更部位是否符合实际，边查对设计变更单的编号及其内容是否与修改图上表明的一致，当被监理认可后，应在相应的修改部位盖一监理章，以示审核认可，然后审核人在竣工图签内签字。

（2）对原施工图的设计变更量较大，一般在10％～30％，可以在原施工图上进行修改，也可以重新绘图，如水、电、空调安装图。修改时，承包人应在原施工图上注明修改的部位，并在该部位注明设计变更单的编号和加盖"竣工图图签"；重新绘图时，应按施工实际绘制，并在该部位注明设计变更单的编号和加盖"竣工图图签"。监理审核时与审核土建施工图一样的程序进行。

（3）对原施工图的设计变更量很大，一般超过30％，应重新绘图，如室内装饰施工图。重新绘制的施工图，监理审核时难度较大，因为重新绘制的施工图中有原施工图的内容，也有设计变更的内容，更有深化设计的内容，还有绘图中不符合施工实际的水分等。此时，监理需要做好去伪存真的工作。我们的做法是：

① 将新图与原施工图核对，并结合施工过程中的监理记录，认真找出设计变更的部位，同时核对该部的设计变更单。凡经核对相互不符合时，应视为伪造，给予扣除。

② 接着审核设计变更单。设计变更单中应严格区分是真正的设计变更还是深化设计。因前者计费，后者不计费，这项工作应在施工过程中区分清楚。在工程竣工结算时加以区分难度较大，但必须分清。为此，可以通过发包人向内装设计单位求助，因设计人员是清楚的。

③ 根据新图内容与所注尺寸会同承包人进行现场实际查看和量测。并对与实际不符的内容和尺寸在新图上进行修改，修改后，监理与承包人在有关新图上签字认可。

4）审核工程竣工图结算。

工程竣工图结算的审核包括两个部分：其一为工程量的审核；其二为工程价的审核。我们的做法是：

（1）工程量的审核。工程量的审核是依据承包人提供的工程量计算公式和对照经审核的工程竣工图和图上所标定的尺寸进行计算、核对与修改。修改的数量用红色笔迹表示，并经承包人和监理人签字确认。确认后的成果是监理审核的重点。因为监理工程师掌握着工程施工过程中的全面情况，所以监理工程师对工程量的审核最有发言权。为此，发包人也要求监理机构把审核的重点应放在工程量的审核上，并要求工程量审核的成果必须经监理人和承包人签字确认。为下一步审价时建立可靠基础。

（2）工程价的审核。本工程审核价的工程内容包括：土建，水、电、空调安装，室外装饰工程（含石材、玻璃、金属幕墙），室内装饰工程等。投标时有的采用施工图报价；有的采用工程量清单报价。所以，在审价时我们采用了不同的软件进行。

① 施工图报价的审核。根据××省定额，我们采用“同安”软件审核。单价采用投标时的单价；若投标时明确单价为暂定价时，竣工结算单价必须由发包人书面确认。

② 工程量清单报价的审核。根据××省定额，我们采用“未来”软件审核。单价采用投标时的综合单价；若投标时明确综合单价为暂定价时，竣工结算时的综合单价必须由发包人书面确认。

上述两者总价计算时所计的各种费率，必须以有关书面凭证为依据。

5）审核工程签证。

根据前述：凡在工程竣工图上无法表达的工程内容，在施工中所发生的费用，特别是有些零星工程施工中所发生的费用，可以按发包人的书面指令进行施工，施工结束后经监理在质量上验收合格、数量上测定结果后办理书面工程签证单。书面签证单内容应包括工程量和工程价。工程量由监理实测认定；工程价由监理提出初步意见后由发包人审定。认真做到一单一清，不留尾巴。每单内容有量有价，并在监理与发包人审定过程中得到承包人的配合和认可。这样在工程竣工结算审核时很清楚，无需争论。但也需要经过审核这一关，当然审核的重点不在一单的量和价。而是把审核内容的重点放在单与单前后签证内容是否有重复；每单中给定的价格是否合理，前后是否平衡；是否存在有错给的签证单；每一签证单是否均有发包人的书面指令等。

为了使审核工作顺利进行，应把好工程签证这一关。原则上办理工程签证要从严掌握，一个工程不办工程签证是不可能的，但过多、过宽松会影响到对工程造价的失控。

6）对合同外工程量和价的审核。

对合同外工程量和价审核的依据：合同外工程施工图；承发包方之间的补充协议；合同外工程的施工预算书；发包方对施工预算书的审核意见；发包方对有关材料、设备价格的签认合同等。

（1）对合同外工程量的审核。一般情况下，工程量应按工程施工竣工图的实际进行计算。其审核步骤和方法与合同内工程量的审核相同。

（2）对合同外施工价的审核。首先找出合同外施工补充协议中有关价格方面的约定与原施工合同中的有关条款的约定有哪些不同？例如：人工单价；材料、设备单价；费率取费标准；承包方对发包方的优惠（%）；套用的定额种类及其版本；施工竣工图以外的费用签证等。

7）对合同中规定的暂定价的审核。

施工合同中规定的某些材料、设备的暂定价，是施工招标时，为统一投标人的报价，由招标人在招标书中统一规定的价格。例如：钢材、水泥、木材、装饰石材、地砖、地毯、铝材等装饰材料。在实际施工中这些材料和设备的价格由发包方利用对材料和设备的招标后确认，并以材料、设备的供货合同作为审核暂定价的最终依据。

8）要求承包人提供有关文件资料。

为配合竣工结算审核的需要，要求承包人在报送竣工结算书的同时，必须提供以下文件和资料。

（1）招标文件、答疑文件、工程量清单、中标文件；

（2）投标文件、施工合同及其附加协议；

（3）工程竣工图（竣工图应有封面、图纸目录、图纸编号及相关说明）；

（4）工程竣工结算书（含工程量计算书和工程量清单及材料分析，按工程量清单计价规则填写，清单内的工程量序列号不得重复；直接费计算表；材料差价计算书及计费程序表等）；

（5）签证和设计变更（签证和设计变更按编号顺序排列，并必须经发包人与监理人签字认可）要求一证一价排列明确；

（6）甲供材料品种、规格、价格等清单，订货合同；

（7）发包人认定价款单（指需要调整的部分）；

（8）承包人需要说明的其他问题。

对文件和资料的要求：书面材料须装订成册、真实有效、有目录便于查找，一式二份，原件一份（提供业主审计用），复印件一份（监理留档）；电子文档一套（须用“未来”软件建设清单编制）。

对清单外的工程量应提供与业主的补充增项协议，序列号应与清单内的有所区别且不得重复。零星签证工程应单独计量，不得重复计算。

12.2　创建优质工程与工程进度的关系

1）正确理解工程优质与工程工期的关系

一般认为工期紧（短）或是工程赶工会影响到工程质量或工程创优。事实也确有其事。但是，即使是这样，是否就不能创建优质工程呢？在我们的监理实践中，回答是能创建优质工程的，当然要采取相应的措施。工期紧，要做好工期的合理安排；工程赶工，应按有关规定建设单位要提供赶工措施费用。那么工期宽（长）是否一定能保证工程为优质工程呢？我们的回答是不可能的。工期宽松一些，确能保证工程质量在施工过程中有一定的整改时间，俗话说“精雕细刻”，是要花一定时间的。而创建优质工程的过程，实际上就是一个“精雕细刻”的过程。操之过急是创建优质工程的大敌。但是，如果没有对宽松的工期作好合理的安排和对创优工程提出相应的措施，则宽松的工期也不能保证工程质量一定会优质。

2）正确理解工期与工程进度的关系

在工期的概念中有国家定额工期、招标工期、投标工期、合同工期、计划工期、实际工期等。在工程招标书中使用的工期称招标工期，一般采用国家定额工期；在工程投标书中使用的工期称投标工期，是根据投标企业自身的实际水平在响应招标工期的情况下，为竞标而作出的低于招标工期的所谓投标工期；合同工期是指在发包人与承包人签订工程“施工合同”时采用的工期，这个工期一般采用承包人在投标书中承诺的投标工期；计划工期是指承包人进场后，根据工程实际情况编制的工程施工总进度计划时所使用的工期；实际工期是指工程在施工过程中实际耗用的工期。上述各种工期相互之间的关系归纳起来为：国家定额工期≥招标工期≥投标工期≥合同工期≥计划工期≥实际工期。如果说出现相互之间不是这种关系时，例如实际工期＞计划工期时，属于出现不正常情况，必须找出原因给予说明。

3）在确保“创优”条件下，工程进度的控制方法。

（1）在我们的监理实践中，主要控制好工程总进度计划、月进度计划和标准层进度计划。这三种计划由工程施工单位提供，经工程项目监理机构审批，报工程建设单位同意后方能实施，并作为三方的约定，被纳入“施工合同”的附件，因而执行这三种计划带有一定的严肃性和强制性，任何一方不得轻易变更。我们对这三种计划的控制方法简括如下：

① 总进度计划的控制——采用日历网络图控制。它是在同一工程上以横道图表示的总进度计划为基础，利用专用软件生成的日历网络图。每月底检查各项工作的完成情况，并用“前锋线”在网络图上显示，从而了解每项工作在每月底是超前完成还是滞后完成等情况，以供下月采取调整措施。

② 月进度计划的控制——它是以楼层施工的子网络为基础，集中解决工序间的合理搭接，以确定每月完成的楼层数，到月底根据进度完成情况，另行调整下月计划。

③ 标准层进度表计划的控制——采用子网络控制。如钢筋混凝土主体结构施工阶段，它主要显示构成楼层钢筋混凝土主体结构施工的每道工序（如立模、扎钢筋、浇灌混凝土、养护混凝土）需要占用的作业时间及工序间的合理搭配。

（2）进度计划的控制过程

监理工程师对进度的控制，其目的在于随时弄清楚各级计划在执行过程中，已经进行到什么程度，有否超前或滞后现象，要不要采取调整措施，以便保证项目进度预定目标的实现。

由于各级进度计划在实施过程中受人、材料、设备、机具、地基、资金、环境等因素的影响，致使工程实际进度与计划进度不相符。因此，监理人员在进度计划实施过程中要定期地对工程进度计划的执行情况进行控制，即深入现场了解工程进度计划中各个分部、分项的实际进度情况，收集有关数据，并对数据进行整理和统计后对计划进度与实际进度进行对比评价，根据评价结果，提出可行的变更措施，对工程进度目标、工程进度计划或工程实施活动进行调整，如图 12-3 所示。图中方案Ⅰ为原计划范围内的调整；方案Ⅱ为要求修改计划或重新制订计划；方案Ⅲ则要求修改或调整项目进度目标。

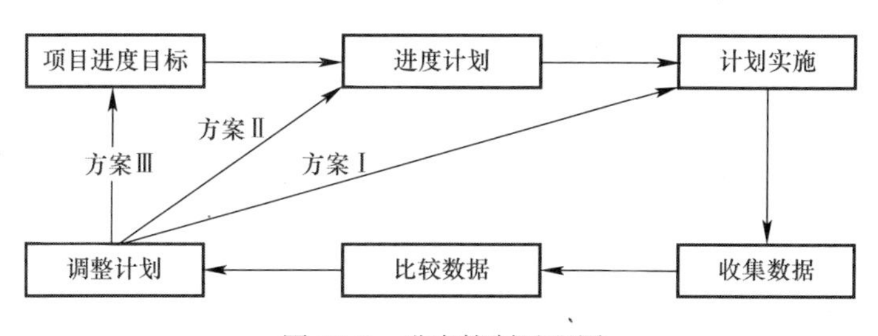

图 12-3 进度控制过程图

工程进度控制是有周期性的循环控制。每经过一次循环得到一个调整后的新的施工进度计划。所以整个施工进度控制过程实际是一个循序渐进的过程，是一个动态控制的管理过程，直至施工结束。

监理人员对工程施工进度实行监控的最根本的方法，就是通过各种机会定期取得工程实际情况。这些机会包括：

① 定期地、经常地、完整地收集施工单位提供的有关报表资料。

② 参加施工单位（或建设单位）定期召开的有关工程进度协调会，听取工程施工进度的汇报和讨论。

（3）进度计划的控制程序

工程施工进度控制程序，如图 12-4 所示。

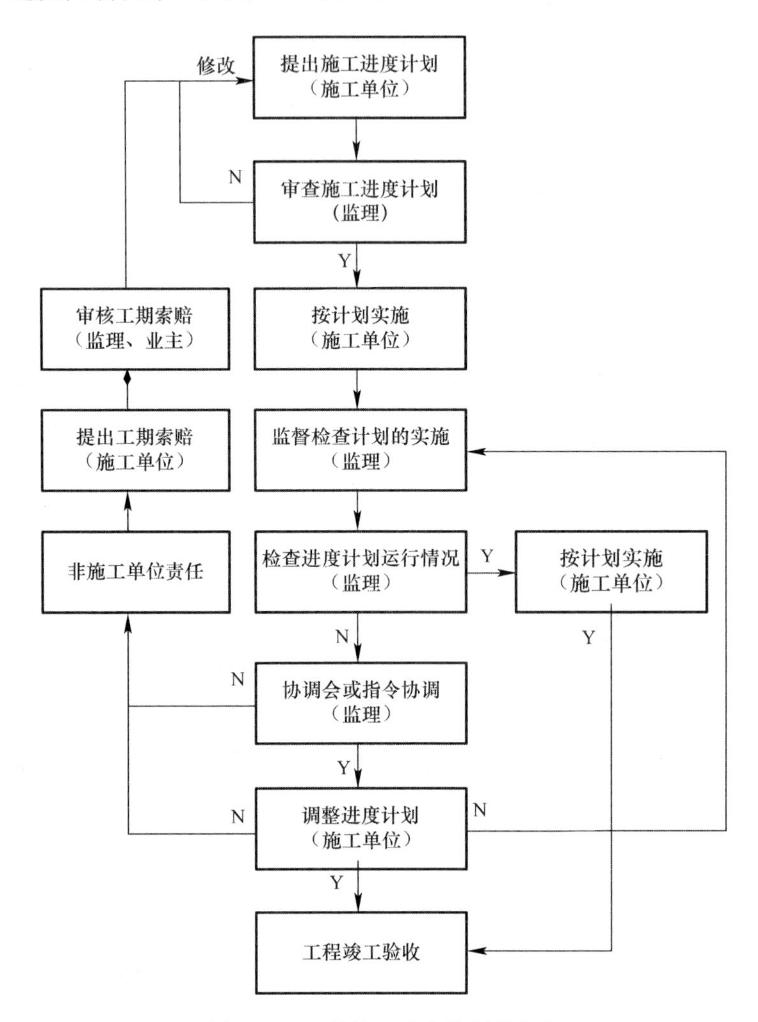

图 12-4　工程施工进度控制程序图

附件：施工企业争创优质建筑装饰工程之解析

创建优质工程的主角是施工单位。本书只从监理角度论述创建优质工程的经验。而对处于主角地位的施工单位又是如何对待创建优质工程的呢？有的读者想了解这方面的有关情况。我曾长期从事装饰工程的设计与施工，担任过装饰公司项目经理、质检部经理和副总工程师，曾在装饰公司主管工程创优项目，对争创优质工程有一定经验。现将我当时发表的创优文章作为附件供读者参改。

争创优质建筑装饰工程之解析

南京金陵建筑装饰有限责任公司　欧谦

［**摘要**］本文探索了在激烈的市场竞争中装饰企业如何提高质量意识，按照规范要求强化质量管理，改进技术手段和检测方法，按工程报监程序完善工程资料，争创名品优质工程，以提高企业信誉，增强企业竞争实力。近期通过对装饰工程质量管理、过程监控、竣工验收和评价评优等现状的调查分析，提出了对装饰工程如何进行质量控制与评定的意见，论述了对面向未来的装饰企业打造精品工程应采取的对策和选择。

［**关键词**］：装饰；质量；贯标；创优；规范；技术；检测；效果

南京建筑业协会组织各大、中型建筑企业专题研讨“坚持以质取胜，提高竞争实力”为主题的全国建设系统“质量月”活动是及时的、必要的并有重大意义。

今年的政治、经济、科技、文化和生活水平及方式都将有很大的发展进步和变化。对于工程建设来说必将提出更高的要求，特别是装饰工程的新材料、新型式、新的构造方法、先进的加工工艺和施工技术理论分析及软件开发等必将面临着巨大的挑战，同时也提供了良好的机遇。以对人民高度负责的精神，深入开展住宅工程质量专项治理工作是我们装饰企业质量管理工作者义不容辞的义务和责任，也是一项光荣的使命。

建筑装饰项目既不同于建筑工程，又不同于轻工产品，有其自身的特点。装饰工程具有鲜明的时代特色，就如同时装一样不断翻新。如果说建筑工程是凝固的音乐，那么装饰项目就是那五线谱上的音符跳动在它的心田；如果说轻工产品是蓝色的海洋，那么装饰项目就是那色彩斑斓的贝壳围绕在它的身边。随着社会的发展，人们认知水平的不断提高，对物质上的享受和精神上的追求越来越上档次。换言之，现代文明改变了人们的生活习惯和生存空间，以人为本，美化环境，创造舒适的人文氛围，不断地追求卓越，追求完美已成为现代人的时尚。当今人们不仅需要优美的装饰风格，而且希望得以长久保持。因此优质装饰工程已成为人们追求的目标。然而如何实现优质装饰工程，笔者认为深入研究优质装饰工程的质量控制与评定是一个有效的途径，可以从以下几方面进行探讨：

一、从理念上研究质量、贯标、创优三者间的关系

每当人们谈起工程质量管理、必先探讨质量的概念：在新华字典中质量是指产品和服务的优劣程度；在 ISO 9001：94 版中质量一词定义为：反映产品或服务满足明确或隐含需要能力的特性总和；而在之后的 ISO 9000 族标准中，定义为一组固有特性满足要求的程度。国际标准化组织又将术语“质量”用于表示：达到持续的顾客满意，这种持续的顾

客满意是在组织者持续改进其效率和有效性的情况下，通过满足顾客的需求和期望来实现，在这种意义上说，质量是事业成功的关键。

由上述内容可以看出质量概念随着时间推移、社会进步，人们识别能力的不断提高，正处在发展变化之中，并且其内涵正在不断地丰富，其外延正在不断地拓展。在传统的管理模式中，说到质量控制必先谈起QC小组活动，后谈到TQC全面质量管理。这种模式主要从人、机、料、法、环五个方面进行控制：对人的要求主要是人的素质、技能、水平是否满足生产需要；对机的要求主要是机械设备、装备的运转是否正常、安全、有效；对料的要求主要是材料是否符合标准的规定；对法的要求主要是法律、法规、规范、方法是否符合最新的版本，最近的要求；对环的要求主要是温度、湿度、噪音、粉尘、油烟等的控制是否符合文明施工和环保的要求。其核心是层层落实岗位责任制，强调的是制度管理。

而贯标工作无论是94版ISO 9000族20个要素的程序模式，还是2000版ISO 9000族8项管理原则下的过程模式，都要求制定质量方针、质量目标并努力使全员参与共同奋斗，保持质量体系运行的适宜性和有效性。其核心内容是：什么样的人，在什么时间，在什么地点，做什么样的事，为什么这么做，如何做得更好，强调的是程序控制。

对于创优工作，顾名思义是争创优质工程，从工程竣工合格后算起，从优良，到市优、省优、部优，到国优金奖，无不是在政府领导下，由协会组织评议的过程，通过专家检查、民主评比、社会监督（公示），其核心内容是承建工程的合法性，工艺和材料的创新性，质量的优良率，以及统计技术的先进性，所强调的公开、公平、公正的平等竞争，树立新的形象，引导企业争创名品、精品工程。

虽然质量、贯标与创优各有侧重，但是三者也互为因果，互为基础，总体上说前者是后者必备条件，后者使前者的发展范围更广、内容更丰富。在日常工作中由于不到位，会造成误解和弊端，其主要表现在：①认为质量管理只是“管、卡、压”；②认为贯标工作只是“搞形式主义”；③认为创优工作只是在“作秀”。因此在人员素质参差不齐的今天，我们更需要加强培训，学习质量、贯标与创优的关系，提高广大员工的思想认识，才能深刻理解质量是企业的生命，品牌是企业的未来的道理。

二、从规范上研究如何保证装饰工程质量

建筑装饰工程施工及验收规范更新速度不能满足日新月异的市场需求。因为大多数装饰产品的生命周期比规范的形成周期短，所以许多装饰产品在规范形成时已经被淘汰。由于装饰项目取材范围广，施工工艺复杂多变，因此很难统一规范管理。随着城市建设的飞速发展和人民生活水平的不断提高，高级装饰装修的工程量越来越大、档次越来越高。由于多方面的原因，装饰装修工程还存有较严重的质量隐患。为了促进和提高装饰装修及其相关工程的施工质量，纠正目前设计及施工中的一些违反规范标准的“任意做法”，使之逐步纳入统一的规定做法，一些地区政府职能部门依据《中华人民共和国建筑法》、《建筑装饰装修管理规定》以及现行有关规范、规程、标准，做出了对实际工作具有指导意义的要求，归纳如下：

（一）综合规定

（1）装饰装修工程开工前，建设单位必须按《中华人民共和国建筑法》、《建筑工程质量管理条例》的要求办理工程质量监督手续，否则不得施工。

(2) 建设单位应配齐装饰装修及安装各专业现场管理人员。负责组织设计交底，参与施工交底、材料质量把关、隐蔽工程验收、现场测试检验，主持工程质量检查验收及等级评定工作。

(3) 各装饰装修企业应建立健全质量保证体系，完善组织和管理人员，配备专职质量检查员，并持证上岗。

(4) 各装饰装修企业应按规定配齐相关质量保证资料管理员（简称资料员），经培训考核后持证上岗，负责技术资料的整理工作。

(5) 建设单位提供的材料、设备应遵守规定，必须符合质量标准，并向施工单位移交合格证及相关文件以及复试报告。施工单位应严格进行验收，凡不符合质量标准的材料、设备一律不准使用。

(6) 装饰装修工程中使用的防火涂料、防火液，建设单位必须严格把关。每批购进的材料必须在现场随机取样，到法定部门进行检验，合格后方可使用。每个单位工程的材料检验证明应收集齐全后汇入技术资料一并存档。

(7) 电气工程（包括动力、照明、通风空调、电热设备等）完工后，竣工验收前，为了检验导线及供电设备的负荷能力，除设计有特殊要求外，应对电气系统做 24 小时满负荷试运转（高大工程可按楼层、区、段试验），在做满负荷试运转时，甲、乙双方应安排专人随时对线路、供电设备进行检查，防止突发事故发生。要求导线在允许温升范围之内，电气配电设备运转正常并做好记录。

(8) 装饰装修工程完工后，建设、施工、设计单位应依据规范、标准及具备法律效力的图纸、合同及有关文件进行检查验收，凡涉及结构安全、防火安全、电气安全及使用功能的问题对其重点检查验收，确保工程质量和安全。在此基础上评定出工程质量等级，会同技术资料一起报工程质量监督站，由工程质量监督站抽查核定工程的质量等级。

（二）设计规定

(1) 装饰装修及相关安装工程的设计单位必须按其设计资质等级规定的业务范围出具设计图纸；图纸上设计资质章、设计人、校核人签字盖章应齐全。图纸上设计内容应符合现行相应规范、标准及有关文件规定。

(2) 设计图纸应齐全。包括装饰装修效果图，装饰装修工程施工图、安装工程施工图，图纸目录及各专业设计说明等。其装饰装修工程施工图应包括装修平面图（吊顶天花板平面图）、立面图、剖面图与节点大样图等；工艺做法及防火做法要求应明确。电气、通风空调等安装图应包括系统图、平面布置图、主要计算数据等。

(3) 设计中选用的材料、设备、五金、构配件等，应注明其规格、型号、性能、色泽，并应提出质量要求，但不得指定生产厂家。

(4) 旧房改造的工程，需对原有结构进行改动或增加荷载时，必须对原有结构进行计算复核，出具改造图纸和做法说明，采取有效措施保证其结构的安全。

对原结构进行改造的计算复核、鉴定事项，原则上应由原设计单位负责或征得其同意，也可让具备相应法定资质的设计单位承接该项工作。

(5) 电气设计图纸内容应符合《民用建筑电气设计规范》JGJ/T 16—2008、消防技术标准规范要求。根据工程实际情况其等电位联结保护，接地保护、短路保护、漏电保护（防人身触电安全及防因接地故障而引发电气火灾的漏电保护）应齐全。

(6) 在三相四线或二相三线的配电线路中，当用电负荷大部分为单相的用电设备时，其N线或PEN线的截面不宜小于相线的截面。以气体放电为主要负荷的回路中，N线截面不应小于相线的截面；采用可控硅调光的三相四线或二相三线配电线路，其N线或PEN线的截面不应小于相线截面的二倍。

(7) 沿未抹灰的木质吊顶和木质墙壁敷设的以及木质闷顶内的电气线路应穿钢管保护。电气系统的接线根据工程实际情况应优先采用TN-S或TN-C-S系统的接线方式。

(三) 施工规定

(1) 装饰装修工程施工前，应预先做样板（样品或样板间），并经有关单位认可后方可进行大面积施工。

(2) 室外门脸装饰，严禁使用木骨架、木质板材粘贴各种饰面材料。

(3) 天然、人造石材等装饰材料的门脸装饰，宜采用干挂工艺或采用固定钢骨架钢丝网，用水泥砂浆做基层，并应有可靠的拉接固定，拉接固定的方法和材料应符合规范要求。钢骨架的焊接、固定、防锈必须符合有关规定的要求，骨架固定应保证原有屋顶、墙面不渗漏。

(4) 旧建筑物外墙需重新改造镶贴面砖时，应按新建工程的要求进行施工。施工前应对原有墙面进行检查和冲洗，以保证面砖的镶贴质量，并应符合《建筑工程饰面砖粘结强度检验标准》JGJ 110—97的规定。

(5) 外墙窗台、窗楣、雨篷、阳台、压顶和突出墙面的腰线等，上面应做流水坡度，下面应做滴水槽处理，如做滴水槽其深度和宽度均不应小于10mm，并整齐一致；如做坡斜面，其坡度应≥1/6。

(6) 旧改工程中突出墙面的雨篷、装饰造型应有防水设计或做法确保不渗漏。

(7) 装饰装修的防火应严格执行《建筑内部装修设计防火规范》GB 50222—95。软包面积不得超过墙面或顶棚面积的10%。软包采用多孔或泡沫塑料时，其厚度不应大于15mm。做防火处理时应采用浸泡方法（织物布料除外）。当采用不同装饰材料进行分层装修时，各层装饰材料的燃烧性能均应符合规范规定，否则按要求进行防火处理。

(8) 内墙、柱、门套（脸）等使用饰面板装修时，其阳角应做实木护口，其材质应与墙面板材质相同，不得采用45°角对角工艺做法。

(9) 木结构与砖石结构、混凝土结构等相接处基体表面的抹灰，应先铺钉金属网，并绷紧牢固。金属网与各基体的搭接宽度不应小于100mm。

(10) 铝合金门、窗固定可采用焊接、膨胀螺栓或射钉等方式，但砖墙严禁使用射钉。

(11) 铝合金门、窗外框与墙体缝隙填塞，应按设计要求处理。若无设计要求时，应采用棉条或玻璃棉毡条分层填塞，缝隙外表留5～8mm深的槽口，填嵌密封材料。

(12) 铝合金门、窗安装玻璃密封条时应留有伸缩余量，一般比门、窗的装配边长20～30mm，在转角处应斜面断开，并用胶粘剂贴牢固，以免产生收缩缝。

(13) 木框玻璃隔断、木门安装玻璃时应沿压条全长涂抹1～3mm厚的底油灰或玻璃胶，严禁压条与玻璃直接接触。

(14) 安装长边大于1.5m，或短边大于1m的玻璃，应用橡胶垫并用压条和螺钉镶嵌固定。

(15) 安装磨砂玻璃和压花玻璃时，磨砂玻璃的磨砂面应向室内，压花玻璃的花纹面宜向室外。

(16) 吊顶工程中，在现浇板或预制板缝中，按设计要求设置预埋件或吊筋时，严禁在预应力板和大梁下部用射钉固定固定件。也不得使用钢钉固定小木方作吊固点。

(17) 主龙骨吊点间距应按设计推荐系列选择，中间部分应起拱，金属龙骨起拱高度应不小于房间短向跨度的1/200，主龙骨安装后应及时校正其位置和标高。

(18) 吊杆距主龙骨端部距离不得超过30mm，否则应增设吊杆，以免主龙骨下坠。当吊杆与设备相遇时，应调整吊点构造或增设吊杆，以保证吊顶质量。

(19) 轻钢龙骨隔断墙中的门、窗或特殊节点处，应增设附加龙骨，安装方法应符合设计要求。

(20) 石膏板面隔断墙龙骨两侧的石膏板及龙骨一侧的内外两层石膏板应错缝排列，接缝不得落在同一根龙骨上。

(21) 隔断端部的石膏板与周围的墙或柱应留有3mm的槽口。施工时，应在槽口处加注嵌缝膏，然后铺石膏板，挤压嵌缝膏使其和邻近表层紧紧接触。

(22) 石膏板面隔断以丁字或十字形相接时，阴角处应用腻子嵌满，贴上接缝带，阳角处应做护角。

(23) 安装石材饰面板用的铁制锚固件、连接件，应镀锌或经防锈处理。镜面和光面的大理石、花岗石，应用铜或不锈钢制的连接件。

(24) 石材饰面板如采取湿作业法安装时灌注砂浆前，应浇水将饰面板背面和基体表面润湿，再分层灌注1∶2.5水泥砂浆，每层灌注高度为150～200mm，且不得大于板高的1/3，插捣密实，待其初凝后应检查板面位置，如移动错位应拆除重新安装，若无移动，方可灌注上层砂浆。施工缝应留在饰面板水平接缝以下50～100mm处。

(25) 饰面砖镶贴前应预先选砖预排，以使拼缝均匀。在同一墙面上的横竖排列，不宜有一行以上的非整砖。非整砖行应排在次要部位或阴角处。但不得使用小于4cm的面砖。

(26) 镶贴饰面砖基层表面如遇有突出的管线、灯具、卫生设备的支承等，应整砖套割吻合，不得用非整砖拼凑镶贴。

(27) 内墙、柱面木装饰及其基层使用的木方及半成品木材，应做含水率测试，含水率不应大于12%，否则应做烘干处理。

(28) 饰面板层粘贴时，应选色、对花、处理好接缝，阳角禁见立槎，线条交圈流畅，不得显露戗槎、毛刺、接槎和污染。

(29) 内墙、柱面木装饰及木质隔墙的面层或其饰面基层的材料若选用胶合板、纤维板时不得整张使用，板缝应留在龙骨处，且应拉开2～3mm。

(30) 卫生间等多水潮湿房间的隔墙不准使用木质隔墙；其基层和面层材料应选用耐水、防腐材料。防水高度宜加高到1.2～1.8m。

(31) 现场制作的夹板木门，制作时应设置排气孔，门周边应加封口条，封口条材质应与饰面板的材质相同。

(四) 电气安装规定

(1) 电气线路敷设必须符合下列要求：所有导线及线头必须有管、槽、盒保护，外面看不见导线与线头，即导线在线槽或管内且不得有接头和扭结；接头应在盒内。管内导线包括绝缘层在内的总截面积不应大于管子内净空截面积的40%。

（2）进入落地式配电箱（柜）的电线保护管，排列应整齐，管口宜高出配电箱（柜）基础面50～80mm，高度应一致。

（3）电线保护管的弯曲处不应有折皱、凹陷和裂缝，且弯扁程度不应大于管外径的10%。弯曲半径不宜小于管外径的6倍。不得使用弯曲半径1倍的管件（直角弯头）。

（4）金属电线保护管和金属盒（箱、柜）必须与保护地线（PE线）有可靠的电气连接。

（5）钢管不应有折扁和裂缝，管内应无铁屑及毛刺，切断应平整，管口应光滑，按规范规定做好防腐处理。

（6）镀锌钢管、非镀锌钢管连接、接地以及钢管与箱盒、设备连接应符合电气施工验收规范的要求。

（7）钢管与电气设备、器具间连接的过渡电线保护管应采用金属软管或可挠金属电线保护管；金属软管长度不得大于2m。金属软管与接线盒及器具、设备连接处应使用专用金属管件。金属软管应可靠接地。

（8）吊顶内的配管不得随意乱敷于顶棚内，应排列整齐，用专门的支吊架及管卡固定，固定点间距应符合规范要求，应按规定设盒，所有盒盖板应齐全。

（9）当设计采用塑料管配线时，其材质壁厚必须符合产品质量标准，塑料管及其配件必须由阻燃处理的材料制成。塑料管外壁应有间距不大于1m的连续阻燃标记和制造厂标。

（10）塑料管管口应平整、光滑、管与管、管与盒（箱）等器件连接应有专用管件；连接处结合面应涂专用胶合剂，接口应牢固密封。

（11）塑料配管应排列整齐，固定点间距应均匀，管卡间距应符合规范要求。管卡与终端、转弯点、电气器具或盒（箱）边缘的距离为150～500mm。

（12）高强度冷弯塑料管煨弯时应使用配套弹簧弯曲管，不得使用直角塑料管件代替。从接线盒引至设备时，应使用PVC塑料波纹管保护导线，与接线盒及设备连接处应使用专用管件，接口处应使用专用胶合剂粘接，不得使用金属软管代替PVC塑料波纹管。

（13）导线接头宜首选压接帽压接方式连接，压接帽产品质量必须合格。当采用锡焊接时，严禁使用酸性焊剂，焊缝应饱满、表面光滑；焊接后应清除残余焊剂；焊头应包高压橡胶带，再包黑胶布，其包扎质量必须符合规范、规程规定。

（14）导线与器具连接必须牢固、紧密。截面为$10mm^2$及以下的单芯线可直接与设备、器具的端子连接，线头绕螺钉（栓）连接时应满圈；截面为$2.5mm^2$及以下的多股铜芯线的线芯应先拧紧搪锡或压接端子后再与设备、器具的端子连接；截面大于$2.5mm^2$的多股导线连接设备、器具时，应按规定使用接线端子。

（15）当采用多相导线时，其相线的颜色应易于区分（一般A相为黄色，B相为绿色，C相为红色），相线与零线的颜色应不同，同一工程内的导线，其颜色选择应统一；保护地线（PE线）应采用黄绿颜色相间的绝缘导线；零线宜采用淡蓝色绝缘导线。

（16）导线穿入钢管时，管口处应装设护线套保护导线。线槽安装及导线敷设应符合规定要求。

（17）导线（电缆、各种电线）除具有合格证外，应重点检查实体质量，凡线径小、绝缘层厚薄不一致，绝缘强度低的一律不准使用。

（18）在TN-C-S或TN-S系统中接地保护线必须系统连接，严禁弄虚作假；在汇流分支处必须并联连接，严禁串联连接；接地系统干线及支线截面应符合设计及设计规范要求。

（19）灯具及其配件必须使用合格产品，凡是漏电、电镀层或喷烤漆脱落、锈蚀的一律不准使用。

（20）灯具及镇流器不得直接安装在可燃、易燃材料上。当高温灯具及镇流器靠近非A级装饰材料时，应采取隔热、散热等防火措施。

（21）嵌入顶棚内的装饰灯具应固定在专设的框架上，其框架应紧贴在顶棚面上。导线不得贴近灯具外壳。轻型灯具可吊在主龙骨上，重型灯具或电扇及大于3kg以上的吊挂物，不得吊挂在龙骨上，应另设吊钩。

（22）距地2.5m以下电气设备的金属外壳都应与保护接地系统可靠连接。

（23）电器灯具的相线应经开关控制，螺口灯头接线时，相线应接在中心触点的端子上，零线接在螺纹的端子上。

（24）当在木饰材料、软包上安装灯具、开关、插座时，必须按规定设盒，盒外平面必须和装饰面相平、木饰材料、软包材料不得伸入盒内。

（25）潮湿环境（桑拿、有淋浴的卫生间）安装的管、线、灯具、开关、插座必须做好防水处理。导线应尽量避免接头。

（26）单相两孔插座，面对插座的右孔或上孔与相线相接，左孔或下孔与零线相接；单相三孔插座，面对插座的右孔与相线相接，左孔与零线相接；单相三孔、三相四孔及三相五孔插座的接地线均应接在上孔。插座的接地端子不得与零线端子连接。

（27）安装在同一建筑物内的开关，宜采用同一系列的产品，开关的通断位置应一致，操作应灵活，接触可靠，接线牢固。

（28）开关、插座、配电设备严禁使用假、冒、伪、劣产品，合格证与产品必须相符合，否则一律要返工处理。

（29）配电箱不得直接安装在易燃、可燃材料上，当不得已配电箱必须安装在可燃材料处时，应使用铁壳保护的配电箱，其不用的敲落孔应完好无损，对于电箱周围的可燃材料应进行严格防水处理，使其达到难燃耐火等级。

（30）配电箱（柜）内，应分别设置零线和保护地线（PE线）汇流排；零线和保护地线应在汇流排上连接，不得铰接，并应有编号。在总配电室做重复接地的导线截面应符合规定。

（31）电气工程完工后，竣工验收前必须由施工单位和建设或（监理）方共同对电气系统的所有线路进行绝缘电阻测试试验，其供电线路的相间、相对零、相对地、零对地绝缘电阻值必须大于0.5兆欧，并做好记录。

（32）通风空调工程中的制作与安装应严格按《通风与空调工程施工质量验收规范》GB 50243—2002施工。管道保温材料的防火性能必须符合设计和防火要求；凡需绝热和防结露的各种管道均应用木托等隔热材料与管卡、管架做隔绝处理；为了解决管道漏水及冷凝水问题，应重点检查管道的保温质量及空调冷冻水管道的水压试验。

了解政府的有关规定可以使我们认识装饰工程包含了设计、施工、安装等分项工程，它涉及文化建筑、酒店宾馆、商务大厦、办公空间、展示空间、商铺店面、餐厅酒吧、休闲娱乐等项目。为确保产品质量合格提供了指南，也为评优工程打下了基础。

三、从技术上研究控制要素

一般而言，装饰工程与土建工程相比，大部分人都认为要好做得多，没有危险性、施工时间短、精度性要求不是很高。因此，就是没有装饰工程经验的人，转眼之间搞装饰工程似乎很正常。做好一个装饰工程非常的不容易，换句话说，在二年保修期内没有任何工程上的纰漏，尤其是大型装饰工程，似乎在装饰行业来说是很少见的。因此土建单位管理人员的素质是第一重要的，项目经理、材料员、施工员、质量员、财务缺一不可，在装饰工程的管理中他们同样有着重要的作用。他们的素质决定了装饰工程施工的每一个细节，调整一些质量控制点的力度，同样也就决定了工程本身的优劣。对一项装饰工程来讲，重点是要作好“质量、进度、投资”的控制和“合同、信息”的管理，具体而言，做好施工工程的准备工作，并将其列成表，归好类，在施工过程中不断跟踪记录、检验，及时调整，最终达到我们的预期值。以下，我们以简单的术语更详细的概括一下。

（一）装饰工程的进度（网络计划）

（1）进度表（根据实际发生情况，报告周进度计划）；

（2）材料明细表、各种材料进场表，自检和业主验收时间表；

（3）各工种人员进场安排表；

（4）隐蔽工程验收时间表；

（5）各单项工程阶段检验及验收时间表。

（二）装饰工程的质量

（1）各专业原始图纸及现场勘察资料；

（2）施工图深度（节点图，特殊工艺说明图，各单位工种之间配合工作如预留检修口方案等）；

（3）施工组织设计，施工场地平面使用说明；

（4）主要工序施工方案及用材一览表，尤其是防水、防潮、防四害、防腐方案；

（5）施工主要技术班组和管理人员安排一览表；

（6）各主要工种负责人名单及其身份证复印件、主要技术特长和管理水准；

（7）隐蔽工程及检验明细一览表；

（8）分包工程及各分包单位资质一览表（应附说明资料）。

（三）装饰工程的投资

（1）设计阶段控制：装饰效果论证、功能论证、图纸深度审核。

（2）施工阶段控制。

① 材料、设备的产地、品牌、等级及材料样品的封存一览表；

② 主材进场自检和业主的确认；

③ 工序的合理安排和人员的合理调用；

④ 备料的准确和材料的合理利用。

（四）对装饰工程信息的管理

（1）装饰材料消防审批表；

（2）基层隐蔽验收记录；

（3）吊顶隐蔽验收记录；

（4）防火涂层隐蔽验收记录；

(5) 主要材料产品出厂合格证及复验报告；
(6) 进口材料设备商检证、产地证；
(7) 分部工程质量评定汇总表；
(8) 施工日记和周、月工作总结；
(9) 竣工图。
(五) 配套专业的质量
1. 给水排水工程
(1) 阀门解体检查记录；
(2) 管道焊接记录；
(3) 管道焊缝探测报告；
(4) 计量表校验报告；
(5) 管道试压检验报告。
2. 强电和弱电工程
(1) 防雷引线安装隐蔽验收记录；
(2) 线路穿管敷设隐蔽验收记录；
(3) 接地极接地带埋设隐蔽验收记录；
(4) 配电柜箱安装就位记录；
(5) 应急发电设备安装就位记录；
(6) 用电设备安装就位记录；
(7) 导线及设备绝缘电阻测试记录；
(8) 接地接零点阻测试记录；
(9) 计量仪表检定报告；
(10) 整定记录及整定通知单。
3. 消防工程
(1) 消防材料设备报批表；
(2) 阀门解体检查记录；
(3) 钢管焊接记录；
(4) 设备绝缘电阻测试记录；
(5) 接地接零电阻测试记录；
(6) 喷淋头、烟感器性能抽样实验报告；
(7) 烟感器反应实验报告；
(8) 管道试压检验报告。
4. 空调安装
(1) 消防材料设备报批表；
(2) 风、水管道安装防腐保温隐蔽验收记录；
(3) 阀门解体检查记录；
(4) 给水管焊接记录；
(5) 设备绝缘电阻测试记录；
(6) 接地接零电阻测试记录；

（7）管道试压检验报告；

（8）冷冻水系统水温测试报告；

（9）风口风压测试报告；

（10）风洁净度测试报告；

（11）系统总体测试报告。

虽然装饰工程具有它的独立性，但它同各配套专业的施工是一个整体。有些工程业主可以让一家装饰工程公司总承包，对一些大型的装饰工程，则是由几家专业施工单位共同完成。因此，相互的合作是非常重要的。同时，对一个装饰工程的项目经理来讲，他的专业知识是有限的，但各专业的质量控制点必须知道。就配套专业来讲，除了同装饰工程有其共性之外，还必须做好以下工作：隐蔽工程验收及各种记录；管道埋件隐蔽验收记录；设备安装、调试、试运转、试验检验记录和报告；材料设备产品出厂合格证及出厂检验报告；进口材料设备商检证、产地证；分部工程质量评定汇总表；竣工图。对单项专业工程的控制，都要要求施工管理人员做好各项记录并且达到质量要求的标准。由此，整个装饰工程的施工质量就得到了量的控制。

四、从检测方法研究重要的质量记录

质量检测方法分为三种：一是观感，即通过人的感觉来判断质量是否合格，主要用于竣工验收和评优；二是用检测设备通过测量得到数据来判断质量是否合格，主要用于施工过程的监视和测量；三是用仪器仪表来进行分析理化性能和各项指标是否达到规定要求，主要用于材料和半成品的检定。

装饰工程质量控制中：在材料上，最重要的是合格证和质保书，以及复试报告的收集整理；在工序上，最重要的质量控制点是隐蔽工程，虽然不被人重视，但往往问题就出现在这里。如给水排水工程管道的水压试验，虽然很简单，但却为整个工程最重要的环节。没有经过验收，规定压力数值的试验，管道系统是否漏水无法保障，一旦隐蔽暗装、做好防水、再贴完瓷片及竣工之后发现漏水，再找原因是非常困难的，经济上的损失非常大，更严重的是我们可能失去一个合作伙伴。因此，隐蔽工程的自检是施工中最关键之处。还有木结构的防火和防腐处理，金属构件的防锈处理都应引起重视。在填写记录时应明确所用材料及零、部件的品种、规格、数量、位置等是否符合设计和规范的要求，是否安装牢固。以免日后结算时引发矛盾。装饰施工合同签订之后，应该说工程项目的成本、利润基本有了90%的底数，以上环节施工阶段决定了工程的成本。有经验的施工人员一定认为“偷工减料”造成返工是“得不偿失”。其次，是分项工程质量检验评定，它体现了质量的水平，应按国家标准《建筑装饰装修工程质量验收规范》GB 50210—2001和《建筑工程施工质量验收统一标准》GB 50300—2001规定进行验收。

设计阶段的要点对施工的影响也很大，施工前业主的确认和理解设计意图非常重要。如我们经常听说的那样，施工到一半或基本完工后，业主认为设计效果不好，造成返工重做。这种投资上的浪费非常大。虽然施工企业没有责任，但业主往往不会将此部分的工程追加费用结算给施工企业的。因此，施工前同业主之间的沟通就必不可少。

装饰工程的信息管理，具体地说，就是要做好施工日记、总结和以上各种施工的自检和验收记录、整理工作。通过以上工作，既可以随时对进度、质量、投资的原计划进行对比，随时调整施工组织计划，又可以预先解决可能出现的特殊问题，更能在出现施工纰漏时，找出问题的原因并及时得到解决。同时，通过文字上的信息交流，也可以加强同业主之间的了解和信任，为后续的合作打下基础。

五、从装饰工程质量报检研究创优资料

装饰工程质检资料是工程竣工验收的一个重要内容，具备了完整的技术档案和施工管理资料，才能顺利进行竣工验收。装饰工程质检资料是从进驻施工现场开始至工程竣工验收为止的整个施工过程中收集、加工、归档的相关资料。收集，就是收集原始资料，这是很重要的基础工作。资料工作的质量好坏很大程度上取决于原始资料的全面性和可靠性。加工是资料处理的基本内容，包括对资料进行分类、排序、计算、比较、选择等方面的工作，使其成为分类有序的资料。归档，就是将工程实施中形成的文件、资料，根据其特征、相互联系和保存价值分类整理，根据文件的作者、内容、时间等特征组卷，并准确地列出案卷标题和保管期限。一个大型装饰工程，有各种各样的文件、资料，就质检资料而言，主要有：原材料、半成品、成品的合格证、质量证明书、质量检验报告，施工测量放线报验单，隐蔽工程验收记录，分项工程质量验评表，分部工程质量评定表等与工程质量直接相关的资料。当装饰工程委托监理时，还应有工程开工申请表、工程进度计划申报表、施工组织设计（方案）申报表、专业队伍资信报审单、工程计量报审单、工程付款申请表等有关监理管理资料。现阶段所指的装饰工程质检资料，是指与工程质量直接相关的资料。本文所述的质检资料报检是指与工程质量直接相关的资料的报检。报检的步骤应按各级建设主管部门、质监部门和城建档案管理部门的规定执行。根据本人近年来的工作体会，在装饰工程质检资料报检时，应着重抓住如下四个主要环节：向监理机构报检；向总承包单位报检；向政府质监部门报检；向评优机构提供一份工程质量达到优良标准的质检资料。

（一）向监理机构报检

当装饰工程委托监理时，装饰工程质检资料首先应向监理机构报检，直接听取监理人员对工程质检资料的意见。包括资料是否完整，是否盖红章的原件，是否符合工程实际等。这项工作实际上就是一项受控于监理的工作。质检资料请监理过目，实际上请监理帮助把关。因此，作为施工单位应及早、主动、及时地在资料收集、加工、归档等方面听取监理的意见。切勿等到工程竣工时，才着急整理资料。因为，到那时，面对残缺不全的资料，怎能顺利通过工程质检资料的报检？特别是对未委托监理的工程，想要一份完整的，符合实际的质检资料是有一定难度的。受监的工程，靠监理提醒、帮助，未受监的工程全靠施工单位资料员的素质，靠他的主动性、积极性和工作业务水平的高低。有的项目（特别是小项目）上没有设专职资料员，常常由项目经理或施工员兼任。有的项目虽设有专职资料员，但人员经常变动。这样，工程质检资料到时很难确保其完整。一个项目到工程竣工时质检资料不能按时交出来，就会影响到整个工程不能及时竣工验收。所以，施工项目经理应赶在整个工程验收之前，将承包的工程质检资料整理好，并经报检通过。

（二）向总承包单位报检

当向监理报检通过后，装饰工程质检资料需报工程总承包单位查检。总承包单位查检的责任是：除复查上述监理查检的内容外，还要查检该质检资料是否满足总承包单位为整理资料所规定的内容；是否符合政府质监部门和档案管理部门为竣工资料和档案管理所规定的内容和要求；是否需要该质检资料单独向政府质监部门报检等。当工程质检资料被总承包单位查检通过后，由总承包单位统一将工程质检资料向政府质量监督部门报检。同时将已通过验收的装饰工程（硬件）和该工程的竣工资料（软件）移交给总承包单位，并办理中间验收移交手续。接着由总承包单位统一向建设单位申请整个工程的竣工验收。由此可见，工程质检资料向总承包单位报检的目的是：通过总承包单位把关，使工程质检资料符合政府质监部门和档案管理部门所规定的内容和要求。

（三）向政府质监部门报检

当向总承包单位报检通过后，由总承包单位将各分包单位的质检资料向政府质监部门报检。政府质监部门对工程质检资料中不符合政府现行规定的，责令施工单位整改。施工单位质检资料中常常发现缺少下列资料：

1）原材料检测资料按新的规定不到位。如：缺少瓷砖、卫生洁具、花岗岩、大理石等的放射性检测资料；缺少面砖和膨胀螺栓的拉拔检测资料；缺少玻璃幕墙“三性试验”中应由监理封样检测，而不是施工单位直接送样检测的资料；缺少国外进口的结构胶应由国内检测的资料等。

2）对施工单位资质审查深度不到位。如：幕墙资质证书；单项项目施工许可证；构件（如铝合金，玻璃）生产企业资质证书等。

3）需要单独报检的单项工程（如：玻璃幕墙，干挂岩石）未单独分开向政府质监部门报检或虽已单独报检但验收资料内容未按规定内容整理。例如：玻璃幕墙工程质量评定归档资料应按下列内容整理，包括：

（1）概况（见单项工程报监表）；

（2）竣工验收文件；

（3）材料检验报告；

① 玻璃性能检验报告；

② 铝型材性能检验报告；

③ 钢材性能检验报告；

④ 耐候胶性能检验报告；

⑤ 结构硅酮胶与接触材料相容性检测报告；

⑥ 玻璃幕墙物理性能检测报告（气密性、水密性、风压变形性能）；

⑦ 幕墙防雷栓拉拔性能检验报告；

⑧ 构件出厂合格证；

（4）隐蔽工程验收记录；

① 预埋件施工隐蔽验收记录；

② 幕墙层间防火隐蔽验收记录；

③ 幕墙防雷施工隐蔽验收记录；

（5）幕墙质量检验评定表；

（6）玻璃幕墙工程质量检验表；

（7）费用清单（单项工程）；

（8）工程质监资料；

① 工程质监交底单；

② 工程质监记录；

③ 工程质量问题整改单；

④ 工程质量事故报告；

(9) 幕墙施工资质证书；

(10) 单项项目施工许可证；

(11) 构件生产企业资质证书。

当工程质检资料向政府质监部门报检通过后，施工总承包单位才能向建设单位申请工程正式竣工验收，否则工程不具备竣工验收条件。

(四) 向评优机构提供符合质量优良等级的质检资料。

装饰施工单位收集、加工一份优良的工程质检资料，不仅是为了工程竣工验收时的需要，而且也是为日后工程评优服务。上述要过的三道报检关，是为了获得一份优良的工程质检资料，也是为了日后顺利通过工程评优（指整体工程评优或装饰单项工程评优）服务。因为在工程评定优良工程和优质（市、省、国优）工程中，各级评优小组除核查工程质量外，还要核查工程质检资料。当装饰工程单独报优时，各级评优工程在申报范围和资料内容上均有要求，简述如下：

(1) 评优良工程。例如某市规定：专业单项工程（装饰工程亦属此类）造价在 50 万元以上，经竣工验收合格，工程资料、工程质量符合优良工程评定标准者，可以申报。凡被评为优良工程者，颁发优良工程证书（明）。

(2) 评市优工程。例如某市规定：已取得优良工程证书（明）的，新建公共建筑装饰工程面积 2000m^2 以上或造价 200 万元以上（不含设备）；改造装饰工程面积 1000m^2 以上或造价 100 万元以上；新建住宅实施一次性装修面积 4000m^2 以上的住宅小区，均可申报。凡被评为市优工程者，颁发市优质工程证书。

(3) 评省优工程。已取得市级优质工程证书，装饰工程建筑面积在 1500m^2 及其以上；装饰工程造价在 300 万元（不含设备）及其以上；高级装饰（三星级以上）工作量占工程总造价 30%以上的；有重大政治影响或重要纪念性建筑工程装饰项目，均可申报。凡被评为省优工程者，颁发省优质工程证书。

(4) 评国优工程。中国建筑装饰行业最高荣誉奖为“全国建筑工程装饰奖”，其申报条件为：已被评为省级建筑装饰优质工程，申报单位为建筑装饰工程的主承建单位，当工程造价＞4000 万元可申报二个主承建单位，工程造价＞8000 万元可申报三个主承建单位，当该建筑装饰工程有总承包者，应由总承包单位申报。

六、从观感检查方法研究装饰工程效果

装饰工程竣工后，要根据设计效果图和设计意念书，对装饰工程进行整体检查。从装饰的功能、格调、色彩与气氛等方面进行整体验收。应注意的是装饰的整体效果又可分为自然光效果和灯光效果。

(一) 功能的检查

装饰工程的首要目的，是为了更好地利用空间，更合理地使用空间，对装饰工程的功能检查，主要是检查室内装饰后的采光效果、通风效果、隔声、隔热效果，给水、排水效果，安全设施效果，以及动线的安排和空间分配的效果。

1. 采光效果

室内采光分为自然采光和人工光源采光两种。对自然采光效果来说，采光效果即为室内的一切活动，能够在合理的光线之下顺利进行，其照度要求为400lx（勒克斯）左右。对人工光源采光来说，除检查照明是否满足各场所的设计照度标准外，还应检查有无刺眼眩光处。在一些商场、餐厅、珠宝店、美容厅、展览厅等场所，应检查在灯光下彩色的失真性，即灯光照明的显色性 R_a。一般要求显色性要达到 $R_a \geqslant 80\%$。

2. 通风与空调效果

室内装饰通风效果，主要是检查是否按设计要求安装了送风和排气系统，该系统是否能正常工作，对中央空调来说，还要将空调系统调整在一个统一温度指标上，开机后1～2h再分别检查各层次房内的温度是否有较大差别，一般温度差别在2℃～3℃内为合格。检查送风和排气量是否达到设计的要求。

3. 隔声、隔热效果

主要检查构成室内空间的墙壁、顶棚、门、窗等部分的结构是否合理，安装是否正确，各细部有无严重的密封不良问题。各种功能的空间的分贝数在规定的范围之内。

4. 给水排水效果

检查供水量是否充足，各层供水管的直径是否按设计要求。排水是否顺畅，各层排水系统和排水管是否按设计要求。检查焊接、束接、弯头等部位是否渗漏，通球试验是否合格。

5. 安装设施效果

检查防火、防盗、安全设施的安装位置是否合理，安装数量是否符合要求，安装质量是否符合设计要求，是否按设计要求配置了应急设备，并要检查安全设施的动作灵敏性。

动线安排和空间安排效果。人在室内活动最频繁的区域称为室内动线。在公共场所的室内动线是各种出入口位置，各种通道、走廊。经室内装饰后这些动线的安排是否合理，顾客通道的宽度是否达到基本标准，空间安排效果是指室内装饰的各种设备、用具、家具的安装、布置，是否有利于人体活动的进行，并达到便利而安全的效果。

（二）格调效果检查

根据设计意念说明和装饰效果图对室内装饰的风格效果进行检查。

1. 室内风格

室内风格分为中国传统风格、西洋传统风格、新古典风格和现代风格几大类。检查时，主要对室内顶面、墙面、家具和陈设等造型体的形式进行检查，观察其造型的形式是否符合设计要求，有否出现张冠李戴，驴头马嘴的现象。

2. 情调效果

室内情调是一种人的心里感觉，主要分为高雅、华贵、古朴、活泼几大类。检查时，根据其设计意念说明，亲身感觉一下各方面的装饰和室内陈设布置，是否基本达到了设计意念说明的效果。

3. 色彩与气氛效果检查

室内装饰中色彩搭配的效果，关系到室内装饰整体效果的成败，同时色彩可产生心理影响，可决定室内的气氛，检查色彩效果要根据设计配色图来进行。

（1）室内装饰中色彩设计一般都有一个主色调，这个主色调就像音乐中的主旋律，贯穿于整个室内装饰中。检查色彩效果时，主要是检查各装饰面和各种家具陈设的色彩与主色调是否协调。

（2）检查在一个室内空间里，顶棚、墙面、地面的各个饰面上，以及家具和各种陈设上的主色调本身是否有因配色不妥当而出现明显的色差现象。

（3）室内装饰用色的一般原则为在同一室内空间里，一般最多用3～4个基本色（赤、橙、绿、青、蓝、紫），要根据该原则检查有无用色杂乱的现象。

还有几点需要注意和避免的问题：应注意成品保护和环境清洁，避免因破损和交叉污染影响美观；应注意角的方正、边的挺拔和圆弧的光滑，避免形成扭曲和皱纹等质量缺陷；应注意不同材料的接合平整，避免造成开缝和影响使用。

七、对建筑装饰装修规范中强制性条文的理解与实施

国家标准《建筑装饰装修工程质量验收规范》GB 50210—2001于2001年11月1日发布，2002年3月1开始实施，规范中列入了15个条款作为强制性条文，必须严格执行。规范的特色之一是将规范中的有关规定，提高到了法律高度，第一次将违规与违法联系到一起。新规范的另一特色是具有鲜明的时代性和针对性。如果这些条款都能严格实施，则装饰装修业的质量水平定将登上一个新台阶。现将15个强制性条款归纳成八个方面谈一些有关的实施意见，与同行们共同探讨。

（1）规范第3.1.1条规定“建筑装饰装修工程必须进行设计，并出具完整的施工图设计文件”。

目前状况是大多数装饰设计单位并不能及时出具一套完整的施工图，图纸上常常尺寸不全、用材不当或不注明用料、设计尺寸与现场不符、设计与设备安装不匹配、同室的各种用料间不协调、节点构造处理粗糙、设计深度不够等，造成现场施工、竣工结算和审计困难，现在被列入强制性条文，今后能否真正做到，还缺少约束机制。应该与土建和安装图一样，由政府主管部门的审图机构，组织各相关专业的专家负责审图。未经审图者，不发施工许可证，不得开工施工。这一关把住了，就把住了龙头，带动了本规范中其他强制性条文的实施。

（2）规范第3.1.5和第3.3.4条均要求设计图纸要保证建筑物的结构安全和使用功能。严禁违反设计文件擅自改动建筑主体、承重结构或主要使用功能；严禁未经设计确认和有关部门批准擅自拆改水、暖、电、燃气、通信等配套设施。

目前擅自改动建筑主体、承重结构的情况时有发生，在家庭装饰装修中普遍存在，尽管政府主管部门三令五申，但依然我行我素。特别是游击式施工队伍，更难控制其施工行为。现在已有房地产开发商，将商品房装饰装修后再销售，这是控制本条文实施的良策。

在公共性建筑的装饰装修工程中，较为普遍的是擅自改变平面布局，致使建筑物使用功能受损。其原因是：在多数情况下，建设方出于某种原因，不通过原设计单位出图，擅自指挥施工单位改变平面分隔进行施工，其结果：空调、照明、消防喷淋、电器开关等部分错位，直接影响到使用功能，在有的情况下，即使返工也满足不了原设计要求的使用功能。在装饰装修阶段如何制约建设方随意变更设计的行为，政府主管部门还得有约束机制，对由于瞎指挥造成的经济损失，应该追究有关负责人的责任，并予以处罚。

（3）规范第3.2.3和第3.2.9条要求对装饰装修材料中的有害物质进行测定并符合限量标准；按设计要求进行防火、防腐和防虫处理。

第3.2.3条规定“建筑装饰装修工程所用材料应符合国家有关建筑装饰装修材料有害物质限量标准的规定”。建筑装饰装修材料中的有害物质如：石材、建筑卫生陶瓷、石膏

板、吊顶材料等应有放射性的检测报告；阻燃剂中氨的释放量不应大于 0.10%；人造木板、饰面人造板中的游离甲醛含量；涂料、胶粘剂、水性处理剂、稀释剂、溶剂、防腐剂中的苯、甲苯、二甲苯和汽油的释放量等，其限量应符合《民用建筑工程室内环境污染控制规范》的规定和设计要求。解决材料中的有害物质对室内环境的污染，应该从源头上着手。即应从原材料产地、产品生产、施工工艺中加以控制，即做到事前控制。可目前的状况是：大多数情况是在工程竣工验收时才检查测试，结果当出现有害物质含量超标时，即使工程返工，造成不小的经济损失，也不一定达到目的，还要采取其他办法弥补。

第 3.2.9 条规定“建筑装饰装修工程所使用的材料应按设计要求进行防火、防腐和防虫处理”。建筑装饰装修工程采用大量的木质材料，包括木材和各种各样的人造木板，这些材料不经防火处理往往达不到防火要求。设计人员根据有关防火规范给出所用材料的燃烧性能及处理方法后，施工单位应严格按设计要求选材和处理，不得调换材料或减少处理步骤。可目前在施工中严格选材和工艺处理不到位的情况不在少数。在防腐处理中采用沥青涂料的做法仍然存在。因此本条所用材料不仅要解决“三防”问题，而且要求使用有害物质含量低于规定标准的材料。

（4）规范第 4.1.12 和第 8.3.4 条要求抹灰层与基层间的粘结，饰面砖粘结必须牢固。

第 4.1.12 条规定“外墙和顶棚的抹灰层与基层之间及各抹灰层之间必须粘结牢固”。抹灰层施工是分层进行的，层与层之间粘结不牢固，容易引起空鼓，甚至脱落。情况严重者，会危及人身安全。工程返工修补，仍不会理想。特别在混凝土基层上，最容易产生空鼓和脱落。因此处理好抹灰层和基层之间的粘结，可采取各种措施，如涂刷各种粘结剂或改变施工工艺，如北京市为解决混凝土顶棚基层表面抹灰层脱落的质量问题，要求各施工单位，不得在混凝土顶棚基层表面抹灰，改用腻子找平即可，5 年来取得良好效果。

第 8.3.4 条规定“饰面砖粘贴必须牢固”。《外墙饰面砖工程施工及验收规程》JGJ 126—2000 中第 6.0.6 条第 3 款规定：“外墙饰面砖工程，应进行粘结强度检验。其取样数量、检验方法、检验结果判定均应符合现行行业标准《建筑工程饰面砖粘结强度检验标准》JGJ 110 的规定。”由于该方法为破坏性检验、破损饰面砖不易复原，且检验操作有一定难度，故在实际验收中采用第 8.1.7 条规定：“外墙饰面砖粘贴前和施工过程中，均应在相同基层上做样板件，并对样板件的饰面砖粘结强度进行检验，其检验方法和结果判定应符合《建筑工程饰面砖粘结强度检验标准》JGJ 110 的规定。”

（5）规范第 5.1.11 和第 8.2.4 及第 6.1.12 条规定：外墙门、窗安装、饰面板安装、吊顶上的悬挂物必须牢固。

第 5.1.11 条规定“建筑外墙门、窗的安装必须牢固。在砌体上安装门、窗严禁用射钉固定”。门、窗安装是否牢固既影响使用功能又影响安全。其重要性尤其以外墙门、窗更为显著，必须确保安装牢固，故列为强制性条文。而内墙门、窗安装也必须安装牢固，但被列入主控项目，考虑到砌体中砖、砌块以及灰缝的强度较低，受冲击容易破碎，故规定在砌体上安装门、窗严禁使用射钉固定。应用膨胀螺栓固定在上、下口钢筋混凝土过梁及周边预埋的混凝土块上。

第 8.2.4 条规定：“饰面板安装工程的预埋件（或后置埋件）、连接件的数量、规格、位置、连接方法和防腐处理必须符合设计要求。后置埋件的现场拉拔强度必须符合设计要求。饰面板安装必须牢固”。饰面板目前大多用干挂石材和复合铝板。其施工工艺比较成熟，但其安装用的骨架用料、预埋件和连接件等的数量、规格、位置、连接方法和防腐处理必须符合设计要求。特别是后置件，采用膨胀螺栓固定，对膨胀螺栓埋置后，需经具有测试资质的单位对它做拉拔强度试验合格检验。所用的连接件必须是不锈钢制件，用它连接饰面板时方能安全可靠。

第6.1.12条规定：“重型灯具、电扇及其他重型设备严禁安装在吊顶工程的龙骨上”。以防吊顶负荷超重而倒塌伤人。因此必须把这些重物通过吊杆直接吊挂在吊顶以上的钢筋混凝土楼板或梁上，以确保其安全使用。

(6) 规范第9.1.8和第9.1.13及第9.1.14条规定：幕墙结构符合设计要求并连接牢固。

第9.1.8条规定：“隐框、半隐框幕墙所采用的结构粘结材料必须是中性酮结构密封胶，其性能必须符合《建筑用硅酮结构密封胶》GB 16776的规定；硅酮结构密封胶必须在有效期内使用”。结构密封胶有单组分和双组分之别，单组分为管装适合于现场使用；双组分为桶装，由两种材料在使用前配制而成，适用于工厂制作，硅酮结构密封胶常采用从国外进口的，因此，应特别注意其有效期，必须确保其在有效期内使用。同时应严防使用走私货和假冒伪劣产品。

第9.1.13条规定：“主体结构与幕墙连接的各种预埋件，其数量、规格、位置和防腐处理必须符合设计要求”。要做到这一点，各种预埋件必须在主体施工阶段埋设。因此，要求幕墙设计图纸应在主体施工前完成。否则预埋件的数量、规格、位置与幕墙实际施工时不符，其结果，连接只能采用“后置”办法，“后置”时采用的螺栓连接必须安全可靠，采用膨胀螺栓连接时需做拉拔试验。

第9.1.14条规定：“幕墙的金属框架与主体结构预埋件的连接、立柱与横梁的连接及幕墙面板的安装必须符合设计要求，安装必须牢固”。要做到这一点，必须把好以下关键部位的安装：幕墙的金属框架与主体结构预埋件的连接应做好框架竖向立柱与主体间的伸缩连接接头的安装；立柱与横梁的连接应勿忘在其连接处放置橡胶垫；幕墙面板的安装必须做到各面板间的平整度、水平度、板缝大小、连接件的用料和牢固性必须符合设计要求和施工验收规范。

(7) 规范第12.5.6条规定：护栏必须符合设计要求并安装牢固。

护栏应包括上人屋面周边的栏杆；外墙落地窗边的护栏；阳台上的护栏等，为安全起见，要求护栏高度和安装牢固性必须可靠。为此，新规范第12.5.6条作为强制性条文规定：“护栏高度、栏杆间距、安装位置必须符合设计要求。护栏安装必须牢固”。

(8) 规范第3.3.5条规定：施工单位应遵守有关环境保护的法律法规。

第3.3.5条规定：“施工单位应遵守有关环境保护的法律法规，并应采取有效措施控制施工现场的各种粉尘、废气、废弃物、噪声、振动等对周围环境造成的污染和危害”。装饰装修工程施工对周围环境造成的污染和危害是件扰民的事。特别在家装施工中，直接危害着周围居民安宁。如：20××年9月21日《现代快报》A5版“装修噪音间接吵死老干部一装饰公司一审被判三万一”，描述的是一位73岁的离休干部的楼上住户装修，晚9点后还在墙上钻孔，干扰老干部睡眠，无奈，老先生上楼交涉，结果引起心肌梗塞发作，瘫倒在施工现场而死亡。死者家属要求赔偿10万元，××市鼓楼区法院根据《中华人民共和国环境噪音污染防治法》第 47 条规定："在已交付使用的住宅楼内进行室内装修活动，应限制作业时间，并采取其他有效措施，以减轻、避免对周围居民造成环境污染"。装饰公司晚上 9 点后施工违反了上述规定，但考虑到死者死亡的直接原因是其心脏病发作，而装饰公司排放的噪音只是一种间接原因，故酌定让其承担 30%的责任，赔偿费为 3.1 万元。

以上 15 个强制性条文的规定，是针对长期以来建筑装饰装修工程中存在的设计不规范、改变设计随意性大、违规行为屡禁不止、施工管理不严、生产工艺及测试手段落后、个人审美观不同及长官意志等造成危及结构安全和人民生命财产安全、破坏环境和房屋的使用功能，实属该整治的时候了。新规范以强制性手段作出条文规定实属必要。我们只有努力学习，认真实践，才能更快更好的掌握新规范的要求，把好建筑装饰装修工程质量关，为美化环境造福人民做贡献。

八、指导思想和主要任务

（一）指导思想

认真贯彻科教兴国战略和《中共中央、国务院关于加强技术创新，发展高科技，实现产业化的决定》精神，紧紧围绕我省建设事业发展总体目标，突出重点，加大政策引导和技术创新力度，加快推广应用步伐，不断增强建设事业科技实力、创新能力，提高建设事业整体技术水平和竞争能力，加速实现经济增长方式从粗放型向集约型的转变，促进协调发展。

（二）主要任务

1. 加强技术创新

1）建筑装饰科技的研究。

（1）开展建筑装饰产业现代化基础性技术及相关政策研究。

（2）开展建筑节能、隔声、环保等技术和产品研究。

2）开展园林、城市绿化、风景名胜技术与产品研究。

3）提高建筑装饰、现代化水平的研究。

4）信息化与数字化。

面对当前因特网和电子商务的飞速发展，建筑装饰企业作为一家 ISO 认证的企业，为了在现在这个充满信息化的经济浪潮中取得更为有利的发展地位，更多的商业机会，在因特网上建设好自身的企业站点是势在必行的。其建设网站的意义有以下几个方面：

树立企业形象。

与传统媒体相比，因特网具有很多优势，如传播范围遍及全球、投入费用低廉、内容可以根据企业自身需要及时调整、时效性长等，潜力非常巨大。现在投入一定的费用建设好自身网站是宣传企业自身、树立形象，提高企业知名度的最明智的选择。

可经营性使其可能成为新的经济增长点。

因为网络站点的广泛传播性是传统媒体所不具备的优势，因而使其具有了可经营性。特别是当前面对我国已经加入 WTO，国内企业将面对更加广阔的市场，企业对外界缺乏了解，而外界同样缺乏对企业的了解，因此企业建设自身的企业网站，通过该网站向外界多面的介绍企业，展示企业风貌，传达企业的经营理念，为取得更为有利的发展地位，取得更多的商业机会。

企业自身的网站建立起来后，扩大网站的知名度很有必要，主要有以下几个方法：

（1）与著名搜索引擎链接

将自己的网站同Yahoo、Google、Excite、Webtop等著名搜索引擎链接，可大大增加被搜索曝光率，扩大自己的影响面。

（2）与专业网链接

把公司站点加入到有关的专业网之中，对加强本企业与同行之间的交流是非常有益的。

（3）在知名网站上做广告

在知名网站上做广告是扩大自身知名度的有效手段，相比传统媒体而言，网上广告是投入率最高的且费用较低。

（4）与相关的企业开展网络广告互换，共同提高网站访问量。

（5）在一些行业商贸网站和BBS上开展链接宣传、推广活动。定期提供一些相关的商业机会。

（6）建设领域软科学研究。

针对建设领域各行业的技术经济预测、产业政策、技术政策以及其他重大问题开展研究。

2. 促进科技成果的推广转化

1）建筑节能新技术、新产品

严格实行建筑的节能设计，积极采用新型墙体材料和建筑设备产品。新设计居住建筑要认真执行《夏热冬冷地区居住建筑节能设计标准》，同时要开展已建建筑的节能改造，推广应用建筑装饰十项新技术。

2）化学建材技术及产品

重点放在塑料管、塑料门、窗、新型防水材料、装饰装修材料和建筑涂料的推广应用上。塑料管的推广应用以PP-R、PE给水管、UPVC排水管、JE燃气管等新型塑料管和塑料复合管为主，塑料门、窗主要以UPVC塑料门、窗为主，防水材料主要推广改性沥青防水卷材、高分子防水卷材和新型防水涂料，建筑涂料以推广丙烯酸类合成树脂涂料和优质水性涂料为主。

3）信息技术

推广施工、生产技术、工艺控制、管理软件和自动控制技术，普及和完善企业信息管理系统，充分利用国际互联网，提高企业生产技术和管理水平；推广Intranet（企业内部信息网）技术，做到信息资源共享，提高企业的决策能力和管理水平。推广建筑智能技术，提高建筑行业劳动生产率，改善建筑功能和降低建筑运行成本。

4）管理体系的改进

关注将质量管理体系、环境管理体系和职业安全健康管理体系结合起来，建立一体化的整合型管理体系。

（三）主要措施

（1）深化体制改革，建立以企业为主体的技术创新体系。

（2）强化科技成果转化力度。

（3）加大科技投入。

要树立科技投入是生产性、战略性投入的思想，企业要加大科技投入。每年科技型企业科研投入应占经营收入的3%～5%，一般企业也应占到2%。要充分利用国家对科技的财税与金融扶持政策，多渠道加大科技开发投入。

（4）扩大国内国际合作与交流。紧紧围绕建设事业的重点领域和重大科技攻关项目，不断提高国内国际合作与交流的成效。以技术合作推动经贸合作，争取在外资利用方面有更大的发展。大力拓展企业间的技术经济合作渠道，促进新技术、新设备的引进、消化、吸收。积极开展国际技术培训、智力引进。

（5）建设一支素质较高，结构和分布合理，有创新活力的建设科技人员队伍。加强高层次人才、高新技术人才和年轻创新人才的培养，形成一支建设科技创新和专业技术人员队伍。开展继续教育和培训，加速现有行业技术人员的知识更新，提高素质，造就一批适应市场竞争、善于经营管理、勇于开拓创新的技术和经营管理人才。

九、对策和选择

装饰行业发展迅速，树立装饰企业形象，打造装饰企业品牌，已成为各大装饰企业“追名逐利”的不二法宝。许多装饰企业将质量目标定在合格率100%，优良率80%左右。新材料、新型式、新技术必定会被创造出来，甚至日新月异。作为用量最大、发展最快的装饰行业，同样具有巨大的生命力，但是，也必须面对各种巨大的挑战和竞争。而我们的对策和选择必须着眼于依靠科技进步和科学管理。

（1）要树立敢于同国外产品平等竞争的勇气；当今时代是知识经济时代，经济的竞争实为科技竞争、知识竞争。因此我们的设计制作和施工必须创新，尽快采用目前世界上最前沿的技术，达到或超过国际先进技术水平。

（2）要认真进行国内外市场的调查，及时调整产品的结构；目前大部分装饰企业的设备、工艺、施工方法以及质检手段是比较落后的，管理模式和方法也未形成标准化和现代化，难以适应市场经济的变化和需要。因此我们必须掌握信息、强化信息管理以及各种工艺及新材料的发展趋势，面向市场制定出自己的战略发展规划和目标，立足当前，着眼未来。

（3）要加速技术进步，提高产品质量；一些质量事故的发生既有技术问题也有管理问题。我们首先从自身做起，以提高质量确保质量为目标和中心，持续不断的整顿和规范装饰行业市场。

（4）学习西方国家先进经营管理经验。只有这样，才能提高企业管理水平和经济效益，提高企业在国内外市场上同外国产品竞争的能力；企业从粗放型向集约型转变是必然的趋势，企业之间的联合、国内和国际的联合也是市场竞争的需要，是壮大我们实力的方法之一。忽视这一问题，可能会坐失良机。

（5）无论何种竞争，最终是人才的竞争，提高技术人员和管理人员的素质，除了依靠高等学校高材生外，还可以以协会为主导，会同企业、设计、高等院校、科研等部门进行广泛的持久的宣传与教育工作，如举办设计、生产、施工不同方面的综合的或专题的培训研讨班、讲座；各种规程的讲习班；优秀工程经验交流班；先进技术讲习班等。为了促进管理人才的成长，根据装饰行业的特点，应尽快地有计划有步骤、分期分批进行经理、厂长及其他各类专业管理人员的培训工作。

（6）充分发挥技术标准在推动科技进步中的重要作用。争取一年内能够自行完成重点项目的VCD摄制和编译任务，争取早日实现贯标工作的网络化管理。

建筑装饰工程从“包工头的流行语：我什么都会做”开始，经历了品牌装修、垫资装修、绿色装修、生态装修、放心装修，到达目前的工厂化装修、智能化装修、全装修等历史阶段。我们建筑装饰业快速发展的业绩是来之不易的，建筑装饰业工作者们都付出辛勤的劳动和汗水，我们应加倍的珍惜它。加入世界贸易组织后，将会给我们带来机遇和挑战，无论是机遇还是挑战，都需要我们积极采取对策。或加以充分利用，把机遇变成现实；或认清形势，沉着应战，把压力变成动力。如果我们能够抓住机遇，通过日益活跃的国际贸易推动国内国际的贸易的发展，我们就能以较短的时间缩短与发达国家之间的距离。本文旨在抛砖引玉，为推动企业进入市场的有序管理，使企业能够更多地做出精品、名品工程，尽微薄之力。可以相信明年我们所迎接的是又一个明媚的春天。

主要参考文献

[1] 欧震修. 建筑工程施工监理手册. 北京：中国建筑工业出版社，2001.

[2] 杨萍，欧震修. 监理工程师执业指导. 北京：中国建筑工业出版社，2006.

[3] 江苏省建设厅. 江苏省监理人员培训教程. 南京：南京大学出版社，2006.

[4] GB/T 50319—2013 建设工程监理规范. 北京：中国建筑工业出版社，2013.

[5] GB 50300—2001 建筑工程施工质量验收统一标准. 北京：中国建筑工业出版社，2001.

[6] GB/T 50375—2006 建筑工程施工质量评价标准. 北京：中国建筑工业出版社，2006.

[7] GB/T 50328—2001 建设工程文件归档整理规范. 北京：中国建筑工业出版社，2002.

[8] 中国建筑工业出版社. 新版建筑工程施工质量验收规范汇编. 北京：中国建筑工业出版社，2002.

[9] 中国建筑工业出版社. 工程建设标准强制性条文房屋建筑部分. 北京：中国建筑工业出版社，2002.